中国机械工业教育协会“十四五”普通高等教育规划教材

普通高等教育新工科机器人工程系列教材

机器人机构创新设计

孙 涛　连宾宾　杨朔飞　霍欣明　编著

机械工业出版社

本书包含9章内容。第1章绪论介绍机器人的基本组成、分类、发展历程和应用，以及机器人机构创新设计的研究内容。第2、3章介绍机器人学研究涉及的数学基础，并根据机器人机构创新设计的流程重点介绍有限-瞬时旋量数学框架。第4~8章涵盖串联、并联机器人机构设计的全部环节，包括机构构型综合、运动学建模、静力学建模、动力学建模以及多目标多参数优化设计方法。第9章以两个典型的应用场景为例。阐述利用前述章节的理论方法开展并联机器人机构创新设计的流程。

本书既注重与机械原理设计等基础课程的衔接，也注意与实际工程的联系，内容上既涵盖了机器人机构学领域的经典理论，也融入了有限-瞬时旋量及机构分析设计等最新研究成果。本书可作为智能制造、机械工程或机器人相关专业的本科高年级学生以及研究生的教材，也可作为相关科研人员与工程技术人员的参考书。

图书在版编目（CIP）数据

机器人机构创新设计 / 孙涛等编著. -- 北京 : 机械工业出版社，2024. 9. --（中国机械工业教育协会“十四五”普通高等教育规划教材）（普通高等教育新工科机器人工程系列教材）. -- ISBN 978-7-111-76572-1

Ⅰ. TP24

中国国家版本馆 CIP 数据核字第 2024CB5609 号

机械工业出版社（北京市百万庄大街22号　邮政编码100037）
策划编辑：丁昕祯　　　　责任编辑：丁昕祯　章承林
责任校对：张昕妍　李　杉　　封面设计：张　静
责任印制：李　昂
河北京平诚乾印刷有限公司印刷
2024年12月第1版第1次印刷
184mm×260mm · 20.25印张 · 501千字
标准书号：ISBN 978-7-111-76572-1
定价：69.00元

电话服务　　　　　　　　　　网络服务
客服电话：010-88361066　　机　工　官　网：www.cmpbook.com
　　　　　010-88379833　　机　工　官　博：weibo.com/cmp1952
　　　　　010-68326294　　金　　书　　网：www.golden-book.com
封底无防伪标均为盗版　　机工教育服务网：www.cmpedu.com

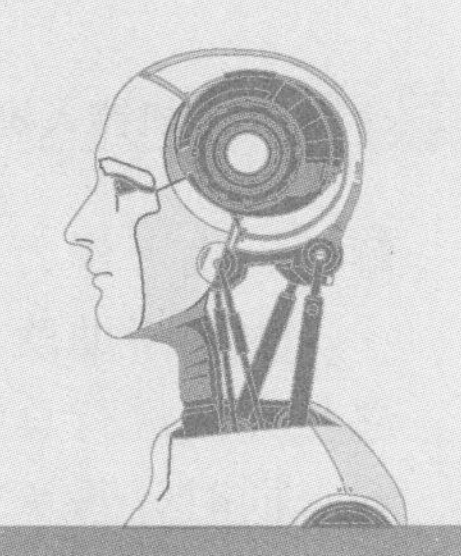

前　言

机器人是多学科交叉融合与技术创新的产物，机器人自主创新已成为当代衡量一个国家科技创新能力和高端制造业综合竞争水平的重要指标。特别是在今天，世界正处于百年未有之大变局，为应对这一历史机遇与挑战，我国大力推进科技创新，对机器人自主创新的需求日益迫切。机器人自主创新的源泉在于机构创新设计。机器人机构创新设计已成为现代机构学与机器人学的主要议题。

近年来，国内外围绕机器人机构创新设计的研究进展突飞猛进，涉及的领域涵盖航空航天、汽车船舶、轨道交通、海洋工程、医疗健康等，相关的从业人员日益增加。注意到市面上尚缺乏关于机器人机构创新设计方法与应用的书籍，我们决定编写一部专业教材，主要考虑以下方面：

1）详细阐述数学、力学与机构学的内在关联，建立机器人机构创新设计的完整理论体系。

2）以同一个数学工具贯穿机器人机构创新设计的主题内容。

3）不仅要涵盖经典机构学知识，还需反映机器人学术前沿。

4）与实际工程紧密相连，基于大量工程实例构建知识体系，既增加教材的可读性，又可指导如何根据工程需求开展创新设计，进而实现工程应用。

基于上述思路，经过反复讨论与商讨，最终确定本书的脉络为：介绍并对比机器人机构学常用的三类数学工具，从中选择有限-瞬时旋量理论作为本书的数学工具，阐述基于有限-瞬时旋量理论开展机器人机构运动与力学建模的一般方法；以创新设计为主线，依次系统介绍机器人机构构型综合、性能建模与优化设计的内容。据此，本书的第 2、3 章包含数学定理的推导与证明，偏向于基础理论体系的搭建。第 4~8 章阐述如何利用该理论体系开展机器人机构的设计，既包含一般流程与方法，还引入大量实例详细叙述方法的应用。除了机器人机构学领域的经典理论与方法以外，书中还包含了曲面/曲线平动机构综合、m 自由度虚弹簧刚度建模、性能合作均衡设计等最新的研究成果。第 4~8 章的内容是机器人机构创新设计最小限度的必学知识，其中，第 4 章仅展示了部分具有特殊运动形式的机器人机构构型综合流程，读者可结合课后习题探索更多的机器人机构类型。如果偏向于“机械原理”“材料力学”“理论力学”等基础课程的延伸性学习，可着重学习第 5~7 章有关机器人机构运动学、静力学和动力学性能的建模与分析方法。第 8 章介绍机器人机构多维性能设计方法，所涉及的常用性能评价指标需结合第 5~7 章的性能模型进行定义。第 9 章给出了机器人机构创新设计的一般流程与两个设计实例，体现对本书理论与方法的应用，即可作为实例解析，也可作为自学内容。

为了帮助读者理解和学习，本书每章均设置引言作为内容简介，并在最后对本章重要概念与方法进行总结。另外，每章均配有若干习题，便于读者借助习题解答来巩固本章所学内容。同时，每章末尾提供了相关的扩展阅读文献，有余力或对相关内容感兴趣的读者可做深入探索。

本书的编写分工如下：第 1 章由孙涛负责编写，第 2~4 章由孙涛与杨朔飞共同编写，第 5 章由霍欣明负责编写；第 6~9 章由孙涛与连宾宾共同编写。

本书包含的经典机构学知识参考了国内外已出版的机器人学教材。在此，向这些优秀教材的作者致以最诚挚的敬意。本书也充分表达了编者对机器人机构创新设计的理解与认识，相关的研究工作得到了国家自然科学基金、国家重点研发计划、天津市杰出青年基金（22JCJQJC00050、62027812、52275027、2023YFB4705400）等项目的资助，在此表示感谢。

由于编者水平有限，书中或有未及之处，敬请读者批评指正。

编　者

目　录

前言

第 1 章　绪论 …… 1

1.1　引言 …… 1

1.2　机器人机构学 …… 2

1.2.1　机器人的问世与发展 …… 2

1.2.2　机构学与数学、力学 …… 3

1.2.3　机器人机构学的研究内容 …… 5

1.3　机器人机构的分类 …… 5

1.3.1　串联机构 …… 6

1.3.2　并联机构 …… 7

1.3.3　混联机构 …… 12

1.4　机器人机构的创新设计 …… 13

1.4.1　构型创新 …… 13

1.4.2　运动学分析与设计 …… 14

1.4.3　动力学优化 …… 15

1.5　全书架构与章节安排 …… 15

习题 …… 16

参考文献 …… 16

第 2 章　常用数学工具及比较 …… 18

2.1　引言 …… 18

2.2　机器人机构的有限运动和瞬时运动 …… 18

2.2.1　李群与李代数理论 …… 19

2.2.2　Chasles 定理和 Mozzi 定理 …… 20

2.2.3　机构的有限运动李群 SE(3) …… 20

2.2.4　机构的瞬时运动李代数 se(3) …… 21

2.3　矩阵李群和李代数 …… 22

2.3.1　矩阵李群及矩阵乘法 …… 23

2.3.2　矩阵李代数及矩阵李括号 …… 24

2.3.3　矩阵李群与李代数间的映射 …… 25

2.4　对偶四元数和纯对偶四元数 …… 26

2.4.1　对偶四元数及四元数乘法 …… 26

2.4.2　纯对偶四元数及四元数李括号 …… 28

2.4.3　对偶四元数与纯对偶四元数间的映射 …… 28

2.5　有限旋量和瞬时旋量 …… 29

2.5.1　有限旋量及旋量三角 …… 29

2.5.2　瞬时旋量及旋量叉积 …… 31

2.5.3　有限旋量与瞬时旋量间的映射 …… 32

2.6　数学工具比较 …… 32

2.6.1　数学工具之间的代数关联与转换 …… 32

2.6.2　对偶四元数乘法与旋量三角 …… 33

2.6.3　代数结构与李群表示论 …… 35

2.7　本章小结 …… 42

习题 …… 42

参考文献 …… 43

第 3 章　有限-瞬时旋量理论 …… 45

3.1　引言 …… 45

3.2　有限-瞬时旋量微分映射 …… 45

3.2.1　单自由度旋量微分映射 …… 46

3.2.2　解耦多自由度旋量微分映射 …… 46

3.2.3　非解耦多自由度旋量微分映射 …… 47

3.2.4　基于旋量微分的机器人机构建模 …… 49

3.3　机器人机构有限运动的旋量模型 …… 51

3.3.1　关节有限运动建模 …… 52

3.3.2　串联机构有限运动建模 …… 54

3.3.3　并联机构有限运动建模 …… 54

3.4　机器人机构瞬时运动的旋量模型 …… 55

3.4.1　关节瞬时运动建模 …… 55

3.4.2　串联机构瞬时运动建模 …… 61

3.4.3　并联机构瞬时运动建模 …… 63

3.5　机器人机构力的旋量模型 …… 65

3.5.1　关节力建模 …… 68

3.5.2 串联机构力建模 …… 71
3.5.3 并联机构力建模 …… 72
3.6 机器人机构的拓扑与性能建模 …… 75
3.6.1 经典串联、并联机构建模算例 …… 75
3.6.2 构型与性能创新设计 …… 87
3.7 本章小结 …… 88
习题 …… 89
参考文献 …… 90
第4章 机器人机构的构型综合 …… 92
4.1 引言 …… 92
4.2 构型综合的有限旋量方法 …… 93
4.2.1 构型综合的通用流程 …… 93
4.2.2 运动模式的解析表征 …… 95
4.2.3 支链运动的等效变换 …… 108
4.2.4 支链的几何装配条件 …… 116
4.3 转动轴线固定类机构的构型综合 …… 117
4.3.1 具有一个固定轴线的 *n*T1R 机构 …… 118
4.3.2 平面运动 *G* 群机构算例 …… 119
4.3.3 具有两个固定轴线的 *n*T2R 机构 …… 121
4.3.4 双熊夫利运动 X-X 流形机构算例 …… 123
4.4 转动轴线变化类机构的构型综合 …… 130
4.4.1 具有一个可变轴线的 *n*T1R 机构 …… 130
4.4.2 1R1T 双链并联机构与 3T1R 并联机构算例 …… 131
4.4.3 具有一个可变轴线的 *n*T2R 机构 …… 135
4.4.4 3T2R 串联机构与 1T2R 类 Exechon 并联机构算例 …… 137
4.4.5 具有两个可变轴线的 *n*T2R 机构 …… 142
4.4.6 2R 双链并联机构与 1T2R 类 Z3 并联机构算例 …… 143
4.5 曲面/曲线平动机构的构型综合 …… 145
4.5.1 具有二次曲面平动的 2T*n*R 机构 …… 145
4.5.2 环面与螺旋面并联机构算例 …… 148
4.5.3 具有空间曲线平动的 1T*n*R 机构 …… 155
4.5.4 圆锥曲线双链并联机构算例 …… 155
4.6 本章小结 …… 159
习题 …… 159
参考文献 …… 160
第5章 运动学建模与分析 …… 162
5.1 引言 …… 162
5.2 位移建模与分析 …… 162
5.2.1 串联机构位移建模的有限旋量方法 …… 162
5.2.2 串联机构位移建模的 D-H 参数方法 …… 167
5.2.3 并联机构位移建模的有限旋量方法 …… 170
5.2.4 并联机构位移建模的闭环向量方程 …… 179
5.3 速度建模与分析 …… 180
5.3.1 串联机构速度建模 …… 180
5.3.2 并联机构速度建模 …… 181
5.3.3 奇异性分析 …… 186
5.4 工作空间分析 …… 189
5.4.1 姿态工作空间 …… 190
5.4.2 位置工作空间 …… 191
5.4.3 边界搜索法 …… 192
5.5 本章小结 …… 195
习题 …… 196
参考文献 …… 198
第6章 静力学建模与分析 …… 200
6.1 引言 …… 200
6.2 静刚度矩阵与柔度矩阵 …… 200
6.2.1 *m* 自由度虚弹簧 …… 201
6.2.2 刚/柔度矩阵的坐标变换 …… 205
6.3 静力与变形映射关系 …… 208
6.3.1 串联机构静力与变形映射 …… 208
6.3.2 并联机构静力与变形映射 …… 210
6.4 静刚度建模与分析 …… 212
6.4.1 串联机构静刚度建模 …… 212
6.4.2 并联机构静刚度建模 …… 214
6.5 本章小结 …… 225
习题 …… 225
参考文献 …… 227
第7章 动力学建模与分析 …… 228
7.1 引言 …… 228
7.2 刚体的惯性 …… 228

7.2.1 质量与质心 …… 228
7.2.2 惯性矩阵与转动惯量 …… 229
7.3 构件质心的速度 …… 232
7.3.1 关节速度 …… 232
7.3.2 串联机构构件质心的速度 …… 236
7.3.3 并联机构构件质心的速度 …… 239
7.4 构件质心的加速度 …… 242
7.4.1 关节加速度 …… 242
7.4.2 串联机构构件质心的加速度 …… 244
7.4.3 并联机构构件质心的加速度 …… 247
7.5 动力学建模与分析 …… 248
7.5.1 串联机构动力学建模 …… 249
7.5.2 并联机构动力学建模 …… 252
7.6 本章小结 …… 257
习题 …… 257
参考文献 …… 259
第8章 机器人机构性能优化设计 …… 261
8.1 引言 …… 261
8.2 性能评价指标 …… 261
8.2.1 运动学性能评价指标 …… 261
8.2.2 静力学性能评价指标 …… 268
8.2.3 动力学性能评价指标 …… 273
8.3 多目标优化 …… 275
8.3.1 参数定义 …… 276
8.3.2 性能合作均衡优选 …… 277
8.3.3 多目标优化一般流程 …… 278
8.4 性能优化设计实例 …… 280
8.4.1 6-PUS并联机器人优化设计 …… 280
8.4.2 变轴线1T2R并联机器人优化设计 …… 282
8.5 本章小结 …… 286
习题 …… 286
参考文献 …… 287
第9章 机器人机构创新设计实例 …… 289
9.1 引言 …… 289
9.2 机器人机构创新设计一般流程 …… 289
9.3 实例一：二转动自由度并联机器人 …… 291
9.3.1 应用场景 …… 291
9.3.2 构型综合 …… 292
9.3.3 性能建模 …… 294
9.3.4 优化设计 …… 301
9.4 实例二：五自由度并联机器人 …… 305
9.4.1 应用场景 …… 305
9.4.2 构型综合 …… 306
9.4.3 性能建模 …… 307
9.4.4 优化设计 …… 311
9.5 本章小结 …… 314
习题 …… 315
参考文献 …… 315

第1章 绪　论

1.1　引言

机器人（Robot）自20世纪问世至今，始终获得学术界和产业界的广泛关注。经过几十年的发展，机器人已经在加工制造、装配喷涂、仓储分拣、空间操作、场地巡检、医疗卫生等领域取得了大量成功应用，学者与工程师们合作开发了加工机器人、涂装机器人、码垛机器人、空间机器人、移动机器人、手术机器人等多种多样的机器人，在提高作业效率、增强产品质量、保障人员安全、降低人工成本等方面发挥了非常重要的作用。近年来，随着材料科学、信息科学、生物科学、物联网科学的发展，微纳机器人、脑机机器人、仿生机器人、服务机器人也越来越多地进入机器人开发团队的视线，机器人学科呈现多领域交叉融合的特点，机器人研发水平体现了多学科的协同发展高度，逐渐成为各国智能装备创新竞争的关键。由此可见，机器人的创新设计对国家综合国力提升具有重要作用。

作为机器人的主体机械结构，机构（Mechanism）既是机器人的骨架，又决定机器人的基因和灵魂。机构结构与特征直接决定了机器人的性能。因此，机器人创新研发中的首要环节为机器人机构（Robotic Mechanism）创新设计，故机构学（Mechanisms）是机器人学（Robotics）的重要基础和核心理论。机构学研究可追溯至公元前，其始终与数学、力学、工程学的发展紧密相关，早期机构学是理论运动学的重要研究内容。随着20世纪60年代机器与机构理论国际大会召开（1965年）、国际机构学期刊Journal of Mechanisms（Mechanism and Machine Theory期刊的前身）创刊（1966年）、国际机构学与机器科学联合会（IFToMM）成立（1969年），机构学进入蓬勃发展阶段，为机器人机构创新设计提供了丰富的理论与方法。刚性串联机构、并联机构、混联机构的构型与性能研究为多种机器人机构建模、分析与优化奠定了基础，指导了很多高端机械装备的系统研发。

机器人机构学的基础理论为刚性机构学，主要研究内容为采用数学工具建立机构模型、分析机构特征与性能，探究各类开环与闭环机构的构型综合、运动学建模与分析、静力学建模与分析、动力学建模与分析、性能优化设计等问题，为各类串联、并联、混联机构的建模、综合与分析提供系统方法和通用流程，研发结构合理、性能优良的机器人机构，实现针对给定应用场景的机器人机构创新设计，这些内容构成了本教材核心章节。在本章简要回顾机器人机构学发展、机器人机构分类、机构创新设计内涵的基础上，后续章节将详细讨论这些内容。

1.2 机器人机构学

机构学始终与数学、力学的发展紧密联系，在机器人的概念出现后，机构学在机器人创新研发中发挥了重要作用，进而被赋予了更多内涵，扩展到与更多领域交叉融合。

1.2.1 机器人的问世与发展

机器人这一概念的发展经历了漫长的历史过程，从古代机械装置到现代智能机器人，逐步演变为一个引领科技和社会发展的重要领域。早在古代，人们就开始尝试制造机械装置来模仿和辅助人类工作，例如，三国时期诸葛亮发明的木牛流马，用于运输粮草。机器人一词可追溯到20世纪早期，1920年捷克作家Karel Capek在其戏剧《罗素姆万能机器人》中首次使用“机器人”一词，意为“奴隶，苦力”。这些概念的产生和演变反映了人类对于创造、模仿和掌控人造生命的兴趣与长期探索。

机器人学涉及工程、计算机科学、控制论、感知技术、人工智能等多个学科，致力于研究机器人的设计、制造、控制、感知和智能决策等方面。机器人的发展阶段可归纳如下：

第一代机器人出现在20世纪60年代至70年代初，以工业机器人为代表。这些机器人主要用于重复性、危险性较高的工业任务，如汽车制造生产线上的焊接、装配等。第一代机器人通常采用固定程序和预定路径来执行任务，缺乏感知与自主性。1961年，美国工程师George Devol和Joseph Engelberger合作开发世界上第一台工业机器人Unimate，用于汽车制造，其能够在生产线上执行简单搬运和焊接作业。

第二代机器人出现在20世纪80年代至90年代，基于各类传感器技术，引入了对外界环境的感知和识别能力，使机器人能够更加智能地与周围环境互动，以适应多样化的任务需求。例如，在工业制造中，机器人可以根据工件的形状和位置及时调整其操作，以确保加工和装配精度。

第三代机器人是指21世纪初至今的机器人，相比于前两代机器人，其在结构、控制、人工智能等方面取得了重大进步，具备更灵活的结构、更高级的智能与自主性。在感知技术方面，第三代机器人引入了更先进的传感器技术，如深度摄像头和激光雷达，使机器人能够获取更全面的环境信息。这些传感器可实现更精确的感知和识别，使机器人在复杂环境中能更好地定位和导航。第三代机器人的显著特点为自主性和决策能力方面的提升，可进行复杂逻辑推理、判断、决策，针对变化的内部状态与外部环境完成自主控制，从而更灵活地执行任务。

随着技术的不断进步和创新，新型机器人机构类型不断涌现，这些机构类型在机器人设计和应用方面提供了新的可能性。以下是一些新出现的机器人机构类型：

（1）软体机器人　软体机器人采用柔性结构和材料，使其能够适应不同环境，这种机器人更类似于生物体，能够在狭小空间中穿行，完成柔性抓取等任务。

（2）可变形机器人　可变形机器人具备自行改变形状和结构的能力，可根据任务要求在不同形态之间切换，由此适应不同的环境和任务。

（3）可重构机器人　这类机器人在没有外部干预的情况下，可自主组装成不同结构，通过各种部件的自组装，构建出多功能机器人系统。

（4）模块化机器人　模块化机器人由多个相互连接的模块组成，每个模块具有一定的功能，这些模块可针对不同作业任务组合出不同结构。

（5）仿生机器人　仿生机器人受到生物体的启发，模仿动物的解剖结构和运动方式，具有更高的适应性和生物相似性，用于特定的环境和任务。

（6）微型和纳米机器人　这些机器人尺寸非常小，可在微观和纳米尺度上执行操作，在医疗微操作和药剂靶向运送等领域具有潜在应用。

（7）飞行器-地面机器人融合　这种机器人结合了飞行器和地面机器人的特点，具备从空中到地面的多模式移动能力，适用于多样化任务。

（8）流体驱动机器人　这类机器人使用液体或气体作为驱动力，实现柔性运动和变形，可用于极端环境作业。

（9）生物-机器人接口　这类机器人结合了生物体和机器人的特点，通过与生物体连接、交互，实现生物和机器之间的信息交流。

这些新型机器人机构类型为机器人技术的发展带来了新方向和新挑战。通过结合不同的技术和设计思路，上述机器人能够在各种应用领域发挥重要作用，从而推动科技进步和创新。

机器人发展经历了从执行简单重复任务到具备智能和自主性多样化应用的演变。机器人技术的不断进步已经为人类创造了许多新的可能性，也引发了对伦理、社会影响等问题的思考，为未来的科技发展提供了巨大潜力。

1.2.2 机构学与数学、力学

机器人机构理论与数学、力学密切相关，为机器人机构的设计、分析和控制提供了理论基础和工具。机器人机构是指机器人的结构和运动组成部分，而数学和力学则为理解和优化这些结构提供了支持。机器人机构学、数学和力学共同构建了机器人工程的核心基础。通过数学建模和力学原理，工程师能够深入理解机器人机构的拓扑结构、运动特征、优化设计和控制机制，从而设计出更高效、精确、可靠的机器人系统。

1. 机构学与数学

数学在机器人机构中的使用主要涵盖在以下四个方面：

（1）位姿表征　数学方法用于描述和表征机器人的位置和姿态，如四元数、欧拉角等，在运动规划和控制中准确地表达机器人的移动和旋转。

（2）运动学/动力学　数学用于描述机器人的运动和位姿变化。正运动学可通过机器人的关节转角计算末端执行器的位置和姿态，而逆运动学则用于解决给定末端执行器位姿时的关节转角求解问题。由正、逆运动学微分可进一步得到机器人关节与末端之间的动力学映射。

（3）轨迹规划　数学算法帮助机器人规划如何从一个位姿运动到另一位姿，避免碰撞、最小化运动时间或消耗等。

（4）机器人控制　控制理论利用数学方法为机器人提供精确运动和稳定控制。从简单PID（比例积分微分）控制到复杂自适应控制，数学模型和算法都是实现精确控制的基础。

矩阵李群李代数、对偶四元数和旋量是用于描述机器人构型、运动的重要数学工具，其在不同方面均有着重要应用，同时也存在一些联系，主要体现在：

(1) 矩阵李群李代数　李群是一种同时具有群结构和微分流形结构的数学集合（群是指配备二元运算的一个集合，满足封闭性、结合律、单位元和逆元素存在性等性质；微分流形是指在每个元素处都具有局部欧氏空间的集合）。在机器人机构学中，矩阵李群常用于表示刚体的位姿变换，如平移和旋转。其中，特殊正交群 SO(3)表示三维空间中的旋转变换，特殊欧氏群 SE(3)表示三维空间中的刚体运动变换。矩阵李群的应用涉及运动学、动力学和控制等领域，为机器人的设计、分析和控制提供数学工具。李代数是一个配备李括号二元运算的向量空间，满足一定代数性质。矩阵李代数是李群的切空间，用于描述李群中元素的局部变化。对于 SO(3)和 SE(3)，它们的李代数分别为 so(3)和 se(3)，分别表示旋转矩阵切空间和刚体变换矩阵切空间。在机器人机构学中，矩阵李代数常用于线性化运动方程，从而简化正、逆运动学问题的求解。考虑矩阵李代数的微分，从而设计控制算法来实现精确运动控制。在位姿估计和机器人精度建模中，矩阵李代数有助于描述微小位移，从而分析误差对位姿的影响。利用矩阵李代数还可以实现机器人在三维空间中的导航和路径规划。

(2) 对偶四元数　四元数是一种扩展的复数系统，包含实部和虚部。对偶四元数是四元数的扩展，由一个实部四元数和一个对应的双线性变换构成。在机器人机构学中，对偶四元数可较为简洁地表示刚体的位姿变换，准确描述运动变换。对偶四元数在机器人机构学中有广泛应用，在刚体表示方面，对偶四元数可同时表示刚体的平移和旋转，将刚体运动表示为一个简洁格式，用于描述物体在三维空间中的位姿。在运动合成方面，刚体的平移和旋转可通过对偶四元数乘法组合起来，实现多个运动变换的合成。对偶四元数也用于计算机图形学的插值和动画，允许平滑地过渡和变换物体位姿。

(3) 旋量　旋量是描述速度空间、位姿变换的最简数学工具，可视为对偶四元数的进一步推广。在机器人机构学中，旋量用于表示刚体和机构的速度、位姿，描述机器人关节、末端执行器（动平台）的运动变换，具有直观、易操作的合成计算方法，可为机器人的建模、综合、分析提供便捷的数学工具。

综上所述，矩阵李群李代数、对偶四元数和旋量是机器人机构学中的重要数学工具，用于描述机器人的位姿和运动变换，在机器人学科中相互补充和联系，为机器人技术的发展提供了强大的数学支持。后续章节会详细对比三种数学工具之间的区别和联系。

2. 机构学与力学

力学在机构学中的应用主要包括以下方面：

(1) 运动分析　力学原理用于分析机器人关节的运动轨迹、速度和加速度，帮助预测机器人在不同条件下的行为。

(2) 动力学　动力学研究机器人运动中的力、加速度和惯性等因素。这有助于优化机器人设计以提高性能和稳定性。

(3) 力控制　力学概念被应用于力控制算法，使机器人能够对外部施加的力或力矩做出响应。

力学在机器人机构学中发挥着关键作用，牛顿力学、静力学、动力学在机器人系统设计和分析的各个环节均发挥重要作用。例如，牛顿力学常用于建立机器人机构运动副运动、力参数与末端平台状态之间的映射；静力学用于计算机构运动副和末端的静态负载、支撑力以及静态平衡条件，开展刚度与精度分析；拉格朗日力学、哈密顿力学用于建立机构的动力学模型，描述其动态特性。力学建模为机器人机构运动、稳定性、控制的分析与优化奠定基础，对于设计稳定、精确、高效的机器人系统具有重要意义。

1.2.3　机器人机构学的研究内容

机器人机构学作为机器人学中的一个重要分支，涵盖了多个研究领域和内容。其主要的研究内容如下：

（1）构型综合（Type Synthesis）　构型综合是研究如何设计和选择机器人的运动副和支链结构，以满足特定的运动和工作要求。这涉及选择合适的关节类型、连接方式以及链的数量和排布，以实现所需的自由度和运动模式。构型综合是机械创新设计领域的重要研究内容，对于设计各种机器人、机械装置、工具和机械系统都至关重要。

（2）运动学（Kinematics）　运动学研究机器人的几何和时间性质，通过描述机器人末端执行器的位置、速度、加速度与关节参数之间的关系，分析机器人的位姿变换、动态轨迹。

（3）静力学（Statics）　静力学研究机器人在静止状态下的平衡情况，分析受力平衡和力矩平衡，计算机器人关节的支持力、静态负载分布以及关节力。

（4）动力学（Dynamics）　动力学研究机器人受到外力和力矩作用下的运动行为，涉及机器人的加速度、惯性力和关节动态行为。动力学分析有助于理解机器人的运动特性、动态性能和控制需求。

（5）性能评价（Performance Evaluation）　性能评价涉及对机器人机构的性能进行分析和评估，包括位姿/工作空间准确度、速度实现能力、力传递能力、负载能力等，以确定机器人是否能够满足特定应用需求。

（6）优选（Optimization）　机器人机构的设计和性能可以通过数学方法进行优化，包括构型优选、参数优化、运动和动态特性优化等。

机器人机构学通过研究这些内容，为机器人的设计、建模、综合、分析、控制和优化提供理论方法，为工业自动化、特种机器人系统开发等领域奠定基础。

1.3　机器人机构的分类

运动是机器人机构的核心特征。刚体生成的独立运动称为自由度。固定基座具有零自由度，空间中的自由刚体具有六自由度，如绕相互正交的轴线旋转三次、并沿这些轴线平移三次。机器人机构的输出运动由一组输入运动生成。从输入到输出的运动通过刚体与运动副之间连接来实现。机构运动可由两种基本运动副生成，即转动副（R 副）和移动副（P 副）。除这两种基本类型运动副外，还有螺旋副（H 副）、圆柱副（C 副）、胡克副（U 副）和球副（S 副）。其中，R 副、P 副和 H 副是单自由度运动副，C 副和 U 副具有两个自由度，S 副具有三个自由度。

机器人机构的输入运动由单自由度运动副执行，而其输出运动则由不同运动组合得到。根据固定基座和末端执行器（动平台）之间的运动副布置关系，刚性机器人机构主要分为三大类，即串联机构、并联机构和混联机构。

1.3.1 串联机构

串联机构由若干个运动副直接串接组成。因两自由度和三自由度运动副为两个、三个单自由度运动副的组合，故串联机构可视为由若干单自由度运动副连接组成，如图 1.1 所示。串联机构也被称为串联运动链或串联支链。

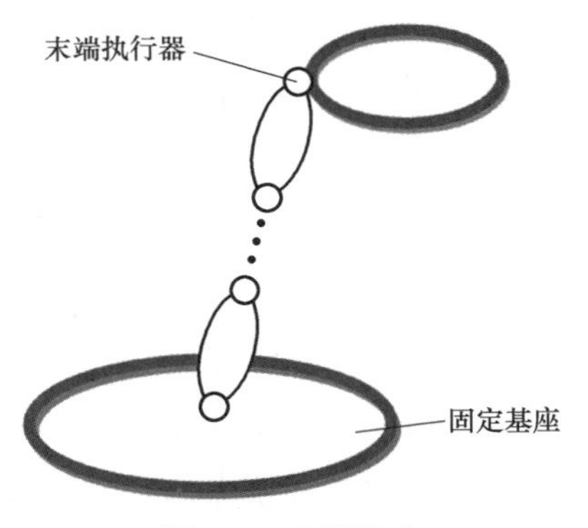

图 1.1 串联机构

目前，ABB、KUKA、FANUC 等公司成功发明了许多串联机构并将其设计为商业化机器人。其中，最常用的串联机构由六个 R 副组成的六自由度机构，能实现六轴可控运动，广泛应用于汽车、医疗、电子等不同行业。其中，最典型的代表是 ABB 关节型机器人、KUKA KR QUANTEC 机器人和 FANUC ARC Mate 机器人，如图 1.2 所示。

图 1.2 六自由度串联机构

另一种广泛使用的串联机构是四自由度机构。四自由度串联机构可以实现三自由度平动和单自由度转动，常由三个 R 副和一个 H 副组成，其运动副轴线相互平行。与六自由度机构相比，四自由度机构的驱动副更少，控制系统更简单，成本更低，精度更高，加工速度更快。基于该机构开发出的典型机器人为 ABB SCARA 机器人和 FANUC SR 机器人，如图 1.3 所示。这类四自由度串联机构的运动也被称为 SCARA 运动。

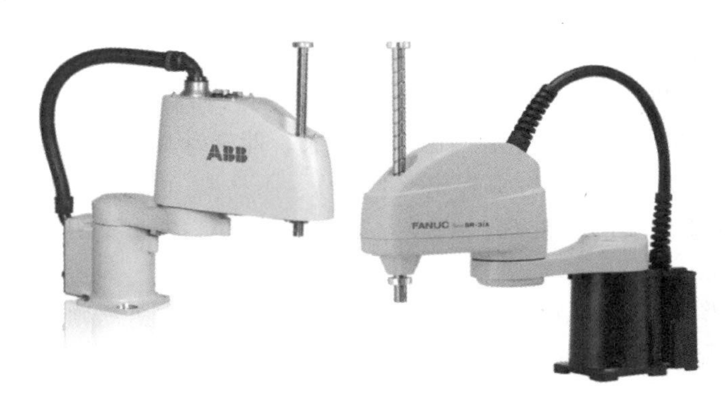

图 1.3 四自由度 SCARA 串联机构

因机构的自由度最多包含三个平动和三个转动，故空间机构的自由度不超过六。自由度小于六的机构称为少自由度机构。显然，SCARA机构是少自由度机构。广泛使用的四自由度KUKA KR 40 PA机器人和FANUC M-410iC机器人也是少自由度串联机构，如图1.4所示。这些四自由度机构由两对R副组成。每对R副在初始位姿时的轴线相互平行。因此，该机构可以实现两自由度平动和两自由度转动。

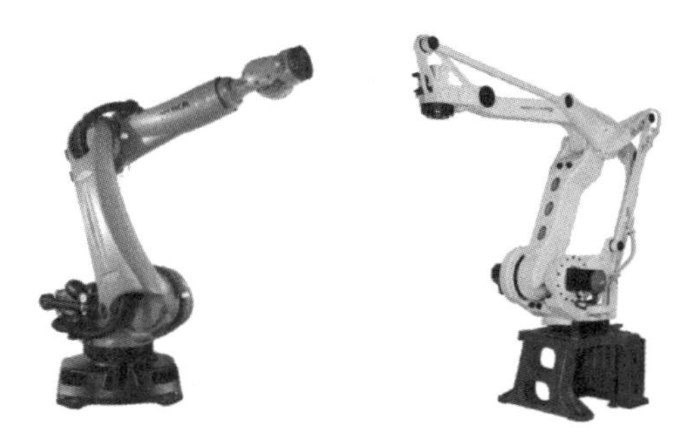

图1.4　其他四自由度串联机构

上述六自由度和少自由度机器人主要应用于工业场景，为了节约成本，其不含冗余驱动。然而，用于医疗康复、健康服务或执行其他需具备高灵活性、适应性和敏捷性的作业任务时，冗余驱动具有重要作用，可使机器人近似模仿人类动作。如图1.5所示，ABB IRB 14050单臂YuMi协作机器人和KUKA LBR iiwa机器人使用七个R副来构成冗余驱动机械臂。

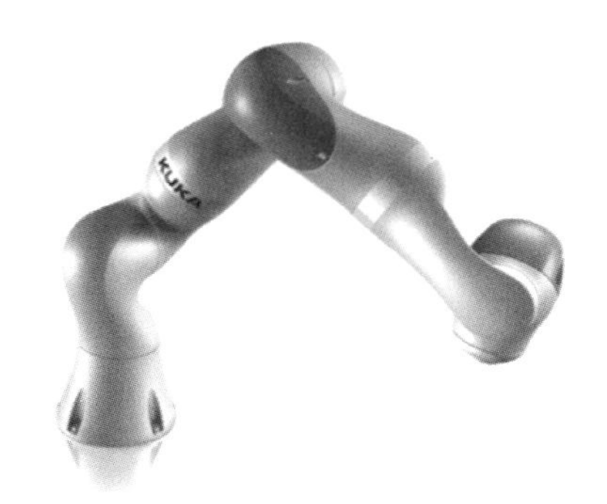

图1.5　七轴串联机构

1.3.2　并联机构

并联机构由至少两个运动链并联组成，在固定基座和末端执行器之间形成至少一个闭环。每条运动链为并联机构的一个支链，各支链均为串联机构，并联机构运动由多个支链的交集合成。为了区分串联和并联机构的末端执行器，并联机构的执行器称为动平台。根据闭环的数量，并联机构可分为两支链并联机构和多支链并联机构。

1. 两支链并联机构

两支链并联机构具有一个闭环。如图1.6所示，每个支链都可视为一个串联机构，将固定基座连接到动平台。

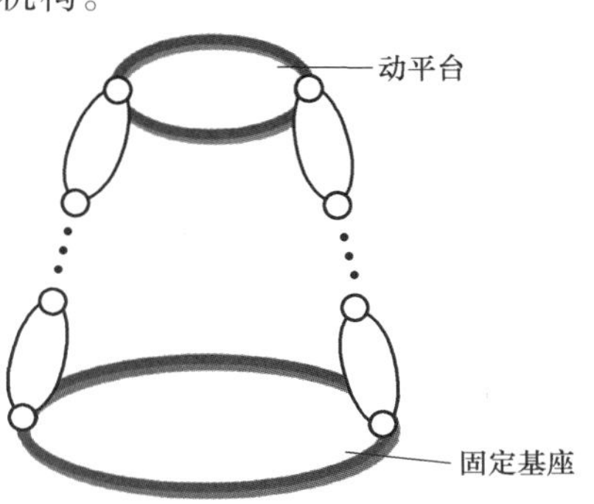

图1.6　两支链并联机构

两支链并联机构通常用作更复杂机构的子结构，如多支链并联机构或混联机构，这些机构将在后文介绍。两支链并联机构有两种基本类型。第一类是单自由度机构，其支链由多个R副组成，这些运动副的轴线之间具有特定几何关系；第二类两支链并联机构，每个支链由若干单自由度运动副组成，自由度数目为1~6。

常见的单自由度并联机构有平面4R机构、球面4R机构、Bennett机构、Myard机构、Goldberg机构和Bricard机构。

平面4R机构由四个轴线相互平行的R副组成。如图1.7a所示，该机构可生成一个轴线方向固定、位置可变的单自由度转动。如图1.7b所示，当平面4R机构的四个连杆构成平行四边形时，它可以生成分岔运动，该运动是沿着一个圆环单自由度平动和一个轴线方向固定、位置可变单自由度转动的并集。

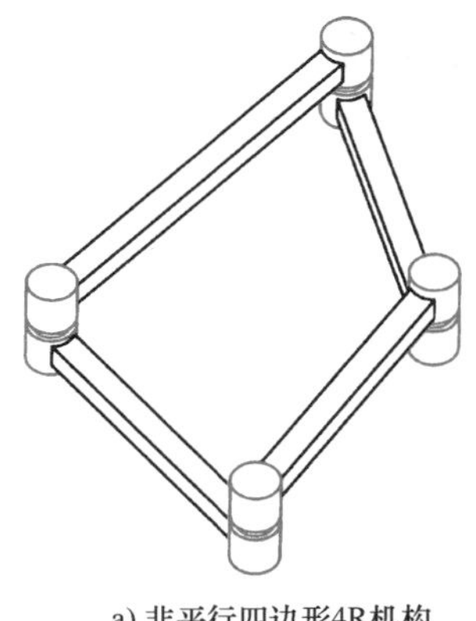

a) 非平行四边形4R机构

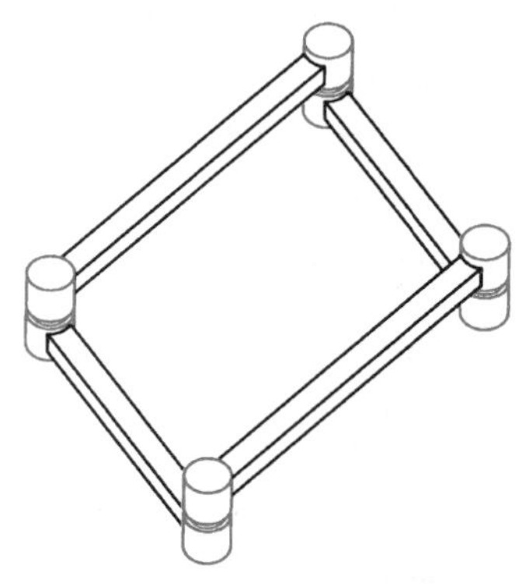

b) 平行四边形4R机构

图1.7 平面4R机构

在球面4R机构中，四个R副的轴线汇交于一点，如图1.8a所示。该机构可输出单自由度转动，其轴线经过转动中心，转动方向时刻变化。不相邻的两个R副轴线共线时，该机构围绕两个轴线生成分岔运动，如图1.8b所示。

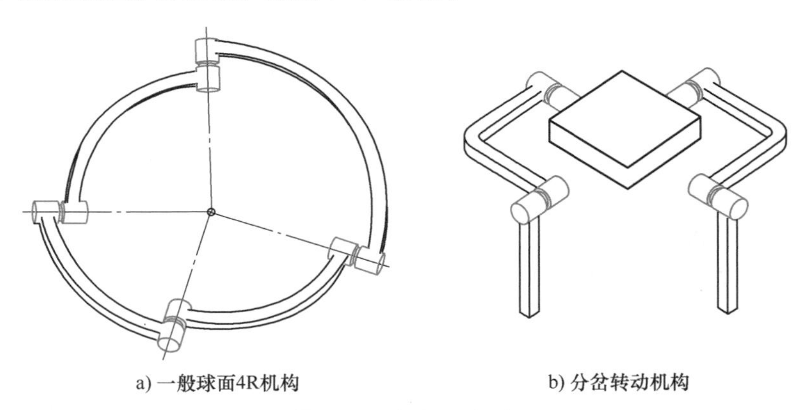

a) 一般球面4R机构　　b) 分岔转动机构

图1.8 球面4R机构

与平面和球面4R机构类似，Bennett机构也由四个R副组成。Bennett机构中的四个R副既不平行也不相交，即轴线空间异面，如图1.9所示。该机构的两个不相邻连杆具有相同长度，不相邻连杆两端R副形成的夹角度数相同，且连杆长度与夹角正弦成正比。Bennett机构生成轴线方向与位置时刻变化的单自由度转动。

Myard机构和Goldberg机构都由五个R副组成，均为两个Bennett机构的组合。如图1.10a所示，两个Bennett机构共用两个公共连杆和两个公共R副，移除公共连杆和一个公共 R 副，则形成 Myard 机构。如图 1.10b 所示，两个 Bennett 机构共用一个公共连杆和两个公共 R 副，Goldberg 机构是通过移除公共连杆和其中一个公共 R 副得到的。在与 Bennett 机构相同的几何条件下，Myard 机构和 Goldberg 机构生成了轴线方向和位置可变的单自由度转动。

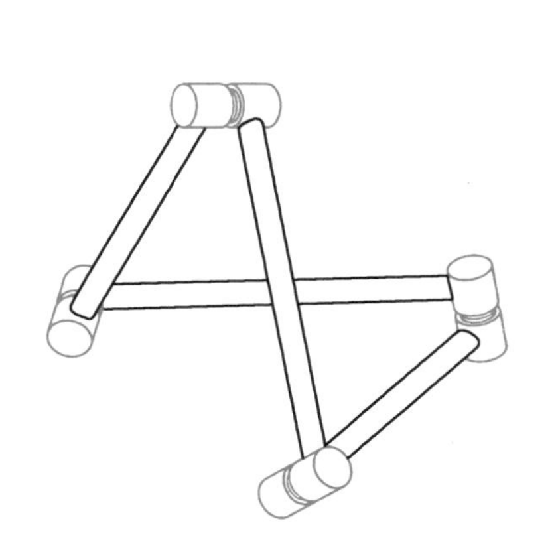

图 1.9 Bennett 机构

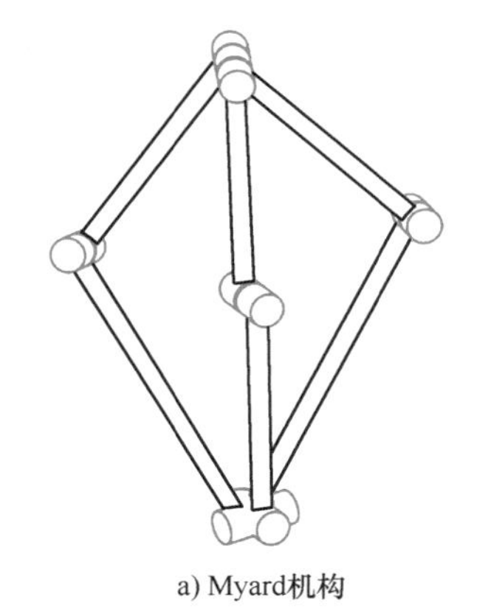

a) Myard机构

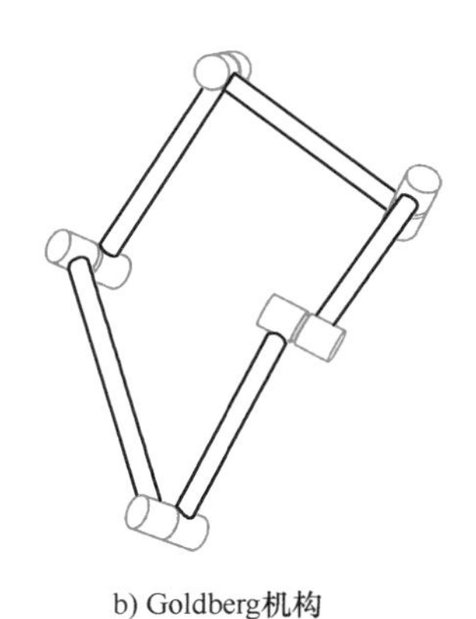

b) Goldberg机构

图 1.10 Myard 机构和 Goldberg 机构

三重对称 Bricard 机构包含六个 R 副和六个连杆，如图 1.11 所示，其所有连杆的长度都相等。该机构中任意两个相邻连杆的夹角之和为 2π。Bricard 机构生成绕方向和位置可变轴线的单自由度转动。

除了上述具有单自由度且仅由 R 副构成的两支链并联机构之外，还有许多具有一到六个自由度的其他两支链并联机构。这些机构具有固定的平动和转动方向，Kong 和 Gosselin 对此进行了系统地研究。在此，下文列出了第二类两支链机构的一些例子，如图 1.12~图 1.14 所示。

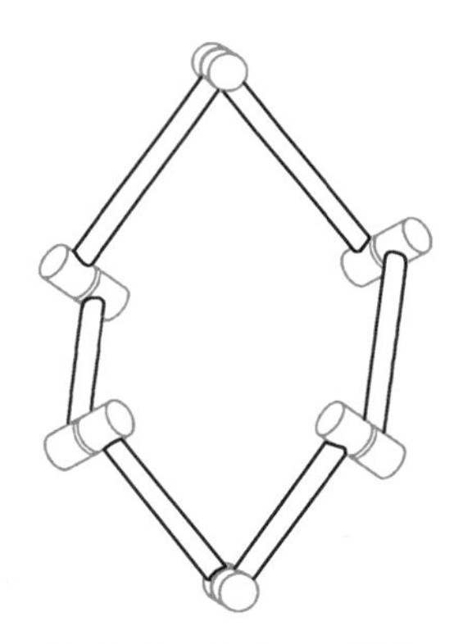

图 1.11 Bricard 机构

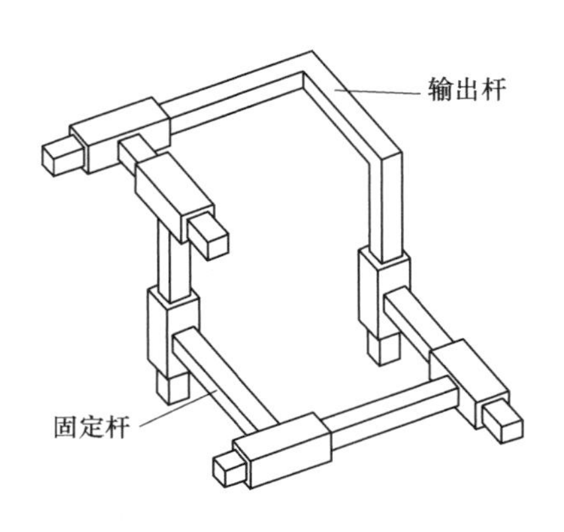

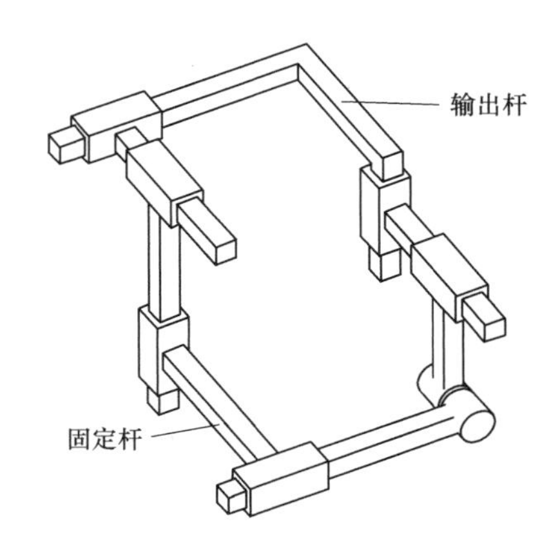

图 1.12 具有三自由度平动的两支链并联机构

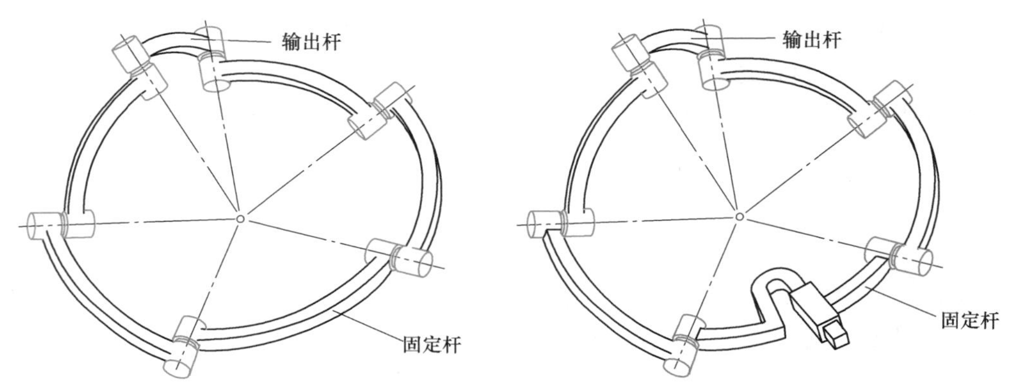

图 1.13　具有三自由度转动的两支链并联机构

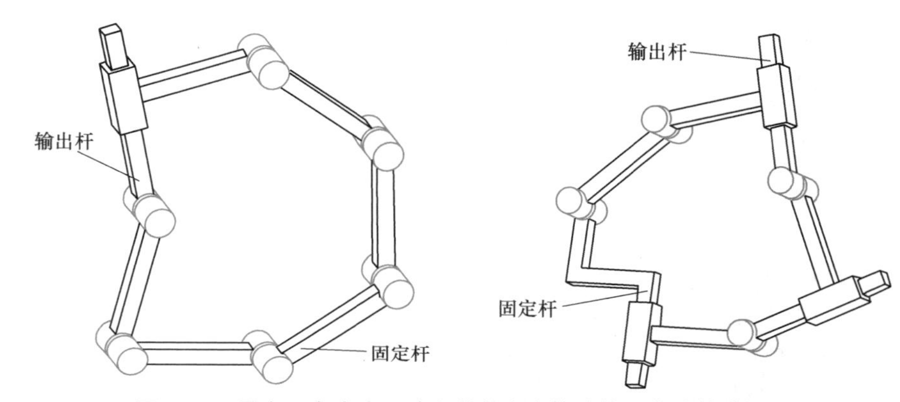

图 1.14　具有两自由度平动和单自由度转动的两支链并联机构

2. 多支链并联机构

多支链并联机构由超过两条支链组成，如图 1.15 所示，其运动形式更加复杂和多样化。近些年，许多并联机构被成功设计为工业机器人，以下列出了一些典型并联机构。

Gough-Stewart 并联机构具有六个自由度。它由六条 SPS 支链组成，可以实现空间任意自由度。该机构的六个支链对称分布在固定基座和动平台之间，结构紧凑，工作空间较小，但具有较高的刚度和精度。20 世纪 60 年代以来，该并联机构已被广泛应用于工业领域，用于宇航员训练、雷达制导、轮胎测试等任务。基于这种机构的典型商业机器人为 FANUC F-200iB，如图 1.16 所示。

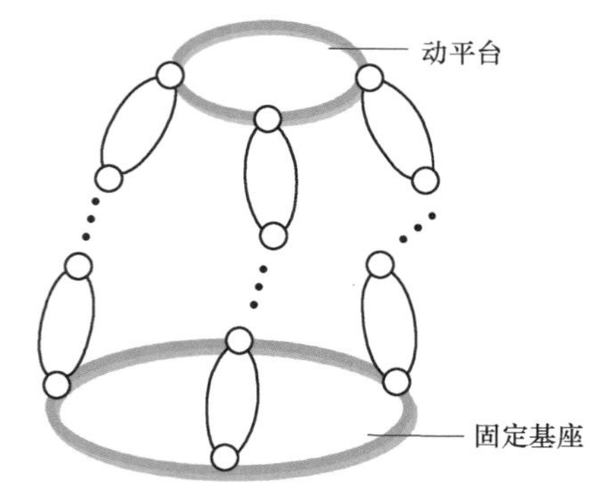

图 1.15　多支链并联机构

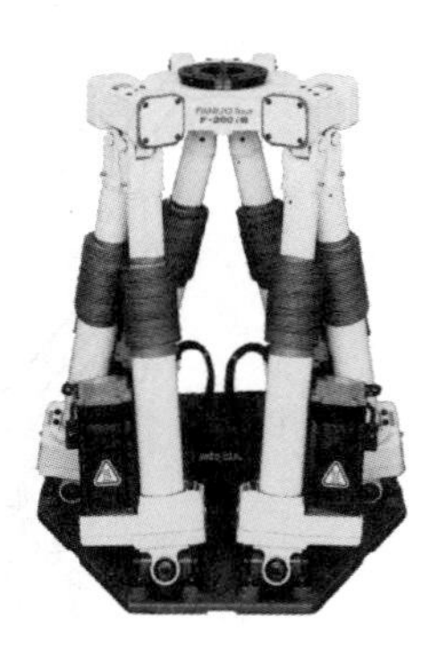

图 1.16　Gough-Stewart 并联机构

Delta 并联机构由三条 R（SS)^2 支链组成，可沿任意方向平动，具有三个自由度。(SS)^2 由四个 S 副组成，在每条支链中形成内闭环。R（SS)^2 支链对称分布在固定基座和动平台之间，由于其特殊结构，所有驱动副都可设置在固定基座上，动平台可达到非常高的速度。该机构主要用于快速抓取和放置，典型的 Delta 机器人包括 ABB IRB 360 FlexPicker 和 FANUC M-2iA，如图 1.17 所示。

Sprint Z3 Head 并联机构也为三自由度机构。如图 1.18 所示，其由三条 PRS 支链组成，被称为 3PRS 机构。Hunt 在 20 世纪 70 年代发明了 3PRS 和 3RPS 机构。3PRS 和 3RPS 机构生成相同的运动，即沿垂直固定基座方向的平动以及轴线方向和位置可变的二维转动。Sprint Z3 Head 已成功用于汽车和航空等领域的加工制造。

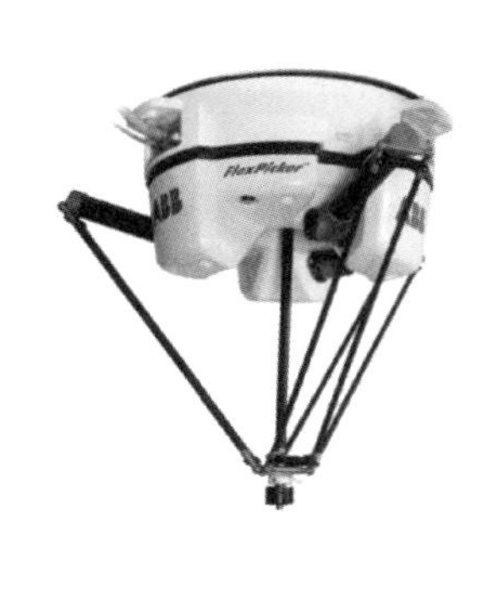

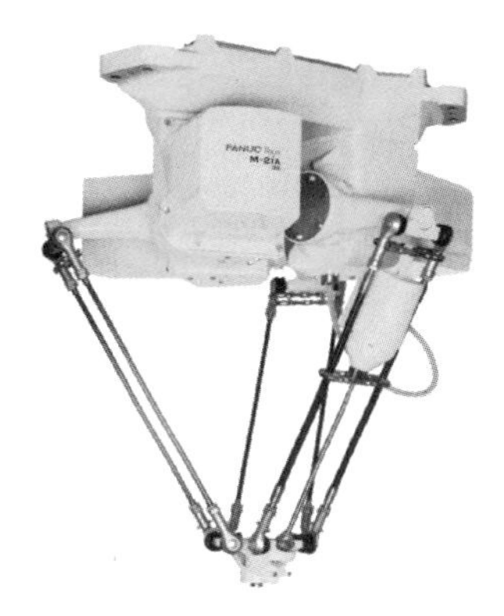

图 1.17 Delta 并联机构

图 1.18 Sprint Z3 Head 并联机构

此外，还有两种经典的三自由度并联机构，即 Neumann 发明的 3UPS-UP 和 2UPR-SPR 机构。因为 UPS 支链有六个自由度，所以 3UPS-UP 机构的运动与 UP 支链相同。因此，其可实现沿一个固定方向的平动和绕两个固定轴线的转动。在 2UPR-SPR 机构中，两个 UPR 支链与固定基座相连的 R 副轴线共线。由此，两个 UPR 支链可形成一个平面，与 SPR 支链一起组成 T 型布置。2UPR-SPR 机构沿垂直固定基座方向生成一个平动，同时生成两个转动。两个转动的轴线都有固定位置，式中，第一个轴线方向固定，而另一个轴线方向随第一个轴线转动而变化。如图 1.19 所示，PKM Tricept S. L. 和 Exechon Enterprises L. L. C. 公司将这两个并联机构开发为工业机器人，分别称为 Tricept 和 Exechon，广泛用于各类机械加工、焊接和钻孔任务。

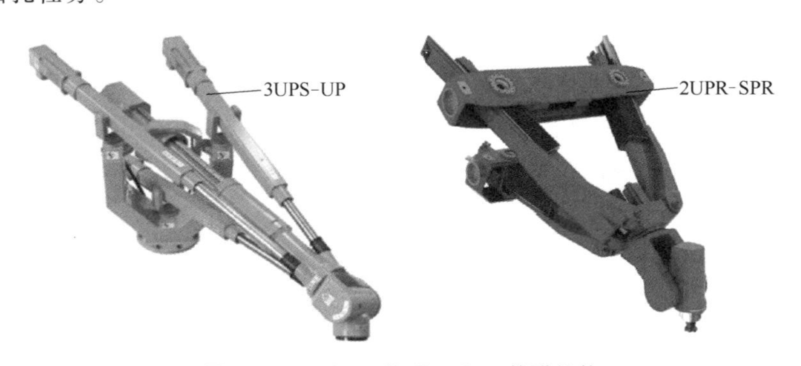

图 1.19 Tricept 和 Exechon 并联机构

Ross-Hime 公司开发的 Omni-Wrist VI 由四条 RSR 支链和一条 SS 支链构成。SS 支链连接在固定基座和动平台的中心。四个 RSR 支链相对于 SS 支链呈对称布置，如图 1.20 所示。Omni Wrist VI 绕两个方向和位置可变的轴线进行二维转动。由于其灵活的转动能力，在目标跟踪、雷达制导等领域有着广泛应用。

除上述机构外，许多生成三平动两转动（3T2R）五自由度运动、3T1R 四自由度运动和 2T1R 三自由度运动的多支链并联机构已在学术界被提出并进行了深入分析，这些机构在商业机器人应用方面具有巨大潜力。

1.3.3 混联机构

混联机构由多个部分串接组成，其每个部分是一个串联机构或并联机构，如图 1.21 所示。

图 1.20 Omni-Wrist VI 并联机构

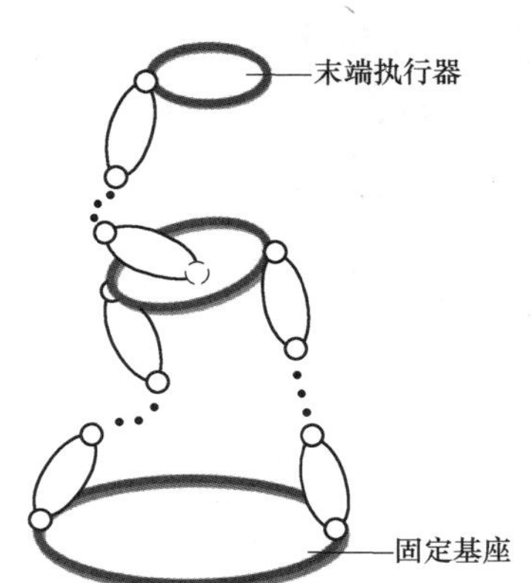

图 1.21 混联机构

传统的混联机构通常由两部分组成，即并联部分和串联部分。并联部分连接到固定基座，而串联部分连接到末端执行器。通常，将两/三自由度串联机构连接到三自由度并联机构的动平台上，由此组成五/六自由度混联机构。例如，五轴 Exechon 混联机床由 Exechon 并联机构和两自由度 RR 串联机构组成，六自由度 FANUC M-3iA 混联机器人由 Delta 并联机构和三自由度 RRR 串联机构组成，如图 1.22 所示。这些混联机构同时具备串联和并联机构的优点，工作空间大、转动灵活、刚度大、精度高。

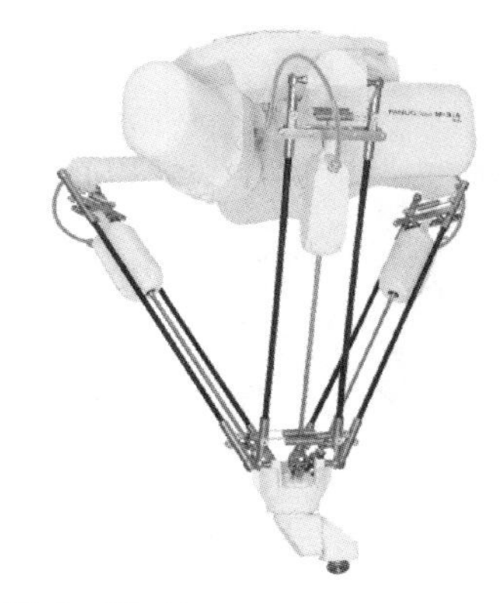

图 1.22 典型的混联机构

近些年，部分学者发明了一些通用的混联机构。这些机构由几个并联机构组成，如图1.23所示。类似地，更多混联机构可通过将多个串联和并联机构按照特定序列组合获得。

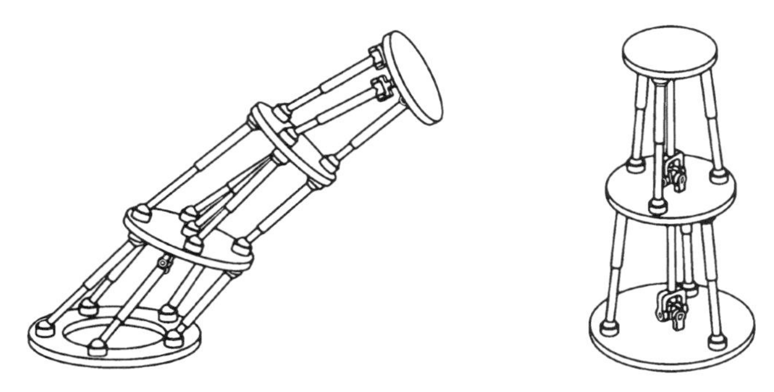

图1.23 由几个并联机构组成的混联机构

1.4 机器人机构的创新设计

增强自主创新，特别是原始创新能力是21世纪科学技术发展的战略基点。对于机械产品，创新设计是决定产品生命力的重要因素，也是机械设计中最具挑战性的核心内容。创新设计涉及产品的结构、功能、材料、制造工艺等诸多方面，对改善产品性能、提高自主设计能力有着十分重要的意义。而机构设计作为机械设计的重要环节，其创新设计方法的理论研究一直以来备受关注。

以机器人机构为例，创新设计主要体现在产品结构、运动方式、材料属性上。例如，柔性和可变形机器人的创新设计探索了基于柔性材料的机构和运动方式，这种设计可以使机器人更适应复杂环境，如狭小空间、危险环境、生物医学应用等；模块化机构设计使得机器人的组件可以相互替换和组合，通过可重构适应不同任务和场景，以提高机器人的灵活性和可维护性；外骨骼机器人的创新机构设计可以增强人体力量和运动能力，改善人机协同性和人体功能，用于康复、助力和军事领域。总体而言，这些创新设计使机器人能够更好地适应多样化的任务和环境，为人类社会带来更多便利。

1.4.1 构型创新

机器人机构的构型涵盖了机构基本结构信息，即拓扑信息，包括机构中运动副的数目、种类、连接次序、轴线方位等。由此可见，构型直接决定了机构的主体结构、运动方式和动力学性能，故构型设计是机器人机构创新设计的首要环节，是自主创新的根本，为高端装备的设计与研发提供灵感与源动力。机构构型创新主要包括两方面研究，即构型综合与构型优选。前者旨在根据装备作业任务对应的期望运动模式，设计机构中支链和运动副的数目、类型以及空间排布与连接关系，得到具有期望运动模式的机构构型；后者目标则为在得到的若干机构构型中，选取出结构稳定、性能优良的构型用于机械装备设计。

目前，构型创新设计研究在原始创新等方法上都有体现。原始创新方法是指通过引入更先进简洁的数学工具、力学原理等理论来实现机构创新的方法。例如，根据数学工具和理论依据的差异，构型综合方法有基于旋量理论的约束螺旋综合法和虚拟链法、基于李群理论的位移流形综合理论、基于单开链单元的型综合理论等，其利用引入的不同理论工具来实现构型创新设计。本书引入有限旋量来进行机器人机构构型的理论建模，与矩阵李群李代数、对偶四元数等数学工具建立的模型相比，有明显区别和优势，这将在后文详细阐述。

构型综合是构型创新的第一步，其目标是通过机构元素与数学工具的联系来描述构型拓扑信息，再根据指定流程得到具有期望运动模式的全部可行构型，其研究内容包括运动模式的解析表征、旋量集合的代数交集、支链运动的等效变换、支链的几何装配条件等。机构中支链间装配条件和支链各运动副轴线间布置关系的研究对发现新构型十分关键。

构型优选是机构设计的依据和目标，通过对机构拓扑构型、尺度参数、驱动布局等的优化，使设计机构能够满足所选用性能评价指标的要求。其主要任务为在浩如烟海的新构型中遴选出最具工程实用价值的构型，对机构构型创新具有重要意义。构型优选需要合理的指标对机构性能进行评价，同时，构型优选需同时考虑拓扑构型、尺度参数、驱动布局等因素。

1.4.2 运动学分析与设计

运动学分析与设计是机构创新最重要组成部分之一，直接影响整机的性能，其涵盖了位移分析、工作空间分析、速度建模与分析、加速度建模与分析等方面，以确保机器人能够在任务执行过程中实现精确、稳定运动。

运动学通常包含正运动学与逆运动学两个方面的内容。正运动学研究通过给定关节参数或关节位置，来计算机构末端执行器的位置和姿态。反之，逆运动学研究通过给定末端执行器的位置和姿态，计算出机构各个关节的位置或角度。逆运动学问题更复杂，因为其涉及多个解或无解的情况。解决逆运动学问题需要考虑机构可达性、避免奇异点以及满足约束条件等。正、逆运动学是机器人机构运动学中基础且关键的问题，对于机器人机构运动的建模与控制至关重要。

通过已知关节位置或角度计算机构末端执行器/动平台的位置和姿态为位移正解；反之，为位移逆解。与位移建模分析相似，速度建模分析、加速度建模分析也是运动学分析与设计的重要环节之一。速度分析属于一阶运动学范畴，重点在于建立速度雅可比矩阵，是沟通运动学与静力学的桥梁；加速度分析属于二阶运动学范畴，旨在建立加速度海塞矩阵，是联系运动学与动力学的重要纽带。根据位移的正、逆解可进一步确定机构工作空间。对于多自由度机构，一般来说都至少包含两种工作空间，即姿态工作空间和位置工作空间。姿态工作空间是指机构末端至少能以一种姿态到达的位置点集合；位置工作空间是指机构末端可以以任何姿态或从任何方向到达的位置点集合。显然，位置工作空间是姿态工作空间的子集。但随着机器人机构的结构越来越复杂，其工作空间求取越来越困难，解析法越来越难求解，本书后文将介绍一种边界搜索法用于工作空间的确定。工作空间大小和形状是衡量机器人机构性能的重要指标之一，是机构构型选择和轨迹规划不可或缺的条件。

性能评价指标主要分为运动学性能评价指标、静力学性能评价指标、动力学性能评价指标。运动学性能评价需进行运动分析与设计，其基础为基于速度雅可比矩阵建立评价指标，包括机构的运动解耦性、工作空间、奇异性、各向同性、灵巧度等，这些评价指标直接关系到机构的控制能力和运动平稳性。静力学性能评价指标包括关节力矩、运动/力传递、静刚度等，动力学评价指标包括动刚度、关节速度与加速度、关节力与力矩、动态精度等。静力学分析通常是动力学分析的一个子集。静力学分析可被视为在机构处于静态平衡或准静态运动时动力学分析的一种特殊情况。然而，当机构涉及快速运动、加速度和惯性效应时，就需要进行动力学分析，因为这些因素会对机构的性能产生显著影响。两者在研究方法和应用领域上虽有所不同，但在实际工程中常需要综合考虑，以完整理解机构运动特性。

1.4.3 动力学优化

动力学优化是机构创新设计中的关键环节，它包括两个基础问题：动力学建模与分析和动力学性能评价。其中，动力学建模分为正动力学分析和逆动力学分析，是实现机器人机构优化设计与驱动控制的研究基础。动力学性能评价是以机构的运动特性和动态特性等性能为优化目标的优化设计问题，相比于运动学性能评价，其研究一直较少。

正动力学建模过程复杂，因而研究较少；而逆动力学建模与正动力学建模恰好相反，其建模过程相对简单，相关研究较为全面。目前，建立、分析动力学模型的方法有拉格朗日法、牛顿-欧拉法、虚功原理法、凯恩方程法、影响系数法等，其中前两种最为经典与常用，但几种方法各有侧重，建模的难易程度视不同机构而定。例如，拉格朗日法建模过程规范，无需分析关节内力作用，但其计算因矩阵运算、偏微分运算推导而稍显烦琐；牛顿-欧拉法基于牛顿运动学定律和欧拉方程，原理简单、推导过程明了清晰，与拉格朗日法相比可求得关节内力，但其计算过程较复杂且推导模型格式不统一；虚功原理法是目前最有效的一种动力学建模方法，与其他方法相比，原理和推导过程简单、无需求解关节内力，其模型格式统一；凯恩方程法虽避免了内力分析与复杂的微分计算，但因其原理晦涩复杂而应用较少；影响系数法的优点是概念清晰、推导简洁、易于编程，但尚缺乏通用性。

动力学性能评价研究是实现复杂加工装备高性能高水平运动的前提，在机器人机构优化设计中具有十分重要的意义。性能评价方法有椭球法和非椭球法等。椭球法是通过 n 维性能椭球体反映机构动力学性能分布情况的方法；非椭球法是采用 n 维性能椭球体以外的手段反映机构动力学性能分布情况的方法，如平行多面体或不规则曲面等。其中，主要的性能评价指标以刚度、加速度、驱动力等为基础建立映射关系。例如，刚度是非常重要的性能评价指标，较高刚度不仅能避免由机构变形导致的静态误差，还能保证机构在高速运动中具有良好的动态特性。上述概念与方法将在后续章节详细讨论。

1.5 全书架构与章节安排

本书重点讨论和呈现机器人机构创新设计的理论与方法，可作为本科高年级教材和研究生机器人学、机构学课程教材，全书架构与章节安排如下。

第 1 章，作为全书绪论，简要回顾了机器人与机构学的产生和发展、机器人机构的分类、机器人机构学的研究内容以及机构创新设计内涵。

第 2 章，围绕机器人机构学中的常用数学工具及比较，重点介绍了矩阵李群和李代数、对偶四元数和纯对偶四元数、有限旋量和瞬时旋量三种数学工具体系及其之间的代数关联与转换。

第 3 章，基于旋量微分映射提出了有限-瞬时旋量理论，采用该理论构建了关节、支链、机构有限运动-瞬时运动-力模型，提出了机器人机构拓扑与性能建模的统一方法，具有极强通用性。

第 4 章，基于机器人有限运动模型，提出了机构构型综合的有限旋量方法，以转动轴线固定类、转动轴线变化类、曲面/曲线平动类机构为例，介绍了该构型综合方法与流程。

第 5 章，基于机器人机构连续与瞬时运动模型，开展运动学建模与分析，提出了位移与工作空间分析的有限旋量方法，系统呈现了基于旋量微分的串联、并联机构雅可比与海塞矩阵构建。

第 6 章，基于机器人机构力模型，在运动学模型基础上，结合变形旋量、以及静力与变形映射关系，提出了适用于各种串联、并联机构的通用静刚度、柔度矩阵构建与静力学建模方法。

第 7 章，基于机器人机构瞬时运动与力模型，考虑刚体质心与质量、惯性积与惯性矩阵，提出了关节、串联与并联机构的通用质心速度和加速度构建方法，由此完成动力学建模。

第 8 章，基于机器人机构运动学、静力学、动力学模型，系统构建了运动学、静力学、动力学性能评价指标，提出了机构参数的多目标优化理论。

第 9 章，结合两个机器人实例，呈现了以应用背景和作业场景为目标导向的机器人机构创新设计流程，详细展示了两个工业机器人机型各自的构型综合、性能建模、性能优化过程。

习　题

1. 简述机器人机构学与数学、力学之间的关系，通过查阅资料，试列举数学、力学对机器人机构学发展起直接促进作用的实例。

2. 作为学习本书的先修课程，“机械原理”是学习和掌握机器人机构学的基础，试说明“机械原理”课程中核心知识点在机器人机构学中的应用。

3. 全球工业机器人“四大家族”是哪四家企业？请列举其各自的机器人旗舰产品及其工业应用场景。

4. 按照机构的分类，传统 *XYZ* 三轴机床属于哪类机构，其拓扑构型是什么？

5. 为什么说机器人研究逐渐呈现多学科交叉融合的特点？请举例说明机器人与哪些学科领域有深度交叉融合。

参考文献

[1] SUN T, YANG S F, LIAN B B. Finite and instantaneous screw theory in robotic mechanism [M]. Singapore: Springer, 2020.

[2] 戴建生. 旋量代数与李群、李代数 [M]. 2 版. 北京：高等教育出版社，2020.

[3] 戴建生. 机构学与机器人学的几何基础与旋量代数 [M]. 2 版. 北京：高等教育出版社，2020.

[4] MURRAY R M, LI Z X, SASTRY S S. A mathematical introduction to robotic manipulation [M]. Boca Raton: CRC Press, 1994.

[5] 黄真，赵永生，赵铁石. 高等空间机构学 [M]. 2 版. 北京：高等教育出版社，2014.

[6] HUANG Z, LI Q C, DING H F. Theory of parallel mechanisms [M]. Dordrecht: Springer, 2013.

[7] ANGELES J. Fundamentals of robotic mechanical systems: theory, methods, and algorithms [M]. 4th ed. New York: Springer, 2014.

[8] TSAI L W. Robot analysis: the mechanics of serial and parallel manipulators [M]. New York: John Wiley

& Sons, Inc. , 1999.

[9] HUNT K H. Kinematic geometry of mechanisms [M]. Oxford: Oxford University Press, 1978.

[10] BALL R S. A treatise on the theory of screws [M]. Cambridge: Cambridge University Press, 1900.

[11] SUN T, YANG S F, HUANG T, et al. A way of relating instantaneous and finite screws based on the screw triangle product [J]. Mechanism and Machine Theory, 2017, 108: 75-82.

[12] SUN T, YANG S F, HUANG T, et al. A finite and instantaneous screw based approach for topology design and kinematic analysis of 5-axis parallel kinematic machines [J]. Chinese Journal of Mechanical Engineering, 2018, 31 (1): 1-10.

[13] HUO X M, YANG S F, LIAN B B, et al. A survey of mathematical tools in topology and performance integrated modeling and design of robotic mechanism [J]. Chinese Journal of Mechanical Engineering, 2020, 33 (1): 423-437.

[14] SUN T, HUO X M. Type synthesis of 1T2R parallel mechanisms with parasitic motions [J]. Mechanism and Machine Theory, 2018, 128: 412-428.

[15] SUN T, SONG Y M, GAO H, et al. Topology synthesis of a 1-translational and 3-rotational parallel manipulator with an articulated traveling plate [J]. Journal of Mechanisms and Robotics-Transactions of the ASME, 2015, 7(3): 0310151-0310159.

[16] SUN T, LIAN B B, YANG S F, et al. Kinematic calibration of serial and parallel robots based on finite and instantaneous screw theory [J]. IEEE Transactions on Robotics, 2020, 36 (3): 816-834.

[17] SUN T, SONG Y M, DONG G, et al. Optimal design of a parallel mechanism with three rotational degrees of freedom [J]. Robotics and Computer-Integrated Manufacturing, 2012, 28 (4): 500-508.

[18] SUN T, LIAN B B, SONG Y M, et al. Elasto-dynamic optimization of a 5-DoF parallel kinematic machine considering parameter uncertainty [J]. IEEE/ASME Transactions on Mechatronics, 2019, 24 (1): 315-325.

[19] SUN T, YANG S F. An approach to formulate the hessian matrix for dynamic control of parallel robots [J]. IEEE/ASME Transactions on Mechatronics, 2019, 24 (1): 271-281.

[20] SUN T, LIANG D, SONG Y M. Singular-perturbation-based nonlinear hybrid control of redundant parallel robot [J]. IEEE Transactions on Industrial Electronics, 2018, 65 (4): 3326-3336.

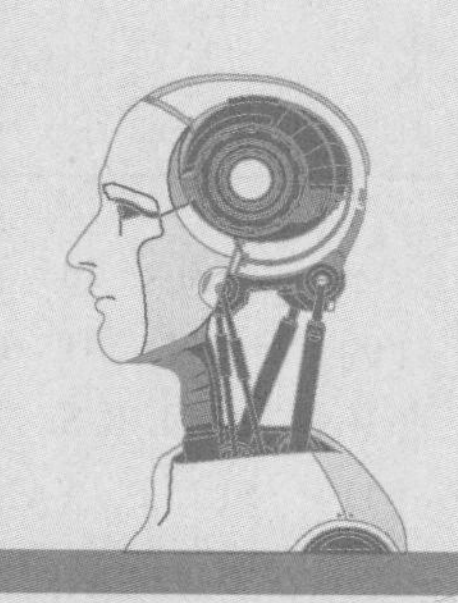

第2章 常用数学工具及比较

2.1 引言

根据运动的不同状态与性质，刚体运动可分为有限运动和瞬时运动两类。由 Chasles 定理可知，有限运动可采用三维空间特殊欧氏群（special Euclidean group of three-dimensional space，简记为李群 SE(3)）表示；根据 Mozzi 定理，瞬时运动可采用 SE(3) 对应的李代数 se(3) 表示。换言之，李群 SE(3) 与李代数 se(3) 可完备描述刚体运动。

作为全书的理论基础，本章将详细论述、对比李群 SE(3) 和李代数 se(3) 的多种表达格式，如矩阵李群与矩阵李代数、对偶四元数与纯对偶四元数、有限旋量与瞬时旋量，其中涉及每种表达格式的有限运动描述、瞬时运动描述、有限-瞬时运动映射等核心内容，为后面章节提供严谨的数学工具。首先，介绍 4×4 实数矩阵格式李群元素的矩阵乘法合成、李代数元素的矩阵李括号运算，通过建立矩阵李群与李代数之间的指数积映射，揭示矩阵李群为表示点、线坐标变换的 SE(3) 表达格式。其次，介绍对偶四元数格式李群元素的四元数乘法合成、纯对偶四元数格式李代数元素的四元数李括号运算，在此基础上建立对偶四元数李群与纯对偶四元数李代数之间的指数积映射。再次，介绍仿向量格式有限旋量及其旋量三角运算、向量格式瞬时旋量及其旋量叉积运算，进而建立旋量微分以揭示有限旋量集合的李群结构和瞬时旋量集合的李代数结构。最后，通过构建上述李群和李代数表达格式之间的代数关联与转换，并建立矩阵、对偶四元数乘法与旋量三角运算的数学关联，在李群表示论层面揭示各种表达格式的代数结构及其区别和联系，由此对比不同表达格式的优势与缺陷。

本章通过分析、对比李群 SE(3) 和李代数 se(3) 的多种表达格式，说明旋量格式李群和李代数在刚体运动表征、运算方面的优势。机构综合、分析与设计难以在统一理论框架下开展是长期困扰机器人机构学领域的难题。旋量理论为刚体运动描述、建模和分析提供了简洁、统一的理论框架，同时为机器人机构构型综合、性能分析与优化设计提供了简洁、高效的数学工具以及普适、集成的方法体系。

2.2 机器人机构的有限运动和瞬时运动

在同一数学框架下，严格准确地表述刚体有限和瞬时运动是机构学研究的经典问题，也是机构拓扑构型综合、运动学与刚体动力学建模与分析的重要数学基础。有关刚体有限和瞬时运动的描述可追溯到 Euler 等提出的空间转动特征参数及有限转动与瞬时转动的映射关系，即著名的 Euler-Rodrigues 参数与 Euler-Rodrigues 旋转公式。而后 Klevin 等通过引入群论对上述工作做了重要补充和拓展，进而为一般刚体运动的普适性描述奠定了重要的理论基础。近 50 年来，机构学工作者在刚体有限和瞬时运动描述方面做了大量富有成效的工作，其中基于李群 SE(3) 和其对应李代数 se(3) 的运动表达格式在机器人机构学研究中取得了广泛应用。

2.2.1 李群与李代数理论

李群是定义在一个运算下的简单代数结构，是具有群结构的实流形或者复流形，并且群中合成运算和逆元运算是流形中的解析映射。李群在数学、物理学、工程学中均有非常重要的作用。在刚体运动范畴内，李群为具有微分流形结构的群。下面介绍群与李群的概念与定义。

设集合 G 中具有无穷多个元素，若 G 中元素在运算“∘”下满足封闭性、结合律、零元素存在性、逆元素存在性的性质，则该集合的代数结构为群。

（1）封闭性　设 a_1、a_2 为集合 G 中任意两元素，两者在运算“∘”下的结果仍在 G 中，即

$$\forall a_1, a_2 \in G,\ a_1 \circ a_2 \in G \tag{2-1}$$

（2）结合律　设 a_1、a_2、a_3 为 G 中任意三元素，三者在运算“∘”下满足结合运算，即

$$\forall a_1, a_2, a_3 \in G,\ (a_1 \circ a_2) \circ a_3 = a_1 \circ (a_2 \circ a_3) \tag{2-2}$$

（3）零元素存在性　设 a 为 G 中任意元素，在 G 中存在零元素 a_0，使 a 与 a_0 在运算“∘”下的结果与交换运算结果均为 a，即

$$\forall a \in G,\ a \circ a_0 = a_0 \circ a = a \tag{2-3}$$

（4）逆元素存在性　设 a 为 G 中任意元素，在 G 中存在其逆元素 a^{-1}，使 a 与 a^{-1} 在运算“∘”下的结果与交换运算结果均为 a_0，即

$$\forall a \in G,\ a \circ a^{-1} = a^{-1} \circ a = a_0 \tag{2-4}$$

任意定义一个集合 G 与一个运算“∘”，若 G 中的全部元素在运算“∘”下满足如上 4 点性质，则 G 构成一个群。在此基础上，如果将 G 做参数化处理，且 G 在其任意元素 a 处均可求解微分，即 G 具有可微性，则 G 可进一步构成李群。此时，G 在其零元素 a_0 处的微分为该李群 G 对应的李代数 g。

需要指出的是，李代数为李群的微分空间（切空间），具有线性结构。换言之，李代数为线性空间（向量空间）。因此，李代数还可通过校验一个线性空间是否具有一些性质来定义。下面介绍李代数的概念与定义。

设 g 为线性空间，定义 g 中任意两元素 b_1、b_2 的二元李括号运算“[ ]”为 $[b_1, b_2]$，若 g 中元素在加法运算“+”与李括号运算“[ ]”下满足封闭性、分配律、逆交换律、轮换归零律的性质，则该线性空间的代数结构为李代数。

（1）封闭性　设 b_1、b_2 为线性空间 g 中任意两元素，两者在李括号运算“[ ]”下的结果仍在空间 g 中，即

$$\forall b_1, b_2 \in g,\ [b_1, b_2] \in g \tag{2-5}$$

（2）分配律　设 b_1、b_2、b_3 为线性空间 g 中任意三元素，其在运算“[ ]”下满足分配律，即

$$\forall b_1,b_2,b_3\in g,\ [b_1+b_2,b_3]=[b_1,b_3]+[b_2,b_3] \tag{2-6}$$

$$\forall b_1,b_2,b_3\in g,\ [b_1,b_2+b_3]=[b_1,b_2]+[b_1,b_3] \tag{2-7}$$

$$\forall b_1,b_2\in g,\ \forall k\in\mathbb{R},\ [kb_1,b_2]=[b_1,kb_2]=k[b_1,b_2] \tag{2-8}$$

式中，$\mathbb{R}$ 为实数域。

（3）逆交换律　设 b_1、b_2 为线性空间 g 中任意两元素，两者在运算“[ ]”下的结果满足逆交换运算，即

$$\forall b_1,b_2\in g,\ [b_1,b_2]=-[b_2,b_1] \tag{2-9}$$

（4）轮换归零律　设 b_1、b_2、b_3 为线性空间 g 中任意三元素，其在运算“[ ]”下的二重运算轮换加和后结果归零，即

$$\forall b_1,b_2,b_3\in g,\ [[b_1,b_2],b_3]+[[b_2,b_3],b_1]+[[b_3,b_1],b_2]=0 \tag{2-10}$$

任意定义一个线性空间 g 与一个李括号运算“[ ]”，若 g 中的全部元素在加法运算“+”与李括号运算“[ ]”下满足如上 4 点性质，则 g 构成一个李代数。若集合 G 构成一个李群，其中的零元素为 a_0，且满足

$$\dot{G}\,|_{a_0}=g \tag{2-11}$$

则 g 为李群 G 的对应李代数。

2.2.2　Chasles 定理和 Mozzi 定理

刚体运动具有复杂性，一方面表现为刚体从初始位姿出发经历若干连续位移后到达当前位姿，另一方面表现为刚体在当前位姿可获得若干瞬时速度。前者称为刚体的有限运动，后者称为刚体的瞬时运动。在理论运动学中，刚体的有限运动和瞬时运动分别采用 Chasles 定理和 Mozzi 定理来等效描述。

（1）Chasles 定理　刚体的有限运动为刚体位姿的连续变化过程，刚体从初始位姿运动到当前位姿，其经历的有限运动总可以等效视为一个螺旋运动，即刚体从初始位姿出发，绕某一轴线旋转的同时沿该轴线方向平移，最终到达当前位姿。

（2）Mozzi 定理　刚体的瞬时运动为刚体瞬时速度，在当前位姿刚体可同时获得多个速度，多个速度的合成速度为其瞬时运动，该瞬时运动可以等效视为一个螺旋运动，即刚体同时具有绕某一轴线的角速度和沿该轴线方向的线速度。

Chasles 定理和 Mozzi 定理分别奠定了刚体有限运动和瞬时运动描述的理论基础。两个定理相近的表述为有限和瞬时运动统一描述与表达提供了依据。

2.2.3　机构的有限运动李群 SE(3)

根据 Chasles 定理，刚体/机器人机构有限运动三要素可归纳为运动轴线、绕轴线旋转的角度、沿轴线方向平移的距离，如图 2.1 所示。其中，运动轴线可采用 Plücker 坐标（$\boldsymbol{s}_f$; $\boldsymbol{r}_f\times\boldsymbol{s}_f$）描述，$\boldsymbol{s}_f$ 为轴线的单位方向向量，$\boldsymbol{r}_f$ 为轴线的位置向量；绕轴线旋转的角度与沿轴线方向平移的距离分别采用 θ 与 t 描述。六维李群 SE(3) 是最为广泛使用地描述刚体有限运动数学工具。SE(3) 中的任意元素包含 1 个三维特殊正交群 SO(3) 中的旋转矩阵和 1 个三维平

移向量，即

$$N=(\boldsymbol{R},\boldsymbol{t}),\ \boldsymbol{R}\in \mathrm{SO}(3),\ \boldsymbol{t}\in \mathbb{R}^3 \tag{2-12}$$

式中，$\boldsymbol{N}$ 表示 SE(3) 中的元素，$\boldsymbol{N}\in \mathrm{SE}(3)$；$\boldsymbol{R}$ 和 $\boldsymbol{t}$ 分别表示 3×3 旋转矩阵和 3×1 平移向量。$\boldsymbol{R}$ 和 $\boldsymbol{t}$ 的表达式共同包含了有限运动三要素，即

$$\boldsymbol{R}=\boldsymbol{E}_3+\sin\theta\widetilde{\boldsymbol{s}}_f+(1-\cos\theta)(\widetilde{\boldsymbol{s}}_f)^2 \tag{2-13}$$

$$\boldsymbol{t}=(\boldsymbol{E}_3-\boldsymbol{R})\boldsymbol{r}_f+t\boldsymbol{s}_f \tag{2-14}$$

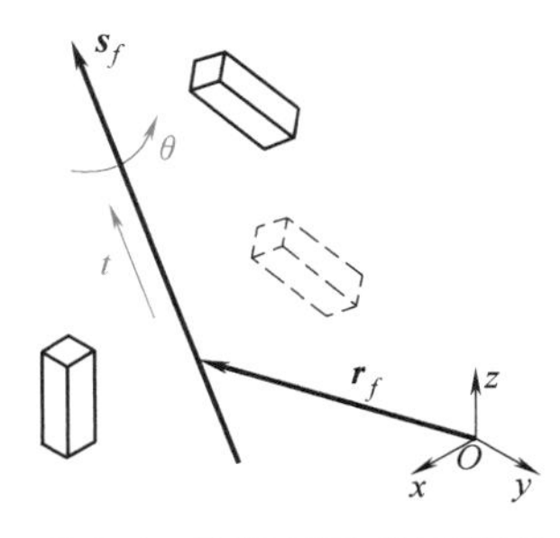

图 2.1 有限运动的三要素

式中，$\boldsymbol{E}_3$ 为三阶单位矩阵；$\widetilde{\boldsymbol{s}}_f$ 为向量 $\boldsymbol{s}_f$ 对应的反对称矩阵。$\boldsymbol{E}_3$、$\widetilde{\boldsymbol{s}}_f$ 分别为

$$\boldsymbol{E}_3=\begin{bmatrix}1&0&0\\0&1&0\\0&0&1\end{bmatrix} \tag{2-15}$$

$$\widetilde{\boldsymbol{s}}_f=\begin{bmatrix}0&-s_{f,z}&s_{f,y}\\s_{f,z}&0&-s_{f,x}\\-s_{f,y}&s_{f,x}&0\end{bmatrix} \tag{2-16}$$

式中，$s_{f,x}$、$s_{f,y}$、$s_{f,z}$ 分别是向量 $\boldsymbol{s}_f$ 沿 x、y、z 轴的分量。式（2-14）被加号分为两个部分，$(\boldsymbol{E}_3-\boldsymbol{R})\boldsymbol{r}_f$ 表示刚体绕轴线旋转引起的沿圆环平动；$t\boldsymbol{s}_f$ 部分表示刚体沿轴线方向平移对应的直线平动。

当有限运动的三要素取任意值时，全部元素 $\boldsymbol{N}$ 的集合构成有限运动李群 SE(3)，即

$$\mathrm{SE}(3)=\{\boldsymbol{N}=(\boldsymbol{R},\boldsymbol{t})\,|\,\boldsymbol{s}_f,\boldsymbol{r}_f\in\mathbb{R}^3,|\boldsymbol{s}_f|=1,\theta,t\in\mathbb{R}\} \tag{2-17}$$

2.2.4 机构的瞬时运动李代数 se(3)

根据 Mozzi 定理，刚体/机器人机构瞬时运动的三要素可归纳为运动轴线、绕轴线旋转的角速度、沿轴线方向平移的线速度，如图 2.2 所示。与机构的有限运动类似，运动轴线也可采用 Plücker 坐标（$\boldsymbol{s}_t$；$\boldsymbol{r}_t\times\boldsymbol{s}_t$）描述，$\boldsymbol{s}_t$ 为轴线的单位方向向量，$\boldsymbol{r}_t$ 为轴线的位置向量；绕轴线旋转的角速度与沿轴线方向平移的线速度分别用 ω 与 v 描述。六维李代数 se(3) 是李群 SE(3) 的对应李代数，是最为广泛使用的描述刚体瞬时运动的数学工具，李代数 se(3) 为李群 SE(3) 在其零元素 $\boldsymbol{N}_0=(\boldsymbol{E}_3,\ \boldsymbol{0})$ 处的切空间，即

$$\mathrm{se}(3)=\dot{\mathrm{SE}}(3)\,|_{\boldsymbol{R}=\boldsymbol{E}_3,\boldsymbol{t}=\boldsymbol{0}} \tag{2-18}$$

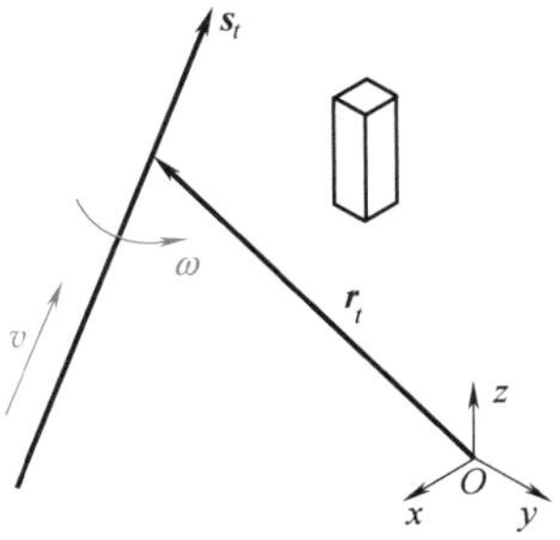

图 2.2 瞬时运动的三要素

se(3) 中的任意元素包含 1 个三维特殊正交群 SO(3) 对应李代数 so(3) 中的角速度矩阵和 1 个三维线速度向量，即

$$\boldsymbol{n}=(\widetilde{\boldsymbol{\omega}},\boldsymbol{v}),\ \widetilde{\boldsymbol{\omega}}\in \mathrm{so}(3),\ \boldsymbol{v}\in\mathbb{R}^3 \tag{2-19}$$

式中，$\boldsymbol{n}$ 表示 se(3) 中的元素，$\boldsymbol{n}\in \mathrm{se}(3)$；$\widetilde{\boldsymbol{\omega}}$ 和 $\boldsymbol{v}$ 分别表示 3×3 角速度矩阵和 3×1 线速度向量。$\widetilde{\boldsymbol{\omega}}$ 和 $\boldsymbol{v}$ 的表达式共同包含了瞬时运动三要素，即

$$\widetilde{\boldsymbol{\omega}}=\omega\widetilde{\boldsymbol{s}}_t \tag{2-20}$$

$$\boldsymbol{v}=\omega\boldsymbol{r}_t\times\boldsymbol{s}_t+v\boldsymbol{s}_t \tag{2-21}$$

式中，$\widetilde{\boldsymbol{s}}_t$ 为向量 $\boldsymbol{s}_t$ 对应的反对称矩阵。$\widetilde{\boldsymbol{s}}_t$ 为

$$\widetilde{\boldsymbol{s}}_t=\begin{bmatrix} 0 & -s_{t,z} & s_{t,y} \\ s_{t,z} & 0 & -s_{t,x} \\ -s_{t,y} & s_{t,x} & 0 \end{bmatrix} \tag{2-22}$$

式中，$s_{t,x}$、$s_{t,y}$、$s_{t,z}$ 分别为向量 $\boldsymbol{s}_t$ 沿 x、y、z 轴的分量。后文中，任意向量 $\boldsymbol{s}$ 的反对称矩阵均采用类似式（2-16）和式（2-22）进行运算。式（2-21）被加号分为两个部分，$\omega\boldsymbol{r}_t\times\boldsymbol{s}_t$ 部分表示刚体绕轴线旋转引起的切向线速度；$v\boldsymbol{s}_t$ 部分表示刚体沿轴线方向平移对应的轴向线速度。

当瞬时运动的三要素取值任意时，全部元素 $\boldsymbol{n}$ 的集合构成瞬时运动李代数 se(3)，即

$$\mathrm{se}(3)=\{\boldsymbol{n}=(\widetilde{\boldsymbol{\omega}},\boldsymbol{v})\,|\,\boldsymbol{s}_t,\boldsymbol{r}_t\in\mathbb{R}^3,|\boldsymbol{s}_t|=1,\omega,v\in\mathbb{R}\} \tag{2-23}$$

2.3 矩阵李群和李代数

应用于机器人机构的拓扑和性能统一建模与设计的李群和李代数表达格式主要有三种，即矩阵李群和李代数、对偶四元数和纯对偶四元数、有限旋量和瞬时旋量，本节将介绍基于矩阵理论的表达格式。首先，对矩阵李群和李代数在机器人机构中应用的发展历程做简要回顾，而后介绍其表达方式和计算方法。在此基础上，介绍矩阵李群和李代数之间的微分映射和指数映射。

如 2.2.3 节所述，当旋转和平移分别用线性变换矩阵和位置向量描述时，三维空间中的六维有限运动可表示为一对三维正交矩阵和向量。由此，在运动合成下有限运动的全集构成李群 SE(3)。相应地，以三维反对称矩阵和向量分别描述角速度和线速度时，由速度对表示的六维瞬时运动全集构成李群 SE(3) 的对应李代数 se(3)。

矩阵李群和李代数起源于 Klein 在 19 世纪末提出的 Erlangen 纲领，其将 SE(3) 和 se(3) 中的元素改写为齐次矩阵。齐次形式有限和瞬时运动表征使得任何有限运动可用李群 SE(3) 矩阵表示中的一个元素来描述，且任何瞬时运动可由李代数 se(3) 矩阵表示中的一个元素来描述。

Hervé 将矩阵李群引入到机构的运动分析中，在 20 世纪 80 年代至 90 年代研究了通过 SE(3) 子群来描述和计算机构位移，探究矩阵李群在机构拓扑学和运动学中的应用。在此基础上，Hervé 和 Sparacino 将矩阵李群用于并联机构的构型综合，这项工作由 Li、Hervé、Lee 继续深入研究，提出了一种基于矩阵李群的系统化构型综合方法，同时，采用 SE(3) 子流形来描述并联机构和支链位移，由此许多新型并联机构被发明出来，包括由于缺乏李群 SE(3) 的五维子流形而长期无法综合的五自由度并联机构。

与此同时，Fanghella 和 Galletti 讨论了矩阵李群近似计算方法，采用最小包络群来计算两个子群的合成，寻找最大公共群来求解两个子群的交集，由此枚举了所有可能的子群合成和交集情况。与 Baker-Campbell-Hausdorff 公式的解析算法不同，这种计算方法更容易被直接应用，但仅能得到近似结果。Meng 等人提出了通过李子代数求解子群交集的思路，借助在给定位姿邻域内瞬时运动与有限运动的映射关系求解有限运动交集。类似的方法被 Wu 用于商联机构构型综合中。瞬时运动与有限运动映射关系源自 Brockett 的研究，其在 1983 年建

立了基于矩阵李群和李代数的机器人机构建模理论，构建了机构瞬时运动和有限运动之间的指数与微分映射。该工作被 Li、Park 等人进一步扩展，促进了机构运动学、动力学和控制等建模与分析方法的发展。

2.3.1 矩阵李群及矩阵乘法

李群 SE(3) 的矩阵是表示描述欧氏空间中所有线性变换的齐次矩阵全集。这个矩阵李群可以用来描述刚体或机构的所有有限运动。基于矩阵李群的有限运动描述可以表示为

$$\left\{\begin{bmatrix} \boldsymbol{R} & \boldsymbol{t} \\ 0 & 1 \end{bmatrix} \middle| \boldsymbol{R} \in \mathrm{SO}(3), \boldsymbol{t} \in \mathbb{R}^3 \right\} \tag{2-24}$$

采用矩阵李群开展机器人机构的拓扑建模和分析时，每个单自由度运动副生成的有限运动可由李群 SE(3) 的一维子群描述。由此，各支链运动是其所含全部运动副运动的合成，而机构运动是其所有支链运动的交集。

因任何李子群可视为几个一维子群的合成，矩阵李子群合成是通过矩阵乘法进行的，故有限运动的合成可通过单自由度有限运动矩阵按照次序依次相乘来表示，即

$$\boldsymbol{M}_{abc\cdots} = \cdots \boldsymbol{M}_c \boldsymbol{M}_b \boldsymbol{M}_a \tag{2-25}$$

式中，$\boldsymbol{M}_k$（$k=a$，b，c，$\cdots$）表示描述第 k 个有限运动的一维子群。各子群按矩阵乘法合成，其合成运算为二元矩阵乘法，即

$$\boldsymbol{M}_{ab} = \boldsymbol{M}_b \boldsymbol{M}_a \tag{2-26}$$

式中，$\boldsymbol{M}_{ab}$ 表示 $\boldsymbol{M}_a$ 与 $\boldsymbol{M}_b$ 的合成运动。$\boldsymbol{M}_a$、$\boldsymbol{M}_b$、$\boldsymbol{M}_{ab}$ 三者之间的运动合成关系还可用如下两个表达式表示

$$\boldsymbol{M}_b^{-1} \boldsymbol{M}_{ab} = \boldsymbol{M}_a \tag{2-27}$$

$$\boldsymbol{M}_{ab} \boldsymbol{M}_a^{-1} = \boldsymbol{M}_b \tag{2-28}$$

式（2-26）~式（2-28）中，$\boldsymbol{M}_a$ 与 $\boldsymbol{M}_b$ 表示同一刚体先后发生的有限运动，$\boldsymbol{M}_a$ 发生在前、写在右端，$\boldsymbol{M}_b$ 后发生、写在左端。这表明，从先发生的运动至后发生的运动，矩阵乘法的合成顺序为自右向左。对于同一刚体相继发生的若干有限运动，用矩阵乘法两元运算完成多个有限运动的合成，从最先发生的运动开始，依次与后发生的运动做合成，如式（2-25）所示，矩阵乘法的合成顺序仍为自右向左，该合成方式被称为矩阵左乘。

假设一个刚体的有限运动由 n 个运动生成元生成。由此可知，刚体的最终合成运动为这些运动生成元生成运动的合成结果。若运动生成元串联相接，它们可依次被称为第 1 个到第 n 个运动副。其中，第 1 个运动副连接地面，第 n 个连接刚体。当每个运动副由其初始位姿开始运动时，生成的有限运动依次为 $\boldsymbol{M}_1$、$\cdots$、$\boldsymbol{M}_n$。显然，一个运动副运动将使编号大于它的各个运动副离开初始位姿，即第 i 个运动副运动将使第 $i+1$ 到第 n 个运动副离开初始位姿。因此，为保证每个运动副生成的运动依次为 $\boldsymbol{M}_1$、$\cdots$、$\boldsymbol{M}_n$，这些运动副需要从编号大的开始运动，即第 n 个最先运动，第 1 个最后运动，运动的生成顺序为从 $\boldsymbol{M}_n$ 到 $\boldsymbol{M}_1$。

用 $\boldsymbol{M}_{n\cdots 21}$ 表示刚体的最终合成运动，其为 $\boldsymbol{M}_1$、$\cdots$、$\boldsymbol{M}_n$ 的合成结果。由式（2-25）的矩阵左乘合成方式可知，则 $\boldsymbol{M}_{n\cdots 21}$ 为

$$\boldsymbol{M}_{n\cdots 21} = \boldsymbol{M}_1 \boldsymbol{M}_2 \cdots \boldsymbol{M}_n \tag{2-29}$$

式（2-29）的物理含义可按如下两种方式来理解：

1）仍按矩阵左乘合成方式理解，自右向左的合成顺序与运动生成顺序一致，即从 n

至 1。

2）按照矩阵右乘合成方式理解，自左向右的合成顺序与运动生成元（运动副）的编号顺序一致，即从 1 至 n。

考虑每个一维子群中的元素可以用指数表达式表示，则 $\boldsymbol{M}_k$ 可表示为

$$\boldsymbol{M}_k=\left\{\mathrm{e}^{\theta_k\widetilde{\boldsymbol{\xi}}_{f,k}}\,|\,\theta_k\in\mathbb{R}\right\} \tag{2-30}$$

式中，$\widetilde{\boldsymbol{\xi}}_{f,k}$ 是齐次矩阵，表示与 $\boldsymbol{M}_k$ 相对应、截距为$\dfrac{t_k}{\theta_k}$的 Chasles 轴线，其表达式为

$$\widetilde{\boldsymbol{\xi}}_{f,k}=\begin{bmatrix}\widetilde{\boldsymbol{s}}_{f,k} & \boldsymbol{r}_{f,k}\times\boldsymbol{s}_{f,k}+\dfrac{t_k}{\theta_k}\boldsymbol{s}_{f,k}\\ \boldsymbol{0} & 0\end{bmatrix} \tag{2-31}$$

采用指数形式，式（2-25）可以写为

$$\boldsymbol{M}=\left\{\mathrm{e}^{\theta_n\widetilde{\boldsymbol{\xi}}_{f,n}}\cdots\mathrm{e}^{\theta_2\widetilde{\boldsymbol{\xi}}_{f,2}}\mathrm{e}^{\theta_1\widetilde{\boldsymbol{\xi}}_{f,1}}\,|\,\theta_1,\theta_2,\cdots,\theta_n\in\mathbb{R}\right\} \tag{2-32}$$

为了得到式（2-32）的拓展形式，采用了 Baker-Campbell-Hausdorff 公式。两个单自由度有限运动的合成可按如下方式进行

$$\mathrm{e}^{\theta_{k+1}\widetilde{\boldsymbol{\xi}}_{f,k+1}}\mathrm{e}^{\theta_k\widetilde{\boldsymbol{\xi}}_{f,k}}=\mathrm{e}^{f(\theta_{k+1}\widetilde{\boldsymbol{\xi}}_{f,k+1},\theta_k\widetilde{\boldsymbol{\xi}}_{f,k})} \tag{2-33}$$

式中，

$$\begin{aligned}f(\theta_{k+1}\widetilde{\boldsymbol{\xi}}_{f,k+1},\theta_k\widetilde{\boldsymbol{\xi}}_{f,k})&=\theta_k\widetilde{\boldsymbol{\xi}}_{f,k}+\theta_{k+1}\widetilde{\boldsymbol{\xi}}_{f,k+1}+\frac{1}{2}[\theta_{k+1}\widetilde{\boldsymbol{\xi}}_{f,k+1},\theta_k\widetilde{\boldsymbol{\xi}}_{f,k}]+\\&\frac{1}{12}([\theta_{k+1}\widetilde{\boldsymbol{\xi}}_{f,k+1},[\theta_{k+1}\widetilde{\boldsymbol{\xi}}_{f,k+1},\theta_k\widetilde{\boldsymbol{\xi}}_{f,k}]]+[\theta_k\widetilde{\boldsymbol{\xi}}_{f,k},[\theta_{k+1}\widetilde{\boldsymbol{\xi}}_{f,k+1},\theta_k\widetilde{\boldsymbol{\xi}}_{f,k}]])+\cdots\end{aligned} \tag{2-34}$$

式（2-34）中的 $[\theta_{k+1}\widetilde{\boldsymbol{\xi}}_{f,k+1},\ \theta_k\widetilde{\boldsymbol{\xi}}_{f,k}]=\theta_k\theta_{k+1}(\widetilde{\boldsymbol{\xi}}_{f,k+1}\widetilde{\boldsymbol{\xi}}_{f,k}-\widetilde{\boldsymbol{\xi}}_{f,k}\widetilde{\boldsymbol{\xi}}_{f,k+1})$ 为李括号运算。不难发现，由于高阶项的存在，式（2-33）中的代数计算会变得异常复杂和困难。

有限运动交集是所有运动中包含的最大公共子群或子流形。利用式（2-30）中指数表达式的特性，Meng 通过将李子群的交集映射到李代数层面部分解决了该问题。目前，通过矩阵李子群描述的有限运动合成流形、交集流形（几个李子群的积）主要基于特定原则求解，例如 Fanghella 和 Galletti 给出的算例，然而这些求解方法难以采用解析方式实现并应用于所有的运动模式，未见针对矩阵李子群和合成流形的通用交集算法。

2.3.2 矩阵李代数及矩阵李括号

与矩阵李群 SE(3)对应，矩阵李代数 se(3)描述机器人机构的瞬时运动，可表示为

$$\left\{\omega\widetilde{\boldsymbol{\xi}}_t=\begin{pmatrix}\widetilde{\boldsymbol{\omega}} & \boldsymbol{v}\\ \boldsymbol{0} & 0\end{pmatrix}\,\middle|\,\boldsymbol{\omega},\boldsymbol{v}\in\mathbb{R}^3\right\} \tag{2-35}$$

式中，$\boldsymbol{\omega}$ 和 $\boldsymbol{v}$ 是三维向量格式的角速度和线速度。

式（2-35）所示矩阵李代数中的任意两元素，即

$$\begin{pmatrix}\widetilde{\boldsymbol{\omega}}_1 & \boldsymbol{v}_1\\ \boldsymbol{0} & 0\end{pmatrix},\begin{pmatrix}\widetilde{\boldsymbol{\omega}}_2 & \boldsymbol{v}_2\\ \boldsymbol{0} & 0\end{pmatrix} \tag{2-36}$$

的李括号运算为

$$\left[\begin{pmatrix}\widetilde{\boldsymbol{\omega}}_1 & \boldsymbol{v}_1\\ \boldsymbol{0} & 0\end{pmatrix},\begin{pmatrix}\widetilde{\boldsymbol{\omega}}_2 & \boldsymbol{v}_2\\ \boldsymbol{0} & 0\end{pmatrix}\right]=\begin{pmatrix}\widetilde{\boldsymbol{\omega}}_1 & \boldsymbol{v}_1\\ \boldsymbol{0} & 0\end{pmatrix}\begin{pmatrix}\widetilde{\boldsymbol{\omega}}_2 & \boldsymbol{v}_2\\ \boldsymbol{0} & 0\end{pmatrix}-\begin{pmatrix}\widetilde{\boldsymbol{\omega}}_2 & \boldsymbol{v}_2\\ \boldsymbol{0} & 0\end{pmatrix}\begin{pmatrix}\widetilde{\boldsymbol{\omega}}_1 & \boldsymbol{v}_1\\ \boldsymbol{0} & 0\end{pmatrix}$$

$$=\begin{pmatrix}\widetilde{\boldsymbol{\omega}}_1\widetilde{\boldsymbol{\omega}}_2-\widetilde{\boldsymbol{\omega}}_2\widetilde{\boldsymbol{\omega}}_1 & \widetilde{\boldsymbol{\omega}}_1\boldsymbol{v}_2-\widetilde{\boldsymbol{\omega}}_2\boldsymbol{v}_1\\ \boldsymbol{0} & 0\end{pmatrix} \tag{2-37}$$

$$=\begin{pmatrix}(\widetilde{\boldsymbol{\omega}_1\times\boldsymbol{\omega}_2}) & \boldsymbol{\omega}_1\times\boldsymbol{v}_2-\boldsymbol{\omega}_2\times\boldsymbol{v}_1\\ \boldsymbol{0} & 0\end{pmatrix}$$

式中，$(\widetilde{\boldsymbol{\omega}_1\times\boldsymbol{\omega}_2})$表示向量 $\boldsymbol{\omega}_1\times\boldsymbol{\omega}_2$ 对应的反对称矩阵。

se(3) 中的任何元素都可以改写成向量形式，如

$$(\boldsymbol{\omega};\boldsymbol{v})=\omega\boldsymbol{\xi}_t \tag{2-38}$$

$$\boldsymbol{\xi}_t=(\boldsymbol{s}_t;\boldsymbol{r}_t\times\boldsymbol{s}_t+p_t\boldsymbol{s}_t) \tag{2-39}$$

式中，$\boldsymbol{\xi}_t$ 是归一化的单位速度；ω 为其振幅；p_t 表示截距；$\boldsymbol{r}_t$ 表示 Mozzi 轴线的位置向量。

当矩阵李代数理论应用于机器人机构的性能建模和分析时，采用李代数 se(3)的一维子空间来描述单自由度运动副生成的瞬时运动。由此，各支链中所有运动副的运动合成为支链运动，而所有支链运动的交集则为机构运动。因 se(3)是一个六维向量空间，故矩阵李子代数的合成通过线性叠加实现，即

$$\boldsymbol{T}=\mathrm{span}\{\boldsymbol{T}_1\cup\boldsymbol{T}_2\cup\cdots\cup\boldsymbol{T}_n\}=\boldsymbol{T}_1\oplus\boldsymbol{T}_2\oplus\cdots\oplus\boldsymbol{T}_n \tag{2-40}$$

式中，“⊕”表示向量空间的直和运算。几个李子代数的交集可以通过线性计算得到，即

$$\boldsymbol{T}=\boldsymbol{T}_1\cap\boldsymbol{T}_2\cdots\cap\boldsymbol{T}_n=(\boldsymbol{T}_1^{\perp}\oplus\boldsymbol{T}_2^{\perp}\cdots\oplus\boldsymbol{T}_n^{\perp})^{\perp} \tag{2-41}$$

式中，$\boldsymbol{T}_1$、$\boldsymbol{T}_2$、…、$\boldsymbol{T}_n$ 表示 se(3)中的 n 个李子代数（向量空间的子空间）。式（2-40）和式（2-41）均属于线性代数范畴，较易完成。

2.3.3　矩阵李群与李代数间的映射

根据物理定律，瞬时运动（速度）是有限运动（位移）的微分，而有限运动则是瞬时运动的积分。采用矩阵李群和李代数分别描述有限运动和瞬时运动时，两者之间的微分-指数映射可构建为

$$\mathrm{d}\boldsymbol{g}=\mathrm{d}\mathrm{e}^{\theta\widetilde{\boldsymbol{\xi}}_f}=\dot{\theta}\widetilde{\boldsymbol{\xi}}_f\mathrm{e}^{\theta\widetilde{\boldsymbol{\xi}}_f}=\omega\widetilde{\boldsymbol{\xi}}_f\mathrm{e}^{\theta\widetilde{\boldsymbol{\xi}}_f} \tag{2-42}$$

$$\mathrm{e}^{\theta\widetilde{\boldsymbol{\xi}}_t}=\boldsymbol{g} \tag{2-43}$$

对上述两式的解释如下：

（1）$\boldsymbol{g}$ 在 $\theta=0$ 时的微分是 $\omega\widetilde{\boldsymbol{\xi}}_f$。当 $\theta=0$ 时，Chasles 轴线与 Mozzi 轴线重合，$\boldsymbol{g}$ 在 $\theta=0$ 时的微分是 se(3)的一个元素。se(3)是 SE(3)在单位元素（单位矩阵）处的切空间。

（2）$\omega\widetilde{\boldsymbol{\xi}}_t$ 的指数运算结果是 $\boldsymbol{g}$，这表明 se(3)中任何元素的指数都是 SE(3)中元素。

矩阵李群 SE(3)和李代数 se(3)之间微分-指数映射的单自由度为

$$\mathrm{d}\boldsymbol{M}_k\mid\theta_k=0=\{\mathrm{d}\mathrm{e}^{\theta_k\widetilde{\boldsymbol{\xi}}_{f,k}}\mid\theta_k=0\}=\{\dot{\theta}_k\widetilde{\boldsymbol{\xi}}_{f,k}\mathrm{e}^{\theta_k\widetilde{\boldsymbol{\xi}}_{f,k}}\mid\theta_k=0\}=\{\omega_k\widetilde{\boldsymbol{\xi}}_{t,k}\mid\omega_k\in\mathbb{R}\}=\boldsymbol{T}_k \tag{2-44}$$

$$\{\mathrm{e}^{\theta_n\widetilde{\boldsymbol{\xi}}_{f,n}}\mid\theta_k\in\mathbb{R}\}=\boldsymbol{M}_k \tag{2-45}$$

多自由度情况为

$$\mathrm{d}(\boldsymbol{M}_n\cdots\boldsymbol{M}_2\boldsymbol{M}_1)\mid_{\theta_k=0,k=1,2,\cdots,n}=\{\mathrm{d}(\mathrm{e}^{\theta_n\widetilde{\boldsymbol{\xi}}_{f,n}}\cdots\mathrm{e}^{\theta_2\widetilde{\boldsymbol{\xi}}_{f,2}}\mathrm{e}^{\theta_1\widetilde{\boldsymbol{\xi}}_{f,1}})\mid_{\theta_k=0,k=1,2,\cdots,n}\}$$

$$=\{\omega_1\widetilde{\boldsymbol{\xi}}_{t,1}+\omega_2\widetilde{\boldsymbol{\xi}}_{t,2}+\cdots+\omega_n\widetilde{\boldsymbol{\xi}}_{t,n}\mid_{\omega_k\in\mathbb{R},k=1,2,\cdots,n}\}=\boldsymbol{T}_1\oplus\boldsymbol{T}_2\oplus\cdots\oplus\boldsymbol{T}_n \tag{2-46}$$

$$\{\mathrm{e}^{\theta_n\widetilde{\boldsymbol{\xi}}_{t,n}}\cdots\mathrm{e}^{\theta_2\widetilde{\boldsymbol{\xi}}_{t,2}}\mathrm{e}^{\theta_1\widetilde{\boldsymbol{\xi}}_{t,1}}\mid\theta_1,\theta_2,\cdots,\theta_n\in\mathbb{R}\}=\boldsymbol{M}_n\cdots\boldsymbol{M}_2\boldsymbol{M}_1 \tag{2-47}$$

2.4 对偶四元数和纯对偶四元数

本节对基于对偶四元数和纯对偶四元数的方法进行回顾，首先追溯这种方法在机器人机构拓扑和性能建模及设计中的应用，其次讨论对偶四元数基本格式及其合成和交集运算，最后在有限运动和瞬时运动间构建四元数形式的指数和 Cayley 映射、微分映射。

作为 SE(3) 和 se(3) 的表示，对偶四元数和纯对偶四元数分别描述刚体从一个位姿到另一个位姿的运动变换和任何位姿下的瞬时速度。对偶四元数通过引入对偶角的半角余弦值，使用八个参数表征绕轴线旋转和沿轴线平移。纯对偶四元数又称对偶向量，使用六个元素定义瞬时运动。基于对偶四元数和纯对偶四元数的方法可以追溯到 18 世纪提出的 Euler-Rodrigues 参数和 Euler-Rodrigues 旋转公式。Hamilton 和 Rodrigues 在这个领域做出了开创性工作。在此基础上 Clifford 将绕轴旋转与沿轴平移集成，在几何和代数的研究中提出了复四元数概念，即对偶四元数。随后，对偶四元数逐渐被应用于刚体运动描述。

对偶四元数本质为四元数中实数向对偶数的扩展。根据“传递原则”，由四元数运算可直接得到对偶四元数的运算方法。由此，两个对偶四元数的合成可通过四元数乘法计算，即对偶角 Euler-Rodrigues 公式。关于对偶四元数的交集运算，Sun 采用解析方法联立四元数方程来处理对偶四元数集合的求交问题。McAulay 提出基于对偶四元数的机构综合，他利用对偶四元数描述刚体位移实现轨迹综合。Refs 和 Blaschke 从几何方面将对偶四元数用于机构运动学。Kong 基于对偶四元数运动循环方程，研究了闭环空间机构运动模式的分析方法，证明了对偶四元数有助于在分析有限运动时避免奇异。此外，对偶四元数也用于构建串联机器人的关节刚度识别和变形补偿算法。与对偶四元数描述有限运动不同，纯对偶四元数描述瞬时运动。Yang 和 Freudenstein 将对偶四元数和纯对偶四元数结合，分析空间四连杆机构的位移和速度。在此基础上，McCarthy 等人借助纯对偶四元数和对偶四元数之间的指数映射，提出了基于正、逆运动学方程的空间运动链半解析设计方法。Selig 证明了对偶四元数全集是 SE(3) 的双覆盖，构造了对偶四元数 Cayley 映射，并应用上述理论方法建立了机构动力学模型。Dai 深入研究四元数指数映射和 Euler-Rodrigues 公式间的内在联系，揭示了对偶四元数与 SE(3) 其他表示间的本质关联。

2.4.1 对偶四元数及四元数乘法

对偶四元数是四元数从实数到对偶数的扩展，旋转轴和旋转角度可用对偶轴线和对偶角代替。因此，单自由度有限运动采用对偶四元数描述为

$$\boldsymbol{D}=\cos\frac{\hat{\theta}}{2}+\sin\frac{\hat{\theta}}{2}\boldsymbol{L}_{\hat{f}} \tag{2-48}$$

式中，$\hat{\theta}=\theta+\varepsilon t$ 表示对偶角。它的正弦和余弦函数分别为

$$\cos\frac{\hat{\theta}}{2}=\cos\frac{\theta}{2}-\varepsilon\frac{t}{2}\sin\frac{\theta}{2}$$

$$\sin\frac{\hat{\theta}}{2}=\sin\frac{\theta}{2}+\varepsilon\frac{t}{2}\cos\frac{\theta}{2}$$

式中，ε 是对偶单元，满足 $\varepsilon^2=0$。本书中 $(\ )^{\hat{}}$ 表示纯对偶四元数，$\boldsymbol{L}_f^{\hat{}}$ 是 Chasles 轴线在纯对偶四元数格式下的 Plücker 坐标，可表示为 $\boldsymbol{L}_f^{\hat{}}=\boldsymbol{s}_f^{\hat{}}+\varepsilon\boldsymbol{r}_f^{\hat{}}\times\boldsymbol{s}_f^{\hat{}}$。$\boldsymbol{s}_f^{\hat{}}$ 和 $\boldsymbol{r}_f^{\hat{}}$ 是 Chasles 轴线的单位方向对偶向量和位置对偶向量，即

$$\boldsymbol{s}_f^{\hat{}}=s_{f,1}\boldsymbol{i}+s_{f,2}\boldsymbol{j}+s_{f,3}\boldsymbol{k}$$
$$\boldsymbol{r}_f^{\hat{}}=r_{f,1}\boldsymbol{i}+r_{f,2}\boldsymbol{j}+r_{f,3}\boldsymbol{k}$$

其中，$s_{f,u}$ 和 $r_{f,u}$（$u=1$，2，3）是 Plücker 坐标的标量系数，$\boldsymbol{i}$、$\boldsymbol{j}$、$\boldsymbol{k}$ 是具有如下性质的复数单位，

$$\boldsymbol{i}^2=\boldsymbol{j}^2=\boldsymbol{k}^2=-1,\boldsymbol{ij}=\boldsymbol{k},\boldsymbol{ijk}=-1 \tag{2-49}$$

对于串联机构或并联机构支链，所有单自由度运动副生成的有限运动可通过对偶四元数乘法来实现合成运算，即

$$\boldsymbol{D}_{abc\cdots}=\cdots\boldsymbol{D}_c\boldsymbol{D}_b\boldsymbol{D}_a \tag{2-50}$$

其中，任意两个对偶四元数合成可按四元数乘法二元运算计算，即

$$\boldsymbol{D}_{ab}=\boldsymbol{D}_b\boldsymbol{D}_a=\cos\frac{\hat{\theta}_a}{2}\cos\frac{\hat{\theta}_b}{2}+\cos\frac{\hat{\theta}_a}{2}\sin\frac{\hat{\theta}_b}{2}\boldsymbol{L}_{f,b}^{\hat{}}+\sin\frac{\hat{\theta}_a}{2}\cos\frac{\hat{\theta}_b}{2}\boldsymbol{L}_{f,a}^{\hat{}}+\sin\frac{\hat{\theta}_a}{2}\sin\frac{\hat{\theta}_b}{2}\boldsymbol{L}_{f,b}^{\hat{}}\boldsymbol{L}_{f,a}^{\hat{}} \tag{2-51}$$

其中，$\boldsymbol{D}_{ab}$ 表示 $\boldsymbol{D}_a$ 与 $\boldsymbol{D}_b$ 的合成运动。$\boldsymbol{D}_a$、$\boldsymbol{D}_b$、$\boldsymbol{D}_{ab}$ 三者之间的运动合成关系还可用如下两个表达式表示，即

$$\boldsymbol{D}_b^{-1}\boldsymbol{D}_{ab}=\boldsymbol{D}_a \tag{2-52}$$
$$\boldsymbol{D}_{ab}\boldsymbol{D}_a^{-1}=\boldsymbol{D}_b \tag{2-53}$$

式中，$\boldsymbol{D}^{-1}$ 表示 $\boldsymbol{D}$ 的逆运动，由式（2-48）可得，

$$\boldsymbol{D}^{-1}=\cos\frac{-\hat{\theta}}{2}+\sin\frac{-\hat{\theta}}{2}\boldsymbol{L}_f^{\hat{}} \tag{2-54}$$

式（2-51）~式（2-53）中，$\boldsymbol{D}_a$ 与 $\boldsymbol{D}_b$ 表示同一刚体先后发生的有限运动，先发生的 $\boldsymbol{D}_a$ 写在右端，后发生的 $\boldsymbol{D}_b$ 写在左端。用四元数表示刚体相继发生的若干有限运动，以四元数两元乘法依次合成多个有限运动，从先发生的运动至后发生的运动，与矩阵乘法类似，四元数乘法的合成顺序也为自右向左，如式（2-50）所示，合成方式为四元数左乘。

若一个刚体的有限运动由 n 个运动生成元（运动副）生成，运动副次序按照由连接基座的运动副向连接刚体的运动副升序排列，与矩阵表达格式类似，每个运动副生成的运动依次为由其初始位姿开始运动生成的 $\boldsymbol{D}_1$、…、$\boldsymbol{D}_n$，用 $\boldsymbol{D}_{n\cdots21}$ 表示 $\boldsymbol{D}_1$、…、$\boldsymbol{D}_n$ 的合成结果，为刚体的最终合成运动。由式（2-50）的四元数左乘合成方式可得 $\boldsymbol{D}_{n\cdots21}$，即

$$\boldsymbol{D}_{n\cdots21}=\boldsymbol{D}_1\boldsymbol{D}_2\cdots\boldsymbol{D}_n \tag{2-55}$$

式（2-55）也可按四元数左乘和四元数右乘两种方式理解，分别对应的物理含义与式（2-29）的物理含义类似，这里不再赘述。

当并联机构发现有限运动时，机构中动平台运动和每个支链运动相同。因此，动平台的有限运动可通过对全部支链运动求交集得到，即

$$\boldsymbol{D}=\boldsymbol{D}_1=\boldsymbol{D}_2=\cdots=\boldsymbol{D}_i=\cdots=\boldsymbol{D}_l,\ i=1,2,\cdots,l \tag{2-56}$$

基于式（2-48）和式（2-49）中定义的表达式和四元数乘法，各支链有限运动 $\boldsymbol{D}_i$（$i=$1，2，…，l）可通过式（2-55）确定。

2.4.2 纯对偶四元数及四元数李括号

刚体在任何位姿的瞬时速度可由纯对偶四元数表示，纯对偶四元数是通过对偶运算连接的两个三维向量，即

$$\boldsymbol{d}=\omega\boldsymbol{L}_t^{\wedge}+\varepsilon\omega p_t\boldsymbol{s}_t^{\wedge}=\boldsymbol{\omega}^{\wedge}+\boldsymbol{v}^{\wedge} \tag{2-57}$$

式中，$\boldsymbol{L}_t^{\wedge}=\boldsymbol{s}_t^{\wedge}+\varepsilon\boldsymbol{r}_t^{\wedge}\times\boldsymbol{s}_t^{\wedge}$ 是 Mozzi 轴线在纯对偶四元数格式下的 Plücker 坐标；$\boldsymbol{s}_t^{\wedge}$ 和 $\boldsymbol{r}_t^{\wedge}$ 是 Mozzi 轴线的单位方向对偶向量和位置对偶向量，即

$$\boldsymbol{s}_t^{\wedge}=s_{t,1}\boldsymbol{i}+s_{t,2}\boldsymbol{j}+s_{t,3}\boldsymbol{k}$$

$$\boldsymbol{r}_t^{\wedge}=r_{t,1}\boldsymbol{i}+r_{t,2}\boldsymbol{j}+r_{t,3}\boldsymbol{k}$$

式中，$s_{t,u}$ 和 $r_{t,u}$（$u=1$，2，3）是 Plücker 坐标的标量系数。

两个具有式（2-57）所示格式的纯对偶四元数为

$$\boldsymbol{\omega}_1^{\wedge}+\boldsymbol{v}_1^{\wedge},\ \boldsymbol{\omega}_2^{\wedge}+\boldsymbol{v}_2^{\wedge} \tag{2-58}$$

其李括号运算为

$$\begin{aligned}[\boldsymbol{\omega}_1^{\wedge}+\boldsymbol{v}_1^{\wedge},\boldsymbol{\omega}_2^{\wedge}+\boldsymbol{v}_2^{\wedge}]&=(\boldsymbol{\omega}_1^{\wedge}+\boldsymbol{v}_1^{\wedge})(\boldsymbol{\omega}_2^{\wedge}+\boldsymbol{v}_2^{\wedge})-(\boldsymbol{\omega}_2^{\wedge}+\boldsymbol{v}_2^{\wedge})(\boldsymbol{\omega}_1^{\wedge}+\boldsymbol{v}_1^{\wedge})\\&=(\boldsymbol{\omega}_1\times\boldsymbol{\omega}_2)^{\wedge}+(\boldsymbol{\omega}_1\times\boldsymbol{v}_2-\boldsymbol{\omega}_2\times\boldsymbol{v}_1)^{\wedge}\end{aligned} \tag{2-59}$$

纯对偶四元数是具有明确加法和李括号运算的李代数元素，其集合为向量空间，具有线性性质。因此，当纯对偶四元数应用于机器人机构的性能建模与分析时，合成和交集运算可参考式（2-40）和式（2-41），采用线性代数方法运算。

2.4.3 对偶四元数与纯对偶四元数间的映射

与矩阵李群和李代数相似，纯对偶四元数与对偶四元数间存在指数映射和 Cayley 映射，如下所示

$$\begin{aligned}\mathrm{e}^{\hat{\theta}\boldsymbol{L}_f^{\wedge}}&=\left(1-\frac{\hat{\theta}^2}{2!}+\frac{\hat{\theta}^4}{4!}+\cdots\right)+\left(1-\frac{\hat{\theta}^3}{3!}+\frac{\hat{\theta}^5}{5!}+\cdots\right)\boldsymbol{L}_f^{\wedge}\\&=\cos\hat{\theta}+\sin\hat{\theta}\boldsymbol{L}_f^{\wedge}=\boldsymbol{D}\end{aligned} \tag{2-60}$$

$$\begin{aligned}\mathrm{Cay}_{\boldsymbol{D}}(\boldsymbol{L}_f^{\wedge})=&\frac{1+2|\boldsymbol{s}_t^{\wedge}|^2-|\boldsymbol{s}_t^{\wedge}|^4}{(1+|\boldsymbol{s}_t^{\wedge}|^2)^2}+\frac{2+4|\boldsymbol{s}_t^{\wedge}|^4}{(1+|\boldsymbol{s}_t^{\wedge}|^2)^2}\boldsymbol{L}_f^{\wedge}+\\&\frac{2}{(1+|\boldsymbol{s}_t^{\wedge}|^2)^2}\boldsymbol{L}_f^{\wedge 2}+\frac{2}{(1+|\boldsymbol{s}_t^{\wedge}|^2)^2}\boldsymbol{L}_f^{\wedge 3}=\boldsymbol{D}\end{aligned} \tag{2-61}$$

在机器人建模过程中，指数映射便于建立运动副参数与末端位姿之间的关联，方便建立机构拓扑、运动学模型。Cayley 映射有效减少了三角函数调用，能够降低计算量。对于多自由度情况，这些映射可以拓展为

$$\mathrm{e}^{\widetilde{\theta}_n\boldsymbol{L}_{f,n}^{\wedge}}\cdots\mathrm{e}^{\widetilde{\theta}_2\boldsymbol{L}_{f,2}^{\wedge}}\mathrm{e}^{\widetilde{\theta}_1\boldsymbol{L}_{f,1}^{\wedge}}\big|_{\theta_1,\theta_2,\cdots,\theta_n\in\mathbb{R}}=\boldsymbol{D}_n\cdots\boldsymbol{D}_2\boldsymbol{D}_1 \tag{2-62}$$

$$\mathrm{Cay}_{\boldsymbol{D}}(\boldsymbol{L}_{f,n}^{\wedge})\cdots\mathrm{Cay}_{\boldsymbol{D}}(\boldsymbol{L}_{f,1}^{\wedge})=\boldsymbol{D}_n\cdots\boldsymbol{D}_2\boldsymbol{D}_1 \tag{2-63}$$

当得到机构的拓扑/位移模型时，可利用对偶四元数和纯对偶四元数之间的微分映射，通过求解对偶四元数的微分，建立其纯对偶四元数速度模型，即

$$\dot{\boldsymbol{D}}\big|_{\hat{\theta}=0}=\dot{\hat{\theta}}\boldsymbol{L}_f^{\wedge}\mathrm{e}^{\hat{\theta}\boldsymbol{L}_f^{\wedge}}\big|_{\hat{\theta}=0}=\boldsymbol{L}_f^{\wedge}=\boldsymbol{L}_t^{\wedge} \tag{2-64}$$

$\boldsymbol{D}$ 在初始位姿处的微分为 $\hat{\theta}=0$ 时对应的纯对偶四元数 $\boldsymbol{L}_{\hat{t}}$，该结论可扩展至多自由度情况，即

$$\mathrm{d}(\boldsymbol{D}_n\cdots\boldsymbol{D}_2\boldsymbol{D}_1)\big|_{\hat{\theta}_k=0,k=1,2,\cdots,n}=\mathrm{d}\left(\mathrm{e}^{\widetilde{\theta}_n\boldsymbol{L}_{\hat{f},n}}\cdots\mathrm{e}^{\widetilde{\theta}_2\boldsymbol{L}_{\hat{f},2}}\mathrm{e}^{\widetilde{\theta}_1\boldsymbol{L}_{\hat{f},1}}\right)\big|_{\substack{\hat{\theta}_k=0,\\ k=1,2,\cdots,n}}=\dot{\hat{\theta}}_1\boldsymbol{L}_{\hat{f},1}+\dot{\hat{\theta}}_2\boldsymbol{L}_{\hat{f},2}+\cdots+\dot{\hat{\theta}}_n\boldsymbol{L}_{\hat{f},n}\big|_{\substack{\dot{\hat{\theta}}_n\in\mathbb{R},\\ k=1,2,\cdots,n}} \tag{2-65}$$

2.5 有限旋量和瞬时旋量

本节介绍旋量理论在机器人机构拓扑和性能建模方面的应用，分别展示有限旋量和瞬时旋量的表达格式和运算方法，在此基础上引入两种旋量之间的微分映射。

根据 Chasles 定理，刚体六维位移可以描述为绕一轴线旋转和与沿该轴线平移的组合，由有限运动轴线、旋转角度和平移距离决定。受此启发，有限旋量被发明出来，以六维仿向量格式来描述刚体有限运动。同时，根据 Mozzi 定理，瞬时运动可用瞬时运动轴线、角速度和线速度表达，其格式为六维向量瞬时旋量。由此，在几何学观点中有限运动和瞬时运动被分别描述为有限旋量和瞬时旋量。

基于有限旋量和瞬时旋量的方法起源于 19 世纪提出的旋量理论。最初，Chasles 提出了刚体螺旋运动的概念。Poinsot 和 Plücker 进一步发展了该概念，给出无限小位移和力的旋量坐标，分别命名为运动旋量和力旋量。Ball 和 Klein 探究了运动旋量和力旋量的互易特性。

在 Ball 的专著 *A treatise on the theory of screws* 中，通过旋量理论讨论了任意刚体的运动学和动力学问题，为 Hunt 的机构分析提供了数学工具。Hunt 采用旋量理论，提出了串联、并联机构的运动学和动力学建模方法。在 Hunt 工作的基础上，学者们对基于瞬时旋量的机构分析和设计进行了大量研究，如构型综合、静力学、动力学、性能评价、优化设计等。Dimentberg 关注到螺旋运动除瞬时特性外的有限运动属性，提出了描述刚体有限运动的有限旋量。沿这一思路，Parkin、Hunt、Dai、Huang 对有限旋量的格式进行了深入研究，定义了旋量截距和振幅，提出了有限旋量的仿向量格式。Roth 定义了旋量三角积运算，借助 Euler-Rodrigues 公式完成了有限旋量的合成。通过对两个旋量、平移部分、沿其公垂线方向的旋量进行五项线性组合，Huang 简化了旋量三角积。长期以来，有限旋量交集采用线性运算近似求解，但在线性子空间中分析非线性有限旋量的交集会导致错误结果。在非线性旋量求交集方面，Sun 提出了全新、准确的代数化方法。Dai 首次提出了有限旋量和瞬时旋量间的映射关系，揭示了旋量理论、群论和四元数之间的本质关联。基于 Dai 的贡献，Sun 将微分映射扩展到空间机构分析中。关于有限旋量在机构分析中的应用，Huang 建立了简单串联机构的正运动学方程。Sun 提出了一种通用方法来构建不同类型机构的运动学方程，并采用统一代数格式集成了基于有限运动的构型综合和基于瞬时运动的运动学分析方法。

2.5.1 有限旋量及旋量三角

由旋量表述的有限运动可以直接显示运动的 Chasles 轴线及其角位移和线位移。单自由度有限运动可参数化表征为六维仿向量格式的有限旋量，即

$$\boldsymbol{S}_f=2\tan\frac{\theta}{2}\begin{pmatrix}\boldsymbol{s}_f\\ \boldsymbol{r}_f\times\boldsymbol{s}_f\end{pmatrix}+t\begin{pmatrix}\boldsymbol{0}\\ \boldsymbol{s}_f\end{pmatrix}\tag{2-66}$$

其中，$\boldsymbol{s}_f$、$\boldsymbol{r}_f$、θ、t 与式（2-39）和式（2-57）中的变量定义一致。

有限旋量合成由符号为“Δ”的旋量三角运算表示。两个一维有限旋量的合成结果是两个原旋量、其移动分量、沿其公垂线方向旋量的线性叠加。由此，得到类线性的合成运动解析表达式，从而简化了有限运动的非线性合成过程。

$$\boldsymbol{S}_{f,abc\cdots}=\boldsymbol{S}_{f,a}\Delta\boldsymbol{S}_{f,b}\Delta\boldsymbol{S}_{f,c}\Delta\cdots\tag{2-67}$$

式中，

$$\boldsymbol{S}_{f,a}\Delta\boldsymbol{S}_{f,b}=\frac{1}{1-\tan\dfrac{\theta_a}{2}\tan\dfrac{\theta_b}{2}\boldsymbol{s}_{f,a}^{\mathrm{T}}\boldsymbol{s}_{f,b}}\left(\boldsymbol{S}_{f,a}+\boldsymbol{S}_{f,b}-\frac{1}{2}\boldsymbol{S}_{fc,ab}-\boldsymbol{S}_{f,a}^{p}-\boldsymbol{S}_{f,b}^{p}\right)$$

$$\boldsymbol{S}_{f,i}=2\tan\frac{\theta_i}{2}\begin{pmatrix}\boldsymbol{s}_{f,i}\\ \boldsymbol{r}_{f,i}\times\boldsymbol{s}_{f,i}\end{pmatrix}+t_i\begin{pmatrix}\boldsymbol{0}\\ \boldsymbol{s}_{f,i}\end{pmatrix},i=a,b$$

$$\boldsymbol{S}_{fc,ab}=\begin{pmatrix}2\tan\dfrac{\theta_a}{2}\boldsymbol{s}_{f,a}\times2\tan\dfrac{\theta_b}{2}\boldsymbol{s}_{f,b}\\ \left(2\tan\dfrac{\theta_a}{2}\boldsymbol{r}_{f,a}\times\boldsymbol{s}_{f,a}+t_a\boldsymbol{s}_{f,a}\right)\times2\tan\dfrac{\theta_b}{2}\boldsymbol{s}_{f,b}+\\ 2\tan\dfrac{\theta_a}{2}\boldsymbol{s}_{f,a}\times\left(2\tan\dfrac{\theta_b}{2}\boldsymbol{r}_{f,b}\times\boldsymbol{s}_{f,b}+t_b\boldsymbol{s}_{f,b}\right)\end{pmatrix}$$

$$\boldsymbol{S}_{f,a}^{p}=\tan\frac{\theta_a}{2}\tan\frac{\theta_b}{2}t_b\begin{pmatrix}\boldsymbol{0}\\ \boldsymbol{s}_{f,a}\end{pmatrix}$$

$$\boldsymbol{S}_{f,b}^{p}=\tan\frac{\theta_a}{2}\tan\frac{\theta_b}{2}t_a\begin{pmatrix}\boldsymbol{0}\\ \boldsymbol{s}_{f,b}\end{pmatrix}$$

由此可见，旋量三角运算可写为半线性运算，几何含义如图 2.3 所示，两个有限旋量的合成旋量等于五项线性连加。这五项分别为两个原旋量、两者轴线公垂线上的旋量以及它们的平移部分。$\boldsymbol{S}_{f,a}$ 与 $\boldsymbol{S}_{f,b}$ 的合成结果可写为 $\boldsymbol{S}_{f,ab}$。$\boldsymbol{S}_{f,a}$、$\boldsymbol{S}_{f,b}$、$\boldsymbol{S}_{f,ab}$ 三者构成一个旋量三角。旋量三角中三个有限旋量的关系可用如下三个表达式表示，即

$$\boldsymbol{S}_{f,a}\Delta\boldsymbol{S}_{f,b}=\boldsymbol{S}_{f,ab}\tag{2-68}$$

$$\boldsymbol{S}_{f,ab}\Delta(-\boldsymbol{S}_{f,b})=\boldsymbol{S}_{f,a}\tag{2-69}$$

$$-\boldsymbol{S}_{f,a}\Delta\boldsymbol{S}_{f,ab}=\boldsymbol{S}_{f,b}\tag{2-70}$$

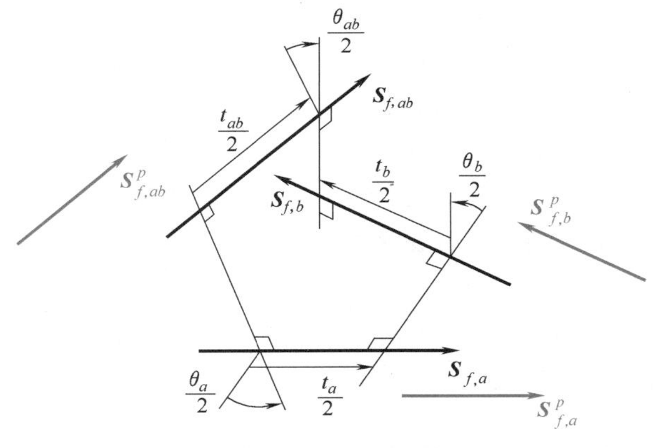

图 2.3　旋量三角定理

式（2-68）~式（2-70）中，$\boldsymbol{S}_{f,a}$ 与 $\boldsymbol{S}_{f,b}$ 表示刚体先后相继发生的两个有限运动。$\boldsymbol{S}_{f,a}$ 先发生，写在旋量三角运算符号“Δ”的左端；$\boldsymbol{S}_{f,b}$ 后发生，写在旋量三角运算符

号“Δ”的右端。

由于旋量三角积为二元运算，可以采用另一个符号“∇”来表示该运算。因此，式（2-68）可用与其具有相反运算顺序的算式表示，即

$$\boldsymbol{S}_{f,b}\nabla\boldsymbol{S}_{f,a}=\boldsymbol{S}_{f,ab} \tag{2-71}$$

式中，$\boldsymbol{S}_{f,a}$ 写在运算符号“∇”的右端，$\boldsymbol{S}_{f,b}$ 写在符号“∇”的左端。

因式（2-68）与式（2-71）均表示旋量三角定理，故两者彼此等效、互为替代，即

$$\boldsymbol{S}_{f,a}\Delta\boldsymbol{S}_{f,b}=\boldsymbol{S}_{f,b}\nabla\boldsymbol{S}_{f,a} \tag{2-72}$$

类似地，可得到式（2-69）和式（2-70）的对应表达式为

$$-\boldsymbol{S}_{f,b}\nabla\boldsymbol{S}_{f,ab}=\boldsymbol{S}_{f,a} \tag{2-73}$$

$$\boldsymbol{S}_{f,ab}\nabla(-\boldsymbol{S}_{f,a})=\boldsymbol{S}_{f,b} \tag{2-74}$$

对于同一刚体相继发生的任意两个有限运动，$\boldsymbol{S}_{f,a}$ 表示先发生的运动，$\boldsymbol{S}_{f,b}$ 表示后发生的运动。这表明，从先发生的运动至后发生的运动，“Δ”的合成顺序为自左向右，“∇”的合成顺序为自右向左。由两个运动向多个运动推广，对于相继发生的任意多个有限运动，从最先发生的运动至最后发生的运动，“Δ”的合成顺序仍为自左向右，“∇”的合成顺序仍为自右向左。据此，将“Δ”与“∇”分别命名为“右旋量三角积”与“左旋量三角积”。

与式（2-29）和式（2-55）类似，由 n 个运动生成元（运动副）生成的刚体有限运动可写为全部运动副由初始位姿开始运动生成有限运动的合成。令运动副由基座向末端刚体升序排列，其有限运动依次用 $\boldsymbol{S}_{f,1}$、…、$\boldsymbol{S}_{f,n}$ 表示。采用 $\boldsymbol{S}_{f,n\cdots 21}$ 表示刚体的最终合成运动，其为 $\boldsymbol{S}_{f,1}$、…、$\boldsymbol{S}_{f,n}$ 的合成结果。若分别采用“右旋量三角积”与“左旋量三角积”，则 $\boldsymbol{S}_{f,n\cdots 21}$ 可通过如下两种方式计算得到

$$\boldsymbol{S}_{f,n\cdots 21}=\boldsymbol{S}_{f,n}\Delta\cdots\Delta\boldsymbol{S}_{f,2}\Delta\boldsymbol{S}_{f,1} \tag{2-75}$$

$$\boldsymbol{S}_{f,n\cdots 21}=\boldsymbol{S}_{f,1}\nabla\boldsymbol{S}_{f,2}\nabla\cdots\nabla\boldsymbol{S}_{f,n} \tag{2-76}$$

式（2-75）与式（2-76）完全等价。对比两者的物理含义，可得：

1）式（2-75）中，“Δ”自左向右的合成顺序与运动生成顺序一致，即从 n 至 1。

2）式（2-76）中，“∇”自右向左的合成顺序与运动副编号顺序一致，即从 1 至 n。

因式（2-75）与式（2-76）等价，故后文不失一般性地统一采用“Δ”来表示旋量三角积运算。

与对偶四元数的交集运算类似，联立机构各支链运动方程，求解有限旋量表达式的共同值域，实现有限旋量的求交

$$\boldsymbol{S}_{f,1}=\boldsymbol{S}_{f,2}=\cdots=\boldsymbol{S}_{f,i}=\cdots=\boldsymbol{S}_{f,l},\quad i=1,2,\cdots,l \tag{2-77}$$

2.5.2 瞬时旋量及旋量叉积

由旋量表述的瞬时运动可直接反映 Mozzi 轴线和速度振幅。刚体的瞬时运动可参数化表征为如下六维向量形式的瞬时旋量

$$\boldsymbol{S}_t=\omega\begin{pmatrix}\boldsymbol{s}_t\\ \boldsymbol{r}_t\times\boldsymbol{s}_t+p_t\boldsymbol{s}_t\end{pmatrix}=\omega\begin{pmatrix}\boldsymbol{s}_t\\ \boldsymbol{r}_t\times\boldsymbol{s}_t\end{pmatrix}+v\begin{pmatrix}\boldsymbol{0}\\ \boldsymbol{s}_t\end{pmatrix}=\begin{pmatrix}\boldsymbol{\omega}\\ \boldsymbol{v}\end{pmatrix} \tag{2-78}$$

式中，$\boldsymbol{s}_t$、$\boldsymbol{r}_t$、ω、v、p_t 与式（2-39）中的变量定义一致。

两个瞬时旋量

$$\boldsymbol{S}_{t,1}=\begin{pmatrix}\boldsymbol{\omega}_1\\\boldsymbol{v}_1\end{pmatrix},\ \boldsymbol{S}_{t,2}=\begin{pmatrix}\boldsymbol{\omega}_2\\\boldsymbol{v}_2\end{pmatrix} \tag{2-79}$$

的李括号运算定义为旋量叉积，即

$$\begin{aligned}[\boldsymbol{S}_{t,1},\boldsymbol{S}_{t,2}]&=\boldsymbol{S}_{t,1}\times\boldsymbol{S}_{t,2}\\&=\begin{pmatrix}\boldsymbol{\omega}_1\\\boldsymbol{v}_1\end{pmatrix}\times\begin{pmatrix}\boldsymbol{\omega}_2\\\boldsymbol{v}_2\end{pmatrix}=\begin{pmatrix}\boldsymbol{\omega}_1\times\boldsymbol{\omega}_2\\\boldsymbol{\omega}_1\times\boldsymbol{v}_2-\boldsymbol{\omega}_2\times\boldsymbol{v}_1\end{pmatrix}\end{aligned} \tag{2-80}$$

对于机器人机构，动平台相对基座的速度形成了由一组单自由度旋量张成的旋量系。在机器人性能建模和分析中，旋量系对运动分析和雅可比建模有重要作用。对于串联机构，旋量系由每个运动副生成瞬时旋量的合成旋量来构建；对于并联机构，则由若干个支链旋量系求交得到。得益于 Rico 和 Dufy 的工作，旋量系得到了分类，并证明了旋量系是向量子空间，为李代数 se(3)的子代数。因此，瞬时旋量集合的合成和交集运算可参考式（2-40）和式（2-41）计算。

2.5.3 有限旋量与瞬时旋量间的映射

瞬时旋量和有限旋量之间不存在指数映射。这是因为有限旋量以类 Gibbs 格式描述位移，打破了矩阵李群和对偶四元数描述有限运动的线性变换形式。

尽管缺乏指数映射，但通过对表示位移的有限旋量 $\boldsymbol{S}_f$ 求微分，可直接在位移和速度间做微分映射，得到表示速度的瞬时旋量 $\boldsymbol{S}_t$。对于单自由度和多自由度的有限旋量 $\boldsymbol{S}_f$，相应的瞬时旋量系可表示为

$$\dot{\boldsymbol{S}}_f\Big|_{\substack{\theta=0\\t=0}}=\dot{\theta}\begin{pmatrix}\boldsymbol{s}_f\\\boldsymbol{r}_f\times\boldsymbol{s}_f\end{pmatrix}+\dot{t}\begin{pmatrix}0\\\boldsymbol{s}_f\end{pmatrix}=\boldsymbol{S}_t \tag{2-81}$$

$$\dot{\boldsymbol{S}}_f\big|_{\substack{\theta_k=0\\t_k=0,k=1,2,\cdots,n}}=\dot{\boldsymbol{S}}_{f,1}\big|_{\substack{\theta_1=0\\t_1=0}}+\dot{\boldsymbol{S}}_{f,2}\big|_{\substack{\theta_2=0\\t_2=0}}+\cdots+\dot{\boldsymbol{S}}_{f,1}\big|_{\substack{\theta_n=0\\t_n=0}}=\boldsymbol{S}_{t,1}+\boldsymbol{S}_{t,2}+\cdots+\boldsymbol{S}_{t,n} \tag{2-82}$$

2.6 数学工具比较

矩阵李群和李代数、对偶四元数和纯对偶四元数、有限旋量和瞬时旋量为李群 SE(3)和李代数 se(3)的不同数学表达格式，下面采用代数方法揭示其本质关联。

2.6.1 数学工具之间的代数关联与转换

关于矩阵与对偶四元数之间的关联与转化，已有很多探讨，这里不再赘述。后文重点探究对偶四元数与旋量之间的联系。

由式（2-48），对偶四元数可表示为

$$\boldsymbol{D}=\cos\frac{\hat{\theta}}{2}+\sin\frac{\hat{\theta}}{2}\boldsymbol{S}^{\wedge} \tag{2-83}$$

式中，$\boldsymbol{S}^{\wedge}=\boldsymbol{s}_f^{\wedge}+\varepsilon(\boldsymbol{r}_f^{\wedge}\times\boldsymbol{s}_f^{\wedge})$ 为有限运动轴线的对偶向量格式，$\hat{\theta}=\theta+\varepsilon t$ 为对偶角。由此，进一步将对偶四元数表示为

$$\boldsymbol{D}=\cos\frac{\theta+\varepsilon t}{2}+\sin\frac{\theta+\varepsilon t}{2}(\boldsymbol{s}_f^{\wedge}+\varepsilon(\boldsymbol{r}_f^{\wedge}\times\boldsymbol{s}_f^{\wedge})) \tag{2-84}$$

式（2-84）中已用对偶量 ε 将转动与平动部分分开，为简化表达格式，后文省略上角标“$\hat{}$”。

应用三角函数的 Taylor 展开式可得

$$\cos\frac{\theta+\varepsilon t}{2}=\cos\frac{\theta}{2}-\varepsilon\frac{t}{2}\sin\frac{\theta}{2} \tag{2-85}$$

$$\sin\frac{\theta+\varepsilon t}{2}=\sin\frac{\theta}{2}+\varepsilon\frac{t}{2}\cos\frac{\theta}{2} \tag{2-86}$$

将式（2-85）和式（2-86）带入式（2-84），可得到对偶四元数的展开式。该展开式由对偶标量和对偶向量两部分组成。前者含有 2 个代数项，后者含有 6 个，即

$$\begin{aligned}\boldsymbol{D}&=\left(\cos\frac{\theta}{2}-\varepsilon\frac{t}{2}\sin\frac{\theta}{2}\right)+\left(\sin\frac{\theta}{2}\boldsymbol{s}_f+\boldsymbol{\varepsilon}\left(\sin\frac{\theta}{2}(\boldsymbol{r}_f\times\boldsymbol{s}_f)+\frac{t}{2}\cos\frac{\theta}{2}\boldsymbol{s}_f\right)\right)\\&=D_s+\boldsymbol{D}_v\end{aligned} \tag{2-87}$$

式中，D_s 和 $\boldsymbol{D}_v$ 分别表示对偶标量和对偶向量

$$D_s=\cos\frac{\theta}{2}-\varepsilon\frac{t}{2}\sin\frac{\theta}{2} \tag{2-88}$$

$$\boldsymbol{D}_v=\sin\frac{\theta}{2}\boldsymbol{s}_f+\boldsymbol{\varepsilon}\left(\sin\frac{\theta}{2}(\boldsymbol{r}_f\times\boldsymbol{s}_f)+\frac{t}{2}\cos\frac{\theta}{2}\boldsymbol{s}_f\right) \tag{2-89}$$

观察式（2-89）可见，六维向量 $\boldsymbol{D}_v$ 包含有限运动的全部三要素。用其除以 $\frac{1}{2}\cos\frac{\theta}{2}$，可得同样包含有限运动三要素的六维仿向量，即

$$\boldsymbol{S}_f=2\tan\frac{\theta}{2}\begin{pmatrix}\boldsymbol{s}_f\\\boldsymbol{r}_f\times\boldsymbol{s}_f\end{pmatrix}+t\begin{pmatrix}\boldsymbol{0}\\\boldsymbol{s}_f\end{pmatrix} \tag{2-90}$$

2.6.2 对偶四元数乘法与旋量三角

考虑有限旋量可由对偶四元数导出，由此可建立对偶四元数乘法与旋量三角之间的本质关联。

采用如下两个对偶四元数描述同一刚体相继发生的有限运动

$$\begin{aligned}\boldsymbol{D}_a&=\left(\cos\frac{\theta_a}{2}-\varepsilon\frac{t_a}{2}\sin\frac{\theta_a}{2}\right)+\left(\sin\frac{\theta_a}{2}\boldsymbol{s}_{f,a}+\boldsymbol{\varepsilon}\left(\sin\frac{\theta_a}{2}(\boldsymbol{r}_{f,a}\times\boldsymbol{s}_{f,a})+\frac{t_a}{2}\cos\frac{\theta_a}{2}\boldsymbol{s}_{f,a}\right)\right)\\&=D_{s,a}+\boldsymbol{D}_{v,a}\end{aligned} \tag{2-91}$$

$$\begin{aligned}\boldsymbol{D}_b&=\left(\cos\frac{\theta_b}{2}-\varepsilon\frac{t_b}{2}\sin\frac{\theta_b}{2}\right)+\left(\sin\frac{\theta_b}{2}\boldsymbol{s}_{f,b}+\boldsymbol{\varepsilon}\left(\sin\frac{\theta_b}{2}(\boldsymbol{r}_{f,b}\times\boldsymbol{s}_{f,b})+\frac{t_b}{2}\cos\frac{\theta_b}{2}\boldsymbol{s}_{f,b}\right)\right)\\&=D_{s,b}+\boldsymbol{D}_{v,b}\end{aligned} \tag{2-92}$$

同时，用如下对偶四元数表示它们的合成运动，即

$$\begin{aligned}\boldsymbol{D}_{ab}&=\left(\cos\frac{\theta_{ab}}{2}-\varepsilon\frac{t_{ab}}{2}\sin\frac{\theta_{ab}}{2}\right)+\left(\sin\frac{\theta_{ab}}{2}\boldsymbol{s}_{f,ab}+\boldsymbol{\varepsilon}\left(\sin\frac{\theta_{ab}}{2}(\boldsymbol{r}_{f,ab}\times\boldsymbol{s}_{f,ab})+\frac{t_{ab}}{2}\cos\frac{\theta_{ab}}{2}\boldsymbol{s}_{f,ab}\right)\right)\\&=D_{s,ab}+\boldsymbol{D}_{v,ab}\end{aligned} \tag{2-93}$$

根据对偶四元数乘法运算法则，可得

$$\boldsymbol{D}_{ab}=\boldsymbol{D}_b\boldsymbol{D}_a$$

即

$$D_{s,ab}+\boldsymbol{D}_{v,ab}=D_{s,a}D_{s,b}-\boldsymbol{D}_{v,a}\cdot\boldsymbol{D}_{v,b}+D_{s,b}\boldsymbol{D}_{v,a}+D_{s,a}\boldsymbol{D}_{v,b}+\boldsymbol{D}_{v,b}\times\boldsymbol{D}_{v,a} \tag{2-94}$$

将式（2-91）~式（2-93）带入式（2-94），进而分别比较所得表达式左右两边的对偶标量和对偶向量的原部与对偶部，得

$$\cos\frac{\theta_{ab}}{2}=\cos\frac{\theta_a}{2}\cos\frac{\theta_b}{2}-\sin\frac{\theta_a}{2}\sin\frac{\theta_b}{2}\boldsymbol{s}_{f,a}^{\mathrm{T}}\boldsymbol{s}_{f,b} \tag{2-95}$$

$$\sin\frac{\theta_{ab}}{2}\boldsymbol{s}_{f,ab}=\sin\frac{\theta_a}{2}\cos\frac{\theta_b}{2}\boldsymbol{s}_{f,a}+\cos\frac{\theta_a}{2}\sin\frac{\theta_b}{2}\boldsymbol{s}_{f,b}+\sin\frac{\theta_a}{2}\sin\frac{\theta_b}{2}(\boldsymbol{s}_{f,b}\times\boldsymbol{s}_{f,a}) \tag{2-96}$$

$$\begin{aligned}&\sin\frac{\theta_{ab}}{2}(\boldsymbol{r}_{f,ab}\times\boldsymbol{s}_{f,ab})+\frac{t_{ab}}{2}\cos\frac{\theta_{ab}}{2}\boldsymbol{s}_{f,ab}\\&=\left(\frac{t_a}{2}\cos\frac{\theta_a}{2}\cos\frac{\theta_b}{2}-\frac{t_b}{2}\sin\frac{\theta_a}{2}\sin\frac{\theta_b}{2}\right)\boldsymbol{s}_{f,a}+\sin\frac{\theta_a}{2}\cos\frac{\theta_b}{2}(\boldsymbol{r}_{f,a}\times\boldsymbol{s}_{f,a})+\\&\left(\frac{t_b}{2}\cos\frac{\theta_a}{2}\cos\frac{\theta_b}{2}-\frac{t_a}{2}\sin\frac{\theta_a}{2}\sin\frac{\theta_b}{2}\right)\boldsymbol{s}_{f,b}+\cos\frac{\theta_a}{2}\sin\frac{\theta_b}{2}(\boldsymbol{r}_{f,b}\times\boldsymbol{s}_{f,b})+\\&\left(\frac{t_b}{2}\sin\frac{\theta_a}{2}\cos\frac{\theta_b}{2}+\frac{t_a}{2}\cos\frac{\theta_a}{2}\sin\frac{\theta_b}{2}\right)(\boldsymbol{s}_{f,b}\times\boldsymbol{s}_{f,a})+\\&\sin\frac{\theta_a}{2}\sin\frac{\theta_b}{2}(\boldsymbol{s}_{f,b}\times(\boldsymbol{r}_{f,a}\times\boldsymbol{s}_{f,a})+(\boldsymbol{r}_{f,b}\times\boldsymbol{s}_{f,b})\times\boldsymbol{s}_{f,a})\end{aligned} \tag{2-97}$$

将式（2-96）和式（2-97）除以式（2-95）中$\frac{1}{2}\cos\frac{\theta_{ab}}{2}$，得

$$2\tan\frac{\theta_{ab}}{2}\boldsymbol{s}_{f,ab}=\frac{2\tan\frac{\theta_a}{2}\boldsymbol{s}_{f,a}+2\tan\frac{\theta_b}{2}\boldsymbol{s}_{f,b}+2\tan\frac{\theta_a}{2}\tan\frac{\theta_b}{2}(\boldsymbol{s}_{f,b}\times\boldsymbol{s}_{f,a})}{1-\tan\frac{\theta_a}{2}\tan\frac{\theta_b}{2}\boldsymbol{s}_{f,a}^{\mathrm{T}}\boldsymbol{s}_{f,b}} \tag{2-98}$$

$$\begin{aligned}&2\tan\frac{\theta_{ab}}{2}(\boldsymbol{r}_{f,ab}\times\boldsymbol{s}_{f,ab})+t_{ab}\boldsymbol{s}_{f,ab}\\&=\frac{\left(\begin{aligned}&\left(t_a-t_b\tan\frac{\theta_a}{2}\tan\frac{\theta_b}{2}\right)\boldsymbol{s}_{f,a}+\left(t_b-t_a\tan\frac{\theta_a}{2}\tan\frac{\theta_b}{2}\right)\boldsymbol{s}_{f,b}+\\&2\tan\frac{\theta_a}{2}(\boldsymbol{r}_{f,a}\times\boldsymbol{s}_{f,a})+2\tan\frac{\theta_b}{2}(\boldsymbol{r}_{f,b}\times\boldsymbol{s}_{f,b})+\left(t_b\tan\frac{\theta_a}{2}+t_a\tan\frac{\theta_b}{2}\right)(\boldsymbol{s}_{f,b}\times\boldsymbol{s}_{f,a})+\\&2\tan\frac{\theta_a}{2}\tan\frac{\theta_b}{2}(\boldsymbol{s}_{f,b}\times(\boldsymbol{r}_{f,a}\times\boldsymbol{s}_{f,a})+(\boldsymbol{r}_{f,b}\times\boldsymbol{s}_{f,b})\times\boldsymbol{s}_{f,a})\end{aligned}\right)}{1-\tan\frac{\theta_a}{2}\tan\frac{\theta_b}{2}\boldsymbol{s}_{f,a}^{\mathrm{T}}\boldsymbol{s}_{f,b}}\end{aligned} \tag{2-99}$$

根据上节所述对偶四元数与有限旋量的对应关系，可得与 $\boldsymbol{D}_a$、$\boldsymbol{D}_b$、$\boldsymbol{D}_{ab}$ 对应的有限旋量分别为

$$\boldsymbol{S}_{f,a}=2\tan\frac{\theta_a}{2}\begin{pmatrix}\boldsymbol{s}_{f,a}\\\boldsymbol{r}_{f,a}\times\boldsymbol{s}_{f,a}\end{pmatrix}+t_a\begin{pmatrix}\boldsymbol{0}\\\boldsymbol{s}_{f,a}\end{pmatrix} \tag{2-100}$$

$$\boldsymbol{S}_{f,b}=2\tan\frac{\theta_b}{2}\begin{pmatrix}\boldsymbol{s}_{f,b}\\ \boldsymbol{r}_{f,b}\times\boldsymbol{s}_{f,b}\end{pmatrix}+t_b\begin{pmatrix}\boldsymbol{0}\\ \boldsymbol{s}_{f,b}\end{pmatrix} \tag{2-101}$$

$$\boldsymbol{S}_{f,ab}=2\tan\frac{\theta_{ab}}{2}\begin{pmatrix}\boldsymbol{s}_{f,ab}\\ \boldsymbol{r}_{f,ab}\times\boldsymbol{s}_{f,ab}\end{pmatrix}+t_{ab}\begin{pmatrix}\boldsymbol{0}\\ \boldsymbol{s}_{f,ab}\end{pmatrix} \tag{2-102}$$

由此，将式（2-98）和式（2-99）分别作为一个有限旋量的上三项与下三项，得

$$\boldsymbol{S}_{f,ab}=\frac{1}{1-\tan\frac{\theta_a}{2}\tan\frac{\theta_b}{2}\boldsymbol{s}_{f,a}^{\mathrm{T}}\boldsymbol{s}_{f,b}}\left(\boldsymbol{S}_{f,a}+\boldsymbol{S}_{f,b}+\frac{\boldsymbol{S}_{f,b}\times\boldsymbol{S}_{f,a}}{2}-\tan\frac{\theta_a}{2}\tan\frac{\theta_b}{2}\begin{pmatrix}\boldsymbol{0}\\ t_b\boldsymbol{s}_{f,a}+t_a\boldsymbol{s}_{f,b}\end{pmatrix}\right) \tag{2-103}$$

本章 2.6.1 节与 2.6.2 节从本质上揭示了对偶四元数与有限旋量之间的本质关联。对比式（2-57）与式（2-78）可知，纯对偶四元数与瞬时旋量互为同构向量。

2.6.3 代数结构与李群表示论

1. 有限旋量在旋量三角积下满足的性质

当有限运动轴线、转动角度、平动距离可随意选取时，可定义有限旋量全集为

$$\left\{\boldsymbol{S}_f \,\middle|\, \boldsymbol{S}_f=2\tan\frac{\theta}{2}\begin{pmatrix}\boldsymbol{s}_f\\ \boldsymbol{r}_f\times\boldsymbol{s}_f\end{pmatrix}+t\begin{pmatrix}\boldsymbol{0}\\ \boldsymbol{s}_f\end{pmatrix},\boldsymbol{s}_f,\boldsymbol{r}_f\in\mathbb{R}^3,\theta\in[0,2\pi],t\in\mathbb{R}\right\} \tag{2-104}$$

作为描述有限运动的数学工具，有限旋量全集应构成与 SE(3) 同构的李群。为了证明这一猜想，下文将严格证明有限旋量全集在旋量三角积运算下是否满足李群的全部性质，即封闭性、结合律、零元素存在性、逆元素存在性。

（1）封闭性　根据式（2-103）可计算得到合成旋量的轴线、转动角度、平动距离，即

$$\boldsymbol{s}_{f,ab}=\frac{\tan\frac{\theta_a}{2}\boldsymbol{s}_{f,a}+\tan\frac{\theta_b}{2}\boldsymbol{s}_{f,b}+\tan\frac{\theta_a}{2}\tan\frac{\theta_b}{2}\boldsymbol{s}_{f,b}\times\boldsymbol{s}_{f,a}}{\left|\tan\frac{\theta_a}{2}\boldsymbol{s}_{f,a}+\tan\frac{\theta_b}{2}\boldsymbol{s}_{f,b}+\tan\frac{\theta_a}{2}\tan\frac{\theta_b}{2}\boldsymbol{s}_{f,b}\times\boldsymbol{s}_{f,a}\right|} \tag{2-105}$$

$$\boldsymbol{r}_{f,ab}=\frac{A(\boldsymbol{s}_{f,ab}\times\boldsymbol{s}_{f,b})+B(\boldsymbol{s}_{f,a}\times\boldsymbol{s}_{f,ab})}{\boldsymbol{s}_{f,a}^{\mathrm{T}}(\boldsymbol{s}_{f,ab}\times\boldsymbol{s}_{f,b})}\pm k\boldsymbol{s}_{f,ab},k\in\mathbb{R} \tag{2-106}$$

$$A=\boldsymbol{r}_{f,a}^{\mathrm{T}}(\boldsymbol{s}_{f,ab}\times(\boldsymbol{s}_{f,a}\times\boldsymbol{s}_{f,ab}))+\frac{(\boldsymbol{s}_{f,a}\times\boldsymbol{s}_{f,ab})^2}{(\boldsymbol{s}_{f,a}\times\boldsymbol{s}_{f,b})^2}(\boldsymbol{s}_{f,b}\times(\boldsymbol{s}_{f,a}\times\boldsymbol{s}_{f,b}))^{\mathrm{T}}(\boldsymbol{r}_{f,b}-\boldsymbol{r}_{f,a})-\frac{t_a}{2}(\boldsymbol{s}_{f,a}\times\boldsymbol{s}_{f,ab})^2$$

$$B=\boldsymbol{r}_{f,b}^{\mathrm{T}}(\boldsymbol{s}_{f,ab}\times(\boldsymbol{s}_{f,b}\times\boldsymbol{s}_{f,ab}))+\frac{(\boldsymbol{s}_{f,b}\times\boldsymbol{s}_{f,ab})^2}{(\boldsymbol{s}_{f,a}\times\boldsymbol{s}_{f,b})^2}(\boldsymbol{s}_{f,a}\times(\boldsymbol{s}_{f,b}\times\boldsymbol{s}_{f,a}))^{\mathrm{T}}(\boldsymbol{r}_{f,a}-\boldsymbol{r}_{f,b})+\frac{t_b}{2}(\boldsymbol{s}_{f,b}\times\boldsymbol{s}_{f,ab})^2$$

$$\theta_{ab}=2\arctan\left(\frac{\left|\tan\frac{\theta_a}{2}\boldsymbol{s}_{f,a}+\tan\frac{\theta_b}{2}\boldsymbol{s}_{f,b}+\tan\frac{\theta_a}{2}\tan\frac{\theta_b}{2}\boldsymbol{s}_{f,b}\times\boldsymbol{s}_{f,a}\right|}{1-\tan\frac{\theta_a}{2}\tan\frac{\theta_b}{2}\boldsymbol{s}_{f,a}^{\mathrm{T}}\boldsymbol{s}_{f,b}}\right) \tag{2-107}$$

$$t_{ab}=\frac{2\begin{pmatrix}\tan\dfrac{\theta_a}{2}\tan\dfrac{\theta_b}{2}(\boldsymbol{r}_{f,a}-\boldsymbol{r}_{f,b})^{\mathrm{T}}(\boldsymbol{s}_{f,a}\times\boldsymbol{s}_{f,b})+\\ \dfrac{t_a}{2}\left(\tan\dfrac{\theta_a}{2}+\boldsymbol{s}_{f,a}^{\mathrm{T}}\boldsymbol{s}_{f,b}\tan\dfrac{\theta_b}{2}\right)+\dfrac{t_b}{2}\left(\tan\dfrac{\theta_b}{2}+\boldsymbol{s}_{f,a}^{\mathrm{T}}\boldsymbol{s}_{f,b}\tan\dfrac{\theta_a}{2}\right)\end{pmatrix}}{\left|\tan\dfrac{\theta_a}{2}\boldsymbol{s}_{f,a}+\tan\dfrac{\theta_b}{2}\boldsymbol{s}_{f,b}+\tan\dfrac{\theta_a}{2}\tan\dfrac{\theta_b}{2}\boldsymbol{s}_{f,b}\times\boldsymbol{s}_{f,a}\right|} \tag{2-108}$$

由式（2-105）~式（2-108）可知，$\boldsymbol{S}_{f,ab}$ 具有式（2-66）中有限旋量的通用格式，即任意两个有限旋量的合成旋量可改写为旋量通用格式，由此证明了有限旋量全集在旋量三角积下满足封闭性。

（2）结合律　假设 $\boldsymbol{S}_{f,i}$（$i=a$，b，c）为有限旋量全集中的任意三个旋量，则

$$\boldsymbol{S}_{f,i}=2\tan\frac{\theta_i}{2}\begin{pmatrix}\boldsymbol{s}_{f,i}\\ \boldsymbol{r}_{f,i}\times\boldsymbol{s}_{f,i}\end{pmatrix}+t_i\begin{pmatrix}\boldsymbol{0}\\ \boldsymbol{s}_{f,i}\end{pmatrix},\ i=a,b,c \tag{2-109}$$

三者的合成结果可通过如下两种不同计算次序得到，即

$$\boldsymbol{S}_{f,(ab)c}=(\boldsymbol{S}_{f,a}\Delta\boldsymbol{S}_{f,b})\Delta\boldsymbol{S}_{f,c} \tag{2-110}$$

$$\boldsymbol{S}_{f,a(bc)}=\boldsymbol{S}_{f,a}\Delta(\boldsymbol{S}_{f,b}\Delta\boldsymbol{S}_{f,c}) \tag{2-111}$$

若采用式（2-110）中的计算次序，则合成结果为

$$\begin{aligned}\boldsymbol{S}_{f,(ab)c}&=\boldsymbol{S}_{f,ab}\Delta\boldsymbol{S}_{f,c}\\&=\frac{1}{C}\begin{pmatrix}\boldsymbol{S}_{f,a}+\boldsymbol{S}_{f,b}+\boldsymbol{S}_{f,c}+\dfrac{1}{2}\boldsymbol{S}_{f,b}\times\boldsymbol{S}_{f,a}+\dfrac{1}{2}\boldsymbol{S}_{f,c}\times\boldsymbol{S}_{f,a}+\dfrac{1}{2}\boldsymbol{S}_{f,c}\times\boldsymbol{S}_{f,b}+\\ \dfrac{1}{4}\boldsymbol{S}_{f,c}\times(\boldsymbol{S}_{f,b}\times\boldsymbol{S}_{f,a})-(1-D)\boldsymbol{S}_{f,c}-\dfrac{1}{2}\boldsymbol{S}_{f,c}\times\boldsymbol{S}_{fp,ab}-\boldsymbol{S}_{fp,ab}-\boldsymbol{S}_{fp,(ab)c}\end{pmatrix}\end{aligned} \tag{2-112}$$

式中，

$$C=1-\tan\frac{\theta_a}{2}\tan\frac{\theta_b}{2}\boldsymbol{s}_{f,a}^{\mathrm{T}}\boldsymbol{s}_{f,b}-\tan\frac{\theta_a}{2}\tan\frac{\theta_c}{2}\boldsymbol{s}_{f,a}^{\mathrm{T}}\boldsymbol{s}_{f,c}-\tan\frac{\theta_b}{2}\tan\frac{\theta_c}{2}\boldsymbol{s}_{f,b}^{\mathrm{T}}\boldsymbol{s}_{f,c}-$$
$$\tan\frac{\theta_a}{2}\tan\frac{\theta_b}{2}\tan\frac{\theta_c}{2}\boldsymbol{s}_{f,c}^{\mathrm{T}}(\boldsymbol{s}_{f,b}\times\boldsymbol{s}_{f,a});$$

$$D=1-\tan\frac{\theta_a}{2}\tan\frac{\theta_b}{2}\boldsymbol{s}_{f,a}^{\mathrm{T}}\boldsymbol{s}_{f,b};$$

$$\boldsymbol{S}_{fp,ab}=\begin{pmatrix}\boldsymbol{0}\\ \tan\dfrac{\theta_a}{2}\tan\dfrac{\theta_b}{2}t_b\boldsymbol{s}_{f,a}+\tan\dfrac{\theta_a}{2}\tan\dfrac{\theta_b}{2}t_a\boldsymbol{s}_{f,b}\end{pmatrix};$$

$$\boldsymbol{S}_{fp,(ab)c}=\begin{pmatrix}\boldsymbol{0}\\ \left(\tan\frac{\theta_a}{2}\tan\frac{\theta_c}{2}t_c\boldsymbol{s}_{f,a}+\tan\frac{\theta_b}{2}\tan\frac{\theta_c}{2}t_c\boldsymbol{s}_{f,b}+\tan\frac{\theta_a}{2}\tan\frac{\theta_b}{2}\tan\frac{\theta_c}{2}t_c(\boldsymbol{s}_{f,b}\times\boldsymbol{s}_{f,a})+\right.\\ 2\tan\frac{\theta_a}{2}\tan\frac{\theta_b}{2}\tan\frac{\theta_c}{2}(\boldsymbol{r}_{f,a}-\boldsymbol{r}_{f,b})^{\mathrm{T}}(\boldsymbol{s}_{f,a}\times\boldsymbol{s}_{f,b})\boldsymbol{s}_{f,c}+\\ \left(\tan\frac{\theta_a}{2}\tan\frac{\theta_c}{2}+\tan\frac{\theta_b}{2}\tan\frac{\theta_c}{2}\boldsymbol{s}_{f,a}^{\mathrm{T}}\boldsymbol{s}_{f,b}\right)t_a\boldsymbol{s}_{f,c}+\\ \left.\left(\tan\frac{\theta_b}{2}\tan\frac{\theta_c}{2}+\tan\frac{\theta_a}{2}\tan\frac{\theta_c}{2}\boldsymbol{s}_{f,a}^{\mathrm{T}}\boldsymbol{s}_{f,b}\right)t_b\boldsymbol{s}_{f,c}\right)\end{pmatrix}。$$

若采用式（2-111）中的计算次序，则合成结果为

$$\begin{aligned}\boldsymbol{S}_{f,a(bc)}&=\boldsymbol{S}_{f,a}\Delta\boldsymbol{S}_{f,bc}\\&=\frac{1}{C}\begin{pmatrix}\boldsymbol{S}_{f,a}+\boldsymbol{S}_{f,b}+\boldsymbol{S}_{f,c}+\frac{1}{2}\boldsymbol{S}_{f,b}\times\boldsymbol{S}_{f,a}+\frac{1}{2}\boldsymbol{S}_{f,c}\times\boldsymbol{S}_{f,a}+\frac{1}{2}\boldsymbol{S}_{f,c}\times\boldsymbol{S}_{f,b}+\\ \frac{1}{4}(\boldsymbol{S}_{f,c}\times\boldsymbol{S}_{f,b})\times\boldsymbol{S}_{f,a}-(1-E)\boldsymbol{S}_{f,a}-\frac{1}{2}\boldsymbol{S}_{fp,bc}\times\boldsymbol{S}_{f,a}-\boldsymbol{S}_{fp,bc}-\boldsymbol{S}_{fp,a(bc)}\end{pmatrix}\end{aligned}\qquad(2\text{-}113)$$

式中，

$$E=1-\tan\frac{\theta_b}{2}\tan\frac{\theta_c}{2}\boldsymbol{s}_{f,b}^{\mathrm{T}}\boldsymbol{s}_{f,c};$$

$$\boldsymbol{S}_{fp,bc}=\begin{pmatrix}\boldsymbol{0}\\ \tan\frac{\theta_b}{2}\tan\frac{\theta_c}{2}t_c\boldsymbol{s}_{f,b}+\tan\frac{\theta_b}{2}\tan\frac{\theta_c}{2}t_b\boldsymbol{s}_{f,c}\end{pmatrix};$$

$$\boldsymbol{S}_{fp,a(bc)}=\begin{pmatrix}\boldsymbol{0}\\ \left(\tan\frac{\theta_a}{2}\tan\frac{\theta_b}{2}t_a\boldsymbol{s}_{f,b}+\tan\frac{\theta_a}{2}\tan\frac{\theta_c}{2}t_a\boldsymbol{s}_{f,c}+\tan\frac{\theta_a}{2}\tan\frac{\theta_b}{2}\tan\frac{\theta_c}{2}t_a(\boldsymbol{s}_{f,c}\times\boldsymbol{s}_{f,b})+\right.\\ 2\tan\frac{\theta_a}{2}\tan\frac{\theta_b}{2}\tan\frac{\theta_c}{2}(\boldsymbol{r}_{f,b}-\boldsymbol{r}_{f,c})^{\mathrm{T}}(\boldsymbol{s}_{f,b}\times\boldsymbol{s}_{f,c})\boldsymbol{s}_{f,a}+\\ \left(\tan\frac{\theta_a}{2}\tan\frac{\theta_b}{2}+\tan\frac{\theta_a}{2}\tan\frac{\theta_c}{2}\boldsymbol{s}_{f,b}^{\mathrm{T}}\boldsymbol{s}_{f,c}\right)t_b\boldsymbol{s}_{f,a}+\\ \left.\left(\tan\frac{\theta_a}{2}\tan\frac{\theta_c}{2}+\tan\frac{\theta_a}{2}\tan\frac{\theta_b}{2}\boldsymbol{s}_{f,b}^{\mathrm{T}}\boldsymbol{s}_{f,c}\right)t_c\boldsymbol{s}_{f,a}\right)\end{pmatrix}。$$

通过解析推导，可证明式（2-114）成立，即

$$\begin{aligned}&\frac{1}{4}\boldsymbol{S}_{f,c}\times(\boldsymbol{S}_{f,b}\times\boldsymbol{S}_{f,a})-(1-D)\boldsymbol{S}_{f,c}-\frac{1}{2}\boldsymbol{S}_{f,c}\times\boldsymbol{S}_{fp,ab}-\boldsymbol{S}_{fp,ab}-\boldsymbol{S}_{fp,(ab)c}\\&=\frac{1}{4}(\boldsymbol{S}_{f,c}\times\boldsymbol{S}_{f,b})\times\boldsymbol{S}_{f,a}-(1-E)\boldsymbol{S}_{f,a}-\frac{1}{2}\boldsymbol{S}_{fp,bc}\times\boldsymbol{S}_{f,a}-\boldsymbol{S}_{fp,bc}-\boldsymbol{S}_{fp,a(bc)}\end{aligned}\qquad(2\text{-}114)$$

将式（2-114）代入式（2-112）和式（2-113），可得

$$\boldsymbol{S}_{f,(ab)c}=\boldsymbol{S}_{f,a(bc)}$$

即

$$(\boldsymbol{S}_{f,a}\Delta\boldsymbol{S}_{f,b})\Delta\boldsymbol{S}_{f,c}=\boldsymbol{S}_{f,a}\Delta(\boldsymbol{S}_{f,b}\Delta\boldsymbol{S}_{f,c})\qquad(2\text{-}115)$$

式（2-115）表明，一个算式中多个旋量三角积的运算次序不影响多个有限旋量的合成结果。换而言之，对于任意三个或更多旋量的合成运算，旋量三角积满足结合律。

(3) 零元素存在性　有限运动变换群中的零元素（单位元）定义了零变换（不运动）。在有限旋量全集中，采用转动角度和平动距离均为 0 的旋量定义零变换。因此，有限旋量全集中零变换对应的单位元为

$$\boldsymbol{S}_{f0}=2\tan\frac{0}{2}\begin{pmatrix}\boldsymbol{s}_f\\ \boldsymbol{r}_f\times\boldsymbol{s}_f\end{pmatrix}+0\begin{pmatrix}\boldsymbol{0}\\ \boldsymbol{s}_f\end{pmatrix}\tag{2-116}$$

可进一步化为

$$\boldsymbol{S}_{f0}=\begin{pmatrix}\boldsymbol{0}\\ \boldsymbol{0}\end{pmatrix}\tag{2-117}$$

该单位元与集合中任意旋量的旋量三角积满足交换律，即

$$\boldsymbol{S}_{f,a}\Delta\boldsymbol{S}_{f0}=\boldsymbol{S}_{f,a}\tag{2-118}$$

$$\boldsymbol{S}_{f0}\Delta\boldsymbol{S}_{f,a}=\boldsymbol{S}_{f,a}\tag{2-119}$$

由此证明了零元素的存在性和选取的合理性。

(4) 逆元素存在性　根据式（2-104）中有限旋量全集的定义，若 $\boldsymbol{S}_{f,a}$ 为集合中的一个任意元素，则易知 $-\boldsymbol{S}_{f,a}$ 也在集合中。$-\boldsymbol{S}_{f,a}$ 被定义为 $\boldsymbol{S}_{f,a}$ 的逆元素，可得

$$-\boldsymbol{S}_{f,a}=-2\tan\frac{\theta_a}{2}\begin{pmatrix}\boldsymbol{s}_{f,a}\\ \boldsymbol{r}_{f,a}\times\boldsymbol{s}_{f,a}\end{pmatrix}-t_a\begin{pmatrix}\boldsymbol{0}\\ \boldsymbol{s}_{f,a}\end{pmatrix}$$

$$\therefore\quad -\boldsymbol{S}_{f,a}=2\tan\frac{-\theta_a}{2}\begin{pmatrix}\boldsymbol{s}_{f,a}\\ \boldsymbol{r}_{f,a}\times\boldsymbol{s}_{f,a}\end{pmatrix}+(-t_a)\begin{pmatrix}\boldsymbol{0}\\ \boldsymbol{s}_{f,a}\end{pmatrix}$$

即

$$-\boldsymbol{S}_{f,a}=2\tan\frac{\theta_a}{2}\begin{pmatrix}-\boldsymbol{s}_{f,a}\\ \boldsymbol{r}_{f,a}\times(-\boldsymbol{s}_{f,a})\end{pmatrix}+t_a\begin{pmatrix}\boldsymbol{0}\\ -\boldsymbol{s}_{f,a}\end{pmatrix}\tag{2-120}$$

$-\boldsymbol{S}_{f,a}$ 与 $\boldsymbol{S}_{f,a}$ 具有相同的有限运动轴线，但具有相反的转动角度和平动距离。$-\boldsymbol{S}_{f,a}$ 也可视为具有与 $\boldsymbol{S}_{f,a}$ 相反的轴线、相同的转动角度和平动距离。

一个有限旋量和它的逆在旋量三角积下满足交换性，两者具有零化关系，即其合成结果为单位元，即

$$\boldsymbol{S}_{f,a}\Delta(-\boldsymbol{S}_{f,a})=\boldsymbol{S}_{f0}\tag{2-121}$$

$$-\boldsymbol{S}_{f,a}\Delta\boldsymbol{S}_{f,a}=\boldsymbol{S}_{f0}\tag{2-122}$$

通过验证封闭性、结合律、零元素和逆元素的存在性，严格证明了式（2-104）中有限旋量全集的代数结构为群。因该集合表达式是连续、光滑的，故其构成微分流形。因此，有限旋量全集是一个李群，称为有限旋量李群。

2. 瞬时旋量在旋量叉积下满足的性质

当瞬时运动轴线、角速度与线速度大小可随意选取时，可定义瞬时旋量全集为

$$\left\{\boldsymbol{S}_t\,\middle|\,\boldsymbol{S}_t=\omega\begin{pmatrix}\boldsymbol{s}_t\\ \boldsymbol{r}_t\times\boldsymbol{s}_t\end{pmatrix}+v\begin{pmatrix}\boldsymbol{0}\\ \boldsymbol{s}_t\end{pmatrix},\boldsymbol{s}_t,\boldsymbol{r}_t\in\mathbb{R}^3,\omega,t\in\mathbb{R}\right\}\tag{2-123}$$

因瞬时旋量是向量，具有线性特征，故该集合为向量空间。考虑瞬时旋量全集为描述瞬时运动的数学工具，其应构成与 se(3)同构的李代数。为了证明这一猜想，下文将严格证明

瞬时旋量全集在旋量叉积运算下是否满足李代数的全部性质，即封闭性、分配律、逆交换律和轮换零化律。

（1）封闭性 对于集合中任意两个元素（$\boldsymbol{S}_{t,a}$ 和 $\boldsymbol{S}_{t,b}$），其旋量叉积为

$$\begin{aligned}\boldsymbol{S}_{t,ab}^{C}&=\boldsymbol{S}_{t,a}\times\boldsymbol{S}_{t,b}\\&=\left(\omega_a\begin{pmatrix}\boldsymbol{s}_{t,a}\\\boldsymbol{r}_{t,a}\times\boldsymbol{s}_{t,a}\end{pmatrix}+v_a\begin{pmatrix}\boldsymbol{0}\\\boldsymbol{s}_{t,a}\end{pmatrix}\right)\times\left(\omega_b\begin{pmatrix}\boldsymbol{s}_{t,b}\\\boldsymbol{r}_{t,b}\times\boldsymbol{s}_{t,b}\end{pmatrix}+v_b\begin{pmatrix}\boldsymbol{0}\\\boldsymbol{s}_{t,b}\end{pmatrix}\right)\\&=\begin{pmatrix}\omega_a\boldsymbol{s}_{t,a}\times\omega_b\boldsymbol{s}_{t,b}\\\omega_a\boldsymbol{s}_{t,a}\times(\omega_b\boldsymbol{r}_{t,b}\times\boldsymbol{s}_{t,b}+v_b\boldsymbol{s}_{t,b})+(\omega_a\boldsymbol{r}_{t,a}\times\boldsymbol{s}_{t,a}+v_a\boldsymbol{s}_{t,a})\times\omega_b\boldsymbol{s}_{t,b}\end{pmatrix}\end{aligned}\tag{2-124}$$

式中，$\boldsymbol{S}_{t,ab}^{C}$ 表示 $\boldsymbol{S}_{t,a}$ 和 $\boldsymbol{S}_{t,b}$ 的旋量叉积，为沿两者轴线公垂线的旋量。

$\boldsymbol{S}_{t,ab}^{C}$ 可被写为式（2-78）中的瞬时旋量标准格式，即

$$\boldsymbol{S}_{t,ab}^{C}=\omega_{ab}^{C}\begin{pmatrix}\boldsymbol{s}_{t,ab}^{C}\\\boldsymbol{r}_{t,ab}^{C}\times\boldsymbol{s}_{t,ab}^{C}\end{pmatrix}+v_{ab}^{C}\begin{pmatrix}\boldsymbol{0}\\\boldsymbol{s}_{t,ab}^{C}\end{pmatrix}\tag{2-125}$$

式中，

$$\boldsymbol{s}_{t,ab}^{C}=\frac{\omega_a\boldsymbol{s}_{t,a}\times\omega_b\boldsymbol{s}_{t,b}}{|\omega_a\boldsymbol{s}_{t,a}\times\omega_b\boldsymbol{s}_{t,b}|};$$

$$\boldsymbol{r}_{t,ab}^{C}=\frac{\omega_a\boldsymbol{s}_{t,a}\times(\omega_b\boldsymbol{r}_{t,b}\times\boldsymbol{s}_{t,b}+v_b\boldsymbol{s}_{t,b})+(\omega_a\boldsymbol{r}_{t,a}\times\boldsymbol{s}_{t,a}+v_a\boldsymbol{s}_{t,a})\times\omega_b\boldsymbol{s}_{t,b}}{|\omega_a\boldsymbol{s}_{t,a}\times\omega_b\boldsymbol{s}_{t,b}|}\times\boldsymbol{s}_{t,ab}^{C}\pm k\boldsymbol{s}_{t,ab}^{C},k\in\mathbb{R};$$

$$\omega_{ab}^{C}=|\omega_a\boldsymbol{s}_{t,a}\times\omega_b\boldsymbol{s}_{t,b}|;$$

$$v_{ab}^{C}=(\omega_a\boldsymbol{s}_{t,a}\times(\omega_b\boldsymbol{r}_{t,b}\times\boldsymbol{s}_{t,b}+v_b\boldsymbol{s}_{t,b})+(\omega_a\boldsymbol{r}_{t,a}\times\boldsymbol{s}_{t,a}+v_a\boldsymbol{s}_{t,a})\times\omega_b\boldsymbol{s}_{t,b})^{\mathrm{T}}\boldsymbol{s}_{t,ab}^{C}。$$

由此可知，瞬时旋量全集在旋量叉积运算下具有封闭性，即集合中任意两个元素的旋量叉积仍属于该集合。

（2）分配律 若旋量叉积作用于瞬时旋量时满足分配律，则

$$(\boldsymbol{S}_{t,a}+\boldsymbol{S}_{t,b})\times\boldsymbol{S}_{t,c}=\boldsymbol{S}_{t,a}\times\boldsymbol{S}_{t,c}+\boldsymbol{S}_{t,b}\times\boldsymbol{S}_{t,c}\tag{2-126}$$

$$\boldsymbol{S}_{t,a}\times(\boldsymbol{S}_{t,b}+\boldsymbol{S}_{t,c})=\boldsymbol{S}_{t,a}\times\boldsymbol{S}_{t,b}+\boldsymbol{S}_{t,a}\times\boldsymbol{S}_{t,c}\tag{2-127}$$

$$(k\boldsymbol{S}_{t,a})\times\boldsymbol{S}_{t,b}=\boldsymbol{S}_{t,a}\times(k\boldsymbol{S}_{t,b})=k(\boldsymbol{S}_{t,a}\times\boldsymbol{S}_{t,b})\tag{2-128}$$

下面以式（2-126）为例开展证明。通过计算两次旋量叉积，式（2-126）的左边可被展开，得

$$\begin{aligned}&(\boldsymbol{S}_{t,a}+\boldsymbol{S}_{t,b})\times\boldsymbol{S}_{t,c}\\&=\left(\omega_a\begin{pmatrix}\boldsymbol{s}_{t,a}\\\boldsymbol{r}_{t,a}\times\boldsymbol{s}_{t,a}\end{pmatrix}+v_a\begin{pmatrix}\boldsymbol{0}\\\boldsymbol{s}_{t,a}\end{pmatrix}+\omega_b\begin{pmatrix}\boldsymbol{s}_{t,b}\\\boldsymbol{r}_{t,b}\times\boldsymbol{s}_{t,b}\end{pmatrix}+v_b\begin{pmatrix}\boldsymbol{0}\\\boldsymbol{s}_{t,b}\end{pmatrix}\right)\times\left(\omega_c\begin{pmatrix}\boldsymbol{s}_{t,c}\\\boldsymbol{r}_{t,c}\times\boldsymbol{s}_{t,c}\end{pmatrix}+v_c\begin{pmatrix}\boldsymbol{0}\\\boldsymbol{s}_{t,c}\end{pmatrix}\right)\\&=\begin{pmatrix}(\omega_a\boldsymbol{s}_{t,a}+\omega_b\boldsymbol{s}_{t,b})\times\omega_c\boldsymbol{s}_{t,c}\\((\omega_a\boldsymbol{s}_{t,a}+\omega_b\boldsymbol{s}_{t,b})\times(\omega_c\boldsymbol{r}_{t,c}\times\boldsymbol{s}_{t,c}+v_c\boldsymbol{s}_{t,c})+\\(\omega_a\boldsymbol{r}_{t,a}\times\boldsymbol{s}_{t,a}+v_a\boldsymbol{s}_{t,a}+\omega_b\boldsymbol{r}_{t,b}\times\boldsymbol{s}_{t,b}+v_b\boldsymbol{s}_{t,b})\times\omega_c\boldsymbol{s}_{t,c})\end{pmatrix}\end{aligned}\tag{2-129}$$

式（2-129）可被进一步整理为

$$
\begin{aligned}
&(\boldsymbol{S}_{t,a}+\boldsymbol{S}_{t,b})\times\boldsymbol{S}_{t,c}\\
&=\begin{pmatrix}\omega_a\boldsymbol{s}_{t,a}\times\omega_c\boldsymbol{s}_{t,c}\\ \omega_a\boldsymbol{s}_{t,a}\times(\omega_c\boldsymbol{r}_{t,c}\times\boldsymbol{s}_{t,c}+v_c\boldsymbol{s}_{t,c})+(\omega_a\boldsymbol{r}_{t,a}\times\boldsymbol{s}_{t,a}+v_a\boldsymbol{s}_{t,a})\times\omega_c\boldsymbol{s}_{t,c}\end{pmatrix}+\\
&\quad\begin{pmatrix}\omega_b\boldsymbol{s}_{t,b}\times\omega_c\boldsymbol{s}_{t,c}\\ \omega_b\boldsymbol{s}_{t,b}\times(\omega_c\boldsymbol{r}_{t,c}\times\boldsymbol{s}_{t,c}+v_c\boldsymbol{s}_{t,c})+(\omega_b\boldsymbol{r}_{t,b}\times\boldsymbol{s}_{t,b}+v_b\boldsymbol{s}_{t,b})\times\omega_c\boldsymbol{s}_{t,c}\end{pmatrix}
\end{aligned}
\tag{2-130}
$$

显见，其与式（2-126）的右边相等，由此严格证明了式（2-126）成立。

采用同样的方法，可证明式（2-127）和式（2-128）也成立。因此可知，瞬时旋量在旋量叉积下满足分配律。

（3）逆交换律　交换式（2-124）中 $\boldsymbol{S}_{t,a}$ 和 $\boldsymbol{S}_{t,b}$ 的顺序，可得另一沿两者轴线公垂线的旋量，即

$$
\begin{aligned}
\boldsymbol{S}_{t,ba}^{C}&=\boldsymbol{S}_{t,b}\times\boldsymbol{S}_{t,a}\\
&=\begin{pmatrix}\omega_b\boldsymbol{s}_{t,b}\times\omega_a\boldsymbol{s}_{t,a}\\ (\omega_b\boldsymbol{r}_{t,b}\times\boldsymbol{s}_{t,b}+v_b\boldsymbol{s}_{t,b})\times\omega_a\boldsymbol{s}_{t,a}+\omega_b\boldsymbol{s}_{t,b}\times(\omega_a\boldsymbol{r}_{t,a}\times\boldsymbol{s}_{t,a}+v_a\boldsymbol{s}_{t,a})\end{pmatrix}
\end{aligned}
\tag{2-131}
$$

对比 $\boldsymbol{S}_{t,ba}^{C}$ 与 $\boldsymbol{S}_{t,ab}^{C}$ 显见，它们是轴线方向相反、位置相同，且具有相同截距和强度的旋量，即

$$
\boldsymbol{S}_{t,ba}^{C}=-\boldsymbol{S}_{t,ab}^{C}\tag{2-132}
$$

因此，旋量叉积作用于瞬时旋量时满足逆交换律。

（4）轮换零化律　旋量叉积的轮换零化式为

$$
\boldsymbol{S}_{t,a}\times(\boldsymbol{S}_{t,b}\times\boldsymbol{S}_{t,c})+\boldsymbol{S}_{t,b}\times(\boldsymbol{S}_{t,c}\times\boldsymbol{S}_{t,a})+\boldsymbol{S}_{t,c}\times(\boldsymbol{S}_{t,a}\times\boldsymbol{S}_{t,b})=\boldsymbol{0}\tag{2-133}
$$

式（2-133）可通过将三组两重叉积分别展开来证明。首先，展开第一个两重叉积，得

$$
\begin{aligned}
&\boldsymbol{S}_{t,a}\times(\boldsymbol{S}_{t,b}\times\boldsymbol{S}_{t,c})\\
&=\left(\omega_a\begin{pmatrix}\boldsymbol{s}_{t,a}\\ \boldsymbol{r}_{t,a}\times\boldsymbol{s}_{t,a}\end{pmatrix}+v_a\begin{pmatrix}\boldsymbol{0}\\ \boldsymbol{s}_{t,a}\end{pmatrix}\right)\times\left(\left(\omega_b\begin{pmatrix}\boldsymbol{s}_{t,b}\\ \boldsymbol{r}_{t,b}\times\boldsymbol{s}_{t,b}\end{pmatrix}+v_b\begin{pmatrix}\boldsymbol{0}\\ \boldsymbol{s}_{t,b}\end{pmatrix}\right)\times\left(\omega_c\begin{pmatrix}\boldsymbol{s}_{t,c}\\ \boldsymbol{r}_{t,c}\times\boldsymbol{s}_{t,c}\end{pmatrix}+v_c\begin{pmatrix}\boldsymbol{0}\\ \boldsymbol{s}_{t,c}\end{pmatrix}\right)\right)\\
&=\begin{pmatrix}\omega_a\boldsymbol{s}_{t,a}\times(\omega_b\boldsymbol{s}_{t,b}\times\omega_c\boldsymbol{s}_{t,c})\\ (\omega_a\boldsymbol{s}_{t,a}\times((\omega_b\boldsymbol{r}_{t,b}\times\boldsymbol{s}_{t,b}+v_b\boldsymbol{s}_{t,b})\times\omega_c\boldsymbol{s}_{t,c})+\omega_a\boldsymbol{s}_{t,a}\times(\omega_b\boldsymbol{s}_{t,b}\times(\omega_c\boldsymbol{r}_{t,c}\times\boldsymbol{s}_{t,c}+v_c\boldsymbol{s}_{t,c}))+\\ (\omega_a\boldsymbol{r}_{t,a}\times\boldsymbol{s}_{t,a}+v_a\boldsymbol{s}_{t,a})\times(\omega_b\boldsymbol{s}_{t,b}\times\omega_c\boldsymbol{s}_{t,c}))\end{pmatrix}
\end{aligned}
\tag{2-134}
$$

同样，展开第二个和第三个两重叉积，得

$$
\begin{aligned}
&\boldsymbol{S}_{t,b}\times(\boldsymbol{S}_{t,c}\times\boldsymbol{S}_{t,a})\\
&=\begin{pmatrix}\omega_b\boldsymbol{s}_{t,b}\times(\omega_c\boldsymbol{s}_{t,c}\times\omega_a\boldsymbol{s}_{t,a})\\ (\omega_b\boldsymbol{s}_{t,b}\times((\omega_c\boldsymbol{r}_{t,c}\times\boldsymbol{s}_{t,c}+v_c\boldsymbol{s}_{t,c})\times\omega_a\boldsymbol{s}_{t,a})+\omega_b\boldsymbol{s}_{t,b}\times(\omega_c\boldsymbol{s}_{t,c}\times(\omega_a\boldsymbol{r}_{t,a}\times\boldsymbol{s}_{t,a}+v_a\boldsymbol{s}_{t,a}))+\\ (\omega_b\boldsymbol{r}_{t,b}\times\boldsymbol{s}_{t,b}+v_b\boldsymbol{s}_{t,b})\times(\omega_c\boldsymbol{s}_{t,c}\times\omega_a\boldsymbol{s}_{t,a}))\end{pmatrix}
\end{aligned}
\tag{2-135}
$$

$$\boldsymbol{S}_{t,c}\times(\boldsymbol{S}_{t,a}\times\boldsymbol{S}_{t,b})$$
$$=\begin{pmatrix}\omega_c\boldsymbol{s}_{t,c}\times(\omega_a\boldsymbol{s}_{t,a}\times\omega_b\boldsymbol{s}_{t,b})\\(\omega_c\boldsymbol{s}_{t,c}\times((\omega_a\boldsymbol{r}_{t,a}\times\boldsymbol{s}_{t,a}+v_a\boldsymbol{s}_{t,a})\times\omega_b\boldsymbol{s}_{t,b})+\omega_c\boldsymbol{s}_{t,c}\times(\omega_a\boldsymbol{s}_{t,a}\times(\omega_b\boldsymbol{r}_{t,b}\times\boldsymbol{s}_{t,b}+v_b\boldsymbol{s}_{t,b}))+\\(\omega_c\boldsymbol{r}_{t,c}\times\boldsymbol{s}_{t,c}+v_c\boldsymbol{s}_{t,c})\times(\omega_a\boldsymbol{s}_{t,a}\times\omega_b\boldsymbol{s}_{t,b}))\end{pmatrix}$$
(2-136)

将式（2-134）~式（2-136）的右边加和，根据两重向量叉积的运算性质，所得表达式中含有四组具有如下所示格式的零化式：

$$\boldsymbol{a}\times(\boldsymbol{b}\times\boldsymbol{c})+\boldsymbol{b}\times(\boldsymbol{c}\times\boldsymbol{a})+\boldsymbol{c}\times(\boldsymbol{a}\times\boldsymbol{b})=\boldsymbol{0} \quad (2\text{-}137)$$

式中，$\boldsymbol{a}$、$\boldsymbol{b}$、$\boldsymbol{c}$ 表示任意三个三维向量。

式（2-134）~式（2-136）的右边加和所得表达式中，向量的上三项部分为一个零化式，即

$$\omega_a\boldsymbol{s}_{t,a}\times(\omega_b\boldsymbol{s}_{t,b}\times\omega_c\boldsymbol{s}_{t,c})+\omega_b\boldsymbol{s}_{t,b}\times(\omega_c\boldsymbol{s}_{t,c}\times\omega_a\boldsymbol{s}_{t,a})+\omega_c\boldsymbol{s}_{t,c}\times(\omega_a\boldsymbol{s}_{t,a}\times\omega_b\boldsymbol{s}_{t,b})=\boldsymbol{0} \quad (2\text{-}138)$$

向量的下三项部分包含三个零化式，即

$$\omega_a\boldsymbol{s}_{t,a}\times((\omega_b\boldsymbol{r}_{t,b}\times\boldsymbol{s}_{t,b}+v_b\boldsymbol{s}_{t,b})\times\omega_c\boldsymbol{s}_{t,c})+(\omega_b\boldsymbol{r}_{t,b}\times\boldsymbol{s}_{t,b}+v_b\boldsymbol{s}_{t,b})\times(\omega_c\boldsymbol{s}_{t,c}\times\omega_a\boldsymbol{s}_{t,a})+\omega_c\boldsymbol{s}_{t,c}\times(\omega_a\boldsymbol{s}_{t,a}\times(\omega_b\boldsymbol{r}_{t,b}\times\boldsymbol{s}_{t,b}+v_b\boldsymbol{s}_{t,b}))=\boldsymbol{0} \quad (2\text{-}139)$$

$$\omega_a\boldsymbol{s}_{t,a}\times(\omega_b\boldsymbol{s}_{t,b}\times(\omega_c\boldsymbol{r}_{t,c}\times\boldsymbol{s}_{t,c}+v_c\boldsymbol{s}_{t,c}))+\omega_b\boldsymbol{s}_{t,b}\times((\omega_c\boldsymbol{r}_{t,c}\times\boldsymbol{s}_{t,c}+v_c\boldsymbol{s}_{t,c})\times\omega_a\boldsymbol{s}_{t,a})+(\omega_c\boldsymbol{r}_{t,c}\times\boldsymbol{s}_{t,c}+v_c\boldsymbol{s}_{t,c})\times(\omega_a\boldsymbol{s}_{t,a}\times\omega_b\boldsymbol{s}_{t,b})=\boldsymbol{0} \quad (2\text{-}140)$$

$$(\omega_a\boldsymbol{r}_{t,a}\times\boldsymbol{s}_{t,a}+v_a\boldsymbol{s}_{t,a})\times(\omega_b\boldsymbol{s}_{t,b}\times\omega_c\boldsymbol{s}_{t,c})+\omega_b\boldsymbol{s}_{t,b}\times(\omega_c\boldsymbol{s}_{t,c}\times(\omega_a\boldsymbol{r}_{t,a}\times\boldsymbol{s}_{t,a}+v_a\boldsymbol{s}_{t,a}))+\omega_c\boldsymbol{s}_{t,c}\times((\omega_a\boldsymbol{r}_{t,a}\times\boldsymbol{s}_{t,a}+v_a\boldsymbol{s}_{t,a})\times\omega_b\boldsymbol{s}_{t,b})=\boldsymbol{0} \quad (2\text{-}141)$$

由此证明了加和所得表达式的上下部分均零化。故式（2-133）中的旋量叉积轮换零化式成立。

通过验证封闭性、分配律、逆交换律、轮换零化律，严格证明了式（2-123）中瞬时旋量全集的代数结构为李代数，故称其为瞬时旋量李代数。根据式（2-11）和2.5.3节中有限旋量与瞬时旋量之间的微分映射关系，该李代数为有限旋量李群的对应李代数。

对比矩阵、对偶四元数、旋量三种数学表达格式可以发现，对于瞬时运动层面，矩阵李代数、纯对偶四元数、瞬时旋量构成相互同构的线性空间；但有限运动层面，有限旋量仅含有6个代数项，且清晰地描述了有限运动的三要素，然而，变换矩阵和对偶四元数分别含有12个和8个代数项。显而易见，有限旋量具有最简洁的格式。

变换矩阵的全集被称为矩阵李群。因变换矩阵与SE(3)元素之间存在一一映射，故矩阵李群与SE(3)同构。同理，转角非负的对偶四元数全集也为与SE(3)同构的李群。对于旋量李群，因有限旋量与SE(3)元素之间同样存在一一映射，故有限旋量李群也与SE(3)同构。

虽然矩阵李群、转角非负的对偶四元数全集、有限旋量李群均与SE(3)同构，但它们构成不同的代数结构。矩阵李群中的任意转换矩阵可用4×4、6×6实数矩阵或3×3对偶矩阵表示。每种矩阵的全集均具有与SE(3)完全一致的封闭性和结合律。因此，矩阵李群首先构成SE(3)的同态；进一步，因其与SE(3)之间存在一一映射，故其构成SE(3)的同构；更进一步，因矩阵可作为六维向量空间上的线性变换，故矩阵李群构成SE(3)在六维向量空间上的表示。类似，对偶四元数全集的一半，即转角非负的对偶四元数全集，也同样构成SE(3)的同构表示。据此，对偶四元数全集为SE(3)的双覆盖。作为SE(3)表示中的元素，不论是变

换矩阵还是对偶四元数，均具有线性变换格式，因此可以做乘法合成。然而，因乘法合成对线性变换格式具有保持性，无法提取有限运动的三要素，故矩阵和对偶四元数乘法难以得到合成结果对应的 Chasles 轴线、转动角度、平动距离。作为在本质上与矩阵和对偶四元数不同的有限运动描述方法，有限旋量可视为 Gibbs 向量的扩展，其破坏了线性变换格式。有限旋量无法作用于任何向量空间，其无法变换任何点、线坐标。有限旋量的提出，仅用于描述有限运动，不做其他用途。因此，有限旋量不受限于线性变换格式，得以可以非常简洁、清晰地描述有限运动三要素。同时，有限旋量的合成算法，旋量三角积，具有封闭性，使合成结果保持了旋量格式，因此，可得到合成结果的有限运动三要素的直接表达式。综上，尽管有限旋量李群与 SE(3) 具有一致的封闭性和结合律，其仅为 SE(3) 的同构，并不构成 SE(3) 的表示。

SE(3) 中任意元素均为旋转矩阵和平移向量的组合，其本质上为点坐标的齐次变换。由此可知，SE(3) 的所有同构表示均无法破坏其内部线性变换格式。因此，仅有限旋量与旋量三角积才能直接、非冗余地描述与合成刚体有限运动。

本节中关于旋量集合代数结构及其与矩阵、对偶四元数在表示论层面的对比，从本质上揭示了旋量理论作为刚体运动描述、运算的最简数学工具的原因。

2.7 本章小结

本章为全书提供数学基础，详细回顾、对比了李群 SE(3) 和李代数 se(3) 的三种表达格式，即矩阵李群和李代数、对偶四元数和纯对偶四元数、有限旋量和瞬时旋量，包括其基本概念、表达式、运算和性质等。揭示了有限和瞬时旋量为刚体运动描述和建模的最简数学工具，为后文阐述该理论工具在机器人机构构型综合和性能分析中的应用奠定基础。

为方便读者阅读和理解，将本章要点罗列如下：

1）矩阵李群和李代数、对偶四元数和纯对偶四元数、有限旋量和瞬时旋量作为李群 SE(3) 和李代数 se(3) 的三种表达格式，其相互之间既有区别，又紧密联系。

2）有限旋量全集在旋量三角积运算下构成李群，被称为有限旋量李群。该李群为 SE(3) 的同构群，但不被其表示。瞬时旋量全集在旋量叉积运算下构成李代数，被称为瞬时旋量李代数，其为有限旋量李群的对应李代数。

3）通过与 SE(3) 的矩阵和对偶四元数表示对比，可以发现，在诸多用于有限运动描述和运算的数学工具中，有限旋量李群最为简洁、清晰。

习　题

1. 为什么机器人机构的运动描述与建模需同时分析其有限运动与瞬时运动？

2. 自然数集合在加法运算下构成李群吗？在乘法运算下构成李群吗？正整数集合在加法运算下构成李群吗？

3. 试证明矩阵李括号、四元数李括号、旋量李括号（旋量叉积）运算的同构性。

4. 一个刚体相继发生的两次平行转动（轴线相互平行的两个有限运动）采用矩阵描述如下，计算该刚体的合成运动，并证明该合成运动可视为一个转动与一个沿圆环平动的合成。

$$\boldsymbol{g}_a=\begin{bmatrix}\boldsymbol{R}_a & \boldsymbol{t}_a\\ \boldsymbol{0} & 1\end{bmatrix},\ \boldsymbol{g}_b=\begin{bmatrix}\boldsymbol{R}_b & \boldsymbol{t}_b\\ \boldsymbol{0} & 1\end{bmatrix},\ \boldsymbol{R}_a=\mathrm{e}^{\theta_a\widetilde{\boldsymbol{s}}_{f,a}},\ \boldsymbol{R}_b=\mathrm{e}^{\theta_b\widetilde{\boldsymbol{s}}_{f,b}},\ \boldsymbol{s}_{f,a}=\boldsymbol{s}_{f,b}$$

5. 第 4 题中，若两次平行转动采用有限旋量描述为

$$\boldsymbol{S}_{f,a}=2\tan\frac{\theta_a}{2}\begin{pmatrix}\boldsymbol{s}_{f,a}\\ \boldsymbol{r}_{f,a}\times\boldsymbol{s}_{f,a}\end{pmatrix},\ \boldsymbol{S}_{f,b}=2\tan\frac{\theta_b}{2}\begin{pmatrix}\boldsymbol{s}_{f,b}\\ \boldsymbol{r}_{f,b}\times\boldsymbol{s}_{f,b}\end{pmatrix},\ \boldsymbol{s}_{f,a}=\boldsymbol{s}_{f,b}$$

计算合成运动，并证明该合成运动可视为一个转动与一个沿圆环平动的合成。

6. 计算与如下对偶四元数对应的有限旋量。

$$\boldsymbol{D}=\left(\frac{\sqrt{3}}{2}-\varepsilon\right)+\left(\frac{1}{2}+\varepsilon\sqrt{3}\right)\begin{pmatrix}0 & \frac{\sqrt{2}}{2} & -\frac{\sqrt{2}}{2}\end{pmatrix}^{\mathrm{T}}$$

7. 计算如下三个相继发生有限运动（一个转动先发生、两个平动后发生）的合成运动，试找出其合成运动的 Chasles 轴线。

$$\boldsymbol{S}_{f,a}=2\tan\frac{\theta_a}{2}\begin{pmatrix}\boldsymbol{s}_{f,a}\\ \boldsymbol{r}_{f,a}\times\boldsymbol{s}_{f,a}\end{pmatrix},\ \boldsymbol{S}_{f,b}=t_b\begin{pmatrix}\boldsymbol{0}\\ \boldsymbol{s}_{f,b}\end{pmatrix},\ \boldsymbol{S}_{f,c}=t_c\begin{pmatrix}\boldsymbol{0}\\ \boldsymbol{s}_{f,c}\end{pmatrix},\ \boldsymbol{s}_{f,a}=\boldsymbol{s}_{f,b},\ \boldsymbol{s}_{f,a}^{\mathrm{T}}\boldsymbol{s}_{f,c}=0$$

8. 计算如下三个同时发生瞬时运动（一个转动、两个平动）的合成运动，试找出其合成运动的 Mozzi 轴线。

$$\boldsymbol{S}_{t,a}=\omega_a\begin{pmatrix}\boldsymbol{s}_{t,a}\\ \boldsymbol{r}_{t,a}\times\boldsymbol{s}_{t,a}\end{pmatrix},\ \boldsymbol{S}_{t,b}=v_b\begin{pmatrix}\boldsymbol{0}\\ \boldsymbol{s}_{t,b}\end{pmatrix},\ \boldsymbol{S}_{t,c}=v_c\begin{pmatrix}\boldsymbol{0}\\ \boldsymbol{s}_{t,c}\end{pmatrix},\ \boldsymbol{s}_{t,a}=\boldsymbol{s}_{t,b},\ \boldsymbol{s}_{t,a}^{\mathrm{T}}\boldsymbol{s}_{t,c}=0$$

9. 矩阵李群除具有 4×4 实数矩阵格式外，还具有 6×6 实数矩阵、3×3 对偶数矩阵的格式，其元素表达式如下：

$$\begin{bmatrix}\boldsymbol{R} & \widetilde{\boldsymbol{t}}\boldsymbol{R}\\ \boldsymbol{R} & \boldsymbol{E}_3\end{bmatrix},\ \boldsymbol{R}+\widetilde{\boldsymbol{t}}\boldsymbol{R}$$

写出如下 4×4 实数矩阵对应的 6×6 实数矩阵、3×3 对偶数矩阵。

$$\begin{bmatrix}-\frac{\sqrt{2}}{2} & 0 & -\frac{\sqrt{2}}{2} & 2\\ 0 & 1 & 0 & 1\\ \frac{\sqrt{2}}{2} & 0 & -\frac{\sqrt{2}}{2} & 1\\ 0 & 0 & 0 & 1\end{bmatrix}$$

10. 一个转动副轴线的单位方向向量为 $\boldsymbol{s}_{\mathrm{R}}$、位置向量为 $\boldsymbol{r}_{\mathrm{R}}$，令该转动副转动 θ_{R} 角度；一个移动副的单位方向向量为 $\boldsymbol{s}_{\mathrm{P}}$，令该移动副移动 t_{P} 距离。试用有限旋量分别表示该转动副和移动副生成的有限运动。

参考文献

[1] SUN T, YANG S F, HUANG T, et al. A way of relating instantaneous and finite screws based on the screw triangle product [J]. Mechanism and Machine Theory, 2017, 108: 75-82.

[2] SUN T, YANG S F, HUANG T, et al. A finite and instantaneous screw based approach for topology design and kinematic analysis of 5-axis parallel kinematic machines [J]. Chinese Journal of Mechanical Engineering, 2018, 31 (1): 1-10.

[3] SUN T, YANG S F. An approach to formulate the hessian matrix for dynamic control of parallel robots [J]. IEEE/ASME Transactions on Mechatronics, 2019, 24 (1): 271-281.

[4] SUN T, LIAN B B, YANG S F, et al. Kinematic calibration of serial and parallel robots based on finite and

instantaneous screw theory [J]. IEEE Transactions on Robotics, 2020, 36 (3): 816-834.

[5] SUN T, SONG Y M, GAO H, et al. Topology synthesis of a 1-translational and 3-rotational parallel manipulator with an articulated traveling plate [J]. Journal of Mechanisms and Robotics-Transactions of the ASME, 2015, 7 (3): 0310151-0310159.

[6] HUO X M, YANG S F, LIAN B B, et al. A survey of mathematical tools in topology and performance integrated modeling and design of robotic mechanism [J]. Chinese Journal of Mechanical Engineering, 2020, 33 (1): 423-437.

[7] SUN T, HUO X M. Type synthesis of 1T2R parallel mechanisms with parasitic motions [J]. Mechanism and Machine Theory, 2018, 128: 412-428.

[8] SUN T, SONG Y M, LI Y G, et al. Workspace decomposition based dimensional synthesis of a novel hybrid reconfigurable robot [J]. Journal of Mechanisms and Robotics-Transactions of the ASME, 2010 2 (3): 0310091-0310098.

[9] SUN T, SONG Y M, DONG G, et al. Optimal design of a parallel mechanism with three rotational degrees of freedom [J]. Robotics and Computer-Integrated Manufacturing, 2012, 28 (4): 500-508.

[10] SUN T, LIANG D, SONG Y M. Singular-perturbation-based nonlinear hybrid control of redundant parallel robot [J]. IEEE Transactions on Industrial Electronics, 2018, 65 (4): 3326-3336.

[11] SUN T, LIAN B B, SONG Y M, et al. Elasto-dynamic optimization of a 5-DoF parallel kinematic machine considering parameter uncertainty [J]. IEEE/ASME Transactions on Mechatronics, 2019, 24 (1): 315-325.

[12] BALL R S. A treatise on the theory of screws [M]. Cambridge: Cambridge University Press, 1900.

[13] 黄真，赵永生，赵铁石. 高等空间机构学 [M]. 2版. 北京：高等教育出版社，2014.

[14] 戴建生. 旋量代数与李群、李代数 [M]. 2版. 北京：高等教育出版社，2020.

[15] 戴建生. 机构学与机器人学的几何基础与旋量代数 [M]. 2版. 北京：高等教育出版社，2020.

[16] HERVÉ J M. The Lie group of rigid body displacements, a fundamental tool for mechanism design [J]. Mechanism and Machine Theory, 1999, 34 (5): 719-730.

[17] MURRAY R M, LI Z X, SASTRY S S. A mathematical introduction to robotic manipulation [M]. Boca Raton: CRC Press, 1994.

[18] HUANG Z, LI Q C, DING H F. Theory of parallel mechanisms [M]. Dordrecht: Springer, 2013.

[19] SUN T, YANG S F, LIAN B B. Finite and instantaneous screw theory in robotic mechanism [M]. Singapore: Springer, 2020.

[20] CECCARELLI M. Screw axis defined by giulio mozzi in 1763 and early studies on helicoidal motion [J]. Mechanism and Machine Theory, 2000, 35 (6): 761-770.

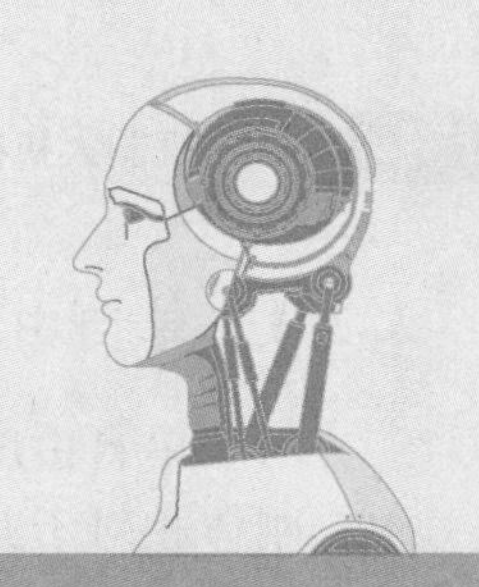

第3章 有限-瞬时旋量理论

3.1 引言

第 2 章通过对比李群 SE(3) 与李代数 se(3) 的多种表达格式，证明了相比于矩阵李群与李代数、对偶四元数李群与李代数，有限旋量李群与瞬时旋量李代数具有直接和 Chasles 定理与 Mozzi 定理对应、格式简洁、表达式清晰、运算便捷等优点。在此基础上，本章继续探究有限旋量与瞬时旋量之间的本质关联和数学映射，提出有限-瞬时旋量理论（Finite and Instantaneous Screw Theory，简称 FIS 理论），用于机器人机构的拓扑和性能建模。

机器人机构的拓扑表征其基本机械结构，包括机构所含全部运动副的数量、类型、排列顺序和轴线/方向。作为机构的本质属性，拓扑直接决定了其运动学、刚度、动力学等性能。为了便于反映机构的全部运动特性，需要在有限运动层面建立拓扑模型。因性能模型仅考虑机构的瞬时运动与受力，故可在瞬时运动层面建立该模型。拓扑和性能模型分别用于构型综合和性能分析，从而实现机构拓扑和性能设计。长期以来，学者们希望找到合适的数学工具，统一建立机构基于连续运动的拓扑模型和基于瞬时运动的性能模型，由此提出同时涵盖拓扑和性能的集成设计方法。针对上述问题，本章采用 FIS 理论，将提出适用于任意机器人机构的通用拓扑和性能统一建模与分析方法。

应用 FIS 理论同时描述机构的有限和瞬时运动，有助于揭示其拓扑和性能模型之间的内在关系。首先，采用有限旋量表示运动副、串联机构、并联机构的有限运动，所得有限运动模型即为运动副和机构的拓扑模型，该模型同时可用作位移模型；其次，利用有限与瞬时旋量之间的微分映射，可由运动副和机构的有限运动模型直接微分得到其瞬时运动模型，这些模型对应了与运动学、刚度、动力学性能紧密关联的速度、加速度、急动度模型；最后，通过若干典型串联和并联机构算例进一步说明拓扑和性能建模的过程。

本章提出的拓扑和性能一体建模理论为机器人机构的构型综合和性能分析提供了集成理论框架。具体的构型综合和性能分析方法将在后面章节中分别详细给出。

3.2 有限-瞬时旋量微分映射

第 2 章已分别严格证明了有限旋量李群和瞬时旋量李代数的代数结构。在此基础上，本节将通过研究旋量三角积运算的微分性质，揭示两者之间的本质关联。

3.2.1 单自由度旋量微分映射

对于单自由度运动，刚体从初始位姿出发，沿连续轨迹运动到其他位姿。在运动过程中，刚体相对于其初始位姿的有限运动连续变化。因此，有限运动轴线的 Plücker 坐标、转动角度、平动距离均可视为相同单参数的函数。将该参数记为 x，可将式（2-66）改写为

$$\boldsymbol{S}_f(x)=2\tan\frac{\theta(x)}{2}\begin{pmatrix}\boldsymbol{s}_f(x)\\ \boldsymbol{r}_f(x)\times\boldsymbol{s}_f(x)\end{pmatrix}+t(x)\begin{pmatrix}\boldsymbol{0}\\ \boldsymbol{s}_f(x)\end{pmatrix} \tag{3-1}$$

式（3-1）表示刚体到达各个位姿时，相对其初始位姿的连续变化有限运动。若参数 x 表示时间，则刚体在各个位姿处的速度可通过求解该式的微分得到，即

$$\dot{\boldsymbol{S}}_f(x)=\frac{\dot{\theta}(x)}{\cos^2\dfrac{\theta(x)}{2}}\begin{pmatrix}\boldsymbol{s}_f(x)\\ \boldsymbol{r}_f(x)\times\boldsymbol{s}_f(x)\end{pmatrix}+2\tan\frac{\theta(x)}{2}\begin{pmatrix}\dot{\boldsymbol{s}}_f(x)\\ \dot{\boldsymbol{r}}_f(x)\times\boldsymbol{s}_f(x)+\boldsymbol{r}_f(x)\times\dot{\boldsymbol{s}}_f(x)\end{pmatrix}+ \\ \dot{t}(x)\begin{pmatrix}\boldsymbol{0}\\ \boldsymbol{s}_f(x)\end{pmatrix}+t(x)\begin{pmatrix}\boldsymbol{0}\\ \dot{\boldsymbol{s}}_f(x)\end{pmatrix} \tag{3-2}$$

当刚体处于初始位姿时，参数 x 等于 0，刚体未发生有限运动，转动角度与平动距离均为 0，即

$$\theta(0)=0,\ t(0)=0 \tag{3-3}$$

将式（3-3）带入式（3-2），得到单自由度有限运动在初始位姿处的微分为

$$\dot{\boldsymbol{S}}_f(0)=\dot{\theta}(0)\begin{pmatrix}\boldsymbol{s}_f(0)\\ \boldsymbol{r}_f(0)\times\boldsymbol{s}_f(0)\end{pmatrix}+\dot{t}(0)\begin{pmatrix}\boldsymbol{0}\\ \boldsymbol{s}_f(0)\end{pmatrix} \tag{3-4}$$

式（3-4）可改写为式（2-78）中瞬时旋量形式，即

$$\dot{\boldsymbol{S}}_f(0)=\boldsymbol{S}_t=\omega\begin{pmatrix}\boldsymbol{s}_f(0)\\ \boldsymbol{r}_f(0)\times\boldsymbol{s}_f(0)\end{pmatrix}+v\begin{pmatrix}\boldsymbol{0}\\ \boldsymbol{s}_f(0)\end{pmatrix} \tag{3-5}$$

由上述分析知，单自由度有限运动可用单参数有限旋量（一维有限旋量子集）表示，该子集在刚体初始位姿处，对于时间的微分为一维瞬时旋量系；一维瞬时旋量系中的各旋量具有相同的轴线/方向，且该轴线/方向与初始位姿处的有限运动轴线/方向一致；该瞬时旋量系描述了刚体在初始位姿处的所有可行速度。综上所述，一维有限旋量子集的微分为一维瞬时旋量系，即两类旋量之间存在微分映射，

$$\dot{\boldsymbol{S}}_f\big|_{\theta=0,\ t=0}=\boldsymbol{S}_t \tag{3-6}$$

式中，旋量在初始位姿处的轴线/方向一致，即

$$\boldsymbol{L}_t=\boldsymbol{L}_f\big|_{\theta=0,\ t=0} \tag{3-7}$$

3.2.2 解耦多自由度旋量微分映射

为将旋量微分映射由单自由度扩展到多自由度，需先研究旋量三角积的微分性质。

对两个有限旋量的旋量三角积做如下改写：

$$\boldsymbol{S}_{f,ab}=\boldsymbol{S}_{f,a}\Delta\boldsymbol{S}_{f,b}=\frac{\boldsymbol{F}}{G} \tag{3-8}$$

式中，

$$\boldsymbol{F}=\boldsymbol{S}_{f,a}+\boldsymbol{S}_{f,b}+\frac{\boldsymbol{S}_{f,b}\times\boldsymbol{S}_{f,a}}{2}-H\begin{pmatrix}\boldsymbol{0}\\ t_b\boldsymbol{s}_{f,a}+t_a\boldsymbol{s}_{f,b}\end{pmatrix};$$

$$G=1-H\boldsymbol{s}_{f,a}^{\mathrm{T}}\boldsymbol{s}_{f,b};$$

$$H=\tan\frac{\theta_a}{2}\tan\frac{\theta_b}{2}。$$

式中，$\boldsymbol{S}_{f,a}$ 和 $\boldsymbol{S}_{f,b}$ 表示两个含有不同参数的一维有限旋量子集，$\boldsymbol{S}_{f,ab}$ 表示一个二维有限旋量子集。由此，可求解式（3-8）的微分，得

$$\dot{\boldsymbol{S}}_{f,ab}=\frac{\dot{\boldsymbol{F}}}{G}-\frac{\dot{G}\boldsymbol{F}}{G^2} \tag{3-9}$$

式中，

$$\dot{\boldsymbol{F}}=\dot{\boldsymbol{S}}_{f,a}+\dot{\boldsymbol{S}}_{f,b}+\frac{1}{2}\dot{\boldsymbol{S}}_{f,b}\times\boldsymbol{S}_{f,a}+\frac{1}{2}\boldsymbol{S}_{f,b}\times\dot{\boldsymbol{S}}_{f,a}-\dot{H}\begin{pmatrix}\boldsymbol{0}\\ t_b\boldsymbol{s}_{f,a}+t_a\boldsymbol{s}_{f,b}\end{pmatrix}-H\begin{pmatrix}\boldsymbol{0}\\ \dot{t}_b\boldsymbol{s}_{f,a}+\dot{t}_a\boldsymbol{s}_{f,b}\end{pmatrix};$$

$$\dot{G}=-\dot{H}\boldsymbol{s}_{f,a}^{\mathrm{T}}\boldsymbol{s}_{f,b};$$

$$\dot{H}=\frac{\dot{\theta}_a}{2\cos^2\left(\frac{\theta_a}{2}\right)}\tan\frac{\theta_b}{2}+\tan\frac{\theta_a}{2}\frac{\dot{\theta}_b}{2\cos^2\left(\frac{\theta_b}{2}\right)}。$$

与单自由度运动类似，刚体处于初始位姿时，θ_a、t_a、θ_b、t_b 均等于0，由此可得

$$H=0,\ \boldsymbol{F}=0,\ G=1 \tag{3-10}$$

$$\dot{H}=0,\ \dot{\boldsymbol{F}}=\dot{\boldsymbol{S}}_{f,a}+\dot{\boldsymbol{S}}_{f,b},\ \dot{G}=0 \tag{3-11}$$

将式（3-10）和式（3-11）代入式（3-9）可得，$\boldsymbol{S}_{f,ab}$ 在初始位姿的微分为

$$\dot{\boldsymbol{S}}_{f,ab}\big|_{\substack{\theta_i=0,\\ t_i=0}, i=a,b}=\dot{\boldsymbol{S}}_{f,a}\big|_{\substack{\theta_a=0,\\ t_a=0}}+\dot{\boldsymbol{S}}_{f,b}\big|_{\substack{\theta_b=0,\\ t_b=0}} \tag{3-12}$$

这表明一个二维有限旋量子集的微分为二维瞬时旋量系。该结论可由上述两自由度运动直接进一步扩展到多自由度运动，即

$$\dot{\boldsymbol{S}}_{f,abc\cdots}\big|_{\substack{\theta_i=0,\\ t_i=0}, i=a,b,c,\cdots}=\dot{\boldsymbol{S}}_{f,a}\big|_{\substack{\theta_a=0,\\ t_a=0}}+\dot{\boldsymbol{S}}_{f,b}\big|_{\substack{\theta_b=0,\\ t_b=0}}+\dot{\boldsymbol{S}}_{f,c}\big|_{\substack{\theta_c=0,\\ t_c=0}}+\cdots=\boldsymbol{S}_{t,a}+\boldsymbol{S}_{t,b}+\boldsymbol{S}_{t,c}+\cdots \tag{3-13}$$

由式（3-13）显见，有限旋量子集的微分为速度旋量系。换而言之，有限旋量李群中的任意单维或多维曲线的切空间为瞬时旋量李代数的子空间。因此，瞬时旋量李代数为有限旋量李群的对应李代数。

3.2.3 非解耦多自由度旋量微分映射

上面两小节讨论了单自由度和多自由度旋量微分映射，建立了有限旋量到瞬时旋量间的微分关系。值得注意的是，式（3-6）建立的单自由度旋量微分是在式（3-1）单参数微分的基础上得到的，此外，式（3-13）建立的多自由度旋量微分中各旋量不包含耦合参数，其为相互解耦，因此，前述建立的均为解耦旋量映射。事实上，对于一些机构，其某个或某几个自由度会受到其他自由度的影响，同时，其某几个自由度也会相互影响，此时代表各自由度

的旋量是非解耦的。由此，本小节探究非解耦旋量的微分问题。

若一个有限旋量中含有多个参数，将这些参数分别记为 x、y、z、…，则式（3-1）中的旋量表达式变为多参数表达式，即

$$\boldsymbol{S}_f(x,y,z,\cdots)=2\tan\frac{\theta(x,y,z,\cdots)}{2}\begin{pmatrix}\boldsymbol{s}_f(x,y,z,\cdots)\\ \boldsymbol{r}_f(x,y,z,\cdots)\times\boldsymbol{s}_f(x,y,z,\cdots)\end{pmatrix}+t(x,y,z,\cdots)\begin{pmatrix}\boldsymbol{0}\\ \boldsymbol{s}_f(x,y,z,\cdots)\end{pmatrix} \tag{3-14}$$

其微分采用多元微分求解为

$$\begin{aligned}\mathrm{d}\boldsymbol{S}_f=&\frac{1}{\cos^2\dfrac{\theta}{2}}\begin{pmatrix}\boldsymbol{s}_f\\ \boldsymbol{r}_f\times\boldsymbol{s}_f\end{pmatrix}\frac{\partial\theta}{\partial x}\mathrm{d}x+2\tan\frac{\theta}{2}\begin{pmatrix}\dfrac{\partial\boldsymbol{s}_f}{\partial x}\mathrm{d}x\\ \dfrac{\partial\boldsymbol{r}_f}{\partial x}\mathrm{d}x\times\boldsymbol{s}_f+\boldsymbol{r}_f\times\dfrac{\partial\boldsymbol{s}_f}{\partial x}\mathrm{d}x\end{pmatrix}+\begin{pmatrix}\boldsymbol{0}\\ \boldsymbol{s}_f\end{pmatrix}\frac{\partial t}{\partial x}\mathrm{d}x+t\begin{pmatrix}\boldsymbol{0}\\ \dfrac{\partial\boldsymbol{s}_f}{\partial x}\mathrm{d}x\end{pmatrix}+\\&\frac{1}{\cos^2\dfrac{\theta}{2}}\begin{pmatrix}\boldsymbol{s}_f\\ \boldsymbol{r}_f\times\boldsymbol{s}_f\end{pmatrix}\frac{\partial\theta}{\partial y}\mathrm{d}y+2\tan\frac{\theta}{2}\begin{pmatrix}\dfrac{\partial\boldsymbol{s}_f}{\partial y}\mathrm{d}y\\ \dfrac{\partial\boldsymbol{r}_f}{\partial y}\mathrm{d}y\times\boldsymbol{s}_f+\boldsymbol{r}_f\times\dfrac{\partial\boldsymbol{s}_f}{\partial y}\mathrm{d}y\end{pmatrix}+\begin{pmatrix}\boldsymbol{0}\\ \boldsymbol{s}_f\end{pmatrix}\frac{\partial t}{\partial y}\mathrm{d}y+t\begin{pmatrix}\boldsymbol{0}\\ \dfrac{\partial\boldsymbol{s}_f}{\partial y}\mathrm{d}y\end{pmatrix}+\\&\frac{1}{\cos^2\dfrac{\theta}{2}}\begin{pmatrix}\boldsymbol{s}_f\\ \boldsymbol{r}_f\times\boldsymbol{s}_f\end{pmatrix}\frac{\partial\theta}{\partial z}\mathrm{d}z+2\tan\frac{\theta}{2}\begin{pmatrix}\dfrac{\partial\boldsymbol{s}_f}{\partial z}\mathrm{d}z\\ \dfrac{\partial\boldsymbol{r}_f}{\partial z}\mathrm{d}z\times\boldsymbol{s}_f+\boldsymbol{r}_f\times\dfrac{\partial\boldsymbol{s}_f}{\partial z}\mathrm{d}z\end{pmatrix}+\begin{pmatrix}\boldsymbol{0}\\ \boldsymbol{s}_f\end{pmatrix}\frac{\partial t}{\partial z}\mathrm{d}z+t\begin{pmatrix}\boldsymbol{0}\\ \dfrac{\partial\boldsymbol{s}_f}{\partial z}\mathrm{d}z\end{pmatrix}+\cdots\end{aligned} \tag{3-15}$$

式中，为了简化式子，将 $\boldsymbol{S}_f(x, y, z, \cdots)$ 简记为 $\boldsymbol{S}_f$，将 $\boldsymbol{s}_f(x, y, z, \cdots)$、$\boldsymbol{r}_f(x, y, z, \cdots)$、$\theta(x, y, z, \cdots)$ 与 $t(x, y, z, \cdots)$ 依次简记为 $\boldsymbol{s}_f$、$\boldsymbol{r}_f$、θ 与 t。

当机构处于初始位姿时，未发生有限运动，转动角度与平动距离均为 0，即

$$\theta(x,y,z,\cdots)=0、t(x,y,z,\cdots)=0 \tag{3-16}$$

将式（3-16）代入式（3-15），得到多参数非解耦有限运动在初始位姿处的微分为

$$\mathrm{d}\boldsymbol{S}_f=\left(\frac{\partial\theta}{\partial x}\mathrm{d}x+\frac{\partial\theta}{\partial y}\mathrm{d}y+\frac{\partial\theta}{\partial z}\mathrm{d}z+\cdots\right)\begin{pmatrix}\boldsymbol{s}_f\\ \boldsymbol{r}_f\times\boldsymbol{s}_f\end{pmatrix}+\left(\frac{\partial t}{\partial x}\mathrm{d}x+\frac{\partial t}{\partial y}\mathrm{d}y+\frac{\partial t}{\partial z}\mathrm{d}z+\cdots\right)\begin{pmatrix}\boldsymbol{0}\\ \boldsymbol{s}_f\end{pmatrix} \tag{3-17}$$

其中，$\boldsymbol{S}_f$ 表示机构处于初始位姿时的有限旋量；$\boldsymbol{s}_f$ 与 $\boldsymbol{r}_f$ 分别表示初始位姿时的旋量方向与位置向量；$\left(\frac{\partial\theta}{\partial x}\mathrm{d}x+\frac{\partial\theta}{\partial y}\mathrm{d}y+\frac{\partial\theta}{\partial z}\mathrm{d}z+\cdots\right)$ 与 $\left(\frac{\partial t}{\partial x}\mathrm{d}x+\frac{\partial t}{\partial y}\mathrm{d}y+\frac{\partial t}{\partial z}\mathrm{d}z+\cdots\right)$ 分别表示初始位姿处转动角度 $\theta(x, y, z, \cdots)$ 与平动距离 $t(x, y, z, \cdots)$ 的多元全微分。式（3-17）仍可改写为与式（3-5）类似的瞬时旋量形式，即

$$\dot{\boldsymbol{S}}_f\Big|_{\substack{\theta=0,\\ t=0}}=\dot{\theta}\begin{pmatrix}\boldsymbol{s}_f\\ \boldsymbol{r}_f\times\boldsymbol{s}_f\end{pmatrix}+\dot{t}\begin{pmatrix}\boldsymbol{0}\\ \boldsymbol{s}_f\end{pmatrix}\Bigg|_{\substack{\theta=0,\\ t=0}}=\omega\begin{pmatrix}\boldsymbol{s}_f\\ \boldsymbol{r}_f\times\boldsymbol{s}_f\end{pmatrix}+v\begin{pmatrix}\boldsymbol{0}\\ \boldsymbol{s}_f\end{pmatrix} \tag{3-18}$$

由上述多参数有限旋量微分过程可知，当式（3-8）中两个旋量 $\boldsymbol{S}_{f,a}$ 与 $\boldsymbol{S}_{f,b}$ 的参数相互耦合时，即 $\boldsymbol{S}_{f,a}$ 与 $\boldsymbol{S}_{f,b}$ 均含有参数 θ_a、t_a、θ_b、t_b 时，式（3-8）~式（3-11）的合成旋量微分过程不变，式（3-12）可写为

$$\dot{S}_{f,ab}\big|_{\theta_i=0, t_i=0, i=a,b} = \dot{S}_{f,a}\big|_{\theta_i=0, t_i=0, i=a,b} + \dot{S}_{f,b}\big|_{\theta_i=0, t_i=0, i=a,b} \tag{3-19}$$

当超过两个有限旋量含有耦合参数时，式（3-19）可进一步扩展为

$$\dot{S}_{f,abc\cdots}\big|_{\theta_i=0, t_i=0, i=a,b,c,\cdots} = \dot{S}_{f,a}\big|_{\theta_i=0, t_i=0, i=a,b,c,\cdots} + \dot{S}_{f,b}\big|_{\theta_i=0, t_i=0, i=a,b,c,\cdots} + \dot{S}_{f,c}\big|_{\theta_i=0, t_i=0, i=a,b,c,\cdots} + \cdots \tag{3-20}$$

式（3-19）表明非解耦多自由度旋量微分可先按照式（3-14）~式（3-17）所示多参数旋量微分法直接求解各旋量在初始位姿的微分，然后再对各旋量微分做加和。非解耦多旋量微分常用于运动非解耦、存在伴随运动的机构分析中。

3.2.4　基于旋量微分的机器人机构建模

机器人机构可视为多体系统，可视为由连接两个刚体的单运动副演化得到。若用 n 个运动副连接 $n+1$ 个刚体，且使第 1 个刚体为固定基座，则整个系统为含 n 个运动副的串联机构，其中第 $n+1$ 个刚体为末端平台。若系统由分别含 n_i+1（$i=1$，2）个运动副的两个串联机构组成，且它们具有相同的末端平台（动平台），则整个系统为并联机构，两个串联机构为其支链。由单刚体到串联、并联机构的演化过程如图 3.1 所示。此外，串、并联机构可作为子系统，用于组成复杂机构。通过将这些子系统串联、并联或混联，可得到结构较为复杂的机构，如混联机构和多环机构等。

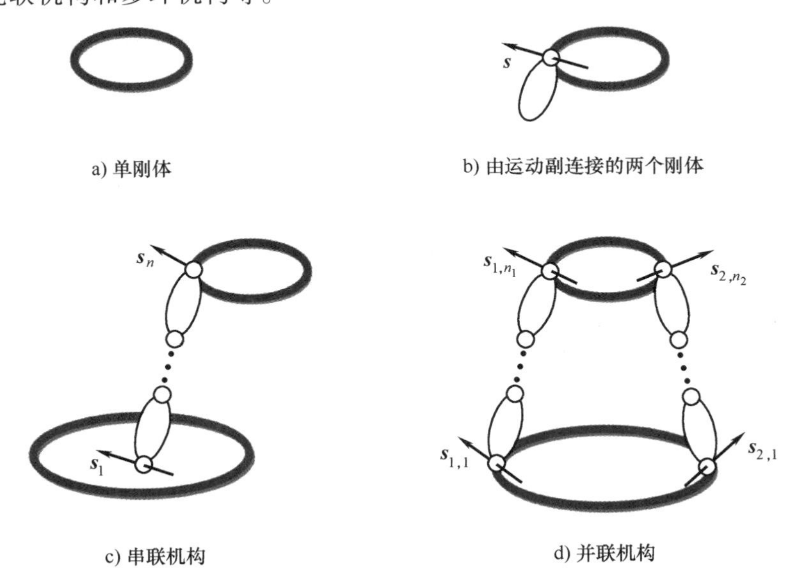

a) 单刚体　　b) 由运动副连接的两个刚体

c) 串联机构　　d) 并联机构

图 3.1　由单刚体到串联、并联机构的演化过程

拓扑描述了机器人机构的构型和结构。因运动副为组成机构的最基础单元，故机构拓扑描述了其所含全部运动副的数量、类型、排列顺序和轴线/方向。为便于拓扑能够反映机构的全周运动特征，统一在初始位姿处度量运动副的轴线/方向。

由上述分析可知，对于串联机构，其拓扑包含如下信息：

1）运动副的类型。每个运动副类型为 1 自由度转动副（R）、移动副（P）或螺旋副（H），或 2 自由度万向副（U）或圆柱副（C），或 3 自由度球副（S）。其中，1 个 2（3）自由度运动副可等效替换为 2（3）个 1 自由度运动副。

2）运动副的排列顺序。各个运动副由连接固定基座的向连接末端平台的依次升序编号。

3）运动副的方向。每个运动副的方向可由其轴线单位方向的向量表示。

4）运动副的位置。每个运动副的位置由其轴线位置向量表示。其中，因 P 副的具体位置不影响机构运动性质，故无需考虑 P 副的位置。

对于并联机构，其拓扑除包含每条串联支链的拓扑，还包含支链之间的几何关系。对于更为复杂的机构，其拓扑包含每个串联、并联子系统的拓扑，以及各子系统之间的几何关系。

机器人机构的拓扑决定了其有限和瞬时运动。本书采用 FIS 理论，分别用有限旋量和瞬时旋量构建机构的有限运动模型和瞬时运动模型。通过对比两种模型，基于有限旋量的有限运动模型包含了运动副的全部拓扑信息，这体现在如下两个方面：

1）运动副类型与其生成的有限旋量格式一一对应，且旋量轴线直接描述了运动副的方向和位置。

2）各运动副有限旋量在参与计算机构旋量时的计算顺序反映了其在机构中的排列顺序。

需要指出的是，瞬时运动模型虽然包含机构中运动副的类型、方向和位置，但不包含运动副的排列顺序。综上所述，因有限运动模型包含了机器人机构的全部拓扑信息，故其可作为机构的拓扑模型。同时，机构的有限运动为其相对初始位姿的位移，因此，基于有限旋量的代数化拓扑模型同时描述了机构的拓扑和位移。

瞬时运动描述了机构在给定位姿下的各阶微小位移。若求解拓扑模型（位移模型）的一阶微分，则所得瞬时运动模型为机构的速度模型。类似地，求解位移模型的高阶微分，可进一步得到机构的高阶瞬时运动模型，即加速度和急动度模型。描述速度、加速度、急动度的瞬时运动模型又称为性能模型，它构成了机构运动学分析与力分析的基础，在机构的性能建模与分析中被广泛应用。

本节严格证明了有限与瞬时旋量之间存在旋量微分映射。借助该映射，通过微分基于有限旋量的拓扑模型，可直接得到对应机构基于瞬时旋量的速度模型，即

$$\boldsymbol{S}_t = \dot{\boldsymbol{S}}_f \tag{3-21}$$

对式（3-21）做进一步微分，求解基于有限旋量拓扑模型的高阶微分，可得加速度与急动度模型为

$$\boldsymbol{S}_a = \dot{\boldsymbol{S}}_t \tag{3-22}$$

$$\boldsymbol{S}_j = \dot{\boldsymbol{S}}_a \tag{3-23}$$

式（3-22）和式（3-23）扩展了旋量微分映射。式中，$\boldsymbol{S}_a$ 和 $\boldsymbol{S}_j$ 表示旋量格式的加速度和急动度。因加速度和急动度等于速度的微分，故式（3-22）和式（3-23）可视为求解基于瞬时旋量速度模型的一阶和二阶微分。

根据上述分析，图 3.2 总结了基于 FIS 理论的拓扑和性能模型之间的内在关系。基于有限旋量的有限运动模型为机构拓扑模型（位移模型）；基于瞬时旋量的瞬时运动模型为性能模型，即速度、加速度、急动度模型。当选定机构的每个位姿为初始位姿时，可根据该位姿下机构各运动副的轴线/方向建立对应拓扑模型。借助旋量微分映射，机构在各个位姿的速

度模型等于对应拓扑模型的微分，加速度模型等于速度模型的微分，而急动度模型等于加速度模型的微分。故式（3-21）~式（3-23）给出了机构拓扑模型与性能模型之间的完整微分映射关系。该微分映射将机构拓扑和性能模型统一集成到 FIS 理论框架下，由此紧密关联了机构的拓扑特征和性能参数，进而可采用简洁、直接的方法一体构建任意机构的拓扑和性能模型。

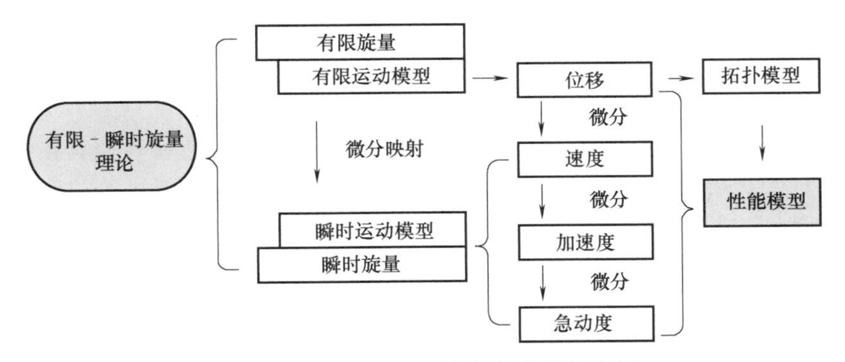

图 3.2 基于 FIS 理论的拓扑和性能建模

3.3 机器人机构有限运动的旋量模型

本节主要讨论利用 FIS 理论代数化构建机器人机构有限运动模型和瞬时运动模型的方法。因有限和瞬时运动模型可分别作为机构的拓扑和性能模型，故本节所述方法即为机构的拓扑和性能统一建模方法。

为构建机构拓扑模型，首先，需采用有限旋量描述各运动副的有限运动；其次，借助旋量三角积运算得到串联机构末端刚体的有限运动；最后，利用旋量交集运算获得并联机构动平台的有限运动。机构的有限运动模型即为其拓扑模型。在已建立机构有限运动模型的基础上，可通过旋量微分映射直接得到其瞬时运动模型，即性能模型。

如第 2 章所述，任意刚体有限运动可采用有限旋量描述。有限旋量简洁、直接地反映了有限运动三要素。多个有限旋量可用式（2-67）所示旋量三角积运算合成，由此可得刚体系统有限运动对应的有限旋量。

刚体系统的有限运动等于其内部所有相连刚体之间有限运动的合成和交集结果。因其中涉及的每个有限运动均可用式（2-66）所示有限旋量描述，故系统末端刚体的有限运动可表示为多个有限旋量的非线性计算结果。由有限旋量李群的封闭性可知，该计算结果仍为有限旋量。

机器人机构的有限运动由其所含全部运动副生成。对于每个单自由度运动副，其有限运动可用轴线为运动副轴线的有限旋量表示，同时，旋量中转动角度、平移距离与运动副运动对应。对于每个多自由度运动副，其可等效为多个单自由度运动副的组合，因此，其旋量为多个单自由度运动副对应旋量的合成。串联、并联机构的有限运动为其末端刚体的输出运动，等于机构中全部运动副运动的合成、交集结果，具体计算方式取决于机构结构。

1）串联机构的末端平台输出运动等于其全部运动副运动的合成，运动副运动的合成顺序为从连接固定基座到连接末端平台。

2）并联机构的动平台输出运动等于两条支链运动的交集，每条支链的运动为其所含全部运动副运动的合成。

对于具有复杂结构的机构，如混联机构、多并联机构，因其每个组成部分均为串联机构或并联机构，故其有限运动等于所含各部分运动的合成和交集结果。具体计算规则为：

1）当一个机构中两个组成部分以串联方式连接时，两部分整体输出运动为它们运动的合成。

2）当一个机构中两个组成部分以并联方式连接时，两部分整体输出运动为它们运动的交集。

基于上述分析可知，对于运动副、串联机构、并联机构，可直接参照其拓扑信息建立有限运动模型；对于复杂机构，可通过其所含多个串联、并联机构运动的合成和交集，建立有限运动模型。因此，本节将依次给出运动副、串联机构、并联机构有限运动模型的具体建立方法。其余类型机构可参照类似的合成、交集算法建立模型。

3.3.1 关节有限运动建模

由于运动副是机构运动的基本单元，因此首先讨论各种不同类型运动副（R 副、P 副、H 副、U 副、C 副、S 副）的模型。在后文中，将所有运动副视为直接与固定基座相连。

对于如图 3.3 所示的 R 副，通过有限旋量描述其有限运动，可建立模型为

$$\boldsymbol{S}_f = 2\tan\frac{\theta}{2}\begin{pmatrix}\boldsymbol{s}\\ \boldsymbol{r}\times\boldsymbol{s}\end{pmatrix} \tag{3-24}$$

式中，$\boldsymbol{s}(|\boldsymbol{s}|=1)$ 表示 R 副轴线的单位方向向量；$\boldsymbol{r}$ 表示其位置向量；θ 表示由初始位姿开始度量的运动副转动角度。

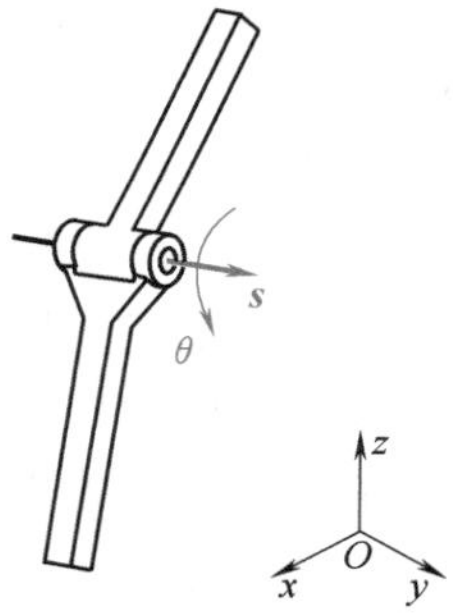

图 3.3　R 副

类似地，对于如图 3.4 所示的 P 副，其模型为

$$\boldsymbol{S}_f = t\begin{pmatrix}\boldsymbol{0}\\ \boldsymbol{s}\end{pmatrix} \tag{3-25}$$

式中，$\boldsymbol{s}(|\boldsymbol{s}|=1)$ 表示 P 副的单位方向向量；t 表示由初始位姿开始度量的运动副平移距离。

对于如图 3.5 所示的 H 副，其模型为

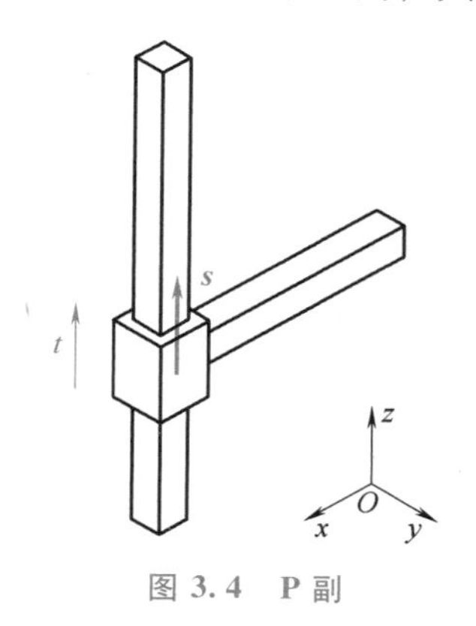

图 3.4　P 副

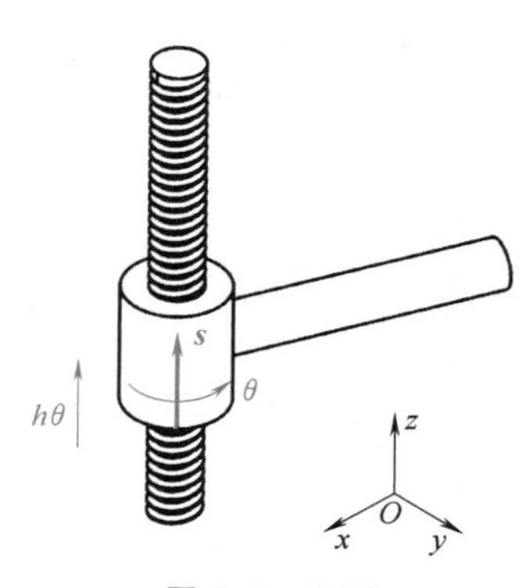

图 3.5　H 副

$$S_f = 2\tan\frac{\theta}{2}\begin{pmatrix} s \\ r\times s \end{pmatrix} + h\theta\begin{pmatrix} \mathbf{0} \\ s \end{pmatrix} \tag{3-26}$$

式中，s（$|s|=1$）表示H副轴线的单位方向向量；r 表示位置向量；θ 表示由初始位姿开始度量的运动副转动角度；h 表示该运动副的截距（沿轴平移距离与绕轴转动角度的比值）。

对于如图3.6所示的U副，因可等效视为两个轴线相交R副的组合，故其运动为这两个R副运动的合成。利用旋量三角积运算，可得U副的模型为

$$S_f = 2\tan\frac{\theta_2}{2}\begin{pmatrix} s_2 \\ r_O\times s_2 \end{pmatrix} \Delta 2\tan\frac{\theta_1}{2}\begin{pmatrix} s_1 \\ r_O\times s_1 \end{pmatrix} \tag{3-27}$$

式中，s_1 和 s_2 分别表示两个R副轴线的单位方向向量；r_O 表示其轴线交点 O（U副中心）的位置向量；θ_1 和 θ_2 分别表示由U副初始位姿开始度量两个R副的转动角度。

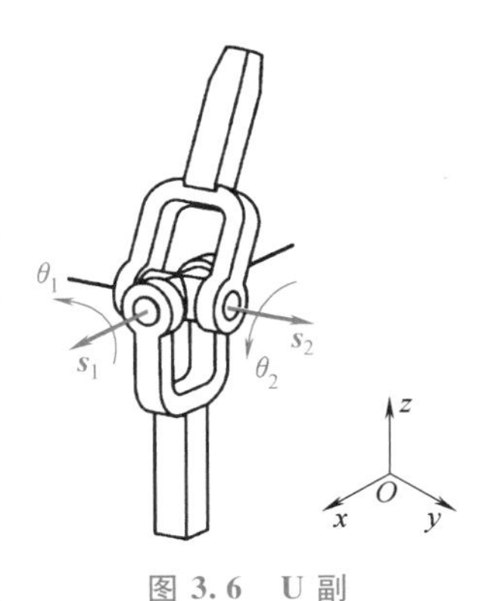

图3.6 U副

对于如图3.7所示的C副，其为同向R副和P副的组合，通过合成这两个运动副的运动，可得其模型为

$$S_f = 2\tan\frac{\theta_2}{2}\begin{pmatrix} s_2 \\ r_2\times s_2 \end{pmatrix} \Delta t_1\begin{pmatrix} \mathbf{0} \\ s_1 \end{pmatrix} \tag{3-28}$$

式中，s_1 和 s_2（$s_1=s_2$）分别表示P副和R副的单位方向向量；r_2 表示R副轴线的位置向量；t_1 和 θ_2 分别表示由C副初始位姿开始度量，P副的平移距离和R副的转动角度。

对于如图3.8所示的S副，其为3个具有公共交点R副的组合，故其模型可通过合成3个R副模型得到，为

$$S_f = 2\tan\frac{\theta_3}{2}\begin{pmatrix} s_3 \\ r_O\times s_3 \end{pmatrix} \Delta 2\tan\frac{\theta_2}{2}\begin{pmatrix} s_2 \\ r_O\times s_2 \end{pmatrix} \Delta 2\tan\frac{\theta_1}{2}\begin{pmatrix} s_1 \\ r_O\times s_1 \end{pmatrix} \tag{3-29}$$

式中，s_1、s_2、s_3 分别表示3个R副轴线的单位方向向量；r_O 表示其轴线公共交点 O（S副中心）的位置向量；θ_1、θ_2、θ_3 分别表示由S副初始位姿开始度量3个R副的转动角度。

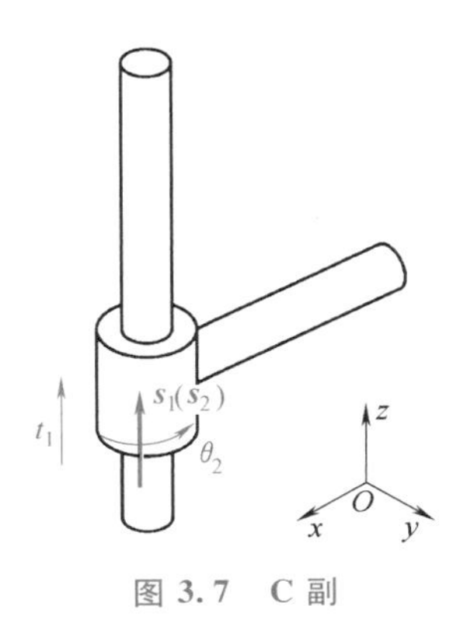

图3.7 C副

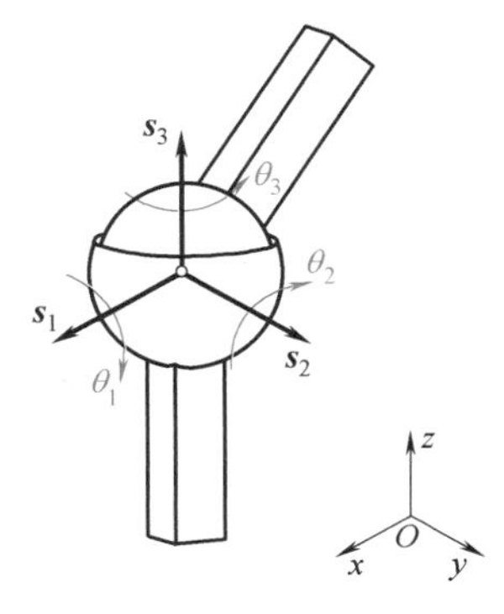

图3.8 S副

为方便读者查阅，表3.1总结了各个运动副的有限运动模型。

表 3.1 各个运动副的有限运动模型

类型	方向	位置	模型
R	$\boldsymbol{s}$	$\boldsymbol{r}$	$\boldsymbol{S}_f=2\tan\dfrac{\theta}{2}\begin{pmatrix}\boldsymbol{s}\\ \boldsymbol{r}\times\boldsymbol{s}\end{pmatrix}$
P	$\boldsymbol{s}$	N/A	$\boldsymbol{S}_f=t\begin{pmatrix}\boldsymbol{0}\\ \boldsymbol{s}\end{pmatrix}$
H	$\boldsymbol{s}$	$\boldsymbol{r}$	$\boldsymbol{S}_f=2\tan\dfrac{\theta}{2}\begin{pmatrix}\boldsymbol{s}\\ \boldsymbol{r}\times\boldsymbol{s}\end{pmatrix}+h\theta\begin{pmatrix}\boldsymbol{0}\\ \boldsymbol{s}\end{pmatrix}$
U	$\boldsymbol{s}_1,\boldsymbol{s}_2$	$\boldsymbol{r}_O$	$\boldsymbol{S}_f=2\tan\dfrac{\theta_2}{2}\begin{pmatrix}\boldsymbol{s}_2\\ \boldsymbol{r}_O\times\boldsymbol{s}_2\end{pmatrix}\Delta 2\tan\dfrac{\theta_1}{2}\begin{pmatrix}\boldsymbol{s}_1\\ \boldsymbol{r}_O\times\boldsymbol{s}_1\end{pmatrix}$
C	$\boldsymbol{s}_1,\boldsymbol{s}_2$	$\boldsymbol{r}_2$	$\boldsymbol{S}_f=2\tan\dfrac{\theta_2}{2}\begin{pmatrix}\boldsymbol{s}_2\\ \boldsymbol{r}_2\times\boldsymbol{s}_2\end{pmatrix}\Delta t_1\begin{pmatrix}\boldsymbol{0}\\ \boldsymbol{s}_1\end{pmatrix}$
S	$\boldsymbol{s}_1,\boldsymbol{s}_2,\boldsymbol{s}_3$	$\boldsymbol{r}_O$	$\boldsymbol{S}_f=2\tan\dfrac{\theta_3}{2}\begin{pmatrix}\boldsymbol{s}_3\\ \boldsymbol{r}_O\times\boldsymbol{s}_3\end{pmatrix}\Delta 2\tan\dfrac{\theta_2}{2}\begin{pmatrix}\boldsymbol{s}_2\\ \boldsymbol{r}_O\times\boldsymbol{s}_2\end{pmatrix}\Delta 2\tan\dfrac{\theta_1}{2}\begin{pmatrix}\boldsymbol{s}_1\\ \boldsymbol{r}_O\times\boldsymbol{s}_1\end{pmatrix}$

3.3.2 串联机构有限运动建模

不失一般性，考虑由 n 个单自由度运动副组成的串联机构。各运动副从连接固定基座到连接末端平台依次升序编号。

根据从运动副到串联机构的演化，串联机构有限运动等于其所含各运动副运动的合成。由此可知，利用旋量三角积合成 n 个运动副的有限旋量，可得机构有限运动为

$$\boldsymbol{S}_f=\boldsymbol{S}_{f,n}\Delta\cdots\Delta\boldsymbol{S}_{f,1} \tag{3-30}$$

式中，$\boldsymbol{S}_f$ 表示串联机构的有限运动；$\boldsymbol{S}_{f,k}$（$k=1$，…，n）表示机构第 k 个运动副的有限运动。每个 $\boldsymbol{S}_{f,k}$ 均为式（2-66）所示格式。根据有限旋量李群的封闭性，$\boldsymbol{S}_f$ 也可写为式（2-66）所示格式。

式（3-30）为串联机构基于有限旋量的有限运动模型。因旋量三角积为代数运算，故该模型为解析式，并可反映机构的全部有限运动特征。

3.3.3 并联机构有限运动建模

并联机构由若干条共享末端平台的串联机构组成。该末端平台为机构的动平台，各串联机构为机构的支链。

假设并联机构由 l 条支链构成，若每条支链含有 n_i（$i=1$，…，l）个单自由度运动副，则根据式（3-30）中串联机构的有限运动模型，可得各支链的模型为

$$\boldsymbol{S}_{f,i}=\boldsymbol{S}_{f,i,n_i}\Delta\cdots\Delta\boldsymbol{S}_{f,i,1}\,,\ i=1,\cdots,l \tag{3-31}$$

式中，$\boldsymbol{S}_{f,i}$ 表示第 i 条支链的有限运动；$\boldsymbol{S}_{f,i,k}$（$k=1$，…，n_i）表示第 i 条支链中第 k 个运动副的有限运动。与式（3-30）同理，$\boldsymbol{S}_{f,i,k}$ 和 $\boldsymbol{S}_{f,i}$ 均为式（2-66）所示格式。

根据从串联机构到并联机构的演化，并联机构有限运动等于其两条支链运动的交集，由

此可建立并联机构有限运动模型为

$$\boldsymbol{S}_f=\boldsymbol{S}_{f,1}\cap\cdots\cap\boldsymbol{S}_{f,l}, \tag{3-32}$$

式中，$\boldsymbol{S}_f$ 表示并联机构的有限运动，同样具有式（2-66）所示格式。根据式（3-32），可通过代数推导，由支链运动解析式得到并联机构运动解析式。

基于图 3.1 中由单刚体到运动副、再到串联机构、最后到并联机构的演化，通过采用有限旋量描述有限运动，本节系统构建了运动副和机构的有限运动模型。

3.4 机器人机构瞬时运动的旋量模型

3.2 节已严格证明了有限旋量与瞬时旋量之间的微分映射，如式（3-6）、式（3-13）和式（3-20）。应用该映射，可通过 3.3 节所构建的运动副、串联机构和并联机构基于有限旋量的有限运动模型，直接得到对应基于瞬时旋量的瞬时运动模型。

因机构有限运动模型描述了其旋转和平移，故该模型也可视为位移模型。上文以有限旋量为数学工具，构建了机构的有限运动模型，该模型为机构所含全部运动副有限运动参数（转动角度与平移距离等）的函数，即

$$\boldsymbol{S}_f=f_f(\boldsymbol{q}) \tag{3-33}$$

式中，$\boldsymbol{S}_f$ 表示机构的有限运动（位移）；$\boldsymbol{q}$ 表示由运动副有限运动参数组成的向量，该向量包含全部 R 副和 H 副的转动角度，以及全部 P 副的平移距离。

利用有限与瞬时旋量之间的微分映射，可通过求解式（3-33）的微分，直接得到机构的速度模型为

$$\begin{aligned}\boldsymbol{S}_t&=\dot{\boldsymbol{S}}_f\big|_{\boldsymbol{q}=\boldsymbol{0}}\\&=f_t(\dot{\boldsymbol{q}})\end{aligned} \tag{3-34}$$

式中，$\boldsymbol{S}_t$ 为具有式（2-78）格式的瞬时旋量，表示机构的速度。

进一步求解机构有限运动模型的高阶微分，可得加速度、急动度模型为

$$\boldsymbol{S}_a=\dot{\boldsymbol{S}}_t=f_a(\ddot{\boldsymbol{q}}) \tag{3-35}$$

$$\boldsymbol{S}_j=\dot{\boldsymbol{S}}_a=f_j(\dddot{\boldsymbol{q}}) \tag{3-36}$$

式中，$\boldsymbol{S}_a$ 和 $\boldsymbol{S}_j$ 分别表示机构的加速度和急动度。

式（3-34）~式（3-36）为机构的通用速度、加速度、急动度模型。三者均为基于瞬时旋量的机构瞬时运动模型，可分别视为运动副有限运动参数 1~3 阶微分（1~3 阶瞬时运动参数）的函数。采用类似方法可建立机构更高阶的瞬时运动模型，但本书限于篇幅，仅考虑 1~3 阶瞬时运动模型，即速度、加速度、急动度模型。需要指出的是，机构有限与瞬时运动模型之间的微分映射关系与机构位移的各阶微分与其速度、加速度、急动度的物理规律一致。

通过求解 3.3 节所得有限运动（拓扑、位移）模型的微分，下文将分别建立运动副、串联机构和并联机构对应的速度、加速度、急动度模型。

3.4.1 关节瞬时运动建模

对于 R 副，其在初始位姿的速度模型可通过微分式（3-24）中的有限运动模型得

到，为

$$\begin{aligned}\boldsymbol{S}_t &= \dot{\boldsymbol{S}}_f\big|_{\theta=0} \\ &= \frac{\dot{\theta}}{\cos^2\dfrac{\theta}{2}}\begin{pmatrix}\boldsymbol{s}\\ \boldsymbol{r}\times\boldsymbol{s}\end{pmatrix}\Bigg|_{\theta=0} \\ &= \omega\begin{pmatrix}\boldsymbol{s}\\ \boldsymbol{r}\times\boldsymbol{s}\end{pmatrix} \\ &= \omega\hat{\boldsymbol{S}}_t\end{aligned} \tag{3-37}$$

式中，ω 表示 R 副的角速度大小；$\hat{\boldsymbol{S}}_t$ 为一个零截距的单位瞬时旋量，表示运动副瞬时运动轴线。

当 R 副离开其初始位姿时，如图 3.9 所示，其瞬时旋量轴线保持不变。因此，该运动副在各个位姿的速度模型一致。

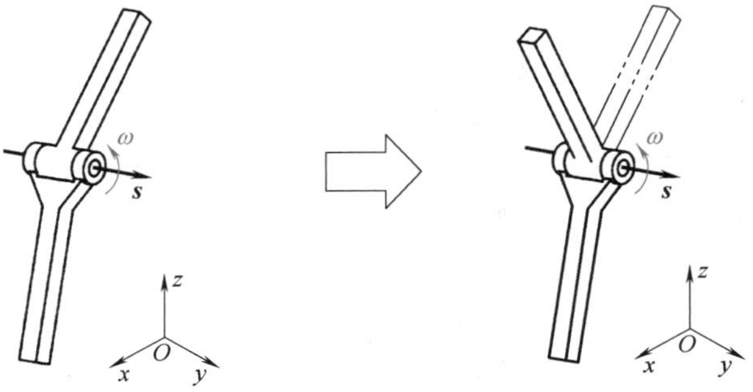

图 3.9　R 副由初始位姿运动到任意位姿

由此可知，R 副的加速度与急动度模型为式（3-27）中速度模型的微分，即

$$\boldsymbol{S}_a = \dot{\boldsymbol{S}}_t = \dot{\omega}\hat{\boldsymbol{S}}_t = \alpha\hat{\boldsymbol{S}}_t \tag{3-38}$$

$$\boldsymbol{S}_j = \dot{\boldsymbol{S}}_a = \dot{\alpha}\hat{\boldsymbol{S}}_t = \beta\hat{\boldsymbol{S}}_t \tag{3-39}$$

式中，α 和 β 分别表示 R 副的角加速度和角急动度大小。

类似地，可建立 P 副的速度模型，为

$$\boldsymbol{S}_t = \dot{\boldsymbol{S}}_f\big|_{t=0} = \dot{t}\begin{pmatrix}\boldsymbol{0}\\ \boldsymbol{s}\end{pmatrix}\Bigg|_{t=0} = v\begin{pmatrix}\boldsymbol{0}\\ \boldsymbol{s}\end{pmatrix} = v\hat{\boldsymbol{S}}_t \tag{3-40}$$

式中，v 表示 P 副的线速度大小；$\hat{\boldsymbol{S}}_t$ 为一个无穷截距的单位瞬时旋量，表示运动副瞬时运动方向。

如图 3.10 所示，当 P 副离开初始位姿时，其速度方向保持不变。因此，该运动副的速度模型在各个位姿是一致的。

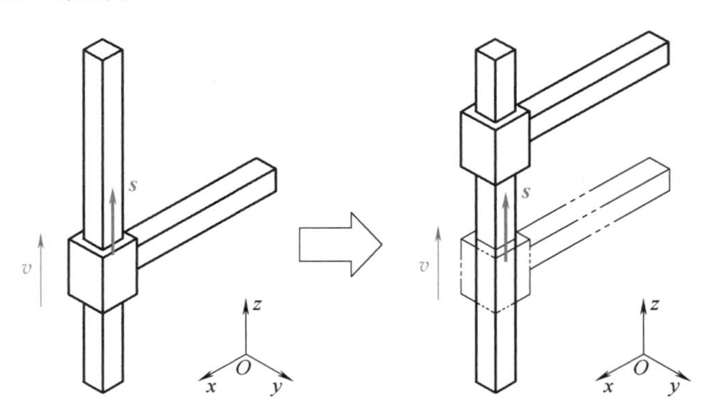

图 3.10　P 副由初始位姿运动到任意位姿

因此，P 副的加速度与急动度模型等于式（3-40）中速度模型的微分，即

$$\boldsymbol{S}_a=\dot{\boldsymbol{S}}_t=\dot{t}\,\hat{\boldsymbol{S}}_t=a\hat{\boldsymbol{S}}_t \tag{3-41}$$

$$\boldsymbol{S}_j=\dot{\boldsymbol{S}}_a=\dot{a}\,\hat{\boldsymbol{S}}_t=j\hat{\boldsymbol{S}}_t \tag{3-42}$$

式中，a 和 j 分别表示 P 副的线加速度和线急动度大小。

对于 H 副，其速度模型为

$$\begin{aligned}\boldsymbol{S}_t&=\dot{\boldsymbol{S}}_f\big|_{\theta=0}=\left.\left(\frac{\dot{\theta}}{\cos^2\dfrac{\theta}{2}}\begin{pmatrix}\boldsymbol{s}\\ \boldsymbol{r}\times\boldsymbol{s}\end{pmatrix}+h\dot{\theta}\begin{pmatrix}\boldsymbol{0}\\ \boldsymbol{s}\end{pmatrix}\right)\right|_{\theta=0}\\&=\omega\begin{pmatrix}\boldsymbol{s}\\ \boldsymbol{r}\times\boldsymbol{s}+h\boldsymbol{s}\end{pmatrix}=\omega\hat{\boldsymbol{S}}_t\end{aligned} \tag{3-43}$$

式中，ω 表示 H 副的角速度大小；$\hat{\boldsymbol{S}}_t$ 为一个截距为 h 的单位瞬时旋量，表示运动副瞬时运动轴线。

当 H 副离开初始位姿时，如图 3.11 所示，其瞬时旋量轴线保持不变。因此，该运动副的速度模型在各个位姿是一致的。

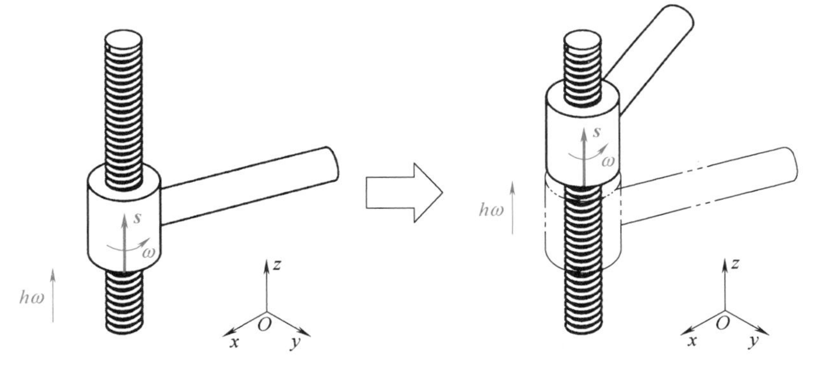

图 3.11 H 副由初始位姿运动到任意位姿

因此，H 副的加速度与急动度模型为

$$\boldsymbol{S}_a=\dot{\boldsymbol{S}}_t=\dot{\omega}\hat{\boldsymbol{S}}_t=\alpha\hat{\boldsymbol{S}}_t \tag{3-44}$$

$$\boldsymbol{S}_j=\dot{\boldsymbol{S}}_a=\dot{\alpha}\hat{\boldsymbol{S}}_t=\beta\hat{\boldsymbol{S}}_t \tag{3-45}$$

式中，α 和 β 分别表示 H 副的角加速度和角急动度大小。

对于 U 副，通过求解其对应有限运动模型的微分，可得其在初始位姿的速度模型为

$$\begin{aligned}\boldsymbol{S}_t&=\dot{\boldsymbol{S}}_f\big|_{\substack{\theta_1=0,\\ \theta_2=0}}\\&=\left.\left(\omega_2\hat{\boldsymbol{S}}_{t,2}\Delta 2\tan\frac{\theta_1}{2}\hat{\boldsymbol{S}}_{t,1}+2\tan\frac{\theta_2}{2}\hat{\boldsymbol{S}}_{t,2}\Delta\omega_1\hat{\boldsymbol{S}}_{t,1}\right)\right|_{\substack{\theta_1=0,\\ \theta_2=0}}\\&=\omega_2\hat{\boldsymbol{S}}_{t,2}+\omega_1\hat{\boldsymbol{S}}_{t,1}\end{aligned} \tag{3-46}$$

式中，ω_1 和 ω_2 分别表示组成 U 副的两个 R 副角速度大小；$\hat{\boldsymbol{S}}_{t,1}$ 和 $\hat{\boldsymbol{S}}_{t,2}$ 分别表示两个 R 副在初始位姿的瞬时运动轴线。

当 U 副从初始位姿运动到其他位姿时，连接固定基座的 R_1 副瞬时运动轴线保持不变，但 R_1 副的运动将改变 R_2 副的瞬时运动轴线。如图 3.12 所示，若 R_1 副的转动角度为 θ_1，则 R_2 副的瞬时轴线相应地变为

$$\begin{aligned}\hat{\boldsymbol{S}}_{t,2}&=\begin{pmatrix}\boldsymbol{s}_2\\ \boldsymbol{r}_O\times\boldsymbol{s}_2\end{pmatrix}\\ \hat{\boldsymbol{S}}'_{t,2}&=\begin{pmatrix}\boldsymbol{s}'_2\\ \boldsymbol{r}_O\times\boldsymbol{s}'_2\end{pmatrix}\\ &=\exp\left(\theta_1\begin{bmatrix}\tilde{\boldsymbol{s}}_1 & \boldsymbol{0}\\ \tilde{\boldsymbol{r}}_O\tilde{\boldsymbol{s}}_1-\tilde{\boldsymbol{s}}_1\tilde{\boldsymbol{r}}_O & \tilde{\boldsymbol{s}}_1\end{bmatrix}\right)\begin{pmatrix}\boldsymbol{s}_2\\ \boldsymbol{r}_O\times\boldsymbol{s}_2\end{pmatrix}\end{aligned} \tag{3-47}$$

据此，U 副在任意位姿的速度模型为

$$\boldsymbol{S}_t=\omega_2\hat{\boldsymbol{S}}'_{t,2}+\omega_1\hat{\boldsymbol{S}}_{t,1} \tag{3-48}$$

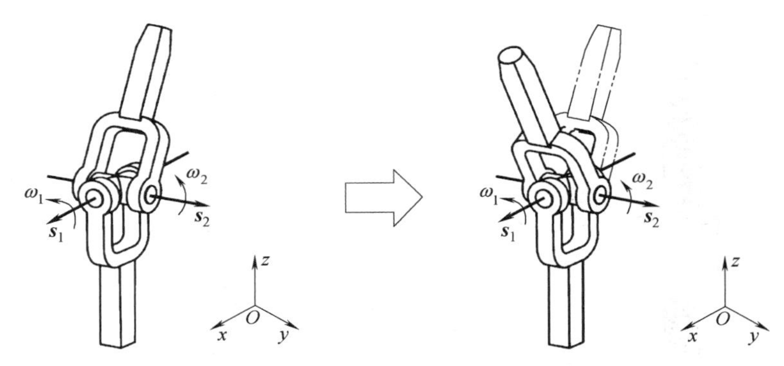

图 3.12　U 副由初始位姿运动到任意位姿

通过求解式（3-48）的微分，可得 U 副的加速度和急动度模型为

$$\begin{aligned}\boldsymbol{S}_a&=\dot{\boldsymbol{S}}_t\\ &=\dot{\omega}_2\hat{\boldsymbol{S}}'_{t,2}+\omega_2\dot{\theta}_1\begin{bmatrix}\tilde{\boldsymbol{s}}_1 & \boldsymbol{0}\\ \tilde{\boldsymbol{r}}_O\tilde{\boldsymbol{s}}_1-\tilde{\boldsymbol{s}}_1\tilde{\boldsymbol{r}}_O & \tilde{\boldsymbol{s}}_1\end{bmatrix}\hat{\boldsymbol{S}}'_{t,2}+\dot{\omega}_1\hat{\boldsymbol{S}}_{t,1}\\ &=\alpha_2\hat{\boldsymbol{S}}'_{t,2}+\alpha_1\hat{\boldsymbol{S}}_{t,1}+\omega_1\hat{\boldsymbol{S}}_{t,1}\times\omega_2\hat{\boldsymbol{S}}'_{t,2}\end{aligned} \tag{3-49}$$

$$\begin{aligned}\boldsymbol{S}_j&=\dot{\boldsymbol{S}}_a\\ &=\dot{\alpha}_2\hat{\boldsymbol{S}}'_{t,2}+\omega_1\hat{\boldsymbol{S}}_{t,1}\times\alpha_2\hat{\boldsymbol{S}}'_{t,2}+\dot{\alpha}_1\hat{\boldsymbol{S}}_{t,1}+\\ &\quad\alpha_1\hat{\boldsymbol{S}}_{t,1}\times\omega_2\hat{\boldsymbol{S}}'_{t,2}+\omega_1\hat{\boldsymbol{S}}_{t,1}\times(\alpha_2\hat{\boldsymbol{S}}'_{t,2}+\omega_1\hat{\boldsymbol{S}}_{t,1}\times\omega_2\hat{\boldsymbol{S}}'_{t,2})\\ &=\beta_2\hat{\boldsymbol{S}}'_{t,2}+\beta_1\hat{\boldsymbol{S}}_{t,1}+2\omega_1\hat{\boldsymbol{S}}_{t,1}\times\alpha_2\hat{\boldsymbol{S}}'_{t,2}+\\ &\quad\alpha_1\hat{\boldsymbol{S}}_{t,1}\times\omega_2\hat{\boldsymbol{S}}'_{t,2}+\omega_1\hat{\boldsymbol{S}}_{t,1}\times(\omega_1\hat{\boldsymbol{S}}_{t,1}\times\omega_2\hat{\boldsymbol{S}}'_{t,2})\end{aligned} \tag{3-50}$$

式中，α_1、α_2、β_1、β_2 分别表示两个 R 副的角加速度和角急动度大小。

对于 C 副，通过求解其有限运动模型的微分，可得速度模型为

$$\begin{aligned}\boldsymbol{S}_t &= \dot{\boldsymbol{S}}_f\big|_{\substack{t_1=0,\\ \theta_2=0}} \\ &= \left(\omega_2\hat{\boldsymbol{S}}_{t,2}\Delta t_1\hat{\boldsymbol{S}}_{t,1}+2\tan\frac{\theta_2}{2}\hat{\boldsymbol{S}}_{t,2}\Delta v_1\hat{\boldsymbol{S}}_{t,1}\right)\bigg|_{\substack{t_1=0,\\ \theta_2=0}} = \omega_2\hat{\boldsymbol{S}}_{t,2}+v_1\hat{\boldsymbol{S}}_{t,1}\end{aligned} \tag{3-51}$$

式中，v_1 和 ω_2 分别表示组成 C 副的 P 副和 R 副的线速度和角速度大小；$\hat{\boldsymbol{S}}_{t,1}$ 和 $\hat{\boldsymbol{S}}_{t,2}$ 分别表示 P 副和 R 副在初始位姿的瞬时运动方向和轴线。

如图 3.13 所示，当 C 副离开初始位姿时，$\hat{\boldsymbol{S}}_{t,1}$ 和 $\hat{\boldsymbol{S}}_{t,2}$ 均保持不变，即该运动副在各个位姿具有一致的速度模型。

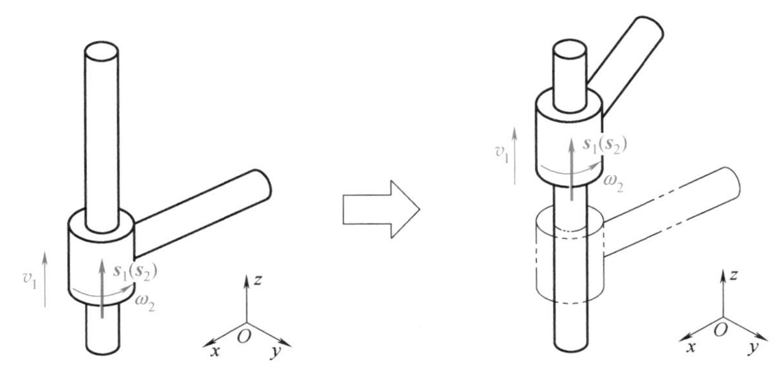

图 3.13　C 副由初始位姿运动到任意位姿

因此，C 副的加速度和急动度模型为

$$\boldsymbol{S}_a = \dot{\boldsymbol{S}}_t = \dot{\omega}_2\hat{\boldsymbol{S}}_{t,2}+\dot{v}_1\hat{\boldsymbol{S}}_{t,1} = \alpha_2\hat{\boldsymbol{S}}_{t,2}+a_1\hat{\boldsymbol{S}}_{t,1} \tag{3-52}$$

$$\boldsymbol{S}_j = \dot{\boldsymbol{S}}_a = \dot{\alpha}_2\hat{\boldsymbol{S}}_{t,2}+\dot{a}_1\hat{\boldsymbol{S}}_{t,1} = \beta_2\hat{\boldsymbol{S}}_{t,2}+j_1\hat{\boldsymbol{S}}_{t,1} \tag{3-53}$$

式中，a_1 和 j_1 分别表示 P 副的线加速度和线急动度大小；α_2 和 β_2 则分别表示 R 副的角加速度和角急动度大小。

对于 S 副，通过求解其有限运动模型的微分，可得其初始位姿的速度模型为

$$\begin{aligned}\boldsymbol{S}_t &= \boldsymbol{S}_f\big|_{\substack{\theta_1=0,\\ \theta_2=0,\\ \theta_3=0,}} \\ &= \left(\begin{array}{l}\omega_3\hat{\boldsymbol{S}}_{t,3}\Delta 2\tan\frac{\theta_2}{2}\hat{\boldsymbol{S}}_{t,2}\Delta 2\tan\frac{\theta_1}{2}\hat{\boldsymbol{S}}_{t,1}+ \\ 2\tan\frac{\theta_3}{2}\hat{\boldsymbol{S}}_{t,3}\Delta\omega_2\hat{\boldsymbol{S}}_{t,2}\Delta 2\tan\frac{\theta_1}{2}\hat{\boldsymbol{S}}_{t,1}+ \\ 2\tan\frac{\theta_3}{2}\hat{\boldsymbol{S}}_{t,3}\Delta 2\tan\frac{\theta_2}{2}\hat{\boldsymbol{S}}_{t,2}\Delta\omega_1\hat{\boldsymbol{S}}_{t,1}\end{array}\right)\Bigg|_{\substack{\theta_1=0,\\ \theta_2=0,\\ \theta_3=0,}} = \omega_3\hat{\boldsymbol{S}}_{t,3}+\omega_2\hat{\boldsymbol{S}}_{t,2}+\omega_1\hat{\boldsymbol{S}}_{t,1}\end{aligned} \tag{3-54}$$

式中，ω_1、ω_2、ω_3 分别表示组成 S 副的 3 个 R 副角速度大小；$\hat{\boldsymbol{S}}_{t,1}$、$\hat{\boldsymbol{S}}_{t,2}$、$\hat{\boldsymbol{S}}_{t,3}$ 分别表示 3 个 R 副在初始位姿的瞬时运动轴线。

当 S 副离开初始位姿时，R_1 副的瞬时运动轴线不变，而 R_2 和 R_3 副的轴线改变。但是，如图 3.14 所示，无论 S 副处于任何位姿，其 3 自由度瞬时转动总能够分解为绕方向 $\boldsymbol{s}_1$、$\boldsymbol{s}_2$、

s_3 的 3 个单自由度转动。需要指出的是，当 S 副离开初始位姿时，其对应 3 个瞬时转动的角速度大小不再等于 ω_1、ω_2、ω_3。若将 S 副处于任意位姿时对应的 3 个角速度大小记为 ω_1'、ω_2'、ω_3'，则其在任意位姿的速度模型为

$$\boldsymbol{S}_t=\omega_3'\hat{\boldsymbol{S}}_{t,3}+\omega_2'\hat{\boldsymbol{S}}_{t,2}+\omega_1'\hat{\boldsymbol{S}}_{t,1} \tag{3-55}$$

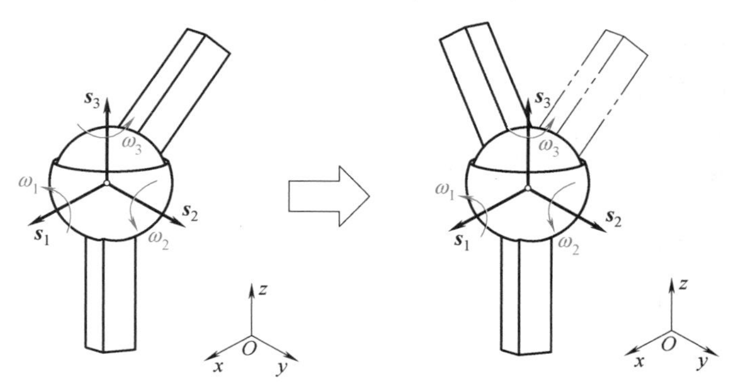

图 3.14　S 副由初始位姿运动到任意位姿

由此可通过微分速度模型，得到 S 副的加速度和急动度模型为

$$\begin{aligned}\boldsymbol{S}_a&=\dot{\boldsymbol{S}}_t\\&=\dot{\omega}_3'\hat{\boldsymbol{S}}_{t,3}+\dot{\omega}_2'\hat{\boldsymbol{S}}_{t,2}+\dot{\omega}_1'\hat{\boldsymbol{S}}_{t,1}\\&=\alpha_3'\hat{\boldsymbol{S}}_{t,3}+\alpha_2'\hat{\boldsymbol{S}}_{t,2}+\alpha_1'\hat{\boldsymbol{S}}_{t,1}\end{aligned} \tag{3-56}$$

$$\begin{aligned}\boldsymbol{S}_j&=\dot{\boldsymbol{S}}_a\\&=\dot{\alpha}_3'\hat{\boldsymbol{S}}_{t,3}+\dot{\alpha}_2'\hat{\boldsymbol{S}}_{t,2}+\dot{\alpha}_1'\hat{\boldsymbol{S}}_{t,1}\\&=\beta_3'\hat{\boldsymbol{S}}_{t,3}+\beta_2'\hat{\boldsymbol{S}}_{t,2}+\beta_1'\hat{\boldsymbol{S}}_{t,1}\end{aligned} \tag{3-57}$$

式中，α_1'、α_2'、α_3'、β_1'、β_2'、β_3'分别表示 3 个 R 副的角加速度和角急动度大小。

为了方便读者查阅，表 3.2 总结了各个运动副的瞬时运动模型。

表 3.2　各个运动副的瞬时运动模型

类型	速度	加速度	急动度
R	$\boldsymbol{S}_t=\omega\hat{\boldsymbol{S}}_t$	$\boldsymbol{S}_a=\alpha\hat{\boldsymbol{S}}_t$	$\boldsymbol{S}_j=\beta\hat{\boldsymbol{S}}_t$
P	$\boldsymbol{S}_t=v\hat{\boldsymbol{S}}_t$	$\boldsymbol{S}_a=a\hat{\boldsymbol{S}}_t$	$\boldsymbol{S}_j=j\hat{\boldsymbol{S}}_t$
H	$\boldsymbol{S}_t=\omega\hat{\boldsymbol{S}}_t$	$\boldsymbol{S}_a=\alpha\hat{\boldsymbol{S}}_t$	$\boldsymbol{S}_j=\beta\hat{\boldsymbol{S}}_t$
U	$\boldsymbol{S}_t=\omega_2\hat{\boldsymbol{S}}_{t,2}'+\omega_1\hat{\boldsymbol{S}}_{t,1}$	$\boldsymbol{S}_a=\alpha_2\hat{\boldsymbol{S}}_{t,2}'+\alpha_1\hat{\boldsymbol{S}}_{t,1}+\omega_1\hat{\boldsymbol{S}}_{t,1}\times\omega_2\hat{\boldsymbol{S}}_{t,2}'$	$\boldsymbol{S}_j=\beta_2\hat{\boldsymbol{S}}_{t,2}'+\beta_1\hat{\boldsymbol{S}}_{t,1}+2\omega_1\hat{\boldsymbol{S}}_{t,1}\times\alpha_2\hat{\boldsymbol{S}}_{t,2}'+\alpha_1\hat{\boldsymbol{S}}_{t,1}\times\omega_2\hat{\boldsymbol{S}}_{t,2}'+\omega_1\hat{\boldsymbol{S}}_{t,1}\times(\omega_1\hat{\boldsymbol{S}}_{t,1}\times\omega_2\hat{\boldsymbol{S}}_{t,2}')$
C	$\boldsymbol{S}_t=\omega_2\hat{\boldsymbol{S}}_{t,2}+v_1\hat{\boldsymbol{S}}_{t,1}$	$\boldsymbol{S}_a=\alpha_2\hat{\boldsymbol{S}}_{t,2}+a_1\hat{\boldsymbol{S}}_{t,1}$	$\boldsymbol{S}_j=\beta_2\hat{\boldsymbol{S}}_{t,2}+j_1\hat{\boldsymbol{S}}_{t,1}$
S	$\boldsymbol{S}_t=\sum_{k=1}^{3}\omega'_k\hat{\boldsymbol{S}}_{t,k}$	$\boldsymbol{S}_a=\sum_{k=1}^{3}\alpha'_k\hat{\boldsymbol{S}}_{t,k}$	$\boldsymbol{S}_j=\sum_{k=1}^{3}\beta'_k\hat{\boldsymbol{S}}_{t,k}$

3.4.2 串联机构瞬时运动建模

对于 3.3.2 节中讨论的串联机构，通过求解式（3-30）中机构有限运动模型在其初始位姿处的微分，可得速度模型为

$$
\begin{aligned}
\boldsymbol{S}_t &= \dot{\boldsymbol{S}}_f \big|_{\substack{\theta_k=0,\\ t_k=0}, k=1,\cdots,n} \\
&= (\dot{\boldsymbol{S}}_{f,n}\Delta\cdots\Delta\boldsymbol{S}_{f,1} + \cdots + \boldsymbol{S}_{f,n}\Delta\cdots\Delta\dot{\boldsymbol{S}}_{f,1}) \big|_{\substack{\theta_k=0,\\ t_k=0}, k=1,\cdots,n} \\
&= (\dot{\boldsymbol{S}}_{f,n} + \cdots + \dot{\boldsymbol{S}}_{f,1}) \big|_{\substack{\theta_k=0,\\ t_k=0}, k=1,\cdots,n} \\
&= \boldsymbol{S}_{t,n} + \cdots + \boldsymbol{S}_{t,1} \\
&= \sum_{k=1}^{n} \boldsymbol{S}_{t,k}
\end{aligned} \tag{3-58}
$$

式中，$\boldsymbol{S}_t$ 表示串联机构的速度；$\boldsymbol{S}_{t,k}$（$k=1$，⋯，n）表示机构第 k 个运动副的速度。$\boldsymbol{S}_{t,k}$ 的单位方向向量和位置向量分别为 $\boldsymbol{s}_k$ 和 $\boldsymbol{r}_k$，角速度大小（线速度大小）为 $\omega_k(v_k)$。$\boldsymbol{S}_{t,k}$ 等于 $\boldsymbol{S}_{f,k}$ 在初始位姿的微分，即

$$
\boldsymbol{S}_{t,k} = \dot{\boldsymbol{S}}_{f,k} \big|_{\theta_k=0 \text{ or } t_k=0} \tag{3-59}
$$

据此，每个 $\boldsymbol{S}_{t,k}$ 可由运动副有限与瞬时运动之间的微分关系得到。

因式（3-58）为线性表达式，故可写为如下矩阵格式：

$$
\boldsymbol{S}_t = [\hat{\boldsymbol{S}}_{t,1} \quad \cdots \quad \hat{\boldsymbol{S}}_{t,n}]\dot{\boldsymbol{q}} = \boldsymbol{J}\dot{\boldsymbol{q}} \tag{3-60}
$$

式中，$\hat{\boldsymbol{S}}_{t,k}$（$k=1$，⋯，$n$）为机构第 k 个运动副在初始位姿处的单位瞬时旋量，表示该运动副在初始位姿处的瞬时运动轴线（含截距）/瞬时运动方向；$\boldsymbol{J}$ 表示串联机构的雅可比矩阵；$\dot{\boldsymbol{q}}$ 为全部运动副角速度与线速度大小组成的向量。

式（3-60）中的雅可比映射表明，串联机构速度等于其全部运动副速度的线性叠加。通过式（3-58），仅得到了机构在初始位姿的速度模型。当机构离开初始位姿时，除了连接固定基座的第 1 个运动副，其余运动副的瞬时运动轴线/方向均可能发生改变，即第 k 个运动副的轴线/方向受到第 1 到第 $k-1$ 个运动副有限运动的影响。为获得机构在任意位姿的速度模型，需建立其从该位姿出发（将该位姿作为新的初始位姿）的有限运动模型，进而通过微分求解对应速度模型。

当机构运动到任意位姿时，在该位姿下，每个运动副的轴线/方向改变为

$$
\hat{\boldsymbol{S}}'_{t,k} = \left(\prod_{j=1}^{k-1} \exp(q_j \widetilde{\hat{\boldsymbol{S}}}_{t,j})\right)\hat{\boldsymbol{S}}_{t,k}, k=2,\cdots,n, \hat{\boldsymbol{S}}'_{t,1} = \hat{\boldsymbol{S}}_{t,1} \tag{3-61}
$$

式中，单位瞬时旋量 $\hat{\boldsymbol{S}}'_{t,k}$ 和 $\hat{\boldsymbol{S}}_{t,k}$ 分别表示第 k 个运动副在该位姿和初始位姿的轴线（含截距）/方向；q_j 表示第 j 个运动副从初始位姿运动到该位姿的转动角度/平移距离，即

$$
q_j = \begin{cases} \theta_j & \text{R 或 H 副} \\ t_j & \text{P 副} \end{cases}, j=1,\cdots,n \tag{3-62}
$$

$\widetilde{\hat{\boldsymbol{S}}}_{t,j}$ 为第 j 个运动副轴线（含截距）/方向的 6×6 矩阵格式，即

$$\widetilde{\hat{\boldsymbol{S}}}_{t,j}=\begin{cases}\begin{bmatrix}\widetilde{\boldsymbol{s}}_k & \boldsymbol{0}\\ \widetilde{\boldsymbol{r}}_k\widetilde{\boldsymbol{s}}_k-\widetilde{\boldsymbol{s}}_k\widetilde{\boldsymbol{r}}_k & \widetilde{\boldsymbol{s}}_k\end{bmatrix} & \text{R 副}\\ \begin{bmatrix}\boldsymbol{0} & \boldsymbol{0}\\ \widetilde{\boldsymbol{s}}_k & \boldsymbol{0}\end{bmatrix} & \text{P 副},\quad j=1,\cdots,n\\ \begin{bmatrix}\widetilde{\boldsymbol{s}}_k & \boldsymbol{0}\\ \widetilde{\boldsymbol{r}}_k\widetilde{\boldsymbol{s}}_k-\widetilde{\boldsymbol{s}}_k\widetilde{\boldsymbol{r}}_k+h_k\widetilde{\boldsymbol{s}}_k & \widetilde{\boldsymbol{s}}_k\end{bmatrix} & \text{H 副}\end{cases}\tag{3-63}$$

因此，当串联机构以该位姿为新的初始位姿时，所建立的有限运动模型为

$$\boldsymbol{S}'_f=\boldsymbol{S}'_{f,n}\Delta\cdots\Delta\boldsymbol{S}'_{f,1}\tag{3-64}$$

式中，$\boldsymbol{S}'_f$和$\boldsymbol{S}'_{f,k}(k=1,\ \cdots,\ n)$分别表示由机构新的初始位姿出发，机构和其第 k 个运动副的有限运动。$\boldsymbol{S}'_{f,k}$可表示为

$$\boldsymbol{S}'_{f,k}=\begin{cases}2\tan\dfrac{\theta'_k}{2}\hat{\boldsymbol{S}}'_{t,k} & \text{R 副}\\ t'_k\hat{\boldsymbol{S}}'_{t,k} & \text{P 副},\quad k=1,\cdots,n\\ 2\tan\dfrac{\theta'_k}{2}\hat{\boldsymbol{S}}'_{t,k}+\left(\theta'_k-2\tan\dfrac{\theta'_k}{2}\right)h_k\begin{bmatrix}\boldsymbol{0} & \boldsymbol{0}\\ \boldsymbol{E}_3 & \boldsymbol{0}\end{bmatrix}\hat{\boldsymbol{S}}'_{t,k} & \text{H 副}\end{cases}\tag{3-65}$$

式中，θ'_k和t'_k分别表示从新的初始位姿度量，第 k 个运动副的转动角度和平移距离。

与式（3-58）和式（3-60）类似，机构在新初始位姿的速度模型和雅可比矩阵可通过求解式（3-64）中的有限运动模型得到，即

$$\begin{aligned}\boldsymbol{S}'_t&=\dot{\boldsymbol{S}}'_f\big|_{\substack{\theta'_k=0,\\ t'_k=0}}\quad {}_{k=1,\cdots,n}\\ &=(\dot{\boldsymbol{S}}'_{f,n}+\cdots+\dot{\boldsymbol{S}}'_{f,1})\big|_{\substack{\theta'_k=0,\\ t'_k=0}}\quad {}_{k=1,\cdots,n}\\ &=[\hat{\boldsymbol{S}}'_{t,1}\quad\cdots\quad\hat{\boldsymbol{S}}'_{t,n}]\dot{\boldsymbol{q}}'\\ &=\boldsymbol{J}'\dot{\boldsymbol{q}}'\end{aligned}\tag{3-66}$$

式中，$\boldsymbol{S}'_t$和$\boldsymbol{J}'$分别表示机构在新初始位姿的速度和雅可比矩阵；$\dot{\boldsymbol{q}}'$为全部运动副在该位姿的角速度与线速度大小组成的向量，且

$$\dot{\boldsymbol{q}}'=(\dot{\theta}'_1(\dot{t}'_1)\quad\cdots\quad\dot{\theta}'_n(\dot{t}'_n))^{\mathrm{T}}\big|_{\substack{\theta'_k=0,\\ t'_k=0}}\quad {}_{k=1,\cdots,n}\tag{3-67}$$

比较式（3-66）与式（3-60），当式（3-66）中的全部 q_j（$j=1$，$\cdots$，n）均等于 0 时，新初始位姿与原初始位姿重合。因此，式（3-66）与式（3-60）可合并为

$$\boldsymbol{S}_t=\boldsymbol{J}'\dot{\boldsymbol{q}}\tag{3-68}$$

式中，$\boldsymbol{S}_t$ 为串联机构在任意位姿的速度；$\dot{\boldsymbol{q}}$ 为机构在任意位姿下所有运动副速度大小组成的向量；$\boldsymbol{J}'$为任意位姿全部运动副单位瞬时旋量组成的雅可比矩阵，每个旋量含有若干 q_j（$j=1$，$\cdots$，n）作为参数。

由此，通过求解式（3-68）中速度模型的微分，可得机构的加速度和急动度模型为

$$\boldsymbol{S}_a=\dot{\boldsymbol{S}}_t=\boldsymbol{J}'\ddot{\boldsymbol{q}}+\dot{\boldsymbol{J}}'\dot{\boldsymbol{q}}=\boldsymbol{J}'\ddot{\boldsymbol{q}}+\dot{\boldsymbol{q}}^{\mathrm{T}}\boldsymbol{H}\dot{\boldsymbol{q}}\tag{3-69}$$

$$S_j=\dot{S}_a=J'\dddot{q}+\dot{J}'\ddot{q}+\ddot{J}'\dot{q}+\dot{J}'\ddot{q}=J'\dddot{q}+2\dot{q}^{\mathrm{T}}H\ddot{q}+\ddot{J}'\dot{q} \tag{3-70}$$

式中，S_a 和 S_j 分别表示串联机构的加速度和急动度；H 表示机构的海塞矩阵。

采用本节所述方法，可由任意串联机构的有限运动模型，对其微分得到瞬时运动模型。将具体位姿下的运动副参数 q_j（$j=1$，…，n）带入式（3-68）~式（3-70），可得机构在该位姿下的速度、加速度、急动度模型。

3.4.3　并联机构瞬时运动建模

类似地，对于3.3.3节讨论的并联机构，其初始位姿的瞬时运动模型可通过求解式（3-32）中有限运动模型的微分得到，即

$$\begin{aligned}S_t&=\dot{S}_f\Big|_{\substack{\theta_{i,k}=0,\ i=1,\cdots,l\\ t_{i,k}=0\ \ k=1,\cdots,n_i}}\\&=(\dot{S}_{f,1}\cap\cdots\cap\dot{S}_{f,l})\Big|_{\substack{\theta_{i,k}=0,\ i=1,\cdots,l\\ t_{i,k}=0\ \ k=1,\cdots,n_i}}\\&=S_{t,1}\cap\cdots\cap S_{t,l}\\&=J\dot{q}\end{aligned} \tag{3-71}$$

$$\begin{aligned}S_{t,i}&=\dot{S}_{f,i}\Big|_{\substack{\theta_{i,k}=0,\\ t_{i,k}=0}\ k=1,\cdots,n_i}\\&=\sum_{k=1}^{n_i}S_{t,i,k}\qquad ,i=1,\cdots,l\\&=[\hat{S}_{t,i,1}\ \ \cdots\ \ \hat{S}_{t,i,n_i}]\dot{q}_i\\&=J_i\dot{q}_i\end{aligned} \tag{3-72}$$

式中，S_t 表示并联机构在初始位姿的速度，$S_{t,i}$（$i=1$，…，l）表示机构第 i 条支链的速度；J 表示机构的雅可比矩阵，该矩阵由 S_t 中所含全部单位基旋量组成，$\dot{q}$ 表示由这些基旋量对应角速度和线速度大小组成的向量；$S_{t,i,k}$（$k=1$，…，n_i）表示第 i 条支链中第 k 个运动副的速度，单位旋量 $\hat{S}_{t,i,k}$ 表示其对应的瞬时运动轴线，轴线的单位方向向量和位置向量分别为 $s_{i,k}$ 和 $r_{i,k}$，运动副的角速度大小（线速度大小）为 $\omega_{i,k}$（$v_{i,k}$）；J_i 表示第 i 条支链的雅可比矩阵，$\dot{q}_i$ 表示该支链中全部运动副角速度和线速度大小组成的向量。

当并联机构由初始位姿运动到其他位姿时，其各支链的速度模型按照与串联机构一样的方式变化。

若将机构运动到的位姿视为新的初始位姿，则机构对该位姿的有限运动模型为

$$S_f'=S_{f,1}'\cap\cdots\cap S_{f,l}' \tag{3-73}$$

$$S_{f,i}'=S_{f,i,n_i}'\Delta\cdots\Delta S_{f,i,1}',i=1,\cdots,l \tag{3-74}$$

式中，S_f'、$S_{f,i}'$、$S_{f,i,k}'$（$k=1$，…，n_i）分别表示由机构新初始位姿出发，机构、第 i 条支链、第 i 条支链中第 k 个运动副的有限运动，$S_{f,i,k}'$的计算方法如下：

$$\boldsymbol{S}'_{f,i,k}=\begin{cases}2\tan\dfrac{\theta'_{i,k}}{2}\hat{\boldsymbol{S}}'_{t,i,k} & \text{R 副}\\ t'_{i,k}\hat{\boldsymbol{S}}'_{t,i,k} & \text{P 副}\\ 2\tan\dfrac{\theta'_{i,k}}{2}\hat{\boldsymbol{S}}'_{t,i,k}+\left(\theta'_{i,k}-2\tan\dfrac{\theta'_{i,k}}{2}\right)h_{i,k}\begin{bmatrix}\boldsymbol{0} & \boldsymbol{0}\\ \boldsymbol{E}_3 & \boldsymbol{0}\end{bmatrix}\hat{\boldsymbol{S}}'_{t,i,k} & \text{H 副}\end{cases},k=1,\cdots,n_i \tag{3-75}$$

$$\hat{\boldsymbol{S}}'_{t,i,k}=\left(\prod_{j=1}^{k-1}\exp(q_{i,j}\widetilde{\hat{\boldsymbol{S}}}_{t,i,j})\right)\hat{\boldsymbol{S}}_{t,i,k},k=2,\cdots,n_i,\hat{\boldsymbol{S}}'_{t,i,1}=\hat{\boldsymbol{S}}_{t,i,1} \tag{3-76}$$

$$q_{i,j}=\begin{cases}\theta_{i,j} & \text{R/H 副}\\ t_{i,j} & \text{P 副}\end{cases},j=1,\cdots,n_i \tag{3-77}$$

$$\widetilde{\hat{\boldsymbol{S}}}_{t,i,j}=\begin{cases}\begin{bmatrix}\widetilde{\boldsymbol{s}}_{i,k} & \boldsymbol{0}\\ \widetilde{\boldsymbol{r}}_{i,k}\widetilde{\boldsymbol{s}}_{i,k}-\widetilde{\boldsymbol{s}}_{i,k}\widetilde{\boldsymbol{r}}_{i,k} & \widetilde{\boldsymbol{s}}_{i,k}\end{bmatrix} & \text{R 副}\\ \begin{bmatrix}\boldsymbol{0} & \boldsymbol{0}\\ \widetilde{\boldsymbol{s}}_{i,k} & \boldsymbol{0}\end{bmatrix} & \text{P 副}\\ \begin{bmatrix}\widetilde{\boldsymbol{s}}_{i,k} & \boldsymbol{0}\\ \widetilde{\boldsymbol{r}}_{i,k}\widetilde{\boldsymbol{s}}_{i,k}-\widetilde{\boldsymbol{s}}_{i,k}\widetilde{\boldsymbol{r}}_{i,k}+h_{i,k}\widetilde{\boldsymbol{s}}_{i,k} & \widetilde{\boldsymbol{s}}_{i,k}\end{bmatrix} & \text{H 副}\end{cases},j=1,\cdots,n_i \tag{3-78}$$

式中，各符号的含义可参照式（3-61）~式（3-63）和式（3-65）。

与式（3-71）和式（3-72）类似，通过对式（3-73）和式（3-74）中有限运动模型做微分，可得并联机构及其支链在新位姿的速度模型和雅可比矩阵为

$$\boldsymbol{S}'_t=\dot{\boldsymbol{S}}'_f\Big|_{\substack{\theta'_{i,k}=0,\ i=1,\cdots,l\\ t'_{i,k}=0\ \ k=1,\cdots,n_i}}=\boldsymbol{S}'_{t,1}\cap\cdots\cap\boldsymbol{S}'_{t,l}=\boldsymbol{J}'\dot{\boldsymbol{q}}' \tag{3-79}$$

$$\boldsymbol{S}'_{t,i}=\dot{\boldsymbol{S}}'_{f,i}\Big|_{\substack{\theta'_{i,k}=0,\\ t'_{i,k}=0}k=1,\cdots,n_i}=[\hat{\boldsymbol{S}}'_{t,i,1}\ \ \cdots\ \ \hat{\boldsymbol{S}}'_{t,i,n_i}]\dot{\boldsymbol{q}}'_i,\quad i=1,\cdots,l=\boldsymbol{J}'_i\dot{\boldsymbol{q}}'_i \tag{3-80}$$

式中，$\boldsymbol{S}'_t$和 $\boldsymbol{S}'_{t,i}$($i=1$，$\cdots$，l）分别表示机构和其第 i 条支链在该位姿的速度；$\boldsymbol{J}'$表示机构在该位姿的雅可比矩阵；$\dot{\boldsymbol{q}}'$表示由 $\boldsymbol{J}'$中基旋量对应角速度和线速度大小组成的向量。此外，式（3-80）中各符号的含义可参照式（3-66），且

$$\dot{\boldsymbol{q}}'_i=(\dot{\theta}'_{i,1}(\dot{t}'_{i,1})\quad\cdots\quad\dot{\theta}'_{i,n_i}(\dot{t}'_{i,n_i}))^{\mathrm{T}}\Big|_{\substack{\theta'_{i,k}=0,\\ t'_{i,k}=0}k=1,\cdots,n_i},\ i=1,\cdots,l \tag{3-81}$$

比较式（3-79）和式（3-80）与式（3-71）和式（3-72）可知，当式（3-79）和式（3-80）中 $q_{i,j}$（$i=1$，$\cdots$，l，$j=1$，$\cdots$，n_i）全部等于 0 时，机构的新初始位姿与原初始位姿重合。因此，式（3-79）与式（3-71）可合并为

$$\boldsymbol{S}_t=\boldsymbol{J}'\dot{\boldsymbol{q}} \tag{3-82}$$

式中，$\boldsymbol{S}_t$ 为并联机构在任意位姿的速度；$\dot{\boldsymbol{q}}$ 为机构在任意位姿下所有驱动副速度大小组成的向量；$\boldsymbol{J}'$为机构在任意位姿下的雅可比矩阵，矩阵包含 $\boldsymbol{q}$ 中参数。

由此，通过求解式（3-82）中速度模型的微分，可得机构的加速度和急动度模型为

$$\boldsymbol{S}_a=\dot{\boldsymbol{S}}_t=\boldsymbol{J}'\ddot{\boldsymbol{q}}+\dot{\boldsymbol{J}}'\dot{\boldsymbol{q}}=\boldsymbol{J}'\ddot{\boldsymbol{q}}+\dot{\boldsymbol{q}}^{\mathrm{T}}\boldsymbol{H}\dot{\boldsymbol{q}} \tag{3-83}$$

$$\boldsymbol{S}_j=\dot{\boldsymbol{S}}_a=\boldsymbol{J}'\dddot{\boldsymbol{q}}+\dot{\boldsymbol{J}}'\ddot{\boldsymbol{q}}+\ddot{\boldsymbol{J}}'\dot{\boldsymbol{q}}+\dot{\boldsymbol{J}}'\ddot{\boldsymbol{q}}=\boldsymbol{J}'\dddot{\boldsymbol{q}}+2\dot{\boldsymbol{q}}^{\mathrm{T}}\boldsymbol{H}\ddot{\boldsymbol{q}}+\ddot{\boldsymbol{J}}'\dot{\boldsymbol{q}} \tag{3-84}$$

式中，$\boldsymbol{S}_a$ 和 $\boldsymbol{S}_j$ 分别表示并联机构的加速度和急动度；$\boldsymbol{H}$ 表示机构的海塞矩阵。将具体位姿下的 $\boldsymbol{q}$ 中参数带入式（3-82）~式（3-84），可得机构在该位姿下的速度、加速度和急动度模型。

将串联和并联机构视为具有复杂结构机构的子系统，可建立复杂机构的有限和瞬时运动模型。求解若干个串联、并联子系统有限运动的合成和交集，可得到复杂机构的有限运动模型，进而通过对有限运动模型做微分，可直接构建其对应的瞬时运动模型。

3.5　机器人机构力的旋量模型

第 2 章和 3.3、3.4 节主要基于 Chasles 定理和 Mozzi 定理，研究描述刚体运动的六维有限旋量和瞬时旋量。除了描述瞬时运动的瞬时旋量，还存在另一种描述刚体所受外力的瞬时旋量。为区别两种旋量，前者被称为速度旋量，后者被称为力旋量。

基于式（2-78），当 ω 和 v 之一为 0 或均不为 0 时，单位速度旋量具有如下三种形式：

1）具有零截距的线矢，用于描述单位速度的瞬时转动，即

$$\hat{\boldsymbol{S}}_{t,r}=\begin{pmatrix}\boldsymbol{s}_{t,r}\\ \boldsymbol{r}_{t,r}\times\boldsymbol{s}_{t,r}\end{pmatrix}\tag{3-85}$$

2）具有无穷截距的偶量，用于描述单位速度的瞬时平动，即

$$\hat{\boldsymbol{S}}_{t,t}=\begin{pmatrix}\boldsymbol{0}\\ \boldsymbol{s}_{t,t}\end{pmatrix}\tag{3-86}$$

3）具有非零、有限截距的一般速度旋量，用于描述单位速度的瞬时螺旋运动（由单位转动和同方向的平动组成），即

$$\hat{\boldsymbol{S}}_{t,h}=\begin{pmatrix}\boldsymbol{s}_{t,h}\\ \boldsymbol{r}_{t,h}\times\boldsymbol{s}_{t,h}\end{pmatrix}+p_t\begin{pmatrix}\boldsymbol{0}\\ \boldsymbol{s}_{t,h}\end{pmatrix}\tag{3-87}$$

式（3-85）~式（3-87）中，具有特定下标的 $\hat{\boldsymbol{S}}_t$、$\boldsymbol{s}_t$、$\boldsymbol{r}_t$ 分别表示单位速度旋量、旋量轴线的单位方向向量和位置向量。

力旋量描述刚体的受力。Pinsot 定理指出，一个刚体所受全部外力的合力可等效视为沿一个轴线的力与绕该轴线力矩的合成。采用六维 Plücker 轴线坐标表示合力的轴线为

$$\boldsymbol{L}_w=((\boldsymbol{r}_w\times\boldsymbol{s}_w)^{\mathrm{T}}\quad \boldsymbol{s}_w^{\mathrm{T}})^{\mathrm{T}}\tag{3-88}$$

式中，$\boldsymbol{L}_w$ 表示合力轴线的 Plücker 坐标；$\boldsymbol{s}_w(|\boldsymbol{s}_w|=1)$ 表示轴线的单位方向向量；$\boldsymbol{r}_w$ 表示轴线的位置向量，该位置向量由固定参考系 $Oxyz$ 的原点 O 指向轴线上任意一点。

根据 Pinsot 定理，一个刚体所受外力的合力可用其轴线 Plücker 坐标与截距、强度组合得到的力旋量表示。其中，Plücker 坐标表示旋量轴线。截距被定义为绕轴力矩与沿轴力大小的比值，即

$$p_w=\frac{\tau}{f}\tag{3-89}$$

式中，p_w 表示力旋量的截距；τ 和 f 分别表示绕轴力矩与沿轴力的大小。

相应地，力旋量的强度为

$$a_w=\begin{cases}f & f\neq 0\\ \tau & f=0\end{cases}\tag{3-90}$$

式中，a_w 表示旋量强度。当 $f\neq 0$ 时，旋量表示纯力或一般力（包含力与力矩），强度为 f；当 $f=0$ 时，旋量表示纯力矩，强度为 τ。

基于式（3-88）~式（3-90）中给出的旋量轴线、截距、强度，可得到力旋量的标准格式，即

$$\boldsymbol{S}_w=\begin{cases} f\begin{pmatrix}\boldsymbol{r}_w\times\boldsymbol{s}_w+\dfrac{\tau}{f}\boldsymbol{s}_w\\ \boldsymbol{s}_w\end{pmatrix} & f\neq 0\\ \tau\begin{pmatrix}\boldsymbol{s}_w\\ \boldsymbol{0}\end{pmatrix} & f=0\end{cases} \tag{3-91}$$

式中，$\boldsymbol{S}_w$ 表示力旋量。

该标准格式可被进一步改写为不需要区分 f 是否等于 0 的通用格式，即

$$\boldsymbol{S}_w=f\begin{pmatrix}\boldsymbol{r}_w\times\boldsymbol{s}_w\\ \boldsymbol{s}_w\end{pmatrix}+\tau\begin{pmatrix}\boldsymbol{s}_w\\ \boldsymbol{0}\end{pmatrix} \tag{3-92}$$

与瞬时运动类似，同一刚体在给定位姿下所受外力可线性叠加。这表明，力旋量同样为六维向量，且两个力旋量可直接相加得到合成旋量，即

$$\boldsymbol{S}_{w,ab}=\boldsymbol{S}_{w,a}+\boldsymbol{S}_{w,b} \tag{3-93}$$

式中，$\boldsymbol{S}_{w,ab}$ 表示两个力旋量 $\boldsymbol{S}_{w,a}$ 和 $\boldsymbol{S}_{w,b}$ 的合成旋量。$\boldsymbol{S}_{w,a}$ 和 $\boldsymbol{S}_{w,b}$ 均具有式（3-92）所示的标准格式，即

$$\boldsymbol{S}_{w,a}=f_a\begin{pmatrix}\boldsymbol{r}_{w,a}\times\boldsymbol{s}_{w,a}\\ \boldsymbol{s}_{w,a}\end{pmatrix}+\tau_a\begin{pmatrix}\boldsymbol{s}_{w,a}\\ \boldsymbol{0}\end{pmatrix} \tag{3-94}$$

$$\boldsymbol{S}_{w,b}=f_b\begin{pmatrix}\boldsymbol{r}_{w,b}\times\boldsymbol{s}_{w,b}\\ \boldsymbol{s}_{w,b}\end{pmatrix}+\tau_b\begin{pmatrix}\boldsymbol{s}_{w,b}\\ \boldsymbol{0}\end{pmatrix} \tag{3-95}$$

易知，因力旋量全集在加法运算下封闭，故其也为向量空间。

与三种单位速度旋量对应，当 f 和 τ 之一为 0 或均不为 0 时，单位力旋量具有如下三种形式：

1）具有零截距的线矢，用于描述单位纯力，即

$$\hat{\boldsymbol{S}}_{w,f}=\begin{pmatrix}\boldsymbol{r}_{w,f}\times\boldsymbol{s}_{w,f}\\ \boldsymbol{s}_{w,f}\end{pmatrix} \tag{3-96}$$

2）具有无穷截距的偶量，用于描述单位力矩，即

$$\hat{\boldsymbol{S}}_{w,c}=\begin{pmatrix}\boldsymbol{s}_{w,c}\\ \boldsymbol{0}\end{pmatrix} \tag{3-97}$$

3）具有非零、有限截距的一般力旋量，用于描述单位一般力（由单位纯力和同方向的力矩组成），即

$$\hat{\boldsymbol{S}}_{w,h}=\begin{pmatrix}\boldsymbol{r}_{w,h}\times\boldsymbol{s}_{w,h}\\ \boldsymbol{s}_{w,h}\end{pmatrix}+p_w\begin{pmatrix}\boldsymbol{s}_{w,h}\\ \boldsymbol{0}\end{pmatrix} \tag{3-98}$$

式（3-96）~式（3-98）中，具有特定下标的 $\hat{\boldsymbol{S}}_w$、$\boldsymbol{s}_w$、$\boldsymbol{r}_w$ 分别表示单位力旋量，旋量轴线的单位方向向量和位置向量。

在力学中，速度与力的乘积等于功。相应地，在旋量理论中，用速度旋量与力旋量的互易积表示刚体做功或被施加功。互易积计算公式如下：

$$\begin{aligned}\boldsymbol{S}_t^{\mathrm{T}}\boldsymbol{S}_w &= \left(\omega\begin{pmatrix}\boldsymbol{s}_t\\ \boldsymbol{r}_t\times\boldsymbol{s}_t\end{pmatrix}+v\begin{pmatrix}\boldsymbol{0}\\ \boldsymbol{s}_t\end{pmatrix}\right)^{\mathrm{T}}\left(f\begin{pmatrix}\boldsymbol{r}_w\times\boldsymbol{s}_w\\ \boldsymbol{s}_w\end{pmatrix}+\tau\begin{pmatrix}\boldsymbol{s}_w\\ \boldsymbol{0}\end{pmatrix}\right)\\ &=(\omega\boldsymbol{s}_t)^{\mathrm{T}}(f\boldsymbol{r}_w\times\boldsymbol{s}_w+\tau\boldsymbol{s}_w)+(\omega\boldsymbol{r}_t\times\boldsymbol{s}_t+v\boldsymbol{s}_t)^{\mathrm{T}}(f\boldsymbol{s}_w)\end{aligned} \tag{3-99}$$

当速度旋量与力旋量的互易积等于 0 时，即

$$\boldsymbol{S}_t^{\mathrm{T}}\boldsymbol{S}_w=0 \tag{3-100}$$

这两个旋量被称为彼此互易或互易旋量。根据式（3-85）~式（3-87）、式（3-96）~式（3-98），速度旋量与力旋量两两间共存在九种组合。当每个组合构成互易旋量时，对应的几何关系如下：

1）$\hat{\boldsymbol{S}}_{t,r}^{\mathrm{T}}\hat{\boldsymbol{S}}_{w,f}=0$，即

$$\begin{aligned}&\boldsymbol{s}_{t,r}^{\mathrm{T}}(\boldsymbol{r}_{w,f}\times\boldsymbol{s}_{w,f})+(\boldsymbol{r}_{t,r}\times\boldsymbol{s}_{t,r})^{\mathrm{T}}\boldsymbol{s}_{w,f}=0\\ &\Rightarrow(\boldsymbol{r}_{w,f}-\boldsymbol{r}_{t,r})^{\mathrm{T}}(\boldsymbol{s}_{w,f}\times\boldsymbol{s}_{t,r})=0\end{aligned} \tag{3-101}$$

式（3-101）表明角速度与纯力共面，两者轴线方向相同/相反（$\boldsymbol{s}_{w,f}=\pm\boldsymbol{s}_{t,r}$），或两者轴线相交（$\boldsymbol{r}_{w,f}=\boldsymbol{r}_{t,r}$）。

2）$\hat{\boldsymbol{S}}_{t,r}^{\mathrm{T}}\hat{\boldsymbol{S}}_{w,c}=0$，即

$$\begin{aligned}&\boldsymbol{s}_{t,r}^{\mathrm{T}}\boldsymbol{s}_{w,c}+(\boldsymbol{r}_{t,r}\times\boldsymbol{s}_{t,r})^{\mathrm{T}}\boldsymbol{0}=0\\ &\Rightarrow\boldsymbol{s}_{t,r}^{\mathrm{T}}\boldsymbol{s}_{w,c}=0\end{aligned} \tag{3-102}$$

式（3-102）表明角速度与力矩方向彼此垂直。

3）$\hat{\boldsymbol{S}}_{t,r}^{\mathrm{T}}\hat{\boldsymbol{S}}_{w,h}=0$，即

$$\begin{aligned}&\boldsymbol{s}_{t,r}^{\mathrm{T}}(\boldsymbol{r}_{w,h}\times\boldsymbol{s}_{w,h}+p_w\boldsymbol{s}_{w,h})+(\boldsymbol{r}_{t,r}\times\boldsymbol{s}_{t,r})^{\mathrm{T}}\boldsymbol{s}_{w,h}=0\\ &\Rightarrow(\boldsymbol{r}_{w,h}-\boldsymbol{r}_{t,r})^{\mathrm{T}}(\boldsymbol{s}_{w,h}\times\boldsymbol{s}_{t,r})+p_w\boldsymbol{s}_{t,r}^{\mathrm{T}}\boldsymbol{s}_{w,h}=0\end{aligned} \tag{3-103}$$

式（3-103）表明角速度与一般力轴线相交，且方向彼此垂直。

4）$\hat{\boldsymbol{S}}_{t,t}^{\mathrm{T}}\hat{\boldsymbol{S}}_{w,f}=0$，即

$$\begin{aligned}&\boldsymbol{0}^{\mathrm{T}}(\boldsymbol{r}_{w,f}\times\boldsymbol{s}_{w,f})+\boldsymbol{s}_{t,t}^{\mathrm{T}}\boldsymbol{s}_{w,f}=0\\ &\Rightarrow\boldsymbol{s}_{t,t}^{\mathrm{T}}\boldsymbol{s}_{w,f}=0\end{aligned} \tag{3-104}$$

与式（3-102）类似，式（3-104）表明线速度与纯力方向彼此垂直。

5）$\hat{\boldsymbol{S}}_{t,t}^{\mathrm{T}}\hat{\boldsymbol{S}}_{w,c}=0$，即

$$\boldsymbol{0}^{\mathrm{T}}\boldsymbol{s}_{w,c}+\boldsymbol{s}_{t,t}^{\mathrm{T}}\boldsymbol{0}=0 \tag{3-105}$$

式（3-105）表明任意线速度与任意力矩均彼此互易。

6）$\hat{\boldsymbol{S}}_{t,t}^{\mathrm{T}}\hat{\boldsymbol{S}}_{w,h}=0$，即

$$\begin{aligned}&\boldsymbol{0}^{\mathrm{T}}(\boldsymbol{r}_{w,h}\times\boldsymbol{s}_{w,h}+p_w\boldsymbol{s}_{w,h})+\boldsymbol{s}_{t,t}^{\mathrm{T}}\boldsymbol{s}_{w,h}=0\\ &\Rightarrow\boldsymbol{s}_{t,t}^{\mathrm{T}}\boldsymbol{s}_{w,h}=0\end{aligned} \tag{3-106}$$

式（3~106）表明线速度与一般力方向彼此垂直。

7）$\hat{\boldsymbol{S}}_{t,h}^{\mathrm{T}}\hat{\boldsymbol{S}}_{w,f}=0$，即

$$\begin{aligned}&\boldsymbol{s}_{t,h}^{\mathrm{T}}(\boldsymbol{r}_{w,f}\times\boldsymbol{s}_{w,f})+(\boldsymbol{r}_{t,h}\times\boldsymbol{s}_{t,h}+p_t\boldsymbol{s}_{t,h})^{\mathrm{T}}\boldsymbol{s}_{w,f}=0\\ &\Rightarrow(\boldsymbol{r}_{w,f}-\boldsymbol{r}_{t,h})^{\mathrm{T}}(\boldsymbol{s}_{w,f}\times\boldsymbol{s}_{t,h})+p_t\boldsymbol{s}_{t,h}^{\mathrm{T}}\boldsymbol{s}_{w,f}=0\end{aligned} \tag{3-107}$$

与式（3-103）类似，式（3-107）表明螺旋速度与纯力轴线相交，且方向彼此垂直。

8）$\hat{\boldsymbol{S}}_{t,h}^{\mathrm{T}}\hat{\boldsymbol{S}}_{w,c}=0$，即

$$\begin{aligned}&\boldsymbol{s}_{t,h}^{\mathrm{T}}\boldsymbol{s}_{w,c}+(\boldsymbol{r}_{t,h}\times\boldsymbol{s}_{t,h}+p_t\boldsymbol{s}_{t,h})^{\mathrm{T}}\boldsymbol{0}=0\\&\Rightarrow\boldsymbol{s}_{t,h}^{\mathrm{T}}\boldsymbol{s}_{w,c}=0\end{aligned}\tag{3-108}$$

与式（3-106）类似，式（3-108）表明螺旋速度与力矩方向彼此垂直。

9）$\hat{\boldsymbol{S}}_{t,h}^{\mathrm{T}}\hat{\boldsymbol{S}}_{w,h}=0$，即

$$\begin{aligned}&\boldsymbol{s}_{t,h}^{\mathrm{T}}(\boldsymbol{r}_{w,h}\times\boldsymbol{s}_{w,h}+p_w\boldsymbol{s}_{w,h})+(\boldsymbol{r}_{t,h}\times\boldsymbol{s}_{t,h}+p_t\boldsymbol{s}_{t,h})^{\mathrm{T}}\boldsymbol{s}_{w,h}=0\\&\Rightarrow(\boldsymbol{r}_{w,h}-\boldsymbol{r}_{t,h})^{\mathrm{T}}(\boldsymbol{s}_{w,h}\times\boldsymbol{s}_{t,h})+(p_t+p_w)\boldsymbol{s}_{t,h}^{\mathrm{T}}\boldsymbol{s}_{w,h}=0\end{aligned}\tag{3-109}$$

式（3-109）表明螺旋速度与一般力轴线相交，且方向彼此垂直或轴线共面、截距相反。

多个速度（力）旋量的线性组合张成速度（力）旋量空间或旋量系。这些旋量被称为旋量系的基旋量。速度旋量系描述刚体在给定位姿全部可行的速度，而力旋量系描述刚体在该位姿所受的全部外力。当速度旋量系的每个基旋量与力旋量系的全部基旋量互易，这两个旋量系被称为彼此互易。在此情况下，力旋量系描述了限制刚体运动的全部约束力。

对于各种运动副，3.4.1节已分析得到其速度旋量系，基于速度旋量系与力旋量系的互易关系，根据式（3-101）~式（3-109），可得到约束各运动副运动的全部约束力旋量，即为运动副约束力旋量系的基旋量。因为速度旋量和力旋量均为六维，所以彼此互易的速度旋量系与力旋量系的维数之和为6。由此可知，单自由度R副、P副和H副的约束力旋量系均由5个基旋量张成，两自由度C副和U副的约束力旋量系中分别存在4个基旋量，三自由度S副的约束力旋量系共包含3个基旋量。对于单个运动副，当其未参与组成串、并联机构时，其驱动力旋量类型与运动副类型直接对应，轴线/方向沿运动副轴线/方向。当运动副用于组成机构时，其驱动力旋量的类型和轴线/方向会受到机构中其余运动副的影响，需根据具体情况判断。

串、并联机构的末端刚体/动平台所受约束力取决于其具体结构，机构的约束力旋量系为其中全部运动副约束力的交集和张成运算结果，具体计算方式为：

1）串联机构的末端刚体约束力旋量系为其全部运动副约束力旋量系的交集，或根据机构瞬时运动旋量系与约束力旋量系的互易关系，由式（3-68）中串联机构运动旋量系直接求解得到其末端刚体约束力旋量系。

2）并联机构的动平台约束力旋量系由其全部支链约束力旋量系的基旋量直接张成，各支链约束力旋量系可按串联机构的方式求解，或根据运动旋量系与力旋量系的互易关系，由式（3-82）中并联机构运动旋量系直接求解得到其动平台约束力旋量系。

对于具有复杂结构的机构，如混联机构、多环机构，因其由若干串、并联机构进一步串联或并联组成，故其约束力旋量系可由各串、并联机构的约束力旋量系通过交集、张成运算得到。

在上述分析的基础上，本节将依次给出运动副、串联机构、并联机构力旋量模型的具体建立方法，其余类型机构的力模型可参照类似方法得到。

3.5.1 关节力建模

对于如图3.9所示的R副，由式（3-37）可知，其在任意位姿的速度旋量均为一个沿

运动副轴线的线矢。根据式（3-101）~式（3-103），其约束力旋量系包含全部与R副轴线共面的纯力、与轴线垂直的力矩以及与轴线垂直相交的一般力，其驱动力为沿轴线方向的力矩。因此，可建立其力模型为

$$\boldsymbol{S}_w = f_{c,1}\begin{bmatrix} \boldsymbol{r}\times\boldsymbol{s} \\ \boldsymbol{s} \end{bmatrix} + f_{c,2}\begin{bmatrix} \boldsymbol{r}\times\boldsymbol{s}_{r,1} \\ \boldsymbol{s}_{r,1} \end{bmatrix} + f_{c,3}\begin{bmatrix} \boldsymbol{r}\times\boldsymbol{s}_{r,2} \\ \boldsymbol{s}_{r,2} \end{bmatrix} + \tau_{c,4}\begin{bmatrix} \boldsymbol{s}_{r,1} \\ \boldsymbol{0} \end{bmatrix} + \tau_{c,5}\begin{bmatrix} \boldsymbol{s}_{r,2} \\ \boldsymbol{0} \end{bmatrix} + \tau_{a,1}\begin{bmatrix} \boldsymbol{s} \\ \boldsymbol{0} \end{bmatrix}$$
$$= f_{c,1}\hat{\boldsymbol{S}}_{wc,1} + f_{c,2}\hat{\boldsymbol{S}}_{wc,2} + f_{c,3}\hat{\boldsymbol{S}}_{wc,3} + \tau_{c,4}\hat{\boldsymbol{S}}_{wc,4} + \tau_{c,5}\hat{\boldsymbol{S}}_{wc,5} + \tau_{a,1}\hat{\boldsymbol{S}}_{wa,1} \quad (3\text{-}110)$$

式中，$\boldsymbol{s}_{r,1}$（$|\boldsymbol{s}_{r,1}|=1$）与 $\boldsymbol{s}_{r,2}$（$|\boldsymbol{s}_{r,2}|=1$）表示与R副轴线方向 $\boldsymbol{s}$ 均垂直的两个相互正交单位方向向量，$\boldsymbol{s}_{r,1}^{\mathrm{T}}\boldsymbol{s}=0$、$\boldsymbol{s}_{r,2}^{\mathrm{T}}\boldsymbol{s}=0$、$\boldsymbol{s}_{r,1}^{\mathrm{T}}\boldsymbol{s}_{r,2}=0$；$\hat{\boldsymbol{S}}_{wc}$ 为约束力旋量系的各基旋量，$\hat{\boldsymbol{S}}_{wa}$ 表示驱动力旋量系的基旋量。为使基旋量的选取尽量简洁，R副约束力旋量系的5个基旋量为与其轴线重合的一个线矢 $\hat{\boldsymbol{S}}_{wc,1}$、与其轴线垂直相交的另外两个线矢 $\hat{\boldsymbol{S}}_{wc,2}$ 和 $\hat{\boldsymbol{S}}_{wc,3}$、与其轴线垂直的两个偶量 $\hat{\boldsymbol{S}}_{wc,4}$ 和 $\hat{\boldsymbol{S}}_{wc,5}$。

对于如图3.10所示的P副，式（3-40）表明其在任意位姿下，速度旋量均为一个沿运动副方向的偶量。由式（3-104）~式（3-106），P副的约束力旋量系含有与其方向垂直的全部纯力和一般力、以及全部力矩。P副的驱动力为沿其轴线的纯力。由此可得其力模型为

$$\boldsymbol{S}_w = f_{c,1}\begin{bmatrix} \boldsymbol{r}\times\boldsymbol{s}_{r,1} \\ \boldsymbol{s}_{r,1} \end{bmatrix} + f_{c,2}\begin{bmatrix} \boldsymbol{r}\times\boldsymbol{s}_{r,2} \\ \boldsymbol{s}_{r,2} \end{bmatrix} + \tau_{c,3}\begin{bmatrix} \boldsymbol{s} \\ \boldsymbol{0} \end{bmatrix} + \tau_{c,4}\begin{bmatrix} \boldsymbol{s}_{r,1} \\ \boldsymbol{0} \end{bmatrix} + \tau_{c,5}\begin{bmatrix} \boldsymbol{s}_{r,2} \\ \boldsymbol{0} \end{bmatrix} + \tau_{a,1}\begin{bmatrix} \boldsymbol{r}\times\boldsymbol{s} \\ \boldsymbol{s} \end{bmatrix}$$
$$= f_{c,1}\hat{\boldsymbol{S}}_{wc,1} + f_{c,2}\hat{\boldsymbol{S}}_{wc,2} + \tau_{c,3}\hat{\boldsymbol{S}}_{wc,3} + \tau_{c,4}\hat{\boldsymbol{S}}_{wc,4} + \tau_{c,5}\hat{\boldsymbol{S}}_{wc,5} + \tau_{a,1}\hat{\boldsymbol{S}}_{wa,1} \quad (3\text{-}111)$$

式中，$\boldsymbol{s}_{r,1}$（$|\boldsymbol{s}_{r,1}|=1$）与 $\boldsymbol{s}_{r,2}$（$|\boldsymbol{s}_{r,2}|=1$）表示与P副方向 $\boldsymbol{s}$ 垂直的两个单位方向向量。P副约束力旋量系的5个基旋量为与其方向垂直的两个正交线矢 $\hat{\boldsymbol{S}}_{wc,1}$ 和 $\hat{\boldsymbol{S}}_{wc,2}$，三个正交偶量 $\hat{\boldsymbol{S}}_{wc,3}$、$\hat{\boldsymbol{S}}_{wc,4}$ 和 $\hat{\boldsymbol{S}}_{wc,5}$。

对于如图3.11所示的H副，根据式（3-43），其在任意位姿的速度旋量均为沿运动副轴线、表示螺旋运动的一个一般旋量。由式（3-107）~式（3-109）可知，H副的约束力旋量系由与其轴线垂直相交的纯力、与其方向垂直的力矩、与其轴线共面且截距相反的一般力组成。H副的驱动力为沿其轴线的一般力。因此，其力模型为

$$\boldsymbol{S}_w = f_{c,1}\begin{bmatrix} \boldsymbol{r}\times\boldsymbol{s}_{r,1} \\ \boldsymbol{s}_{r,1} \end{bmatrix} + f_{c,2}\begin{bmatrix} \boldsymbol{r}\times\boldsymbol{s}_{r,2} \\ \boldsymbol{s}_{r,2} \end{bmatrix} + \tau_{c,3}\begin{bmatrix} \boldsymbol{s}_{r,1} \\ \boldsymbol{0} \end{bmatrix} + \tau_{c,4}\begin{bmatrix} \boldsymbol{s}_{r,2} \\ \boldsymbol{0} \end{bmatrix} + f_{c,5}\begin{bmatrix} \boldsymbol{r}\times\boldsymbol{s}-h\boldsymbol{s} \\ \boldsymbol{s} \end{bmatrix} + \tau_{a,1}\begin{bmatrix} \boldsymbol{r}\times\boldsymbol{s}+h\boldsymbol{s} \\ \boldsymbol{s} \end{bmatrix}$$
$$= f_{c,1}\hat{\boldsymbol{S}}_{wc,1} + f_{c,2}\hat{\boldsymbol{S}}_{wc,2} + \tau_{c,3}\hat{\boldsymbol{S}}_{wc,3} + \tau_{c,4}\hat{\boldsymbol{S}}_{wc,4} + f_{c,5}\hat{\boldsymbol{S}}_{wc,5} + \tau_{a,1}\hat{\boldsymbol{S}}_{wa,1} \quad (3\text{-}112)$$

式中，$\boldsymbol{s}_{r,1}$（$|\boldsymbol{s}_{r,1}|=1$）与 $\boldsymbol{s}_{r,2}$（$|\boldsymbol{s}_{r,2}|=1$）为垂直H副方向 $\boldsymbol{s}$ 的两个单位方向向量。H副约束力旋量系的5个基旋量为与其轴线垂直相交的两个线矢 $\hat{\boldsymbol{S}}_{wc,1}$ 和 $\hat{\boldsymbol{S}}_{wc,2}$、与其方向垂直的两个偶量 $\hat{\boldsymbol{S}}_{wc,3}$ 和 $\hat{\boldsymbol{S}}_{wc,4}$、与其轴线重合但截距相反的一般旋量 $\hat{\boldsymbol{S}}_{wc,5}$。

对于如图3.12所示的U副，其可视为两个R副的组合，在任意位姿下的速度旋量系如式（3-48）所示，由方向向量分别为 $\boldsymbol{s}_1$ 和 $\boldsymbol{s}_2'$、位置向量为 $\boldsymbol{r}_O$ 的两个线矢作为基旋量张成，两个基旋量分别表示沿U副两个轴线的转动。根据式（3-101）~式（3-103），U副的约束力旋量系包含全部过其中心的纯力、与其两个轴线均垂直的力矩。U副的驱动力为沿其轴线方向的两个力矩。由此可得U副的力模型为

$$\boldsymbol{S}_w = f_{c,1}\begin{bmatrix} \boldsymbol{r}_O\times\boldsymbol{s}_1 \\ \boldsymbol{s}_1 \end{bmatrix} + f_{c,2}\begin{bmatrix} \boldsymbol{r}_O\times\boldsymbol{s}_2' \\ \boldsymbol{s}_2' \end{bmatrix} + f_{c,3}\begin{bmatrix} \boldsymbol{r}_O\times\boldsymbol{s}_r \\ \boldsymbol{s}_r \end{bmatrix} + \tau_{c,4}\begin{bmatrix} \boldsymbol{s}_r \\ \boldsymbol{0} \end{bmatrix} + \tau_{a,1}\begin{bmatrix} \boldsymbol{s}_1 \\ \boldsymbol{0} \end{bmatrix} + \tau_{a,2}\begin{bmatrix} \boldsymbol{s}_2' \\ \boldsymbol{0} \end{bmatrix}$$

$$=f_{c,1}\hat{\boldsymbol{S}}_{wc,1}+f_{c,2}\hat{\boldsymbol{S}}_{wc,2}+f_{c,3}\hat{\boldsymbol{S}}_{wc,3}+\tau_{c,4}\hat{\boldsymbol{S}}_{wc,4}+\tau_{a,1}\hat{\boldsymbol{S}}_{wa,1}+\tau_{a,2}\hat{\boldsymbol{S}}_{wa,2} \tag{3-113}$$

式中，$\boldsymbol{s}_r(|\boldsymbol{s}_r|=1)$ 为与 U 副两个轴线方向 $\boldsymbol{s}_1$ 和 $\boldsymbol{s}_2'$ 均垂直的单位方向向量，即 $\boldsymbol{s}_r=\boldsymbol{s}_1\times\boldsymbol{s}_2'$；U 副约束力旋量系的 4 个基旋量为与轴线过运动副中心、相互正交的三个线矢 $\hat{\boldsymbol{S}}_{wc,1}$、$\hat{\boldsymbol{S}}_{wc,2}$ 和 $\hat{\boldsymbol{S}}_{wc,3}$，与其两个轴线均垂直的偶量 $\hat{\boldsymbol{S}}_{wc,4}$。

对于如图 3.13 所示的 C 副，其由同向的 R 副和 P 副组成，式（3-51）为 C 副在任意位姿下的速度旋量系，两个基旋量分别由方向向量为 $\boldsymbol{s}$ 的 R 副和 P 副生成。根据式（3-101）~式（3-106），与 C 副轴线垂直相交的全部线矢、与 C 副轴线垂直的全部偶量构成了其约束力旋量系。C 副的驱动力为沿其轴线的一个纯力和一个力矩。由此可得 C 副的力模型为

$$\boldsymbol{S}_w=f_{c,1}\begin{bmatrix}\boldsymbol{r}\times\boldsymbol{s}_{r,1}\\ \boldsymbol{s}_{r,1}\end{bmatrix}+f_{c,2}\begin{bmatrix}\boldsymbol{r}\times\boldsymbol{s}_{r,2}\\ \boldsymbol{s}_{r,2}\end{bmatrix}+\tau_{c,3}\begin{bmatrix}\boldsymbol{s}_{r,1}\\ \boldsymbol{0}\end{bmatrix}+\tau_{c,4}\begin{bmatrix}\boldsymbol{s}_{r,2}\\ \boldsymbol{0}\end{bmatrix}+\tau_{a,1}\begin{bmatrix}\boldsymbol{s}\\ \boldsymbol{0}\end{bmatrix}+\tau_{a,2}\begin{bmatrix}\boldsymbol{r}\times\boldsymbol{s}\\ \boldsymbol{s}\end{bmatrix}$$

$$=f_{c,1}\hat{\boldsymbol{S}}_{wc,1}+f_{c,2}\hat{\boldsymbol{S}}_{wc,2}+\tau_{c,3}\hat{\boldsymbol{S}}_{wc,3}+\tau_{c,4}\hat{\boldsymbol{S}}_{wc,4}+\tau_{a,1}\hat{\boldsymbol{S}}_{wa,1}+\tau_{a,2}\hat{\boldsymbol{S}}_{wa,2} \tag{3-114}$$

式中，$\boldsymbol{s}_{r,1}$（$|\boldsymbol{s}_{r,1}|=1$）与 $\boldsymbol{s}_{r,2}$（$|\boldsymbol{s}_{r,2}|=1$）为与 C 副方向 $\boldsymbol{s}$ 垂直的两个单位方向向量；C 副约束力旋量系的四个基旋量为与其轴线垂直相交的两个线矢 $\hat{\boldsymbol{S}}_{wc,1}$ 和 $\hat{\boldsymbol{S}}_{wc,2}$、与其方向垂直的两个偶量 $\hat{\boldsymbol{S}}_{wc,3}$ 和 $\hat{\boldsymbol{S}}_{wc,4}$。

对于如图 3.14 所示的 S 副，其由方向相互独立的三个 R 副组成，如式（3-55），S 副在任意位姿下的速度旋量系由三个轴线过 S 副中心的线矢张成。由式（3-101）~式（3-103）可知，S 副的约束力旋量系由过 S 副中心的全部线矢构成。S 副的驱动力为三个相互独立的力矩。因此，可建立 S 副的力模型为

$$\boldsymbol{S}_w=f_{c,1}\begin{bmatrix}\boldsymbol{r}_O\times\boldsymbol{s}_1\\ \boldsymbol{s}_1\end{bmatrix}+f_{c,2}\begin{bmatrix}\boldsymbol{r}_O\times\boldsymbol{s}_2\\ \boldsymbol{s}_2\end{bmatrix}+f_{c,3}\begin{bmatrix}\boldsymbol{r}_O\times\boldsymbol{s}_3\\ \boldsymbol{s}_3\end{bmatrix}+\tau_{a,1}\begin{bmatrix}\boldsymbol{s}_1\\ \boldsymbol{0}\end{bmatrix}+\tau_{a,2}\begin{bmatrix}\boldsymbol{s}_2\\ \boldsymbol{0}\end{bmatrix}+\tau_{a,3}\begin{bmatrix}\boldsymbol{s}_3\\ \boldsymbol{0}\end{bmatrix}$$

$$=f_{c,1}\hat{\boldsymbol{S}}_{wc,1}+f_{c,2}\hat{\boldsymbol{S}}_{wc,2}+f_{c,3}\hat{\boldsymbol{S}}_{wc,3}+\tau_{a,1}\hat{\boldsymbol{S}}_{wa,1}+\tau_{a,2}\hat{\boldsymbol{S}}_{wa,2}+\tau_{a,3}\hat{\boldsymbol{S}}_{wa,3} \tag{3-115}$$

式中，S 副约束力旋量系的三个基旋量为过其中心的三个线矢 $\hat{\boldsymbol{S}}_{wc,1}$、$\hat{\boldsymbol{S}}_{wc,2}$ 和 $\hat{\boldsymbol{S}}_{wc,3}$。

为方便读者查阅，表 3.3 总结了各个运动副的力模型。表中，$\boldsymbol{T}$ 表示速度旋量系，$\boldsymbol{W}_c$ 与 $\boldsymbol{W}_a$ 分别表示约束力旋量系、驱动力旋量系。

表 3.3　各个运动副的力模型

类型	速度旋量系	约束力旋量系和驱动力旋量系
R	$\boldsymbol{T}=\mathrm{span}\left\{\begin{pmatrix}\boldsymbol{s}\\ \boldsymbol{r}\times\boldsymbol{s}\end{pmatrix}\right\}$	$\boldsymbol{W}_c=\mathrm{span}\left\{\begin{bmatrix}\boldsymbol{r}\times\boldsymbol{s}\\ \boldsymbol{s}\end{bmatrix},\begin{bmatrix}\boldsymbol{r}\times\boldsymbol{s}_{r,1}\\ \boldsymbol{s}_{r,1}\end{bmatrix},\begin{bmatrix}\boldsymbol{r}\times\boldsymbol{s}_{r,2}\\ \boldsymbol{s}_{r,2}\end{bmatrix},\begin{bmatrix}\boldsymbol{s}_{r,1}\\ \boldsymbol{0}\end{bmatrix},\begin{bmatrix}\boldsymbol{s}_{r,2}\\ \boldsymbol{0}\end{bmatrix}\right\}$ $\boldsymbol{W}_a=\mathrm{span}\left\{\begin{bmatrix}\boldsymbol{s}\\ \boldsymbol{0}\end{bmatrix}\right\}$
P	$\boldsymbol{T}=\mathrm{span}\left\{\begin{pmatrix}\boldsymbol{0}\\ \boldsymbol{s}\end{pmatrix}\right\}$	$\boldsymbol{W}_c=\mathrm{span}\left\{\begin{bmatrix}\boldsymbol{r}\times\boldsymbol{s}_{r,1}\\ \boldsymbol{s}_{r,1}\end{bmatrix},\begin{bmatrix}\boldsymbol{r}\times\boldsymbol{s}_{r,2}\\ \boldsymbol{s}_{r,2}\end{bmatrix},\begin{bmatrix}\boldsymbol{s}\\ \boldsymbol{0}\end{bmatrix},\begin{bmatrix}\boldsymbol{s}_{r,1}\\ \boldsymbol{0}\end{bmatrix},\begin{bmatrix}\boldsymbol{s}_{r,2}\\ \boldsymbol{0}\end{bmatrix}\right\}$ $\boldsymbol{W}_a=\mathrm{span}\left\{\begin{bmatrix}\boldsymbol{r}\times\boldsymbol{s}\\ \boldsymbol{s}\end{bmatrix}\right\}$
H	$\boldsymbol{T}=\mathrm{span}\left\{\begin{pmatrix}\boldsymbol{s}\\ \boldsymbol{r}\times\boldsymbol{s}+h\boldsymbol{s}\end{pmatrix}\right\}$	$\boldsymbol{W}_c=\mathrm{span}\left\{\begin{bmatrix}\boldsymbol{r}\times\boldsymbol{s}_{r,1}\\ \boldsymbol{s}_{r,1}\end{bmatrix},\begin{bmatrix}\boldsymbol{r}\times\boldsymbol{s}_{r,2}\\ \boldsymbol{s}_{r,2}\end{bmatrix},\begin{bmatrix}\boldsymbol{s}_{r,1}\\ \boldsymbol{0}\end{bmatrix},\begin{bmatrix}\boldsymbol{s}_{r,2}\\ \boldsymbol{0}\end{bmatrix},\begin{bmatrix}\boldsymbol{r}\times\boldsymbol{s}-h\boldsymbol{s}\\ \boldsymbol{s}\end{bmatrix}\right\}$ $\boldsymbol{W}_a=\mathrm{span}\left\{\begin{bmatrix}\boldsymbol{r}\times\boldsymbol{s}+h\boldsymbol{s}\\ \boldsymbol{s}\end{bmatrix}\right\}$

（续）

类型	速度旋量系	约束力旋量系和驱动力旋量系
U	$\boldsymbol{T}=\text{span}\left\{\begin{pmatrix}\boldsymbol{s}_1\\ \boldsymbol{r}_O\times\boldsymbol{s}_1\end{pmatrix},\begin{pmatrix}\boldsymbol{s}'_2\\ \boldsymbol{r}_O\times\boldsymbol{s}'_2\end{pmatrix}\right\}$	$\boldsymbol{W}_c=\text{span}\left\{\begin{bmatrix}\boldsymbol{r}_O\times\boldsymbol{s}_1\\ \boldsymbol{s}_1\end{bmatrix},\begin{bmatrix}\boldsymbol{r}_O\times\boldsymbol{s}'_2\\ \boldsymbol{s}'_2\end{bmatrix},\begin{bmatrix}\boldsymbol{r}_O\times\boldsymbol{s}_r\\ \boldsymbol{s}_r\end{bmatrix},\begin{bmatrix}\boldsymbol{s}_r\\ \boldsymbol{0}\end{bmatrix}\right\}$ $\boldsymbol{W}_a=\text{span}\left\{\begin{bmatrix}\boldsymbol{s}_1\\ \boldsymbol{0}\end{bmatrix},\begin{bmatrix}\boldsymbol{s}'_2\\ \boldsymbol{0}\end{bmatrix}\right\}$
C	$\boldsymbol{T}=\text{span}\left\{\begin{pmatrix}\boldsymbol{0}\\ \boldsymbol{s}\end{pmatrix},\begin{pmatrix}\boldsymbol{s}\\ \boldsymbol{r}\times\boldsymbol{s}\end{pmatrix}\right\}$	$\boldsymbol{W}_c=\text{span}\left\{\begin{bmatrix}\boldsymbol{r}\times\boldsymbol{s}_{r,1}\\ \boldsymbol{s}_{r,1}\end{bmatrix},\begin{bmatrix}\boldsymbol{r}\times\boldsymbol{s}_{r,2}\\ \boldsymbol{s}_{r,2}\end{bmatrix},\begin{bmatrix}\boldsymbol{s}_{r,1}\\ \boldsymbol{0}\end{bmatrix},\begin{bmatrix}\boldsymbol{s}_{r,2}\\ \boldsymbol{0}\end{bmatrix}\right\}$ $\boldsymbol{W}_a=\text{span}\left\{\begin{bmatrix}\boldsymbol{s}\\ \boldsymbol{0}\end{bmatrix},\begin{bmatrix}\boldsymbol{r}\times\boldsymbol{s}\\ \boldsymbol{s}\end{bmatrix}\right\}$
S	$\boldsymbol{T}=\text{span}\left\{\begin{pmatrix}\boldsymbol{s}_1\\ \boldsymbol{r}_O\times\boldsymbol{s}_1\end{pmatrix},\begin{pmatrix}\boldsymbol{s}_2\\ \boldsymbol{r}_O\times\boldsymbol{s}_2\end{pmatrix},\begin{pmatrix}\boldsymbol{s}_3\\ \boldsymbol{r}_O\times\boldsymbol{s}_3\end{pmatrix}\right\}$	$\boldsymbol{W}_c=\text{span}\left\{\begin{bmatrix}\boldsymbol{r}_O\times\boldsymbol{s}_1\\ \boldsymbol{s}_1\end{bmatrix},\begin{bmatrix}\boldsymbol{r}_O\times\boldsymbol{s}_2\\ \boldsymbol{s}_2\end{bmatrix},\begin{bmatrix}\boldsymbol{r}_O\times\boldsymbol{s}_3\\ \boldsymbol{s}_3\end{bmatrix}\right\}$ $\boldsymbol{W}_a=\text{span}\left\{\begin{bmatrix}\boldsymbol{s}_1\\ \boldsymbol{0}\end{bmatrix},\begin{bmatrix}\boldsymbol{s}_2\\ \boldsymbol{0}\end{bmatrix},\begin{bmatrix}\boldsymbol{s}_3\\ \boldsymbol{0}\end{bmatrix}\right\}$

3.5.2　串联机构力建模

与3.3.2和3.4.2节相同，仍考虑由 n 个单自由度运动副组成的串联机构。各运动副从基座向末端平台呈升序排列，机构中各运动副运动不冗余。

根据运动副受力与串联机构受力之间的关系，机构所受约束力应限制其中每个运动副的运动。换而言之，机构约束力应为机构中各运动副的公共约束力，即机构约束力旋量系等于其所含各运动副约束力旋量系的交集。因约束力旋量系为线性空间，故由各运动副约束力旋量系可直接借助线性代数运算得到串联机构的约束力旋量系，即

$$\boldsymbol{W}_c=\boldsymbol{W}_{c,1}\cap\cdots\cap\boldsymbol{W}_{c,n} \tag{3-116}$$

式中，$\boldsymbol{W}_c$ 表示串联机构的约束力旋量系；$\boldsymbol{W}_{c,k}$（$k=1$，…，n）为机构第 k 个运动副的约束力旋量系。每个 $\boldsymbol{W}_{c,k}$ 均具有表3.3所示R副、P副或H副约束力旋量系的格式。

根据约束力旋量系与瞬时运动旋量系的互易关系，也可由式（3-68）中串联机构在任意位姿下雅可比矩阵 $\boldsymbol{J}'$ 中各列运动副单位旋量 $\hat{\boldsymbol{S}}'_{t,k}$ 张成瞬时运动旋量系 $\boldsymbol{T}$，即

$$\boldsymbol{T}=\text{span}\{\hat{\boldsymbol{S}}'_{t,1},\cdots,\hat{\boldsymbol{S}}'_{t,n}\} \tag{3-117}$$

根据线性代数零空间计算方法，得到机构的约束力旋量系为

$$\boldsymbol{W}_c=\boldsymbol{T}^{\perp} \tag{3-118}$$

$\boldsymbol{W}_c$ 为 $6-n$ 维旋量系，共含有 $6-n$ 个基旋量，可记为

$$\boldsymbol{W}_c=\text{span}\{\hat{\boldsymbol{S}}_{wc,1},\cdots,\hat{\boldsymbol{S}}_{wc,6-n}\} \tag{3-119}$$

式中，$\hat{\boldsymbol{S}}_{wc,1}$、…、$\hat{\boldsymbol{S}}_{wc,6-n}$ 为串联机构约束力旋量系的基旋量。

串联机构中每个运动副对应的驱动力旋量驱动了该运动副运动，但约束了其余 $n-1$ 个运动副运动，故每个运动副驱动力旋量与该运动副瞬时运动旋量不互易，但与其余 $n-1$ 个运动副瞬时运动旋量均互易。因此，各运动副驱动力旋量可视为将该运动副锁住后机构约束力旋量系中增加的基旋量。当第 k（$k=1$，…，n）个运动副被锁住时，机构中剩余 $n-1$ 个运动副正常运动，其速度旋量系由 n 维退化为 $n-1$ 维，同时约束力旋量系由 $6-n$ 维增加为 $7-n$ 维。对比第 k 个运动副被锁住前后的机构约束力旋量系，旋量系中多出的一个基旋量即

为该运动副的驱动力旋量 $\hat{\boldsymbol{S}}_{wa,k}$，其满足

$$\begin{cases}\hat{\boldsymbol{S}}_{wa,k}^{\mathrm{T}}\hat{\boldsymbol{S}}_{t,j}'\neq 0 & j=k\\ \hat{\boldsymbol{S}}_{wa,k}^{\mathrm{T}}\hat{\boldsymbol{S}}_{t,j}'=0 & j=1,k-1,\cdots,k+1,n\end{cases}\tag{3-120}$$

依次锁住每个运动副，可分别按照式（3-116）或式（3-117）、式（3-118）求解锁住该运动副后，串联机构的约束力旋量系，即

$$\boldsymbol{\mathcal{W}}_{c,k}=\boldsymbol{W}_{c,1}\cap\boldsymbol{W}_{c,k-1}\cap\cdots\cap\boldsymbol{W}_{c,k+1}\cap\boldsymbol{W}_{c,n}\tag{3-121}$$

$$\boldsymbol{\mathcal{T}}_{k}=\mathrm{span}\{\hat{\boldsymbol{S}}_{t,1}',\hat{\boldsymbol{S}}_{t,k-1}',\cdots,\hat{\boldsymbol{S}}_{t,k+1}',\hat{\boldsymbol{S}}_{t,n}'\},\boldsymbol{\mathcal{W}}_{c,k}=\boldsymbol{\mathcal{T}}_{k}^{\perp}\tag{3-122}$$

其中，$\boldsymbol{\mathcal{W}}_{c,k}$ 与 $\boldsymbol{\mathcal{T}}_{k}^{\perp}$ 为锁住第 k 个运动副后，剩余 $n-1$ 个运动副组成串联机构的 $7-n$ 维约束力旋量系与 $n-1$ 维瞬时运动旋量系。

由此，可通过对比 $7-n$ 维旋量系 $\boldsymbol{\mathcal{W}}_{c,k}$ 与 $6-n$ 维旋量系 $\boldsymbol{W}_c$，找到 $\boldsymbol{\mathcal{W}}_{c,k}$ 中比 $\boldsymbol{W}_c$ 多出的一个基旋量，得出第 k 个运动副对应的驱动力旋量为

$$\boldsymbol{\mathcal{W}}_{c,k}=\mathrm{span}\{\boldsymbol{W}_c,\hat{\boldsymbol{S}}_{wa,k}\}=\mathrm{span}\{\hat{\boldsymbol{S}}_{wc,1},\cdots,\hat{\boldsymbol{S}}_{wc,6-n},\hat{\boldsymbol{S}}_{wa,k}\}\tag{3-123}$$

根据上述分析，分别找到串联机构中 n 个运动副的驱动力旋量，可由这些驱动力旋量张成机构的驱动力旋量系为

$$\boldsymbol{W}_a=\mathrm{span}\{\hat{\boldsymbol{S}}_{wa,1},\cdots,\hat{\boldsymbol{S}}_{wa,n}\}\tag{3-124}$$

联立式（3-119）与式（3-124），建立适用于任意串联机构的力模型为

$$\boldsymbol{S}_w=a_{wc,1}\hat{\boldsymbol{S}}_{wc,1}+\cdots+a_{wc,6-n}\hat{\boldsymbol{S}}_{wc,6-n}+a_{wa,1}\hat{\boldsymbol{S}}_{wa,1}+\cdots+a_{wa,n}\hat{\boldsymbol{S}}_{wa,n}\tag{3-125}$$

式中，每个 a_{wc} 与 a_{wa} 表示对应约束力旋量系基旋量和驱动力旋量系基旋量的强度。

3.5.3 并联机构力建模

并联机构由 l 个共享末端刚体的串联机构组成，每个串联机构为并联机构的一条支链，每个支链中含有 n_i（$i=1$，…，l）个单自由度运动副。若各支链不含有冗余运动副，由第 3.5.2 节可得每条支链的约束力旋量系和驱动力旋量系，即

$$\boldsymbol{W}_{c,i}=\boldsymbol{W}_{c,i,1}\cap\cdots\cap\boldsymbol{W}_{c,i,n_i}=\mathrm{span}\{\hat{\boldsymbol{S}}_{wc,i,1},\cdots,\hat{\boldsymbol{S}}_{wc,i,6-n_i}\}\tag{3-126}$$

$$\boldsymbol{W}_{a,i}=\mathrm{span}\{\hat{\boldsymbol{S}}_{wa,i,1},\cdots,\hat{\boldsymbol{S}}_{wa,i,n_i}\}\tag{3-127}$$

式中，$\boldsymbol{W}_{c,i,j}$ 表示第 i（$i=1$，…，l）条支链中第 j（$j=1$，…，n_i）个运动副的约束力旋量系；$\hat{\boldsymbol{S}}_{wc,i,m}$ 为第 i 条支链约束力旋量系中的第 m（$m=1$，…，$6-n_i$）个基旋量；$\hat{\boldsymbol{S}}_{wa,i,j}$ 为第 i 条支链中第 j 个运动副的驱动力旋量，即第 i 条支链驱动力旋量系中的第 j 个基旋量。由此可得，并联机构各支链的力模型为

$$\boldsymbol{S}_{w,i}=a_{wc,i,1}\hat{\boldsymbol{S}}_{wc,i,1}+\cdots+a_{wc,i,6-n_i}\hat{\boldsymbol{S}}_{wc,i,6-n_i}+a_{wa,i,1}\hat{\boldsymbol{S}}_{wa,i,1}+\cdots+a_{wa,i,n_i}\hat{\boldsymbol{S}}_{wa,i,n_i}\tag{3-128}$$

式中，$\boldsymbol{S}_{w,i}$ 表示第 i 条支链所受合力，每个 a_{wc} 与 a_{wa} 为对应约束力和驱动力基旋量的强度。

并联机构动平台所受约束力由支链提供。因每条支链的约束力旋量对该支链末端刚体起约束作用，故各支链的约束力旋量均限制了并联机构动平台运动。因此，并联机构约束力旋量系应包含每条支链的全部约束力旋量。因为每条支链的约束力旋量系为一个线性空间，所以机构约束力旋量系由各条支链约束力旋量系张成，即

$$\boldsymbol{W}_c=\mathrm{span}\{\boldsymbol{W}_{c,1},\cdots,\boldsymbol{W}_{c,l}\}\tag{3-129}$$

其中，$\boldsymbol{W}_c$ 表示并联机构约束力旋量系。机构约束力旋量系维数与机构自由度数之和为 6。对于 f 自由度的并联机构，其约束力旋量系的维数等于 $6-f$，即

$$\dim(\boldsymbol{W}_c)=6-f \tag{3-130}$$

$$\boldsymbol{W}_c=\mathrm{span}\{\hat{\boldsymbol{S}}_{wc,1},\cdots,\hat{\boldsymbol{S}}_{wc,6-f}\} \tag{3-131}$$

式中，$\hat{\boldsymbol{S}}_{wc,1}$、⋯、$\hat{\boldsymbol{S}}_{wc,6-f}$ 表示 f 自由度并联机构约束力旋量系的 $6-f$ 个基旋量。

与串联机构类似，也可直接根据机构约束力旋量系与瞬时运动旋量系的互易关系，由并联机构的瞬时运动旋量系可得到其约束力旋量系。由式（3-82）中并联机构在任意位姿下雅可比矩阵 $\boldsymbol{J}'$ 的各列单位旋量 $\hat{\boldsymbol{S}}'_{t,k}$ 张成机构 f 维瞬时运动旋量系 $\boldsymbol{T}$，进而得到其 $6-f$ 维约束力旋量系 $\boldsymbol{W}_c$，即

$$\boldsymbol{T}=\mathrm{span}\{\hat{\boldsymbol{S}}'_{t,1},\cdots,\hat{\boldsymbol{S}}'_{t,n}\},\ \boldsymbol{W}_c=\boldsymbol{T}^{\perp} \tag{3-132}$$

按照并联机构驱动副的选取规则，选定与机构自由度数目个数相等的 f 个驱动副。驱动副的具体选取方法将在第 4 章机器人机构的构型综合中详述。当选取第 i（$i=1,\ \cdots,\ l$）条支链中的第 j（$j=1,\ \cdots,\ n_i$）个运动副为第 q（$q=1,\ \cdots,\ f$）个驱动副时，对比将其锁住前后第 i 条支链的约束力旋量系，驱动副锁住后，旋量系中会多出一个基旋量 $\hat{\boldsymbol{S}}_{wa,i,j}$。将支链视为串联机构，该基旋量 $\hat{\boldsymbol{S}}_{wa,i,j}$ 可由式（3-120）~式（3-123）求得。根据式（3-129），当该驱动副锁住后，并联机构的约束力旋量系由 $6-f$ 维升为 $7-f$ 维，其中多出的一个基旋量恰为 $\hat{\boldsymbol{S}}_{wa,i,j}$，即该基旋量为并联机构的第 q 个驱动力旋量，也记为 $\hat{\boldsymbol{S}}_{wa,q}$，即 $\hat{\boldsymbol{S}}_{wa,i,j}=\hat{\boldsymbol{S}}_{wa,q}$，故

$$\boldsymbol{\mathcal{W}}_{c,i,j}=\mathrm{span}\{\boldsymbol{W}_{c,i},\hat{\boldsymbol{S}}_{wa,i,j}\}=\mathrm{span}\{\hat{\boldsymbol{S}}_{wc,i,1},\cdots,\hat{\boldsymbol{S}}_{wc,i,6-n_i},\hat{\boldsymbol{S}}_{wa,i,j}\} \tag{3-133}$$

$$\boldsymbol{\mathcal{W}}_{c,q}=\mathrm{span}\{\boldsymbol{W}_{c,1},\cdots,\boldsymbol{W}_{c,i-1},\boldsymbol{\mathcal{W}}_{c,i,j},\boldsymbol{W}_{c,i+1},\cdots,\boldsymbol{W}_{c,l}\}=\mathrm{span}\{\boldsymbol{W}_c,\hat{\boldsymbol{S}}_{wa,q}\} \tag{3-134}$$

式中，$\boldsymbol{\mathcal{W}}_{c,i,j}$ 为第 i 条支链中第 j 个运动副锁住后第 i 条支链的 $7-n_i$ 维约束力旋量系；$\boldsymbol{\mathcal{W}}_{c,q}$ 为第 q 个驱动副锁住后并联机构的 $7-f$ 维约束力旋量系。式（3-133）和式（3-134）进一步表明，当选取第 i 条支链中第 j 个运动副为并联机构的第 q 个驱动副时，将支链视为串联机构，求得与该运动副对应的驱动力旋量 $\hat{\boldsymbol{S}}_{wa,i,j}$ 即为锁住该驱动副后并联机构约束力旋量系中多出的基旋量 $\hat{\boldsymbol{S}}_{wa,q}$，即为并联机构第 q 个驱动副对应的驱动力旋量。根据式（3-132），驱动力旋量 $\hat{\boldsymbol{S}}_{wa,q}$ 也可按照如下方法求得，即

$$\boldsymbol{\mathcal{T}}_q=\mathrm{span}\{\hat{\boldsymbol{S}}'_{t,1},\cdots,\hat{\boldsymbol{S}}'_{t,q-1},\hat{\boldsymbol{S}}'_{t,q+1},\cdots,\hat{\boldsymbol{S}}'_{t,n}\},\boldsymbol{\mathcal{T}}_q^{\perp}=\boldsymbol{\mathcal{W}}_{c,q}=\mathrm{span}\{\boldsymbol{W}_c,\hat{\boldsymbol{S}}_{wa,q}\} \tag{3-135}$$

式中，$\boldsymbol{\mathcal{T}}_q$ 表示第 q 个驱动副锁住后并联机构的 $f-1$ 维瞬时运动旋量系。

由式（3-133）和式（3-134）或式（3-135），可依次求出并联机构各驱动副对应的驱动力旋量 $\hat{\boldsymbol{S}}_{wa,q}$，张成机构的驱动力旋量系为

$$\boldsymbol{W}_a=\mathrm{span}\{\hat{\boldsymbol{S}}_{wa,1},\cdots,\hat{\boldsymbol{S}}_{wa,f}\} \tag{3-136}$$

联立式（3-131）与式（3-136），可建立适用于任意并联机构的力模型，即

$$\boldsymbol{S}_w=a_{wc,1}\hat{\boldsymbol{S}}_{wc,1}+\cdots+a_{wc,6-f}\hat{\boldsymbol{S}}_{wc,6-f}+a_{wa,1}\hat{\boldsymbol{S}}_{wa,1}+\cdots+a_{wa,f}\hat{\boldsymbol{S}}_{wa,f} \tag{3-137}$$

式中，每个 a_{wc}、a_{wa} 为约束力和驱动力旋量系基旋量的强度。

借助瞬时运动旋量与力旋量的互易积运算，通过力旋量描述运动副、串联机构、并联机构的约束力与驱动力，本节系统构建了运动副和机构的力模型。

需要指出的是，因有限旋量定义在与机构基座（地面）直接相连的固定参考系中，故由有限旋量微分得到的瞬时运动旋量也定义在固定参考系中。因此，根据互易积原理，由瞬时运动旋量互易积得到的力旋量同样定义在固定参考系。本书中，将与基座（地面）固连的固定参考系原点记为点 O，将与末端刚体或动平台连接的移动参考系原点记为点 O'，如图 3.15 所示。由此，固定参考系和移动参考系可分别记为 $Oxyz$ 与 $O'x'y'z'$。其中，x、y、z

分别为固定参考系的坐标轴，各坐标轴单位方向向量为$\boldsymbol{s}_x$、$\boldsymbol{s}_y$、$\boldsymbol{s}_z$；x'、y'、z'分别为移动参考系的坐标轴，其单位方向向量为$\boldsymbol{s}_{x'}$、$\boldsymbol{s}_{y'}$、$\boldsymbol{s}_{z'}$。

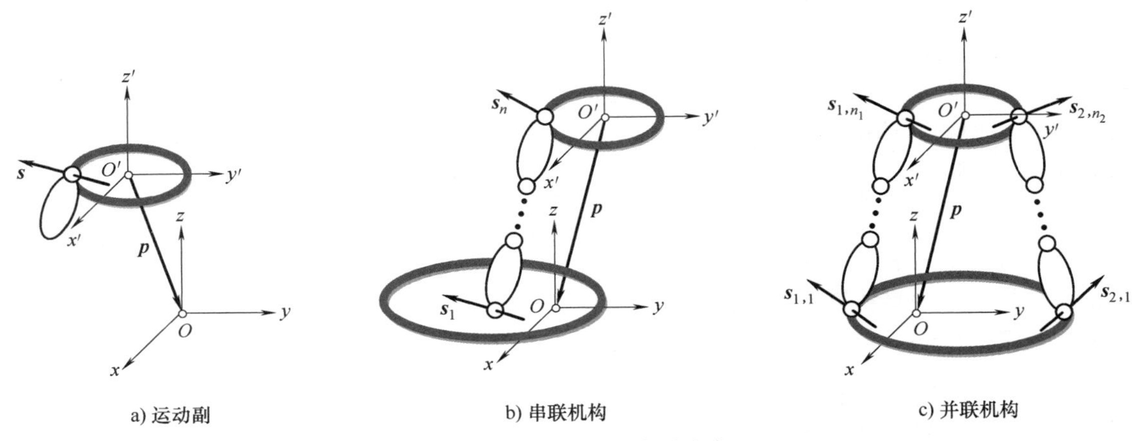

a) 运动副　b) 串联机构　c) 并联机构

图 3.15　固定参考系和移动参考系

对于任一向量$\boldsymbol{v}$，其在固定参考系$Oxyz$中的坐标可表示为$[v_x\quad v_y\quad v_z]^{\mathrm{T}}$，即

$$\boldsymbol{v}=v_x\boldsymbol{s}_x+v_y\boldsymbol{s}_y+v_z\boldsymbol{s}_z=[\boldsymbol{s}_x\quad \boldsymbol{s}_y\quad \boldsymbol{s}_z]\begin{bmatrix}v_x\\v_y\\v_z\end{bmatrix}\tag{3-138}$$

该向量在移动参考系$O'x'y'z'$中的坐标为$[v_{x'}\quad v_{y'}\quad v_{z'}]^{\mathrm{T}}$，即

$$\boldsymbol{v}=v_{x'}\boldsymbol{s}_{x'}+v_{y'}\boldsymbol{s}_{y'}+v_{z'}\boldsymbol{s}_{z'}=[\boldsymbol{s}_{x'}\quad \boldsymbol{s}_{y'}\quad \boldsymbol{s}_{z'}]\begin{bmatrix}v_{x'}\\v_{y'}\\v_{z'}\end{bmatrix}\tag{3-139}$$

$[v_x\quad v_y\quad v_z]^{\mathrm{T}}$与$[v_{x'}\quad v_{y'}\quad v_{z'}]^{\mathrm{T}}$的转化关系为

$$\begin{bmatrix}v_{x'}\\v_{y'}\\v_{z'}\end{bmatrix}=[\boldsymbol{s}_{x'}\quad \boldsymbol{s}_{y'}\quad \boldsymbol{s}_{z'}]^{-1}[\boldsymbol{s}_x\quad \boldsymbol{s}_y\quad \boldsymbol{s}_z]\begin{bmatrix}v_x\\v_y\\v_z\end{bmatrix}=\boldsymbol{R}\begin{bmatrix}v_x\\v_y\\v_z\end{bmatrix}\tag{3-140}$$

式中，$\boldsymbol{R}=[\boldsymbol{s}_{x'}\quad \boldsymbol{s}_{y'}\quad \boldsymbol{s}_{z'}]^{-1}[\boldsymbol{s}_x\quad \boldsymbol{s}_y\quad \boldsymbol{s}_z]$为转换矩阵。令$\boldsymbol{Q}=[\boldsymbol{s}_x\quad \boldsymbol{s}_y\quad \boldsymbol{s}_z]$和$\boldsymbol{Q}'=[\boldsymbol{s}_{x'}\quad \boldsymbol{s}_{y'}\quad \boldsymbol{s}_{z'}]$分别为两个坐标系的坐标矩阵，则$\boldsymbol{R}=\boldsymbol{Q}'^{-1}\boldsymbol{Q}=\boldsymbol{Q}'^{\mathrm{T}}\boldsymbol{Q}$。

对于任一点P的位置向量$\boldsymbol{r}_P$，其在固定参考系$Oxyz$中的位置向量可表示为$\boldsymbol{r}$，在移动参考系$O'x'y'z'$中的位置向量为$\boldsymbol{r}'$，则

$$\boldsymbol{r}_P=\boldsymbol{r}_O+\boldsymbol{r}\tag{3-141}$$

$$\boldsymbol{r}_P=\boldsymbol{r}_{O'}+\boldsymbol{r}'\tag{3-142}$$

式中，$\boldsymbol{r}_O$、$\boldsymbol{r}_{O'}$分别为固定参考系原点O、移动参考系原点O'的位置向量。由此可得，$\boldsymbol{r}$与$\boldsymbol{r}'$的几何关系为

$$\boldsymbol{r}'=\boldsymbol{r}+\boldsymbol{r}_O-\boldsymbol{r}_{O'}=\boldsymbol{r}+\boldsymbol{p}\tag{3-143}$$

式中，$\boldsymbol{p}$为由点O'指向点O的位置向量，如图 3.15 所示。$\boldsymbol{r}$在$Oxyz$中的坐标与$\boldsymbol{r}'$在$O'x'y'z'$

中的坐标分别为 $[r_x \quad r_y \quad r_z]^{\mathrm{T}}$ 与 $[r'_{x'} \quad r'_{y'} \quad r'_{z'}]^{\mathrm{T}}$，两者之间的转换关系为

$$\begin{bmatrix} r'_{x'} \\ r'_{y'} \\ r'_{z'} \end{bmatrix} = [\boldsymbol{s}_{x'} \quad \boldsymbol{s}_{y'} \quad \boldsymbol{s}_{z'}]^{-1}[\boldsymbol{s}_x \quad \boldsymbol{s}_y \quad \boldsymbol{s}_z]\begin{bmatrix} r_x \\ r_y \\ r_z \end{bmatrix} + [\boldsymbol{s}_{x'} \quad \boldsymbol{s}_{y'} \quad \boldsymbol{s}_{z'}]^{-1}\boldsymbol{p} = \boldsymbol{R}\begin{bmatrix} r_x \\ r_y \\ r_z \end{bmatrix} + \boldsymbol{Q}'^{\mathrm{T}}\boldsymbol{p} \tag{3-144}$$

对于任意力旋量，若其在固定参考系与移动参考系中的表达式分别为 $\boldsymbol{S}_w^O$ 与 $\boldsymbol{S}_w^{O'}$，对应的单位方向向量分别为 $\boldsymbol{s}_w$ 与 $\boldsymbol{s}'_w$、位置向量分别为 $\boldsymbol{r}_w$ 与 $\boldsymbol{r}'_w$，由式（3-138）~式（3-143）可得 $\boldsymbol{S}_w^O$ 与 $\boldsymbol{S}_w^{O'}$ 的转换关系为

$$\boldsymbol{S}_w^{O'} = f\begin{pmatrix} \boldsymbol{r}'_w \times \boldsymbol{s}'_w \\ \boldsymbol{s}'_w \end{pmatrix} + \tau\begin{pmatrix} \boldsymbol{s}'_w \\ \boldsymbol{0} \end{pmatrix} = \begin{bmatrix} \boldsymbol{R} & \boldsymbol{Q}'^{\mathrm{T}}\widetilde{\boldsymbol{p}}\boldsymbol{Q}'\boldsymbol{R} \\ \boldsymbol{0} & \boldsymbol{R} \end{bmatrix}\left(f\begin{pmatrix} \boldsymbol{r}_w \times \boldsymbol{s}_w \\ \boldsymbol{s}_w \end{pmatrix} + \tau\begin{pmatrix} \boldsymbol{s}_w \\ \boldsymbol{0} \end{pmatrix} \right) = \begin{bmatrix} \boldsymbol{R} & \boldsymbol{Q}'^{\mathrm{T}}\widetilde{\boldsymbol{p}}\boldsymbol{Q}'\boldsymbol{R} \\ \boldsymbol{0} & \boldsymbol{R} \end{bmatrix}\boldsymbol{S}_w^O \tag{3-145}$$

在后续章节的机构建模与分析中，常在移动参考系建立机构的力模型与刚度模型，需利用式（3-145）将固定参考系中的力模型向移动参考系转换。建模时，有时会令固定参考系与世界坐标系重合，且令移动参考系与固定参考系各坐标轴始终保持平行，此时 $\boldsymbol{Q}$ 与 $\boldsymbol{Q}'$ 均为 3 阶单位矩阵 $\boldsymbol{E}_3$，式（3-145）可化为

$$\boldsymbol{S}_w^{O'} = \begin{bmatrix} \boldsymbol{E}_3 & \widetilde{\boldsymbol{p}} \\ \boldsymbol{0} & \boldsymbol{E}_3 \end{bmatrix}\boldsymbol{S}_w^O \tag{3-146}$$

3.6 机器人机构的拓扑与性能建模

拓扑与性能是机器人机构设计的两个重要方面，3.3~3.5 节分别介绍了采用有限旋量、瞬时运动旋量、力旋量建立机构有限运动模型、瞬时运动模型、力模型的方法，本节将结合一些经典串联和并联机构算例，进一步展示有限运动和瞬时运动模型的一体化建模流程，即采用旋量微分映射直接由有限运动模型得到各阶瞬时运动模型。在此基础上，可由机构的运动学模型和力模型得到其刚度和动力学等模型，由此在 FIS 理论下实现机器人机构构型与性能的一体化创新设计。

3.6.1 经典串联、并联机构建模算例

1. 典型串联机构

3.2.2 节和 3.3.2 节已详细论述了建立任意串联机构有限运动模型（拓扑模型）和瞬时运动模型（性能模型）的通用方法。应用该方法，本小节将给出一些常用串联机构的模型。

如图 3.16 所示，4 自由度串联机构 $\mathrm{P_1P_2R_3H_4}$ 由 2 个 P 副、1 个 R 副、1 个 H 副组成。应用式（3-30）可得其基于有限旋量的拓扑模型为

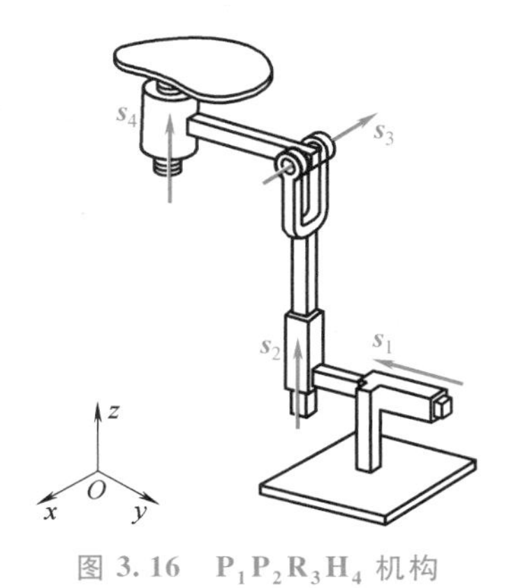

图 3.16 $\mathrm{P_1P_2R_3H_4}$ 机构

$$\boldsymbol{S}_f = \left(2\tan\frac{\theta_4}{2}\begin{pmatrix} \boldsymbol{s}_4 \\ \boldsymbol{r}_4 \times \boldsymbol{s}_4 \end{pmatrix} + h_4\theta_4\begin{pmatrix} \boldsymbol{0} \\ \boldsymbol{s}_4 \end{pmatrix} \right) \Delta 2\tan\frac{\theta_3}{2}\begin{pmatrix} \boldsymbol{s}_3 \\ \boldsymbol{r}_3 \times \boldsymbol{s}_3 \end{pmatrix} \Delta t_2\begin{pmatrix} \boldsymbol{0} \\ \boldsymbol{s}_2 \end{pmatrix} \Delta t_1\begin{pmatrix} \boldsymbol{0} \\ \boldsymbol{s}_1 \end{pmatrix} \tag{3-147}$$

式中，各符号的含义可参照式（3-24）~式（3-26）。显而易见，式（3-147）包含了串联机构 $P_1P_2R_3H_4$ 全部运动副的类型、排列顺序、方向和位置信息。

根据 3.3 节所述，通过求解串联机构拓扑模型的各阶微分，可得到其性能模型。由此，求解式（3-147）在机构初始位姿的微分，可得 $P_1P_2R_3H_4$ 机构的速度模型为

$$\begin{aligned}\boldsymbol{S}_t &= \dot{\boldsymbol{S}}_f\Big|_{\substack{t_1=0,t_2=0,\\ \theta_3=0,\theta_4=0}} \\ &= \omega_4\begin{pmatrix}\boldsymbol{s}_4\\ \boldsymbol{r}_4\times\boldsymbol{s}_4+h_4\boldsymbol{s}_4\end{pmatrix}+\omega_3\begin{pmatrix}\boldsymbol{s}_3\\ \boldsymbol{r}_3\times\boldsymbol{s}_3\end{pmatrix}+v_2\begin{pmatrix}\boldsymbol{0}\\ \boldsymbol{s}_2\end{pmatrix}+v_1\begin{pmatrix}\boldsymbol{0}\\ \boldsymbol{s}_1\end{pmatrix} \\ &= [\hat{\boldsymbol{S}}_{t,1}\quad \hat{\boldsymbol{S}}_{t,2}\quad \hat{\boldsymbol{S}}_{t,3}\quad \hat{\boldsymbol{S}}_{t,4}]\begin{pmatrix}v_1\\ v_2\\ \omega_3\\ \omega_4\end{pmatrix} \\ &= \boldsymbol{J}\dot{\boldsymbol{q}}\end{aligned}\tag{3-148}$$

当该机构运动到其他位姿时，应用式（3-61）~式（3-68），可建立其在任意位姿的速度模型为

$$\begin{aligned}\boldsymbol{S}_t &= [\hat{\boldsymbol{S}}'_{t,1}\quad \hat{\boldsymbol{S}}'_{t,2}\quad \hat{\boldsymbol{S}}'_{t,3}\quad \hat{\boldsymbol{S}}'_{t,4}]\dot{\boldsymbol{q}} \\ &= \boldsymbol{J}'\dot{\boldsymbol{q}}\end{aligned}\tag{3-149}$$

式中，

$$\hat{\boldsymbol{S}}'_{t,1}=\hat{\boldsymbol{S}}_{t,1};$$

$$\hat{\boldsymbol{S}}'_{t,2}=\exp\left(t_1\begin{bmatrix}\boldsymbol{0} & \boldsymbol{0}\\ \widetilde{\boldsymbol{s}}_1 & \boldsymbol{0}\end{bmatrix}\right)\hat{\boldsymbol{S}}_{t,2};$$

$$\hat{\boldsymbol{S}}'_{t,3}=\exp\left(t_1\begin{bmatrix}\boldsymbol{0} & \boldsymbol{0}\\ \widetilde{\boldsymbol{s}}_1 & \boldsymbol{0}\end{bmatrix}\right)\exp\left(t_2\begin{bmatrix}\boldsymbol{0} & \boldsymbol{0}\\ \widetilde{\boldsymbol{s}}_2 & \boldsymbol{0}\end{bmatrix}\right)\hat{\boldsymbol{S}}_{t,3};$$

$$\hat{\boldsymbol{S}}'_{t,4}=\exp\left(t_1\begin{bmatrix}\boldsymbol{0} & \boldsymbol{0}\\ \widetilde{\boldsymbol{s}}_1 & \boldsymbol{0}\end{bmatrix}\right)\exp\left(t_2\begin{bmatrix}\boldsymbol{0} & \boldsymbol{0}\\ \widetilde{\boldsymbol{s}}_2 & \boldsymbol{0}\end{bmatrix}\right)\exp\left(\theta_3\begin{bmatrix}\widetilde{\boldsymbol{s}}_3 & \boldsymbol{0}\\ \widetilde{\boldsymbol{r}}_3\widetilde{\boldsymbol{s}}_3-\widetilde{\boldsymbol{s}}_3\widetilde{\boldsymbol{r}}_3 & \widetilde{\boldsymbol{s}}_3\end{bmatrix}\right)\hat{\boldsymbol{S}}_{t,4}。$$

在此基础上，求解式（3-149）的微分，可得该机构的加速度和急动度模型为

$$\boldsymbol{S}_a=\dot{\boldsymbol{S}}_t=\boldsymbol{J}'\ddot{\boldsymbol{q}}+\dot{\boldsymbol{q}}^{\mathrm{T}}\boldsymbol{H}\dot{\boldsymbol{q}}\tag{3-150}$$

$$\boldsymbol{S}_j=\dot{\boldsymbol{S}}_a=\boldsymbol{J}'\dddot{\boldsymbol{q}}+2\dot{\boldsymbol{q}}^{\mathrm{T}}\boldsymbol{H}\ddot{\boldsymbol{q}}+\ddot{\boldsymbol{J}}'\dot{\boldsymbol{q}}\tag{3-151}$$

n 自由度串联机构可等效视为由 n 个单自由度运动副组成。每个运动副为 R 副、P 副、H 副三者其中之一。因此，不考虑各运动副方向和位置之间的几何关系，仅考虑运动副类型和排列顺序的情况下，n 自由度串联机构共存在 3^n 种结构。在下文中，为了方便读者查阅，将列举一些常用串联机构的拓扑模型。采用同样的方法，可直接、简单地由每个机构的拓扑模型微分得到其速度、加速度和急动度模型，因此本小节将不再赘述。

（1）PU 机构　如图 3.17 所示，PU 机构可等效视为 $P_1R_2R_3$ 机构。因此，其拓扑模型为

$$\boldsymbol{S}_f=2\tan\frac{\theta_3}{2}\begin{pmatrix}\boldsymbol{s}_3\\ \boldsymbol{r}_O\times\boldsymbol{s}_3\end{pmatrix}\Delta 2\tan\frac{\theta_2}{2}\begin{pmatrix}\boldsymbol{s}_2\\ \boldsymbol{r}_O\times\boldsymbol{s}_2\end{pmatrix}\Delta t_1\begin{pmatrix}\boldsymbol{0}\\ \boldsymbol{s}_1\end{pmatrix}\tag{3-152}$$

式中，各符号的含义可参照式（3-25）和式（3-27）中P副和U副的拓扑模型。

（2）UP机构　如图3.18所示，UP机构可等效视为$R_1R_2P_3$机构，与PU机构类似，其拓扑模型为

$$\boldsymbol{S}_f = t_3\begin{pmatrix}\boldsymbol{0}\\ \boldsymbol{s}_3\end{pmatrix}\Delta 2\tan\frac{\theta_2}{2}\begin{pmatrix}\boldsymbol{s}_2\\ \boldsymbol{r}_O\times\boldsymbol{s}_2\end{pmatrix}\Delta 2\tan\frac{\theta_1}{2}\begin{pmatrix}\boldsymbol{s}_1\\ \boldsymbol{r}_O\times\boldsymbol{s}_1\end{pmatrix} \tag{3-153}$$

式中，各符号含义可参照P副和U副的拓扑模型。

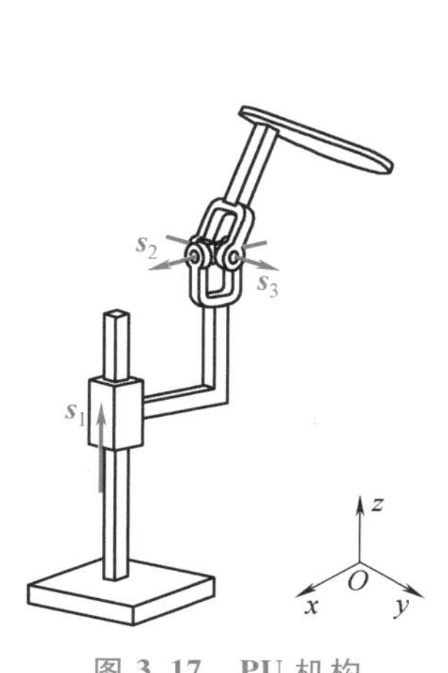

图3.17　PU机构

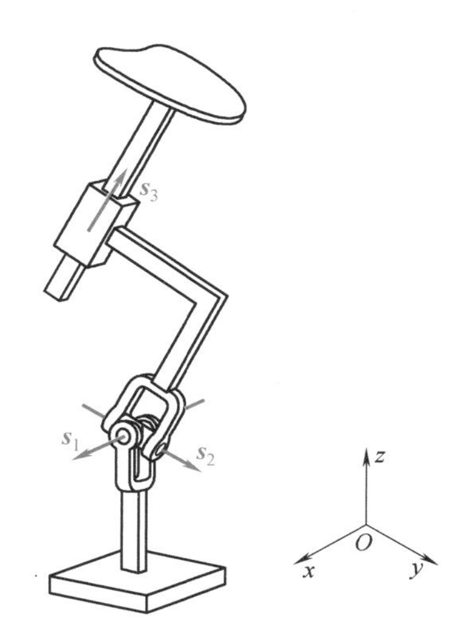

图3.18　UP机构

显而易见，在PU和UP机构的拓扑模型中，其旋量三角积含有完全相同的三个旋量因子，但因子的顺序相反。由此，这两个机构被称为互为运动逆。

（3）UPU机构　如图3.19所示，UPU机构由2个U副和1个P副组成，可等效视为$R_1R_2P_3R_4R_5$机构。因此，其拓扑模型为

$$\boldsymbol{S}_f = 2\tan\frac{\theta_5}{2}\begin{pmatrix}\boldsymbol{s}_5\\ \boldsymbol{r}_{O_2}\times\boldsymbol{s}_5\end{pmatrix}\Delta 2\tan\frac{\theta_4}{2}\begin{pmatrix}\boldsymbol{s}_4\\ \boldsymbol{r}_{O_2}\times\boldsymbol{s}_4\end{pmatrix}\Delta t_3\begin{pmatrix}\boldsymbol{0}\\ \boldsymbol{s}_3\end{pmatrix}$$
$$\Delta 2\tan\frac{\theta_2}{2}\begin{pmatrix}\boldsymbol{s}_2\\ \boldsymbol{r}_{O_1}\times\boldsymbol{s}_2\end{pmatrix}\Delta 2\tan\frac{\theta_1}{2}\begin{pmatrix}\boldsymbol{s}_1\\ \boldsymbol{r}_{O_1}\times\boldsymbol{s}_1\end{pmatrix} \tag{3-154}$$

式中，各符号含义可参照P副和U副的拓扑模型。UPU机构构成自己的运动逆。

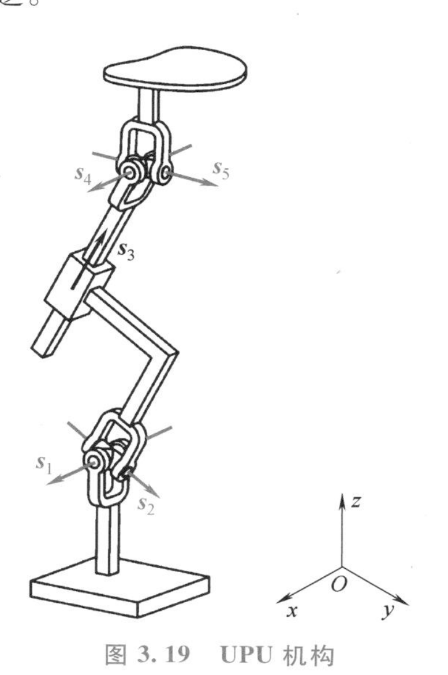

图3.19　UPU机构

（4）PRS机构　如图3.20所示，PRS机构可等效视为$P_1R_2R_3R_4R_5$机构，其拓扑模型为

$$\boldsymbol{S}_f = 2\tan\frac{\theta_5}{2}\begin{pmatrix}\boldsymbol{s}_5\\ \boldsymbol{r}_O\times\boldsymbol{s}_5\end{pmatrix}\Delta 2\tan\frac{\theta_4}{2}\begin{pmatrix}\boldsymbol{s}_4\\ \boldsymbol{r}_O\times\boldsymbol{s}_4\end{pmatrix}\Delta 2\tan\frac{\theta_3}{2}\begin{pmatrix}\boldsymbol{s}_3\\ \boldsymbol{r}_O\times\boldsymbol{s}_3\end{pmatrix}$$
$$\Delta 2\tan\frac{\theta_2}{2}\begin{pmatrix}\boldsymbol{s}_2\\ \boldsymbol{r}_2\times\boldsymbol{s}_2\end{pmatrix}\Delta t_1\begin{pmatrix}\boldsymbol{0}\\ \boldsymbol{s}_1\end{pmatrix} \tag{3-155}$$

式中，各符号的含义可参照式（3-25）、式（3-24）、式（3-29）中的 P 副、R 副、S 副的拓扑模型。

（5）RPS 机构　如图 3.21 所示，RPS 机构可等效视为 $R_1P_2R_3R_4R_5$ 机构，与 PRS 机构类似，其拓扑模型为

$$\boldsymbol{S}_f = 2\tan\frac{\theta_5}{2}\begin{pmatrix}\boldsymbol{s}_5\\ \boldsymbol{r}_O\times\boldsymbol{s}_5\end{pmatrix}\Delta 2\tan\frac{\theta_4}{2}\begin{pmatrix}\boldsymbol{s}_4\\ \boldsymbol{r}_O\times\boldsymbol{s}_4\end{pmatrix}\Delta 2\tan\frac{\theta_3}{2}\begin{pmatrix}\boldsymbol{s}_3\\ \boldsymbol{r}_O\times\boldsymbol{s}_3\end{pmatrix}\Delta t_2\begin{pmatrix}\boldsymbol{0}\\ \boldsymbol{s}_2\end{pmatrix}\Delta 2\tan\frac{\theta_1}{2}\begin{pmatrix}\boldsymbol{s}_1\\ \boldsymbol{r}_1\times\boldsymbol{s}_1\end{pmatrix} \tag{3-156}$$

式中，各符号的含义可参照 P 副、R 副、S 副的拓扑模型。

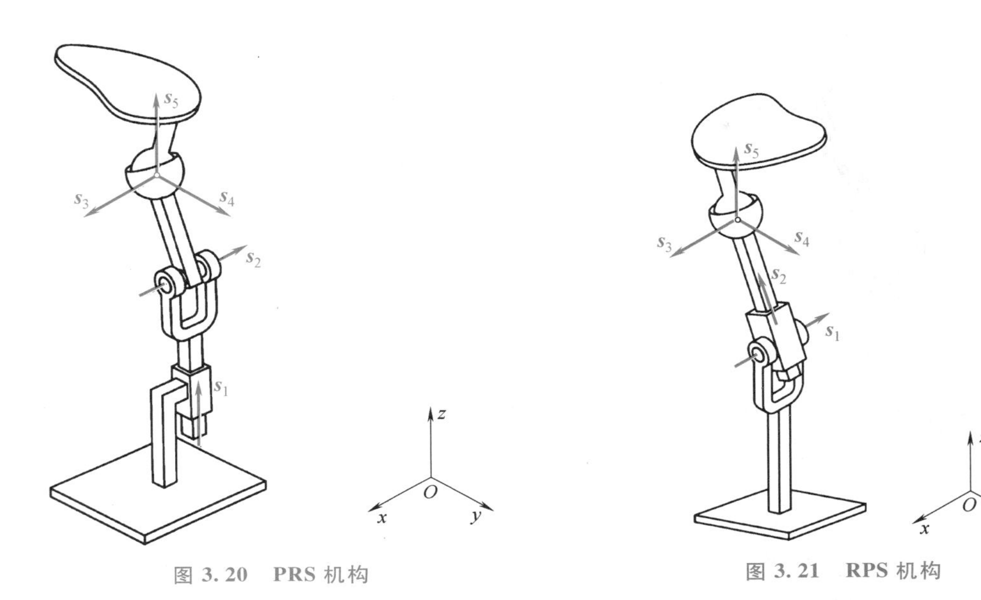

图 3.20　PRS 机构　　　　图 3.21　RPS 机构

2. 典型并联机构

并联机构的支链为串联机构。由式（3-32）可知，并联机构拓扑模型等于其支链模型的交集。通过微分并联机构拓扑模型，可得其性能模型。3.2.3 节和 3.3.3 节已详细给出了建立任意并联机构有限运动模型（拓扑模型）和瞬时运动模型（性能模型）的通用方法。本节将通过 6 个并联机构算例进一步说明该方法的应用。

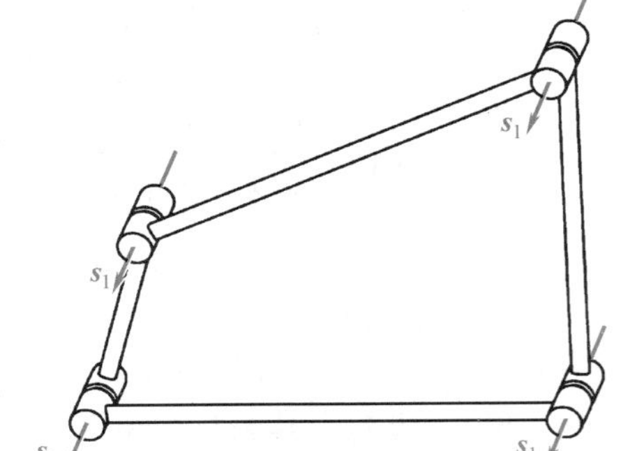

图 3.22　曲柄摇杆机构

（1）RRRR 曲柄摇杆机构　如图 3.22 所示，曲柄摇杆是由 4 个轴线相互平行的 R 副组成的并联机构，机构由两条支链构成，即 R_1R_1-R_1R_1。曲柄摇杆机构的连杆可视为动平台。

应用 R 副的拓扑模型，可得该机构两条支链的拓扑模型分别为

$$\boldsymbol{S}_{f,1} = 2\tan\frac{\theta_{1,2}}{2}\begin{pmatrix}\boldsymbol{s}_1\\ \boldsymbol{r}_{1,2}\times\boldsymbol{s}_1\end{pmatrix}\Delta 2\tan\frac{\theta_{1,1}}{2}\begin{pmatrix}\boldsymbol{s}_1\\ \boldsymbol{r}_{1,1}\times\boldsymbol{s}_1\end{pmatrix} \tag{3-157}$$

$$\boldsymbol{S}_{f,2}=2\tan\frac{\theta_{1,3}}{2}\begin{pmatrix}\boldsymbol{s}_1\\ \boldsymbol{r}_{1,3}\times\boldsymbol{s}_1\end{pmatrix}\Delta 2\tan\frac{\theta_{1,4}}{2}\begin{pmatrix}\boldsymbol{s}_1\\ \boldsymbol{r}_{1,4}\times\boldsymbol{s}_1\end{pmatrix} \tag{3-158}$$

式中，各符号的含义可参照式（3-31）。

应用式（3-32），借助 4 个 R 副相互平行的几何关系，可建立该机构的拓扑模型为

$$\boldsymbol{S}_f=\boldsymbol{S}_{f,1}\cap\boldsymbol{S}_{f,2}=2\tan\frac{f(\theta_{1,1})}{2}\begin{pmatrix}\boldsymbol{s}_1\\ \boldsymbol{r}_{1,2}\times\boldsymbol{s}_1\end{pmatrix}\Delta 2\tan\frac{\theta_{1,1}}{2}\begin{pmatrix}\boldsymbol{s}_1\\ \boldsymbol{r}_{1,1}\times\boldsymbol{s}_1\end{pmatrix} \tag{3-159}$$

式中，$f(\theta_{1,1})=\theta_{1,2}$ 可由如下方程组解得

$$\begin{cases}\theta_{1,1}+\theta_{1,2}=\theta_{1,3}+\theta_{1,4}\\ \boldsymbol{r}_{1,2}+\dfrac{(\exp(\theta_{1,1}\widetilde{\boldsymbol{s}}_1)-\boldsymbol{E}_3)(\boldsymbol{r}_{1,2}-\boldsymbol{r}_{1,1})}{2}-\dfrac{(\exp(\theta_{1,1}\widetilde{\boldsymbol{s}}_1)-\boldsymbol{E}_3)(\boldsymbol{r}_{1,2}-\boldsymbol{r}_{1,1})\times\boldsymbol{s}_1}{2\tan\dfrac{\theta_{1,1}+\theta_{1,2}}{2}}\\ =\boldsymbol{r}_{1,3}+\dfrac{(\exp(\theta_{1,4}\widetilde{\boldsymbol{s}}_1)-\boldsymbol{E}_3)(\boldsymbol{r}_{1,3}-\boldsymbol{r}_{1,4})}{2}-\dfrac{(\exp(\theta_{1,4}\widetilde{\boldsymbol{s}}_1)-\boldsymbol{E}_3)(\boldsymbol{r}_{1,3}-\boldsymbol{r}_{1,4})\times\boldsymbol{s}_1}{2\tan\dfrac{\theta_{1,3}+\theta_{1,4}}{2}}\end{cases} \tag{3-160}$$

该方程组共含有 3 个独立方程，可将 $\theta_{1,2}$、$\theta_{1,3}$、$\theta_{1,4}$ 解为 $\theta_{1,1}$ 的函数。

由式（3-160）可见，曲柄摇杆机构仅有 1 个转动自由度，R_1 可作为驱动副。

对该机构拓扑模型做微分，可得其在初始位姿的速度模型为

$$\begin{aligned}\boldsymbol{S}_t&=\dot{\boldsymbol{S}}_f\big|_{\theta_{1,1}=0}\\ &=(\dot{\boldsymbol{S}}_{f,1}\cap\dot{\boldsymbol{S}}_{f,2})\big|_{\theta_{1,1}=0}\\ &=\dot{f}(\theta_{1,1})\big|_{\theta_{1,1}=0}\begin{pmatrix}\boldsymbol{s}_1\\ \boldsymbol{r}_{1,2}\times\boldsymbol{s}_1\end{pmatrix}+\omega_{1,1}\begin{pmatrix}\boldsymbol{s}_1\\ \boldsymbol{r}_{1,1}\times\boldsymbol{s}_1\end{pmatrix}\end{aligned} \tag{3-161}$$

当曲柄摇杆机构由初始位姿运动到其他位姿时，其速度模型由式（3-161）化为

$$\boldsymbol{S}_t=\dot{f}(\theta_{1,1})\begin{pmatrix}\boldsymbol{s}_1\\ (\boldsymbol{r}_{1,1}+\exp(\theta_{1,1}\widetilde{\boldsymbol{s}}_1)(\boldsymbol{r}_{1,2}-\boldsymbol{r}_{1,1}))\times\boldsymbol{s}_1\end{pmatrix}+\omega_{1,1}\begin{pmatrix}\boldsymbol{s}_1\\ \boldsymbol{r}_{1,1}\times\boldsymbol{s}_1\end{pmatrix} \tag{3-162}$$

对式（3-162）微分可得该机构的加速度和急动度模型，分别为

$$\begin{aligned}\boldsymbol{S}_a&=\dot{\boldsymbol{S}}_t\\ &=\ddot{f}(\theta_{1,1})\begin{pmatrix}\boldsymbol{s}_1\\ (\boldsymbol{r}_{1,1}+\exp(\theta_{1,1}\widetilde{\boldsymbol{s}}_1)(\boldsymbol{r}_{1,2}-\boldsymbol{r}_{1,1}))\times\boldsymbol{s}_1\end{pmatrix}+\\ &\quad\dot{f}(\theta_{1,1})\begin{pmatrix}\boldsymbol{0}\\ (\omega_{1,1}\widetilde{\boldsymbol{s}}_1\exp(\theta_{1,1}\widetilde{\boldsymbol{s}}_1)(\boldsymbol{r}_{1,2}-\boldsymbol{r}_{1,1})\times\boldsymbol{s}_1\end{pmatrix}+\begin{pmatrix}\boldsymbol{s}_1\\ \boldsymbol{r}_{1,1}\times\boldsymbol{s}_1\end{pmatrix}\alpha_{1,1}\end{aligned} \tag{3-163}$$

$$\begin{aligned}\boldsymbol{S}_j&=\dot{\boldsymbol{S}}_a\\ &=\dddot{f}(\theta_{1,1})\begin{pmatrix}\boldsymbol{s}_1\\ (\boldsymbol{r}_{1,1}+\exp(\theta_{1,1}\widetilde{\boldsymbol{s}}_1)(\boldsymbol{r}_{1,2}-\boldsymbol{r}_{1,1}))\times\boldsymbol{s}_1\end{pmatrix}+2\ddot{f}(\theta_{1,1})\begin{pmatrix}\boldsymbol{0}\\ \omega_{1,1}\widetilde{\boldsymbol{s}}_1\exp(\theta_{1,1}\widetilde{\boldsymbol{s}}_1)(\boldsymbol{r}_{1,2}-\boldsymbol{r}_{1,1})\times\boldsymbol{s}_1\end{pmatrix}+\end{aligned}$$

$$\dot{f}(\theta_{1,1})\begin{pmatrix}\mathbf{0}\\((\alpha_{1,1}\widetilde{\boldsymbol{s}}_1\exp(\theta_{1,1}\widetilde{\boldsymbol{s}}_1)(\boldsymbol{r}_{1,2}-\boldsymbol{r}_{1,1})+(\omega_{1,1}\widetilde{\boldsymbol{s}}_1)^2\exp(\theta_{1,1}\widetilde{\boldsymbol{s}}_1)(\boldsymbol{r}_{1,2}-\boldsymbol{r}_{1,1}))\times\boldsymbol{s}_1\end{pmatrix}+$$

$$\begin{pmatrix}\boldsymbol{s}_1\\\boldsymbol{r}_{1,1}\times\boldsymbol{s}_1\end{pmatrix}\beta_{1,1} \tag{3-164}$$

（2）RRRP 曲柄滑块机构　如图 3.23 所示，曲柄滑块机构由 3 个轴线相互平行的 R 副和 1 个与其垂直的 P 副组成。机构可视为两条支链并联机构 R_1R_1-P_2R_1，其连杆为动平台。

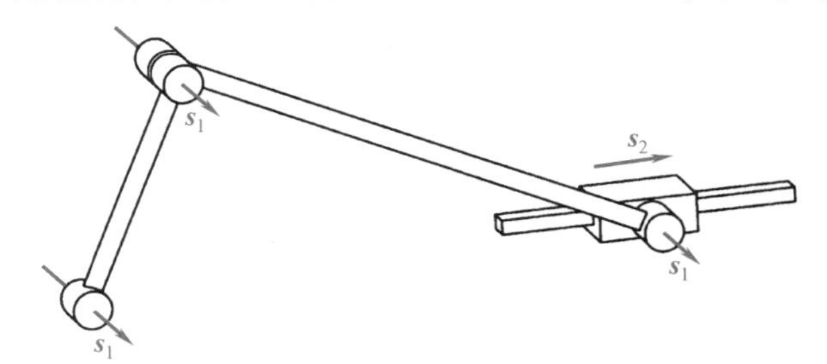

图 3.23　曲柄滑块机构

应用 R 副和 P 副的拓扑模型，可得该机构两条支链的拓扑模型分别为

$$\boldsymbol{S}_{f,1}=2\tan\frac{\theta_{1,2}}{2}\begin{pmatrix}\boldsymbol{s}_1\\\boldsymbol{r}_{1,2}\times\boldsymbol{s}_1\end{pmatrix}\Delta 2\tan\frac{\theta_{1,1}}{2}\begin{pmatrix}\boldsymbol{s}_1\\\boldsymbol{r}_{1,1}\times\boldsymbol{s}_1\end{pmatrix} \tag{3-165}$$

$$\boldsymbol{S}_{f,2}=2\tan\frac{\theta_{1,3}}{2}\begin{pmatrix}\boldsymbol{s}_1\\\boldsymbol{r}_{1,3}\times\boldsymbol{s}_1\end{pmatrix}\Delta t_2\begin{pmatrix}\mathbf{0}\\\boldsymbol{s}_2\end{pmatrix} \tag{3-166}$$

式中，各符号的含义可参照式（3-31）。

曲柄滑块机构为曲柄摇杆机构的衍生机构，借助 3 个 R 副相互平行的几何关系，可建立与式（3-159）一致的拓扑模型，但式中 $f(\theta_{1,1})=\theta_{1,2}$ 的求解方程组不同，曲柄滑块机构求解 $\theta_{1,2}$ 的方程组为

$$\begin{cases}\theta_{1,1}+\theta_{1,2}=\theta_{1,3}\\\boldsymbol{r}_{1,2}+\dfrac{(\exp(\theta_{1,1}\widetilde{\boldsymbol{s}}_1)-\boldsymbol{E}_3)(\boldsymbol{r}_{1,2}-\boldsymbol{r}_{1,1})}{2}-\dfrac{(\exp(\theta_{1,1}\widetilde{\boldsymbol{s}}_1)-\boldsymbol{E}_3)(\boldsymbol{r}_{1,2}-\boldsymbol{r}_{1,1})\times\boldsymbol{s}_1}{2\tan\dfrac{\theta_{1,1}+\theta_{1,2}}{2}}=\boldsymbol{r}_{1,3}+\dfrac{t_2}{2}-\dfrac{t_2\times\boldsymbol{s}_1}{2\tan\dfrac{\theta_{1,3}}{2}}\end{cases} \tag{3-167}$$

该方程组同样含 3 个独立方程，可将 $\theta_{1,2}$、$\theta_{1,3}$、t_2 解为 $\theta_{1,1}$ 的函数。

由式（3-167）可见，曲柄滑块机构仅有 1 个转动自由度，R_1 可作为驱动副。

对该机构拓扑模型做微分，可得与式（3-161）~式（3-164）格式相同的机构速度、加速度、急动度模型，其中 $f(\theta_{1,1})$ 的表达式由式（3-167）解得。

（3）RRR-PPR 机构　如图 3.24 所示，RRR-PPR 并联机构也可记为 $R_1R_1R_1$-

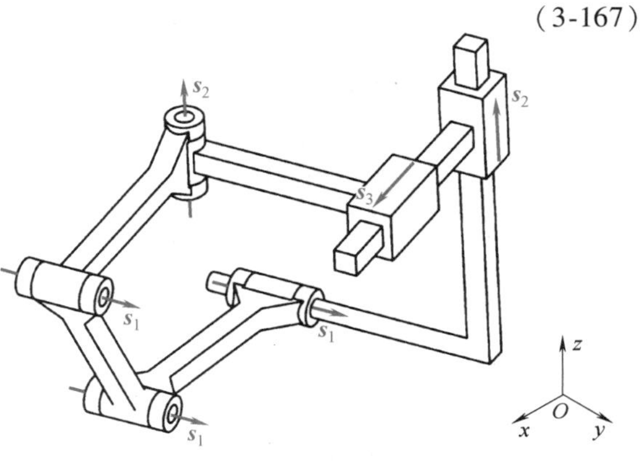

图 3.24　RRR-PPR 机构

$P_2P_3R_2$。R_1 和 P_2 之间的杆件为固定基座，R_1 和 R_2 之间的杆件为动平台。

应用 R 副和 P 副的模型以及式（3-31），可得该机构两条支链的拓扑模型分别为

$$S_{f,1}=2\tan\frac{\theta_{1,3}}{2}\begin{pmatrix}\boldsymbol{s}_1\\ \boldsymbol{r}_{1,3}\times\boldsymbol{s}_1\end{pmatrix}\Delta 2\tan\frac{\theta_{1,2}}{2}\begin{pmatrix}\boldsymbol{s}_1\\ \boldsymbol{r}_{1,2}\times\boldsymbol{s}_1\end{pmatrix}\Delta 2\tan\frac{\theta_{1,1}}{2}\begin{pmatrix}\boldsymbol{s}_1\\ \boldsymbol{r}_{1,1}\times\boldsymbol{s}_1\end{pmatrix} \tag{3-168}$$

$$S_{f,2}=2\tan\frac{\theta_2}{2}\begin{pmatrix}\boldsymbol{s}_2\\ \boldsymbol{r}_2\times\boldsymbol{s}_2\end{pmatrix}\Delta t_3\begin{pmatrix}\boldsymbol{0}\\ \boldsymbol{s}_3\end{pmatrix}\Delta t_2\begin{pmatrix}\boldsymbol{0}\\ \boldsymbol{s}_2\end{pmatrix} \tag{3-169}$$

式中，各符号的含义可参照式（3-31）。

式（3-168）和式（3-169）中各运动副方向之间的关系分别为

$$\boldsymbol{s}_2^{\mathrm{T}}\boldsymbol{s}_1=0,\ \boldsymbol{s}_3^{\mathrm{T}}\boldsymbol{s}_1=0,\ \boldsymbol{s}_2\times\boldsymbol{s}_3\neq\boldsymbol{0} \tag{3-170}$$

应用式（3-32），可建立该机构的拓扑模型为

$$S_f=S_{f,1}\cap S_{f,2}=t_2\begin{pmatrix}\boldsymbol{0}\\ \boldsymbol{s}_2\end{pmatrix}\Delta t_3\begin{pmatrix}\boldsymbol{0}\\ \boldsymbol{s}_3\end{pmatrix} \tag{3-171}$$

由所得拓扑模型可见，该并联机构具有两个自由度，P_2 和 P_3 可作为相应的驱动副。

根据拓扑模型与速度模型之间的微分映射，可得该机构在初始位姿的速度模型为

$$\begin{aligned}
S_t &= \dot{S}_f\Big|_{\substack{t_2=0,t_3=0,\\ \theta_{1,i}=0,\theta_2=0}}\quad i=1,2,3\\
&=(\dot{S}_{f,1}\cap\dot{S}_{f,2})\Big|_{\substack{t_2=0,t_3=0,\\ \theta_{1,i}=0,\theta_2=0}}\quad i=1,2,3\\
&=\left(v_2\begin{pmatrix}\boldsymbol{0}\\ \boldsymbol{s}_2\end{pmatrix}\Delta t_3\begin{pmatrix}\boldsymbol{0}\\ \boldsymbol{s}_3\end{pmatrix}+t_2\begin{pmatrix}\boldsymbol{0}\\ \boldsymbol{s}_2\end{pmatrix}\Delta v_3\begin{pmatrix}\boldsymbol{0}\\ \boldsymbol{s}_3\end{pmatrix}\right)\Bigg|_{\substack{t_2=0,t_3=0,\\ \theta_{1,i}=0,\theta_2=0}}\quad i=1,2,3\\
&=v_2\begin{pmatrix}\boldsymbol{0}\\ \boldsymbol{s}_2\end{pmatrix}+v_3\begin{pmatrix}\boldsymbol{0}\\ \boldsymbol{s}_3\end{pmatrix}\\
&=\begin{bmatrix}\boldsymbol{0} & \boldsymbol{0}\\ \boldsymbol{s}_2 & \boldsymbol{s}_3\end{bmatrix}\begin{pmatrix}v_2\\ v_3\end{pmatrix}\\
&=\boldsymbol{J}\dot{\boldsymbol{q}}
\end{aligned} \tag{3-172}$$

当该机构离开初始位姿运动到其他位姿后，其速度模型保持不变。因此，通过求解式（3-172）的微分，可得机构的加速度和急动度模型分别为

$$\begin{aligned}S_a&=\dot{S}_t\\ &=\boldsymbol{J}\ddot{\boldsymbol{q}}\end{aligned} \tag{3-173}$$

$$\begin{aligned}S_j&=\dot{S}_a\\ &=\boldsymbol{J}\dddot{\boldsymbol{q}}\end{aligned} \tag{3-174}$$

（4）RRRR 并联 Bennett 机构　如图 3.25 所示，Bennett 机构为 RRRR 并联机构，可记为 R_1R_2-R_4R_3。该机构由 4 个 R 副组成，R_1 和 R_4 之间的杆件为固定基座，R_2 和 R_3 之间的杆件为动平台。

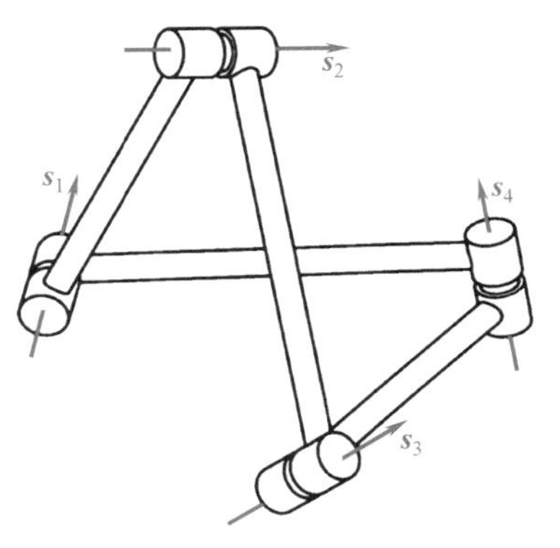

图 3.25　Bennett 机构

应用 R 副的拓扑模型，可得该机构两条支链的拓扑模

型分别为

$$\boldsymbol{S}_{f,1}=2\tan\frac{\theta_2}{2}\begin{pmatrix}\boldsymbol{s}_2\\\boldsymbol{r}_2\times\boldsymbol{s}_2\end{pmatrix}\Delta 2\tan\frac{\theta_1}{2}\begin{pmatrix}\boldsymbol{s}_1\\\boldsymbol{r}_1\times\boldsymbol{s}_1\end{pmatrix}\tag{3-175}$$

$$\boldsymbol{S}_{f,2}=2\tan\frac{\theta_3}{2}\begin{pmatrix}\boldsymbol{s}_3\\\boldsymbol{r}_3\times\boldsymbol{s}_3\end{pmatrix}\Delta 2\tan\frac{\theta_4}{2}\begin{pmatrix}\boldsymbol{s}_4\\\boldsymbol{r}_4\times\boldsymbol{s}_4\end{pmatrix}\tag{3-176}$$

式中各符号的含义可参照式（3-31）。

式（3-175）~式（3-176）中各运动副方向和位置向量之间的关系分别为

$$\arccos(\boldsymbol{s}_1^{\mathrm{T}}\boldsymbol{s}_4)=\arccos(\boldsymbol{s}_2^{\mathrm{T}}\boldsymbol{s}_3)=\alpha,\arccos(\boldsymbol{s}_1^{\mathrm{T}}\boldsymbol{s}_2)=\arccos(\boldsymbol{s}_3^{\mathrm{T}}\boldsymbol{s}_4)=\beta,|\boldsymbol{r}_4-\boldsymbol{r}_1|=|\boldsymbol{r}_2-\boldsymbol{r}_3|=a,$$

$$|\boldsymbol{r}_2-\boldsymbol{r}_1|=|\boldsymbol{r}_3-\boldsymbol{r}_4|=b,\frac{\sin\alpha}{a}=\frac{\sin\beta}{b}\tag{3-177}$$

应用式（3-32）并借助上述几何关系，可建立该机构的拓扑模型为

$$\boldsymbol{S}_f=\boldsymbol{S}_{f,1}\cap\boldsymbol{S}_{f,2}=2\frac{\sin\dfrac{\alpha+\beta}{2}}{\sin\dfrac{\beta-\alpha}{2}}\tan\frac{\theta_1}{2}\begin{pmatrix}\boldsymbol{s}_2\\\boldsymbol{r}_2\times\boldsymbol{s}_2\end{pmatrix}\Delta 2\tan\frac{\theta_1}{2}\begin{pmatrix}\boldsymbol{s}_1\\\boldsymbol{r}_1\times\boldsymbol{s}_1\end{pmatrix}\tag{3-178}$$

由式（3-178）可见，Bennett 机构仅有 1 个转动自由度，R_1 可作为驱动副。

对该机构拓扑模型做微分，可得其在初始位姿的速度模型为

$$\begin{aligned}\boldsymbol{S}_t&=\dot{\boldsymbol{S}}_f\big|_{\theta_i=0\quad i=1,\cdots,4}\\&=(\dot{\boldsymbol{S}}_{f,1}\cap\dot{\boldsymbol{S}}_{f,2})\big|_{\theta_i=0\quad i=1,\cdots,4}\\&=\left(\frac{\sin\dfrac{\alpha+\beta}{2}}{\sin\dfrac{\beta-\alpha}{2}}\begin{pmatrix}\boldsymbol{s}_2\\\boldsymbol{r}_2\times\boldsymbol{s}_2\end{pmatrix}+\begin{pmatrix}\boldsymbol{s}_1\\\boldsymbol{r}_1\times\boldsymbol{s}_1\end{pmatrix}\right)\omega_1\end{aligned}\tag{3-179}$$

式中，为简洁起见，未将 Bennett 机构速度的基旋量写为单位旋量格式。

当 Bennett 机构由初始位姿运动到其他位姿时，其速度模型由式（3-179）化为

$$\boldsymbol{S}_t=\left(\frac{\sin\dfrac{\alpha+\beta}{2}}{\sin\dfrac{\beta-\alpha}{2}}\begin{pmatrix}\exp(\theta_1\widetilde{\boldsymbol{s}}_1)\boldsymbol{s}_2\\(\boldsymbol{r}_1+\exp(\theta_1\widetilde{\boldsymbol{s}}_1)(\boldsymbol{r}_2-\boldsymbol{r}_1))\times\exp(\theta_1\widetilde{\boldsymbol{s}}_1)\boldsymbol{s}_2\end{pmatrix}+\begin{pmatrix}\boldsymbol{s}_1\\\boldsymbol{r}_1\times\boldsymbol{s}_1\end{pmatrix}\right)\omega_1\tag{3-180}$$

对式（3-180）微分可得该机构的加速度和急动度模型，分别为

$$\begin{aligned}\boldsymbol{S}_a&=\dot{\boldsymbol{S}}_t\\&=\frac{\sin\dfrac{\alpha+\beta}{2}}{\sin\dfrac{\beta-\alpha}{2}}\begin{pmatrix}\omega_1\widetilde{\boldsymbol{s}}_1\exp(\theta_1\widetilde{\boldsymbol{s}}_1)\boldsymbol{s}_2\\(\omega_1\widetilde{\boldsymbol{s}}_1\exp(\theta_1\widetilde{\boldsymbol{s}}_1)(\boldsymbol{r}_2-\boldsymbol{r}_1)\times\exp(\theta_1\widetilde{\boldsymbol{s}}_1)\boldsymbol{s}_2+\\(\boldsymbol{r}_1+\exp(\theta_1\widetilde{\boldsymbol{s}}_1)(\boldsymbol{r}_2-\boldsymbol{r}_1))\times(\omega_1\widetilde{\boldsymbol{s}}_1\exp(\theta_1\widetilde{\boldsymbol{s}}_1)\boldsymbol{s}_2))\end{pmatrix}\omega_1+\\&\quad\left(\frac{\sin\dfrac{\alpha+\beta}{2}}{\sin\dfrac{\beta-\alpha}{2}}\begin{pmatrix}\exp(\theta_1\widetilde{\boldsymbol{s}}_1)\boldsymbol{s}_2\\(\boldsymbol{r}_1+\exp(\theta_1\widetilde{\boldsymbol{s}}_1)(\boldsymbol{r}_2-\boldsymbol{r}_1))\times\exp(\theta_1\widetilde{\boldsymbol{s}}_1)\boldsymbol{s}_2\end{pmatrix}+\begin{pmatrix}\boldsymbol{s}_1\\\boldsymbol{r}_1\times\boldsymbol{s}_1\end{pmatrix}\right)\alpha_1\end{aligned}\tag{3-181}$$

$$\boldsymbol{S}_j=\dot{\boldsymbol{S}}_a$$

$$=\frac{\sin\dfrac{\alpha+\beta}{2}}{\sin\dfrac{\beta-\alpha}{2}}\begin{pmatrix}\alpha_1\widetilde{\boldsymbol{s}}_1\exp(\theta_1\widetilde{\boldsymbol{s}}_1)\boldsymbol{s}_2+(\omega_1\widetilde{\boldsymbol{s}}_1)^2\exp(\theta_1\widetilde{\boldsymbol{s}}_1)\boldsymbol{s}_2\\((\alpha_1\widetilde{\boldsymbol{s}}_1\exp(\theta_1\widetilde{\boldsymbol{s}}_1)(\boldsymbol{r}_2-\boldsymbol{r}_1)+(\omega_1\widetilde{\boldsymbol{s}}_1)^2\exp(\theta_1\widetilde{\boldsymbol{s}}_1)(\boldsymbol{r}_2-\boldsymbol{r}_1))\times\exp(\theta_1\widetilde{\boldsymbol{s}}_1)\boldsymbol{s}_2+\\2\omega_1\widetilde{\boldsymbol{s}}_1\exp(\theta_1\widetilde{\boldsymbol{s}}_1)(\boldsymbol{r}_2-\boldsymbol{r}_1)\times(\omega_1\widetilde{\boldsymbol{s}}_1\exp(\theta_1\widetilde{\boldsymbol{s}}_1)\boldsymbol{s}_2)+\\(\boldsymbol{r}_1+\exp(\theta_1\widetilde{\boldsymbol{s}}_1)(\boldsymbol{r}_2-\boldsymbol{r}_1))\times(\alpha_1\widetilde{\boldsymbol{s}}_1\exp(\theta_1\widetilde{\boldsymbol{s}}_1)\boldsymbol{s}_2+(\omega_1\widetilde{\boldsymbol{s}}_1)^2\exp(\theta_1\widetilde{\boldsymbol{s}}_1)\boldsymbol{s}_2))\end{pmatrix}\omega_1+$$

$$2\frac{\sin\dfrac{\alpha+\beta}{2}}{\sin\dfrac{\beta-\alpha}{2}}\begin{pmatrix}\omega_1\widetilde{\boldsymbol{s}}_1\exp(\theta_1\widetilde{\boldsymbol{s}}_1)\boldsymbol{s}_2\\(\omega_1\widetilde{\boldsymbol{s}}_1\exp(\theta_1\widetilde{\boldsymbol{s}}_1)(\boldsymbol{r}_2-\boldsymbol{r}_1)\times\exp(\theta_1\widetilde{\boldsymbol{s}}_1)\boldsymbol{s}_2+\\(\boldsymbol{r}_1+\exp(\theta_1\widetilde{\boldsymbol{s}}_1)(\boldsymbol{r}_2-\boldsymbol{r}_1))\times(\omega_1\widetilde{\boldsymbol{s}}_1\exp(\theta_1\widetilde{\boldsymbol{s}}_1)\boldsymbol{s}_2))\end{pmatrix}\alpha_1+$$

$$\left(\frac{\sin\dfrac{\alpha+\beta}{2}}{\sin\dfrac{\beta-\alpha}{2}}\begin{pmatrix}\exp(\theta_1\widetilde{\boldsymbol{s}}_1)\boldsymbol{s}_2\\(\boldsymbol{r}_1+\exp(\theta_1\widetilde{\boldsymbol{s}}_1)(\boldsymbol{r}_2-\boldsymbol{r}_1))\times\exp(\theta_1\widetilde{\boldsymbol{s}}_1)\boldsymbol{s}_2\end{pmatrix}+\begin{pmatrix}\boldsymbol{s}_1\\\boldsymbol{r}_1\times\boldsymbol{s}_1\end{pmatrix}\right)\beta_1 \tag{3-182}$$

因 Myard 和 Goldberg 机构均由两个 Bennett 机构组成，故 Bennett 机构的模型可直接用于这些机构及其他由多个 Bennett 机构组成的复杂机构的建模。

（5）4PPRH 机构　如图 3.26 所示，4PPRH 机构由 4 条支链组成，每条支链中含有 2 个 P 副、1 个 R 副、1 个 H 副。

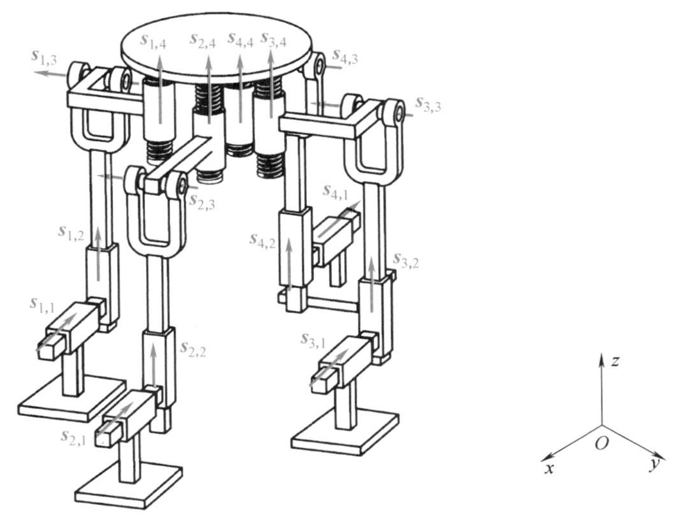

图 3.26　4PPRH 机构

4 条支链可视为 4 个串联机构。根据式（3-147），可得支链的拓扑模型为

$$\boldsymbol{S}_{f,i}=\left(2\tan\frac{\theta_{i,4}}{2}\begin{pmatrix}\boldsymbol{s}_{i,4}\\\boldsymbol{r}_{i,4}\times\boldsymbol{s}_{i,4}\end{pmatrix}+h_{i,4}\theta_{i,4}\begin{pmatrix}\boldsymbol{0}\\\boldsymbol{s}_{i,4}\end{pmatrix}\right)\Delta 2\tan\frac{\theta_{i,3}}{2}\begin{pmatrix}\boldsymbol{s}_{i,3}\\\boldsymbol{r}_{i,3}\times\boldsymbol{s}_{i,3}\end{pmatrix}\Delta t_{i,2}\begin{pmatrix}\boldsymbol{0}\\\boldsymbol{s}_{i,2}\end{pmatrix}\Delta t_{i,1}\begin{pmatrix}\boldsymbol{0}\\\boldsymbol{s}_{i,1}\end{pmatrix},i=1,\cdots,4 \tag{3-183}$$

式中，各符号的定义与式（3-147）类似，可参照式（3-31）。

4 条支链中各运动副的几何关系为：

1）各条支链中的第 2 个 P 副和 H 副方向彼此平行，即

$$\boldsymbol{s}_{1,2}=\boldsymbol{s}_{2,2}=\boldsymbol{s}_{3,2}=\boldsymbol{s}_{4,2}=\boldsymbol{s}_{1,4}=\boldsymbol{s}_{2,4}=\boldsymbol{s}_{3,4}=\boldsymbol{s}_{4,4} \tag{3-184}$$

2）各条支链中的 R 副方向彼此平行，即

$$\boldsymbol{s}_{1,3}=\boldsymbol{s}_{2,3}=\boldsymbol{s}_{3,3}=\boldsymbol{s}_{4,3} \tag{3-185}$$

3）各条支链中由 2 个 P 副方向张成的平动平面彼此平行，具有公共垂线 $\boldsymbol{s}_{1,3}$，即

$$\boldsymbol{s}_{1,1}\times\boldsymbol{s}_{1,2}=\boldsymbol{s}_{2,1}\times\boldsymbol{s}_{2,2}=\boldsymbol{s}_{3,1}\times\boldsymbol{s}_{3,2}=\boldsymbol{s}_{4,1}\times\boldsymbol{s}_{4,2}=\boldsymbol{s}_{1,3} \tag{3-186}$$

4PPRH 并联机构的拓扑模型等于其所含 4 个串联支链模型的交集。根据 3.2.3 节中分析和式（3-32）可知，该机构模型为 4 个 2PPRH 串联机构模型的交集，即

$$\boldsymbol{S}_f=\boldsymbol{S}_{f,1}\cap\boldsymbol{S}_{f,2}\cap\boldsymbol{S}_{f,3}\cap\boldsymbol{S}_{f,4} \tag{3-187}$$

利用式（3-184）~式（3-186）中的几何关系，可通过代数推导，由式（3-187）计算得到 4PPRH 机构的拓扑模型为

$$\boldsymbol{S}_f=2\tan\frac{\theta_{3,3}}{2}\begin{pmatrix}\boldsymbol{s}_{3,3}\\ \boldsymbol{r}_{3,3}\times\boldsymbol{s}_{3,3}\end{pmatrix}\Delta t_{2,2}\begin{pmatrix}\boldsymbol{0}\\ \boldsymbol{s}_{2,2}\end{pmatrix}\Delta t_{1,1}\begin{pmatrix}\boldsymbol{0}\\ \boldsymbol{s}_{1,1}\end{pmatrix} \tag{3-188}$$

显而易见，该机构具有 3 个自由度，$\mathrm{P}_{1,1}$、$\mathrm{P}_{2,2}$、$\mathrm{R}_{3,3}$ 可作为驱动副。

在拓扑模型基础上，可得该机构在初始位姿的速度模型为

$$\begin{aligned}
\boldsymbol{S}_t&=\dot{\boldsymbol{S}}_f\Big|_{\substack{t_{i,1}=0,t_{i,2}=0,\\ \theta_{i,3}=0,\theta_{i,4}=0}\quad i=1,\cdots,4}\\
&=(\dot{\boldsymbol{S}}_{f,1}\cap\dot{\boldsymbol{S}}_{f,2}\cap\dot{\boldsymbol{S}}_{f,3}\cap\dot{\boldsymbol{S}}_{f,4})\Big|_{\substack{t_{i,1}=0,t_{i,2}=0,\\ \theta_{i,3}=0,\theta_{i,4}=0}\quad i=1,\cdots,4}\\
&=\left(\begin{array}{l}
\omega_{3,3}\begin{pmatrix}\boldsymbol{s}_{3,3}\\ \boldsymbol{r}_{3,3}\times\boldsymbol{s}_{3,3}\end{pmatrix}\Delta t_{2,2}\begin{pmatrix}\boldsymbol{0}\\ \boldsymbol{s}_{2,2}\end{pmatrix}\Delta t_{1,1}\begin{pmatrix}\boldsymbol{0}\\ \boldsymbol{s}_{1,1}\end{pmatrix}+\\
2\tan\dfrac{\theta_{3,3}}{2}\begin{pmatrix}\boldsymbol{s}_{3,3}\\ \boldsymbol{r}_{3,3}\times\boldsymbol{s}_{3,3}\end{pmatrix}\Delta v_{2,2}\begin{pmatrix}\boldsymbol{0}\\ \boldsymbol{s}_{2,2}\end{pmatrix}\Delta t_{1,1}\begin{pmatrix}\boldsymbol{0}\\ \boldsymbol{s}_{1,1}\end{pmatrix}+\\
2\tan\dfrac{\theta_{3,3}}{2}\begin{pmatrix}\boldsymbol{s}_{3,3}\\ \boldsymbol{r}_{3,3}\times\boldsymbol{s}_{3,3}\end{pmatrix}\Delta t_{2,2}\begin{pmatrix}\boldsymbol{0}\\ \boldsymbol{s}_{2,2}\end{pmatrix}\Delta v_{1,1}\begin{pmatrix}\boldsymbol{0}\\ \boldsymbol{s}_{1,1}\end{pmatrix}
\end{array}\right)\Bigg|_{\substack{t_{i,1}=0,t_{i,2}=0,\\ \theta_{i,3}=0,\theta_{i,4}=0}\quad i=1,\cdots,4}\\
&=\omega_{3,3}\begin{pmatrix}\boldsymbol{s}_{3,3}\\ \boldsymbol{r}_{3,3}\times\boldsymbol{s}_{3,3}\end{pmatrix}+v_{2,2}\begin{pmatrix}\boldsymbol{0}\\ \boldsymbol{s}_{2,2}\end{pmatrix}+v_{1,1}\begin{pmatrix}\boldsymbol{0}\\ \boldsymbol{s}_{1,1}\end{pmatrix}\\
&=\begin{bmatrix}\boldsymbol{0}&\boldsymbol{0}&\boldsymbol{s}_{3,3}\\ \boldsymbol{s}_{1,1}&\boldsymbol{s}_{2,2}&\boldsymbol{r}_{3,3}\times\boldsymbol{s}_{3,3}\end{bmatrix}\begin{pmatrix}v_{1,1}\\ v_{2,2}\\ \omega_{3,3}\end{pmatrix}\\
&=\boldsymbol{J}\dot{\boldsymbol{q}}
\end{aligned} \tag{3-189}$$

当机构运动到其他位姿时，其速度模型化为

$$\boldsymbol{S}_t=\begin{bmatrix}\boldsymbol{0}&\boldsymbol{0}&\boldsymbol{s}_{3,3}\\ \boldsymbol{s}_{1,1}&\boldsymbol{s}_{2,2}&(\boldsymbol{r}_{3,3}+t_{1,1}\boldsymbol{s}_{1,1}+t_{2,2}\boldsymbol{s}_{2,2})\times\boldsymbol{s}_{3,3}\end{bmatrix}\begin{pmatrix}v_{1,1}\\ v_{2,2}\\ \omega_{3,3}\end{pmatrix}=\boldsymbol{J}'\dot{\boldsymbol{q}} \tag{3-190}$$

由此可得其加速度和急动度模型分别为

$$
\begin{aligned}
\boldsymbol{S}_a &= \dot{\boldsymbol{S}}_t = \boldsymbol{J}'\ddot{\boldsymbol{q}} + \dot{\boldsymbol{q}}^{\mathrm{T}}\boldsymbol{H}\dot{\boldsymbol{q}} \\
&= \begin{bmatrix} \mathbf{0} & \boldsymbol{s}_{2,3} \\ \boldsymbol{s}_{1,2} & (\boldsymbol{r}_{2,3}+t_{1,2}\boldsymbol{s}_{1,2})\times\boldsymbol{s}_{2,3} \end{bmatrix}\begin{pmatrix} a_{1,2} \\ \alpha_{2,3} \end{pmatrix} + \begin{bmatrix} \mathbf{0} & \mathbf{0} \\ \mathbf{0} & v_{1,2}\boldsymbol{s}_{1,2}\times\boldsymbol{s}_{2,3} \end{bmatrix}\begin{pmatrix} v_{1,2} \\ \omega_{2,3} \end{pmatrix} \\
&= \begin{bmatrix} \mathbf{0} & \mathbf{0} & \boldsymbol{s}_{3,3} \\ \boldsymbol{s}_{1,1} & \boldsymbol{s}_{2,2} & (\boldsymbol{r}_{3,3}+t_{1,1}\boldsymbol{s}_{1,1}+t_{2,2}\boldsymbol{s}_{2,2})\times\boldsymbol{s}_{3,3} \end{bmatrix}\begin{pmatrix} a_{1,1} \\ a_{2,2} \\ \alpha_{3,3} \end{pmatrix} + \\
&\quad \begin{bmatrix} \mathbf{0} & \mathbf{0} & \mathbf{0} \\ \mathbf{0} & \mathbf{0} & (v_{1,1}\boldsymbol{s}_{1,1}+v_{2,2}\boldsymbol{s}_{2,2})\times\boldsymbol{s}_{3,3} \end{bmatrix}\begin{pmatrix} v_{1,1} \\ v_{2,2} \\ \omega_{3,3} \end{pmatrix}
\end{aligned}
\tag{3-191}
$$

$$
\begin{aligned}
\boldsymbol{S}_j &= \boldsymbol{J}'\dddot{\boldsymbol{q}} + 2\dot{\boldsymbol{q}}^{\mathrm{T}}\boldsymbol{H}\ddot{\boldsymbol{q}} + \ddot{\boldsymbol{J}}'\dot{\boldsymbol{q}} \\
&= \begin{bmatrix} \mathbf{0} & \mathbf{0} & \boldsymbol{s}_{3,3} \\ \boldsymbol{s}_{1,2} & \boldsymbol{s}_{2,2} & (\boldsymbol{r}_{3,3}+t_{1,1}\boldsymbol{s}_{1,1}+t_{2,2}\boldsymbol{s}_{2,2})\times\boldsymbol{s}_{3,3} \end{bmatrix}\begin{pmatrix} j_{1,1} \\ j_{2,2} \\ \beta_{3,3} \end{pmatrix} + 2\begin{bmatrix} \mathbf{0} & \mathbf{0} & \mathbf{0} \\ \mathbf{0} & \mathbf{0} & (v_{1,1}\boldsymbol{s}_{1,1}+v_{2,2}\boldsymbol{s}_{2,2})\times\boldsymbol{s}_{3,3} \end{bmatrix}\begin{pmatrix} a_{1,1} \\ a_{2,2} \\ \alpha_{3,3} \end{pmatrix} + \\
&\quad \begin{bmatrix} \mathbf{0} & \mathbf{0} & \mathbf{0} \\ \mathbf{0} & \mathbf{0} & (j_{1,1}\boldsymbol{s}_{1,1}+j_{2,2}\boldsymbol{s}_{2,2})\times\boldsymbol{s}_{3,3} \end{bmatrix}\begin{pmatrix} v_{1,1} \\ v_{2,2} \\ \omega_{3,3} \end{pmatrix}
\end{aligned}
\tag{3-192}
$$

（6）2UPR-SPR 机构　如图 3.27 所示，2UPR-SPR 机构由 2 条 4 自由度支链和 1 条 5 自由度支链组成，该机构为 Exechon 机器人的主体机构。

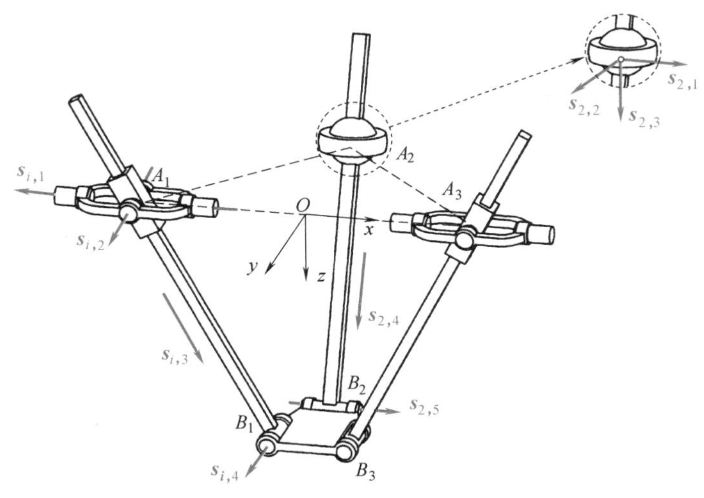

图 3.27　2UPR-SPR 机构

应用式（3-31），可建立 2 条 UPR 支链和 1 条 SPR 支链的拓扑模型，即

$$
\boldsymbol{S}_{f,i} = 2\tan\frac{\theta_{i,4}}{2}\begin{pmatrix} \boldsymbol{s}_{i,4} \\ \boldsymbol{r}_{i,4}\times\boldsymbol{s}_{i,4} \end{pmatrix} \Delta t_{i,3}\begin{pmatrix} \mathbf{0} \\ \boldsymbol{s}_{i,3} \end{pmatrix} \Delta 2\tan\frac{\theta_{i,2}}{2}\begin{pmatrix} \boldsymbol{s}_{i,2} \\ \boldsymbol{r}_{i,2}\times\boldsymbol{s}_{i,2} \end{pmatrix} \Delta 2\tan\frac{\theta_{i,1}}{2}\begin{pmatrix} \boldsymbol{s}_{i,1} \\ \boldsymbol{r}_{i,1}\times\boldsymbol{s}_{i,1} \end{pmatrix},\quad i=1,3
\tag{3-193}
$$

$$\boldsymbol{S}_{f,i}=2\tan\frac{\theta_{i,5}}{2}\begin{pmatrix}\boldsymbol{s}_{i,5}\\\boldsymbol{r}_{i,5}\times\boldsymbol{s}_{i,5}\end{pmatrix}\Delta t_{i,4}\begin{pmatrix}\boldsymbol{0}\\\boldsymbol{s}_{i,4}\end{pmatrix}\Delta 2\tan\frac{\theta_{i,3}}{2}\begin{pmatrix}\boldsymbol{s}_{i,3}\\\boldsymbol{r}_{i,3}\times\boldsymbol{s}_{i,3}\end{pmatrix}\Delta 2\tan\frac{\theta_{i,2}}{2}\begin{pmatrix}\boldsymbol{s}_{i,2}\\\boldsymbol{r}_{i,2}\times\boldsymbol{s}_{i,2}\end{pmatrix}\Delta 2\tan\frac{\theta_{i,1}}{2}\begin{pmatrix}\boldsymbol{s}_{i,1}\\\boldsymbol{r}_{i,1}\times\boldsymbol{s}_{i,1}\end{pmatrix},\quad i=2 \tag{3-194}$$

式中，各符号的含义可参照式（3-31）。

3 条支链中各运动副之间的几何关系为：

1）各 UPR 支链中 U 副的第 1 条轴线相互共线，并与 SPR 支链中的 R 副轴线平行，即

$$\boldsymbol{s}_{1,1}=\boldsymbol{s}_{3,1}=\boldsymbol{s}_{2,5},\boldsymbol{r}_{1,1}\times\boldsymbol{s}_{1,1}=\boldsymbol{r}_{3,1}\times\boldsymbol{s}_{3,1} \tag{3-195}$$

2）各 UPR 支链中 U 副的第 2 条轴线以及 R 副轴线彼此平行，即

$$\boldsymbol{s}_{1,2}=\boldsymbol{s}_{3,2}=\boldsymbol{s}_{1,4}=\boldsymbol{s}_{3,4} \tag{3-196}$$

2UPR-SPR 机构的拓扑模型为

$$\boldsymbol{S}_f=\boldsymbol{S}_{f,1}\cap\boldsymbol{S}_{f,2}\cap\boldsymbol{S}_{f,3} \tag{3-197}$$

根据式（3-195）和式（3-196）中的几何关系，可得式（3-197）中交集结果为

$$\boldsymbol{S}_f=t_z\begin{pmatrix}\boldsymbol{0}\\\boldsymbol{s}_z\end{pmatrix}\Delta 2\tan\frac{\theta_{1,1}}{2}\begin{pmatrix}\boldsymbol{s}_{1,1}\\\boldsymbol{r}_{1,1}\times\boldsymbol{s}_{1,1}\end{pmatrix}\Delta 2\tan\frac{\theta_{2,2}}{2}\begin{pmatrix}\exp(\theta_{1,1}\widetilde{\boldsymbol{s}}_{1,1})\boldsymbol{s}_{2,2}\\\boldsymbol{r}_{2,2}\times\exp(\theta_{1,1}\widetilde{\boldsymbol{s}}_{1,1})\boldsymbol{s}_{2,2}\end{pmatrix} \tag{3-198}$$

式中，$\boldsymbol{s}_z$ 为与固定坐标系 z 轴平行的单位向量，$\boldsymbol{s}_z=[0\quad 0\quad 1]^{\mathrm{T}}$；$t_z$ 为机构由初始位姿度量沿 $\boldsymbol{s}_z$ 方向的平动距离。

式（3-198）表明，该机构有 1 个平移自由度和 2 个旋转自由度，3 个 P 副可作为机构驱动副。

通过对式（3-198）微分，可得机构在初始位姿的速度模型为

$$\begin{aligned}\boldsymbol{S}_t&=\dot{t}_z\begin{pmatrix}\boldsymbol{0}\\\boldsymbol{s}_z\end{pmatrix}+\dot{\theta}_{1,1}\begin{pmatrix}\boldsymbol{s}_{1,1}\\\boldsymbol{r}_{1,1}\times\boldsymbol{s}_{1,1}\end{pmatrix}+\dot{\theta}_{2,2}\begin{pmatrix}\boldsymbol{s}_{2,2}\\\boldsymbol{r}_{2,2}\times\boldsymbol{s}_{2,2}\end{pmatrix}\\&=\begin{bmatrix}\boldsymbol{0}&\boldsymbol{s}_{1,1}&\boldsymbol{s}_{2,2}\\\boldsymbol{s}_z&\boldsymbol{r}_{1,1}\times\boldsymbol{s}_{1,1}&\boldsymbol{r}_{2,2}\times\boldsymbol{s}_{2,2}\end{bmatrix}\begin{pmatrix}v_4\\\omega_{1,1}\\\omega_{2,2}\end{pmatrix}\\&=\boldsymbol{J}\dot{\boldsymbol{q}}\end{aligned} \tag{3-199}$$

式中，v_4 为机构动平台的线速度大小。

当机构运动到其他位姿时，其速度模型化为

$$\begin{aligned}\boldsymbol{S}_t&=\dot{t}_4\begin{pmatrix}\boldsymbol{0}\\\boldsymbol{s}_4\end{pmatrix}+\dot{\theta}_{1,1}\begin{pmatrix}\boldsymbol{s}_{1,1}\\\boldsymbol{r}_{1,1}\times\boldsymbol{s}_{1,1}\end{pmatrix}+\dot{\theta}_{2,2}\begin{pmatrix}\exp(\theta_{1,1}\widetilde{\boldsymbol{s}}_{1,1})\boldsymbol{s}_{2,2}\\\boldsymbol{r}_{2,2}\times\exp(\theta_{1,1}\widetilde{\boldsymbol{s}}_{1,1})\boldsymbol{s}_{2,2}\end{pmatrix}\\&=\begin{bmatrix}\boldsymbol{0}&\boldsymbol{s}_{1,1}&\exp(\theta_{1,1}\widetilde{\boldsymbol{s}}_{1,1})\boldsymbol{s}_{2,2}\\\boldsymbol{s}_4&\boldsymbol{r}_{1,1}\times\boldsymbol{s}_{1,1}&\boldsymbol{r}_{2,2}\times\exp(\theta_{1,1}\widetilde{\boldsymbol{s}}_{1,1})\boldsymbol{s}_{2,2}\end{bmatrix}\begin{pmatrix}v_4\\\omega_{1,1}\\\omega_{2,2}\end{pmatrix}\\&=\boldsymbol{J}'\dot{\boldsymbol{q}}\end{aligned} \tag{3-200}$$

式中，

$$\boldsymbol{s}_4=\frac{\exp(\theta_{1,1}\widetilde{\boldsymbol{s}}_{1,1})\boldsymbol{s}_{2,2}\times\exp(\theta_{2,2}\exp(\theta_{1,1}\widetilde{\boldsymbol{s}}_{1,1})\widetilde{\boldsymbol{s}}_{2,2}\exp(\theta_{1,1}\widetilde{\boldsymbol{s}}_{1,1})^{\mathrm{T}})\boldsymbol{s}_{1,1}}{\left|\exp(\theta_{1,1}\widetilde{\boldsymbol{s}}_{1,1})\boldsymbol{s}_{2,2}\times\exp(\theta_{2,2}\exp(\theta_{1,1}\widetilde{\boldsymbol{s}}_{1,1})\widetilde{\boldsymbol{s}}_{2,2}\exp(\theta_{1,1}\widetilde{\boldsymbol{s}}_{1,1})^{\mathrm{T}})\boldsymbol{s}_{1,1}\right|}$$

通过对式（3-200）微分，可得机构的加速度和急动度模型分别为

$$
\begin{aligned}
\boldsymbol{S}_a = & \begin{bmatrix} \boldsymbol{0} & \boldsymbol{s}_{1,1} & \boldsymbol{s}_{2,2} \\ \boldsymbol{s}_4 & \boldsymbol{r}_{1,1}\times\boldsymbol{s}_{1,1} & \boldsymbol{r}_{2,2}\times\boldsymbol{s}_{2,2} \end{bmatrix} \begin{pmatrix} a_4 \\ \alpha_{1,1} \\ \alpha_{2,2} \end{pmatrix} + \\
& \begin{bmatrix} \boldsymbol{0} & \boldsymbol{0} & \alpha_{1,1}\boldsymbol{s}_z \\ \alpha_{1,1}\boldsymbol{s}_{2,2}-\alpha_{2,2}\boldsymbol{s}_{1,1} & \boldsymbol{0} & \boldsymbol{r}_{2,2}\times\alpha_{1,1}\boldsymbol{s}_z \end{bmatrix} \begin{pmatrix} v_4 \\ \omega_{1,1} \\ \omega_{2,2} \end{pmatrix}
\end{aligned}
\tag{3-201}
$$

$$
\begin{aligned}
\boldsymbol{S}_j = & \begin{bmatrix} \boldsymbol{0} & \boldsymbol{s}_{1,1} & \boldsymbol{s}_{2,2} \\ \boldsymbol{s}_z & \boldsymbol{r}_{A_1}\times\boldsymbol{s}_{1,1} & \boldsymbol{r}_{2,2}\times\boldsymbol{s}_{2,2} \end{bmatrix} \begin{bmatrix} j_5 \\ \beta_{1,1} \\ \beta_{2,2} \end{bmatrix} + \\
& 2\begin{bmatrix} \boldsymbol{0} & \boldsymbol{0} & \alpha_{1,1}\boldsymbol{s}_z \\ \alpha_{1,1}\boldsymbol{s}_{2,2}-\alpha_{2,2}\boldsymbol{s}_{1,1} & \boldsymbol{0} & \boldsymbol{r}_{2,2}\times\alpha_{1,1}\boldsymbol{s}_z \end{bmatrix} \begin{pmatrix} a_4 \\ \alpha_{1,1} \\ \alpha_{2,2} \end{pmatrix} + \\
& \begin{bmatrix} \boldsymbol{0} & \boldsymbol{0} & \beta_{1,1}\boldsymbol{s}_z \\ \beta_{1,1}\boldsymbol{s}_{2,2}-\beta_{2,2}\boldsymbol{s}_{1,1} & \boldsymbol{0} & \boldsymbol{r}_{2,2}\times\beta_{1,1}\boldsymbol{s}_z \end{bmatrix} \begin{bmatrix} v_5 \\ \omega_{1,1} \\ \omega_{2,2} \end{bmatrix}
\end{aligned}
\tag{3-202}
$$

上述几个算例演示了并联机构拓扑和性能建模的过程。采用同样的方法，可建立任意并联机构的模型。

3.6.2 构型与性能创新设计

不同机器人机构的拓扑结构决定了其输出运动的不同。在机构的分析和设计中，拓扑结构设计（构型综合）为首要设计环节，该环节保证机构能够输出期望的运动模式。为此，合理的拓扑模型需满足如下条件：①包含机构的全部拓扑信息，可唯一地定义机构；②完整描述机构的运动模式，反映机构的全周运动特征。因基于有限旋量的拓扑模型满足上述条件，能够解析表征拓扑结构，从而代数化综合机构，故本书将其用于构型综合研究。第4~6章将详细论述该方面内容。

基于瞬时旋量的性能模型描述了机构的各阶微分运动。如第2章所述，采用速度旋量构建机构位移的一阶微分模型。机构所受外力用力旋量表示。速度旋量和力旋量可以分析和评价机器人机构的运动学特征。此外，由速度旋量可衍生出变形旋量，该旋量可描述机构的弹性特征，由此开展刚度分析和评价。机构位移的二阶微分模型同时包含速度与加速度旋量，可用于机构动力学建模。本书的第5~7章将具体论述性能建模和分析方面的内容，第8章将阐述基于性能模型的机构优化设计方法。

拓扑和性能模型共同指导机器人机构的设计。长期以来，学者们希望将机构构型综合和性能分析统一在同一理论框架下。本书提出FIS理论，以有限旋量构建机构拓扑模型，以瞬时旋量构建性能模型；同时，严格证明了有限与瞬时旋量之间的微分映射，该映射紧密关联、统一了拓扑和性能模型。由此，实现了将机器人机构的构型综合和性能分析研究统一集成在FIS理论框架下。

本书提出的 FIS 理论框架下机器人机构拓扑和性能统一建模方法的流程如图 3.28 所示。

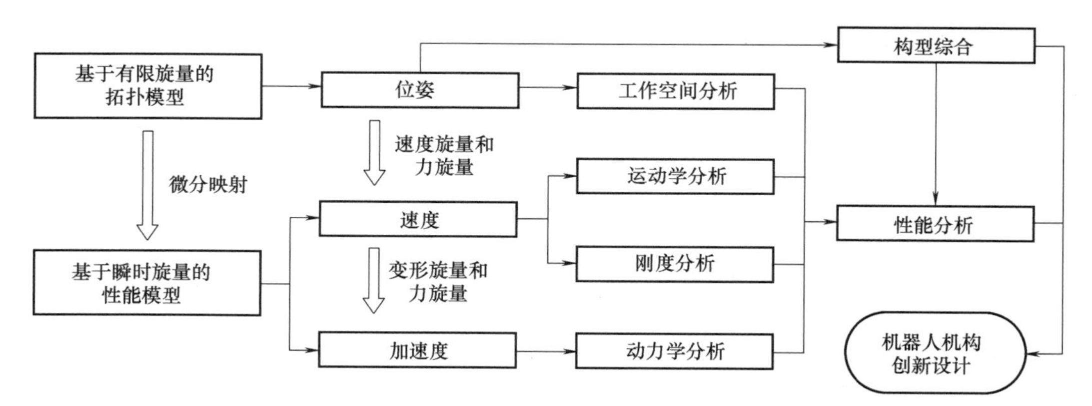

图 3.28　FIS 理论框架下机器人机构拓扑和性能统一建模方法的流程

由前文论述可知，FIS 理论为描述刚体运动最简单、最简洁的数学工具。此外，FIS 理论采用解析式表征机构运动，通过代数运算建立各种类型机构的拓扑和性能模型。因此，FIS 理论极大地简化了机构构型综合和性能分析的流程，且在数学上保证了所得结果的正确性。基于有限与瞬时旋量之间的微分映射，机构性能模型可直接通过拓扑模型的微分得到，由此将机器人机构的拓扑和性能建模统一在了 FIS 理论框架下。

3.7　本章小结

本章是基于有限旋量与瞬时旋量之间的微分映射，构建了 FIS 理论，提出了机器人机构拓扑和性能建模的统一方法，建立了紧密关联的代数化拓扑和性能模型，为机构的构型综合和性能分析奠定了理论基础。

为方便读者阅读和理解，将本章要点罗列如下：

1）在单自由度旋量、多自由度解耦旋量、多自由度非解耦旋量的情况下，均严格证明了有限旋量与瞬时旋量之间的微分映射。

2）本章采用有限旋量描述有限运动，构建了运动副、串联机构、并联机构的代数化拓扑模型，该模型包含了运动副和机构的全部拓扑信息。该拓扑模型可直接用作机构位移模型。

3）本章将包括速度、加速度、急动度在内的瞬时运动模型和力模型统一归纳为机构性能模型。基于瞬时旋量的性能模型将机构的各阶微分运动集成在 FIS 理论框架下。这些模型可直接用于机构的运动学、刚度、动力学建模和分析。

4）本章利用有限与瞬时旋量之间的微分映射，建立了机构拓扑和性能一体化模型，提出了基于 FIS 理论的机构拓扑和性能统一建模理论框架，本质上揭示了机构拓扑结构和性能特征之间的内在联系。

5）本章提出的拓扑和性能建模通用方法适用于任意机构，为机器人机构的构型综合和性能分析奠定了坚实的理论基础。

习　题

1. 试解释有限旋量与瞬时旋量、高阶旋量微分映射的物理含义。

2. 对比旋量微分与矩阵微分、对偶四元数微分，分析旋量微分的特点及其在机器人机构建模中的优势。

3. 由两个轴线空间相错转动副生成的两自由度有限旋量为

$$\boldsymbol{S}_f = 2\tan\frac{\theta_2}{2}[1\quad 0\quad 0\quad 0\quad 1\quad 0]^{\mathrm{T}}\Delta 2\tan\frac{\theta_1}{2}[0\quad 0\quad 1\quad 2\quad 1\quad 0]^{\mathrm{T}}$$

分别求该旋量在初始位姿 $\theta_1=0$、$\theta_2=0$ 时和在 $\theta_1=\dfrac{\pi}{2}$、$\theta_2=\dfrac{\pi}{3}$时的一阶瞬时旋量。

4. 一个单自由度螺旋副的轴线为$\left[\dfrac{\sqrt{3}}{3}\quad -\dfrac{\sqrt{3}}{3}\quad \dfrac{\sqrt{3}}{3}\right]^{\mathrm{T}}$，其绕轴线匀速运动，在 6s 时间内，其绕轴线旋转角度 $\theta=2\pi$、沿轴线平移距离 $t=60\mathrm{mm}$，试采用 FIS 理论建立该运动副的有限运动位姿模型和瞬时运动速度模型。

5. 一个三自由度平面运动串联机构 $\mathrm{R}_1\mathrm{R}_1\mathrm{P}_2$ 由两个轴线相互平行的转动副、一个方向与转动副垂直的移动副组成，其拓扑模型为

$$\boldsymbol{S}_f = t_2\begin{pmatrix}\boldsymbol{0}\\ \boldsymbol{s}_2\end{pmatrix}\Delta 2\tan\frac{\theta_{1,2}}{2}\begin{pmatrix}\boldsymbol{s}_1\\ \boldsymbol{r}_{1,2}\times\boldsymbol{s}_1\end{pmatrix}\Delta 2\tan\frac{\theta_{1,1}}{2}\begin{pmatrix}\boldsymbol{s}_1\\ \boldsymbol{r}_{1,1}\times\boldsymbol{s}_1\end{pmatrix}$$

试建立该串联机构的速度模型、加速度模型和急动度模型。

6. 一个四自由度熊夫利运动并联机构 $4\text{-}\mathrm{R}_1\mathrm{P}_2\mathrm{R}_1\mathrm{R}_1$ 由四条支链组成，每条支链含有三个转动副和一个移动副，机构中转动副轴线全部相互平行、移动副方向全部相互平行且与转动副垂直。机构各支链的拓扑模型为

$$\boldsymbol{S}_{f,i} = 2\tan\frac{\theta_{i,3}}{2}\begin{pmatrix}\boldsymbol{s}_1\\ \boldsymbol{r}_{i,3}\times\boldsymbol{s}_1\end{pmatrix}\Delta 2\tan\frac{\theta_{i,2}}{2}\begin{pmatrix}\boldsymbol{s}_1\\ \boldsymbol{r}_{i,2}\times\boldsymbol{s}_1\end{pmatrix}\Delta t_{i,2}\begin{pmatrix}\boldsymbol{0}\\ \boldsymbol{s}_2\end{pmatrix}\Delta 2\tan\frac{\theta_{i,1}}{2}\begin{pmatrix}\boldsymbol{s}_1\\ \boldsymbol{r}_{i,1}\times\boldsymbol{s}_1\end{pmatrix},\quad i=1,2,3,4$$

试建立该并联机构的速度模型、加速度模型和急动度模型。

7. 一个两自由度多环机构的动平台可实现两个转动，其中一个转动轴线方向受另一个转动角度的影响，两个转动的有限旋量表达式分别为

$$\boldsymbol{S}_{f,1} = 2\tan\frac{\theta_1}{2}\begin{pmatrix}\boldsymbol{s}_1\\ \boldsymbol{r}_1\times\boldsymbol{s}_1\end{pmatrix}、\boldsymbol{S}_{f,2} = 2\tan\frac{\theta_2}{2}\begin{pmatrix}\boldsymbol{s}_2(\theta_1)\\ \boldsymbol{r}_2\times\boldsymbol{s}_2(\theta_1)\end{pmatrix}$$

求该多环机构的拓扑模型和速度模型。

8. 试由式（3-160）推导 $\theta_{1,2}$、$\theta_{1,3}$、$\theta_{1,4}$ 分别与 $\theta_{1,1}$ 的函数关系

$$f(\theta_{1,1})=\theta_{1,2}、g(\theta_{1,1})=\theta_{1,3}、h(\theta_{1,1})=\theta_{1,4}$$

9. 一个瞬时运动旋量和一个力旋量在坐标系 $Oxyz$ 中的表达式分别为

$$\boldsymbol{S}_t=\omega\begin{pmatrix}\boldsymbol{s}_t\\ \boldsymbol{r}_t\times\boldsymbol{s}_t\end{pmatrix}+v\begin{pmatrix}\boldsymbol{0}\\ \boldsymbol{s}_t\end{pmatrix}、\boldsymbol{S}_w=f\begin{pmatrix}\boldsymbol{r}_w\times\boldsymbol{s}_w\\ \boldsymbol{s}_w\end{pmatrix}+\tau\begin{pmatrix}\boldsymbol{s}_w\\ \boldsymbol{0}\end{pmatrix}$$

两者在坐标系 $O'x'y'z'$中的表达式分别为

$$\boldsymbol{S}'_t=\omega\begin{pmatrix}\boldsymbol{s}'_t\\ \boldsymbol{r}'_t\times\boldsymbol{s}'_t\end{pmatrix}+v\begin{pmatrix}\boldsymbol{0}\\ \boldsymbol{s}'_t\end{pmatrix}、\boldsymbol{S}'_w=f\begin{pmatrix}\boldsymbol{r}'_w\times\boldsymbol{s}'_w\\ \boldsymbol{s}'_w\end{pmatrix}+\tau\begin{pmatrix}\boldsymbol{s}'_w\\ \boldsymbol{0}\end{pmatrix}$$

证明不同坐标系选取不影响两个旋量的互易积，即

$$\boldsymbol{S}_t^{\mathrm{T}}\boldsymbol{S}_w=\boldsymbol{S}'^{\mathrm{T}}_t\boldsymbol{S}'_w$$

10. 五自由度双熊夫利运动串联机构 $R_1R_1R_1R_2R_2$ 的拓扑模型为

$$S_f = 2\tan\frac{\theta_{2,2}}{2}\begin{pmatrix} s_2 \\ r_{2,2}\times s_2 \end{pmatrix}\Delta 2\tan\frac{\theta_{2,1}}{2}\begin{pmatrix} s_2 \\ r_{2,1}\times s_2 \end{pmatrix}\Delta 2\tan\frac{\theta_{1,3}}{2}\begin{pmatrix} s_1 \\ r_{1,3}\times s_1 \end{pmatrix}\Delta 2\tan\frac{\theta_{1,2}}{2}\begin{pmatrix} s_1 \\ r_{1,2}\times s_1 \end{pmatrix}\Delta 2\tan\frac{\theta_{1,1}}{2}\begin{pmatrix} s_1 \\ r_{1,1}\times s_1 \end{pmatrix}$$

求解机构末端刚体所受的约束力旋量。

参考文献

[1] SUN T, YANG S F, LIAN B B. Finite and instantaneous screw theory in robotic mechanism [M]. Singapore: Springer, 2020.

[2] SUN T, YANG S F, HUANG T, et al. A way of relating instantaneous and finite screws based on the screw triangle product [J]. Mechanism and Machine Theory, 2017, 108: 75-82.

[3] SUN T, YANG S F, HUANG T, et al. A finite and instantaneous screw based approach for topology design and kinematic analysis of 5-axis parallel kinematic machines [J]. Chinese Journal of Mechanical Engineering, 2018, 31 (1): 1-10.

[4] SUN T, SONG Y M, GAO H, et al. Topology synthesis of a 1-translational and 3-rotational parallel manipulator with an articulated traveling plate [J]. Journal of Mechanisms and Robotics-Transactions of the ASME, 2015, 7 (3): 0310151-0310159.

[5] HUANG Z, LI Q C. General methodology for type synthesis of symmetrical lower-mobility parallel manipulators and several novel manipulators [J]. The International Journal of Robotics Research, 2002, 21 (2): 131-145.

[6] GOSSELIN C M. Stiffness mapping for parallel manipulators [J]. IEEE Transactions on Robotics and Automation, 1990, 6 (3): 377-382.

[7] MERLET J P. Direct kinematics of parallel manipulators [J]. IEEE Transactions on Robotics and Automation, 1993, 9 (6): 842-846.

[8] GALLARDO J, RICO J M, FRISOLI A, et al. Dynamics of parallel manipulators by means of screw theory [J]. Mechanism and Machine Theory, 2003, 38 (11): 1113-1131.

[9] SUN T, LIAN B B, YANG S F, et al. Kinematic calibration of serial and parallel robots based on finite and instantaneous screw theory [J]. IEEE Transactions on Robotics, 2020, 36 (3): 816-834.

[10] QI Y, SUN T, SONG Y M, et al. Topology synthesis of three-legged spherical parallel manipulators employing Lie group theory [J]. Proceedings of the Institution of Mechanical Engineers, Part C: Journal of Mechanical Engineering Science, 2015, 229 (10): 1873-1886.

[11] YANG S F, SUN T, HUANG T, et al. A finite screw approach to type synthesis of three-DoF translational parallel mechanisms [J]. Mechanism and Machine Theory, 2016, 104: 405-419.

[12] SUN T, HUO X M. Type synthesis of 1T2R parallel mechanisms with parasitic motions [J]. Mechanism and Machine Theory, 2018, 128: 412-428.

[13] SUN T, SONG Y M, LI Y G, et al. Workspace decomposition based dimensional synthesis of a novel hybrid reconfigurable robot [J]. Journal of Mechanisms and Robotics-Transactions of the ASME, 2010, 2 (3): 0310091-0310098.

[14] SUN T, SONG Y M, DONG G, et al. Optimal design of a parallel mechanism with three rotational degrees of freedom [J]. Robotics and Computer-Integrated Manufacturing, 2012, 28 (4): 500-508.

[15] LIAN B B, SUN T, SONG Y M, et al. Stiffness analysis and experiment of a novel 5-DoF parallel kinematic machine considering gravitational effects [J]. International Journal of Machine Tools and Manufacture,

2015, 95: 82-96.

[16] SUN T, LIAN B B, SONG Y M, et al. Elasto-dynamic optimization of a 5-DoF parallel kinematic machine considering parameter uncertainty [J]. IEEE/ASME Transactions on Mechatronics, 2019, 24 (1): 315-325.

[17] SUN T, YANG S F. An approach to formulate the Hessian matrix for dynamic control of parallel robots [J]. IEEE-ASME Transactions on Mechatronics, 2019, 24 (1): 271-281.

[18] HUNT K H. Kinematic geometry of mechanisms [M]. Oxford: Oxford University Press, 1978.

[19] ANGELES J. Fundamentals of robotic mechanical systems: theory, methods, and algorithms [M]. 4th ed. New York: Springer, 2014.

[20] TSAI L W. Robot analysis: the mechanics of serial and parallel manipulators [M]. New York: John Wiley & Sons, Inc., 1999.

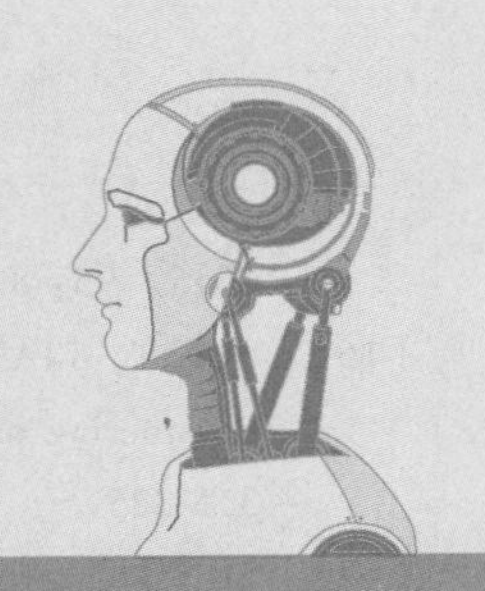

第4章

机器人机构的构型综合

4.1 引言

机器人机构的构型又被称为其拓扑。构型涵盖了机构的基本结构信息，包括机构中运动副的数目、种类、连接次序、轴线方位等。由此可见，构型直接决定了机构的主体结构、运动方式和动力学性能，故构型设计是机器人机构创新设计的首要环节。构型设计的目标是保证所得机器人机构的结构具有期望自由度，即具有期望的自由度数目和类型。自由度可采用机构运动过程中末端刚体/动平台的位姿集合来描述，本书将该位姿集合称为运动模式。换言之，当采用运动模式描述自由度时，构型设计的目标是获得能够生成期望运动模式的机构结构。事实上，具有同种运动模式的机构有很多。因此，对于给定的期望运动模式，获取能够生成该运动模式的全部可行机构结构是构型设计的关键，该过程被称为构型综合。

机器人机构的构型综合中存在两类核心难点问题。

1） 如何采用解析表达式，定义、区分、表征不同的运动模式？

2） 如何采用代数推导，由期望运动模式获取全部可行机构的结构？

在第 3 章建立的拓扑模型基础上，本章将继续以有限旋量为数学工具，深入探讨上述两个问题。

本章分为两部分。第一部分基于有限旋量提出了机构构型综合的通用方法和一般流程，借助有限旋量的表达格式和运算方法，重点探讨运动模式的解析表征、旋量集合的代数交集、支链运动的等效变换、支链的几何装配条件等内容；第二部分结合具体机构算例，介绍了采用构型综合的有限旋量方法来综合各类机构的过程，详细展示了转动轴线固定类机构、转动轴线变化类机构、曲面/曲线平动机构的构型综合过程。算例的选取具有如下特点：

1） 首次区分了转动轴线固定类和转动轴线变化类机构，给出了转动轴线方向与位置的全新理解方式，完善了转动自由度的定义。

2） 详细给出了转动类运动模式的解析表达式，解决了长期以来关于转动轴线变化类机构的困惑与争议。

3） 提出了沿二次曲面和空间曲线平动的运动模式，拓展了平动自由度的定义，得到多种新型平动机构。

本章面向机器人机构的构型综合问题，以有限旋量为数学工具，基于旋量集合的解析表达式和代数推导，提出构型综合的有限旋量方法。该方法具有很好的通用性，适用于各类串联、并联、混联机构。

4.2 构型综合的有限旋量方法

构型综合的目标是借助数学方法、通过指定的流程，获得能够生成期望运动模式的全部可行构型。其中，运动模式被定义为机构运动过程中末端刚体/动平台的位姿集合，其中需包含自由度数目和类型的全部信息；构型指机构中所有运动副的数目和连接次序，以及每个运动副的类型与轴线方位。因此，构型综合的输入为期望运动模式，输出为全部可行构型，由输入通过指定流程获得输出的方法称为构型综合方法。因本章采用有限旋量为数学工具，探讨机构的构型综合问题，故提出的方法称为构型综合的有限旋量方法。

4.2.1 构型综合的通用流程

因为期望的运动模式是构型综合的输入，所以构型综合中的一个核心问题是如何准确定义运动模式，即采用何种数学工具描述机构在运动过程中末端刚体/动平台的位姿集合。前人工作表明，有限运动表达式比瞬时运动表达式更适合描述机构在运动时的连续位姿集合。正如第3章所述，有限运动模型涵盖了机构的全部拓扑信息。第2章已严格证明了在描述有限运动的多种数学工具中，有限旋量具有比矩阵、对偶四元数更为简洁的格式和运算方法。因此，本章采用有限旋量描述机构有限运动。通过用有限旋量表达机构位姿，可将运动模式直接写为有限旋量集合，由此获得机构在整个运动过程中全周运动特征的准确解析表达式。由于有限旋量具有清晰的代数结构与合成、交集算法，因此可由有限旋量集合格式的期望运动模式，直接通过严格代数推导、不需依赖设计经验，综合出全部可行构型。

构型综合中，在给定有限旋量集合格式的期望运动模式基础上，需选定综合哪种机构。由第3章分析可知，机器人机构主要包括如下三种类别：

(1) 串联机构　串联机构是由多个单自由度运动副串联组成的开环结构。对于非冗余型少自由度串联机构，其中所含的单自由度运动副数目不大于5。

(2) 并联机构　并联机构是由两条或两条以上开环运动链并联组成的闭环结构。其中，每条开环运动链为一个串联机构，称为并联机构的支链。由两条支链组成为单闭环型并联机构，由两条以上支链组成为多闭环型并联机构。

(3) 混联机构　混联机构是由多个部分串联组成的混合结构。其中，每个部分为一个串联机构或并联机构。

选定机构的类别后，可按指定流程综合出对应类别的机构，如串联机构、并联机构或混联机构。机器人机构构型综合的通用流程如图4.1所示。

采用有限旋量方法，串联机构的构型综合可分三步进行。

步骤1：将串联机构末端刚体的期望运动模式写为有限旋量集合表达式，该表达式为若干单自由度运动副有限旋量的合成。

步骤2：将机构期望运动模式表达式分解，得到若干单自由度有限旋量，每个旋量对应一个单自由度运动副。各运动副在串联机构中的连接次序与各旋量在运动模式表达式中的合成运算次序一致。

步骤3：根据每个旋量的表达式，得到对应运动副的类型、轴线方位，由此获得能够生

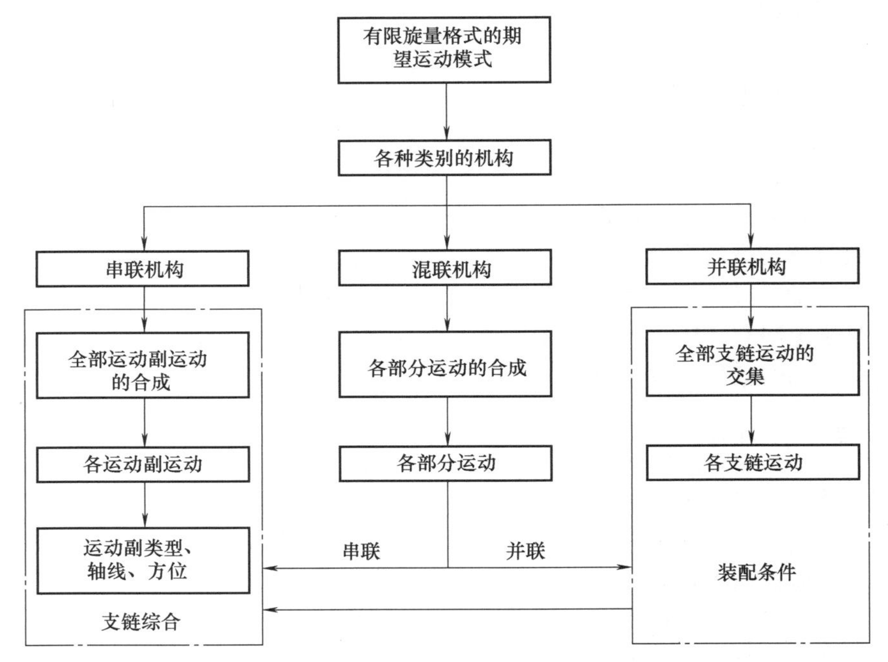

图 4.1　机器人机构构型综合的通用流程

成期望运动模式的一种可行串联机构构型。

需要指出的是，根据旋量三角运算的性质，步骤 2 中的机构期望运动模式表达式可做多种等效改写，每一种改写对应了该表达式的一个等效表达式。按照步骤 2 和步骤 3，对每个等效表达式做分解，可得到一种可行构型。由此可知，期望运动模式的全部等效表达式对应机构的全部可行构型。因此，获得期望运动模式的全部等效表达式是上述构型综合流程的关键。串联机构的构型综合也被称为支链综合，是并联机构和混联机构综合的基础。

并联机构可视为多个串联机构的组合。并联机构的期望运动模式可写为多个支链运动的交集，支链运动可进一步分解为多个运动副运动的合成。因同一个期望运动模式可写为不同组支链运动的交集，且每个支链运动可分解为不同组运动副运动的合成，故由一个运动模式可得若干并联机构构型。因此，期望运动模式的全部等效交集表达式与各支链运动的全部等效合成表达式对应了并联机构的全部可行构型。并联机构的构型综合流程分为如下三步。

步骤 1：将并联机构动平台的期望运动模式写为有限旋量集合表达式，并根据旋量集合的交集运算，写为多个支链运动的交集。

步骤 2：每一组支链运动的交集构成一个期望运动模式的等效表达式，每组支链构成并联机构的装配条件由交集表达式中的代数关系和几何条件直接决定，其中每个支链运动对应若干支链构型。

步骤 3：将支链运动视为串联机构的期望运动模式，按照串联机构的构型综合步骤，可获得全部可行的支链构型。由此，根据步骤 2 可得全部可行的并联机构构型。

混联机构由多个串联/并联机构组成，依次串联构成。混联机构的期望运动模式为其中各个串联/并联机构运动模式的合成。混联机构的期望运动模式可做多种改写，得到多个等效表达式，每个等效表达式可按不同方式划分为若干部分，各部分可分别作为串联机构或并联机构的运动模式，对应串联机构或并联机构。根据上述串联机构和并联机构的构型综合流程，可得到每部分的全部可行构型，由此得到混联机构的全部可行构型。混联机构的构型综合流程总结如下。

步骤1：将混联机构的期望运动模式写为有限旋量集合表达式，并根据旋量的合成运算性质，写为多个串联部分/并联部分运动模式的合成。

步骤2：将混联机构期望运动模式的每个等效表达式分解，得到若干串联机构/并联机构运动模式。在混联机构期望运动模式的每个等效表达式中，串联机构/并联机构运动模式的排列次序决定了在对应混联机构中串联部分/并联部分的连接次序。

步骤3：对于步骤2中得到的各串联机构/并联机构运动模式，按照串联机构/并联机构的构型综合步骤，可获得混联机构中各部分全部可行的构型，由此可得全部可行的混联机构构型。

当给定机器人机构的期望运动模式时，根据串联机构、并联机构、混联机构构型综合的通用流程，能够获得生成期望运动模式的全部可行机构构型。这些构型均被称为该运动模式的运动生成元。由上述流程可知，构型综合中主要涉及如下三个关键内容：

1）运动模式。运动模式描述机器人机构的运动特征。构型综合的期望运动模式包含机构自由度数目和类型的全部信息，采用有限旋量集合描述运动模式。

2）支链综合。串联机构、并联机构、混联机构构型综合中的核心步骤均包含支链综合。支链综合是在已知支链运动模式旋量集合表达式的条件下，综合全部可行的支链构型。每个可行支链构型包括支链中所有运动副的数目、类型、轴线方位信息。支链综合主要基于有限旋量的合成运算。

3）装配条件。装配条件用于确保一组支链组成的并联机构能够生成期望运动模式。装配条件决定并联机构中各支链相互之间需满足的几何关系。并联机构每个可行构型的装配条件由该构型支链组对应的运动模式交集表达式直接确定。装备条件主要基于有限旋量的交集运算。

机器人机构构型综合中涉及的常用运动模式、支链综合方法、装配条件选取等内容将在下文各小节中进行详细深入的讨论。

4.2.2 运动模式的解析表征

根据第3章表述的机器人机构拓扑模型，可以用有限旋量直接定义和表达常用的运动模式。

1. 单自由度运动模式

（1）沿固定方向的单自由度平动　如图4.2所示，该运动是沿一个固定方向的平动，它可以表达为

$$\boldsymbol{S}_{f,t}=t\begin{pmatrix}\boldsymbol{0}\\\boldsymbol{s}\end{pmatrix},\ t\in\mathbb{R} \tag{4-1}$$

式中，$\boldsymbol{s}$ 表示平动的单位方向向量；t 表示平动距离。

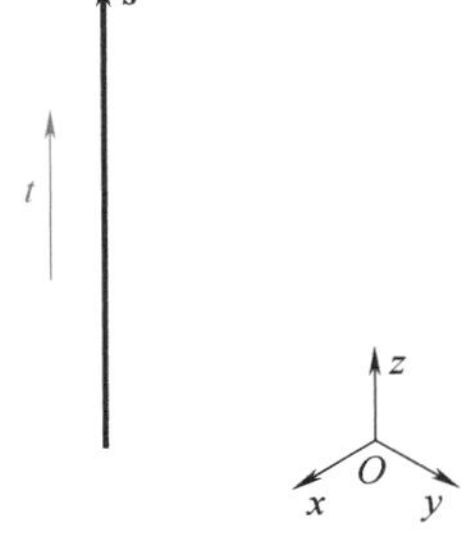

图4.2　沿固定方向的单自由度平动

（2）沿圆环的单自由度平动　区别于第一类平动的运动模式，该类平动方向可变。如图4.3所示，它沿一个圆环平动，可表示为

$$S_{f,ct}=\begin{pmatrix}\mathbf{0}\\(\exp(\theta\widetilde{s})-E_3)r\end{pmatrix},\ \theta\in\mathbb{R} \tag{4-2}$$

式中，s 表示平动圆环的单位法向量；r 表示初始位姿时沿圆环半径的向量；θ 表示平动弧所对应的角度。

（3）绕固定轴线的单自由度转动　如图 4.4 所示，该类运动是绕固定轴线的转动，具有固定转动轴线方向和位置。该运动模式的表达式为

$$S_{f,r}=2\tan\frac{\theta}{2}\begin{pmatrix}s\\r\times s\end{pmatrix},\ \theta\in\mathbb{R} \tag{4-3}$$

式中，s 和 r 分别表示转动轴线的单位方向向量和位置向量；θ 表示转动角度。

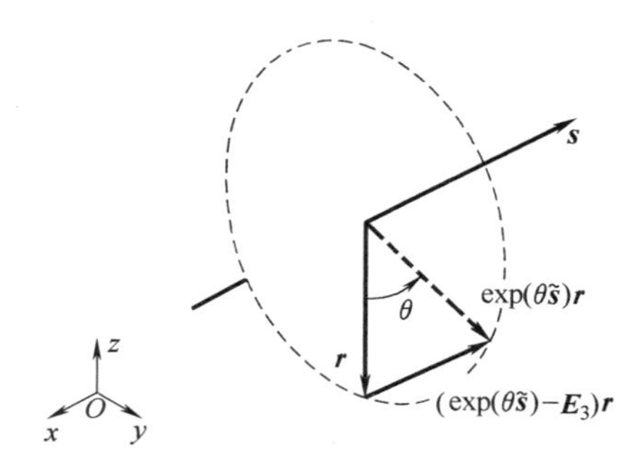

图 4.3　沿圆环的单自由度平动

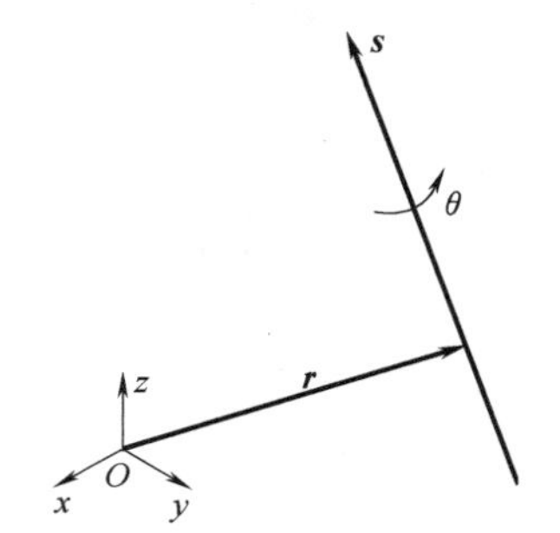

图 4.4　绕固定轴线的单自由度转动

（4）绕固定轴线的单自由度螺旋运动　如图 4.5 所示，这类单自由度螺旋运动绕有固定方向和位置的轴线转动，同时沿同一轴线以固定截距平动。它的表达式为

$$S_{f,h}=2\tan\frac{\theta}{2}\begin{pmatrix}s\\r\times s\end{pmatrix}+h\theta\begin{pmatrix}\mathbf{0}\\s\end{pmatrix},\ \theta\in\mathbb{R} \tag{4-4}$$

式中，s 和 r 分别表示转动轴线的单位方向向量和位置向量；θ 表示转动角度；h 为截距，表示平动距离和转动角度之间的固定比率。

（5）绕两条固定轴线的单自由度分岔转动　该运动是单自由度运动模式的一种特殊类型。有两条固定转动轴线，在初始位姿时可相互转换。

如图 4.6 所示，单自由度分岔转动是两个相似两自由度转动的交集。这两个两自由度转动具有两组相同的轴线，但每组轴线次序是相反的。因此，该运动模式可以表示为

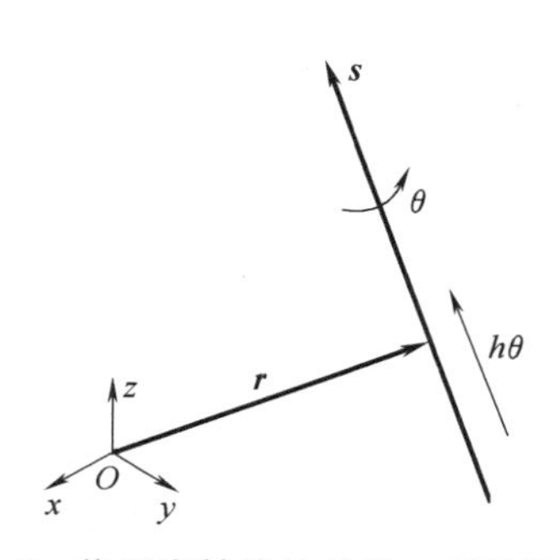

图 4.5　绕固定轴线的单自由度螺旋运动

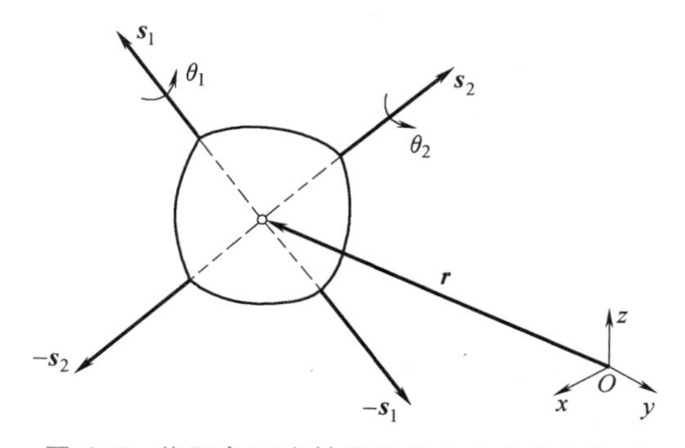

图 4.6　绕两条固定轴线的单自由度分岔转动

$$\boldsymbol{S}_{f,br}=\left(2\tan\frac{\theta_2}{2}\begin{pmatrix}\boldsymbol{s}_2\\ \boldsymbol{r}\times\boldsymbol{s}_2\end{pmatrix}\Delta 2\tan\frac{\theta_1}{2}\begin{pmatrix}\boldsymbol{s}_1\\ \boldsymbol{r}\times\boldsymbol{s}_1\end{pmatrix}\right)\cap\left(2\tan\frac{\theta_1}{2}\begin{pmatrix}\boldsymbol{s}_1\\ \boldsymbol{r}\times\boldsymbol{s}_1\end{pmatrix}\Delta 2\tan\frac{\theta_2}{2}\begin{pmatrix}\boldsymbol{s}_2\\ \boldsymbol{r}\times\boldsymbol{s}_2\end{pmatrix}\right)$$
$$=2\tan\frac{\theta_1}{2}\begin{pmatrix}\boldsymbol{s}_1\\ \boldsymbol{r}\times\boldsymbol{s}_1\end{pmatrix}\cup 2\tan\frac{\theta_2}{2}\begin{pmatrix}\boldsymbol{s}_2\\ \boldsymbol{r}\times\boldsymbol{s}_2\end{pmatrix},\quad \theta_1,\theta_2\in\mathbb{R} \tag{4-5}$$

式中，$\boldsymbol{s}_1$ 和 $\boldsymbol{s}_2$ 是两条转动轴线的单位方向向量；$\boldsymbol{r}$ 是两条转动轴线的位置向量；θ_1 和 θ_2 分别是绕两条轴线的转动角度。

（6）绕可变轴线的单自由度转动　如图 4.7 所示，该类运动模式是单自由度转动，当远离初始位姿时，转动轴线会随当前位姿发生变化。这种特殊的单自由度转动可视为一对两自由度转动的交集。此运动模式共涉及四个具有相同固定位置向量的单自由度转动。因此，该运动模式表示为

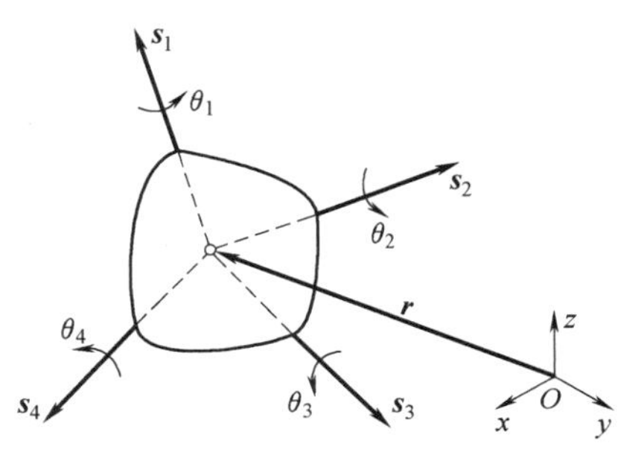

图 4.7　绕可变轴线的单自由度转动

$$\boldsymbol{S}_{f,vr}=\left(2\tan\frac{\theta_2}{2}\begin{pmatrix}\boldsymbol{s}_2\\ \boldsymbol{r}\times\boldsymbol{s}_2\end{pmatrix}\Delta 2\tan\frac{\theta_1}{2}\begin{pmatrix}\boldsymbol{s}_1\\ \boldsymbol{r}\times\boldsymbol{s}_1\end{pmatrix}\right)\cap\left(2\tan\frac{\theta_4}{2}\begin{pmatrix}\boldsymbol{s}_4\\ \boldsymbol{r}\times\boldsymbol{s}_4\end{pmatrix}\Delta 2\tan\frac{\theta_3}{2}\begin{pmatrix}\boldsymbol{s}_3\\ \boldsymbol{r}\times\boldsymbol{s}_3\end{pmatrix}\right)$$
$$=2\tan\frac{\theta}{2}\begin{pmatrix}\boldsymbol{s}\\ \boldsymbol{r}\times\boldsymbol{s}\end{pmatrix} \tag{4-6}$$

式中，$\boldsymbol{s}$ 和 $\tan\dfrac{\theta}{2}$关系式如下：

$$\frac{\boldsymbol{s}^{\mathrm{T}}(\boldsymbol{s}_1\times\boldsymbol{s}_2)\sin^2\varphi_1}{(\boldsymbol{s}^{\mathrm{T}}\boldsymbol{s}_1-\cos\varphi_1\boldsymbol{s}^{\mathrm{T}}\boldsymbol{s}_2)(\boldsymbol{s}^{\mathrm{T}}\boldsymbol{s}_2-\cos\varphi_1\boldsymbol{s}^{\mathrm{T}}\boldsymbol{s}_1)-(\boldsymbol{s}^{\mathrm{T}}(\boldsymbol{s}_1\times\boldsymbol{s}_2))^2\cos\varphi_1}$$
$$=\frac{\boldsymbol{s}^{\mathrm{T}}(\boldsymbol{s}_3\times\boldsymbol{s}_4)\sin^2\varphi_2}{(\boldsymbol{s}^{\mathrm{T}}\boldsymbol{s}_3-\cos\varphi_2\boldsymbol{s}^{\mathrm{T}}\boldsymbol{s}_4)(\boldsymbol{s}^{\mathrm{T}}\boldsymbol{s}_4-\cos\varphi_2\boldsymbol{s}^{\mathrm{T}}\boldsymbol{s}_3)-(\boldsymbol{s}^{\mathrm{T}}(\boldsymbol{s}_3\times\boldsymbol{s}_4))^2\cos\varphi_2} \tag{4-7}$$

$$\tan\frac{\theta}{2}=\frac{\boldsymbol{s}^{\mathrm{T}}(\boldsymbol{s}_1\times\boldsymbol{s}_2)\sin^2\varphi_1}{(\boldsymbol{s}^{\mathrm{T}}\boldsymbol{s}_1-\cos\varphi_1\boldsymbol{s}^{\mathrm{T}}\boldsymbol{s}_2)(\boldsymbol{s}^{\mathrm{T}}\boldsymbol{s}_2-\cos\varphi_1\boldsymbol{s}^{\mathrm{T}}\boldsymbol{s}_1)-(\boldsymbol{s}^{\mathrm{T}}(\boldsymbol{s}_1\times\boldsymbol{s}_2))^2\cos\varphi_1} \tag{4-8}$$

式中，$\varphi_1=\cos^{-1}(\boldsymbol{s}_1^{\mathrm{T}}\boldsymbol{s}_2)$、$\varphi_2=\cos^{-1}(\boldsymbol{s}_3^{\mathrm{T}}\boldsymbol{s}_4)$；$\boldsymbol{s}_1$、$\boldsymbol{s}_2$、$\boldsymbol{s}_3$、$\boldsymbol{s}_4$ 分别表示四条转动轴线的单位方向向量；$\boldsymbol{r}$ 表示四条转动轴线的位置向量；θ_1、θ_2、θ_3、θ_4（$\theta_i\in\mathbb{R}$，$i=1$，…，4）分别表示绕这四条轴线的转动角度；$\boldsymbol{s}$ 是该运动模式中可变轴线的单位方向向量；θ 是绕这条可变轴线的转动角度。

综上所述，有限旋量可定义和表达的六种常见单自由度运动模式见表 4.1。多自由度运动模式就可通过表中单自由度运动模式合成表示。

表 4.1　六种常见的单自由度运动模式

运动模式	表达式
平动	$\boldsymbol{S}_{f,t}=t\begin{pmatrix}\boldsymbol{0}\\ \boldsymbol{s}\end{pmatrix}$
圆环平动	$\boldsymbol{S}_{f,ct}=\begin{pmatrix}\boldsymbol{0}\\ (\exp(\theta\widetilde{\boldsymbol{s}})-\boldsymbol{E}_3)\boldsymbol{r}\end{pmatrix}$

（续）

运动模式	表达式
定轴转动	$\boldsymbol{S}_{f,r}=2\tan\dfrac{\theta}{2}\begin{pmatrix}\boldsymbol{s}\\ \boldsymbol{r}\times\boldsymbol{s}\end{pmatrix}$
螺旋运动	$\boldsymbol{S}_{f,h}=2\tan\dfrac{\theta}{2}\begin{pmatrix}\boldsymbol{s}\\ \boldsymbol{r}\times\boldsymbol{s}\end{pmatrix}+h\theta\begin{pmatrix}\boldsymbol{0}\\ \boldsymbol{s}\end{pmatrix}$
分岔转动	$\boldsymbol{S}_{f,br}=2\tan\dfrac{\theta_1}{2}\begin{pmatrix}\boldsymbol{s}_1\\ \boldsymbol{r}\times\boldsymbol{s}_1\end{pmatrix}\cup 2\tan\dfrac{\theta_2}{2}\begin{pmatrix}\boldsymbol{s}_2\\ \boldsymbol{r}\times\boldsymbol{s}_2\end{pmatrix}$
可变轴转动	$\boldsymbol{S}_{f,vr}=2\tan\dfrac{\theta}{2}\begin{pmatrix}\boldsymbol{s}\\ \boldsymbol{r}\times\boldsymbol{s}\end{pmatrix}$， $\tan\dfrac{\theta}{2}=\dfrac{\boldsymbol{s}^{\mathrm{T}}(\boldsymbol{s}_1\times\boldsymbol{s}_2)\sin^2\varphi_1}{(\boldsymbol{s}^{\mathrm{T}}\boldsymbol{s}_1-\cos\varphi_1\boldsymbol{s}^{\mathrm{T}}\boldsymbol{s}_2)(\boldsymbol{s}^{\mathrm{T}}\boldsymbol{s}_2-\cos\varphi_1\boldsymbol{s}^{\mathrm{T}}\boldsymbol{s}_1)-(\boldsymbol{s}^{\mathrm{T}}(\boldsymbol{s}_1\times\boldsymbol{s}_2))^2\cos\varphi_1}$ $=\dfrac{\boldsymbol{s}^{\mathrm{T}}(\boldsymbol{s}_3\times\boldsymbol{s}_4)\sin^2\varphi_2}{(\boldsymbol{s}^{\mathrm{T}}\boldsymbol{s}_3-\cos\varphi_2\boldsymbol{s}^{\mathrm{T}}\boldsymbol{s}_4)(\boldsymbol{s}^{\mathrm{T}}\boldsymbol{s}_4-\cos\varphi_2\boldsymbol{s}^{\mathrm{T}}\boldsymbol{s}_3)-(\boldsymbol{s}^{\mathrm{T}}(\boldsymbol{s}_3\times\boldsymbol{s}_4))^2\cos\varphi_2}$

2. 多自由度运动模式

选取表 4.1 中的单自由度运动模式可合成多自由度运动模式。由于篇幅有限，在此仅列出一些常用少自由度机器人机构可生成的运动模式。

（1）两自由度和三自由度平动　如图 4.8a 所示，两自由度平动由两个沿固定方向的单自由度平动合成。其运动表达式是两个形如式（4-1）表达式的合成，即

$$\boldsymbol{S}_{f,2t}=\boldsymbol{S}_{f,t,2}\Delta\boldsymbol{S}_{f,t,1}=t_2\begin{pmatrix}\boldsymbol{0}\\ \boldsymbol{s}_2\end{pmatrix}+t_1\begin{pmatrix}\boldsymbol{0}\\ \boldsymbol{s}_1\end{pmatrix}\tag{4-9}$$

式中，该运动模式的基本运动生成元如图 4.8b 所示。

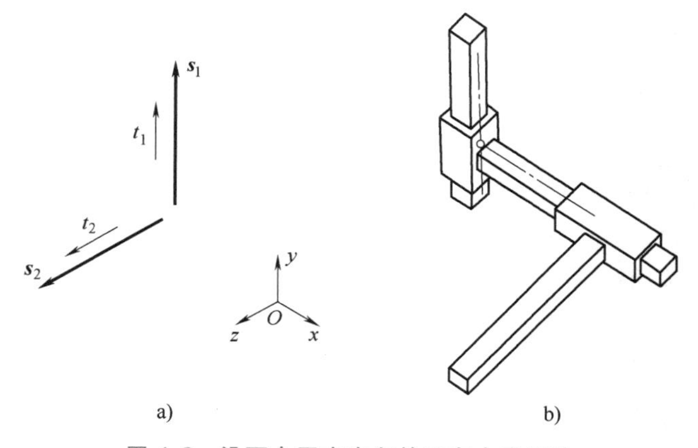

图 4.8　沿两个固定方向的两自由度平动

例如，相互独立且沿不同固定方向的三个平动合成三自由度平动。如图 4.9 所示，三自由度平动为三维空间中任意的平移运动，其表达式为

$$\boldsymbol{S}_{f,3t}=\boldsymbol{S}_{f,t,3}\Delta\boldsymbol{S}_{f,t,2}\Delta\boldsymbol{S}_{f,t,1}=t_3\begin{pmatrix}\boldsymbol{0}\\ \boldsymbol{s}_3\end{pmatrix}+t_2\begin{pmatrix}\boldsymbol{0}\\ \boldsymbol{s}_2\end{pmatrix}+t_1\begin{pmatrix}\boldsymbol{0}\\ \boldsymbol{s}_1\end{pmatrix}\tag{4-10}$$

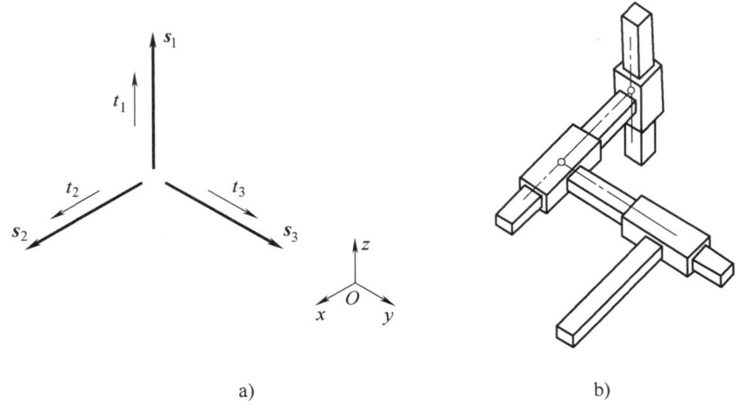

图 4.9　三自由度平动

三自由度平动也可按如下方式改写为

$$\begin{aligned} S_{f,3t} &= S_{f,ct,3}\Delta S_{f,t,2}\Delta S_{f,t,1} \\ &= \begin{pmatrix} \mathbf{0} \\ (\exp(\theta_3\widetilde{s}_3)-E_3)r_3 \end{pmatrix} + t_2\begin{pmatrix} \mathbf{0} \\ s_2 \end{pmatrix} + t_1\begin{pmatrix} \mathbf{0} \\ s_1 \end{pmatrix},\ s_3\times(s_2\times s_1)\neq \mathbf{0} \end{aligned} \tag{4-11}$$

$$\begin{aligned} S_{f,3t} &= S_{f,ct,3}\Delta S_{f,ct,2}\Delta S_{f,t,1} \\ &= \begin{pmatrix} \mathbf{0} \\ (\exp(\theta_3\widetilde{s}_3)-E_3)r_3 \end{pmatrix} + \begin{pmatrix} \mathbf{0} \\ (\exp(\theta_2\widetilde{s}_2)-E_3)r_2 \end{pmatrix} + t_1\begin{pmatrix} \mathbf{0} \\ s_1 \end{pmatrix},\ (s_2^{\mathrm{T}}s_1)^2+|s_3\times s_2|^2\neq \mathbf{0} \end{aligned} \tag{4-12}$$

$$\begin{aligned} S_{f,3t} &= S_{f,ct,3}\Delta S_{f,ct,2}\Delta S_{f,ct,1} \\ &= \begin{pmatrix} \mathbf{0} \\ (\exp(\theta_3\widetilde{s}_3)-E_3)r_3 \end{pmatrix} + \begin{pmatrix} \mathbf{0} \\ (\exp(\theta_2\widetilde{s}_2)-E_3)r_2 \end{pmatrix} + \\ &\quad \begin{pmatrix} \mathbf{0} \\ (\exp(\theta_1\widetilde{s}_1)-E_3)r_1 \end{pmatrix},\ |s_2\times s_1|^2+|s_3\times s_2|^2\neq \mathbf{0} \end{aligned} \tag{4-13}$$

（2）两自由度和三自由度转动　如图 4.10 和图 4.11 所示，常用的两自由度旋转运动模式有两种，每一种都由两个绕不同固定轴线的单自由度转动合成。

对于第一种两自由度转动运动模式，合成的转动具有相交轴线。该运动模式的计算公式见式（4-14）

$$\begin{aligned} S_{f,2r(1)} &= S_{f,r,2}\Delta S_{f,r,1} \\ &= 2\tan\frac{\theta_2}{2}\begin{pmatrix} s_2 \\ r\times s_2 \end{pmatrix}\Delta 2\tan\frac{\theta_1}{2}\begin{pmatrix} s_1 \\ r\times s_1 \end{pmatrix} \\ &= \frac{2\begin{pmatrix} \tan\frac{\theta_2}{2}s_2+\tan\frac{\theta_1}{2}s_1+\tan\frac{\theta_1}{2}\tan\frac{\theta_2}{2}s_1\times s_2 \\ r\times\left(\tan\frac{\theta_2}{2}s_2+\tan\frac{\theta_1}{2}s_1+\tan\frac{\theta_1}{2}\tan\frac{\theta_2}{2}s_1\times s_2\right) \end{pmatrix}}{1-\tan\frac{\theta_1}{2}\tan\frac{\theta_2}{2}s_1^{\mathrm{T}}s_2} \end{aligned} \tag{4-14}$$

对于第二种两自由度转动运动模式，两个单自由度转动具有异面轴线。其合成结果为

$$\begin{aligned}\boldsymbol{S}_{f,2r(2)} &= \boldsymbol{S}_{f,r,2}\Delta\boldsymbol{S}_{f,r,1}\\ &= 2\tan\frac{\theta_2}{2}\begin{pmatrix}\boldsymbol{s}_2\\ \boldsymbol{r}_2\times\boldsymbol{s}_2\end{pmatrix}\Delta 2\tan\frac{\theta_1}{2}\begin{pmatrix}\boldsymbol{s}_1\\ \boldsymbol{r}_1\times\boldsymbol{s}_1\end{pmatrix}\\ &= \frac{2\begin{pmatrix}\tan\frac{\theta_2}{2}\boldsymbol{s}_2+\tan\frac{\theta_1}{2}\boldsymbol{s}_1+\tan\frac{\theta_1}{2}\tan\frac{\theta_2}{2}\boldsymbol{s}_1\times\boldsymbol{s}_2\\ \tan\frac{\theta_2}{2}\boldsymbol{r}_2\times\boldsymbol{s}_2+\tan\frac{\theta_1}{2}\boldsymbol{r}_1\times\boldsymbol{s}_1+\tan\frac{\theta_1}{2}\tan\frac{\theta_2}{2}(\boldsymbol{s}_1\times(\boldsymbol{r}_2\times\boldsymbol{s}_2)+\boldsymbol{r}_1\times\boldsymbol{s}_1\times\boldsymbol{s}_2)\end{pmatrix}}{1-\tan\frac{\theta_1}{2}\tan\frac{\theta_2}{2}\boldsymbol{s}_1^{\mathrm{T}}\boldsymbol{s}_2}\end{aligned} \tag{4-15}$$

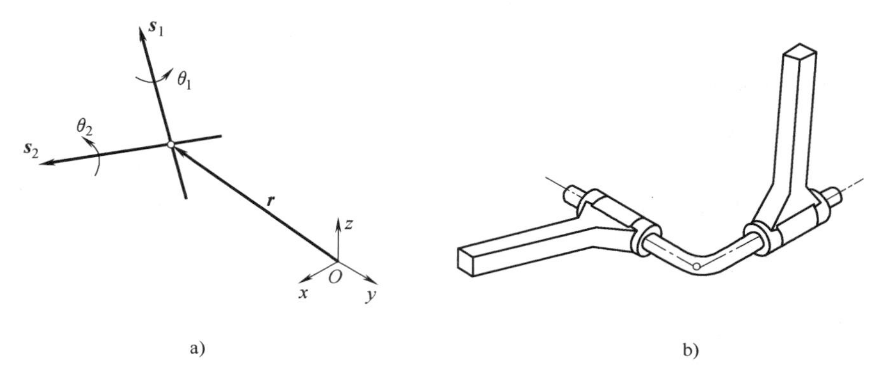

图 4.10　具有相交轴线的两自由度转动

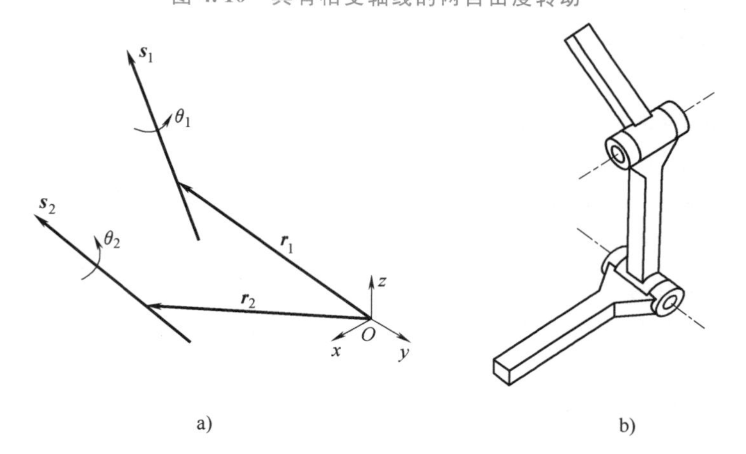

图 4.11　具有异面轴线的两自由度转动

如图 4.12~图 4.14 所示，三个绕固定轴线的单自由度转动可合成为五种三自由度转动运动模式，分别为：①轴线相交的三个单自由度转动；②轴线异面的三个单自由度转动；③前两个是轴线相交的单自由度转动，第三个是与前两个轴线异面的单自由度转动；④最后两个是轴线相交的单自由度转动，第一个是与后两个轴线异面的单自由度转动；⑤第一个和最后一个是轴线相交的单自由度转动，第二个是与另外两个轴线异面的单自由度转动。其公式表达式为

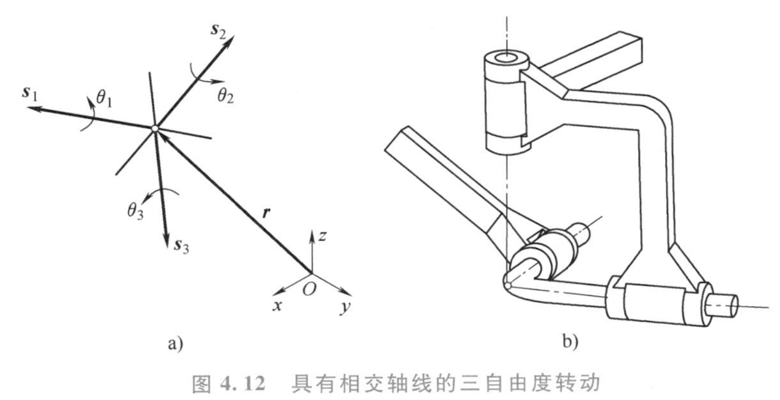

图 4.12 具有相交轴线的三自由度转动

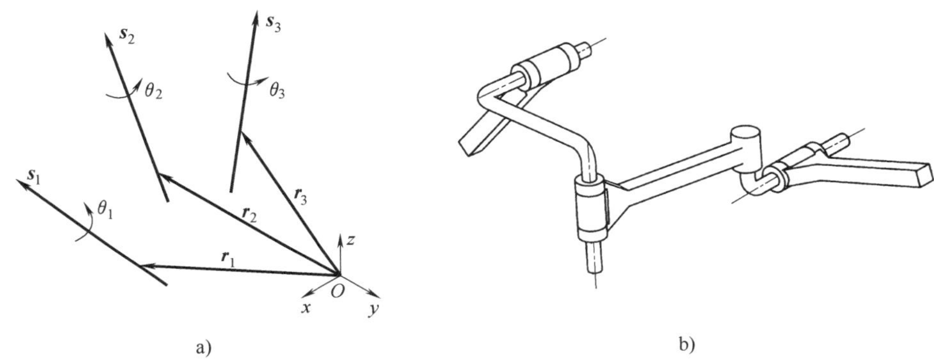

图 4.13 具有异面轴线的三自由度转动

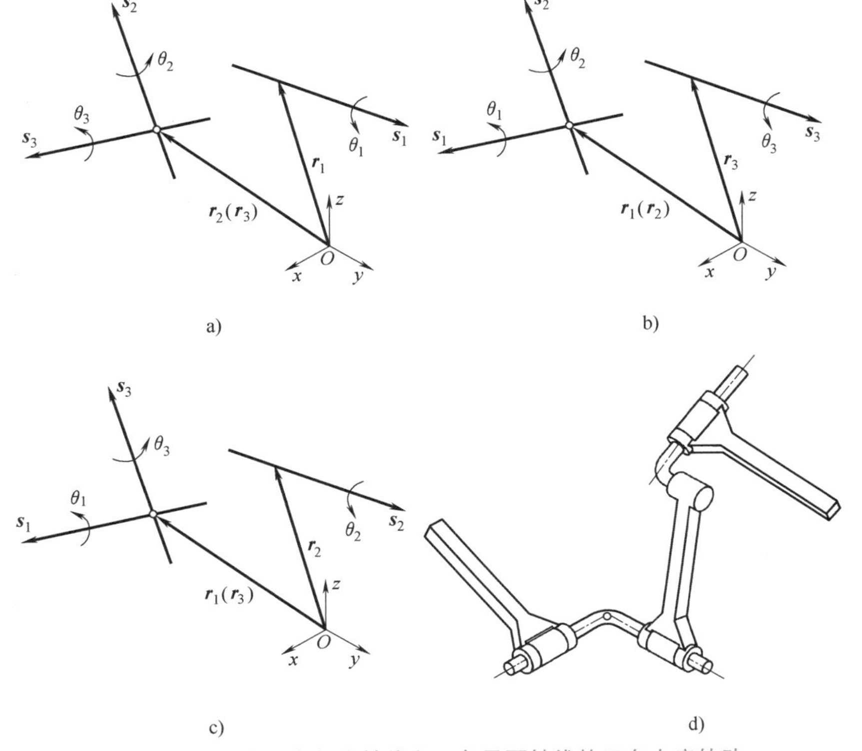

图 4.14 具有两条相交轴线和一条异面轴线的三自由度转动

$$
\begin{aligned}
\boldsymbol{S}_{f,3r(1)} &= \boldsymbol{S}_{f,r,3}\Delta\boldsymbol{S}_{f,r,2}\Delta\boldsymbol{S}_{f,r,1}\\
&= 2\tan\frac{\theta_3}{2}\begin{pmatrix}\boldsymbol{s}_3\\ \boldsymbol{r}\times\boldsymbol{s}_3\end{pmatrix}\Delta 2\tan\frac{\theta_2}{2}\begin{pmatrix}\boldsymbol{s}_2\\ \boldsymbol{r}\times\boldsymbol{s}_2\end{pmatrix}\Delta 2\tan\frac{\theta_1}{2}\begin{pmatrix}\boldsymbol{s}_1\\ \boldsymbol{r}\times\boldsymbol{s}_1\end{pmatrix},\boldsymbol{s}\in\mathbb{R}^3,|\boldsymbol{s}|=1\\
&= 2\tan\frac{\theta}{2}\begin{pmatrix}\boldsymbol{s}\\ \boldsymbol{r}\times\boldsymbol{s}\end{pmatrix}
\end{aligned} \tag{4-16}
$$

$$
\begin{aligned}
\boldsymbol{S}_{f,3r(2)} &= \boldsymbol{S}_{f,r,3}\Delta\boldsymbol{S}_{f,r,2}\Delta\boldsymbol{S}_{f,r,1}\\
&= 2\tan\frac{\theta_3}{2}\begin{pmatrix}\boldsymbol{s}_3\\ \boldsymbol{r}_3\times\boldsymbol{s}_3\end{pmatrix}\Delta 2\tan\frac{\theta_2}{2}\begin{pmatrix}\boldsymbol{s}_2\\ \boldsymbol{r}_2\times\boldsymbol{s}_2\end{pmatrix}\Delta 2\tan\frac{\theta_1}{2}\begin{pmatrix}\boldsymbol{s}_1\\ \boldsymbol{r}_1\times\boldsymbol{s}_1\end{pmatrix}
\end{aligned} \tag{4-17}
$$

$$
\begin{aligned}
\boldsymbol{S}_{f,3r(3)} &= \boldsymbol{S}_{f,r,3}\Delta\boldsymbol{S}_{f,r,2}\Delta\boldsymbol{S}_{f,r,1}\\
&= 2\tan\frac{\theta_3}{2}\begin{pmatrix}\boldsymbol{s}_3\\ \boldsymbol{r}_{23}\times\boldsymbol{s}_3\end{pmatrix}\Delta 2\tan\frac{\theta_2}{2}\begin{pmatrix}\boldsymbol{s}_2\\ \boldsymbol{r}_{23}\times\boldsymbol{s}_2\end{pmatrix}\Delta 2\tan\frac{\theta_1}{2}\begin{pmatrix}\boldsymbol{s}_1\\ \boldsymbol{r}_1\times\boldsymbol{s}_1\end{pmatrix}
\end{aligned} \tag{4-18}
$$

$$
\begin{aligned}
\boldsymbol{S}_{f,3r(4)} &= \boldsymbol{S}_{f,r,3}\Delta\boldsymbol{S}_{f,r,2}\Delta\boldsymbol{S}_{f,r,1}\\
&= 2\tan\frac{\theta_3}{2}\begin{pmatrix}\boldsymbol{s}_3\\ \boldsymbol{r}_3\times\boldsymbol{s}_3\end{pmatrix}\Delta 2\tan\frac{\theta_2}{2}\begin{pmatrix}\boldsymbol{s}_2\\ \boldsymbol{r}_{12}\times\boldsymbol{s}_2\end{pmatrix}\Delta 2\tan\frac{\theta_1}{2}\begin{pmatrix}\boldsymbol{s}_1\\ \boldsymbol{r}_{12}\times\boldsymbol{s}_1\end{pmatrix}
\end{aligned} \tag{4-19}
$$

$$
\begin{aligned}
\boldsymbol{S}_{f,3r(5)} &= \boldsymbol{S}_{f,r,3}\Delta\boldsymbol{S}_{f,r,2}\Delta\boldsymbol{S}_{f,r,1}\\
&= 2\tan\frac{\theta_3}{2}\begin{pmatrix}\boldsymbol{s}_3\\ \boldsymbol{r}_{13}\times\boldsymbol{s}_3\end{pmatrix}\Delta 2\tan\frac{\theta_2}{2}\begin{pmatrix}\boldsymbol{s}_2\\ \boldsymbol{r}_2\times\boldsymbol{s}_2\end{pmatrix}\Delta 2\tan\frac{\theta_1}{2}\begin{pmatrix}\boldsymbol{s}_1\\ \boldsymbol{r}_{13}\times\boldsymbol{s}_1\end{pmatrix}
\end{aligned} \tag{4-20}
$$

式中，$\boldsymbol{r}_{23}$ 是前两个单自由度转动的公共位置向量；$\boldsymbol{r}_{12}$ 是后两个单自由度转动的公共位置向量；$\boldsymbol{r}_{13}$ 是第一个与最后一个单自由度转动的公共位置向量。图 4.14d 表示式（4-18）的运动生成元。

（3）具有两个平动和一个转动的三自由度运动　具有两个平动和一个转动的三自由度运动模式有两种。一种是转动方向垂直于两个平动，另一种是转动方向不垂直于平动平面，分别如图 4.15 和图 4.16 所示。这两种运动模式的表达式由两个平动和一个转动的表达式合成，即

$$
\begin{aligned}
\boldsymbol{S}_{f,2t1r(1)} &= \boldsymbol{S}_{f,t,3}\Delta\boldsymbol{S}_{f,t,2}\Delta\boldsymbol{S}_{f,r,1}\\
&= \left(t_3\begin{pmatrix}\boldsymbol{0}\\ \boldsymbol{s}_3\end{pmatrix}+t_2\begin{pmatrix}\boldsymbol{0}\\ \boldsymbol{s}_2\end{pmatrix}\right)\Delta 2\tan\frac{\theta_1}{2}\begin{pmatrix}\boldsymbol{s}_1\\ \boldsymbol{r}_1\times\boldsymbol{s}_1\end{pmatrix}\\
&= \begin{pmatrix}\boldsymbol{0}\\ t_3\boldsymbol{s}_3+t_2\boldsymbol{s}_2\end{pmatrix}+2\tan\frac{\theta_1}{2}\begin{pmatrix}\boldsymbol{s}_1\\ \boldsymbol{r}_1\times\boldsymbol{s}_1\end{pmatrix}+\tan\frac{\theta_1}{2}\begin{pmatrix}\boldsymbol{0}\\ \boldsymbol{s}_1\times(t_3\boldsymbol{s}_3+t_2\boldsymbol{s}_2)\end{pmatrix}\\
&= 2\tan\frac{\theta_1}{2}\begin{pmatrix}\boldsymbol{s}_1\\ \boldsymbol{r}\times\boldsymbol{s}_1\end{pmatrix}
\end{aligned} \tag{4-21}
$$

式中，$\boldsymbol{s}_1\times(\boldsymbol{s}_2\times\boldsymbol{s}_3)=\boldsymbol{0}$。因为 $\boldsymbol{S}_{f,2t1r(1)}$ 包含平面内的所有平动以及轴线与该平面垂直的所有转动，故被称为平面运动，即

$$
\begin{aligned}
\boldsymbol{S}_{f,2t1r(2)} &= \boldsymbol{S}_{f,t,3}\Delta\boldsymbol{S}_{f,t,2}\Delta\boldsymbol{S}_{f,r,1}\\
&= \left(t_3\begin{pmatrix}\boldsymbol{0}\\ \boldsymbol{s}_3\end{pmatrix}+t_2\begin{pmatrix}\boldsymbol{0}\\ \boldsymbol{s}_2\end{pmatrix}\right)\Delta 2\tan\frac{\theta_1}{2}\begin{pmatrix}\boldsymbol{s}_1\\ \boldsymbol{r}_1\times\boldsymbol{s}_1\end{pmatrix} \qquad \boldsymbol{s}_1\times(\boldsymbol{s}_2\times\boldsymbol{s}_3)\neq\boldsymbol{0}\\
&= 2\tan\frac{\theta_1}{2}\begin{pmatrix}\boldsymbol{s}_1\\ \left(\boldsymbol{r}-\dfrac{(t_3\boldsymbol{s}_3+t_2\boldsymbol{s}_2)}{2}\right)\times\boldsymbol{s}_1\end{pmatrix}+\begin{pmatrix}\boldsymbol{0}\\ t_3\boldsymbol{s}_3+t_2\boldsymbol{s}_2\end{pmatrix}
\end{aligned} \tag{4-22}
$$

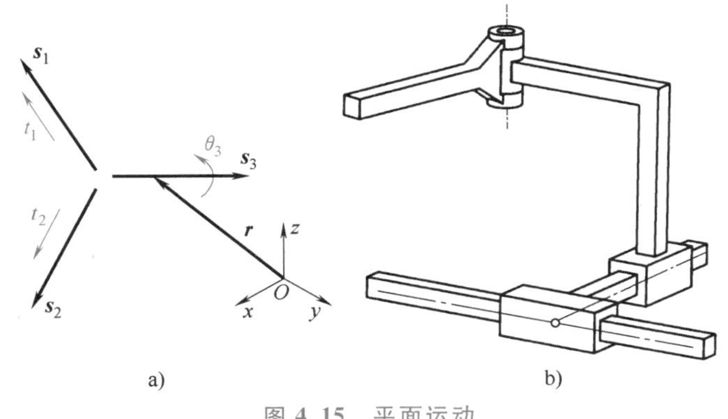

图 4.15 平面运动

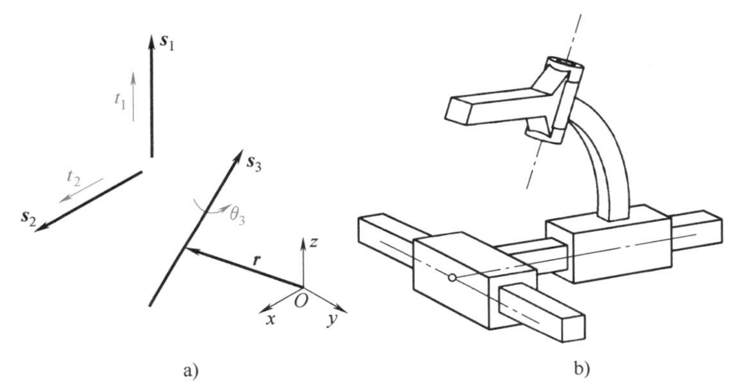

图 4.16 具有两个平动和一个转动的三自由度运动

若用一个单自由度螺旋运动代替该单自由度转动，将获得更多种类的运动模式。

（4）具有一个平动和两个转动的三自由度运动　考虑两个转动的方向和位置之间的关系，有三种运动模式被广泛使用，每种模式都包含一个方向固定的平动和两个转动，它们分别有如下特性：①两个转动都有固定的转动轴线且轴线相交；②两个转动都有固定的转动轴线且轴线异面；③一个转动有固定的转动轴线，另一个转动有固定的轴线位置和变化的方向，且两条轴线异面。

三种运动模式分别如图 4.17～图 4.19 所示。其中，第三种运动模式为 Exechon 机构并联部分的运动。

通过合成一个平动和不同组合两个转动的表达式，这三种运动模式可分别表示为

$$
\begin{aligned}
\boldsymbol{S}_{f,1t2r(1)} &= \boldsymbol{S}_{f,t,3}\Delta\boldsymbol{S}_{f,r,2}\Delta\boldsymbol{S}_{f,r,1}\\
&= t_3\begin{pmatrix}\boldsymbol{0}\\ \boldsymbol{s}_3\end{pmatrix}\Delta 2\tan\frac{\theta_2}{2}\begin{pmatrix}\boldsymbol{s}_2\\ \boldsymbol{r}\times\boldsymbol{s}_2\end{pmatrix}\Delta 2\tan\frac{\theta_1}{2}\begin{pmatrix}\boldsymbol{s}_1\\ \boldsymbol{r}\times\boldsymbol{s}_1\end{pmatrix}\\
&= t_3\begin{pmatrix}\boldsymbol{0}\\ \boldsymbol{s}_3\end{pmatrix}\Delta\frac{2\begin{pmatrix}\tan\dfrac{\theta_2}{2}\boldsymbol{s}_2+\tan\dfrac{\theta_1}{2}\boldsymbol{s}_1+\tan\dfrac{\theta_1}{2}\tan\dfrac{\theta_2}{2}\boldsymbol{s}_1\times\boldsymbol{s}_2\\ \boldsymbol{r}\times\left(\tan\dfrac{\theta_2}{2}\boldsymbol{s}_2+\tan\dfrac{\theta_1}{2}\boldsymbol{s}_1+\tan\dfrac{\theta_1}{2}\tan\dfrac{\theta_2}{2}\boldsymbol{s}_1\times\boldsymbol{s}_2\right)\end{pmatrix}}{1-\tan\dfrac{\theta_1}{2}\tan\dfrac{\theta_2}{2}\boldsymbol{s}_1^{\mathrm{T}}\boldsymbol{s}_2}
\end{aligned}
\tag{4-23}
$$

$$
\begin{aligned}
\boldsymbol{S}_{f,1t2r(2)} &= \boldsymbol{S}_{f,t,3}\Delta\boldsymbol{S}_{f,r,2}\Delta\boldsymbol{S}_{f,r,1} \\
&= t_3\begin{pmatrix}\boldsymbol{0}\\ \boldsymbol{s}_3\end{pmatrix}\Delta 2\tan\frac{\theta_2}{2}\begin{pmatrix}\boldsymbol{s}_2\\ \boldsymbol{r}_2\times\boldsymbol{s}_2\end{pmatrix}\Delta 2\tan\frac{\theta_1}{2}\begin{pmatrix}\boldsymbol{s}_1\\ \boldsymbol{r}_1\times\boldsymbol{s}_1\end{pmatrix} \\
&= t_3\begin{pmatrix}\boldsymbol{0}\\ \boldsymbol{s}_3\end{pmatrix}\Delta\frac{2\begin{pmatrix}\tan\frac{\theta_2}{2}\boldsymbol{s}_2+\tan\frac{\theta_1}{2}\boldsymbol{s}_1+\tan\frac{\theta_1}{2}\tan\frac{\theta_2}{2}\boldsymbol{s}_1\times\boldsymbol{s}_2\\ \tan\frac{\theta_2}{2}\boldsymbol{r}_2\times\boldsymbol{s}_2+\tan\frac{\theta_1}{2}\boldsymbol{r}_1\times\boldsymbol{s}_1+\tan\frac{\theta_1}{2}\tan\frac{\theta_2}{2}(\boldsymbol{s}_1\times(\boldsymbol{r}_2\times\boldsymbol{s}_2)+\boldsymbol{r}_1\times\boldsymbol{s}_1\times\boldsymbol{s}_2)\end{pmatrix}}{1-\tan\frac{\theta_1}{2}\tan\frac{\theta_2}{2}\boldsymbol{s}_1^{\mathrm{T}}\boldsymbol{s}_2}
\end{aligned}
\tag{4-24}
$$

$$
\begin{aligned}
\boldsymbol{S}_{f,1t2r(1)} &= \boldsymbol{S}_{f,t,3}\Delta\boldsymbol{S}_{f,r,2}\Delta\boldsymbol{S}_{f,1} \\
&= t_3\begin{pmatrix}\boldsymbol{0}\\ \boldsymbol{s}_3\end{pmatrix}\Delta 2\tan\frac{\theta_2}{2}\begin{pmatrix}\boldsymbol{s}_2\\ \boldsymbol{r}_2\times\boldsymbol{s}_2\end{pmatrix}\Delta 2\tan\frac{\theta_1}{2}\begin{pmatrix}\exp(\theta_2\widetilde{\boldsymbol{s}}_2)\boldsymbol{s}_1\\ \boldsymbol{r}_1\times\exp(\theta_2\widetilde{\boldsymbol{s}}_2)\boldsymbol{s}_1\end{pmatrix}
\end{aligned}
\tag{4-25}
$$

式（4-25）中的第三个因子表示一个位置向量固定而方向向量可变的转动，其方向向量随第二个因子的转动角度而变化。式（4-25）中的运动是 Exechon 机构和类 Exechon 机构并联部分的运动。

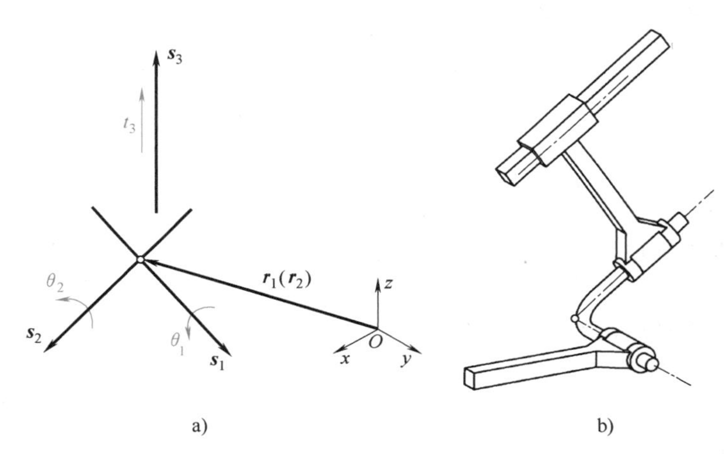

图 4.17　具有相交转动轴线的三自由度运动

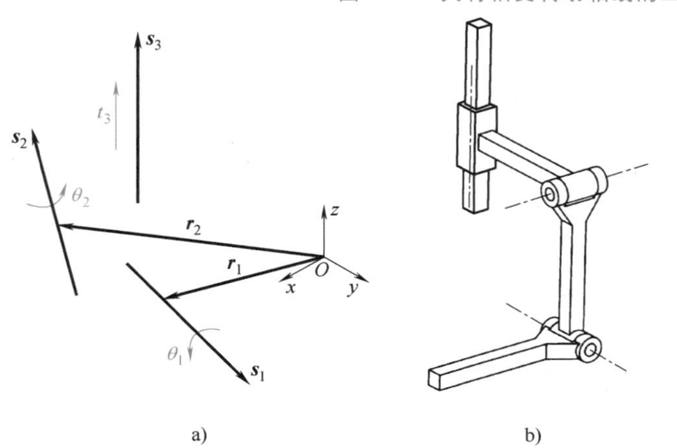

图 4.18　具有异面转动轴线的三自由度运动

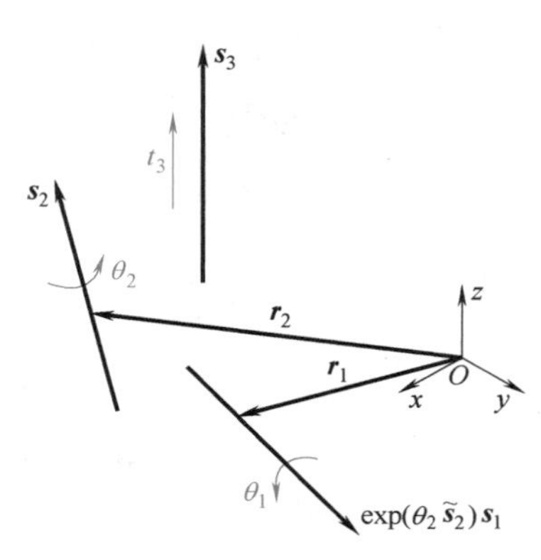

图 4.19　Exechon 机构并联部分的运动

（5）具有三个平动和一个转动的四自由度运动 如图 4.20 所示，该运动模式是由三个平动和一个单自由度转动合成的。因此，对应的运动表达式为

$$
\begin{aligned}
\boldsymbol{S}_{f,3t1r} &= \boldsymbol{S}_{f,3t}\Delta\boldsymbol{S}_{f,r,1} \\
&= \boldsymbol{S}_{f,t,4}\Delta\boldsymbol{S}_{f,t,3}\Delta\boldsymbol{S}_{f,t,2}\Delta\boldsymbol{S}_{f,r,1} \\
&= \left(t_4\begin{pmatrix}\boldsymbol{0}\\ \boldsymbol{s}_4\end{pmatrix}+t_3\begin{pmatrix}\boldsymbol{0}\\ \boldsymbol{s}_3\end{pmatrix}+t_2\begin{pmatrix}\boldsymbol{0}\\ \boldsymbol{s}_2\end{pmatrix}\right)\Delta 2\tan\frac{\theta_1}{2}\begin{pmatrix}\boldsymbol{s}_1\\ \boldsymbol{r}_1\times\boldsymbol{s}_1\end{pmatrix} \qquad , \boldsymbol{r}\in\mathbb{R}^3 \\
&= \begin{pmatrix}\boldsymbol{0}\\ t_4\boldsymbol{s}_4+t_3\boldsymbol{s}_3+t_2\boldsymbol{s}_2\end{pmatrix}+2\tan\frac{\theta_1}{2}\begin{pmatrix}\boldsymbol{s}_1\\ \boldsymbol{r}_1\times\boldsymbol{s}_1\end{pmatrix}+\tan\frac{\theta_1}{2}\begin{pmatrix}\boldsymbol{0}\\ \boldsymbol{s}_1\times(t_4\boldsymbol{s}_4+t_3\boldsymbol{s}_3+t_2\boldsymbol{s}_2)\end{pmatrix} \\
&= 2\tan\frac{\theta_1}{2}\begin{pmatrix}\boldsymbol{s}_1\\ \boldsymbol{r}\times\boldsymbol{s}_1\end{pmatrix}+t_1\begin{pmatrix}\boldsymbol{0}\\ \boldsymbol{s}_1\end{pmatrix}
\end{aligned}
\tag{4-26}
$$

式（4-26）表达的运动即为熊夫利运动。

若将该单自由度转动替换为一个单自由度螺旋运动，则对熊夫利运动没有影响。若将有固定轴线的单自由度转动替换为一个分岔转动或可变转动，将会得到两种新运动模式。

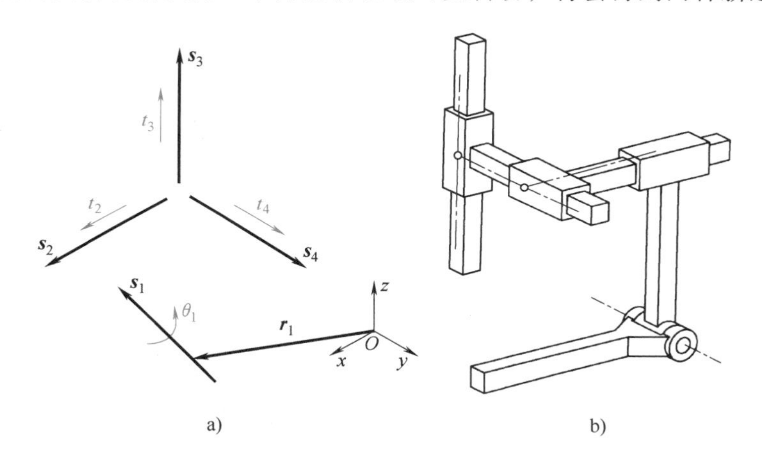

图 4.20 熊夫利运动

（6）具有一个平动和转动轴线相交的三个转动的四自由度运动 根据上述关于三自由度转动和单自由度平动的分析，若改变不同运动副的方向和轴线，运动模式大约有十种甚至更多。因此，限于篇幅只考虑一般情况。图 4.21 所示的运动是由一个平动和轴线相交的三个转动合成，可表示为

$$
\begin{aligned}
\boldsymbol{S}_{f,1t3r} &= \boldsymbol{S}_{f,t,4}\Delta\boldsymbol{S}_{f,r,3}\Delta\boldsymbol{S}_{f,r,2}\Delta\boldsymbol{S}_{f,r,1} \\
&= t_4\begin{pmatrix}\boldsymbol{0}\\ \boldsymbol{s}_4\end{pmatrix}\Delta 2\tan\frac{\theta_3}{2}\begin{pmatrix}\boldsymbol{s}_3\\ \boldsymbol{r}\times\boldsymbol{s}_3\end{pmatrix}\Delta 2\tan\frac{\theta_2}{2}\begin{pmatrix}\boldsymbol{s}_2\\ \boldsymbol{r}\times\boldsymbol{s}_2\end{pmatrix}\Delta 2\tan\frac{\theta_1}{2}\begin{pmatrix}\boldsymbol{s}_1\\ \boldsymbol{r}\times\boldsymbol{s}_1\end{pmatrix} \\
&= t_4\begin{pmatrix}\boldsymbol{0}\\ \boldsymbol{s}_4\end{pmatrix}\Delta 2\tan\frac{\theta}{2}\begin{pmatrix}\boldsymbol{s}\\ \boldsymbol{r}\times\boldsymbol{s}\end{pmatrix}
\end{aligned}
\tag{4-27}
$$

（7）具有两个平动和两个转动的四自由度运动 如图 4.22 所示，四个单自由度运动可合成为具有两个平动和轴线相交或异面两个转动的运动模式。

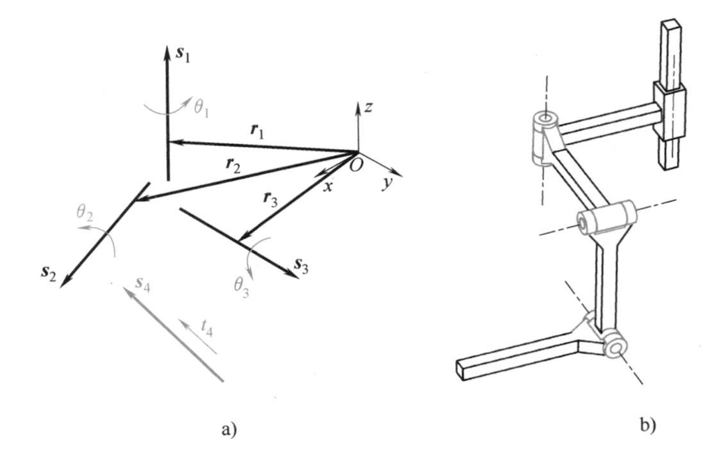

图 4.21 具有一个平动和转动轴线相交的三个转动的四自由度运动

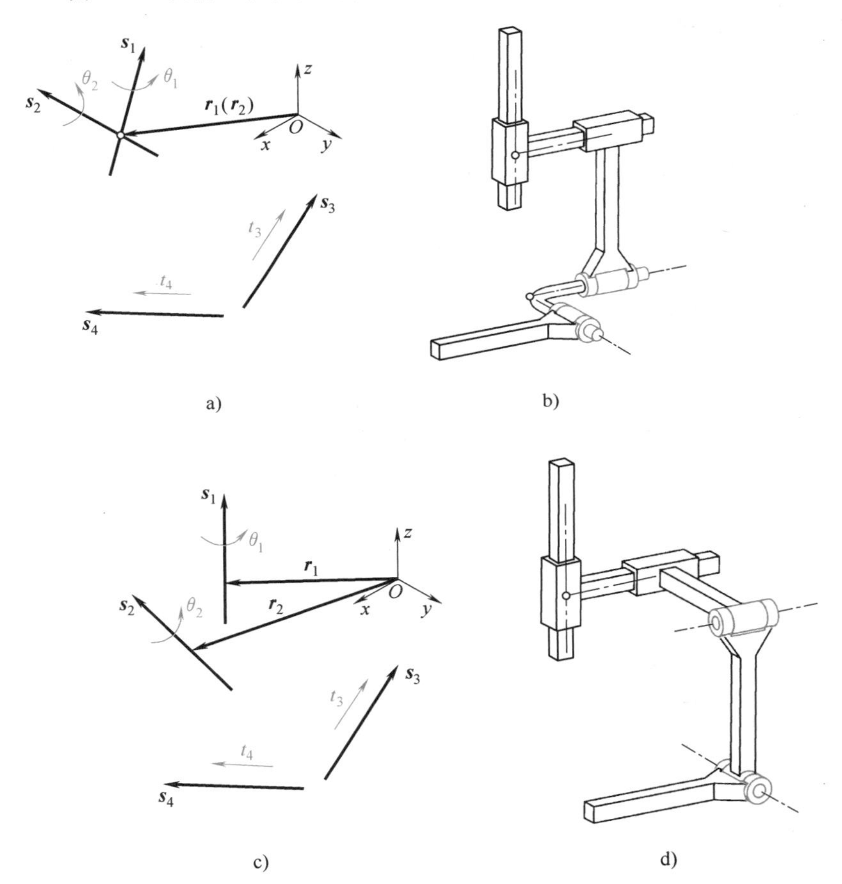

图 4.22 具有两个平动和两个转动的四自由度运动

对应的表达式为

$$
\begin{aligned}
\boldsymbol{S}_{f,2t2r(1)} &= \boldsymbol{S}_{f,t,4}\Delta\boldsymbol{S}_{f,t,3}\Delta\boldsymbol{S}_{f,r,2}\Delta\boldsymbol{S}_{f,r,1}\\
&=\left(t_4\begin{pmatrix}\boldsymbol{0}\\ \boldsymbol{s}_4\end{pmatrix}+t_3\begin{pmatrix}\boldsymbol{0}\\ \boldsymbol{s}_3\end{pmatrix}\right)\Delta 2\tan\frac{\theta_2}{2}\begin{pmatrix}\boldsymbol{s}_2\\ \boldsymbol{r}\times\boldsymbol{s}_2\end{pmatrix}\Delta 2\tan\frac{\theta_1}{2}\begin{pmatrix}\boldsymbol{s}_1\\ \boldsymbol{r}\times\boldsymbol{s}_1\end{pmatrix}
\end{aligned}
$$

$$
=\begin{pmatrix}\mathbf{0}\\ t_3\boldsymbol{s}_3+t_4\boldsymbol{s}_4\end{pmatrix}\Delta\frac{2\begin{pmatrix}\tan\dfrac{\theta_2}{2}\boldsymbol{s}_2+\tan\dfrac{\theta_1}{2}\boldsymbol{s}_1+\tan\dfrac{\theta_1}{2}\tan\dfrac{\theta_2}{2}\boldsymbol{s}_1\times\boldsymbol{s}_2\\ \boldsymbol{r}\times\left(\tan\dfrac{\theta_2}{2}\boldsymbol{s}_2+\tan\dfrac{\theta_1}{2}\boldsymbol{s}_1+\tan\dfrac{\theta_1}{2}\tan\dfrac{\theta_2}{2}\boldsymbol{s}_1\times\boldsymbol{s}_2\right)\end{pmatrix}}{1-\tan\dfrac{\theta_1}{2}\tan\dfrac{\theta_2}{2}\boldsymbol{s}_1^{\mathrm{T}}\boldsymbol{s}_2}\tag{4-28}
$$

$$
\begin{aligned}
\boldsymbol{S}_{f,2t2r(2)}&=\boldsymbol{S}_{f,t,4}\Delta\boldsymbol{S}_{f,t,3}\Delta\boldsymbol{S}_{f,r,2}\Delta\boldsymbol{S}_{f,r,1}\\
&=\left(t_4\begin{pmatrix}\mathbf{0}\\ \boldsymbol{s}_4\end{pmatrix}+t_3\begin{pmatrix}\mathbf{0}\\ \boldsymbol{s}_3\end{pmatrix}\right)\Delta 2\tan\frac{\theta_2}{2}\begin{pmatrix}\boldsymbol{s}_2\\ \boldsymbol{r}_2\times\boldsymbol{s}_2\end{pmatrix}\Delta 2\tan\frac{\theta_1}{2}\begin{pmatrix}\boldsymbol{s}_1\\ \boldsymbol{r}_1\times\boldsymbol{s}_1\end{pmatrix}\\
&=\begin{pmatrix}\mathbf{0}\\ t_3\boldsymbol{s}_3+t_4\boldsymbol{s}_4\end{pmatrix}\Delta\frac{2\begin{pmatrix}\tan\dfrac{\theta_2}{2}\boldsymbol{s}_2+\tan\dfrac{\theta_1}{2}\boldsymbol{s}_1+\tan\dfrac{\theta_1}{2}\tan\dfrac{\theta_2}{2}\boldsymbol{s}_1\times\boldsymbol{s}_2\\ \tan\dfrac{\theta_2}{2}\boldsymbol{r}_2\times\boldsymbol{s}_2+\tan\dfrac{\theta_1}{2}\boldsymbol{r}_1\times\boldsymbol{s}_1+\tan\dfrac{\theta_1}{2}\tan\dfrac{\theta_2}{2}(\boldsymbol{s}_1\times(\boldsymbol{r}_2\times\boldsymbol{s}_2)+\boldsymbol{r}_1\times\boldsymbol{s}_1\times\boldsymbol{s}_2)\end{pmatrix}}{1-\tan\dfrac{\theta_1}{2}\tan\dfrac{\theta_2}{2}\boldsymbol{s}_1^{\mathrm{T}}\boldsymbol{s}_2}
\end{aligned}\tag{4-29}
$$

(8) 具有三个平动和两个转动的五自由度运动 如图 4.23 所示，由三个平动和两个转动合成的运动称为双熊夫利运动，其也可视为两个熊夫利运动的合成。两个转动轴线的位置可任意确定，该运动表达式为

$$
\begin{aligned}
\boldsymbol{S}_{f,3t2r}&=\boldsymbol{S}_{f,3t}\Delta\boldsymbol{S}_{f,2r(1)}\\
&=\boldsymbol{S}_{f,t,5}\Delta\boldsymbol{S}_{f,t,4}\Delta\boldsymbol{S}_{f,t,3}\Delta\boldsymbol{S}_{f,r,2}\Delta\boldsymbol{S}_{f,r,1}\\
&=\left(t_5\begin{pmatrix}\mathbf{0}\\ \boldsymbol{s}_5\end{pmatrix}+t_4\begin{pmatrix}\mathbf{0}\\ \boldsymbol{s}_4\end{pmatrix}+t_3\begin{pmatrix}\mathbf{0}\\ \boldsymbol{s}_3\end{pmatrix}\right)\Delta 2\tan\frac{\theta_2}{2}\begin{pmatrix}\boldsymbol{s}_2\\ \boldsymbol{r}_2\times\boldsymbol{s}_2\end{pmatrix}\Delta 2\tan\frac{\theta_1}{2}\begin{pmatrix}\boldsymbol{s}_1\\ \boldsymbol{r}_1\times\boldsymbol{s}_1\end{pmatrix},\ \boldsymbol{r},\boldsymbol{r}'\in\mathbb{R}^3\\
&=\left(2\tan\frac{\theta_1}{2}\begin{pmatrix}\boldsymbol{s}_1\\ \boldsymbol{r}\times\boldsymbol{s}_1\end{pmatrix}+t_1\begin{pmatrix}\mathbf{0}\\ \boldsymbol{s}_1\end{pmatrix}\right)\Delta\left(2\tan\frac{\theta_2}{2}\begin{pmatrix}\boldsymbol{s}_2\\ \boldsymbol{r}'\times\boldsymbol{s}_2\end{pmatrix}+t_2\begin{pmatrix}\mathbf{0}\\ \boldsymbol{s}_2\end{pmatrix}\right)
\end{aligned}\tag{4-30}
$$

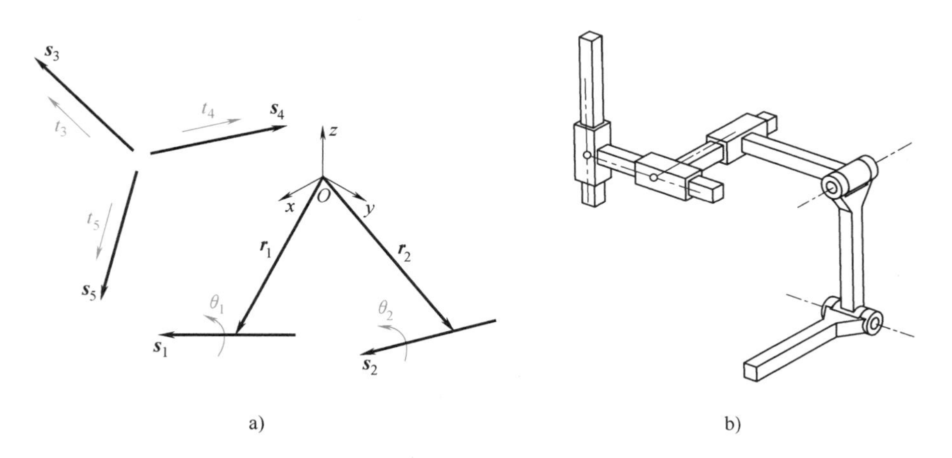

图 4.23 双熊夫利运动

（9）具有两个平动和三个转动的五自由度运动　只考虑如图 4.24 所示轴线异面的三个转动。

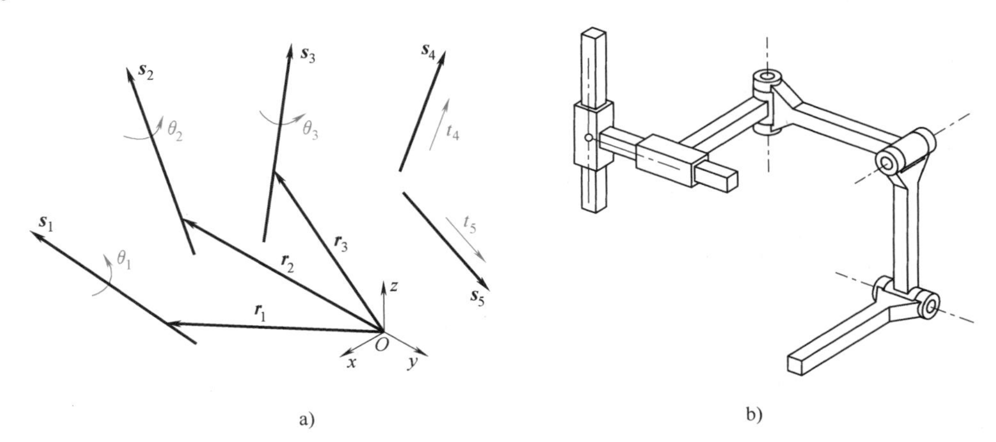

a)　　　　b)

图 4.24　具有两个平动和三个转动的五自由度运动

两个平动和三个转动的合成有很多不同种类，该运动还可以演化出其他种类。这种运动模式的表达式为

$$
\begin{aligned}
\boldsymbol{S}_{f,2t3r} &= \boldsymbol{S}_{f,2t}\Delta\boldsymbol{S}_{f,3r} \\
&= \boldsymbol{S}_{f,t,5}\Delta\boldsymbol{S}_{f,t,4}\Delta\boldsymbol{S}_{f,r,3}\Delta\boldsymbol{S}_{f,r,2}\Delta\boldsymbol{S}_{f,r,1} \\
&= \begin{pmatrix} \mathbf{0} \\ t_4\boldsymbol{s}_4+t_5\boldsymbol{s}_5 \end{pmatrix} \Delta 2\tan\frac{\theta_3}{2}\begin{pmatrix} \boldsymbol{s}_3 \\ \boldsymbol{r}_3\times\boldsymbol{s}_3 \end{pmatrix} \Delta 2\tan\frac{\theta_2}{2}\begin{pmatrix} \boldsymbol{s}_2 \\ \boldsymbol{r}_2\times\boldsymbol{s}_2 \end{pmatrix} \Delta 2\tan\frac{\theta_1}{2}\begin{pmatrix} \boldsymbol{s}_1 \\ \boldsymbol{r}_1\times\boldsymbol{s}_1 \end{pmatrix}
\end{aligned} \tag{4-31}
$$

使用有限旋量，可精确定义不同种类的运动模式，从而得到解析化的运动表达式。在此使用“精确定义”，原因如下：

1）运动模式中涉及的所有运动特征都可以解析化描述，如每个运动的类型、方向和位置。

2）可以明确区分具有相同自由度数目和基本运动类型的运动模式，例如不同类型的三自由度转动。

4.2.3　支链运动的等效变换

串联机构的构型综合可视为并联机构的支链综合，是并联机构综合以及混联机构综合的核心部分。支链综合可以得到并联机构的所有可行支链。由于并联机构运动是其支链运动的交集，因此支链综合的目标是综合出支链运动包含机构运动的所有支链。换言之，支链运动应以机构运动模式为子集。因此，支链综合的过程为

1）步骤 1：找出所有包含并联机构期望运动模式作为子集的支链运动表达式。等效表达式视为同一表达式。

2）步骤 2：获取生成每个支链运动表达式的最简单支链构型，该构型仅由单自由度运动副构成。

3）步骤 3：推导每个支链运动表达式的等效表达式以综合出所有可行的支链构型。

与其他方法依赖设计者经验不同，有限旋量方法通过解析化表达式的推导来获得支链构

型，其为一种代数方法。

1. 标准支链构型

并联机构的期望运动模式可表示为 S_f。为获得包含其运动模式的支链运动，最简单的方法是在其旋量三角积中加入单参数有限旋量。单参数有限旋量指由 R 副、P 副和 H 副生成的旋量，如

$$\boldsymbol{S}_{f,\mathrm{J}}=2\tan\frac{\theta}{2}\begin{pmatrix}\boldsymbol{s}\\ \boldsymbol{r}\times\boldsymbol{s}\end{pmatrix} \tag{4-32}$$

$$\boldsymbol{S}_{f,\mathrm{J}}=t\begin{pmatrix}\boldsymbol{0}\\ \boldsymbol{s}\end{pmatrix} \tag{4-33}$$

$$\boldsymbol{S}_{f,\mathrm{J}}=2\tan\frac{\theta}{2}\begin{pmatrix}\boldsymbol{s}\\ \boldsymbol{r}\times\boldsymbol{s}\end{pmatrix}+h\theta\begin{pmatrix}\boldsymbol{0}\\ \boldsymbol{s}\end{pmatrix} \tag{4-34}$$

式（4-32）~式（4-34）中符号的含义可参考第 3 章解释。

若 $\boldsymbol{S}_f$ 可写成多个单参数旋量的旋量三角积，则通过将零个、一个或多个单参数旋量直接加入三角积中可得到支链运动，即

$$\boldsymbol{S}_{f,\mathrm{L}}=\boldsymbol{S}_f\Delta\underbrace{\boldsymbol{S}_{f,\mathrm{J}_1}\Delta\cdots\Delta\boldsymbol{S}_{f,\mathrm{J}_m}}_{m},\ m\in\mathbb{N} \tag{4-35}$$

式中，$\boldsymbol{S}_{f,\mathrm{J}_j}$（$j=1$，…，$m$）由 R 副、P 副、H 副之一生成，即 $\boldsymbol{S}_{f,\mathrm{J}_j}$ 是式（4-32）~式（4-34）的形式之一。

若 $\boldsymbol{S}_f$ 不能写成几个单参数旋量的旋量三角积，则应改写为几个多参数旋量的交集，即

$$\boldsymbol{S}_f=\boldsymbol{S}_{f,1}\cap\boldsymbol{S}_{f,2}\cap\cdots\cap\boldsymbol{S}_{f,l} \tag{4-36}$$

在这些多参数旋量中加入零个、一个或多个单参数旋量，就可得到支链运动，如

$$\boldsymbol{S}_{f,\mathrm{L}}=\boldsymbol{S}_{f,i}\Delta\underbrace{\boldsymbol{S}_{f,\mathrm{J}_1}\Delta\cdots\Delta\boldsymbol{S}_{f,\mathrm{J}_m}}_{m},\quad i=1,2,\cdots,l,\quad m\in\mathbb{N} \tag{4-37}$$

由上述方法可合成一些最简单的支链运动表达式。根据单参数有限旋量和生成这些旋量的单自由度运动副之间的对应关系，可综合出这些运动表达式最简单的支链构型，称为标准支链构型。

基于上述分析，标准支链构型具有以下特点：

1）只由单自由度运动副构成。

2）运动表达式可通过在期望运动模式或包含期望运动模式的旋量三角积末端添加单参数旋量中推导得到。

2. 衍生支链构型

通过标准支链构型可衍生更多支链构型，这些构型被称为衍生支链构型。衍生支链构型分为两类。

第一类衍生支链构型中每种支链构型都能与标准支链构型中的一种生成相同的运动，即

$$\boldsymbol{S}_{f,\mathrm{L}}^{d}=\boldsymbol{S}_{f,\mathrm{L}} \tag{4-38}$$

式中，$\boldsymbol{S}_{f,\mathrm{L}}$ 表示由标准支链构型生成的运动；$\boldsymbol{S}_{f,\mathrm{L}}^{d}$ 表示由该标准支链构型的衍生支链构型生成的运动。

第二类衍生支链构型中每种支链构型都会生成与任何标准支链构型不同的运动，但其生成的运动仍包含并联机构的期望运动模式，即

$$S_{f,\mathrm{L}}^{d} \neq S_{f,\mathrm{L}},\ S_{f,\mathrm{L}}^{d} \supseteq S_{f} \tag{4-39}$$

确定标准支链构型后，有两种方法可得到更多的支链构型，这些支链构型是衍生支链构型的候选构型：

1）任意调换其中的运动副次序。

2）在不改变支链运动的情况下，调整相邻部分运动副的类型，然后再次使用方法1）。

利用旋量三角积的计算算法可以揭示不同运动副组之间的运动等效性。这些算法还将用于验证候选支链是否属于两类衍生支链构型之一。因此，所有可行支链构型都可通过解析化推导得到。

3. 运动副运动之间的合成算法

若期望运动模式由有限旋量表达，则按照步骤1和步骤2可得到一组标准支链构型。通过以不同方式等效改写标准构型运动表达式，可得到全部的可行支链。

改写支链运动涉及基于旋量三角积的运动副运动合成。为给所有等效运动表达式的推导提供参考，现将合成算法介绍如下：

（1）通过绕平行轴线的转动生成平动　一个圆环平动可由两个绕平行轴线的转动生成。圆平面垂直于两条轴线。如图4.25所示，轴线之间的距离即圆环半径。该运动等效算法为

$$\begin{aligned}&2\tan\frac{\theta_{1,2}}{2}\begin{pmatrix}\boldsymbol{s}_1\\ \boldsymbol{r}_{1,2}\times\boldsymbol{s}_1\end{pmatrix}\Delta 2\tan\frac{\theta_{1,1}}{2}\begin{pmatrix}\boldsymbol{s}_1\\ \boldsymbol{r}_{1,1}\times\boldsymbol{s}_1\end{pmatrix}\\ &=2\tan\frac{\theta_{1,1}+\theta_{1,2}}{2}\begin{pmatrix}\boldsymbol{s}_1\\ \boldsymbol{r}_{1,2}\times\boldsymbol{s}_1\end{pmatrix}\Delta\begin{pmatrix}\boldsymbol{0}\\ (\exp(\theta_{1,1}\widetilde{\boldsymbol{s}}_1)-\boldsymbol{E}_3)(\boldsymbol{r}_{1,2}-\boldsymbol{r}_{1,1})\end{pmatrix}\end{aligned} \tag{4-40}$$

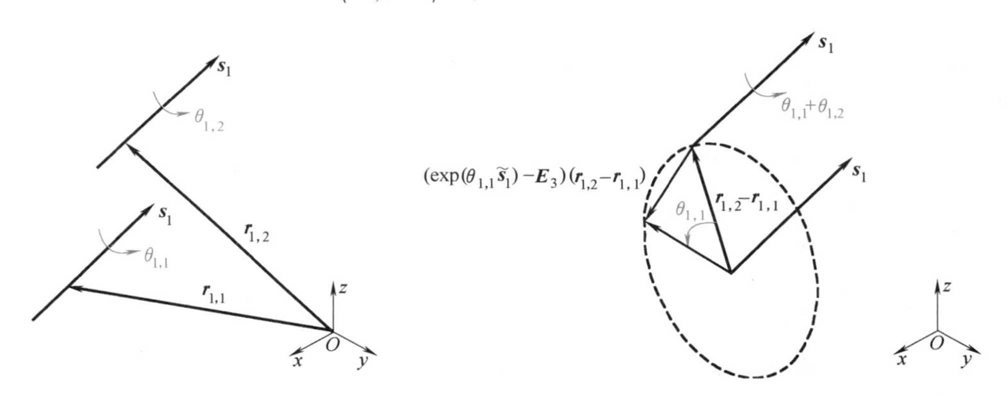

图4.25　两个平行的转动生成一个圆环平动

同理，同一平面内两个圆环平动可由绕三个平行轴线的转动产生。如图4.26所示，圆环平面垂直于三条轴线，两个圆环的半径分别是相邻轴线之间的距离，即

$$\begin{aligned}&2\tan\frac{\theta_{1,3}}{2}\begin{pmatrix}\boldsymbol{s}_1\\ \boldsymbol{r}_{1,3}\times\boldsymbol{s}_1\end{pmatrix}\Delta 2\tan\frac{\theta_{1,2}}{2}\begin{pmatrix}\boldsymbol{s}_1\\ \boldsymbol{r}_{1,2}\times\boldsymbol{s}_1\end{pmatrix}\Delta 2\tan\frac{\theta_{1,1}}{2}\begin{pmatrix}\boldsymbol{s}_1\\ \boldsymbol{r}_{1,1}\times\boldsymbol{s}_1\end{pmatrix}\\ &=2\tan\frac{\theta_{1,1}+\theta_{1,2}+\theta_{1,3}}{2}\begin{pmatrix}\boldsymbol{s}_1\\ \boldsymbol{r}_{1,3}\times\boldsymbol{s}_1\end{pmatrix}\Delta\begin{pmatrix}\boldsymbol{0}\\ (\exp((\theta_{1,1}+\theta_{1,2})\widetilde{\boldsymbol{s}}_1)-\boldsymbol{E}_3)(\boldsymbol{r}_{1,3}-\boldsymbol{r}_{1,2})\end{pmatrix}\Delta\\ &\begin{pmatrix}\boldsymbol{0}\\ (\exp(\theta_{1,1}\widetilde{\boldsymbol{s}}_1)-\boldsymbol{E}_3)(\boldsymbol{r}_{1,2}-\boldsymbol{r}_{1,1})\end{pmatrix}\end{aligned} \tag{4-41}$$

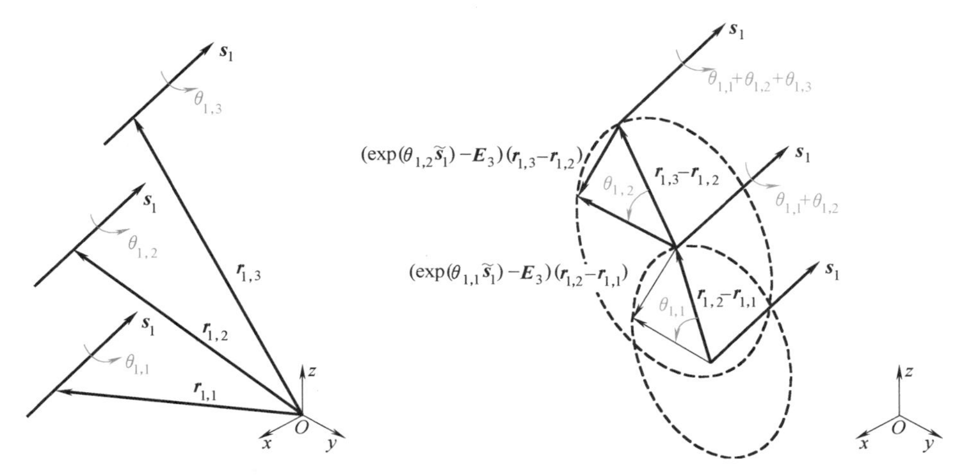

图 4.26 三个平行的转动生成两个圆环平动

结合式（4-11）~式（4-13），式（4-40）和式（4-41）中的计算算法非常有效，可将平动因子改写为绕平行轴线的转动因子，得到标准支链的等效表达式，从而获得衍生构型。

（2）在平面运动、熊夫利运动、双熊夫利运动中改变转动因子的位置 通过旋量三角积公式，能很容易验证平面运动、熊夫利运动、双熊夫利运动中的转动因子位置可在不改变运动模式的情况下任意调整。

1）平面运动。其与以下三个表达式等效，即

$$S_{f,2t1r(1)}=t_3\begin{pmatrix}\mathbf{0}\\ s_3\end{pmatrix}\Delta t_2\begin{pmatrix}\mathbf{0}\\ s_2\end{pmatrix}\Delta 2\tan\frac{\theta_1}{2}\begin{pmatrix}s_1\\ r_1\times s_1\end{pmatrix} \tag{4-42}$$

$$S_{f,2t1r(1)}=t_3\begin{pmatrix}\mathbf{0}\\ s_3\end{pmatrix}\Delta 2\tan\frac{\theta_1}{2}\begin{pmatrix}s_1\\ r_1\times s_1\end{pmatrix}\Delta t_2\begin{pmatrix}\mathbf{0}\\ s_2\end{pmatrix} \tag{4-43}$$

$$S_{f,2t1r(1)}=2\tan\frac{\theta_1}{2}\begin{pmatrix}s_1\\ r_1\times s_1\end{pmatrix}\Delta t_3\begin{pmatrix}\mathbf{0}\\ s_3\end{pmatrix}\Delta t_2\begin{pmatrix}\mathbf{0}\\ s_2\end{pmatrix} \tag{4-44}$$

2）熊夫利运动。其与以下四个表达式等效，即

$$S_{f,3t1r}=t_4\begin{pmatrix}\mathbf{0}\\ s_4\end{pmatrix}\Delta t_3\begin{pmatrix}\mathbf{0}\\ s_3\end{pmatrix}\Delta t_2\begin{pmatrix}\mathbf{0}\\ s_2\end{pmatrix}\Delta 2\tan\frac{\theta_1}{2}\begin{pmatrix}s_1\\ r_1\times s_1\end{pmatrix} \tag{4-45}$$

$$S_{f,3t1r}=t_4\begin{pmatrix}\mathbf{0}\\ s_4\end{pmatrix}\Delta t_3\begin{pmatrix}\mathbf{0}\\ s_3\end{pmatrix}\Delta 2\tan\frac{\theta_1}{2}\begin{pmatrix}s_1\\ r_1\times s_1\end{pmatrix}\Delta t_2\begin{pmatrix}\mathbf{0}\\ s_2\end{pmatrix} \tag{4-46}$$

$$S_{f,3t1r}=t_4\begin{pmatrix}\mathbf{0}\\ s_4\end{pmatrix}\Delta 2\tan\frac{\theta_1}{2}\begin{pmatrix}s_1\\ r_1\times s_1\end{pmatrix}\Delta t_3\begin{pmatrix}\mathbf{0}\\ s_3\end{pmatrix}\Delta t_2\begin{pmatrix}\mathbf{0}\\ s_2\end{pmatrix} \tag{4-47}$$

$$S_{f,3t1r}=2\tan\frac{\theta_1}{2}\begin{pmatrix}s_1\\ r_1\times s_1\end{pmatrix}\Delta t_4\begin{pmatrix}\mathbf{0}\\ s_4\end{pmatrix}\Delta t_3\begin{pmatrix}\mathbf{0}\\ s_3\end{pmatrix}\Delta t_2\begin{pmatrix}\mathbf{0}\\ s_2\end{pmatrix} \tag{4-48}$$

3）双熊夫利运动。其与以下十个表达式等效，即

$$S_{f,3t2r}=t_5\begin{pmatrix}\mathbf{0}\\ s_5\end{pmatrix}\Delta t_4\begin{pmatrix}\mathbf{0}\\ s_4\end{pmatrix}\Delta t_3\begin{pmatrix}\mathbf{0}\\ s_3\end{pmatrix}\Delta 2\tan\frac{\theta_2}{2}\begin{pmatrix}s_2\\ r_2\times s_2\end{pmatrix}\Delta 2\tan\frac{\theta_1}{2}\begin{pmatrix}s_1\\ r_1\times s_1\end{pmatrix} \tag{4-49}$$

$$S_{f,3t2r}=t_5\begin{pmatrix}\mathbf{0}\\ \boldsymbol{s}_5\end{pmatrix}\Delta t_4\begin{pmatrix}\mathbf{0}\\ \boldsymbol{s}_4\end{pmatrix}\Delta 2\tan\frac{\theta_2}{2}\begin{pmatrix}\boldsymbol{s}_2\\ \boldsymbol{r}_2\times\boldsymbol{s}_2\end{pmatrix}\Delta t_3\begin{pmatrix}\mathbf{0}\\ \boldsymbol{s}_3\end{pmatrix}\Delta 2\tan\frac{\theta_1}{2}\begin{pmatrix}\boldsymbol{s}_1\\ \boldsymbol{r}_1\times\boldsymbol{s}_1\end{pmatrix}\tag{4-50}$$

$$S_{f,3t2r}=t_5\begin{pmatrix}\mathbf{0}\\ \boldsymbol{s}_5\end{pmatrix}\Delta 2\tan\frac{\theta_2}{2}\begin{pmatrix}\boldsymbol{s}_2\\ \boldsymbol{r}_2\times\boldsymbol{s}_2\end{pmatrix}\Delta t_4\begin{pmatrix}\mathbf{0}\\ \boldsymbol{s}_4\end{pmatrix}\Delta t_3\begin{pmatrix}\mathbf{0}\\ \boldsymbol{s}_3\end{pmatrix}\Delta 2\tan\frac{\theta_1}{2}\begin{pmatrix}\boldsymbol{s}_1\\ \boldsymbol{r}_1\times\boldsymbol{s}_1\end{pmatrix}\tag{4-51}$$

$$S_{f,3t2r}=2\tan\frac{\theta_2}{2}\begin{pmatrix}\boldsymbol{s}_2\\ \boldsymbol{r}_2\times\boldsymbol{s}_2\end{pmatrix}\Delta t_5\begin{pmatrix}\mathbf{0}\\ \boldsymbol{s}_5\end{pmatrix}\Delta t_4\begin{pmatrix}\mathbf{0}\\ \boldsymbol{s}_4\end{pmatrix}\Delta t_3\begin{pmatrix}\mathbf{0}\\ \boldsymbol{s}_3\end{pmatrix}\Delta 2\tan\frac{\theta_1}{2}\begin{pmatrix}\boldsymbol{s}_1\\ \boldsymbol{r}_1\times\boldsymbol{s}_1\end{pmatrix}\tag{4-52}$$

$$S_{f,3t2r}=t_5\begin{pmatrix}\mathbf{0}\\ \boldsymbol{s}_5\end{pmatrix}\Delta t_4\begin{pmatrix}\mathbf{0}\\ \boldsymbol{s}_4\end{pmatrix}\Delta 2\tan\frac{\theta_2}{2}\begin{pmatrix}\boldsymbol{s}_2\\ \boldsymbol{r}_2\times\boldsymbol{s}_2\end{pmatrix}\Delta 2\tan\frac{\theta_1}{2}\begin{pmatrix}\boldsymbol{s}_1\\ \boldsymbol{r}_1\times\boldsymbol{s}_1\end{pmatrix}\Delta t_3\begin{pmatrix}\mathbf{0}\\ \boldsymbol{s}_3\end{pmatrix}\tag{4-53}$$

$$S_{f,3t2r}=t_5\begin{pmatrix}\mathbf{0}\\ \boldsymbol{s}_5\end{pmatrix}\Delta 2\tan\frac{\theta_2}{2}\begin{pmatrix}\boldsymbol{s}_2\\ \boldsymbol{r}_2\times\boldsymbol{s}_2\end{pmatrix}\Delta t_4\begin{pmatrix}\mathbf{0}\\ \boldsymbol{s}_4\end{pmatrix}\Delta 2\tan\frac{\theta_1}{2}\begin{pmatrix}\boldsymbol{s}_1\\ \boldsymbol{r}_1\times\boldsymbol{s}_1\end{pmatrix}\Delta t_3\begin{pmatrix}\mathbf{0}\\ \boldsymbol{s}_3\end{pmatrix}\tag{4-54}$$

$$S_{f,3t2r}=2\tan\frac{\theta_2}{2}\begin{pmatrix}\boldsymbol{s}_2\\ \boldsymbol{r}_2\times\boldsymbol{s}_2\end{pmatrix}\Delta t_5\begin{pmatrix}\mathbf{0}\\ \boldsymbol{s}_5\end{pmatrix}\Delta t_4\begin{pmatrix}\mathbf{0}\\ \boldsymbol{s}_4\end{pmatrix}\Delta 2\tan\frac{\theta_1}{2}\begin{pmatrix}\boldsymbol{s}_1\\ \boldsymbol{r}_1\times\boldsymbol{s}_1\end{pmatrix}\Delta t_3\begin{pmatrix}\mathbf{0}\\ \boldsymbol{s}_3\end{pmatrix}\tag{4-55}$$

$$S_{f,3t2r}=t_5\begin{pmatrix}\mathbf{0}\\ \boldsymbol{s}_5\end{pmatrix}\Delta 2\tan\frac{\theta_2}{2}\begin{pmatrix}\boldsymbol{s}_2\\ \boldsymbol{r}_2\times\boldsymbol{s}_2\end{pmatrix}\Delta 2\tan\frac{\theta_1}{2}\begin{pmatrix}\boldsymbol{s}_1\\ \boldsymbol{r}_1\times\boldsymbol{s}_1\end{pmatrix}\Delta t_4\begin{pmatrix}\mathbf{0}\\ \boldsymbol{s}_4\end{pmatrix}\Delta t_3\begin{pmatrix}\mathbf{0}\\ \boldsymbol{s}_3\end{pmatrix}\tag{4-56}$$

$$S_{f,3t2r}=2\tan\frac{\theta_2}{2}\begin{pmatrix}\boldsymbol{s}_2\\ \boldsymbol{r}_2\times\boldsymbol{s}_2\end{pmatrix}\Delta t_5\begin{pmatrix}\mathbf{0}\\ \boldsymbol{s}_5\end{pmatrix}\Delta 2\tan\frac{\theta_1}{2}\begin{pmatrix}\boldsymbol{s}_1\\ \boldsymbol{r}_1\times\boldsymbol{s}_1\end{pmatrix}\Delta t_4\begin{pmatrix}\mathbf{0}\\ \boldsymbol{s}_4\end{pmatrix}\Delta t_3\begin{pmatrix}\mathbf{0}\\ \boldsymbol{s}_3\end{pmatrix}\tag{4-57}$$

$$S_{f,3t2r}=2\tan\frac{\theta_2}{2}\begin{pmatrix}\boldsymbol{s}_2\\ \boldsymbol{r}_2\times\boldsymbol{s}_2\end{pmatrix}\Delta 2\tan\frac{\theta_1}{2}\begin{pmatrix}\boldsymbol{s}_1\\ \boldsymbol{r}_1\times\boldsymbol{s}_1\end{pmatrix}\Delta t_5\begin{pmatrix}\mathbf{0}\\ \boldsymbol{s}_5\end{pmatrix}\Delta t_4\begin{pmatrix}\mathbf{0}\\ \boldsymbol{s}_4\end{pmatrix}\Delta t_3\begin{pmatrix}\mathbf{0}\\ \boldsymbol{s}_3\end{pmatrix}\tag{4-58}$$

以上计算算法可用于由具有平面运动、熊夫利运动或双熊夫利运动的标准构型中获得衍生支链构型。

（3）调换单自由度运动的位置　由于旋量三角积不遵循交换律，因此支链运动表达式中单自由度运动副位置不能直接交换。调换单自由度运动位置应遵循以下算法：

1）调换两个平动。其算法为

$$t_2\begin{pmatrix}\mathbf{0}\\ \boldsymbol{s}_2\end{pmatrix}\Delta t_1\begin{pmatrix}\mathbf{0}\\ \boldsymbol{s}_1\end{pmatrix}=t_1\begin{pmatrix}\mathbf{0}\\ \boldsymbol{s}_1\end{pmatrix}\Delta t_2\begin{pmatrix}\mathbf{0}\\ \boldsymbol{s}_2\end{pmatrix}\tag{4-59}$$

2）调换一个平动和一个转动。其算法为

$$t_2\begin{pmatrix}\mathbf{0}\\ \boldsymbol{s}_2\end{pmatrix}\Delta 2\tan\frac{\theta_1}{2}\begin{pmatrix}\boldsymbol{s}_1\\ \boldsymbol{r}_1\times\boldsymbol{s}_1\end{pmatrix}=2\tan\frac{\theta_1}{2}\begin{pmatrix}\boldsymbol{s}_1\\ \boldsymbol{r}_1\times\boldsymbol{s}_1\end{pmatrix}\Delta t_2\begin{pmatrix}\mathbf{0}\\ \exp(\theta_1\widetilde{\boldsymbol{s}}_1)\boldsymbol{s}_2\end{pmatrix}\tag{4-60}$$

$$2\tan\frac{\theta_2}{2}\begin{pmatrix}\boldsymbol{s}_2\\ \boldsymbol{r}_2\times\boldsymbol{s}_2\end{pmatrix}\Delta t_1\begin{pmatrix}\mathbf{0}\\ \boldsymbol{s}_1\end{pmatrix}=t_1\begin{pmatrix}\mathbf{0}\\ \boldsymbol{s}_1\end{pmatrix}\Delta 2\tan\frac{\theta_2}{2}\begin{pmatrix}\boldsymbol{s}_2\\ (\boldsymbol{r}_2+t_1\boldsymbol{s}_1)\times\boldsymbol{s}_2\end{pmatrix}\tag{4-61}$$

3）调换两个转动。其算法为

$$\begin{aligned}&2\tan\frac{\theta_2}{2}\begin{pmatrix}\boldsymbol{s}_2\\ \boldsymbol{r}_2\times\boldsymbol{s}_2\end{pmatrix}\Delta 2\tan\frac{\theta_1}{2}\begin{pmatrix}\boldsymbol{s}_1\\ \boldsymbol{r}_1\times\boldsymbol{s}_1\end{pmatrix}\\&=2\tan\frac{\theta_1}{2}\begin{pmatrix}\boldsymbol{s}_1\\ \boldsymbol{r}_1\times\boldsymbol{s}_1\end{pmatrix}\Delta 2\tan\frac{\theta_2}{2}\begin{pmatrix}\exp(\theta_1\widetilde{\boldsymbol{s}}_1)\boldsymbol{s}_2\\ (\boldsymbol{r}_1+\exp(\theta_1\widetilde{\boldsymbol{s}}_1)(\boldsymbol{r}_2-\boldsymbol{r}_1))\times(\exp(\theta_1\widetilde{\boldsymbol{s}}_1)\boldsymbol{s}_2)\end{pmatrix}\end{aligned}\tag{4-62}$$

式（4-59）~式（4-62）中的计算算法有助于验证运动副数量和类型相同但序列不同的支链之间的运动等效性。

4. 等效运动副组

在此，下文列出了一些具有等效运动的不同相邻运动副组。其中，运动副的下标表示方向，这些等效组在支链综合中具有重要作用。

（1）$P_1P_2R_a$ 型等效组　$P_1P_2R_a$ 中两个 P 副方向与 R 副垂直，运动表达式为

$$\boldsymbol{S}_f = 2\tan\frac{\theta_a}{2}\begin{pmatrix}\boldsymbol{s}_a\\ \boldsymbol{r}_a\times\boldsymbol{s}_a\end{pmatrix}\Delta t_2\begin{pmatrix}\boldsymbol{0}\\ \boldsymbol{s}_2\end{pmatrix}\Delta t_1\begin{pmatrix}\boldsymbol{0}\\ \boldsymbol{s}_1\end{pmatrix},\ \boldsymbol{s}_a\times(\boldsymbol{s}_1\times\boldsymbol{s}_2)=\boldsymbol{0} \tag{4-63}$$

通过使用 4.2.3 节中运动副运动之间的合成算法，可发现该运动表达式等效于由 $P_1R_aP_2$、$R_aP_1P_2$、$P_1R_aR_a$、$R_aP_1R_a$、$R_aR_aP_1$ 和 $R_aR_aR_a$ 生成的运动表达式。例如，$P_1P_2R_a$ 和 $P_1R_aR_a$ 运动之间的等效性证明如下：

$P_1R_aR_a$ 生成的运动可表达为

$$\boldsymbol{S}_f = 2\tan\frac{\theta_{a,2}}{2}\begin{pmatrix}\boldsymbol{s}_a\\ \boldsymbol{r}_{a,2}\times\boldsymbol{s}_a\end{pmatrix}\Delta 2\tan\frac{\theta_{a,1}}{2}\begin{pmatrix}\boldsymbol{s}_a\\ \boldsymbol{r}_{a,1}\times\boldsymbol{s}_a\end{pmatrix}\Delta t_1\begin{pmatrix}\boldsymbol{0}\\ \boldsymbol{s}_1\end{pmatrix} \tag{4-64}$$

利用式（4-40）可将式（4-64）改写为

$$\boldsymbol{S}_f = 2\tan\frac{\theta_{a,1}+\theta_{a,2}}{2}\begin{pmatrix}\boldsymbol{s}_a\\ \boldsymbol{r}_{a,2}\times\boldsymbol{s}_a\end{pmatrix}\Delta\begin{pmatrix}\boldsymbol{0}\\ (\exp(\theta_{a,1}\widetilde{\boldsymbol{s}}_a)-\boldsymbol{E}_3)(\boldsymbol{r}_{a,2}-\boldsymbol{r}_{a,1})\end{pmatrix}\Delta t_1\begin{pmatrix}\boldsymbol{0}\\ \boldsymbol{s}_1\end{pmatrix} \tag{4-65}$$

根据旋量三角积算法，式（4-63）和式（4-65）可分别改写为

$$\boldsymbol{S}_f = 2\tan\frac{\theta_a}{2}\begin{pmatrix}\boldsymbol{s}_a\\ \left(\boldsymbol{r}_a+\dfrac{t_1\boldsymbol{s}_1+t_2\boldsymbol{s}_2}{2}\right)\times\boldsymbol{s}_a\end{pmatrix}+\begin{pmatrix}\boldsymbol{0}\\ t_1\boldsymbol{s}_1+t_2\boldsymbol{s}_2\end{pmatrix} \tag{4-66}$$

$$\begin{aligned}\boldsymbol{S}_f = {} & 2\tan\frac{\theta_{a,1}+\theta_{a,2}}{2}\begin{pmatrix}\boldsymbol{s}_a\\ \left(\boldsymbol{r}_{a,2}+\dfrac{(\exp(\theta_{a,1}\widetilde{\boldsymbol{s}}_a)-\boldsymbol{E}_3)(\boldsymbol{r}_{a,2}-\boldsymbol{r}_{a,1})+t_1\boldsymbol{s}_1}{2}\right)\times\boldsymbol{s}_a\end{pmatrix}+\\ & \begin{pmatrix}\boldsymbol{0}\\ (\exp(\theta_{a,1}\widetilde{\boldsymbol{s}}_a)-\boldsymbol{E}_3)(\boldsymbol{r}_{a,2}-\boldsymbol{r}_{a,1})+t_1\boldsymbol{s}_1\end{pmatrix}\end{aligned} \tag{4-67}$$

式（4-66）中 θ_a 的取值范围和式（4-67）中（$\theta_{a,1}+\theta_{a,2}$）的取值范围均为$\mathbb{R}$。同时，当$|\boldsymbol{r}_{a,2}-\boldsymbol{r}_{a,1}|\to\infty$时，式（4-66）中后三项组成的向量和式（4-67）中后三项组成的向量取值范围均为正交于 $\boldsymbol{s}_a$ 的所有二维向量集。因此，支链 $P_1P_2R_a$ 和支链 $P_1R_aR_a$ 生成的运动相互等效。

（2）$P_1P_2P_3R_a$ 型等效组　$P_1P_2P_3R_a$ 中三个 P 副方向任意且独立，其中 P_1 副方向不垂直于 R 副方向。该运动可表达为

$$\boldsymbol{S}_f = 2\tan\frac{\theta_a}{2}\begin{pmatrix}\boldsymbol{s}_a\\ \boldsymbol{r}_a\times\boldsymbol{s}_a\end{pmatrix}\Delta t_3\begin{pmatrix}\boldsymbol{0}\\ \boldsymbol{s}_3\end{pmatrix}\Delta t_2\begin{pmatrix}\boldsymbol{0}\\ \boldsymbol{s}_2\end{pmatrix}\Delta t_1\begin{pmatrix}\boldsymbol{0}\\ \boldsymbol{s}_1\end{pmatrix},\ \boldsymbol{s}_1^{\mathrm{T}}(\boldsymbol{s}_2\times\boldsymbol{s}_3)\neq 0,\ \boldsymbol{s}_1^{\mathrm{T}}\boldsymbol{s}_a\neq 0 \tag{4-68}$$

很容易证明该运动表达式与 $P_1P_2R_aP_3$、$P_1R_aP_2P_3$、$R_aP_1P_2P_3$、$P_1P_2R_aR_a$、、$P_1R_aP_2R_a$、$R_aP_1P_2R_a$、$P_1R_aR_aP_2$、$R_aP_1R_aP_2$、$R_aR_aP_1P_2$、$P_1R_aR_aR_a$、$R_aP_1R_aR_a$、$R_aR_aP_1R_a$、$R_aR_aR_aP_1$ 以及含有 H 副的其他运动副组的运动表达式等效。例如，$P_1P_2P_3R_a$ 和 $P_1P_2R_aR_a$ 运动之间

的等效性证明如下：

$P_1P_2R_aR_a$ 的运动可表达为

$$S_f=2\tan\frac{\theta_{a,2}}{2}\begin{pmatrix}s_a\\ r_{a,2}\times s_a\end{pmatrix}\Delta 2\tan\frac{\theta_{a,1}}{2}\begin{pmatrix}s_a\\ r_{a,1}\times s_a\end{pmatrix}\Delta t_2\begin{pmatrix}\mathbf{0}\\ s_2\end{pmatrix}\Delta t_1\begin{pmatrix}\mathbf{0}\\ s_1\end{pmatrix}\tag{4-69}$$

利用式（4-40）可将式（4-69）改写为

$$S_f=2\tan\frac{\theta_{a,1}+\theta_{a,2}}{2}\begin{pmatrix}s_a\\ r_{a,2}\times s_a\end{pmatrix}\Delta\begin{pmatrix}\mathbf{0}\\ (\exp(\theta_{a,1}\tilde{s}_a)-E_3)(r_{a,2}-r_{a,1})\end{pmatrix}\Delta t_2\begin{pmatrix}\mathbf{0}\\ s_2\end{pmatrix}\Delta t_1\begin{pmatrix}\mathbf{0}\\ s_1\end{pmatrix}\tag{4-70}$$

式（4-68）和式（4-70）可分别改写为

$$S_f=2\tan\frac{\theta_a}{2}\begin{pmatrix}s_a\\ \left(r_a+\dfrac{t_1s_1+t_2s_2+t_3s_3}{2}\right)\times s_a\end{pmatrix}+\begin{pmatrix}\mathbf{0}\\ t_1s_1+t_2s_2+t_3s_3\end{pmatrix}\tag{4-71}$$

$$S_f=2\tan\frac{\theta_{a,1}+\theta_{a,2}}{2}\begin{pmatrix}s_a\\ \left(r_{a,2}+\dfrac{(\exp(\theta_{a,1}\tilde{s}_a)-E_3)(r_{a,2}-r_{a,1})+t_1s_1+t_2s_2}{2}\right)\times s_a\end{pmatrix}+\begin{pmatrix}\mathbf{0}\\ (\exp(\theta_{a,1}\tilde{s}_a)-E_3)(r_{a,2}-r_{a,1})+t_1s_1+t_2s_2\end{pmatrix}\tag{4-72}$$

式（4-71）中 θ_a 的取值范围和式（4-72）中（$\theta_{a,1}+\theta_{a,2}$）的取值范围相同。同时，当 $|r_{a,2}-r_{a,1}|\to\infty$ 时，式（4-71）中后三项组成的向量和式（4-72）中后三项组成向量的取值范围均为$\mathbb{R}^3$。因此，支链 $P_1P_2P_3R_a$ 和支链 $P_1P_2R_aR_a$ 产生的运动相互等效。

（3）$P_1P_2P_3R_aR_b$ 型等效组　$P_1P_2P_3R_aR_b$ 中三个 P 副的方向是任意选取且相互独立的，其中，P_1 方向与两个 R 副中任何一个均不垂直。运动表达式为

$$S_f=2\tan\frac{\theta_b}{2}\begin{pmatrix}s_b\\ r_b\times s_b\end{pmatrix}\Delta 2\tan\frac{\theta_a}{2}\begin{pmatrix}s_a\\ r_a\times s_a\end{pmatrix}\Delta t_3\begin{pmatrix}\mathbf{0}\\ s_3\end{pmatrix}\Delta t_2\begin{pmatrix}\mathbf{0}\\ s_2\end{pmatrix}\Delta t_1\begin{pmatrix}\mathbf{0}\\ s_1\end{pmatrix}\tag{4-73}$$

式中，$s_1^{\mathrm{T}}(s_2\times s_3)\neq 0$、$s_1^{\mathrm{T}}s_a\neq 0$、$s_1^{\mathrm{T}}s_b\neq 0$。

通过证明不同有限旋量之间的等效性，验证了该运动表达式分别与 $P_1P_2R_aP_3R_b$、$P_1R_aP_2P_3R_b$、$R_aP_1P_2P_3R_b$、$P_1P_2R_aR_bP_3$、$P_1R_aP_2R_bP_3$、$P_1R_aR_bP_2P_3$、$R_aP_1P_2R_bP_3$、$R_aP_1R_bP_2P_3$、$R_aR_bP_1P_2P_3$、$P_1P_2R_aR_aR_b$、$P_1R_aP_2R_aR_b$、$P_1R_aR_aP_2R_b$、$P_1R_aR_aR_bP_2$、$R_aP_1P_2R_aR_b$、$R_aP_1R_aP_2R_b$、$R_aR_aP_1P_2R_b$、$R_aP_1R_aR_bP_2$、$R_aR_aP_1R_bP_2$、$R_aR_aR_bP_1P_2$、$P_1P_2R_aR_bR_b$、$P_1R_aP_2R_bR_b$、$P_1R_aR_bP_2R_b$、$P_1R_aR_bR_bP_2$、$R_aP_1P_2R_bR_b$、$R_aP_1R_bP_2R_b$、$R_aR_bP_1P_2R_b$、$R_aP_1R_bR_bP_2$、$R_aR_bP_1R_bP_2$、$R_aR_bR_bP_1P_2$、$P_1R_aR_aR_bR_b$、$R_aP_1R_aR_bR_b$、$R_aR_aP_1R_bR_b$、$R_aR_aR_bP_1R_b$、$R_aR_aR_bR_bP_1$、$P_1R_aR_aR_aR_b$、$R_aP_1R_aR_aR_b$、$R_aR_aP_1R_aR_b$、$R_aR_aR_aP_1R_b$、$R_aR_aR_aR_bP_1$、$P_1R_aR_bR_bR_b$、$R_aP_1R_bR_bR_b$、$R_aR_bP_1R_bR_b$、$R_aR_bR_bP_1R_b$、$R_aR_bR_bR_bP_1$、$R_aR_aR_aR_bR_b$、$R_aR_aR_bR_bR_b$ 以及含有 H 副的运动组的运动表达式等效。例如，$P_1P_2P_3R_aR_b$ 和 $P_1R_aR_aR_bR_b$ 运动之间的等效性证明为：

$P_1R_aR_aR_bR_b$ 的运动可表达为

$$S_f=2\tan\frac{\theta_{b,2}}{2}\begin{pmatrix}s_b\\ r_{b,2}\times s_b\end{pmatrix}\Delta 2\tan\frac{\theta_{b,1}}{2}\begin{pmatrix}s_b\\ r_{b,1}\times s_b\end{pmatrix}\Delta 2\tan\frac{\theta_{a,2}}{2}\begin{pmatrix}s_a\\ r_{a,2}\times s_a\end{pmatrix}\Delta 2\tan\frac{\theta_{a,1}}{2}\begin{pmatrix}s_a\\ r_{a,1}\times s_a\end{pmatrix}\Delta t_1\begin{pmatrix}\mathbf{0}\\ s_1\end{pmatrix}\tag{4-74}$$

利用式（4-40）和式（4-60）可将式（4-74）改写为

$$S_f=2\tan\frac{\theta_{b,1}+\theta_{b,2}}{2}\begin{pmatrix}s_b\\ r_{b,2}\times s_b\end{pmatrix}\Delta 2\tan\frac{\theta_{a,1}+\theta_{a,2}}{2}\begin{pmatrix}s_a\\ r_{a,2}\times s_a\end{pmatrix}\Delta t_1\begin{pmatrix}\mathbf{0}\\ s_1\end{pmatrix}\Delta$$
$$\begin{pmatrix}\mathbf{0}\\ \exp((\theta_{a,1}+\theta_{a,2})\tilde{s}_a)(\exp(\theta_{b,1}\tilde{s}_b)-E_3)(r_{b,2}-r_{b,1})\end{pmatrix}\Delta\begin{pmatrix}\mathbf{0}\\ (\exp(\theta_{a,1}\tilde{s}_a)-E_3)(r_{a,2}-r_{a,1})\end{pmatrix} \tag{4-75}$$

式（4-73）和式（4-75）可分别改写为

$$S_f=\frac{2\begin{pmatrix}\tan\frac{\theta_a}{2}s_a+\tan\frac{\theta_b}{2}s_b+\tan\frac{\theta_a}{2}\tan\frac{\theta_b}{2}s_b\times s_a\\ \left(\tan\frac{\theta_a}{2}r_a\times s_a+\tan\frac{\theta_b}{2}r_b\times s_b+\tan\frac{\theta_a}{2}\tan\frac{\theta_b}{2}(s_b\times(r_a\times s_a)+(r_b\times s_b)\times s_a)+\frac{t_1s_1+t_2s_2+t_3s_3}{2}\times\left(\tan\frac{\theta_a}{2}s_a+\tan\frac{\theta_b}{2}s_b+\tan\frac{\theta_a}{2}\tan\frac{\theta_b}{2}s_b\times s_a\right)\right)\end{pmatrix}}{1-\tan\frac{\theta_a}{2}\tan\frac{\theta_b}{2}s_a^{\mathrm{T}}s_b}+\begin{pmatrix}\mathbf{0}\\ t_1s_1+t_2s_2+t_3s_3\end{pmatrix} \tag{4-76}$$

$$S_f=\frac{2\begin{pmatrix}\tan\frac{\widehat{\theta}_a}{2}s_a+\tan\frac{\widehat{\theta}_b}{2}s_b+\tan\frac{\widehat{\theta}_a}{2}\tan\frac{\widehat{\theta}_b}{2}s_b\times s_a\\ \left(\tan\frac{\widehat{\theta}_a}{2}r_{a,2}\times s_a+\tan\frac{\widehat{\theta}_b}{2}r_{b,2}\times s_b+\tan\frac{\widehat{\theta}_a}{2}\tan\frac{\widehat{\theta}_b}{2}(s_b\times(r_{a,2}\times s_a)+(r_{b,2}\times s_b)\times s_a)+\frac{t}{2}\times\left(\tan\frac{\widehat{\theta}_a}{2}s_a+\tan\frac{\widehat{\theta}_b}{2}s_b+\tan\frac{\widehat{\theta}_a}{2}\tan\frac{\widehat{\theta}_b}{2}s_b\times s_a\right)\right)\end{pmatrix}}{1-\tan\frac{\widehat{\theta}_a}{2}\tan\frac{\widehat{\theta}_b}{2}s_a^{\mathrm{T}}s_b}+\begin{pmatrix}\mathbf{0}\\ t\end{pmatrix} \tag{4-77}$$

式中，

$$\widehat{\theta}_a=\theta_{a,1}+\theta_{a,2}、\widehat{\theta}_b=\theta_{b,1}+\theta_{b,2}$$
$$t=\exp(\widehat{\theta}_a\tilde{s}_a)(\exp(\theta_{b,1}\tilde{s}_b)-E_3)(r_{b,2}-r_{b,1})+(\exp(\theta_{a,1}\tilde{s}_a)-E_3)(r_{a,2}-r_{a,1})+t_1s_1$$

式（4-76）中 θ_a、θ_b 的取值范围和式（4-77）中 $\widehat{\theta}_a$、$\widehat{\theta}_b$ 的取值范围均为 $\mathbb{R}$。同时，当 $|r_{a,2}-r_{a,1}|\to\infty$ 和 $|r_{b,2}-r_{b,1}|\to\infty$ 时，式（4-76）中后三项组成的向量和式（4-77）中后三项组成的向量取值范围均为 $\mathbb{R}^3$。因此，支链 $P_1P_2P_3R_aR_b$ 和 $P_1R_aR_aR_bR_b$ 生成的运动相互等效。

（4）$R_aR_bR_c$ 型等效组　$R_aR_bR_c$ 中三个 R 副方向任意且两两不平行，轴线相交于公共点 O。$R_aR_bR_c$ 的运动表达式为

$$S_f=2\tan\frac{\theta_c}{2}\begin{pmatrix}s_c\\ r_O\times s_c\end{pmatrix}\Delta 2\tan\frac{\theta_b}{2}\begin{pmatrix}s_b\\ r_O\times s_b\end{pmatrix}\Delta 2\tan\frac{\theta_a}{2}\begin{pmatrix}s_a\\ r_O\times s_a\end{pmatrix} \tag{4-78}$$

式中，$s_a\times s_b\neq\mathbf{0}$、$s_a\times s_c\neq\mathbf{0}$、$s_b\times s_c\neq\mathbf{0}$。

在不改变生成运动的情况下，三个 R 副次序可任意调换。表明 $R_aR_cR_b$、$R_cR_aR_b$、$R_cR_bR_a$、$R_bR_aR_c$、$R_bR_cR_a$ 都与 $R_aR_bR_c$ 具有相同的运动。

该运动等效于轴线不平行且相交于点 O 的任意三个 R 副生成的运动，如 $R_bR_cR_d$，其运动表达式为

$$S_f = 2\tan\frac{\theta_d}{2}\begin{pmatrix} s_d \\ r_O \times s_d \end{pmatrix} \Delta 2\tan\frac{\theta_c}{2}\begin{pmatrix} s_c \\ r_O \times s_c \end{pmatrix} \Delta 2\tan\frac{\theta_b}{2}\begin{pmatrix} s_b \\ r_O \times s_b \end{pmatrix} \tag{4-79}$$

式中，$s_b \times s_c \neq 0$、$s_b \times s_d \neq 0$、$s_c \times s_d \neq 0$。

由 $R_aR_bR_c$、$R_bR_cR_d$ 和它们的等效组生成的运动可计算为

$$S_f = 2\tan\frac{\theta}{2}\begin{pmatrix} s \\ r_O \times s \end{pmatrix},\ \theta \in \mathbb{R},\ s \in \mathbb{R}^3,\ |s| = 1 \tag{4-80}$$

本节讨论的等效运动副组对于获得衍生支链构型非常重要。在接下来的三节中，将在综合一些典型机器人机构时详细介绍其用法。

多数情况下，只考虑由单自由度运动副组成的支链构型。但通过将相邻两个或三个单自由度运动副替换为两自由度或三自由度运动副，可获得更多的支链构型。例如，一个方向相同的 R 副及其相邻同向的 P 副可用一个 C 副代替；轴线相交的两个相邻 R 副可用一个 U 副代替；轴线相交的三个相邻 R 副可用一个 S 副代替。由于替换前后支链生成的运动表达式相同，因此它们被视为相同的支链构型。表 4. 2 列出了单自由度运动副和两自由度或三自由度运动副之间的替换情况。

表 4. 2　与两自由度或三自由度运动副对应的单自由度运动副

相邻的单自由度运动副	两自由度或三自由度运动副
R_aP_a, P_aR_a	C_a
R_aR_b(轴线相交于点 O)	U(中心点 O)
$R_aR_bR_c$(轴线相交于点 O)	S(中心点 O)

4. 2. 4　支链的几何装配条件

获得可行支链后，装配条件和驱动布置由支链之间的几何关系决定，其中涉及支链运动之间的交集算法。

1. 装配条件

给定并联机构期望运动模式后，可根据上述章节介绍的方法得到其可行的全部支链构型(标准支链构型和衍生支链构型)。当两个或两个以上的支链装配起来以获得所需的并联机构时，保证支链运动的交集为期望运动模式，即装配条件可表达为

$$S_{f,1} \cap \cdots \cap S_{f,i} \cdots \cap S_{f,l} = S_f \tag{4-81}$$

式中，$S_{f,i}$ 表示第 i 条支链（i=1，2，…，l）产生的运动。

由支链综合过程知，每个支链运动均包含期望的运动模式，即

$$S_{f,i} \supseteq S_f \tag{4-82}$$

需要指出的是，装配条件是支链之间连接的几何关系，而不是运动副参数之间的关系。装配条件包含以下两种几何关系。

1）同一支链中运动副之间方向和位置的关系。

2）不同支链中运动副之间方向和位置的关系。

并联机构装配条件由选取的支链决定，选择不同支链组装并联机构会对应不同的装配条件。

2. 非冗余驱动布置

组装得到具有期望运动模式的并联机构后，需为该机构分配驱动并将其作为运动输入。机构中的某些运动副被选为驱动副。驱动布置的原则可概括为：若将所有驱动副锁定（这些驱动副不再生成运动），则机构动平台固定。

对于每个支链均含驱动副的并联机构，若驱动副锁定，则通过消除驱动副生成的旋量，第 i 个支链的运动将从 $\boldsymbol{S}_{f,i}$ 改变为 $\mathbb{S}_{f,i}$。若该机构的驱动布置合理，则应满足式（4-83），即

$$\mathbb{S}_{f,1} \cap \cdots \cap \mathbb{S}_{f,l} = \varnothing \tag{4-83}$$

对于 n 自由度并联机构，应选择 n 个运动副作为驱动副，以实现非冗余的驱动布置。一个机构可能有不同的驱动布置。有学者认为，驱动副最好选择 P 副而非 R 副，并且应靠近固定基座，远离运动平台。此外，驱动副参数与运动平台之间的映射越简单，所选择的驱动布置就越合理。

3. 支链运动中的交集算法

由式（4-81）和式（4-83）可得，装配条件和驱动布置由支链运动之间的交集算法决定。因此，支链间装配条件可通过检验式（4-84）是否有解而获得。方程由支链运动和期望运动模式的有限旋量表达式构成，即

$$\boldsymbol{S}_{f,1} = \cdots = \boldsymbol{S}_{f,i} = \cdots = \boldsymbol{S}_{f,l} = \boldsymbol{S}_f \tag{4-84}$$

此外，还可检验式（4-85）在装配条件下是否无解来验证驱动布置，即

$$\mathbb{S}_{f,1} = \cdots = \mathbb{S}_{f,i} = \cdots = \mathbb{S}_{f,l} \tag{4-85}$$

总之，支链运动之间的交集算法应保证在装配条件下，式（4-84）中所有运动副参数的取值范围内均有解，并且若驱动布置合理，式（4-85）无解。

利用交集算法获得装配条件和验证驱动布置的推导取决于具体机构。因此，这里给出的是总体思路，具体细节将在接下来的章节中通过综合一些典型机构来介绍。

本节详细介绍了基于有限旋量的构型综合方法。所有综合步骤均基于运动的解析表征和代数推导。通过使用有限旋量，所有机构运动均在有限运动层面上，避免了由于有限运动特性和瞬时运动特性不一致而导致的问题。

4.3　转动轴线固定类机构的构型综合

转动轴线固定类机构和转动轴线变化类机构是本书的关注点，由于所采用数学工具的限制，这些机构的构型综合在前人工作中尚未得到系统深入研究。基于前面提出的基于有限旋量的构型综合方法，本节将对转动轴线固定类机构进行构型综合，转动轴线变化类机构的构型综合将在本章后面几节讨论。

本节首先讨论了转动轴线固定类机构的运动特征，并通过严格推导对其分类，以说明为什么这类机构的转动轴线是固定的。分别讨论了两个子类别，即具有一个固定转动轴线的机构和具有两个固定转动轴线的机构。其次，以平面运动 G 群串联机构为例，介绍了具有一

个固定转动轴线机构的综合过程。最后，介绍了具有双熊夫利运动 X-X 流形两支链并联机构的综合流程。

转动轴线固定类机构具有一个或两个自由度转动。该类机构生成的转动具有固定转动方向，但可能有固定或不固定的转动位置。换言之，转动轴线固定仅表示机构具有固定转动方向。

具有固定转动轴线机构的运动模式可以描述为有限旋量集。在运动模式的表达式中，一个或两个转动因子的方向不变，用单位方向向量表示。不变（固定）的单位方向向量表明运动参数（即平动距离和转动角度）对方向向量没有影响。

转动轴线固定类机构可进一步分为两小类：①具有一个固定转动轴线的机构；②具有两个固定转动轴线的机构。

4.3.1 具有一个固定轴线的 *n*T1R 机构

只有一个固定转动轴线的机构，共有九种运动模式，见表 4.3，其中一些已在 4.2.2 节中表述。具有一个固定转动轴线的机构的运动模式见表 4.3，运动机构固定转动方向用 $\boldsymbol{s}_1$ 表示。

表 4.3 具有一个固定转动轴线的机构的运动模式

运动模式	表达式
1R:R 副运动	$\boldsymbol{S}_{f,r}=2\tan\frac{\theta_1}{2}\begin{pmatrix}\boldsymbol{s}_1\\ \boldsymbol{r}_1\times\boldsymbol{s}_1\end{pmatrix},\ \theta_1\in\mathbb{R}$
1T1R:C 副运动	$\boldsymbol{S}_{f,1t1r(1)}=2\tan\frac{\theta_1}{2}\begin{pmatrix}\boldsymbol{s}_1\\ \boldsymbol{r}_1\times\boldsymbol{s}_1\end{pmatrix}+t_1\begin{pmatrix}\boldsymbol{0}\\ \boldsymbol{s}_1\end{pmatrix},\ \theta_1,t_1\in\mathbb{R}$
1T1R:非同轴 1T1R 运动	$\boldsymbol{S}_{f,1t1r(2)}=2\tan\frac{\theta_1}{2}\begin{pmatrix}\boldsymbol{s}_1\\ \left(\boldsymbol{r}_1-\frac{t_2}{2}\boldsymbol{s}_2\right)\times\boldsymbol{s}_1\end{pmatrix}+t_2\begin{pmatrix}\boldsymbol{0}\\ \boldsymbol{s}_2\end{pmatrix},\ \theta_1,t_2\in\mathbb{R}$
1R1T:非同轴 1R1T 运动	$\boldsymbol{S}_{f,1r1t}=2\tan\frac{\theta_2}{2}\begin{pmatrix}\boldsymbol{s}_2\\ \left(\boldsymbol{r}_2+\frac{t_1}{2}\boldsymbol{s}_1\right)\times\boldsymbol{s}_2\end{pmatrix}+t_1\begin{pmatrix}\boldsymbol{0}\\ \boldsymbol{s}_1\end{pmatrix},t_1,\theta_2\in\mathbb{R}$
2T1R:平面运动	$\boldsymbol{S}_{f,2t1r(1)}=2\tan\frac{\theta_1}{2}\begin{pmatrix}\boldsymbol{s}_1\\ \boldsymbol{r}\times\boldsymbol{s}_1\end{pmatrix},\ \theta_1\in\mathbb{R},\ \boldsymbol{r}\in\mathbb{R}^3$
2T1R:非平面 2T1R 运动	$\boldsymbol{S}_{f,2t1r(2)}=2\tan\frac{\theta_1}{2}\begin{pmatrix}\boldsymbol{s}_1\\ \left(\boldsymbol{r}_1-\frac{t_2}{2}\boldsymbol{s}_2-\frac{t_3}{2}\boldsymbol{s}_3\right)\times\boldsymbol{s}_1\end{pmatrix}+\begin{pmatrix}\boldsymbol{0}\\ t_2\boldsymbol{s}_2+t_3\boldsymbol{s}_3\end{pmatrix},\theta_1,t_2,t_3\in\mathbb{R}$
1R2T:非平面 1R2T 运动	$\boldsymbol{S}_{f,1r2t}=2\tan\frac{\theta_3}{2}\begin{pmatrix}\boldsymbol{s}_3\\ \left(\boldsymbol{r}_3+\frac{t_1}{2}\boldsymbol{s}_1+\frac{t_2}{2}\boldsymbol{s}_2\right)\times\boldsymbol{s}_3\end{pmatrix}+\begin{pmatrix}\boldsymbol{0}\\ t_1\boldsymbol{s}_1+t_2\boldsymbol{s}_2\end{pmatrix},t_1,t_2,\theta_1\in\mathbb{R}$
1T1R1T:非平面 1T1R1T 运动	$\boldsymbol{S}_{f,1t1r1t}=2\tan\frac{\theta_2}{2}\begin{pmatrix}\boldsymbol{s}_2\\ \left(\boldsymbol{r}_3-\frac{t_1}{2}\boldsymbol{s}_1+\frac{t_3}{2}\boldsymbol{s}_3\right)\times\boldsymbol{s}_2\end{pmatrix}+\begin{pmatrix}\boldsymbol{0}\\ t_1\boldsymbol{s}_1+t_3\boldsymbol{s}_3\end{pmatrix},\ t_1,t_2,\theta_1\in\mathbb{R}$
3T1R:SCARA(Schoenfiles)运动	$\boldsymbol{S}_{f,3t1r}=2\tan\frac{\theta_1}{2}\begin{pmatrix}\boldsymbol{s}_1\\ \boldsymbol{r}\times\boldsymbol{s}_1\end{pmatrix}+t_1\begin{pmatrix}\boldsymbol{0}\\ \boldsymbol{s}_1\end{pmatrix},\ \theta_1,t_1\in\mathbb{R},\ \boldsymbol{r}\in\mathbb{R}^3$

对于 R 副运动和 C 副运动，相应的转动轴线有固定位置向量 $\boldsymbol{r}_1$；对于平面运动和熊夫利运动，转动轴线的位置向量可以任意选择，即 $\boldsymbol{r}\in\mathbb{R}^3$；对于非同轴 1T1R 运动，位置向量为

$$\boldsymbol{r}=\begin{cases}\boldsymbol{r}_1-\dfrac{t_2\boldsymbol{s}_2}{2} & \theta_1=0\\ \boldsymbol{r}_1-\dfrac{t_2}{2}\boldsymbol{s}_2-\dfrac{t_2}{2\tan\dfrac{\theta_1}{2}}(\boldsymbol{s}_2\times\boldsymbol{s}_1) & \theta_1\neq 0\end{cases}\tag{4-86}$$

非同轴 1T1R 运动的表达式可写为

$$\boldsymbol{S}_{f,1t1r}=2\tan\frac{\theta_1}{2}\begin{pmatrix}\boldsymbol{s}_1\\ \left(\boldsymbol{r}_1-\dfrac{t_2}{2}\boldsymbol{s}_2-\dfrac{t_2}{2\tan\dfrac{\theta_1}{2}}(\boldsymbol{s}_2\times\boldsymbol{s}_1)\right)\times\boldsymbol{s}_1+\dfrac{t_2\boldsymbol{s}_2^{\mathrm{T}}\boldsymbol{s}_1}{2\tan\dfrac{\theta_1}{2}}\boldsymbol{s}_1\end{pmatrix}\tag{4-87}$$

非同轴 1R1T 运动的表达式与非同轴 1T1R 运动的表达式类似。对于非平面 2T1R 运动，位置向量可变，其表达式为

$$\boldsymbol{r}=\begin{cases}\boldsymbol{r}_1-\dfrac{t_2}{2}\boldsymbol{s}_2-\dfrac{t_3}{2}\boldsymbol{s}_3 & \theta_1=0\\ \boldsymbol{r}_1-\dfrac{t_2}{2}\boldsymbol{s}_2-\dfrac{t_3}{2}\boldsymbol{s}_3-\dfrac{t_2}{2\tan\dfrac{\theta_1}{2}}(\boldsymbol{s}_2\times\boldsymbol{s}_1)-\dfrac{t_3}{2\tan\dfrac{\theta_1}{2}}(\boldsymbol{s}_3\times\boldsymbol{s}_1) & \theta_1\neq 0\end{cases}\tag{4-88}$$

非平面 2T1R 运动的表达式为

$$\boldsymbol{S}_{f,2t1r}=2\tan\frac{\theta_1}{2}\begin{pmatrix}\boldsymbol{s}_1\\ \boldsymbol{r}\times\boldsymbol{s}_1+\dfrac{t_2\boldsymbol{s}_2^{\mathrm{T}}\boldsymbol{s}_1+t_3\boldsymbol{s}_3^{\mathrm{T}}\boldsymbol{s}_1}{2\tan\dfrac{\theta_1}{2}}\boldsymbol{s}_1\end{pmatrix}\tag{4-89}$$

非平面 1R2T 运动和非平面 1T1R1T 运动也有类似情况。

4.3.2 平面运动 *G* 群机构算例

2T1R 平面运动 *G* 串联机构的综合过程如下：

（1）标准构型 具有一个固定转动轴线的 2T1R 平面运动可表示为

$$\boldsymbol{S}_{f,2t1r(1)}=2\tan\frac{\theta_1}{2}\begin{pmatrix}\boldsymbol{s}_1\\ \boldsymbol{r}\times\boldsymbol{s}_1\end{pmatrix}\tag{4-90}$$

不失一般性地，用 $\boldsymbol{s}_a$ 代替式（4-90）中 $\boldsymbol{s}_1$ 来表示转动方向，$\boldsymbol{s}_1$ 和 $\boldsymbol{s}_2$ 分别表示两个平动方向。则它们之间的几何关系为

$$\boldsymbol{s}_a\times(\boldsymbol{s}_1\times\boldsymbol{s}_2)=\boldsymbol{0}\tag{4-91}$$

这表明了 $\boldsymbol{s}_1$ 和 $\boldsymbol{s}_2$ 分别与 $\boldsymbol{s}_a$ 相垂直。

因此，式（4-90）可以改写为

$$\boldsymbol{S}_{f,2t1r(1)}=t_2\begin{pmatrix}\boldsymbol{0}\\ \boldsymbol{s}_2\end{pmatrix}\Delta t_1\begin{pmatrix}\boldsymbol{0}\\ \boldsymbol{s}_1\end{pmatrix}\Delta 2\tan\frac{\theta_a}{2}\begin{pmatrix}\boldsymbol{s}_a\\ \boldsymbol{r}_a\times\boldsymbol{s}_a\end{pmatrix}\tag{4-92}$$

由于式（4-92）中两个平动因子和一个转动因子的次序对该运动模式没有影响，因此可

以任意调整。因此可用式（4-93）作为 $S_{f,2t1r(1)}$ 的标准表达式，便于后续衍生构型的推导，

$$S_{f,2t1r(1)}=2\tan\frac{\theta_a}{2}\begin{pmatrix}s_a\\ r_a\times s_a\end{pmatrix}\Delta t_2\begin{pmatrix}\mathbf{0}\\ s_2\end{pmatrix}\Delta t_1\begin{pmatrix}\mathbf{0}\\ s_1\end{pmatrix}\tag{4-93}$$

式（4-93）中三个因子分别对应一个方向为 s_a 的 R 副和两个方向为 s_1、s_2 的 P 副。因此，生成式（4-93）中运动表达式的标准机构构型为 $P_1P_2R_a$，如图 4.27 所示。

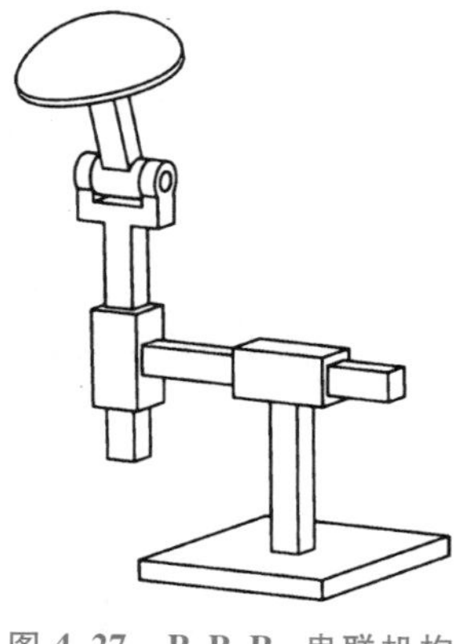

图 4.27　$P_1P_2R_a$ 串联机构

（2）衍生构型　表 4.4 列出了所有与 $P_1P_2R_a$ 等效的构型。

4.2.3 节已经证明了 $P_1R_aR_a$ 和 $P_1P_2R_a$ 运动的等效性。下面给出 $R_aR_aR_a$ 和 $P_1P_2R_a$ 运动等效证明。

$R_aR_aR_a$ 的运动表达式为

$$S_f=2\tan\frac{\theta_{a,3}}{2}\begin{pmatrix}s_a\\ r_{a,3}\times s_a\end{pmatrix}\Delta 2\tan\frac{\theta_{a,2}}{2}\begin{pmatrix}s_a\\ r_{a,2}\times s_a\end{pmatrix}\Delta 2\tan\frac{\theta_{a,1}}{2}\begin{pmatrix}s_a\\ r_{a,1}\times s_a\end{pmatrix}\tag{4-94}$$

利用旋量三角积的计算性质，式（4-94）可写为

$$\begin{aligned}S_f&=2\tan\frac{\theta_{a,1}+\theta_{a,2}+\theta_{a,3}}{2}\begin{pmatrix}s_a\\ r_{a,3}\times s_a\end{pmatrix}\Delta\begin{pmatrix}\mathbf{0}\\ (\exp((\theta_{a,1}+\theta_{a,2})\tilde{s}_a)-E_3)(r_{a,3}-r_{a,2})\end{pmatrix}\Delta\\&\quad\begin{pmatrix}\mathbf{0}\\ (\exp(\theta_{a,1}\tilde{s}_a)-E_3)(r_{a,2}-r_{a,1})\end{pmatrix}\end{aligned}\tag{4-95}$$

式（4-95）可进一步改写为

$$\begin{aligned}S_f&=2\tan\frac{\hat{\theta}_a}{2}\begin{pmatrix}s_a\\ r_{a,3}\times s_a\end{pmatrix}\Delta\begin{pmatrix}\mathbf{0}\\ t\end{pmatrix}\\&=2\tan\frac{\hat{\theta}_a}{2}\begin{pmatrix}s_a\\ \left(r_{a,3}+\dfrac{t}{2}\right)\times s_a\end{pmatrix}+\begin{pmatrix}\mathbf{0}\\ t\end{pmatrix}\end{aligned}\tag{4-96}$$

式中，

$$\hat{\theta}_a=\theta_{a,1}+\theta_{a,2}+\theta_{a,3}$$

$$t=(\exp((\theta_{a,1}+\theta_{a,2})\tilde{s}_a)-E_3)(r_{a,3}-r_{a,2})+(\exp(\theta_{a,1}\tilde{s}_a)-E_3)(r_{a,2}-r_{a,1})$$

比较式（4-96）和式（4-66），不难看出式（4-66）中 θ_a 的取值范围和式（4-96）中 $\hat{\theta}_a$ 的值范围都是 $\mathbb{R}$。同时，当 $|r_{a,2}-r_{a,1}|\to\infty$ 和 $|r_{a,3}-r_{a,2}|\to\infty$ 时，式（4-96）中后三项所组成向量的取值范围与式（4-66）中后三项所组成向量的取值范围均为垂直于 s_a 的二维向量集。因此，可以证明 $R_aR_aR_a$ 生成的运动等效于 $P_1P_2R_a$ 生成的运动等效。

表 4.4 中，任何衍生构型与标准构型 $P_1P_2R_a$ 之间的等效性都可通过类似的方法来证明。其中两种衍生构型如图 4.28 所示。

表 4.4　生成平面运动的标准和衍生构型

标准构型	衍生构型
$P_1P_2R_a$	$R_aP_1P_2$、$P_1R_aP_2$、$P_1R_aR_a$ $R_aP_1R_a$、$R_aR_aP_1$、$R_aR_aR_a$

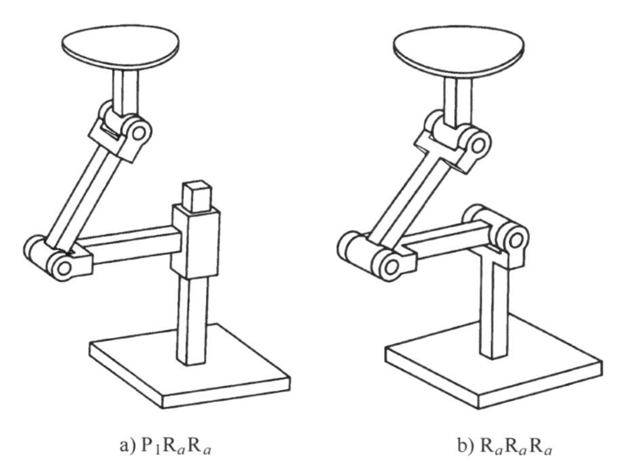

a) $P_1R_aR_a$　　　　b) $R_aR_aR_a$

图 4.28 具有 2T1R 平面运动的典型串联结构

4.3.3 具有两个固定轴线的 *n*T2R 机构

有十六种机构属于具有两个固定转动轴线的机构。其中任何一种机构均有两个固定的转动轴线。

对于两自由度转动，方向不变、位置固定的最基础表达式为

$$\boldsymbol{S}_{f,2r(1)}=2\tan\frac{\theta_2}{2}\begin{pmatrix}\boldsymbol{s}_2\\\boldsymbol{r}\times\boldsymbol{s}_2\end{pmatrix}\Delta 2\tan\frac{\theta_1}{2}\begin{pmatrix}\boldsymbol{s}_1\\\boldsymbol{r}\times\boldsymbol{s}_1\end{pmatrix}\tag{4-97}$$

利用式（4-62）的计算算法，式（4-97）可以改写为

$$\boldsymbol{S}_{f,2r(1)}=2\tan\frac{\theta_1}{2}\begin{pmatrix}\boldsymbol{s}_1\\\boldsymbol{r}_1\times\boldsymbol{s}_1\end{pmatrix}\Delta 2\tan\frac{\theta_2}{2}\begin{pmatrix}\exp(\theta_1\widetilde{\boldsymbol{s}}_1)\boldsymbol{s}_2\\\boldsymbol{r}_1\times(\exp(\theta_1\widetilde{\boldsymbol{s}}_1)\boldsymbol{s}_2)\end{pmatrix}\tag{4-98}$$

式（4-97）和式（4-98）等价。因此，尽管式（4-98）中第二个因子的转动方向与第一个因子的运动参数相关，但式（4-98）可改写为式（4-97），其中两个因子的转动方向与运动参数无关。一个机构有两个固定的转动轴线时，其运动模式可写成一个转动轴线变化的表达式。该表达式总可等价改写为具有两个固定转动轴线的表达式。

上述两个等式的物理意义解释如下。两个转动轴线方向分别为 $\boldsymbol{s}_1$ 和 $\boldsymbol{s}_2$ 的 U 副（$\boldsymbol{s}_1$ 方向的转动轴线与固定基座相连），因为绕 $\boldsymbol{s}_2$ 转动对 $\boldsymbol{s}_1$ 没有影响，若 $\boldsymbol{s}_2$ 方向的转动轴线先转动，$\boldsymbol{s}_1$ 方向的转动轴线后转动，则可得到式（4-97）。若 $\boldsymbol{s}_1$ 方向的转动轴线先转动一个角度 θ_1，则另一个轴线的方向将从 $\boldsymbol{s}_2$ 变为 $\exp(\theta_1\widetilde{\boldsymbol{s}}_1)$ $\boldsymbol{s}_2$，然后 $\exp(\theta_1\widetilde{\boldsymbol{s}}_1)\boldsymbol{s}_2$ 成为后转动的轴线方向，从而得到式（4-98）。

表 4.5 和表 4.6 列出了具有两个固定转动轴线的 16 种机构运动模式的所有基础表达式。任何具有所示运动模式的机构都有两个固定的转动方向。

具有一个或两个固定转动轴线的机构在各个工业领域都有广泛应用。因此，它们的构型综合问题是机构和机器人机构研究中的重要问题。下面两节中，将列举一些典型的算例来说明综合这些机构的详细步骤。

表 4.5　具有两个固定转动轴线的两自由度或三自由度运动模式

运动模式	表达式
2R:U 副运动	$\boldsymbol{S}_{f,2r(1)} = 2\tan\frac{\theta_2}{2}\begin{pmatrix}\boldsymbol{s}_2\\ \boldsymbol{r}_1\times\boldsymbol{s}_2\end{pmatrix}\Delta 2\tan\frac{\theta_1}{2}\begin{pmatrix}\boldsymbol{s}_1\\ \boldsymbol{r}_1\times\boldsymbol{s}_1\end{pmatrix},\ \theta_1,\theta_2\in\mathbb{R}$
2R:异面 2R 运动	$\boldsymbol{S}_{f,2r(2)} = 2\tan\frac{\theta_2}{2}\begin{pmatrix}\boldsymbol{s}_2\\ \boldsymbol{r}_2\times\boldsymbol{s}_2\end{pmatrix}\Delta 2\tan\frac{\theta_1}{2}\begin{pmatrix}\boldsymbol{s}_1\\ \boldsymbol{r}_1\times\boldsymbol{s}_1\end{pmatrix},\ \theta_1,\theta_2\in\mathbb{R}$
1T2R:CR 运动或非同轴 1T2R 运动	$\boldsymbol{S}_{f,1t2r(1)} = \left(2\tan\frac{\theta_2}{2}\begin{pmatrix}\boldsymbol{s}_2\\ \boldsymbol{r}_2\times\boldsymbol{s}_2\end{pmatrix}+t_2\begin{pmatrix}\boldsymbol{0}\\ \boldsymbol{s}_2\end{pmatrix}\right)\Delta 2\tan\frac{\theta_1}{2}\begin{pmatrix}\boldsymbol{s}_1\\ \boldsymbol{r}_1\times\boldsymbol{s}_1\end{pmatrix},\ \theta_1,\theta_2,t_2\in\mathbb{R}$ $\boldsymbol{S}_{f,1t2r(2)} = \left(2\tan\frac{\theta_2}{2}\begin{pmatrix}\boldsymbol{s}_2\\ \left(\boldsymbol{r}_2-\frac{t_3}{2}\boldsymbol{s}_3\right)\times\boldsymbol{s}_2\end{pmatrix}+t_3\begin{pmatrix}\boldsymbol{0}\\ \boldsymbol{s}_3\end{pmatrix}\right)\Delta 2\tan\frac{\theta_1}{2}\begin{pmatrix}\boldsymbol{s}_1\\ \boldsymbol{r}_1\times\boldsymbol{s}_1\end{pmatrix},\theta_1,\theta_2,t_3\in\mathbb{R}$
2R1T:RC 运动或非同轴 2R1T 运动	$\boldsymbol{S}_{f,2r1t(1)} = 2\tan\frac{\theta_2}{2}\begin{pmatrix}\boldsymbol{s}_2\\ \boldsymbol{r}_2\times\boldsymbol{s}_2\end{pmatrix}\Delta\left(2\tan\frac{\theta_1}{2}\begin{pmatrix}\boldsymbol{s}_1\\ \boldsymbol{r}_1\times\boldsymbol{s}_1\end{pmatrix}+t_1\begin{pmatrix}\boldsymbol{0}\\ \boldsymbol{s}_1\end{pmatrix}\right),\ \theta_1,t_1,\theta_2\in\mathbb{R}$ $\boldsymbol{S}_{f,2r1t(2)} = 2\tan\frac{\theta_3}{2}\begin{pmatrix}\boldsymbol{s}_3\\ \boldsymbol{r}_3\times\boldsymbol{s}_3\end{pmatrix}\Delta\left(2\tan\frac{\theta_2}{2}\begin{pmatrix}\boldsymbol{s}_2\\ \left(\boldsymbol{r}_2+\frac{t_1}{2}\boldsymbol{s}_1\right)\times\boldsymbol{s}_2\end{pmatrix}+t_1\begin{pmatrix}\boldsymbol{0}\\ \boldsymbol{s}_1\end{pmatrix}\right),\ t_1,\theta_2,\theta_3\in\mathbb{R}$
1R1T1R:非同轴 1R1T1R 运动	$\boldsymbol{S}_{f,1r1t1r} = \left(2\tan\frac{\theta_3}{2}\begin{pmatrix}\boldsymbol{s}_3\\ \left(\boldsymbol{r}_3+\frac{t_2}{2}\boldsymbol{s}_2\right)\times\boldsymbol{s}_3\end{pmatrix}+t_2\begin{pmatrix}\boldsymbol{0}\\ \boldsymbol{s}_2\end{pmatrix}\right)\Delta 2\tan\frac{\theta_1}{2}\begin{pmatrix}\boldsymbol{s}_1\\ \boldsymbol{r}_1\times\boldsymbol{s}_1\end{pmatrix}$ $= 2\tan\frac{\theta_3}{2}\begin{pmatrix}\boldsymbol{s}_3\\ \boldsymbol{r}_3\times\boldsymbol{s}_3\end{pmatrix}\Delta\left(2\tan\frac{\theta_1}{2}\begin{pmatrix}\boldsymbol{s}_1\\ \left(\boldsymbol{r}_1-\frac{t_2}{2}\boldsymbol{s}_2\right)\times\boldsymbol{s}_1\end{pmatrix}+t_2\begin{pmatrix}\boldsymbol{0}\\ \boldsymbol{s}_2\end{pmatrix}\right)$ $,\theta_1,t_2,\theta_3\in\mathbb{R}$

表 4.6　具有两个固定转动轴线的四自由度或五自由度运动模式

运动模式	表达式
2T2R:平面/非平面 2T2R 运动	$\boldsymbol{S}_{f,2t2r(1)} = 2\tan\frac{\theta_2}{2}\begin{pmatrix}\boldsymbol{s}_2\\ \boldsymbol{r}\times\boldsymbol{s}_2\end{pmatrix}\Delta 2\tan\frac{\theta_1}{2}\begin{pmatrix}\boldsymbol{s}_1\\ \boldsymbol{r}_1\times\boldsymbol{s}_1\end{pmatrix},\ \theta_1,\theta_2\in\mathbb{R},\ \boldsymbol{r}\in\mathbb{R}^3$ $\boldsymbol{S}_{f,2t2r(2)} = \left(2\tan\frac{\theta_2}{2}\begin{pmatrix}\boldsymbol{s}_2\\ \left(\boldsymbol{r}_2-\frac{t_3}{2}\boldsymbol{s}_3-\frac{t_4}{2}\boldsymbol{s}_4\right)\times\boldsymbol{s}_2\end{pmatrix}+\begin{pmatrix}\boldsymbol{0}\\ t_3\boldsymbol{s}_3+t_4\boldsymbol{s}_4\end{pmatrix}\right)\Delta 2\tan\frac{\theta_1}{2}\begin{pmatrix}\boldsymbol{s}_1\\ \boldsymbol{r}_1\times\boldsymbol{s}_1\end{pmatrix},\theta_1,\theta_2,t_3,t_4\in\mathbb{R}$
2R2T:平面/非平面 2R2T 运动	$\boldsymbol{S}_{f,2r2t(1)} = 2\tan\frac{\theta_4}{2}\begin{pmatrix}\boldsymbol{s}_4\\ \boldsymbol{r}_4\times\boldsymbol{s}_4\end{pmatrix}\Delta 2\tan\frac{\theta_3}{2}\begin{pmatrix}\boldsymbol{s}_3\\ \boldsymbol{r}\times\boldsymbol{s}_3\end{pmatrix},\ \theta_3,\theta_4\in\mathbb{R},\ \boldsymbol{r}\in\mathbb{R}^3$ $\boldsymbol{S}_{f,2r2t(2)} = 2\tan\frac{\theta_4}{2}\begin{pmatrix}\boldsymbol{s}_4\\ \boldsymbol{r}_4\times\boldsymbol{s}_4\end{pmatrix}\Delta\left(2\tan\frac{\theta_3}{2}\begin{pmatrix}\boldsymbol{s}_3\\ \left(\boldsymbol{r}_3+\frac{t_1}{2}\boldsymbol{s}_1+\frac{t_2}{2}\boldsymbol{s}_2\right)\times\boldsymbol{s}_3\end{pmatrix}+\begin{pmatrix}\boldsymbol{0}\\ t_1\boldsymbol{s}_1+t_2\boldsymbol{s}_2\end{pmatrix}\right),\ t_1,t_2,\theta_3,\theta_4\in\mathbb{R}$
1T2R1T:1T2R1T 运动	$\boldsymbol{S}_{f,1t2r1t} = \left(2\tan\frac{\theta_3}{2}\begin{pmatrix}\boldsymbol{s}_3\\ \left(\boldsymbol{r}_3-\frac{t_4}{2}\boldsymbol{s}_4\right)\times\boldsymbol{s}_3\end{pmatrix}+\begin{pmatrix}\boldsymbol{0}\\ t_4\boldsymbol{s}_4\end{pmatrix}\right)\Delta\left(2\tan\frac{\theta_2}{2}\begin{pmatrix}\boldsymbol{s}_2\\ \left(\boldsymbol{r}_2+\frac{t_1}{2}\boldsymbol{s}_1\right)\times\boldsymbol{s}_2\end{pmatrix}+\begin{pmatrix}\boldsymbol{0}\\ t_1\boldsymbol{s}_1\end{pmatrix}\right),t_1,\theta_2,\theta_3,t_4\in\mathbb{R}$

（续）

运动模式	表达式
1R2T1R： 非平面 1R2T1R 运动	$\boldsymbol{S}_{f,1r2t1r}=\left(2\tan\frac{\theta_4}{2}\begin{pmatrix}\boldsymbol{s}_4\\(\boldsymbol{r}_4+\frac{t_3}{2}\boldsymbol{s}_3)\times\boldsymbol{s}_4\end{pmatrix}+\begin{pmatrix}\boldsymbol{0}\\t_3\boldsymbol{s}_3\end{pmatrix}\right)\Delta\left(2\tan\frac{\theta_1}{2}\begin{pmatrix}\boldsymbol{s}_1\\(\boldsymbol{r}_1-\frac{t_2}{2}\boldsymbol{s}_2)\times\boldsymbol{s}_1\end{pmatrix}+\begin{pmatrix}\boldsymbol{0}\\t_2\boldsymbol{s}_2\end{pmatrix}\right)$ $=2\tan\frac{\theta_4}{2}\begin{pmatrix}\boldsymbol{s}_4\\\boldsymbol{r}_4\times\boldsymbol{s}_4\end{pmatrix}\Delta\left(2\tan\frac{\theta_1}{2}\begin{pmatrix}\boldsymbol{s}_1\\(\boldsymbol{r}_1-\frac{t_2}{2}\boldsymbol{s}_2-\frac{t_3}{2}\boldsymbol{s}_3)\times\boldsymbol{s}_1\end{pmatrix}+\begin{pmatrix}\boldsymbol{0}\\t_2\boldsymbol{s}_2+t_3\boldsymbol{s}_3\end{pmatrix}\right)$ $=\left(2\tan\frac{\theta_4}{2}\begin{pmatrix}\boldsymbol{s}_4\\(\boldsymbol{r}_4+\frac{t_2}{2}\boldsymbol{s}_2+\frac{t_3}{2}\boldsymbol{s}_3)\times\boldsymbol{s}_4\end{pmatrix}+\begin{pmatrix}\boldsymbol{0}\\t_2\boldsymbol{s}_2+t_3\boldsymbol{s}_3\end{pmatrix}\right)\Delta2\tan\frac{\theta_1}{2}\begin{pmatrix}\boldsymbol{s}_1\\\boldsymbol{r}_1\times\boldsymbol{s}_1\end{pmatrix}$ $,\ t_1,\theta_2,\theta_3,t_4\in\mathbb{R}$
1T1R1T1R： 非平面 1T1R1T1R 运动	$\boldsymbol{S}_{f,1t1r1t1r}=\left(2\tan\frac{\theta_3}{2}\begin{pmatrix}\boldsymbol{s}_3\\(\boldsymbol{r}_3-\frac{t_4}{2}\boldsymbol{s}_4+\frac{t_2}{2}\boldsymbol{s}_2)\times\boldsymbol{s}_3\end{pmatrix}+\begin{pmatrix}\boldsymbol{0}\\t_2\boldsymbol{s}_2+t_4\boldsymbol{s}_4\end{pmatrix}\right)\Delta2\tan\frac{\theta_1}{2}\begin{pmatrix}\boldsymbol{s}_1\\\boldsymbol{r}_1\times\boldsymbol{s}_1\end{pmatrix}$ $=\left(2\tan\frac{\theta_3}{2}\begin{pmatrix}\boldsymbol{s}_3\\(\boldsymbol{r}_3-\frac{t_4}{2}\boldsymbol{s}_4)\times\boldsymbol{s}_3\end{pmatrix}+\begin{pmatrix}\boldsymbol{0}\\t_4\boldsymbol{s}_4\end{pmatrix}\right)\Delta\left(2\tan\frac{\theta_1}{2}\begin{pmatrix}\boldsymbol{s}_1\\(\boldsymbol{r}_1-\frac{t_2}{2}\boldsymbol{s}_2)\times\boldsymbol{s}_1\end{pmatrix}+\begin{pmatrix}\boldsymbol{0}\\t_2\boldsymbol{s}_2\end{pmatrix}\right)$ $,\theta_1,t_2,\theta_3,t_4\in\mathbb{R}$
1R1T1R1T： 非平面 1R1T1R1T 运动	$\boldsymbol{S}_{f,1r1t1r1t}=2\tan\frac{\theta_4}{2}\begin{pmatrix}\boldsymbol{s}_4\\\boldsymbol{r}_4\times\boldsymbol{s}_4\end{pmatrix}\Delta\left(2\tan\frac{\theta_2}{2}\begin{pmatrix}\boldsymbol{s}_2\\(\boldsymbol{r}_2+\frac{t_1}{2}\boldsymbol{s}_1-\frac{t_3}{2}\boldsymbol{s}_3)\times\boldsymbol{s}_2\end{pmatrix}+\begin{pmatrix}\boldsymbol{0}\\t_1\boldsymbol{s}_1+t_3\boldsymbol{s}_3\end{pmatrix}\right)$ $=\left(2\tan\frac{\theta_4}{2}\begin{pmatrix}\boldsymbol{s}_4\\(\boldsymbol{r}_4+\frac{t_3}{2}\boldsymbol{s}_3)\times\boldsymbol{s}_3\end{pmatrix}+\begin{pmatrix}\boldsymbol{0}\\t_3\boldsymbol{s}_3\end{pmatrix}\right)\Delta\left(2\tan\frac{\theta_2}{2}\begin{pmatrix}\boldsymbol{s}_2\\(\boldsymbol{r}_2+\frac{t_1}{2}\boldsymbol{s}_1)\times\boldsymbol{s}_2\end{pmatrix}+\begin{pmatrix}\boldsymbol{0}\\t_1\boldsymbol{s}_1\end{pmatrix}\right)$ $,\ t_1,\theta_2,t_3,\theta_4\in\mathbb{R}$
3T2R：双熊夫利运动	$\boldsymbol{S}_{f,3t2r}=\left(2\tan\frac{\theta_2}{2}\begin{pmatrix}\boldsymbol{s}_2\\\boldsymbol{r}'\times\boldsymbol{s}_2\end{pmatrix}+t_2\begin{pmatrix}\boldsymbol{0}\\\boldsymbol{s}_2\end{pmatrix}\right)\Delta\left(2\tan\frac{\theta_1}{2}\begin{pmatrix}\boldsymbol{s}_1\\\boldsymbol{r}\times\boldsymbol{s}_1\end{pmatrix}+t_1\begin{pmatrix}\boldsymbol{0}\\\boldsymbol{s}_1\end{pmatrix}\right)$, $\theta_1,t_1,\theta_2,t_2\in\mathbb{R}$, $\boldsymbol{r},\boldsymbol{r}'\in\mathbb{R}^3$

4.3.4 双熊夫利运动 X-X 流形机构算例

3T2R 双熊夫利运动可表示为

$$\boldsymbol{S}_{f,3t2r}=\left(2\tan\frac{\theta_2}{2}\begin{pmatrix}\boldsymbol{s}_2\\\boldsymbol{r}'\times\boldsymbol{s}_2\end{pmatrix}+t_2\begin{pmatrix}\boldsymbol{0}\\\boldsymbol{s}_2\end{pmatrix}\right)\Delta\left(2\tan\frac{\theta_1}{2}\begin{pmatrix}\boldsymbol{s}_1\\\boldsymbol{r}\times\boldsymbol{s}_1\end{pmatrix}+t_1\begin{pmatrix}\boldsymbol{0}\\\boldsymbol{s}_1\end{pmatrix}\right) \tag{4-99}$$

若以 $\boldsymbol{s}_a$ 和 $\boldsymbol{s}_b$ 分别表示两个转动方向，$\boldsymbol{s}_1$、$\boldsymbol{s}_2$ 和 $\boldsymbol{s}_3$ 分别表示三个平动方向，用这些符号替代后，式（4-99）可以改写为

$$\boldsymbol{S}_{f,3t2r}=t_3\begin{pmatrix}\boldsymbol{0}\\\boldsymbol{s}_3\end{pmatrix}\Delta t_2\begin{pmatrix}\boldsymbol{0}\\\boldsymbol{s}_2\end{pmatrix}\Delta t_1\begin{pmatrix}\boldsymbol{0}\\\boldsymbol{s}_1\end{pmatrix}\Delta2\tan\frac{\theta_b}{2}\begin{pmatrix}\boldsymbol{s}_b\\\boldsymbol{r}_b\times\boldsymbol{s}_b\end{pmatrix}\Delta2\tan\frac{\theta_a}{2}\begin{pmatrix}\boldsymbol{s}_a\\\boldsymbol{r}_a\times\boldsymbol{s}_a\end{pmatrix} \tag{4-100}$$

式（4-100）可进一步改写为

$$\boldsymbol{S}_{f,3t2r}=2\tan\frac{\theta_b}{2}\begin{pmatrix}\boldsymbol{s}_b\\\boldsymbol{r}_b\times\boldsymbol{s}_b\end{pmatrix}\Delta2\tan\frac{\theta_a}{2}\begin{pmatrix}\boldsymbol{s}_a\\\boldsymbol{r}_a\times\boldsymbol{s}_a\end{pmatrix}\Delta t_3\begin{pmatrix}\boldsymbol{0}\\\boldsymbol{s}_3\end{pmatrix}\Delta t_2\begin{pmatrix}\boldsymbol{0}\\\boldsymbol{s}_2\end{pmatrix}\Delta t_1\begin{pmatrix}\boldsymbol{0}\\\boldsymbol{s}_1\end{pmatrix} \tag{4-101}$$

式（4-101）为双熊夫利运动 X-X 机构的期望运动模式。

（1）标准支链　不考虑六自由度支链的情况下，对于五自由度并联机构，支链运动应与期望的运动模式相同，即

$$S_{f,L}=2\tan\frac{\theta_b}{2}\begin{pmatrix}s_b\\ r_b\times s_b\end{pmatrix}\Delta 2\tan\frac{\theta_a}{2}\begin{pmatrix}s_a\\ r_a\times s_a\end{pmatrix}\Delta t_3\begin{pmatrix}\mathbf{0}\\ s_3\end{pmatrix}\Delta t_2\begin{pmatrix}\mathbf{0}\\ s_2\end{pmatrix}\Delta t_1\begin{pmatrix}\mathbf{0}\\ s_1\end{pmatrix} \tag{4-102}$$

这样，就可以得到如图 4.29 所示的标准支链构型 $P_1P_2P_3R_aR_b$。

（2）衍生支链　如 4.2.3 节所述，很多支链可生成与 $P_1P_2P_3R_aR_b$ 相同的运动，其均为标准构型 $P_1P_2P_3R_aR_b$ 的衍生支链构型。除此之外，还有更多包含 H 副的构型也是 $P_1P_2P_3R_aR_b$ 衍生构型。使用 4.2.3 节中提出的支链综合方法，可得到所有双熊夫利 X-X 流形机构的可行支链构型。表 4.7 中列出了这些支链构型。

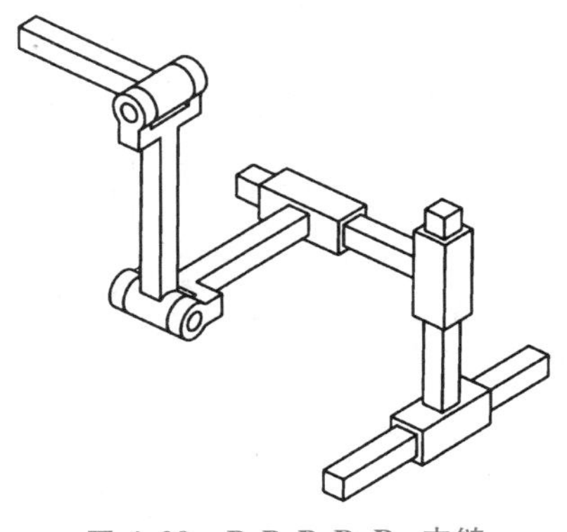

图 4.29　$P_1P_2P_3R_aR_b$ 支链

表 4-7　双熊夫利运动 X-X 流形机构的标准和衍生支链构型

标准支链	衍生支链					
$P_1P_2P_3R_aR_b$	$P_1P_2R_aP_3R_b$	$P_1R_aP_2P_3R_b$	$R_aP_1P_2P_3R_b$	$P_1R_aP_2R_bP_3$	$P_1R_aR_bP_2P_3$	$R_aP_1P_2R_bP_3$
	$R_aR_bP_1P_2P_3$	$P_1P_2R_aR_aR_b$	$P_1R_aP_2R_aR_b$	$P_1R_aR_aR_bP_2$	$R_aP_1P_2R_aR_b$	$R_aP_1R_aP_2R_b$
	$R_aP_1R_aR_bP_2$	$R_aR_aP_1R_bP_2$	$R_aR_aR_bP_1P_2$	$P_1R_aP_2R_bR_b$	$P_1R_aR_bP_2R_b$	$P_1R_aR_bR_bP_2$
	$R_aP_1R_bP_2R_b$	$R_aR_bP_1P_2R_b$	$R_aP_1R_bR_bP_2$	$R_aR_bR_bP_1P_2$	$P_1R_aR_aR_bR_b$	$R_aP_1R_aR_bR_b$
	$R_aR_aR_bP_1R_b$	$R_aR_aR_bR_bP_1$	$P_1R_aR_aR_aR_b$	$R_aR_aP_1R_aR_b$	$R_aR_aR_aP_1R_b$	$R_aR_aR_aR_bP_1$
	$R_aP_1R_bR_bR_b$	$R_aR_bP_1R_bR_b$	$R_aR_bR_bP_1R_b$	$R_aR_aR_aR_bR_b$	$R_aR_aR_bR_bR_b$	$P_1P_2P_3H_aR_b$
	$P_1P_2P_3H_aH_b$	$P_1P_2H_aP_3R_b$	$P_1P_2R_aP_3H_b$	$P_1H_aP_2P_3R_b$	$P_1R_aP_2P_3H_b$	$P_1H_aP_2P_3H_b$
	$R_aP_1P_2P_3H_b$	$H_aP_1P_2P_3H_b$	$P_1P_2H_aR_bP_3$	$P_1P_2H_aH_bP_3$	$P_1H_aP_2R_bP_3$	$P_1R_aP_2H_bP_3$
	$P_1H_aR_bP_2P_3$	$P_1R_aH_bP_2P_3$	$P_1H_aH_bP_2P_3$	$R_aP_1P_2H_bP_3$	$H_aP_1P_2H_bP_3$	$H_aP_1R_bP_2P_3$
	$H_aP_1H_bP_2P_3$	$H_aR_bP_1P_2P_3$	$R_aH_bP_1P_2P_3$	$P_1P_2H_aR_aR_b$	$P_1P_2R_aH_aR_b$	$P_1P_2R_aR_aH_b$
	$P_1P_2H_aR_aH_b$	$P_1P_2R_aH_aH_b$	$P_1P_2H_aH_aH_b$	$P_1R_aP_2H_aR_b$	$P_1R_aP_2R_aH_b$	$P_1H_aP_2H_aR_b$
	$P_1R_aP_2H_aH_b$	$P_1H_aP_2H_aH_b$	$P_1H_aR_aP_2R_b$	$P_1R_aR_aP_2H_b$	$P_1H_aH_aP_2R_b$	$P_1H_aR_aP_2H_b$
	$P_1H_aH_aP_2H_b$	$P_1H_aR_aR_bP_2$	$P_1R_aH_aR_bP_2$	$P_1H_aH_aR_bP_2$	$P_1H_aR_aH_bP_2$	$P_1R_aH_aH_bP_2$
	$H_aP_1P_2R_aR_b$	$R_aP_1P_2H_aR_b$	$R_aP_1P_2R_aH_b$	$H_aP_1P_2R_aH_b$	$R_aP_1P_2H_aH_b$	$H_aP_1P_2H_aH_b$
	$R_aP_1H_aP_2R_b$	$R_aP_1R_aP_2H_b$	$H_aP_1H_aP_2R_b$	$P_1H_aH_aR_bH_b$	$H_aP_1R_aR_bR_b$	$H_aP_1H_aR_bR_b$
	$R_aP_1H_aR_bH_b$	$H_aP_1R_aH_bH_b$	$R_aH_aP_1R_bR_b$	$R_aR_aP_1P_2H_b$	$H_aH_aP_1P_2R_b$	$H_aR_aP_1P_2H_b$
	$H_aH_aP_1P_2H_b$	$H_aP_1R_aR_bP_2$	$R_aP_1H_aR_bP_2$	$H_aP_1H_aR_bP_2$	$H_aP_1R_aH_bP_2$	$R_aP_1H_aH_bP_2$
	$H_aR_aP_1R_bP_2$	$R_aH_aP_1R_bP_2$	$R_aR_aP_1H_bP_2$	$H_aR_aP_1H_bP_2$	$R_aH_aP_1H_bP_2$	$H_aH_aP_1H_bP_2$
	$R_aH_aR_bP_1P_2$	$R_aR_aH_bP_1P_2$	$H_aH_aR_bP_1P_2$	$R_aH_aH_bP_1P_2$	$H_aH_aH_bP_1P_2$	$P_1P_2H_aR_bR_b$
	$P_1P_2R_aR_bH_b$	$P_1P_2H_aH_bR_b$	$P_1P_2H_aR_bH_b$	$P_1P_2H_aH_bH_b$	$P_1H_aP_2R_bR_b$	$P_1R_aP_2H_bR_b$
	$P_1H_aP_2H_bR_b$	$P_1H_aP_2R_bH_b$	$P_1R_aP_2H_bH_b$	$P_1H_aR_bP_2R_b$	$P_1R_aH_bP_2R_b$	$P_1R_aR_bP_2H_b$
	$P_1H_aR_bP_2H_b$	$P_1R_aH_bP_2H_b$	$P_1H_aH_bP_2H_b$	$P_1R_aH_bR_bP_2$	$P_1R_aR_bH_bP_2$	$P_1H_aH_bR_bP_2$
	$P_1R_aH_bH_bP_2$	$P_1H_aH_bH_bP_2$	$H_aP_1P_2R_bR_b$	$R_aP_1P_2R_bH_b$	$H_aP_1P_2H_bR_b$	$H_aP_1P_2R_bH_b$
	$H_aP_1P_2H_bH_b$	$H_aP_1R_bP_2R_b$	$R_aP_1H_bP_2R_b$	$H_aP_1H_bP_2R_b$	$H_aP_1R_bP_2H_b$	$R_aP_1H_bP_2H_b$
	$H_aR_bP_1P_2R_b$	$R_aH_bP_1P_2R_b$	$R_aR_bP_1P_2H_b$	$H_aR_bP_1P_2H_b$	$R_aH_bP_1P_2H_b$	$H_aH_bP_1P_2H_b$
	$P_1P_2R_aR_bP_3$	$R_aP_1R_bP_2P_3$	$P_1R_aR_aP_2R_b$	$R_aR_aP_1P_2R_b$	$P_1P_2R_aR_bR_b$	$R_aP_1P_2R_bR_b$
	$R_aP_1P_2R_bR_b$	$R_aR_bP_1R_bP_2$	$R_aR_aP_1R_bR_b$	$R_aP_1R_aR_aR_b$	$P_1R_aR_bR_bR_b$	$R_aR_bR_bR_bP_1$
	$P_1P_2P_3R_aH_b$	$P_1P_2H_aP_3H_b$	$H_aP_1P_2P_3R_b$	$P_1P_2R_aH_bP_3$	$P_1H_aP_2H_bP_3$	$H_aP_1P_2R_bP_3$
	$R_aP_1H_bP_2P_3$	$H_aH_bP_1P_2P_3$	$P_1P_2H_aH_aR_b$	$P_1H_aP_2R_aR_b$	$P_1H_aP_2R_aH_b$	$P_1R_aH_aP_2R_b$
	$P_1R_aH_aP_2H_b$	$P_1R_aR_aH_bP_2$	$P_1H_aH_aH_bP_2$	$H_aP_1P_2H_aR_b$	$H_aP_1R_aP_2R_b$	$H_aP_1H_aP_2R_b$
	$R_aH_aP_1P_2R_b$	$R_aH_aP_1P_2H_b$	$R_aP_1R_aH_bP_2$	$H_aP_1H_aH_bP_2$	$H_aH_aP_1R_bP_2$	$H_aR_aR_bP_1P_2$
	$H_aR_aH_bP_1P_2$	$P_1P_2R_aH_bR_b$	$P_1P_2R_aH_bH_b$	$P_1R_aP_2R_bH_b$	$P_1H_aP_2H_bH_b$	$P_1H_aH_bP_2R_b$
	$P_1H_aR_bR_bP_2$	$P_1H_aR_bH_bP_2$	$R_aP_1P_2H_bR_b$	$R_aP_1P_2H_bH_b$	$R_aP_1R_bP_2H_b$	$H_aP_1H_bP_2H_b$
	$H_aH_bP_1P_2R_b$	$H_aP_1R_bR_bP_2$	$R_aP_1H_bR_bP_2$	$R_aP_1R_bH_bP_2$	$H_aP_1H_bR_bP_2$	$H_aP_1R_bH_bP_2$
	$R_aP_1H_bH_bP_2$	$H_aP_1H_bH_bP_2$	$H_aR_bP_1R_bP_2$	$R_aH_bP_1R_bP_2$	$R_aH_bP_1H_bP_2$	$R_aR_bH_bP_1P_2$
	$R_aR_bP_1H_bP_2$	$H_aH_bP_1R_bP_2$	$H_aR_bP_1H_bP_2$	$H_aH_bP_1H_bP_2$	$H_aR_bR_bP_1P_2$	$R_aH_bR_bP_1P_2$
	$H_aH_bR_bP_1P_2$	$H_aR_bH_bP_1P_2$	$R_aH_bH_bP_1P_2$	$P_1H_aR_aR_bR_b$	$P_1R_aH_aR_bR_b$	$P_1R_aR_aH_bR_b$
	$H_aH_bH_bP_1P_2$	$P_1R_aR_aR_bH_b$	$P_1R_aH_aH_bR_b$	$P_1H_aH_aR_bR_b$	$P_1H_aR_aH_bR_b$	$P_1H_aR_aR_bH_b$
	$P_1R_aH_aR_bH_b$	$P_1R_aR_aH_bH_b$	$P_1H_aH_aH_bR_b$	$R_aP_1H_aP_2H_b$	$H_aP_1H_aP_2H_b$	$H_aR_aP_1P_2R_b$
	$H_aR_aP_1H_bR_b$	$R_aR_aP_1H_bH_b$	$R_aH_aP_1H_bH_b$	$R_aR_aH_bP_1R_b$	$H_aR_aR_bP_1H_b$	$H_aH_aH_bP_1R_b$

（续）

标准支链	衍生支链					
$P_1P_2P_3R_aR_b$	$P_1H_aR_aH_bH_b$	$P_1R_aH_aH_bH_b$	$P_1H_aH_aH_bH_b$	$R_aP_1H_aR_bR_b$	$R_aP_1R_aH_bR_b$	$R_aP_1R_aR_bH_b$
	$H_aP_1R_aH_bR_b$	$H_aP_1R_aR_bH_b$	$R_aP_1H_aH_bR_b$	$R_aP_1R_aH_bH_b$	$H_aP_1H_aH_bR_b$	$H_aP_1H_aR_bH_b$
	$R_aP_1H_aH_bH_b$	$H_aP_1H_aH_bH_b$	$H_aR_aP_1R_bR_b$	$R_aR_aP_1H_bR_b$	$R_aR_aP_1R_bH_b$	$H_aH_aP_1R_bR_b$
	$H_aR_aP_1R_bH_b$	$R_aH_aP_1H_bR_b$	$R_aH_aP_1R_bH_b$	$H_aH_aP_1H_bR_b$	$H_aH_aP_1R_bH_b$	$H_aR_aP_1H_bH_b$
	$H_aH_aP_1H_bH_b$	$H_aR_aR_bP_1R_b$	$R_aH_aR_bP_1R_b$	$R_aR_aR_bP_1H_b$	$H_aH_aR_bP_1R_b$	$H_aR_aH_bP_1R_b$
	$R_aH_aH_bP_1R_b$	$R_aH_aR_bP_1H_b$	$R_aR_aH_bP_1H_b$	$H_aH_aR_bP_1H_b$	$H_aR_aH_bP_1H_b$	$R_aH_aH_bP_1H_b$
	$H_aR_aR_bR_bP_1$	$R_aH_aR_bR_bP_1$	$R_aR_aH_bR_bP_1$	$H_aH_aR_bR_bP_1$	$H_aR_aH_bR_bP_1$	$H_aR_aR_bH_bP_1$
	$R_aH_aR_bH_bP_1$	$R_aR_aH_bH_bP_1$	$H_aH_aH_bR_bP_1$	$H_aR_aH_bH_bP_1$	$R_aH_aH_bH_bP_1$	$H_aH_aH_bH_bP_1$
	$P_1R_aH_aR_aR_b$	$P_1R_aR_aH_aR_b$	$P_1R_aR_aR_aH_b$	$P_1H_aR_aH_aR_b$	$P_1H_aR_aR_aH_b$	$P_1R_aH_aH_aR_b$
	$P_1R_aR_aH_aH_b$	$P_1H_aH_aH_aR_b$	$P_1H_aH_aR_aH_b$	$P_1R_aH_aH_aH_b$	$P_1H_aH_aH_aH_b$	$H_aP_1R_aR_aR_b$
	$R_aP_1R_aH_aR_b$	$R_aP_1R_aR_aH_b$	$H_aP_1H_aR_aR_b$	$H_aP_1R_aR_aH_b$	$R_aP_1H_aH_aR_b$	$R_aP_1H_aR_aH_b$
	$H_aP_1H_aH_aR_b$	$H_aP_1H_aR_aH_b$	$H_aP_1R_aH_aH_b$	$H_aP_1H_aH_aH_b$	$H_aR_aP_1R_aR_b$	$R_aH_aP_1R_aR_b$
	$R_aR_aP_1R_aH_b$	$H_aH_aP_1R_aR_b$	$H_aR_aP_1H_aR_b$	$R_aH_aP_1H_aR_b$	$R_aH_aP_1R_aH_b$	$R_aR_aP_1H_aH_b$
	$H_aH_aP_1R_aH_b$	$H_aR_aP_1H_aH_b$	$R_aH_aP_1H_aH_b$	$H_aR_aR_aP_1R_b$	$R_aH_aR_aP_1R_b$	$R_aR_aH_aP_1R_b$
	$H_aH_aR_aP_1R_b$	$H_aR_aH_aP_1R_b$	$H_aR_aR_aP_1H_b$	$R_aH_aR_aP_1H_b$	$R_aR_aH_aP_1H_b$	$H_aH_aH_aP_1R_b$
	$H_aR_aH_aP_1H_b$	$R_aH_aH_aP_1H_b$	$H_aH_aH_aP_1H_b$	$R_aH_aR_aR_bP_1$	$R_aR_aH_aR_bP_1$	$R_aR_aR_aH_bP_1$
	$H_aR_aH_aR_bP_1$	$H_aR_aR_aH_bP_1$	$R_aH_aH_aR_bP_1$	$R_aR_aH_aH_bP_1$	$H_aH_aH_aR_bP_1$	$H_aH_aR_aH_bP_1$
	$R_aH_aH_aH_bP_1$	$H_aH_aH_aH_bP_1$	$P_1H_aR_bR_bR_b$	$P_1R_aR_bH_bR_b$	$P_1R_aR_bR_bH_b$	$P_1H_aH_bR_bR_b$
	$P_1H_aR_bR_bH_b$	$P_1R_aH_bH_bR_b$	$P_1R_aH_bR_bH_b$	$P_1H_aH_bH_bR_b$	$P_1H_aH_bR_bH_b$	$P_1H_aR_bH_bH_b$
	$P_1H_aH_bH_bH_b$	$H_aP_1R_bR_bR_b$	$R_aP_1H_bR_bR_b$	$R_aP_1R_bR_bH_b$	$H_aP_1H_bR_bR_b$	$H_aP_1R_bH_bR_b$
	$R_aP_1H_bH_bR_b$	$R_aP_1H_bR_bH_b$	$R_aP_1R_bH_bH_b$	$H_aP_1H_bR_bH_b$	$H_aP_1R_bH_bH_b$	$R_aP_1H_bH_bH_b$
	$H_aR_bP_1R_bR_b$	$R_aH_bP_1R_bR_b$	$R_aR_bP_1H_bR_b$	$H_aH_bP_1R_bR_b$	$H_aR_bP_1H_bR_b$	$H_aR_bP_1R_bH_b$
	$R_aH_bP_1R_bH_b$	$R_aR_bP_1H_bH_b$	$H_aH_bP_1H_bR_b$	$R_aH_bR_bP_1R_b$	$R_aR_bH_bP_1R_b$	$R_aR_bR_bP_1H_b$
	$H_aR_bH_bP_1R_b$	$H_aR_bR_bP_1H_b$	$R_aH_bH_bP_1R_b$	$R_aR_bH_bP_1H_b$	$H_aH_bH_bP_1R_b$	$H_aH_bR_bP_1H_b$
	$R_aH_bH_bP_1H_b$	$H_aH_bH_bP_1H_b$	$H_aR_bR_bR_bP_1$	$R_aR_bH_bR_bP_1$	$R_aR_bR_bH_bP_1$	$H_aH_bR_bR_bP_1$
	$H_aR_bR_bH_bP_1$	$R_aH_bH_bR_bP_1$	$R_aH_bR_bH_bP_1$	$H_aH_bH_bR_bP_1$	$H_aH_bR_bH_bP_1$	$H_aH_bR_bH_bP_1$
	$H_aH_bH_bH_bP_1$	$H_aR_aR_aR_bR_b$	$R_aH_aR_aR_bR_b$	$R_aR_aR_aH_bR_b$	$R_aR_aR_aR_bH_b$	$H_aH_aR_aR_bR_b$
	$H_aR_aR_aH_bR_b$	$H_aR_aR_aR_bH_b$	$R_aH_aH_aR_bR_b$	$R_aH_aR_aR_bH_b$	$R_aR_aH_aH_bR_b$	$R_aR_aH_aR_bH_b$
	$H_aH_aH_aR_bR_b$	$H_aH_aR_aH_bR_b$	$H_aH_aR_aR_bH_b$	$H_aR_aH_aR_bH_b$	$H_aR_aR_aH_bH_b$	$R_aH_aH_aH_bR_b$
	$R_aH_aR_aH_bH_b$	$R_aR_aH_aH_bH_b$	$H_aH_aH_aH_bR_b$	$H_aH_aR_aH_bH_b$	$H_aR_aH_aH_bH_b$	$R_aH_aH_aH_bH_b$
	$H_aR_aR_bR_bR_b$	$R_aH_aR_bR_bR_b$	$R_aR_aH_bR_bR_b$	$R_aR_aR_bR_bH_b$	$H_aH_aR_bR_bR_b$	$H_aR_aH_bR_bR_b$
	$H_aR_aR_bR_bH_b$	$R_aH_aH_bR_bR_b$	$R_aH_aR_bH_bR_b$	$R_aR_aH_bH_bR_b$	$R_aR_aH_bR_bH_b$	$R_aR_aR_bH_bH_b$
	$H_aH_aR_bH_bR_b$	$H_aH_aR_bR_bH_b$	$H_aR_aH_bH_bR_b$	$H_aR_aR_bH_bH_b$	$R_aH_aH_bH_bR_b$	$R_aH_aH_bR_bH_b$
	$R_aR_aH_bH_bH_b$	$H_aH_aH_bH_bR_b$	$H_aH_aH_bR_bH_b$	$H_aR_aH_bH_bH_b$	$R_aH_aH_bH_bH_b$	$H_aH_aH_bH_bH_b$
	$H_aH_aH_bP_1H_b$	$R_aR_aR_bH_bP_1$	$R_aH_aH_bR_bP_1$	$H_aH_aR_bH_bP_1$	$P_1H_aR_aR_aR_b$	$P_1H_aH_aR_aR_b$
	$P_1R_aH_aR_aH_b$	$P_1H_aR_aH_aH_b$	$R_aP_1H_aR_aR_b$	$H_aP_1R_aH_aR_b$	$R_aP_1R_aH_aH_b$	$R_aP_1H_aH_aH_b$
	$R_aR_aP_1H_aR_b$	$H_aR_aP_1R_aH_b$	$H_aH_aP_1H_aR_b$	$H_aH_aP_1H_aH_b$	$R_aR_aR_aP_1H_b$	$R_aH_aH_aP_1R_b$
	$H_aH_aR_aP_1H_b$	$H_aR_aR_aR_bP_1$	$H_aH_aR_aR_bP_1$	$R_aH_aR_aH_bP_1$	$H_aR_aH_aH_bP_1$	$P_1R_aH_bR_bR_b$
	$P_1H_aR_bH_bR_b$	$P_1R_aR_bH_bH_b$	$P_1R_aH_bH_bH_b$	$R_aP_1R_bH_bR_b$	$H_aP_1R_bR_bH_b$	$H_aP_1H_bH_bR_b$
	$H_aP_1H_bH_bH_b$	$R_aR_bP_1R_bH_b$	$R_aH_bP_1H_bR_b$	$H_aH_bP_1R_bH_b$	$H_aR_bR_bP_1R_b$	$H_aH_bR_bP_1R_b$
	$R_aH_bR_bP_1H_b$	$H_aR_bH_bP_1H_b$	$R_aH_bR_bR_bP_1$	$H_aR_bH_bR_bP_1$	$R_aR_bH_bH_bP_1$	$R_aH_aH_aR_bH_b$
	$R_aR_aH_aR_bR_b$	$H_aR_aH_aR_bR_b$	$R_aH_aR_aH_bR_b$	$R_aR_aR_aH_bH_b$	$H_aR_aH_aH_bR_b$	$R_aH_bH_bH_bP_1$
	$H_aH_aH_aR_bH_b$	$H_aH_aH_aH_bH_b$	$R_aR_aR_bH_bR_b$	$H_aR_aR_bH_bR_b$	$R_aH_aR_bR_bH_b$	$H_aH_aH_bR_bR_b$
	$H_aR_aH_bR_bH_b$	$R_aH_aR_bH_bH_b$	$H_aH_aR_bH_bH_b$	$H_aR_bP_1H_bH_b$	$R_aH_bP_1H_bH_b$	$H_aH_bP_1H_bH_b$

利用旋量三角积的计算算法，表 4.7 中的任一衍生构型可解析化地证明其生成了与标准构型 $P_1P_2P_3R_aR_b$ 等效的运动。在此，以 $P_1P_2P_3H_aR_b$、$P_1H_aH_aH_bH_b$、$H_aH_aH_bH_bH_b$ 为例，展示详细推导过程。

【例 4-1】　$P_1P_2P_3H_aR_b$

使用有限旋量来表达各运动副生成的运动，$P_1P_2P_3H_aR_b$ 的运动可表示为

$$\boldsymbol{S}_f=2\tan\frac{\theta_b}{2}\begin{pmatrix}\boldsymbol{s}_b\\\boldsymbol{r}_b\times\boldsymbol{s}_b\end{pmatrix}\Delta\left(2\tan\frac{\theta_a}{2}\begin{pmatrix}\boldsymbol{s}_a\\\boldsymbol{r}_a\times\boldsymbol{s}_a\end{pmatrix}+h_a\theta_a\begin{pmatrix}\boldsymbol{0}\\\boldsymbol{s}_a\end{pmatrix}\right)\Delta t_3\begin{pmatrix}\boldsymbol{0}\\\boldsymbol{s}_3\end{pmatrix}\Delta t_2\begin{pmatrix}\boldsymbol{0}\\\boldsymbol{s}_2\end{pmatrix}\Delta t_1\begin{pmatrix}\boldsymbol{0}\\\boldsymbol{s}_1\end{pmatrix}\tag{4-103}$$

利用 4.2.3 节中的计算算法，式（4-103）可改写并计算为

$$\begin{aligned}\boldsymbol{S}_f&=2\tan\frac{\theta_b}{2}\begin{pmatrix}\boldsymbol{s}_b\\\boldsymbol{r}_b\times\boldsymbol{s}_b\end{pmatrix}\Delta 2\tan\frac{\theta_a}{2}\begin{pmatrix}\boldsymbol{s}_a\\\boldsymbol{r}_a\times\boldsymbol{s}_a\end{pmatrix}\Delta h_a\theta_a\begin{pmatrix}\boldsymbol{0}\\\boldsymbol{s}_a\end{pmatrix}\Delta t_1\begin{pmatrix}\boldsymbol{0}\\\boldsymbol{s}_1\end{pmatrix}\Delta t_2\begin{pmatrix}\boldsymbol{0}\\\boldsymbol{s}_2\end{pmatrix}\Delta t_3\begin{pmatrix}\boldsymbol{0}\\\boldsymbol{s}_3\end{pmatrix}\\
&=\frac{2\begin{pmatrix}\tan\frac{\theta_a}{2}\boldsymbol{s}_a+\tan\frac{\theta_b}{2}\boldsymbol{s}_b+\tan\frac{\theta_a}{2}\tan\frac{\theta_b}{2}\boldsymbol{s}_a\times\boldsymbol{s}_b\\\left(\tan\frac{\theta_a}{2}\boldsymbol{r}_a\times\boldsymbol{s}_a+\tan\frac{\theta_b}{2}\boldsymbol{r}_b\times\boldsymbol{s}_b+\tan\frac{\theta_a}{2}\tan\frac{\theta_b}{2}(\boldsymbol{s}_a\times(\boldsymbol{r}_b\times\boldsymbol{s}_b)+(\boldsymbol{r}_a\times\boldsymbol{s}_a)\times\boldsymbol{s}_b)+\right.\\\left.\frac{h_a\theta_a\boldsymbol{s}_a+t_1\boldsymbol{s}_1+t_2\boldsymbol{s}_2+t_3\boldsymbol{s}_3}{2}\times\left(\tan\frac{\theta_a}{2}\boldsymbol{s}_a+\tan\frac{\theta_b}{2}\boldsymbol{s}_b+\tan\frac{\theta_a}{2}\tan\frac{\theta_b}{2}\boldsymbol{s}_a\times\boldsymbol{s}_b\right)\right)\end{pmatrix}}{1-\tan\frac{\theta_a}{2}\tan\frac{\theta_b}{2}\boldsymbol{s}_a^{\mathrm{T}}\boldsymbol{s}_b}+\\
&\quad\begin{pmatrix}\boldsymbol{0}\\h_a\theta_a\boldsymbol{s}_a+t_1\boldsymbol{s}_1+t_2\boldsymbol{s}_2+t_3\boldsymbol{s}_3\end{pmatrix}\end{aligned}\tag{4-104}$$

相较于式（4-102），式（4-104）后三项组成的向量取值范围和式（4-102）后三项组成的向量取值范围均为$\mathbb{R}^3$。由此严格证明了 $P_1P_2P_3H_aR_b$ 与 $P_1P_2P_3R_aR_b$ 生成等效运动。

【例 4-2】 $P_1H_aH_aH_bH_b$

$P_1H_aH_aH_bH_b$ 运动可表示为

$$\begin{aligned}\boldsymbol{S}_f=&\left(2\tan\frac{\theta_{b,2}}{2}\begin{pmatrix}\boldsymbol{s}_b\\\boldsymbol{r}_{b,2}\times\boldsymbol{s}_b\end{pmatrix}+h_{b,2}\theta_{b,2}\begin{pmatrix}\boldsymbol{0}\\\boldsymbol{s}_b\end{pmatrix}\right)\Delta\left(2\tan\frac{\theta_{b,1}}{2}\begin{pmatrix}\boldsymbol{s}_b\\\boldsymbol{r}_{b,1}\times\boldsymbol{s}_b\end{pmatrix}+h_{b,1}\theta_{b,1}\begin{pmatrix}\boldsymbol{0}\\\boldsymbol{s}_a\end{pmatrix}\right)\Delta\\
&\left(2\tan\frac{\theta_{a,2}}{2}\begin{pmatrix}\boldsymbol{s}_a\\\boldsymbol{r}_{a,2}\times\boldsymbol{s}_a\end{pmatrix}+h_{a,2}\theta_{a,2}\begin{pmatrix}\boldsymbol{0}\\\boldsymbol{s}_a\end{pmatrix}\right)\Delta\left(2\tan\frac{\theta_{a,1}}{2}\begin{pmatrix}\boldsymbol{s}_a\\\boldsymbol{r}_{a,1}\times\boldsymbol{s}_a\end{pmatrix}+h_{a,1}\theta_{a,1}\begin{pmatrix}\boldsymbol{0}\\\boldsymbol{s}_a\end{pmatrix}\right)\Delta t_1\begin{pmatrix}\boldsymbol{0}\\\boldsymbol{s}_1\end{pmatrix}\end{aligned}\tag{4-105}$$

式（4-105）可改写并计算为

$$\begin{aligned}\boldsymbol{S}_f&=2\tan\frac{\theta_{b,2}}{2}\begin{pmatrix}\boldsymbol{s}_b\\\boldsymbol{r}_{b,2}\times\boldsymbol{s}_b\end{pmatrix}\Delta 2\tan\frac{\theta_{b,1}}{2}\begin{pmatrix}\boldsymbol{s}_b\\\boldsymbol{r}_{b,1}\times\boldsymbol{s}_b\end{pmatrix}\Delta 2\tan\frac{\theta_{a,2}}{2}\begin{pmatrix}\boldsymbol{s}_a\\\boldsymbol{r}_{a,2}\times\boldsymbol{s}_a\end{pmatrix}\Delta 2\tan\frac{\theta_{a,1}}{2}\begin{pmatrix}\boldsymbol{s}_a\\\boldsymbol{r}_{a,1}\times\boldsymbol{s}_a\end{pmatrix}\Delta\\
&\quad(h_{b,1}\theta_{b,1}+h_{b,2}\theta_{b,2})\begin{pmatrix}\boldsymbol{0}\\\exp((\theta_{a,1}+\theta_{a,2})\widetilde{\boldsymbol{s}}_a)\boldsymbol{s}_b\end{pmatrix}\Delta(h_{a,1}\theta_{a,1}+h_{a,2}\theta_{a,2})\begin{pmatrix}\boldsymbol{0}\\\boldsymbol{s}_a\end{pmatrix}\Delta t_1\begin{pmatrix}\boldsymbol{0}\\\boldsymbol{s}_1\end{pmatrix}\\
&=2\tan\frac{\theta_{b,1}+\theta_{b,2}}{2}\begin{pmatrix}\boldsymbol{s}_b\\\boldsymbol{r}_{b,2}\times\boldsymbol{s}_b\end{pmatrix}\Delta 2\tan\frac{\theta_{a,1}+\theta_{a,2}}{2}\begin{pmatrix}\boldsymbol{s}_a\\\boldsymbol{r}_{a,2}\times\boldsymbol{s}_a\end{pmatrix}\Delta\\
&\quad\begin{pmatrix}\boldsymbol{0}\\(\exp(\theta_{a,1}\widetilde{\boldsymbol{s}}_a)-\boldsymbol{E}_3)(\boldsymbol{r}_{a,2}-\boldsymbol{r}_{a,1})\end{pmatrix}\Delta\begin{pmatrix}\boldsymbol{0}\\\exp((\theta_{a,1}+\theta_{a,2})\widetilde{\boldsymbol{s}}_a)(\exp(\theta_{b,1}\widetilde{\boldsymbol{s}}_b)-\boldsymbol{E}_3)(\boldsymbol{r}_{b,2}-\boldsymbol{r}_{b,1})\end{pmatrix}\Delta\\
&\quad(h_{b,1}\theta_{b,1}+h_{b,2}\theta_{b,2})\begin{pmatrix}\boldsymbol{0}\\\exp((\theta_{a,1}+\theta_{a,2})\widetilde{\boldsymbol{s}}_a)\boldsymbol{s}_b\end{pmatrix}\Delta(h_{a,1}\theta_{a,1}+h_{a,2}\theta_{a,2})\begin{pmatrix}\boldsymbol{0}\\\boldsymbol{s}_a\end{pmatrix}\Delta t_1\begin{pmatrix}\boldsymbol{0}\\\boldsymbol{s}_1\end{pmatrix}\end{aligned}$$

$$
=\frac{2\begin{pmatrix}\tan\dfrac{\widehat{\theta}_a}{2}\boldsymbol{s}_a+\tan\dfrac{\widehat{\theta}_b}{2}\boldsymbol{s}_b+\tan\dfrac{\widehat{\theta}_a}{2}\tan\dfrac{\widehat{\theta}_b}{2}\boldsymbol{s}_a\times\boldsymbol{s}_b\\ \left(\tan\dfrac{\widehat{\theta}_a}{2}\boldsymbol{r}_{a,2}\times\boldsymbol{s}_a+\tan\dfrac{\widehat{\theta}_a}{2}\tan\dfrac{\widehat{\theta}_b}{2}(\boldsymbol{s}_a\times(\boldsymbol{r}_{b,2}\times\boldsymbol{s}_b)+(\boldsymbol{r}_{a,2}\times\boldsymbol{s}_a)\times\boldsymbol{s}_b)+\right.\\ \left.\tan\dfrac{\widehat{\theta}_b}{2}\boldsymbol{r}_{b,2}\times\boldsymbol{s}_b+\dfrac{\boldsymbol{t}}{2}\times\left(\tan\dfrac{\widehat{\theta}_a}{2}\boldsymbol{s}_a+\tan\dfrac{\widehat{\theta}_b}{2}\boldsymbol{s}_b+\tan\dfrac{\widehat{\theta}_a}{2}\tan\dfrac{\widehat{\theta}_b}{2}\boldsymbol{s}_a\times\boldsymbol{s}_b\right)\right)\end{pmatrix}}{1-\tan\dfrac{\widehat{\theta}_a}{2}\tan\dfrac{\widehat{\theta}_b}{2}\boldsymbol{s}_a^{\mathrm{T}}\boldsymbol{s}_b}+\begin{pmatrix}\boldsymbol{0}\\ \boldsymbol{t}\end{pmatrix}\tag{4-106}
$$

式中，

$$
\widehat{\theta}_a=\theta_{a,1}+\theta_{a,2},\widehat{\theta}_b=\theta_{b,1}+\theta_{b,2}
$$

$$
\begin{aligned}\boldsymbol{t}=&\exp(\widehat{\theta}_a\widetilde{\boldsymbol{s}}_a)((\exp(\theta_{b,1}\widetilde{\boldsymbol{s}}_b)-\boldsymbol{E}_3)(\boldsymbol{r}_{b,2}-\boldsymbol{r}_{b,1})+(h_{b,1}\theta_{b,1}+h_{b,2}\theta_{b,2})\boldsymbol{s}_b)+\\ &(\exp(\theta_{a,1}\widetilde{\boldsymbol{s}}_a)-\boldsymbol{E}_3)(\boldsymbol{r}_{a,2}-\boldsymbol{r}_{a,1})+(h_{a,1}\theta_{a,1}+h_{a,2}\theta_{a,2})\boldsymbol{s}_a+t_1\boldsymbol{s}_1\end{aligned}
$$

式（4-106）中，$\widehat{\theta}_a$、$\widehat{\theta}_b$ 的取值范围和式（4-102）中 θ_a、θ_b 的取值范围均为$\mathbb{R}$。同时，当$|\boldsymbol{r}_{a,2}-\boldsymbol{r}_{a,1}|\to\infty$ 和$|\boldsymbol{r}_{b,2}-\boldsymbol{r}_{b,1}|\to\infty$ 时，式（4-106）中后三项组成的向量和式（4-76）中后三项组成的向量取值范围均为$\mathbb{R}^3$。因此，$\mathrm{P}_1\mathrm{H}_a\mathrm{H}_a\mathrm{H}_b\mathrm{H}_b$ 与 $\mathrm{P}_1\mathrm{P}_2\mathrm{P}_3\mathrm{R}_a\mathrm{R}_b$ 的运动等效。

【例 4-3】 $\mathrm{H}_a\mathrm{H}_a\mathrm{H}_b\mathrm{H}_b\mathrm{H}_b$

$\mathrm{H}_a\mathrm{H}_a\mathrm{H}_b\mathrm{H}_b\mathrm{H}_b$ 的运动表达式为

$$
\begin{aligned}\boldsymbol{S}_f=&\left(2\tan\frac{\theta_{b,3}}{2}\begin{pmatrix}\boldsymbol{s}_a\\ \boldsymbol{r}_{b,3}\times\boldsymbol{s}_a\end{pmatrix}+h_{b,3}\theta_{b,3}\begin{pmatrix}\boldsymbol{0}\\ \boldsymbol{s}_a\end{pmatrix}\right)\Delta\left(2\tan\frac{\theta_{b,2}}{2}\begin{pmatrix}\boldsymbol{s}_b\\ \boldsymbol{r}_{b,2}\times\boldsymbol{s}_b\end{pmatrix}+h_{b,2}\theta_{b,2}\begin{pmatrix}\boldsymbol{0}\\ \boldsymbol{s}_b\end{pmatrix}\right)\Delta\\ &\left(2\tan\frac{\theta_{b,1}}{2}\begin{pmatrix}\boldsymbol{s}_b\\ \boldsymbol{r}_{b,1}\times\boldsymbol{s}_b\end{pmatrix}+h_{b,1}\theta_{b,1}\begin{pmatrix}\boldsymbol{0}\\ \boldsymbol{s}_b\end{pmatrix}\right)\Delta\left(2\tan\frac{\theta_{a,2}}{2}\begin{pmatrix}\boldsymbol{s}_a\\ \boldsymbol{r}_{a,2}\times\boldsymbol{s}_a\end{pmatrix}+h_{a,2}\theta_{a,2}\begin{pmatrix}\boldsymbol{0}\\ \boldsymbol{s}_a\end{pmatrix}\right)\Delta\\ &\left(2\tan\frac{\theta_{a,1}}{2}\begin{pmatrix}\boldsymbol{s}_a\\ \boldsymbol{r}_{a,1}\times\boldsymbol{s}_a\end{pmatrix}+h_{a,1}\theta_{a,1}\begin{pmatrix}\boldsymbol{0}\\ \boldsymbol{s}_a\end{pmatrix}\right)\end{aligned}\tag{4-107}
$$

将式（4-107）中旋量三角积的转动因子和平动因子改写并重新排序，然后计算旋量合成的结果，可得

$$
\boldsymbol{S}_f=\frac{2\begin{pmatrix}\tan\dfrac{\widehat{\theta}_a}{2}\boldsymbol{s}_a+\tan\dfrac{\widehat{\theta}_b}{2}\boldsymbol{s}_b+\tan\dfrac{\widehat{\theta}_a}{2}\tan\dfrac{\widehat{\theta}_b}{2}\boldsymbol{s}_a\times\boldsymbol{s}_b\\ \left(\tan\dfrac{\widehat{\theta}_a}{2}\boldsymbol{r}_{a,2}\times\boldsymbol{s}_a+\tan\dfrac{\widehat{\theta}_a}{2}\tan\dfrac{\widehat{\theta}_b}{2}(\boldsymbol{s}_a\times(\boldsymbol{r}_{b,3}\times\boldsymbol{s}_b)+(\boldsymbol{r}_{a,2}\times\boldsymbol{s}_a)\times\boldsymbol{s}_b)+\right.\\ \left.\tan\dfrac{\widehat{\theta}_b}{2}\boldsymbol{r}_{b,3}\times\boldsymbol{s}_b+\dfrac{\boldsymbol{t}}{2}\times\left(\tan\dfrac{\widehat{\theta}_a}{2}\boldsymbol{s}_a+\tan\dfrac{\widehat{\theta}_b}{2}\boldsymbol{s}_b+\tan\dfrac{\widehat{\theta}_a}{2}\tan\dfrac{\widehat{\theta}_b}{2}\boldsymbol{s}_a\times\boldsymbol{s}_b\right)\right)\end{pmatrix}}{1-\tan\dfrac{\widehat{\theta}_a}{2}\tan\dfrac{\widehat{\theta}_b}{2}\boldsymbol{s}_a^{\mathrm{T}}\boldsymbol{s}_b}+\begin{pmatrix}\boldsymbol{0}\\ \boldsymbol{t}\end{pmatrix}\tag{4-108}
$$

式中，

$$
\widehat{\theta}_a=\theta_{a,1}+\theta_{a,2},\ \widehat{\theta}_b=\theta_{b,1}+\theta_{b,2}+\theta_{b,3},
$$

$$
\begin{aligned}\boldsymbol{t}=&\exp(\widehat{\theta}_a\widetilde{\boldsymbol{s}}_a)((\exp(\theta_{b,1}\widetilde{\boldsymbol{s}}_b)-\boldsymbol{E}_3)(\boldsymbol{r}_{b,2}-\boldsymbol{r}_{b,1})+(\exp((\theta_{b,1}+\theta_{b,2})\widetilde{\boldsymbol{s}}_b)-\boldsymbol{E}_3)(\boldsymbol{r}_{b,3}-\boldsymbol{r}_{b,2}))+\\ &(\exp(\theta_{a,1}\widetilde{\boldsymbol{s}}_a)-\boldsymbol{E}_3)(\boldsymbol{r}_{a,2}-\boldsymbol{r}_{a,1})+(h_{b,1}\theta_{b,1}+h_{b,2}\theta_{b,2}+h_{b,3}\theta_{b,3})\exp(\widehat{\theta}_a\widetilde{\boldsymbol{s}}_a)\boldsymbol{s}_b+(h_{a,1}\theta_{a,1}+h_{a,2}\theta_{a,2})\boldsymbol{s}_a\text{。}\end{aligned}
$$

当$|\boldsymbol{r}_{a,2}-\boldsymbol{r}_{a,1}|\to\infty$ 、$|\boldsymbol{r}_{a,3}-\boldsymbol{r}_{a,2}|\to\infty$ 以及$|\boldsymbol{r}_{b,2}-\boldsymbol{r}_{b,1}|\to\infty$ 时，与例 2 原理类似，证明了 $\mathrm{H}_a\mathrm{H}_a\mathrm{H}_b\mathrm{H}_b\mathrm{H}_b$ 和 $\mathrm{P}_1\mathrm{P}_2\mathrm{P}_3\mathrm{R}_a\mathrm{R}_b$ 之间的运动等效性。

表 4.7 中列出的所有支链都可被证明是双熊夫利运动机构的可行支链。根据单自由度运动副和两自由度、三自由度运动副之间的等效替换，可以合成更多构型。但限于篇幅，在此不列出包含两自由度、三自由度运动副的构型。一些典型的衍生支链如图 4.30 所示。

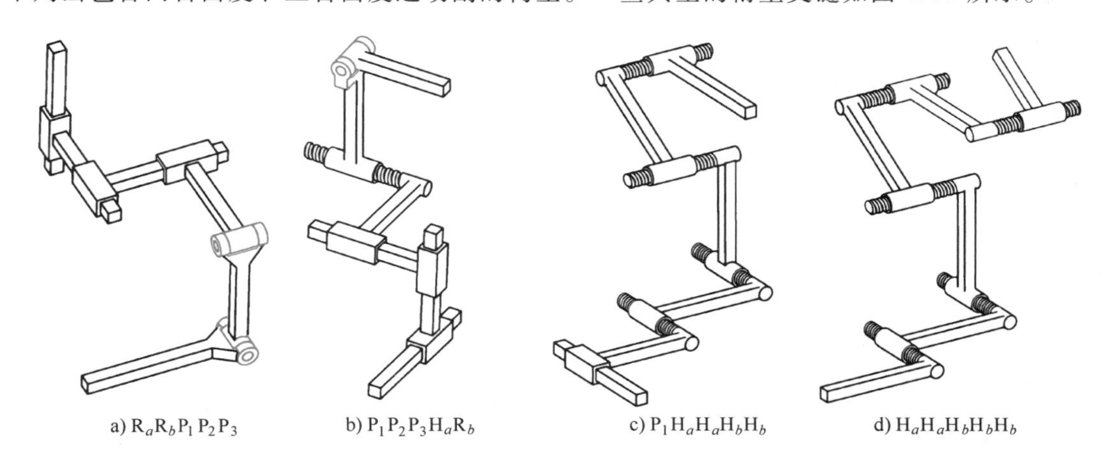

图 4.30　3T2R 双熊夫利运动的典型衍生支链构型

（3）装配条件　根据上述分析，所有可行的双熊夫利运动机构支链构型均生成相同的双熊夫利运动。因此，任何两个选定支链只需满足简单装配条件即可构成期望的双支链并联机构：一条支链的两个转动方向必须与另一条支链的相应转动方向相同，即

$$\boldsymbol{s}_{1,a}=\boldsymbol{s}_{2,a}, \ \boldsymbol{s}_{1,b}=\boldsymbol{s}_{2,b} \tag{4-109}$$

在此装配条件下，式（4-110）始终成立，以保证表 4.7 中任意两个可行支链之间的正确装配，即

$$\boldsymbol{S}_{f,1}\cap\boldsymbol{S}_{f,2}=\boldsymbol{S}_{f,3t2r} \tag{4-110}$$

式中，

$$\boldsymbol{S}_{f,1}=\boldsymbol{S}_{f,3t2r}, \ \boldsymbol{S}_{f,2}=\boldsymbol{S}_{f,3t2r}。$$

（4）驱动布置　为了实现五自由度 3T2R 机构的非冗余驱动布置，一个机构中应选择五个运动副作为驱动副。根据 4.2.4 节中讨论的原则，列出了这种两链并联机构选择驱动副的具体标准。

1）至少一个 R_a（H_a）和一个 R_b（H_b）应作为两自由度转动的驱动副。

2）在机构中，除一个 R_a（H_a）和一个 R_b（H_b），P 副、平行 R 副和/或 H 副二元组和三元组均用于生成平动。在这些运动副中，三自由度平动的驱动副应是一条支链上的三个运动副，或者一条支链上的两个运动副和另一条支链上的一个运动副，同时应保证除驱动副外，机构中没有平行 P 副，同一支链中没有轴线方向与另一支链 P 副垂直的 R 副和/或 H 副三元组，两条支链上没有具有相同方向和公垂线的 R 副和/或 H 副二元组。这里，平行 R 副和/或 H 副二元组指同一支链上的两个平行 R 副和/或 H 副的组合；平行 R 副和/或 H 副三元组指同一支链上三个平行 R 副和/或 H 副的组合。

根据上述标准，推荐的驱动布置为：

1）两条支链的驱动副数量分别为两个和三个。

2）在一条支链中，选择离固定基座最近的一个 R_a（H_a）和一个 R_b（H_b）作为两个驱动副。在另一条支链中，除一个 R_a（H_a）和一个 R_b（H_b），其余三个驱动副均选择离运动平台最近的运动副。

例如，对于由两条 $H_aH_aH_bH_bH_b$ 支链组成的机构，表示为 $2H_aH_aH_bH_bH_b$ 或 $H_aH_aH_bH_bH_b$-$H_aH_aH_bH_bH_b$，推荐的驱动副为第一条支链中的第一个 H_a 和 H_b，以及第二条支链中的第一个 H_a 和前两个 H_b，表示为 $\underline{H}_aH_a\underline{H}_bH_bH_b$-$\underline{H}_aH_a\underline{H}_b\underline{H}_bH_b$。

利用这些装配条件和驱动布置，通过组合两条可行的支链，可以合成任意具有双熊夫利运动的双链并联机构。具有3T2R双熊夫利运动的典型对称双链并联机构如图4.31所示。

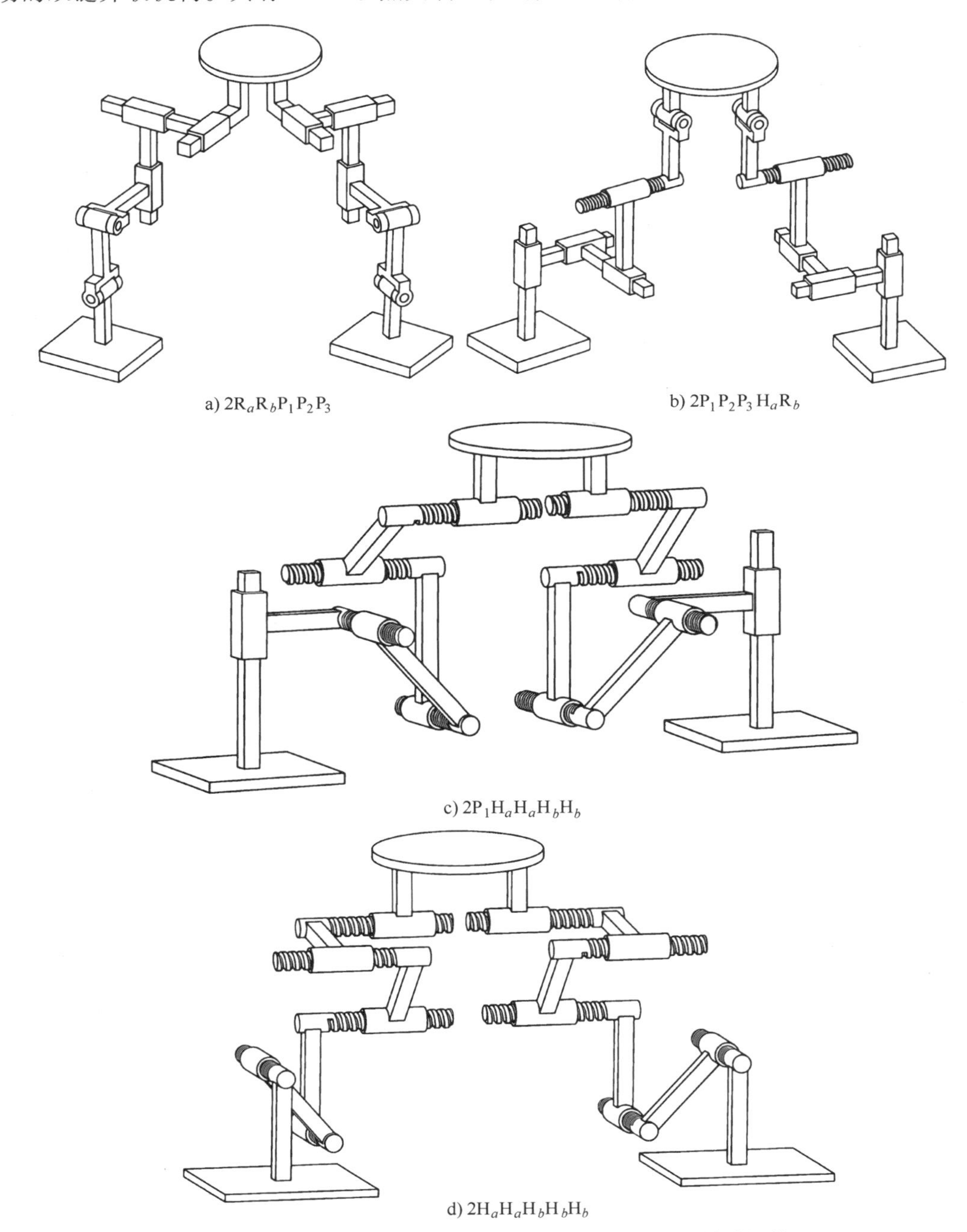

a) $2R_aR_bP_1P_2P_3$　　b) $2P_1P_2P_3H_aR_b$

c) $2P_1H_aH_aH_bH_b$

d) $2H_aH_aH_bH_bH_b$

图4.31　具有3T2R双熊夫利运动的典型对称双链并联机构

4.4 转动轴线变化类机构的构型综合

转动轴线变化类机构的构型综合一直是机构学研究领域的难题。与4.3节转动轴线固定类机构相比，转动轴线变化类机构的运动模式更为复杂，导致支链综合和装配条件更加复杂。在工业领域，已经有一些机器人机构属于这类机构，如Exechon机构和Z3机构。可变转动轴线扩大了这些机构的姿态工作空间，使其具有灵活的姿态实现能力。因此，解决转动轴线变化类机构的构型综合问题，一方面可以为工业界提供新颖、有前景的拓扑结构，另一方面可以深入了解机构的运动特性，为接下来的性能分析提供指导。

本节将利用前面提出的方法和步骤合成具有可变转动轴线的典型机构。生成可变转动轴线运动模式的机构可分为三类，即只有一个可变转动轴线的机构、有一个固定转动轴线和一个可变转动轴线的机构以及具有两个可变转动轴线的机构。首先，根据有限旋量的表达式，讨论了具有可变转动轴线机构的运动特征。而后，依次对这三类别的机构进行构型综合。对于第一子类，以1R1T双链并联机构和3T1R并联机构为例；第二个子类别中，介绍了3T2R串联结构和1T2R类Exechon机构的综合；第三个子类别以2R双链并联机构和Z3双链并联机构的综合为例。

由于具有可变转动轴线的运动模式可通过有限旋量进行分析表达，因此可严格综合生成此类运动的机构。本节列举的算例可通过所提出方法在有限运动层面上计算和综合。因此，有限旋量法在机器人机构构型综合中的优势得到了进一步说明。

可变转动轴线表示转动方向随运动参数的变化而不同。转动轴线变化类机构的转动方向不固定，但其转动位置可能是固定的或不固定的。

转动轴线变化类机构可分为三类，即具有一个可变转动轴线的机构、具有一个固定转动轴线和一个可变转动轴线的机构以及具有两个可变转动轴线的机构。大多具有可变转动轴线的运动只能由并联机构生成。然而，第二类（具有一个固定转动轴线和一个可变转动轴线的运动模式）中的一些模式既可由串联机构生成，也可由并联机构生成。

下文将用有限旋量对各类运动模式进行分析，并阐述可变转动轴线的特点。

4.4.1 具有一个可变轴线的 nT1R 机构

对于只有一个可变轴线的机构，转动只能是由式（4-6）~式（4-8）所表示的方向可变的单自由度转动。该转动是球面4R机构的输出运动，即

$$\begin{aligned}\boldsymbol{S}_{f,vr}&=\left(2\tan\frac{\theta_b}{2}\begin{pmatrix}\boldsymbol{s}_b\\ \boldsymbol{r}_a\times\boldsymbol{s}_b\end{pmatrix}\Delta 2\tan\frac{\theta_a}{2}\begin{pmatrix}\boldsymbol{s}_a\\ \boldsymbol{r}_a\times\boldsymbol{s}_a\end{pmatrix}\right)\cap\left(2\tan\frac{\theta_d}{2}\begin{pmatrix}\boldsymbol{s}_d\\ \boldsymbol{r}_a\times\boldsymbol{s}_d\end{pmatrix}\Delta 2\tan\frac{\theta_c}{2}\begin{pmatrix}\boldsymbol{s}_c\\ \boldsymbol{r}_a\times\boldsymbol{s}_c\end{pmatrix}\right)\\&=2\tan\frac{\theta_{vr}}{2}\begin{pmatrix}\boldsymbol{s}_{vr}\\ \boldsymbol{r}_a\times\boldsymbol{s}_{vr}\end{pmatrix}\end{aligned}\tag{4-111}$$

式中，$\boldsymbol{s}_{vr}$ 和 θ_{vr} 关系式如下：

$$\begin{aligned}&\frac{\boldsymbol{s}_{vr}^{\mathrm{T}}(\boldsymbol{s}_a\times\boldsymbol{s}_b)\sin^2\varphi_{ab}}{(\boldsymbol{s}_{vr}^{\mathrm{T}}\boldsymbol{s}_a-\cos\varphi_1\boldsymbol{s}_{vr}^{\mathrm{T}}\boldsymbol{s}_b)(\boldsymbol{s}_{vr}^{\mathrm{T}}\boldsymbol{s}_b-\cos\varphi_1\boldsymbol{s}_{vr}^{\mathrm{T}}\boldsymbol{s}_a)-(\boldsymbol{s}_{vr}^{\mathrm{T}}(\boldsymbol{s}_a\times\boldsymbol{s}_b))^2\cos\varphi_{ab}}\\=&\frac{\boldsymbol{s}_{vr}^{\mathrm{T}}(\boldsymbol{s}_c\times\boldsymbol{s}_d)\sin^2\varphi_{cd}}{(\boldsymbol{s}_{vr}^{\mathrm{T}}\boldsymbol{s}_c-\cos\varphi_2\boldsymbol{s}_{vr}^{\mathrm{T}}\boldsymbol{s}_d)(\boldsymbol{s}_{vr}^{\mathrm{T}}\boldsymbol{s}_d-\cos\varphi_2\boldsymbol{s}_{vr}^{\mathrm{T}}\boldsymbol{s}_c)-(\boldsymbol{s}_{vr}^{\mathrm{T}}(\boldsymbol{s}_c\times\boldsymbol{s}_d))^2\cos\varphi_{cd}}\end{aligned}$$

$$\varphi_{ab}=\cos^{-1}(\boldsymbol{s}_a^{\mathrm{T}}\boldsymbol{s}_b),\varphi_{cd}=\cos^{-1}(\boldsymbol{s}_c^{\mathrm{T}}\boldsymbol{s}_d)$$

$$\tan\frac{\theta_{vr}}{2}=\frac{\boldsymbol{s}_{vr}^{\mathrm{T}}(\boldsymbol{s}_a\times\boldsymbol{s}_b)\sin^2\varphi_{ab}}{(\boldsymbol{s}_{vr}^{\mathrm{T}}\boldsymbol{s}_a-\cos\varphi_2\boldsymbol{s}_{vr}^{\mathrm{T}}\boldsymbol{s}_b)(\boldsymbol{s}_{vr}^{\mathrm{T}}\boldsymbol{s}_b-\cos\varphi_1\boldsymbol{s}_{vr}^{\mathrm{T}}\boldsymbol{s}_a)-(\boldsymbol{s}_{vr}^{\mathrm{T}}(\boldsymbol{s}_a\times\boldsymbol{s}_b))^2\cos\varphi_{ab}}$$

在式（4-111）中加入1~3个平动因子，可得到更多只有一个可变转动轴线的运动模式，从而得到以下6种运动模式

$$\boldsymbol{S}_{f,1t1vr}=t_1\begin{pmatrix}\boldsymbol{0}\\\boldsymbol{s}_1\end{pmatrix}\Delta2\tan\frac{\theta_{vr}}{2}\begin{pmatrix}\boldsymbol{s}_{vr}\\\boldsymbol{r}_a\times\boldsymbol{s}_{vr}\end{pmatrix}\tag{4-112}$$

$$\boldsymbol{S}_{f,1vr1t}=2\tan\frac{\theta_{vr}}{2}\begin{pmatrix}\boldsymbol{s}_{vr}\\\boldsymbol{r}_a\times\boldsymbol{s}_{vr}\end{pmatrix}\Delta t_1\begin{pmatrix}\boldsymbol{0}\\\boldsymbol{s}_1\end{pmatrix}\tag{4-113}$$

$$\boldsymbol{S}_{f,2t1vr}=t_2\begin{pmatrix}\boldsymbol{0}\\\boldsymbol{s}_2\end{pmatrix}\Delta t_1\begin{pmatrix}\boldsymbol{0}\\\boldsymbol{s}_1\end{pmatrix}\Delta2\tan\frac{\theta_{vr}}{2}\begin{pmatrix}\boldsymbol{s}_{vr}\\\boldsymbol{r}_a\times\boldsymbol{s}_{vr}\end{pmatrix}\tag{4-114}$$

$$\boldsymbol{S}_{f,1vr2t}=2\tan\frac{\theta_{vr}}{2}\begin{pmatrix}\boldsymbol{s}_{vr}\\\boldsymbol{r}_a\times\boldsymbol{s}_{vr}\end{pmatrix}\Delta t_2\begin{pmatrix}\boldsymbol{0}\\\boldsymbol{s}_2\end{pmatrix}\Delta t_1\begin{pmatrix}\boldsymbol{0}\\\boldsymbol{s}_1\end{pmatrix}\tag{4-115}$$

$$\boldsymbol{S}_{f,1t1vr1t}=t_2\begin{pmatrix}\boldsymbol{0}\\\boldsymbol{s}_2\end{pmatrix}\Delta2\tan\frac{\theta_{vr}}{2}\begin{pmatrix}\boldsymbol{s}_{vr}\\\boldsymbol{r}_a\times\boldsymbol{s}_{vr}\end{pmatrix}\Delta t_1\begin{pmatrix}\boldsymbol{0}\\\boldsymbol{s}_1\end{pmatrix}\tag{4-116}$$

$$\boldsymbol{S}_{f,3t1vr}=t_3\begin{pmatrix}\boldsymbol{0}\\\boldsymbol{s}_3\end{pmatrix}\Delta t_2\begin{pmatrix}\boldsymbol{0}\\\boldsymbol{s}_2\end{pmatrix}\Delta t_1\begin{pmatrix}\boldsymbol{0}\\\boldsymbol{s}_1\end{pmatrix}\Delta2\tan\frac{\theta_{vr}}{2}\begin{pmatrix}\boldsymbol{s}_{vr}\\\boldsymbol{r}_a\times\boldsymbol{s}_{vr}\end{pmatrix}\tag{4-117}$$

由于 $\boldsymbol{S}_{f,vr}$ 只能由球面4R闭环机构生成，因此式（4-111）~式（4-117）的运动模式生成元基础构型为双链并联机构。

4.4.2　1R1T双链并联机构与3T1R并联机构算例

如前文所述，具有一个可变转动轴线的机构共有7种运动模式。在这些机构中，具有1R1T运动模式和3T1R运动模式的机构是最具典型的机构，本节将对其进行合成。

1. 1R1T双链并联机构

利用4.2.3节和4.2.4节所提出的方法，可以综合成1R1T双链并联机构。

（1）标准支链　这种机构所期望的运动模式可表示为式（4-118），即

$$\begin{aligned}\boldsymbol{S}_{f,1vr1t}=&\left(2\tan\frac{\theta_b}{2}\begin{pmatrix}\boldsymbol{s}_b\\\boldsymbol{r}_a\times\boldsymbol{s}_b\end{pmatrix}\Delta2\tan\frac{\theta_a}{2}\begin{pmatrix}\boldsymbol{s}_a\\\boldsymbol{r}_a\times\boldsymbol{s}_a\end{pmatrix}\Delta t_1\begin{pmatrix}\boldsymbol{0}\\\boldsymbol{s}_1\end{pmatrix}\right)\cap\\&\left(2\tan\frac{\theta_d}{2}\begin{pmatrix}\boldsymbol{s}_d\\\boldsymbol{r}_a\times\boldsymbol{s}_d\end{pmatrix}\Delta2\tan\frac{\theta_c}{2}\begin{pmatrix}\boldsymbol{s}_c\\\boldsymbol{r}_a\times\boldsymbol{s}_c\end{pmatrix}\Delta t_1\begin{pmatrix}\boldsymbol{0}\\\boldsymbol{s}_1\end{pmatrix}\right)\end{aligned}\tag{4-118}$$

为获得双链并联机构的对称构型，标准支链运动的表述方法为：

1）对于三自由度支链，运动表达式为

$$\boldsymbol{S}_{f,\mathrm{L}}^{1}=2\tan\frac{\theta_b}{2}\begin{pmatrix}\boldsymbol{s}_b\\\boldsymbol{r}_a\times\boldsymbol{s}_b\end{pmatrix}\Delta2\tan\frac{\theta_a}{2}\begin{pmatrix}\boldsymbol{s}_a\\\boldsymbol{r}_a\times\boldsymbol{s}_a\end{pmatrix}\Delta t_1\begin{pmatrix}\boldsymbol{0}\\\boldsymbol{s}_1\end{pmatrix}\tag{4-119}$$

2）对于四自由度支链，运动表达式为

$$\boldsymbol{S}_{f,\mathrm{L}}^{2}=2\tan\frac{\theta_b}{2}\begin{pmatrix}\boldsymbol{s}_b\\\boldsymbol{r}_a\times\boldsymbol{s}_b\end{pmatrix}\Delta2\tan\frac{\theta_a}{2}\begin{pmatrix}\boldsymbol{s}_a\\\boldsymbol{r}_a\times\boldsymbol{s}_a\end{pmatrix}\Delta t_2\begin{pmatrix}\boldsymbol{0}\\\boldsymbol{s}_2\end{pmatrix}\Delta t_1\begin{pmatrix}\boldsymbol{0}\\\boldsymbol{s}_1\end{pmatrix}\tag{4-120}$$

与式（4-119）和式（4-120）对应的两个标准支链构型分别为 $P_1R_aR_b$ 和 $P_1P_2R_aR_b$。

（2）衍生支链

1）$P_1R_aR_b$。任意调整 $P_1R_aR_b$ 中 P_1 副的次序，可得到 $R_aP_1R_b$ 和 $R_aR_bP_1$ 构型。但这两种构型与 $P_1R_aR_b$ 生成的运动不同，所以它们不是 $P_1R_aR_b$ 的衍生构型。因此，如图 4.32 所示，$P_1R_aR_b$ 是此类机构中唯一的三自由度支链构型。

2）$P_1P_2R_aR_b$。任意调整 $P_1P_2R_aR_b$ 中 P_2 副的顺序，可得到两种结构，即 $P_1R_aP_2R_b$ 和 $P_1R_aR_bP_2$。虽然这两种结构生成的运动与 $P_1P_2R_aR_b$ 生成的运动不同，但它们的运动仍包含子集 $\boldsymbol{S}_{f,1vr1t}$，即

$$\boldsymbol{S}_f \neq \boldsymbol{S}_{f,\mathrm{L}}^2 \tag{4-121}$$

$$\boldsymbol{S}_f \supseteq \boldsymbol{S}_{f,1vr1t} \tag{4-122}$$

因此，这两个构型是 $P_1P_2R_aR_b$ 的衍生支链构型。

若 P_1 副和 P_2 副方向与 R_a 副垂直，则

$$(\boldsymbol{s}_1 \times \boldsymbol{s}_2) \times \boldsymbol{s}_a = \boldsymbol{0} \tag{4-123}$$

根据表 4.6~表 4.8 中 $P_1P_2R_a$ 的等效构型，还可合成另外六种衍生支链构型。表 4.8 中列出了所有可行的四自由度支链构型，图 4.33 展示了表 4.8 中两种典型的衍生支链构型。

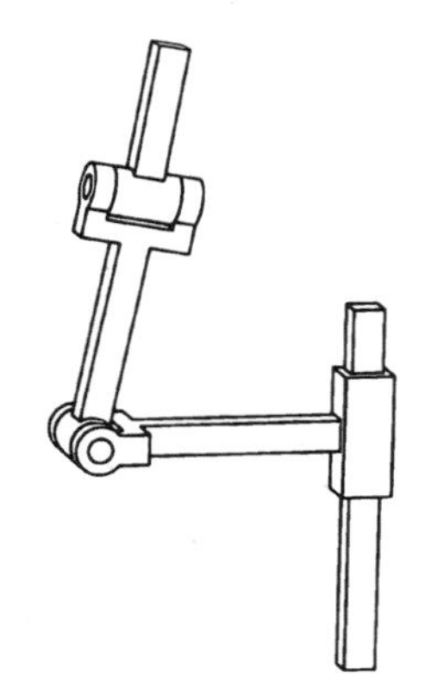

图 4.32　$P_1R_aR_b$ 支链

表 4.8　1R1T 机构的标准和衍生支链构型

标准支链	衍生支链	
$P_1P_2R_aR_b$	$P_1R_aP_2R_b$ $(\boldsymbol{s}_1\times\boldsymbol{s}_2)\times\boldsymbol{s}_a\neq\boldsymbol{0}$	$P_1R_aR_bP_2$
	$P_1R_aP_2R_b$ $(\boldsymbol{s}_1\times\boldsymbol{s}_2)\times\boldsymbol{s}_a=\boldsymbol{0}$	$R_aP_1P_2R_b$
	$P_1R_aR_aR_b$	$R_aP_1R_aR_b$
	$R_aR_aP_1R_b$	$R_aR_aR_aR_b$

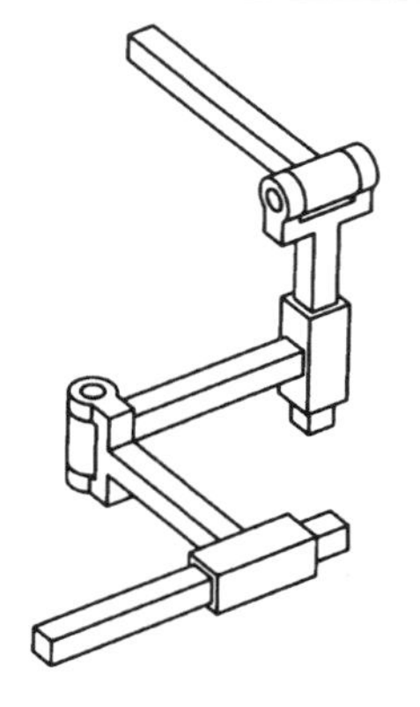

a) $P_1R_aP_2R_b$, $(\boldsymbol{s}_1\times\boldsymbol{s}_2)\times\boldsymbol{s}_a\neq\boldsymbol{0}$

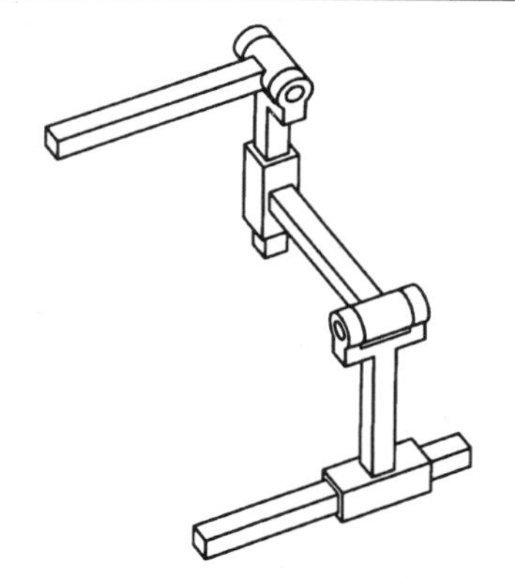

b) $P_1R_aP_2R_b$, $(\boldsymbol{s}_1\times\boldsymbol{s}_2)\times\boldsymbol{s}_a=\boldsymbol{0}$

图 4.33　1R1T 机构的典型衍生支链构型

（3）装配条件　考虑双链并联机构的对称构型，具有两个三自由度支链（$P_1R_aR_b$ 和 $P_1R_cR_d$）的机构装配条件是在机构初始位姿下，四个 R 副轴线相交于一点。

具有两个完全相同四自由度支链的机构装配条件为：

1）一条支链的 R_a 副、R_b 副和另一条支链的 R_c 副、R_d 副在机构初始位姿时应相交于一点。

2）两条支链的平动平面不应相互平行，即

$$(\boldsymbol{s}_{1,1}\times\boldsymbol{s}_{1,2})\times(\boldsymbol{s}_{2,1}\times\boldsymbol{s}_{2,2})\neq\mathbf{0} \tag{4-124}$$

例如，由 $P_{1,1}P_{1,2}R_aR_b$ 和 $P_{2,1}P_{2,2}R_cR_d$ 支链构成的机构的装配条件为

$$\boldsymbol{s}_{1,1}=\boldsymbol{s}_{2,1},(\boldsymbol{s}_{1,2}^{\mathrm{T}}\boldsymbol{s}_{1,1})^2+(\boldsymbol{s}_{2,2}^{\mathrm{T}}\boldsymbol{s}_{2,1})^2=0 \tag{4-125}$$

（4）驱动布置　根据以下标准选择两个驱动副：

1）转动的驱动副应是相交于公共点的四个 R 副之一。

2）用于平动的驱动副应是 P 副之一，或平行 R 副二元组/三元组中的一个 R 副。

例如，可以选择 $P_{1,1}$ 和 R_c 作为机构 $\underline{P}_{1,1}P_{1,2}R_aR_b$-$P_{2,1}P_{2,2}\underline{R}_cR_d$ 的驱动副。

根据上述装配条件和驱动布置，可合成所有 1R1T 两链并联机构，其中两个典型 1R1T 两链并联机构如图 4.34 所示。

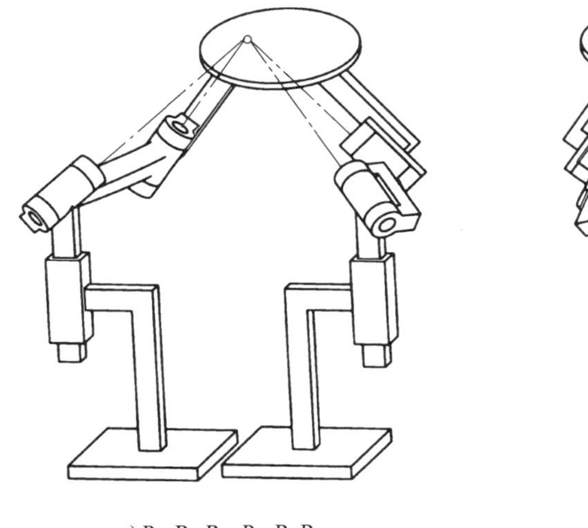

a) $P_{1,1}R_aR_b$-$P_{2,1}R_cR_d$

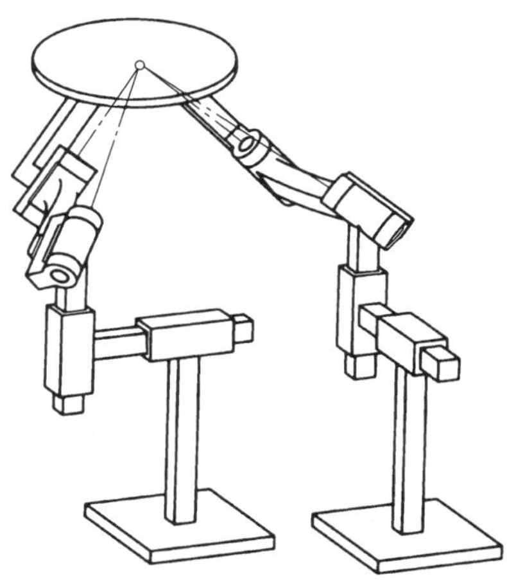

b) $P_{1,1}R_aP_{1,2}R_b$-$P_{2,1}R_cP_{2,2}R_d$

图 4.34　两个典型 1R1T 两链并联机构

2. 3T1R 并联机构

与 1R1T 双链机构类似，3T1R 并联机构的合成过程为：

（1）标准支链　式（4-126）所表示的 3T1R 期望的运动模型可改写为

$$\begin{aligned}\boldsymbol{S}_{f,3t1vr}=&\left(2\tan\frac{\theta_b}{2}\begin{pmatrix}\boldsymbol{s}_b\\ \boldsymbol{r}_a\times\boldsymbol{s}_b\end{pmatrix}\Delta 2\tan\frac{\theta_a}{2}\begin{pmatrix}\boldsymbol{s}_a\\ \boldsymbol{r}_a\times\boldsymbol{s}_a\end{pmatrix}\Delta t_3\begin{pmatrix}\mathbf{0}\\ \boldsymbol{s}_3\end{pmatrix}\Delta t_2\begin{pmatrix}\mathbf{0}\\ \boldsymbol{s}_2\end{pmatrix}\Delta t_1\begin{pmatrix}\mathbf{0}\\ \boldsymbol{s}_1\end{pmatrix}\right)\cap\\ &\left(2\tan\frac{\theta_d}{2}\begin{pmatrix}\boldsymbol{s}_d\\ \boldsymbol{r}_a\times\boldsymbol{s}_d\end{pmatrix}\Delta 2\tan\frac{\theta_c}{2}\begin{pmatrix}\boldsymbol{s}_c\\ \boldsymbol{r}_a\times\boldsymbol{s}_c\end{pmatrix}\Delta t_3\begin{pmatrix}\mathbf{0}\\ \boldsymbol{s}_3\end{pmatrix}\Delta t_2\begin{pmatrix}\mathbf{0}\\ \boldsymbol{s}_2\end{pmatrix}\Delta t_1\begin{pmatrix}\mathbf{0}\\ \boldsymbol{s}_1\end{pmatrix}\right)\end{aligned} \tag{4-126}$$

因此，标准支链运动可表达为

$$\boldsymbol{S}_{f,\mathrm{L}}=2\tan\frac{\theta_b}{2}\begin{pmatrix}\boldsymbol{s}_b\\ \boldsymbol{r}_a\times\boldsymbol{s}_b\end{pmatrix}\Delta 2\tan\frac{\theta_a}{2}\begin{pmatrix}\boldsymbol{s}_a\\ \boldsymbol{r}_a\times\boldsymbol{s}_a\end{pmatrix}\Delta t_3\begin{pmatrix}\mathbf{0}\\ \boldsymbol{s}_3\end{pmatrix}\Delta t_2\begin{pmatrix}\mathbf{0}\\ \boldsymbol{s}_2\end{pmatrix}\Delta t_1\begin{pmatrix}\mathbf{0}\\ \boldsymbol{s}_1\end{pmatrix} \tag{4-127}$$

对应于该运动表达式的标准支链构型为 $P_1P_2P_3R_aR_b$。

（2）衍生支链　根据 4.3.4 节的分析和推导，表 4.7 列出了双熊夫利运动的所有等效构型，其中各支链去除一个 R_a、R_b、H_a 或 H_b 副，且确保至少剩余一个 $R_a(H_a)$ 和一个 R_b（H_b）副，可以作为 3T1R 并联机构的衍生支链构型。

（3）装配条件　具有可变转动轴线的3T1R并联机构有四个支链，可分为两组，每组中的支链具有相同支链构型且相对放置。第一组中，R副和H副的转动方向分别为 $\boldsymbol{s}_a$ 和 $\boldsymbol{s}_b$，而在第二组中，R副和H副的转动方向分别为 $\boldsymbol{s}_c$ 和 $\boldsymbol{s}_d$。

四条支链生成的运动交集应为 $\boldsymbol{S}_{f,3t1vr}$。由式（4-111）可知可变转动方向可通过式（4-128）计算得出，即

$$\frac{\boldsymbol{s}_{vr}^{\mathrm{T}}(\boldsymbol{s}_a\times\boldsymbol{s}_b)\sin^2\varphi_{ab}}{(\boldsymbol{s}_{vr}^{\mathrm{T}}\boldsymbol{s}_a-\cos\varphi_1\boldsymbol{s}_{vr}^{\mathrm{T}}\boldsymbol{s}_b)(\boldsymbol{s}_{vr}^{\mathrm{T}}\boldsymbol{s}_b-\cos\varphi_1\boldsymbol{s}_{vr}^{\mathrm{T}}\boldsymbol{s}_a)-(\boldsymbol{s}_{vr}^{\mathrm{T}}(\boldsymbol{s}_a\times\boldsymbol{s}_b))^2\cos\varphi_{ab}}$$
$$=\frac{\boldsymbol{s}_{vr}^{\mathrm{T}}(\boldsymbol{s}_c\times\boldsymbol{s}_d)\sin^2\varphi_{cd}}{(\boldsymbol{s}_{vr}^{\mathrm{T}}\boldsymbol{s}_c-\cos\varphi_2\boldsymbol{s}_{vr}^{\mathrm{T}}\boldsymbol{s}_d)(\boldsymbol{s}_{vr}^{\mathrm{T}}\boldsymbol{s}_d-\cos\varphi_2\boldsymbol{s}_{vr}^{\mathrm{T}}\boldsymbol{s}_c)-(\boldsymbol{s}_{vr}^{\mathrm{T}}(\boldsymbol{s}_c\times\boldsymbol{s}_d))^2\cos\varphi_{cd}} \tag{4-128}$$

式中，$\boldsymbol{s}_{vr}$ 表示 $\boldsymbol{S}_{f,3t1vr}$ 的可变转动方向。

式（4-128）是 $\boldsymbol{s}_{vr}$ 的轴线丛方程，$\boldsymbol{s}_{vr}$ 为非固定方向，也非任意方向。因此，四个支链的装配条件可概括为：

1）$\boldsymbol{s}_a\neq\boldsymbol{s}_c$ 和 $\boldsymbol{s}_b\neq\boldsymbol{s}_d$。

2）以下三个条件之一成立：①$\boldsymbol{s}_a\neq\boldsymbol{s}_d$ 和 $\boldsymbol{s}_b\neq\boldsymbol{s}_c$；②$\boldsymbol{s}_a=\boldsymbol{s}_d$ 和 $\boldsymbol{s}_a^{\mathrm{T}}\boldsymbol{s}_b\neq\boldsymbol{s}_c^{\mathrm{T}}\boldsymbol{s}_d$；③$\boldsymbol{s}_b=\boldsymbol{s}_c$ 和 $\boldsymbol{s}_a^{\mathrm{T}}\boldsymbol{s}_b\neq\boldsymbol{s}_c^{\mathrm{T}}\boldsymbol{s}_d$。

根据这些装配条件，可合成任何具有可变转动轴线的对称3T1R并联机构。图4.35给出了一些典型的机构，其中U副替代了两个相邻的 R_a 副和 R_b 副和/或两个相邻的 R_c 副和 R_d 副。

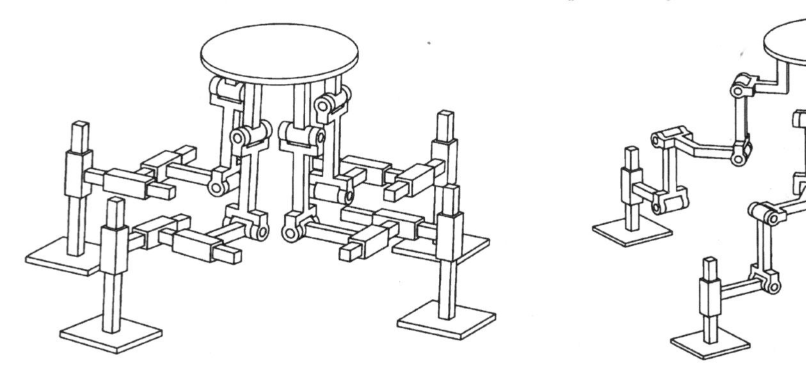

a) $2P_1P_2P_3R_aR_b$-$2P_1P_2P_3R_cR_d$

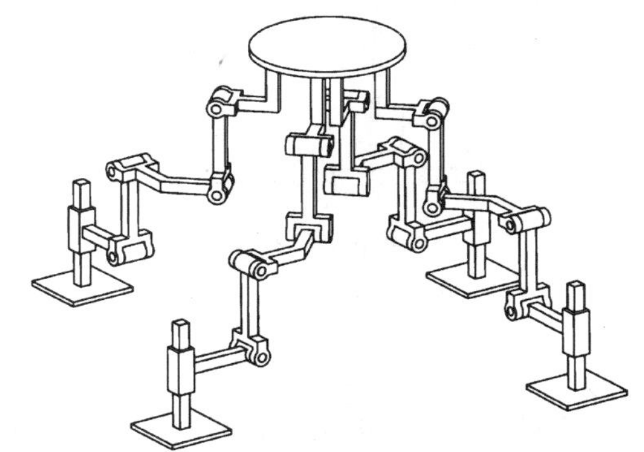

b) $2P_1R_aR_aR_bR_b$-$2P_1R_cR_cR_dR_d$

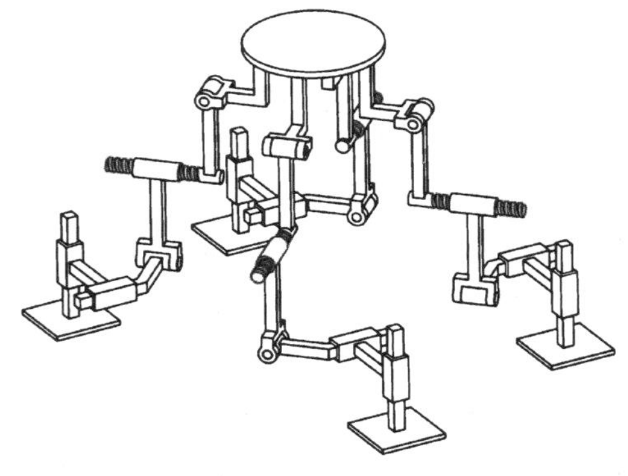

c) $2P_1P_2R_aH_aR_b$-$2P_1P_2R_cH_cR_d$

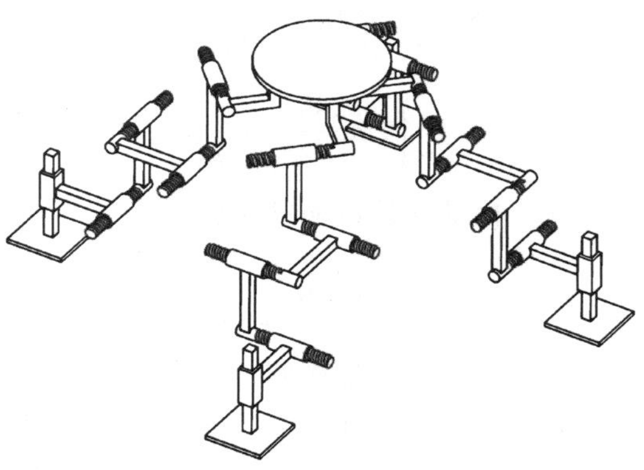

d) $2P_1H_aH_aH_aH_b$-$2P_1H_cH_cH_cH_d$

图4.35　具有一个可变转动轴线的典型对称3T1R并联机构

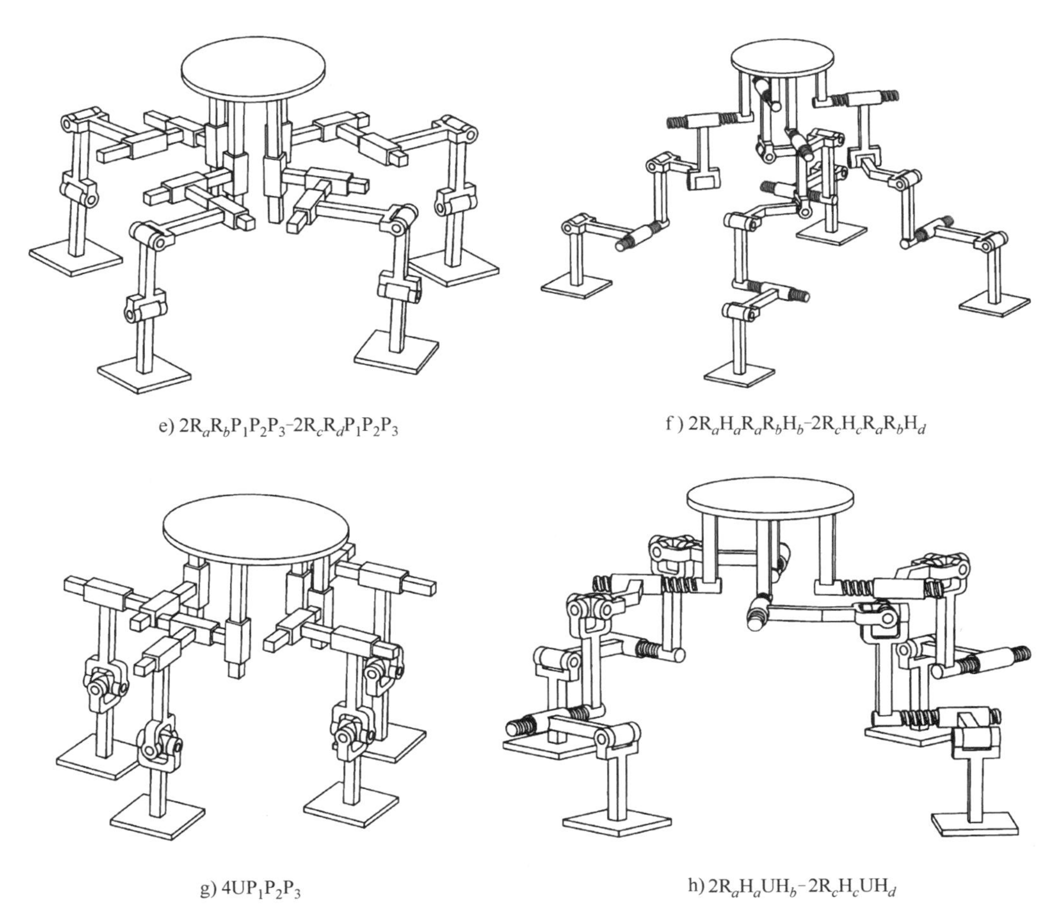

图 4.35　具有一个可变转动轴线的典型对称 3T1R 并联机构（续）

（4）驱动布置　根据 4.2.4 节所述，当驱动副锁定时，具有可变转动轴线的 3T1R 并联机构动平台运动应满足以下条件：

$$\boldsymbol{S}_{f,1} \cap \boldsymbol{S}_{f,2} \cap \boldsymbol{S}_{f,3} \cap \boldsymbol{S}_{f,4} = \varnothing \tag{4-129}$$

由于机构为对称构型，因此可以选择每个支链上的一个运动副作为驱动副。驱动布置归纳为：

1）生成三自由度平动运动的三个驱动副应为下列情况之一：①三个不平行的 P 副；②两个不平行的 P 副和一个 R 副或 H 副；③一个 P 副和两个 R 副、H 副；④三个 R 副、H 副。其中，驱动 R 副和 H 副应属于平行 R 副和 H 副的二元组或三元组。

2）对于三自由度平动运动，相对支链上的驱动 R 副和 H 副应具有不同的次序。

3）可以任意选择生成单自由度转动的驱动副。

4.4.3　具有一个可变轴线的 *n*T2R 机构

由 4.3 节可知，在两个平行 R_b 副外有 R_a 副的串联机构会生成两个固定轴线方向的转动。若在两个平行 R_b 副间添加一个或多个 R_a 副，机构将生成一个固定轴线方向和一个可变轴线方向的转动。并联机构有时也能生成同样的运动。因此，具有一个固定转动轴线和一个可变转动轴线的机构分为两种类型，一种由串联或并联运动生成，另一种仅由并联机构生成。

在第一种既可以是串联机构也可以是并联机构的情况下，对于包括一个固定转动轴线、一个可变转动轴线和一个平动的三自由度运动，对应的表达式为

$$\boldsymbol{S}_{f,1r1t1vr}=2\tan\frac{\theta_b}{2}\begin{pmatrix}\boldsymbol{s}_b\\ \boldsymbol{r}_b\times\boldsymbol{s}_b\end{pmatrix}\Delta\begin{pmatrix}\boldsymbol{0}\\ \boldsymbol{t}_{b\perp}\end{pmatrix}\Delta 2\tan\frac{\theta_a}{2}\begin{pmatrix}\exp(\theta_{b,1}[\boldsymbol{s}_b\times])\boldsymbol{s}_a\\ \boldsymbol{r}_a\times\exp(\theta_{b,1}[\boldsymbol{s}_b\times])\boldsymbol{s}_a\end{pmatrix} \tag{4-130}$$

式中，$\boldsymbol{t}_{b\perp}$ 表示垂直于 $\boldsymbol{s}_b$ 的平动向量。

对于四自由度运动，有五种情况，它们的表达式分别为

$$\boldsymbol{S}_{f,1t1r1t1vr}=t_1\begin{pmatrix}\boldsymbol{0}\\ \boldsymbol{s}_1\end{pmatrix}\Delta 2\tan\frac{\theta_b}{2}\begin{pmatrix}\boldsymbol{s}_b\\ \boldsymbol{r}_b\times\boldsymbol{s}_b\end{pmatrix}\Delta\begin{pmatrix}\boldsymbol{0}\\ \boldsymbol{t}_{b\perp}\end{pmatrix}\Delta 2\tan\frac{\theta_a}{2}\begin{pmatrix}\exp(\theta_{b,1}[\boldsymbol{s}_b\times])\boldsymbol{s}_a\\ \boldsymbol{r}_a\times\exp(\theta_{b,1}[\boldsymbol{s}_b\times])\boldsymbol{s}_a\end{pmatrix} \tag{4-131}$$

$$\boldsymbol{S}_{f,1r2t1vr}=2\tan\frac{\theta_b}{2}\begin{pmatrix}\boldsymbol{s}_b\\ \boldsymbol{r}_b\times\boldsymbol{s}_b\end{pmatrix}\Delta\begin{pmatrix}\boldsymbol{0}\\ \boldsymbol{t}_{b\perp}\end{pmatrix}\Delta t_1\begin{pmatrix}\boldsymbol{0}\\ \exp(\theta_{b,1}[\boldsymbol{s}_b\times])\boldsymbol{s}_1\end{pmatrix}\Delta 2\tan\frac{\theta_a}{2}\begin{pmatrix}\exp(\theta_{b,1}[\boldsymbol{s}_b\times])\boldsymbol{s}_a\\ \boldsymbol{r}_a\times\exp(\theta_{b,1}[\boldsymbol{s}_b\times])\boldsymbol{s}_a\end{pmatrix} \tag{4-132}$$

$$\boldsymbol{S}_{f,1r1t1vr1t(1)}=2\tan\frac{\theta_b}{2}\begin{pmatrix}\boldsymbol{s}_b\\ \boldsymbol{r}_b\times\boldsymbol{s}_b\end{pmatrix}\Delta\begin{pmatrix}\boldsymbol{0}\\ \boldsymbol{t}_{b\perp}\end{pmatrix}\Delta 2\tan\frac{\theta_a}{2}\begin{pmatrix}\exp(\theta_{b,1}[\boldsymbol{s}_b\times])\boldsymbol{s}_a\\ \boldsymbol{r}_a\times\exp(\theta_{b,1}[\boldsymbol{s}_b\times])\boldsymbol{s}_a\end{pmatrix}\Delta t_1\begin{pmatrix}\boldsymbol{0}\\ \boldsymbol{s}_1\end{pmatrix} \tag{4-133}$$

$$\boldsymbol{S}_{f,1r1t1vr1t(2)}=2\tan\frac{\theta_b}{2}\begin{pmatrix}\boldsymbol{s}_b\\ \boldsymbol{r}_b\times\boldsymbol{s}_b\end{pmatrix}\Delta\begin{pmatrix}\boldsymbol{0}\\ \boldsymbol{t}_{b\perp}\end{pmatrix}\Delta 2\tan\frac{\theta_a}{2}\begin{pmatrix}\exp(\theta_{b,1}[\boldsymbol{s}_b\times])\boldsymbol{s}_a\\ \boldsymbol{r}_a\times\exp(\theta_{b,1}[\boldsymbol{s}_b\times])\boldsymbol{s}_a\end{pmatrix}\Delta t_1\begin{pmatrix}\boldsymbol{0}\\ \exp(\theta_{b,1}[\boldsymbol{s}_b\times])\boldsymbol{s}_1\end{pmatrix} \tag{4-134}$$

$$\boldsymbol{S}_{f,1r1t1vr1t(3)}=2\tan\frac{\theta_b}{2}\begin{pmatrix}\boldsymbol{s}_b\\ \boldsymbol{r}_b\times\boldsymbol{s}_b\end{pmatrix}\Delta\begin{pmatrix}\boldsymbol{0}\\ \boldsymbol{t}_{b\perp}\end{pmatrix}\Delta 2\tan\frac{\theta_a}{2}\begin{pmatrix}\exp(\theta_{b,1}[\boldsymbol{s}_b\times])\boldsymbol{s}_a\\ \boldsymbol{r}_a\times\exp(\theta_{b,1}[\boldsymbol{s}_b\times])\boldsymbol{s}_a\end{pmatrix}\Delta\begin{pmatrix}\boldsymbol{0}\\ \exp(\theta_{b,1}[\boldsymbol{s}_b\times])\boldsymbol{t}_{a\perp}\end{pmatrix} \tag{4-135}$$

式中，$\boldsymbol{t}_{a\perp}$ 表示垂直于 $\boldsymbol{s}_a$ 的平动向量。

对于五自由度运动，其运动表达式为

$$\boldsymbol{S}_{f,3t1r1vr}=t_3\begin{pmatrix}\boldsymbol{0}\\ \boldsymbol{s}_3\end{pmatrix}\Delta t_2\begin{pmatrix}\boldsymbol{0}\\ \boldsymbol{s}_2\end{pmatrix}\Delta t_1\begin{pmatrix}\boldsymbol{0}\\ \boldsymbol{s}_1\end{pmatrix}\Delta 2\tan\frac{\theta_b}{2}\begin{pmatrix}\boldsymbol{s}_b\\ \boldsymbol{r}_b\times\boldsymbol{s}_b\end{pmatrix}\Delta 2\tan\frac{\theta_a}{2}\begin{pmatrix}\exp(\theta_{b,1}[\boldsymbol{s}_b\times])\boldsymbol{s}_a\\ \boldsymbol{r}_a\times\exp(\theta_{b,1}[\boldsymbol{s}_b\times])\boldsymbol{s}_a\end{pmatrix} \tag{4-136}$$

式（4-130）的运动生成元为 $\mathrm{R}_b\mathrm{R}_a\mathrm{R}_b$，式（4-131）~式（4-135）的生成元分别为 $\mathrm{R}_b\mathrm{R}_a\mathrm{R}_b\mathrm{P}_1$、$\mathrm{R}_b\mathrm{R}_a\mathrm{P}_1\mathrm{R}_b$、$\mathrm{P}_1\mathrm{R}_b\mathrm{R}_a\mathrm{R}_b$、$\mathrm{R}_b\mathrm{P}_1\mathrm{R}_a\mathrm{R}_b$ 和 $\mathrm{R}_b\mathrm{R}_a\mathrm{R}_a\mathrm{R}_b$。式（4-136）的运动生成元有很多，将在 4.4.4 节中详细介绍。

在仅由并联机构形成的第二种类型中，只有一种运动模式，即由 Exechon 机构并联生成的运动，其运动模式可表示为

$$\boldsymbol{S}_{f,1t1r1vr}=t_z\begin{pmatrix}\boldsymbol{0}\\ \boldsymbol{s}_z\end{pmatrix}\Delta 2\tan\frac{\theta_x}{2}\begin{pmatrix}\boldsymbol{s}_x\\ \boldsymbol{r}_x\times\boldsymbol{s}_x\end{pmatrix}\Delta 2\tan\frac{\theta_y}{2}\begin{pmatrix}\exp(\theta_x\widetilde{\boldsymbol{s}}_x)\boldsymbol{s}_y\\ \boldsymbol{r}_y\times\exp(\theta_x\widetilde{\boldsymbol{s}}_x)\boldsymbol{s}_y\end{pmatrix} \tag{4-137}$$

也可以表示为

$$\boldsymbol{S}_{f,1t1r1vr}=t_z\begin{pmatrix}\boldsymbol{0}\\ \boldsymbol{s}_z\end{pmatrix}\Delta 2\tan\frac{\theta_y}{2}\begin{pmatrix}\boldsymbol{s}_y\\ (\exp(-\theta_x\widetilde{\boldsymbol{s}}_x)(\boldsymbol{r}_y-\boldsymbol{r}_x)+\boldsymbol{r}_x)\times\boldsymbol{s}_y\end{pmatrix}\Delta 2\tan\frac{\theta_x}{2}\begin{pmatrix}\boldsymbol{s}_x\\ \boldsymbol{r}_x\times\boldsymbol{s}_x\end{pmatrix} \tag{4-138}$$

由于固定转动轴线的位置只能通过平动参数来改变，因此式（4-137）和式（4-138）表明运动模式中有一个固定转动轴线和一个可变转动轴线。$S_{f,1t1r1vr}$ 运动生成元为与 Exechon 机构具有相同运动的并联机构。

4.4.4 3T2R 串联机构与 1T2R 类 Exechon 并联机构算例

对于具有一个固定转动轴线和一个可变转动轴线的机构，将首先合成 3T2R 串联机构，然后合成 1T2R 类 Exechon 并联机构。

1. 3T2R 串联机构

3T2R 串联机构的基本运动表达式见式（4-136）。所有生成 3T2R 运动的串联机构都有一个固定转动轴线和一个可变转动轴线，由于它们没有等效运动，因此将一一列出。

（1）$P_1P_2R_bR_aR_b$ 和类 $P_1P_2R_bR_aR_b$ 构型　在式（4-136）中，θ_a、θ_b、t_1、t_2 和 t_3 是五个独立参数。而在该公式中，$\theta_{b,1}$ 并非独立参数，它取决于这五个独立参数。$\theta_{b,1}$ 和 θ_a、θ_b、t_1、t_2、t_3 之间的关系由生成 3T2R 运动的串联机构具体构型决定。

由于是三自由度平动，所以转动的两个位置向量 $\boldsymbol{r}_b$ 和 $\boldsymbol{r}_a$ 的具体数值对 $S_{f,3t1r1vr}$ 没有影响。因此，$\boldsymbol{r}_b$ 和 $\boldsymbol{r}_a$ 可以任意选择，例如，$\boldsymbol{r}_b\in\mathbb{R}^3$、$\boldsymbol{r}_a\in\mathbb{R}^3$。

生成具有一个固定转动轴线和一个可变转动轴线的 3T2R 运动的最简单支链构型是 $P_1P_2R_bR_aR_b$，其运动表达式为

$$\boldsymbol{S}_f=2\tan\frac{\theta_{b,2}}{2}\begin{pmatrix}\boldsymbol{s}_b\\ \boldsymbol{r}_{b,2}\times\boldsymbol{s}_b\end{pmatrix}\Delta 2\tan\frac{\theta_a}{2}\begin{pmatrix}\boldsymbol{s}_a\\ \boldsymbol{r}'_a\times\boldsymbol{s}_a\end{pmatrix}\Delta 2\tan\frac{\theta_{b,1}}{2}\begin{pmatrix}\boldsymbol{s}_b\\ \boldsymbol{r}_{b,1}\times\boldsymbol{s}_b\end{pmatrix}\Delta t'_2\begin{pmatrix}\boldsymbol{0}\\ \boldsymbol{s}'_2\end{pmatrix}\Delta t'_1\begin{pmatrix}\boldsymbol{0}\\ \boldsymbol{s}'_1\end{pmatrix}\tag{4-139}$$

式中，$(\boldsymbol{s}'_1\times\boldsymbol{s}'_2)\times\boldsymbol{s}_b\neq\boldsymbol{0}$。

可利用旋量三角积性质等价改写式（4-139）为

$$\boldsymbol{S}_f=2\tan\frac{\theta_{b,1}+\theta_{b,2}}{2}\begin{pmatrix}\boldsymbol{s}_b\\ \boldsymbol{r}_{b,2}\times\boldsymbol{s}_b\end{pmatrix}\Delta 2\tan\frac{\theta_a}{2}\begin{pmatrix}\exp(\theta_{b,1}\widetilde{\boldsymbol{s}}_b)\boldsymbol{s}_a\\ (\boldsymbol{r}_{b,1}+\exp(\theta_{b,1}\widetilde{\boldsymbol{s}}_b)(\boldsymbol{r}'_a-\boldsymbol{r}_{b,1}))\times\exp(\theta_{b,1}\widetilde{\boldsymbol{s}}_b)\boldsymbol{s}_a\end{pmatrix}\Delta$$
$$\begin{pmatrix}\boldsymbol{0}\\ \exp(\theta_a[(\exp(\theta_{b,1}\widetilde{\boldsymbol{s}}_b)\boldsymbol{s}_a)\times])(\exp(\theta_{b,1}\widetilde{\boldsymbol{s}}_b)-\boldsymbol{E}_3)(\boldsymbol{r}_{b,2}-\boldsymbol{r}_{b,1})+t'_2\boldsymbol{s}'_2+t'_1\boldsymbol{s}'_1\end{pmatrix}\tag{4-140}$$

在式（4-140）中，可以在不改变 $\boldsymbol{S}_f$ 取值范围的情况下进行以下符号替换，即

$$\theta_{b,1}+\theta_{b,2}\in\mathbb{R}\rightarrow\theta_b\in\mathbb{R}$$
$$\exp(\theta_a[(\exp(\theta_{b,1}\widetilde{\boldsymbol{s}}_b)\boldsymbol{s}_a)\times])(\exp(\theta_{b,1},\widetilde{\boldsymbol{s}}_b)-\boldsymbol{E}_3)(\boldsymbol{r}_{b,2}-\boldsymbol{r}_{b,1})+t'_2\boldsymbol{s}'_2+t'_1\boldsymbol{s}'_1\in\mathbb{R}^3\rightarrow t_3\boldsymbol{s}_3+t_2\boldsymbol{s}_2+t_1\boldsymbol{s}_1\in\mathbb{R}^3$$
$$\boldsymbol{r}_{b,2}\rightarrow\forall\,\boldsymbol{r}_b\in\mathbb{R}^3$$
$$(\boldsymbol{r}_{b,1}+\exp(\theta_{b,1}\widetilde{\boldsymbol{s}}_b)(\boldsymbol{r}'_a-\boldsymbol{r}_{b,1}))\rightarrow\forall\,\boldsymbol{r}_a\in\mathbb{R}^3$$

上述推导证明了式（4-140）与式（4-136）具有相同的形式。利用欧拉公式改写 $\exp(\theta_{b,1}\widetilde{\boldsymbol{s}}_b)$，$P_1P_2R_bR_aR_b$ 中 $\theta_{b,1}$ 与 θ_a、t_1、t_2、t_3 之间的关系可由式（4-141）得到，即

$$\begin{aligned}&\exp(\theta_a[(\exp(\theta_{b,1}\widetilde{\boldsymbol{s}}_b)\boldsymbol{s}_a)\times])(\exp(\theta_{b,1}\widetilde{\boldsymbol{s}}_b)-\boldsymbol{E}_3)(\boldsymbol{r}_{b,2}-\boldsymbol{r}_{b,1})^{\mathrm{T}}(\boldsymbol{s}'_1\times\boldsymbol{s}'_2)\\&=(t_3\boldsymbol{s}_3+t_2\boldsymbol{s}_2+t_1\boldsymbol{s}_1)^{\mathrm{T}}(\boldsymbol{s}'_1\times\boldsymbol{s}'_2)\end{aligned}\tag{4-141}$$

表 4.9 列出了与 $P_1P_2R_bR_aR_b$ 类似生成 3T2R 运动的串联机构（包含 $P_1P_2R_bR_aR_b$）。对于每个串联机构，其平动参数表达式包含三个标量方程和三个平动参数，即 $\theta_{b,1}$、t'_1 和 t'_2，

这三个参数可分别求解为其他四个/五个独立参数的表达式，即 θ_a、θ_b、t_1、t_2、t_3。因此，可得出因变量 $\theta_{b,1}$ 与这些独立参数之间的关系。

表 4.9　由 $P_1P_2R_bR_aR_b$ 推导得出的 3T2R 串联机构

构型	推导 $\theta_{b,1}$ 与 θ_a、θ_b、t_1、t_2、t_3 之间关系的等式
$P_1P_2R_bR_aR_b$	$\boldsymbol{A}'(\boldsymbol{B}_1-\boldsymbol{E}_3)(\boldsymbol{r}_{b,2}-\boldsymbol{r}_{b,1})+t_2'\boldsymbol{s}_2'+t_1'\boldsymbol{s}_1'=t_3\boldsymbol{s}_3+t_2\boldsymbol{s}_2+t_1\boldsymbol{s}_1$
$P_1R_bP_2R_aR_b$	$\boldsymbol{A}'(\boldsymbol{B}_1-\boldsymbol{E}_3)(\boldsymbol{r}_{b,2}-\boldsymbol{r}_{b,1})+t_2'\boldsymbol{B}_1\boldsymbol{s}_2'+t_1'\boldsymbol{s}_1'=t_3\boldsymbol{s}_3+t_2\boldsymbol{s}_2+t_1\boldsymbol{s}_1$
$P_1R_bR_aP_2R_b$	$\boldsymbol{A}'(\boldsymbol{B}_1-\boldsymbol{E}_3)(\boldsymbol{r}_{b,2}-\boldsymbol{r}_{b,1})+t_2'\boldsymbol{B}_1\boldsymbol{A}\boldsymbol{s}_2'+t_1'\boldsymbol{s}_1'=t_3\boldsymbol{s}_3+t_2\boldsymbol{s}_2+t_1\boldsymbol{s}_1$
$P_1R_bR_aR_bP_2$	$\boldsymbol{A}'(\boldsymbol{B}_1-\boldsymbol{E}_3)(\boldsymbol{r}_{b,2}-\boldsymbol{r}_{b,1})+t_2'\boldsymbol{B}_1\boldsymbol{A}\boldsymbol{B}_2\boldsymbol{s}_2'+t_1'\boldsymbol{s}_1'=t_3\boldsymbol{s}_3+t_2\boldsymbol{s}_2+t_1\boldsymbol{s}_1$
$R_bP_1P_2R_aR_b$	$\boldsymbol{A}'(\boldsymbol{B}_1-\boldsymbol{E}_3)(\boldsymbol{r}_{b,2}-\boldsymbol{r}_{b,1})+\boldsymbol{B}_1(t_2'\boldsymbol{s}_2'+t_1'\boldsymbol{s}_1')=t_3\boldsymbol{s}_3+t_2\boldsymbol{s}_2+t_1\boldsymbol{s}_1$
$R_bP_1R_aP_2R_b$	$\boldsymbol{A}'(\boldsymbol{B}_1-\boldsymbol{E}_3)(\boldsymbol{r}_{b,2}-\boldsymbol{r}_{b,1})+t_2'\boldsymbol{B}_1\boldsymbol{A}\boldsymbol{s}_2'+t_1'\boldsymbol{B}_1\boldsymbol{s}_1'=t_3\boldsymbol{s}_3+t_2\boldsymbol{s}_2+t_1\boldsymbol{s}_1$
$R_bP_1R_aR_bP_2$	$\boldsymbol{A}'(\boldsymbol{B}_1-\boldsymbol{E}_3)(\boldsymbol{r}_{b,2}-\boldsymbol{r}_{b,1})+t_2'\boldsymbol{B}_1\boldsymbol{A}\boldsymbol{B}_2\boldsymbol{s}_2'+t_1'\boldsymbol{B}_1\boldsymbol{s}_1'=t_3\boldsymbol{s}_3+t_2\boldsymbol{s}_2+t_1\boldsymbol{s}_1$
$R_bR_aP_1P_2R_b$	$\boldsymbol{A}'(\boldsymbol{B}_1-\boldsymbol{E}_3)(\boldsymbol{r}_{b,2}-\boldsymbol{r}_{b,1})+\boldsymbol{B}_1\boldsymbol{A}(t_2'\boldsymbol{s}_2'+t_1'\boldsymbol{s}_1')=t_3\boldsymbol{s}_3+t_2\boldsymbol{s}_2+t_1\boldsymbol{s}_1$
$R_bR_aP_1R_bP_2$	$\boldsymbol{A}'(\boldsymbol{B}_1-\boldsymbol{E}_3)(\boldsymbol{r}_{b,2}-\boldsymbol{r}_{b,1})+t_2'\boldsymbol{B}_1\boldsymbol{A}\boldsymbol{s}_2'+t_1'\boldsymbol{B}_1\boldsymbol{A}\boldsymbol{B}_2\boldsymbol{s}_1'=t_3\boldsymbol{s}_3+t_2\boldsymbol{s}_2+t_1\boldsymbol{s}_1$
$R_bR_aR_bP_1P_2$	$\boldsymbol{A}'(\boldsymbol{B}_1-\boldsymbol{E}_3)(\boldsymbol{r}_{b,2}-\boldsymbol{r}_{b,1})+\boldsymbol{B}_1\boldsymbol{A}\boldsymbol{B}_2(t_2'\boldsymbol{s}_2'+t_1'\boldsymbol{s}_1')=t_3\boldsymbol{s}_3+t_2\boldsymbol{s}_2+t_1\boldsymbol{s}_1$

注：式中，$(\boldsymbol{s}_1'\times\boldsymbol{s}_2')\times\boldsymbol{s}_b\neq\boldsymbol{0}$、$\boldsymbol{A}'=\exp(\theta_a[(\exp(\theta_{b,1}\widetilde{\boldsymbol{s}}_b)\boldsymbol{s}_a)\times])$、$\boldsymbol{A}=\exp(\theta_a\widetilde{\boldsymbol{s}}_a)$、$\boldsymbol{B}_1=\exp(\theta_{b,1}\widetilde{\boldsymbol{s}}_b)$、$\boldsymbol{B}_2=\exp((\theta_b-\theta_{b,1})\widetilde{\boldsymbol{s}}_b)$。

（2）$P_1R_bR_aR_aR_b$ 和类 $P_1R_bR_aR_aR_b$ 构型　$P_1R_bR_aR_aR_b$ 也是一种 3T2R 运动生成元。这种串联结构的表达式为

$$S_f=2\tan\frac{\theta_{b,2}}{2}\begin{pmatrix}\boldsymbol{s}_b\\ \boldsymbol{r}_{b,2}\times\boldsymbol{s}_b\end{pmatrix}\Delta 2\tan\frac{\theta_{a,2}}{2}\begin{pmatrix}\boldsymbol{s}_a\\ \boldsymbol{r}_{a,2}\times\boldsymbol{s}_a\end{pmatrix}\Delta 2\tan\frac{\theta_{a,1}}{2}\begin{pmatrix}\boldsymbol{s}_a\\ \boldsymbol{r}_{a,1}\times\boldsymbol{s}_a\end{pmatrix}\Delta 2\tan\frac{\theta_{b,1}}{2}\begin{pmatrix}\boldsymbol{s}_b\\ \boldsymbol{r}_{b,1}\times\boldsymbol{s}_b\end{pmatrix}\Delta t_1'\begin{pmatrix}\boldsymbol{0}\\ \boldsymbol{s}_1'\end{pmatrix}\tag{4-142}$$

式（4-142）可等价改写为

$$S_f=2\tan\frac{\theta_{b,1}+\theta_{b,2}}{2}\begin{pmatrix}\boldsymbol{s}_b\\ \boldsymbol{r}_{b,2}\times\boldsymbol{s}_b\end{pmatrix}\Delta 2\tan\frac{\theta_{a,1}+\theta_{a,2}}{2}\begin{pmatrix}\exp(\theta_{b,1}\widetilde{\boldsymbol{s}}_b)\boldsymbol{s}_a\\ (\boldsymbol{r}_{b,1}+\exp(\theta_{b,1}\widetilde{\boldsymbol{s}}_b)(\boldsymbol{r}_{a,2}-\boldsymbol{r}_{b,1}))\times\exp(\theta_{b,1}\widetilde{\boldsymbol{s}}_b)\boldsymbol{s}_a\end{pmatrix}\Delta$$
$$\begin{pmatrix}\boldsymbol{0}\\ (\exp((\theta_{a,1}+\theta_{a,2})[(\exp(\theta_{b,1}\widetilde{\boldsymbol{s}}_b)\boldsymbol{s}_a)\times])(\exp(\theta_{b,1}\widetilde{\boldsymbol{s}}_b)-\boldsymbol{E}_3)(\boldsymbol{r}_{b,2}-\boldsymbol{r}_{b,1})+\\ \exp(\theta_{b,1}\widetilde{\boldsymbol{s}}_b)(\exp(\theta_{a,1}\widetilde{\boldsymbol{s}}_a)-\boldsymbol{E}_3)(\boldsymbol{r}_{a,2}-\boldsymbol{r}_{a,1})+t_1'\boldsymbol{s}_1')\end{pmatrix}\tag{4-143}$$

在不改变式（4-143）取值范围的情况下，用下面符号替代：

$$\theta_{b,1}+\theta_{b,2}\in\mathbb{R}\rightarrow\theta_b\in\mathbb{R}$$

$$\theta_{a,1}+\theta_{a,2}\in\mathbb{R}\rightarrow\theta_a\in\mathbb{R}$$

$$\begin{pmatrix}\exp(\theta_a[(\exp(\theta_{b,1}\widetilde{\boldsymbol{s}}_b)\boldsymbol{s}_a)\times])(\exp(\theta_b,\widetilde{\boldsymbol{s}}_b)-\boldsymbol{E}_3)(\boldsymbol{r}_{b,2}-\boldsymbol{r}_{b,1})+\\ \exp(\theta_b\widetilde{\boldsymbol{s}}_b)(\exp(\theta_{a,1}\widetilde{\boldsymbol{s}}_a)-\boldsymbol{E}_3)(\boldsymbol{r}_{a,2}-\boldsymbol{r}_{a,1})+t_1'\boldsymbol{s}_1'\end{pmatrix}\in\mathbb{R}^3\rightarrow t_3\boldsymbol{s}_3+t_2\boldsymbol{s}_2+t_1\boldsymbol{s}\in\mathbb{R}^3$$

$$\boldsymbol{r}_{b,2}\rightarrow\forall\,\boldsymbol{r}_b\in\mathbb{R}^3$$

$$(\boldsymbol{r}_{b,1}+\exp(\theta_{b,1}\widetilde{\boldsymbol{s}}_b)(\boldsymbol{r}_{a,2}-\boldsymbol{r}_{b,1}))\rightarrow\forall\,\boldsymbol{r}_a\in\mathbb{R}^3$$

表 4.10 中列出了更多与 $P_1R_bR_aR_aR_b$ 类似并能生成 3T2R 运动的串联机构。

表 4.10 由 $P_1R_bR_aR_aR_b$ 推导得到的 3T2R 串联机构

构型	推导 $\theta_{b,1}$ 与 θ_a、θ_b、t_1、t_2、t_3 之间关系的平动参数表达式
$P_1R_bR_aR_aR_b$	$\boldsymbol{A}'(\boldsymbol{B}_1-\boldsymbol{E}_3)(\boldsymbol{r}_{b,2}-\boldsymbol{r}_{b,1})+\boldsymbol{B}_1(\boldsymbol{A}_1-\boldsymbol{E}_3)(\boldsymbol{r}_{a,2}-\boldsymbol{r}_{a,1})+t_1'\boldsymbol{s}_1'=t_3\boldsymbol{s}_3+t_2\boldsymbol{s}_2+t_1\boldsymbol{s}_1$
$R_bP_1R_aR_aR_b$	$\boldsymbol{A}'(\boldsymbol{B}_1-\boldsymbol{E}_3)(\boldsymbol{r}_{b,2}-\boldsymbol{r}_{b,1})+\boldsymbol{B}_1(\boldsymbol{A}_1-\boldsymbol{E}_3)(\boldsymbol{r}_{a,2}-\boldsymbol{r}_{a,1})+t_1'\boldsymbol{B}_1\boldsymbol{s}_1'=t_3\boldsymbol{s}_3+t_2\boldsymbol{s}_2+t_1\boldsymbol{s}_1$
$R_bR_aP_1R_aR_b$	$\boldsymbol{A}'(\boldsymbol{B}_1-\boldsymbol{E}_3)(\boldsymbol{r}_{b,2}-\boldsymbol{r}_{b,1})+\boldsymbol{B}_1(\boldsymbol{A}_1-\boldsymbol{E}_3)(\boldsymbol{r}_{a,2}-\boldsymbol{r}_{a,1})+t_1'\boldsymbol{B}_1\boldsymbol{A}_1\boldsymbol{s}_1'=t_3\boldsymbol{s}_3+t_2\boldsymbol{s}_2+t_1\boldsymbol{s}_1$
$R_bR_aR_aP_1R_b$	$\boldsymbol{A}'(\boldsymbol{B}_1-\boldsymbol{E}_3)(\boldsymbol{r}_{b,2}-\boldsymbol{r}_{b,1})+\boldsymbol{B}_1(\boldsymbol{A}_1-\boldsymbol{E}_3)(\boldsymbol{r}_{a,2}-\boldsymbol{r}_{a,1})+t_1'\boldsymbol{B}_1\boldsymbol{A}_1\boldsymbol{A}_2\boldsymbol{s}_1'=t_3\boldsymbol{s}_3+t_2\boldsymbol{s}_2+t_1\boldsymbol{s}_1$
$R_bR_aR_aR_bP_1$	$\boldsymbol{A}'(\boldsymbol{B}_1-\boldsymbol{E}_3)(\boldsymbol{r}_{b,2}-\boldsymbol{r}_{b,1})+\boldsymbol{B}_1(\boldsymbol{A}_1-\boldsymbol{E}_3)(\boldsymbol{r}_{a,2}-\boldsymbol{r}_{a,1})+t_1'\boldsymbol{B}_1\boldsymbol{A}_1\boldsymbol{A}_2\boldsymbol{B}_2\boldsymbol{s}_1'=t_3\boldsymbol{s}_3+t_2\boldsymbol{s}_2+t_1\boldsymbol{s}_1$

注：式中，$\boldsymbol{A}'=\exp(\theta_a[(\exp(\theta_{b,1}\widetilde{\boldsymbol{s}}_b)\boldsymbol{s}_a)\times])$、$\boldsymbol{A}_1=\exp(\theta_{a,1}\widetilde{\boldsymbol{s}}_a)$、$\boldsymbol{B}_1=\exp(\theta_{b,1}\widetilde{\boldsymbol{s}}_b)$、$\boldsymbol{B}_2=\exp((\theta_b-\theta_{b,1})\widetilde{\boldsymbol{s}}_b)$。

对于表 4.10 中的每一个构型，通过相应的平动参数表达式可以得到 $\theta_{b,1}$ 与 θ_a、θ_b、t_1、t_2、t_3 之间的关系。

（3）$P_1R_bR_aR_bR_b$、$P_1R_bR_bR_aR_b$、类 $P_1R_bR_aR_bR_b$、$P_1R_bR_bR_aR_b$ 构型、$R_bR_aR_aR_bR_b$、$R_bR_bR_aR_aR_b$、$R_bR_aR_aR_aR_b$ 同样地，$P_1R_bR_aR_bR_b$，$P_1R_bR_bR_aR_b$，$R_bR_aR_aR_bR_b$，$R_bR_bR_aR_aR_b$，$R_bR_aR_aR_aR_b$ 串联机构也可生成具有一个固定转动轴线和一个可变转动轴线的 3T2R 运动。从 $P_1R_bR_aR_bR_b$ 和 $P_1R_bR_bR_aR_b$ 可推导出更多生成这种运动的构型。由于篇幅有限，在此不一一列举。生成 3T2R 运动的其余串联结构见表 4.11。

表 4.11 生成 3T2R 运动的其余串联结构

No.	构型	No.	构型	No.	构型
1	$P_1R_bR_aR_bR_b$	6	$P_1R_bR_bR_aR_b$	11	$R_bR_aR_aR_bR_b$
2	$R_bP_1R_aR_bR_b$	7	$R_bP_1R_bR_aR_b$	12	$R_bR_bR_aR_aR_b$
3	$R_bR_aP_1R_bR_b$	8	$R_bR_bP_1R_aR_b$	13	$R_bR_aR_aR_aR_b$
4	$R_bR_aR_bP_1R_b$	9	$R_bR_bR_aP_1R_b$		
5	$R_bR_aR_bR_bP_1$	10	$R_bR_bR_aR_bP_1$		

通过上述分析和推导，合成了具有一个固定转动轴线和一个可变转动轴线的 3T2R 运动，全部由 28 个串联机构生成元，其中典型机构如图 4.36 所示。这些机构可作为合成 3T2R 并联机构的支链。

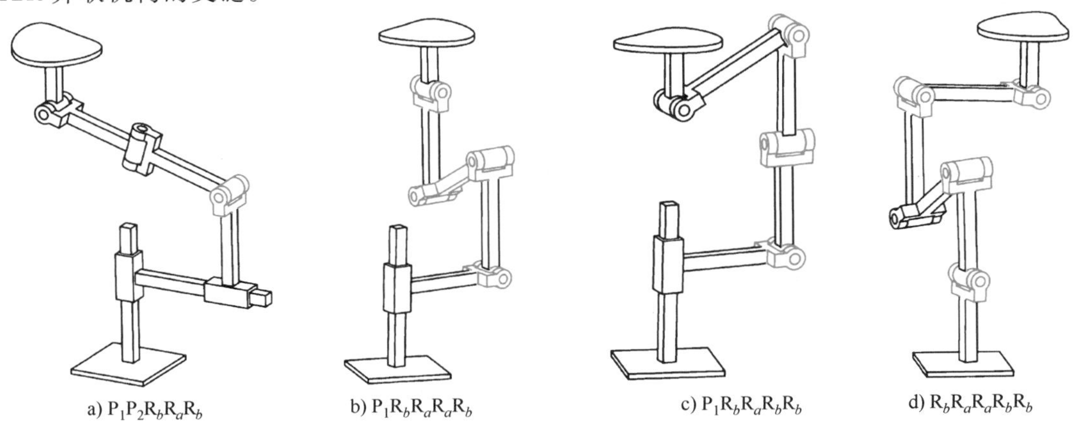

a) $P_1P_2R_bR_aR_b$　b) $P_1R_bR_aR_aR_b$　c) $P_1R_bR_aR_bR_b$　d) $R_bR_aR_aR_bR_b$

图 4.36 具有一个固定转动轴线和一个可变转动轴线的典型 3T2R 串联机构

2. 1T2R 类 Exechon 并联机构

本节综合了与 Exechon 机构并联部分具有相同运动的 1T2R 并联机构。

(1) 标准支链　将式(4-137)表示的 Exechon 机构并联部分的运动改写为几个运动的交集,得到

$$S_{f,1t1r1vr}=S_{f,\mathrm{L}}^{1}\cap S_{f,\mathrm{L}}^{2} \tag{4-144}$$

式中,

$$\begin{aligned}
S_{f,\mathrm{L}}^{1}&=t_2\begin{pmatrix}\mathbf{0}\\ s_2\end{pmatrix}\Delta t_1\begin{pmatrix}\mathbf{0}\\ s_1\end{pmatrix}\Delta 2\tan\frac{\theta_y}{2}\begin{pmatrix}s_y\\ r_y\times s_y\end{pmatrix}\Delta 2\tan\frac{\theta_x}{2}\begin{pmatrix}s_x\\ r_x\times s_x\end{pmatrix}\\
&=t_x\begin{pmatrix}\mathbf{0}\\ s_x\end{pmatrix}\Delta t_z\begin{pmatrix}\mathbf{0}\\ s_z\end{pmatrix}\Delta 2\tan\frac{\theta_y}{2}\begin{pmatrix}s_y\\ (\exp(-\theta_x\widetilde{s}_x)(r_y-r_x)+r_x)\times s_y\end{pmatrix}\Delta 2\tan\frac{\theta_x}{2}\begin{pmatrix}s_x\\ r_x\times s_x\end{pmatrix}\\
&=t_x\begin{pmatrix}\mathbf{0}\\ s_x\end{pmatrix}\Delta t_z\begin{pmatrix}\mathbf{0}\\ s_z\end{pmatrix}\Delta 2\tan\frac{\theta_x}{2}\begin{pmatrix}s_x\\ r_x\times s_x\end{pmatrix}\Delta 2\tan\frac{\theta_y}{2}\begin{pmatrix}\exp(\theta_x\widetilde{s}_x)s_y\\ r_y\times\exp(\theta_x\widetilde{s}_x)s_y\end{pmatrix},\\
&\qquad (s_1\times s_2)\times s_y=\mathbf{0},
\end{aligned} \tag{4-145}$$

$$\begin{aligned}
S_{f,\mathrm{L}}^{2}&=t_4\begin{pmatrix}\mathbf{0}\\ s_4\end{pmatrix}\Delta t_3\begin{pmatrix}\mathbf{0}\\ s_3\end{pmatrix}\Delta 2\tan\frac{\theta_z}{2}\begin{pmatrix}s_z\\ r_y\times s_z\end{pmatrix}\Delta 2\tan\frac{\theta_y}{2}\begin{pmatrix}s_y\\ r_y\times s_y\end{pmatrix}\Delta 2\tan\frac{\theta_x}{2}\begin{pmatrix}s_x\\ r_y\times s_x\end{pmatrix}\\
&=t_y\begin{pmatrix}\mathbf{0}\\ s_y\end{pmatrix}\Delta t_z\begin{pmatrix}\mathbf{0}\\ s_z\end{pmatrix}\Delta 2\tan\frac{\theta_x}{2}\begin{pmatrix}s_x\\ r_y\times s_x\end{pmatrix}\Delta 2\tan\frac{\theta_y}{2}\begin{pmatrix}s_y\\ r_y\times s_y\end{pmatrix}\Delta 2\tan\frac{\theta_z}{2}\begin{pmatrix}s_z\\ r_y\times s_z\end{pmatrix}\\
&=t_y\begin{pmatrix}\mathbf{0}\\ s_y\end{pmatrix}\Delta t_z\begin{pmatrix}\mathbf{0}\\ s_z\end{pmatrix}\Delta 2\tan\frac{\theta_x}{2}\begin{pmatrix}s_x\\ r_x\times s_x\end{pmatrix}\Delta 2\tan\frac{\theta_y}{2}\begin{pmatrix}\exp(\theta_x\widetilde{s}_x)s_y\\ r_y\times\exp(\theta_x\widetilde{s}_x)s_y\end{pmatrix}\Delta 2\tan\frac{\theta_z}{2}\begin{pmatrix}s_z\\ r_y\times s_z\end{pmatrix},\\
&\qquad (s_3\times s_4)\times s_x=\mathbf{0}。
\end{aligned} \tag{4-146}$$

其中,$S_{f,\mathrm{L}}^{1}$ 和 $S_{f,\mathrm{L}}^{2}$ 是具有最小螺旋系数的最简单运动子集 $S_{f,1t1r1vr}$。因此,四自由度和五自由度标准支链构型分别为 $\mathrm{R}_x\mathrm{R}_y\mathrm{P}_1\mathrm{P}_2$ 和 $\mathrm{R}_x\mathrm{R}_y\mathrm{R}_z\mathrm{P}_3\mathrm{P}_4$。

由于期望的并联机构有三个自由度,所以每个机构应有三个支链,每个支链有一个驱动副。因此,将选择两个生成 $S_{f,\mathrm{L}}^{1}$ 的四自由度支链和一个生成 $S_{f,\mathrm{L}}^{2}$ 的五自由度支链来构成具有 Exechon 运动的 1T2R 并联机构。

(2) 衍生支链

1) 四自由度衍生支链。根据表 4.8,在 $(s_1\times s_2)\times s_y=\mathbf{0}$ 的条件下,七种串联构型彼此等效,即 $\mathrm{R}_y\mathrm{P}_1\mathrm{P}_2$、$\mathrm{P}_1\mathrm{R}_y\mathrm{P}_2$、、$\mathrm{P}_1\mathrm{P}_2\mathrm{R}_y$、$\mathrm{P}_1\mathrm{R}_y\mathrm{R}_y$、$\mathrm{R}_y\mathrm{P}_1\mathrm{R}_y$、$\mathrm{R}_y\mathrm{R}_y\mathrm{P}_1$ 和 $\mathrm{R}_y\mathrm{R}_y\mathrm{R}_y$。将标准支链 $\mathrm{R}_x\mathrm{R}_y\mathrm{P}_1\mathrm{P}_2$ 中的 $\mathrm{R}_x\mathrm{R}_y\mathrm{P}_1\mathrm{P}_2$ 替换为等效构型后,可合成表 4.12 所示的六种四自由度衍生构型。其中,为了使支链结构紧凑,相邻且轴线相交的 R 副被 U 副代替。表 4.12 中两个典型构型如图 4.37 所示。

表 4.12　具有 Exechon 机构并联部分运动的四自由度标准和衍生支链构型

标准支链	衍生支链		
$\mathrm{SP}_3\mathrm{P}_4$	$\mathrm{UP}_3\mathrm{R}_x\mathrm{P}_4$	$\mathrm{UP}_3\mathrm{P}_4\mathrm{R}_x$	$\mathrm{UP}_3\mathrm{R}_x\mathrm{R}_x$
	$\mathrm{SP}_3\mathrm{R}_x$	$\mathrm{SR}_x\mathrm{R}_3$	$\mathrm{SR}_x\mathrm{R}_x$

2) 五自由度衍生支链构型。式(4-146)可改写为

$$\boldsymbol{S}_{f,\mathrm{L}}^{2}=t_4\begin{pmatrix}\boldsymbol{0}\\ \boldsymbol{s}_4\end{pmatrix}\Delta t_3\begin{pmatrix}\boldsymbol{0}\\ \boldsymbol{s}_3\end{pmatrix}\Delta 2\tan\frac{\theta_x}{2}\begin{pmatrix}\boldsymbol{s}_x\\ \boldsymbol{r}_y\times\boldsymbol{s}_x\end{pmatrix}\Delta 2\tan\frac{\theta_z}{2}\begin{pmatrix}\boldsymbol{s}_z\\ \boldsymbol{r}_y\times\boldsymbol{s}_z\end{pmatrix}\Delta 2\tan\frac{\theta_y}{2}\begin{pmatrix}\boldsymbol{s}_y\\ \boldsymbol{r}_y\times\boldsymbol{s}_y\end{pmatrix}\qquad(4\text{-}147)$$

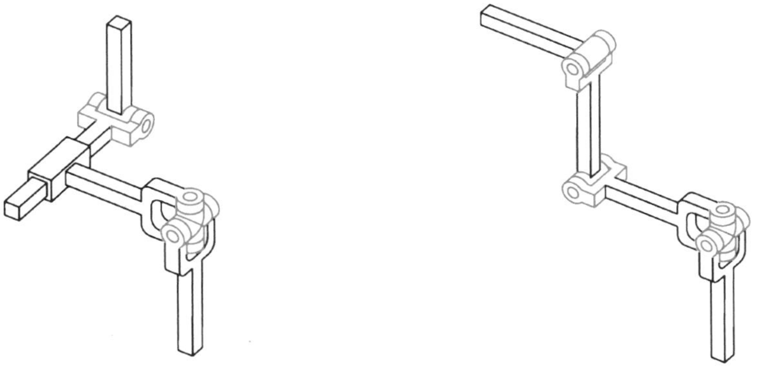

a) UP_1R_y　　b) UR_yR_y

图 4.37　具有 Exechon 机构并联部分运动机构的典型四自由度支链构型

式（4-147）表明五自由度标准支链构型也可表示为 $R_yR_zR_xP_3P_4$。

与四自由度支链综合类似，在 $(\boldsymbol{s}_3\times\boldsymbol{s}_4)\times\boldsymbol{s}_x=\boldsymbol{0}$ 的条件下，构型 $R_xP_3P_4$、$P_3R_xP_4$、$P_3P_4R_x$、$P_3R_xR_x$、$R_xP_3R_x$、$R_xR_xP_3$ 和 $R_xR_xR_x$ 等效。通过用等效构型替换标准支链 $R_yR_zR_xP_3P_4$ 中的 $R_xP_3P_4$，可合成六种五自由度衍生支链。将相邻 R_y 副和 R_z 副替换为 U 副，或将相邻 R_y 副、R_z 副和 R_x 副替换为 S 副，可得到更多的构型。表 4.13 列出了所获得的支链，图 4.38 为典型的支链。

表 4.13　具有 Exechon 机构并联部分运动的五自由度标准和衍生支链

标准支链	衍生支链		
SP_3P_4	$UP_3R_xP_4$ SP_3R_x	$UP_3P_4R_x$ SR_xP_3	$UP_3R_xR_x$ SR_xR_x

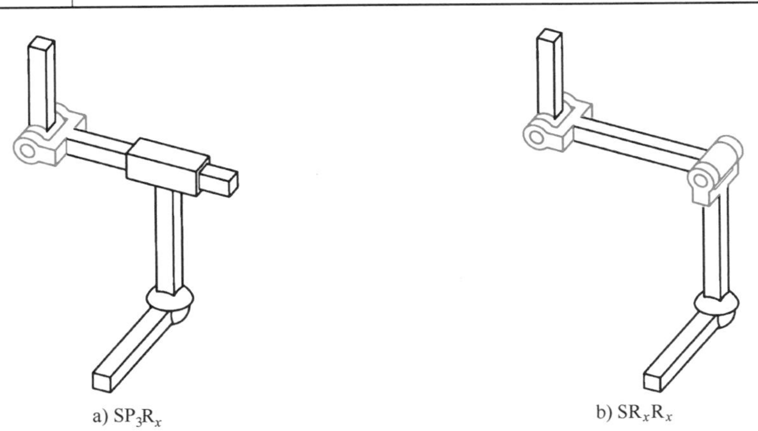

a) SP_3R_x　　b) SR_xR_x

图 4.38　具有 Exechon 机构并联部分运动机构的典型五自由度支链构型

（3）装配条件　支链综合步骤表明，任意选择两个四自由度支链和一个五自由度支链可得到以下表达式

$$S_{f,\mathrm{L}}^{1}\cap S_{f,\mathrm{L}}^{1}\cap S_{f,\mathrm{L}}^{2}=S_{f,1t1r1vr} \tag{4-148}$$

这表明唯一的装配条件是每个运动副的方向与其下标正确对应。

（4）驱动布置　驱动副可从各支链中选取，根据驱动副应靠近固定基座的原则，驱动布置的标准为：

1）对于有三个运动副的支链，如 UP_1R_y 或 SP_3R_x，选择中间单自由度运动副作为驱动副。

2）对于有四个运动副的支链，如 $R_xP_1R_yP_2$ 或 $UP_3R_xP_4$，选择与固定基座相连的第二个运动副作为驱动副。

根据上述分析，可综合与 Exechon 机构并联部分具有相同运动的新型 1T2R 并联机构。由 P 副驱动的 Exechon 机构并联部分如图 4.39a 所示，由 R 副驱动具有相同运动的新型机构如图 4.39b 所示。

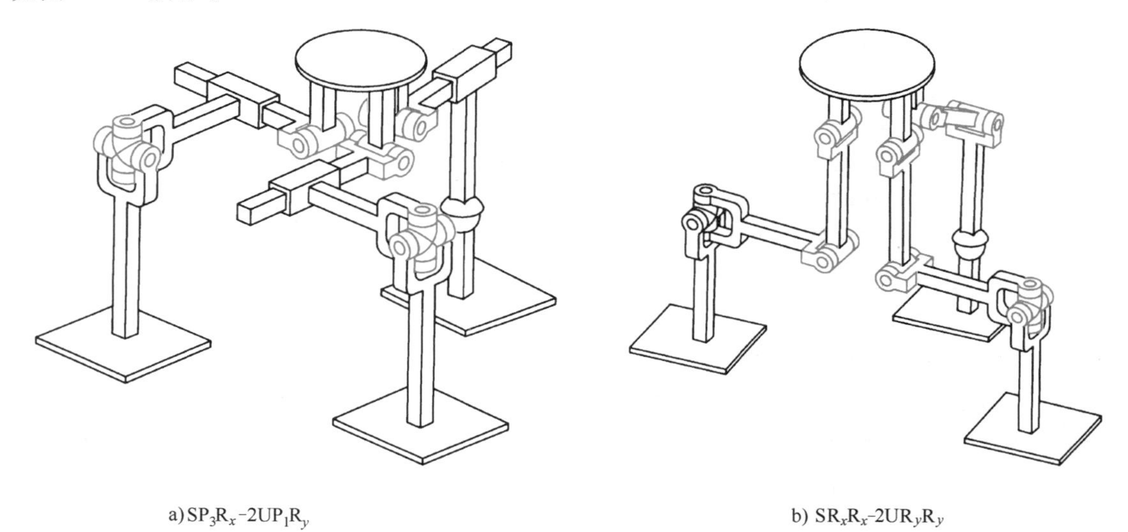

a) SP_3R_x-$2UP_1R_y$　　b) SR_xR_x-$2UR_yR_y$

图 4.39　1T2R 类 Exechon 并联机构

4.4.5　具有两个可变轴线的 *n*T2R 机构

具有两个可变转动轴线的机构，除了可生成两个可变转动轴线，还可生成零、一、二或三个平动轴线。下面列举这些机构的两种典型运动模式，一种是 2R 模式，另一种是 1T2R 模式。

2R 模式由 P_1S-C_aU_{ab} 两链并联机构生成，可表示为

$$\begin{aligned}S_{f,2vr}=&\left(2\tan\frac{\theta_c}{2}\begin{pmatrix}s_c\\ r_{a,1}\times s_c\end{pmatrix}\Delta 2\tan\frac{\theta_{b,1}}{2}\begin{pmatrix}s_b\\ r_{a,1}\times s_b\end{pmatrix}\Delta 2\tan\frac{\theta_{a,1}}{2}\begin{pmatrix}s_a\\ r_{a,1}\times s_a\end{pmatrix}\Delta t_1\begin{pmatrix}\mathbf{0}\\ s_1\end{pmatrix}\right)\cap\\ &\left(2\tan\frac{\theta_{a,3}}{2}\begin{pmatrix}s_a\\ r_{a,3}\times s_a\end{pmatrix}\Delta 2\tan\frac{\theta_{b,2}}{2}\begin{pmatrix}s_b\\ r_{a,3}\times s_b\end{pmatrix}\Delta 2\tan\frac{\theta_{a,2}}{2}\begin{pmatrix}s_a\\ r_{a,2}\times s_a\end{pmatrix}\Delta t_a\begin{pmatrix}\mathbf{0}\\ s_a\end{pmatrix}\right)\end{aligned} \tag{4-149}$$

这种三自由度 1T2R 运动模式由 Z3 并联机构生成，可表示为

$$S_{f,1t2vr}=\bigcap_{i=1}^{3}\begin{pmatrix} t_{i,z}\begin{pmatrix}\mathbf{0}\\ s_z\end{pmatrix}\Delta 2\tan\frac{\theta_{i,c,2}}{2}\begin{pmatrix}s_{i,c}\\ r_{i,c,1}\times s_{i,c}\end{pmatrix}\Delta 2\tan\frac{\theta_{i,c,1}}{2}\begin{pmatrix}s_{i,c}\\ r_{i,c,2}\times s_{i,c}\end{pmatrix}\Delta\\ 2\tan\frac{\theta_{i,b}}{2}\begin{pmatrix}s_{i,b}\\ r_{i,b}\times s_{i,b}\end{pmatrix}\Delta 2\tan\frac{\theta_{i,a}}{2}\begin{pmatrix}s_{i,a}\\ r_{i,a}\times s_{i,a}\end{pmatrix}\end{pmatrix},\ s_z^{\mathrm{T}}s_{i,c}=0, i=1,2,3 \tag{4-150}$$

式中，

$$s_{1,c}^{\mathrm{T}}s_{2,c}=s_{2,c}^{\mathrm{T}}s_{3,c}=s_{3,c}^{\mathrm{T}}s_{1,c}=-\frac{\sqrt{3}}{2}。$$

具有这些运动模式的机构综合将在4.4.6节中详细介绍。

4.4.6　2R双链并联机构与1T2R类Z3并联机构算例

具有两个可变转动轴线的运动与类Exechon运动相似，因为

1）该运动只能由并联机构生成。

2）只有一种方法可将该运动改写为多个运动的交集。

因此，机构的综合问题退化为支链综合问题。支链的交集自然保证了装配条件。本节将首先综合与$P_1S\text{-}C_aU_{ab}$运动相同的2R两链并联机构，其次合成与Z3机构运动相同的并联机构。

1. 具有2R运动的双链并联机构

与$P_1S\text{-}C_aU_{ab}$产生等效运动的2R两链并联机构按以下方式综合。

（1）标准支链　式（4-149）是将该运动改写为多个运动交集的简化方式。因此，其标准支链运动为

$$S_{f,\mathrm{L}}^{1}=2\tan\frac{\theta_c}{2}\begin{pmatrix}s_c\\ r_{a,1}\times s_c\end{pmatrix}\Delta 2\tan\frac{\theta_{b,1}}{2}\begin{pmatrix}s_b\\ r_{a,1}\times s_b\end{pmatrix}\Delta 2\tan\frac{\theta_{a,1}}{2}\begin{pmatrix}s_a\\ r_{a,1}\times s_a\end{pmatrix}\Delta t_1\begin{pmatrix}\mathbf{0}\\ s_1\end{pmatrix} \tag{4-151}$$

和

$$S_{f,\mathrm{L}}^{2}=2\tan\frac{\theta_{a,3}}{2}\begin{pmatrix}s_a\\ r_{a,3}\times s_a\end{pmatrix}\Delta 2\tan\frac{\theta_{b,2}}{2}\begin{pmatrix}s_b\\ r_{a,3}\times s_b\end{pmatrix}\Delta 2\tan\frac{\theta_{a,2}}{2}\begin{pmatrix}s_a\\ r_{a,2}\times s_a\end{pmatrix}\Delta t_a\begin{pmatrix}\mathbf{0}\\ s_a\end{pmatrix} \tag{4-152}$$

式（4-151）和式（4-152）分别对应于标准支链构型P_1S和$P_aR_aR_bR_a$。

（2）衍生支链　P_1S没有等效构型。$P_aR_aR_bR_a$的衍生支链是$R_aP_aR_bR_a$，它是C_aU_{ba}的另一种表示方法。

（3）装配条件　得到两种具有2R运动的两链并联机构，即$P_1S\text{-}P_aR_aR_bR_a$和$P_1S\text{-}R_aP_aR_bR_a$。这些机构的装配条件由式（4-149）直接确定。

1）P_1和P_a的方向不应平行。

2）支链$P_aR_aR_bR_a$和$R_aP_aR_bR_a$中的R副轴线不应通过S副中心。

（4）驱动布置　由于该类机构是两自由度机构，因此每个支链上都有一个驱动副。合理的驱动布置为$\underline{P}_1S\text{-}\underline{P}_aR_aR_bR_a$和$\underline{P}_1S\text{-}R_a\underline{P}_aR_bR_a$。

根据装配条件和驱动布置，具有两个可变轴线的2R两链并联机构如图4.40所示。

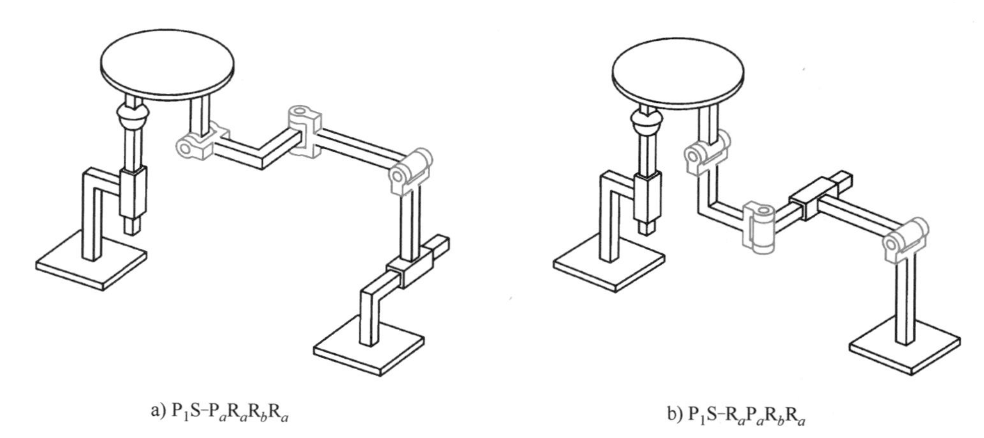

a) $P_1S\text{-}P_aR_aR_bR_a$　　b) $P_1S\text{-}R_aP_aR_bR_a$

图 4.40　具有两个可变轴线的 2R 两链并联机构

2. 类 Z3 并联机构

（1）标准支链　式（4-150）是将 Z3 运动改写为多个运动交集的唯一方式。因此，标准支链运动可表示为

$$\boldsymbol{S}_{f,\mathrm{L}}=t_z\begin{pmatrix}\boldsymbol{0}\\ \boldsymbol{s}_z\end{pmatrix}\Delta 2\tan\frac{\theta_{c,2}}{2}\begin{pmatrix}\boldsymbol{s}_c\\ \boldsymbol{r}_{c,1}\times\boldsymbol{s}_c\end{pmatrix}\Delta 2\tan\frac{\theta_{c,1}}{2}\begin{pmatrix}\boldsymbol{s}_c\\ \boldsymbol{r}_{c,2}\times\boldsymbol{s}_c\end{pmatrix}\Delta 2\tan\frac{\theta_b}{2}\begin{pmatrix}\boldsymbol{s}_b\\ \boldsymbol{r}_b\times\boldsymbol{s}_b\end{pmatrix}\Delta 2\tan\frac{\theta_a}{2}\begin{pmatrix}\boldsymbol{s}_a\\ \boldsymbol{r}_a\times\boldsymbol{s}_a\end{pmatrix}\tag{4-153}$$

该运动对应的标准支链构型是 P_zR_cS。

（2）衍生支链　标准支链构型也可表示为 $P_zR_cR_cR_bR_a$。根据表 4.8，在 $\boldsymbol{s}_z^{\mathrm{T}}\boldsymbol{s}_c=0$ 的条件下可综合成出 $P_zR_cR_c$ 的六种等效构型，即 $P_zP_1R_c$、$P_zR_cP_1$、$P_1P_zR_c$、$R_cP_zR_c$、$R_cR_cP_z$ 和 $R_cR_cR_c$，其中，P_1 方向为 $\boldsymbol{s}_1=\boldsymbol{s}_z\times\boldsymbol{s}_c$。用这些等效构型代替标准支链中的 $P_zR_cR_c$，可得到相应六种衍生支链，Z3 并联机构的标准和衍生支链构型见表 4.14。表中，相邻两个 R 副可用 U 副代替，相邻三个 R 副可用 S 副代替。类 Z3 并联机构典型支链构型如图 4.41 所示。

表 4.14　Z3 并联机构的标准和衍生支链构型

标准支链	衍生支链		
R_zR_cS	P_zP_1S R_cP_zS	$P_zR_cP_1U$ $R_cR_cP_zU$	P_1P_zS R_cR_cS

（3）装配条件　使用表 4.14 中任一选定构型的三个相同支链构成类 Z3 对称并联机构，装配条件可直接由式（4-150）确定。

1）任意两个支链之间的夹角 $\boldsymbol{s}_{i,c}$ 为 $\dfrac{2}{3}\pi$。

2）所有支链的 P_z 副方向相互平行。

（4）驱动布置　通过在每条支链上布置一个驱动副，可确定 Z3 机构的驱动。驱动布置的标准如下：

1）对于有三个运动副的支链，如 P_zR_cS，选择中间单自由度运动副作为驱动副。

2）对于有四个运动副的支链，如 $P_zR_cP_1U$，选择与固定基座相连的第二个运动副作为

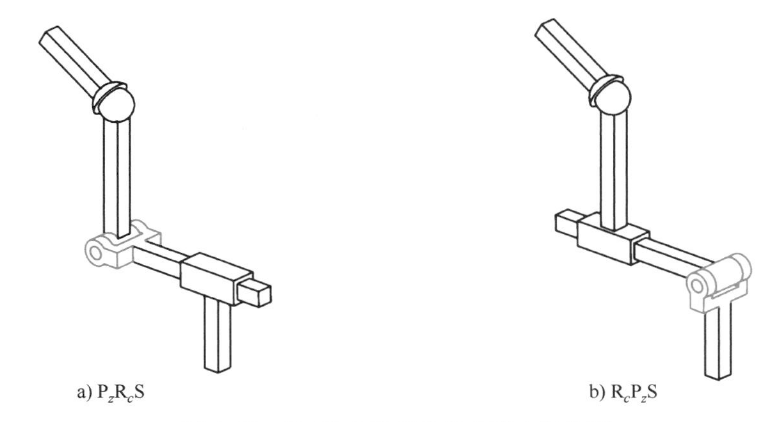

图 4.41 类 Z3 并联机构的典型支链构型

驱动副。

通过本节分析和推导，可以综合出类 Z3 并联机构。图 4.42 所示为两种典型的类 Z3 并联机构，分别为 $3P_zR_cS$ 机构和 $3R_cP_zS$ 机构。

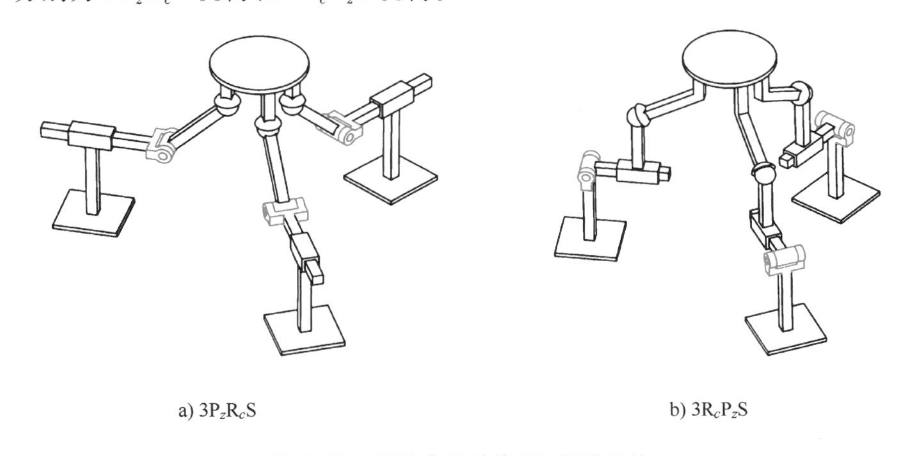

图 4.42 两种典型的类 Z3 并联机构

4.5 曲面/曲线平动机构的构型综合

前面两小节详细讨论了轴线固定类和轴线变化类的两类转动机构，本小节研究纯平动机构。关于三自由度平动机构，学者们已开展了广泛研究，本小节的研究对象为两自由度和单自由度的特殊平动机构。与传统两自由度平面平动机构和单自由度直线平动机构不同，特殊平动机构的平动轨迹不沿平面或直线，其中，两自由度平动机构沿二次曲面平动，单自由度平动机构沿空间曲线平动。换言之，传统两自由度、单自由度平动机构为平面轨迹，而本小节研究的特殊平动机构为空间轨迹，适用于空间曲面、曲线加工，通过构型可直接确保加工轨迹。

4.5.1 具有二次曲面平动的 2T*n*R 机构

由 4.2.3 节可知，两个轴线相互平行的转动副运动等效为一个绕固定轴线的转动和一个

沿圆环线的平动，即

$$\begin{aligned}\boldsymbol{S}_{f,\mathrm{RR}}&=2\tan\frac{\theta_2}{2}\begin{pmatrix}\boldsymbol{s}\\\boldsymbol{r}_2\times\boldsymbol{s}\end{pmatrix}\Delta 2\tan\frac{\theta_1}{2}\begin{pmatrix}\boldsymbol{s}\\\boldsymbol{r}_1\times\boldsymbol{s}\end{pmatrix}\\&=2\tan\frac{\theta_1+\theta_2}{2}\begin{pmatrix}\boldsymbol{s}\\\boldsymbol{r}_2\times\boldsymbol{s}\end{pmatrix}\Delta\begin{pmatrix}\boldsymbol{0}\\\exp(\theta_1\widetilde{\boldsymbol{s}}-\boldsymbol{E}_3)(\boldsymbol{r}_2-\boldsymbol{r}_1)\end{pmatrix}\end{aligned}\tag{4-154}$$

该运动等效可扩展应用至两个轴线相互平行的螺旋副运动，其运动可等效改写为

$$\begin{aligned}\boldsymbol{S}_{f,\mathrm{HH}}&=\left(2\tan\frac{\theta_2}{2}\begin{pmatrix}\boldsymbol{s}\\\boldsymbol{r}_2\times\boldsymbol{s}\end{pmatrix}+h_2\theta_2\begin{pmatrix}\boldsymbol{0}\\\boldsymbol{s}\end{pmatrix}\right)\Delta\left(2\tan\frac{\theta_1}{2}\begin{pmatrix}\boldsymbol{s}\\\boldsymbol{r}_1\times\boldsymbol{s}\end{pmatrix}+h_1\theta_1\begin{pmatrix}\boldsymbol{0}\\\boldsymbol{s}\end{pmatrix}\right)\\&=2\tan\frac{\theta_1+\theta_2}{2}\begin{pmatrix}\boldsymbol{s}\\\boldsymbol{r}_2\times\boldsymbol{s}\end{pmatrix}\Delta\begin{pmatrix}\boldsymbol{0}\\\exp(\theta_1\widetilde{\boldsymbol{s}}-\boldsymbol{E}_3)(\boldsymbol{r}_2-\boldsymbol{r}_1)+(h_1\theta_1+h_2\theta_2)\boldsymbol{s}\end{pmatrix}\end{aligned}\tag{4-155}$$

由式（4-155）可见，两个轴线相互平行的螺旋副运动等效为一个绕固定轴线的转动和一个沿螺旋线的平动。当其中一个螺旋运动的截距为 0 时，上述结论退化为轴线相互平行的一个螺旋副和一个转动副，运动等效为一个绕固定轴线的转动和一个沿螺旋线的平动，对应表达式为

$$\begin{aligned}\boldsymbol{S}_{f,\mathrm{HH}}&=2\tan\frac{\theta_2}{2}\begin{pmatrix}\boldsymbol{s}\\\boldsymbol{r}_2\times\boldsymbol{s}\end{pmatrix}\Delta\left(2\tan\frac{\theta_1}{2}\begin{pmatrix}\boldsymbol{s}\\\boldsymbol{r}_1\times\boldsymbol{s}\end{pmatrix}+h_1\theta_1\begin{pmatrix}\boldsymbol{0}\\\boldsymbol{s}\end{pmatrix}\right)\\&=2\tan\frac{\theta_1+\theta_2}{2}\begin{pmatrix}\boldsymbol{s}\\\boldsymbol{r}_2\times\boldsymbol{s}\end{pmatrix}\Delta\begin{pmatrix}\boldsymbol{0}\\\exp(\theta_1\widetilde{\boldsymbol{s}}-\boldsymbol{E}_3)(\boldsymbol{r}_2-\boldsymbol{r}_1)+h_1\theta\boldsymbol{s}\end{pmatrix}\end{aligned}\tag{4-156}$$

综上可知，串联支链能够生成的单自由度平动共有 3 种基本形式，即沿直线的平动、沿圆环线的平动、沿螺旋线的平动，简称直线平动、圆环平动和螺旋平动，其运动生成元分别为一个移动副、一对平行转动副和一对平行螺旋副（或轴线平行的一个螺旋副和一个转动副），单自由度平动的串联运动生成元见表 4. 15。

表 4. 15 单自由度平动的串联运动生成元

平动类别	运动生成元	运动表达式
直线平动	P	$\boldsymbol{S}_{f,1t(1)}=t\begin{pmatrix}\boldsymbol{0}\\\boldsymbol{s}\end{pmatrix}$
圆环平动	RR	$\boldsymbol{S}_{f,1r1t}=2\tan\frac{\theta_1+\theta_2}{2}\begin{pmatrix}\boldsymbol{s}\\\boldsymbol{r}_2\times\boldsymbol{s}\end{pmatrix}\Delta\begin{pmatrix}\boldsymbol{0}\\\exp(\theta_1\widetilde{\boldsymbol{s}}-\boldsymbol{E}_3)(\boldsymbol{r}_2-\boldsymbol{r}_1)\end{pmatrix}$ $\rightarrow\boldsymbol{S}_{f,1t(2)}=\begin{pmatrix}\boldsymbol{0}\\\exp(\theta_1\widetilde{\boldsymbol{s}}-\boldsymbol{E}_3)(\boldsymbol{r}_2-\boldsymbol{r}_1)\end{pmatrix}$
螺旋平动	HH、HR 或 RH	$\boldsymbol{S}_{f,1r1t}=2\tan\frac{\theta_1+\theta_2}{2}\begin{pmatrix}\boldsymbol{s}\\\boldsymbol{r}_2\times\boldsymbol{s}\end{pmatrix}\Delta\begin{pmatrix}\boldsymbol{0}\\\exp(\theta_1\widetilde{\boldsymbol{s}}-\boldsymbol{E}_3)(\boldsymbol{r}_2-\boldsymbol{r}_1)+(h_1\theta_1+h_2\theta_2)\boldsymbol{s}\end{pmatrix}$, $h_1^2+h_2^2\neq 0$（h_1 和 h_2 不同时为 0） $\rightarrow\boldsymbol{S}_{f,1t(3)}=\begin{pmatrix}\boldsymbol{0}\\\exp(\theta_1\widetilde{\boldsymbol{s}}-\boldsymbol{E}_3)(\boldsymbol{r}_2-\boldsymbol{r}_1)+(h_1\theta_1+h_2\theta_2)\boldsymbol{s}\end{pmatrix}$

因两个单自由度平动可合成为一个两自由度平动，故一个二次曲面平动可由两个简单平动合成得到。例如，一个圆环平动和一个直线平动可以合成为沿圆柱面的二次平动，两个运

动平面相互垂直的圆环平动可以合成为沿环面的二次平动。若把其中一个平动轨迹视为基础轨迹（母线），把另一个平动的轨迹视为导程轨迹（发生线），则通过将表 4.15 中的 3 种单自由度平动两两组合，可得到 6 种二次平动，其中除平面平动外，其余 5 种均为空间二次曲面平动。二次平动的运动生成元为对应两个单自由度平动运动生成元的组合。需要指出的是，螺旋线与螺旋线组合生成的二次曲面过于复杂，这里不再列出。表 4.16 汇总了其余 5 种二次平动及其基础运动生成元。

表 4.16 两自由度平动的串联基础运动生成元

平动面	母线	发生线	运动生成元
平面	直线	直线	P_1P_2（P_1 和 P_2 不平行）
圆柱面	直线	圆环线	$P_1R_aR_a$
环面	圆环线	圆环线	$R_aR_aR_bR_b$（R_a 和 R_b 垂直）
螺旋面	直线	螺旋线	$H_aP_1H_a$（P_1 和 H_a 垂直）
螺旋管面	圆环线	螺旋线	$R_aR_aH_bH_b$（R_a 和 H_b 垂直）

表 4.16 中的二次曲面运动生成元由两个单自由度平动生成元直接串联组成。例如，直线平动与圆环平动的生成元直接串接时，得到的 $P_1R_aR_a$ 支链可生成圆柱面平动，运动表达式为

$$
\begin{aligned}
\boldsymbol{S}_{f,P_1R_aR_a} &= 2\tan\frac{\theta_{a,2}}{2}\begin{pmatrix}\boldsymbol{s}_a\\ \boldsymbol{r}_{a,2}\times\boldsymbol{s}_a\end{pmatrix}\Delta 2\tan\frac{\theta_{a,1}}{2}\begin{pmatrix}\boldsymbol{s}_a\\ \boldsymbol{r}_{a,1}\times\boldsymbol{s}_a\end{pmatrix}\Delta t_1\begin{pmatrix}\boldsymbol{0}\\ \boldsymbol{s}_1\end{pmatrix}\\
&= 2\tan\frac{\theta_{a,1}+\theta_{a,2}}{2}\begin{pmatrix}\boldsymbol{s}_a\\ \boldsymbol{r}_{a,2}\times\boldsymbol{s}_a\end{pmatrix}\Delta\begin{pmatrix}\boldsymbol{0}\\ \exp(\theta_{a,1}\widetilde{\boldsymbol{s}}_a-\boldsymbol{E}_3)(\boldsymbol{r}_{a,2}-\boldsymbol{r}_{a,1})+t_1\boldsymbol{s}_1\end{pmatrix}
\end{aligned}
\tag{4-157}
$$

其中，$\begin{pmatrix}\boldsymbol{0}\\ \exp(\theta_{a,1}\widetilde{\boldsymbol{s}}_a-\boldsymbol{E}_3)(\boldsymbol{r}_{a,2}-\boldsymbol{r}_{a,1})+t_1\boldsymbol{s}\end{pmatrix}$表示圆柱面平动。当 P_1 与 R_a 平行时，即 $\boldsymbol{s}_1=\boldsymbol{s}_a$ 时，平动轨迹为直圆柱；当 P_1 与 R_a 不平行时，即 $\boldsymbol{s}_1\neq\boldsymbol{s}_a$ 时，平动轨迹为斜圆柱。

需要指出的是，母线与发生线的运动生成元除直接串联外，还可以交叉组合。例如，直线平动与圆环平动的生成元交叉组合时，得到的 $R_aP_1R_a$ 支链可生成圆柱面平动或圆锥面运动，其运动表达式为

$$
\begin{aligned}
\boldsymbol{S}_{f,R_1P_2R_1} &= 2\tan\frac{\theta_{a,2}}{2}\begin{pmatrix}\boldsymbol{s}_a\\ \boldsymbol{r}_{a,2}\times\boldsymbol{s}_a\end{pmatrix}\Delta t_1\begin{pmatrix}\boldsymbol{0}\\ \boldsymbol{s}_1\end{pmatrix}\Delta 2\tan\frac{\theta_{a,1}}{2}\begin{pmatrix}\boldsymbol{s}_a\\ \boldsymbol{r}_{a,1}\times\boldsymbol{s}_a\end{pmatrix}\\
&= 2\tan\frac{\theta_{a,1}+\theta_{a,2}}{2}\begin{pmatrix}\boldsymbol{s}_a\\ \boldsymbol{r}_{a,2}\times\boldsymbol{s}_a\end{pmatrix}\Delta\begin{pmatrix}\boldsymbol{0}\\ \exp(\theta_{a,1}\widetilde{\boldsymbol{s}}_1-\boldsymbol{E}_3)(\boldsymbol{r}_{a,2}-\boldsymbol{r}_{a,1})+\exp(\theta_{a,1}\widetilde{\boldsymbol{s}}_a)t_1\boldsymbol{s}_1\end{pmatrix}
\end{aligned}
\tag{4-158}
$$

由式（4-158）可知，在 $R_aP_1R_a$ 支链中，当 P_1 与 R_a 平行时，即 $\boldsymbol{s}_1=\boldsymbol{s}_a$ 时，发生线为等径圆环线，支链的平动轨迹为直圆柱；当 P_1 与 R_a 不平行且不垂直时，即 $\boldsymbol{s}_1\neq\boldsymbol{s}_a$、$\boldsymbol{s}_1^{\mathrm{T}}\boldsymbol{s}_a\neq0$ 时，发生线改变为收缩圆环线，支链的平动轨迹为直圆锥。这种交叉组合构型不存在运动等效构型，因此是唯一的。

由有限旋量表达式的等效变换，可得到表 4.16 中除平面外其余 4 种二次曲面运动生成元基础支链构型的全部衍生构型，二次曲面平动的运动生成元见表 4.17。其中，因圆环面的母线和发生线均为圆环线，故环面的串联运动生成元仅有唯一构型。

表 4.17　二次曲面平动的运动生成元

平动面	运动生成元
圆柱面	$P_1R_aR_a$、$R_aP_1R_a$、$R_aR_aP_1$、$P_1H_aH_a$、$H_aP_1H_a$、$H_aH_aP_1$、$P_1H_aR_a$、$H_aP_1R_a$、$H_aR_aP_1$、$P_1R_aH_a$、$R_aP_1H_a$、$R_aH_aP_1$（P_1、R_a、H_a 平行）
环面	$R_aR_aR_bR_b$ （R_a 和 R_b 垂直）
螺旋面	$H_aP_1H_a$、$H_aP_1R_a$、$R_aP_1H_a$ （P_1 和 H_a 垂直、H_a 和 R_a 平行）
螺旋管面	$R_aR_aH_bH_b$、$R_aR_aH_bR_b$、$R_aR_aR_bH_b$、 $H_aH_aR_bR_b$、$H_aR_aH_bH_b$、$R_aH_aH_bH_b$ （H_a 和 R_b 垂直、H_a 和 R_a 平行）

在表 4.17 运动生成元的基础上，通过在圆柱面和螺旋面 2T1R 运动生成元中添加与 R 副不平行的一个或两个转动副，可得圆柱面和螺旋面的 2T2R 或 2T3R 生成元；在环面和螺旋管面 2T2R 运动生成元中添加与 R_a、R_b 不平行的转动副，可得环面和螺旋管面的 2T3R 生成元。由此，可得能够生成这 4 种二次曲面的全部 2T*n*R 支链。所得 2T*n*R 支链配合转动与其无交集的 3T*n*R 支链或 3T 支链可得二次曲面纯平动并联机构。下面以环面并联机构与螺旋面并联机构为例，演示其构型综合过程。

4.5.2　环面与螺旋面并联机构算例

根据 4.2 节介绍的构型综合通用流程，环面平动并联机构和螺旋面平动并联机构的构型综合过程如下。

1. 环面并联机构算例

由 4.5.1 节分析可知，环面并联机构由一条能够生成环面平动的 2T*n*R 支链和若干条转动与其无交集的 3T*n*R 或 3T 支链组成。由于环面平动机构为两自由度机构，因此将 2T*n*R 支链作为无驱动支链，采用两条对称布置的 3T*n*R 或 3T 支链来提供驱动，由此构成三支链面对称并联机构。

（1）标准支链　生成环面平动的标准支链有四自由度和五自由度两种。四自由度标准支链为表 4.17 中的 $R_1R_1R_2R_2$，其运动表达式为

$$S_{f,\mathrm{R}_a\mathrm{R}_a\mathrm{R}_b\mathrm{R}_b}=2\tan\frac{\theta_{b,2}}{2}\begin{pmatrix}\boldsymbol{s}_b\\\boldsymbol{r}_{b,2}\times\boldsymbol{s}_b\end{pmatrix}\Delta 2\tan\frac{\theta_{b,1}}{2}\begin{pmatrix}\boldsymbol{s}_b\\\boldsymbol{r}_{b,1}\times\boldsymbol{s}_b\end{pmatrix}\Delta 2\tan\frac{\theta_{a,2}}{2}\begin{pmatrix}\boldsymbol{s}_a\\\boldsymbol{r}_{a,2}\times\boldsymbol{s}_a\end{pmatrix}\Delta 2\tan\frac{\theta_{a,1}}{2}\begin{pmatrix}\boldsymbol{s}_a\\\boldsymbol{r}_{a,1}\times\boldsymbol{s}_a\end{pmatrix}$$

$$=2\tan\frac{\theta_{b,1}+\theta_{b,2}}{2}\begin{pmatrix}\boldsymbol{s}_b\\\boldsymbol{r}_{b,2}\times\boldsymbol{s}_b\end{pmatrix}\Delta 2\tan\frac{\theta_{a,1}+\theta_{a,2}}{2}\begin{pmatrix}\boldsymbol{s}_a\\(\boldsymbol{r}_{a,2}-\exp(\theta_{b,1}\widetilde{\boldsymbol{s}}_b-\boldsymbol{E}_3)(\boldsymbol{r}_{b,2}-\boldsymbol{r}_{b,1}))\times\boldsymbol{s}_a\end{pmatrix}\Delta$$

$$\begin{pmatrix}\mathbf{0}\\\exp(\theta_{b,1}\widetilde{\boldsymbol{s}}_b-\boldsymbol{E}_3)(\boldsymbol{r}_{b,2}-\boldsymbol{r}_{b,1})\end{pmatrix}\Delta\begin{pmatrix}\mathbf{0}\\\exp(\theta_{a,1}\widetilde{\boldsymbol{s}}_a-\boldsymbol{E}_3)(\boldsymbol{r}_{a,2}-\boldsymbol{r}_{a,1})\end{pmatrix}\tag{4-159}$$

式中，$\begin{pmatrix}\mathbf{0}\\\exp(\theta_{b,1}\widetilde{\boldsymbol{s}}_b-\boldsymbol{E}_3)(\boldsymbol{r}_{b,2}-\boldsymbol{r}_{b,1})\end{pmatrix}\Delta\begin{pmatrix}\mathbf{0}\\\exp(\theta_{a,1}\widetilde{\boldsymbol{s}}_a-\boldsymbol{E}_3)(\boldsymbol{r}_{a,2}-\boldsymbol{r}_{a,1})\end{pmatrix}$表示环面平动。五自由度标准支链是在四自由度标准支链的基础上添加与 R_a、R_b 方向不同的转动副 R_c 得到的 $\mathrm{R}_a\mathrm{R}_a\mathrm{R}_b\mathrm{R}_b\mathrm{R}_c$，其运动表达式为

$$S_{f,\mathrm{R}_a\mathrm{R}_a\mathrm{R}_b\mathrm{R}_b\mathrm{R}_c}=2\tan\frac{\theta_c}{2}\begin{pmatrix}\boldsymbol{s}_c\\\boldsymbol{r}_c\times\boldsymbol{s}_c\end{pmatrix}\Delta 2\tan\frac{\theta_{b,2}}{2}\begin{pmatrix}\boldsymbol{s}_b\\\boldsymbol{r}_{b,2}\times\boldsymbol{s}_b\end{pmatrix}\Delta 2\tan\frac{\theta_{b,1}}{2}\begin{pmatrix}\boldsymbol{s}_b\\\boldsymbol{r}_{b,1}\times\boldsymbol{s}_b\end{pmatrix}\Delta$$

$$2\tan\frac{\theta_{a,2}}{2}\begin{pmatrix}\boldsymbol{s}_a\\\boldsymbol{r}_{a,2}\times\boldsymbol{s}_a\end{pmatrix}\Delta 2\tan\frac{\theta_{a,1}}{2}\begin{pmatrix}\boldsymbol{s}_a\\\boldsymbol{r}_{a,1}\times\boldsymbol{s}_a\end{pmatrix}$$

$$=2\tan\frac{\theta_{b,1}+\theta_{b,2}}{2}\begin{pmatrix}\boldsymbol{s}_b\\\boldsymbol{r}_{b,2}\times\boldsymbol{s}_b\end{pmatrix}\Delta 2\tan\frac{\theta_{a,1}+\theta_{a,2}}{2}\begin{pmatrix}\boldsymbol{s}_a\\(\boldsymbol{r}_{a,2}-\exp(\theta_{b,1}\widetilde{\boldsymbol{s}}_b-\boldsymbol{E}_3)(\boldsymbol{r}_{b,2}-\boldsymbol{r}_{b,1}))\times\boldsymbol{s}_a\end{pmatrix}\Delta$$

$$\begin{pmatrix}\mathbf{0}\\\exp(\theta_{b,1}\widetilde{\boldsymbol{s}}_b-\boldsymbol{E}_3)(\boldsymbol{r}_{b,2}-\boldsymbol{r}_{b,1})\end{pmatrix}\Delta\begin{pmatrix}\mathbf{0}\\\exp(\theta_{a,1}\widetilde{\boldsymbol{s}}_a-\boldsymbol{E}_3)(\boldsymbol{r}_{a,2}-\boldsymbol{r}_{a,1})\end{pmatrix}\tag{4-160}$$

对比式（4-160）与式（4-159）显见，四自由度 2T2R 支链 $\mathrm{R}_a\mathrm{R}_a\mathrm{R}_b\mathrm{R}_b$ 与五自由度 2T3R 支链 $\mathrm{R}_a\mathrm{R}_a\mathrm{R}_b\mathrm{R}_b\mathrm{R}_c$ 生成相同的两自由度环面平动。

当构成三支链面对称并联机构时，四自由度 $\mathrm{R}_a\mathrm{R}_a\mathrm{R}_b\mathrm{R}_b$ 支链可与两条 3T1R 熊夫利运动支链装配或与两条 3T 三平动支链装配，而五自由度 $\mathrm{R}_a\mathrm{R}_a\mathrm{R}_b\mathrm{R}_b\mathrm{R}_c$ 支链需要与两条 3T 三平动支链装配。3T 支链的标准支链为 $\mathrm{P}_1\mathrm{P}_2\mathrm{P}_3$ 且无衍生支链。关于 3T1R 支链的标准支链与衍生支链，可参考 4.3.4 节双熊夫利运动机构的支链综合过程，这里不再赘述。

（2）衍生支链　四自由度 $\mathrm{R}_a\mathrm{R}_a\mathrm{R}_b\mathrm{R}_b$ 支链无衍生支链。五自由度 $\mathrm{R}_a\mathrm{R}_a\mathrm{R}_b\mathrm{R}_b\mathrm{R}_c$ 支链的衍生支链可通过旋量三角的交换运算性质得到，其衍生支链具有的特征为：衍生支链运动表达式与式（4-160）不等效，但仍包含环面运动$\begin{pmatrix}\mathbf{0}\\\exp(\theta_{b,1}\widetilde{\boldsymbol{s}}_b-\boldsymbol{E}_3)(\boldsymbol{r}_{b,2}-\boldsymbol{r}_{b,1})\end{pmatrix}\Delta$ $\begin{pmatrix}\mathbf{0}\\\exp(\theta_{a,1}\widetilde{\boldsymbol{s}}_a-\boldsymbol{E}_3)(\boldsymbol{r}_{a,2}-\boldsymbol{r}_{a,1})\end{pmatrix}$为子集。例如，$\mathrm{R}_a\mathrm{R}_a\mathrm{R}_c\mathrm{R}_b\mathrm{R}_b$ 为一个满足条件的衍生支链，其运动表达式为

$$S_{f,\mathrm{R}_a\mathrm{R}_a\mathrm{R}_c\mathrm{R}_b\mathrm{R}_b}=2\tan\frac{\theta_{b,2}}{2}\begin{pmatrix}\boldsymbol{s}_b\\\boldsymbol{r}_{b,2}\times\boldsymbol{s}_b\end{pmatrix}\Delta 2\tan\frac{\theta_{b,1}}{2}\begin{pmatrix}\boldsymbol{s}_b\\\boldsymbol{r}_{b,1}\times\boldsymbol{s}_b\end{pmatrix}\Delta 2\tan\frac{\theta_c}{2}\begin{pmatrix}\boldsymbol{s}_c\\\boldsymbol{r}_c\times\boldsymbol{s}_c\end{pmatrix}\Delta$$

$$2\tan\frac{\theta_{a,2}}{2}\begin{pmatrix}\boldsymbol{s}_a\\\boldsymbol{r}_{a,2}\times\boldsymbol{s}_a\end{pmatrix}\Delta 2\tan\frac{\theta_{a,1}}{2}\begin{pmatrix}\boldsymbol{s}_a\\\boldsymbol{r}_{a,1}\times\boldsymbol{s}_a\end{pmatrix}$$

$$=2\tan\frac{\theta_c}{2}\begin{pmatrix}\boldsymbol{s}_c\\(\boldsymbol{r}_{b,2}-\exp(-\theta_{b,2}\widetilde{\boldsymbol{s}}_b)(\boldsymbol{r}_{b,1}-\boldsymbol{r}_{b,2}+\exp(-\theta_{b,1}\widetilde{\boldsymbol{s}}_b)(\boldsymbol{r}_c-\boldsymbol{r}_{b,1})))\times\boldsymbol{s}_c\end{pmatrix}\Delta$$

$$2\tan\frac{\theta_{b,1}+\theta_{b,2}}{2}\begin{pmatrix}\boldsymbol{s}_b\\ \boldsymbol{r}_{b,2}\times\boldsymbol{s}_b\end{pmatrix}\Delta 2\tan\frac{\theta_{a,1}+\theta_{a,2}}{2}\begin{pmatrix}\boldsymbol{s}_a\\ (\boldsymbol{r}_{a,2}-\exp(\theta_{b,1}\widetilde{\boldsymbol{s}}_b-\boldsymbol{E}_3)(\boldsymbol{r}_{b,2}-\boldsymbol{r}_{b,1}))\times\boldsymbol{s}_a\end{pmatrix}\Delta$$

$$\begin{pmatrix}\boldsymbol{0}\\ \exp(\theta_{b,1}\widetilde{\boldsymbol{s}}_b-\boldsymbol{E}_3)(\boldsymbol{r}_{b,2}-\boldsymbol{r}_{b,1})\end{pmatrix}\Delta\begin{pmatrix}\boldsymbol{0}\\ \exp(\theta_{a,1}\widetilde{\boldsymbol{s}}_a-\boldsymbol{E}_3)(\boldsymbol{r}_{a,2}-\boldsymbol{r}_{a,1})\end{pmatrix} \tag{4-161}$$

式(4-161)与式(4-160)不等效，但$\begin{pmatrix}\boldsymbol{0}\\ \exp(\theta_{b,1}\widetilde{\boldsymbol{s}}_b-\boldsymbol{E}_3)(\boldsymbol{r}_{b,2}-\boldsymbol{r}_{b,1})\end{pmatrix}\Delta\begin{pmatrix}\boldsymbol{0}\\ \exp(\theta_{a,1}\widetilde{\boldsymbol{s}}_a-\boldsymbol{E}_3)(\boldsymbol{r}_{a,2}-\boldsymbol{r}_{a,1})\end{pmatrix}$为式（4-161）的子集。类似地，可获得 $R_aR_aR_bR_bR_c$ 的全部衍生支链，环面平动支链的标准支链与衍生支链见表 4.18。

表 4.18　环面平动支链的标准支链与衍生支链

标准支链	衍生支链
四自由度 $R_aR_aR_bR_b$ （R_a 和 R_b 垂直）	无
五自由度 $R_aR_aR_bR_bR_c$ （R_a 和 R_b 垂直，R_c 不与 R_a、R_b 平行）	$R_aR_aR_bR_bR_c$、$R_aR_aR_bR_cR_b$、$R_aR_aR_cR_bR_b$、 $R_aR_cR_aR_bR_b$、$R_cR_aR_aR_bR_b$

环面平动支链的标准支链与衍生支链如图 4.43 所示。

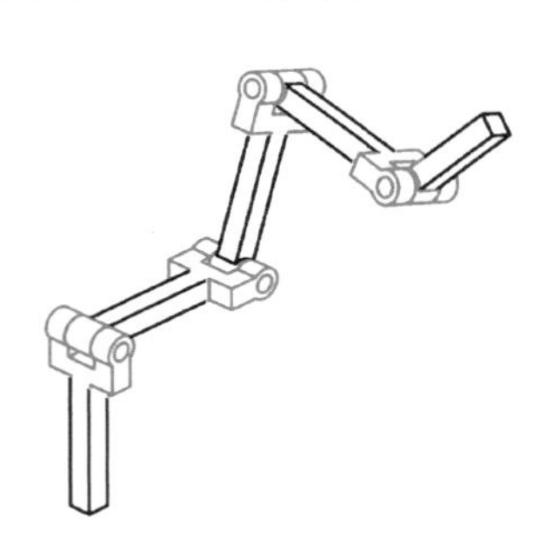
a) 四自由度标准支链$R_aR_aR_bR_b$

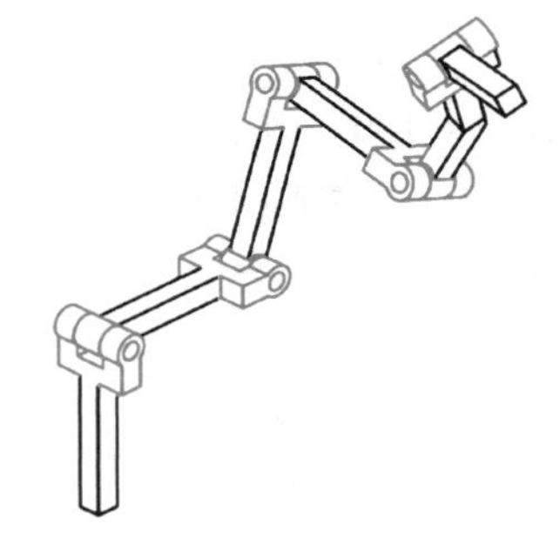
b) 五自由度标准支链$R_aR_aR_bR_bR_c$

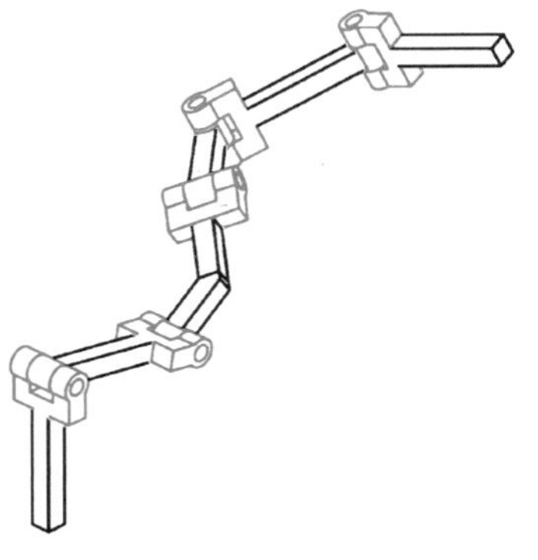
c) 五自由度衍生支链$R_aR_aR_cR_bR_b$

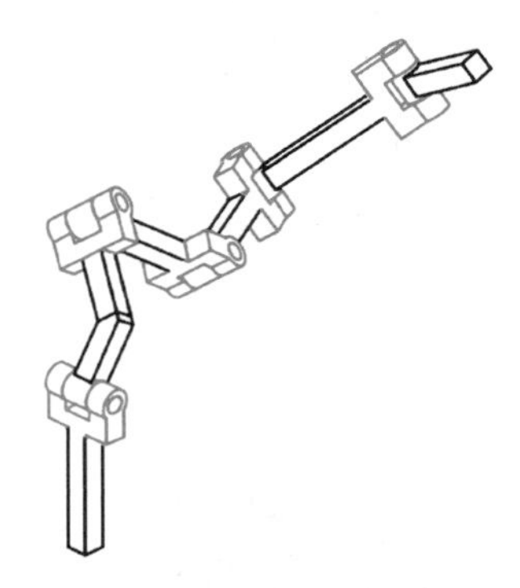
d) 五自由度衍生支链$R_cR_aR_aR_bR_b$

图 4.43　环面平动支链的标准支链与衍生支链

（3）装配条件与驱动选取　四自由度 $R_aR_aR_bR_b$ 支链与两条三平动支链装配为环面平动并联机构时，无需装配条件。驱动副的选取应满足：两条三平动支链中各选取一个 P 副作为驱动副，两个驱动 P 副方向不相互平行。

四自由度 $R_aR_aR_bR_b$ 支链与两条熊夫利运动支链装配为环面平动并联机构时，需满足的装配条件为：两条熊夫利运动支链中的 R 副不同时与 $R_aR_aR_bR_b$ 支链中的 R_a（R_b）副平行。驱动副的选取应满足：两条熊夫利运动支链中各选取一个 P 副作为驱动副，两个驱动 P 副方向不平行；当两条熊夫利运动支链仅含 R 副和平行 P 副时，在两条支链中各选取一个 R 副作为驱动副。

与四自由度 $R_aR_aR_bR_b$ 支链相同，五自由度 $R_aR_aR_bR_bR_c$ 支链及衍生支链与两条三平动支链装配为环面平动并联机构时，也无需装配条件。驱动副的选取与四自由度 $R_aR_aR_bR_b$ 支链与两条三平动支链装配为环面平动并联机构时一致。

根据上述标准支链、衍生支链和装配条件，可得若干三支链面对称环面并联机构，其中经典构型有 $R_aR_aR_bR_b$-$2P_1P_2P_3$、$R_aR_aR_bR_b$-$2P_1R_cR_cR_c$、$R_aR_aR_bR_bR_c$-$2P_1P_2P_3$ 和 $R_aR_aR_cR_bR_b$-$2P_1P_2P_3$，如图 4.44 所示。

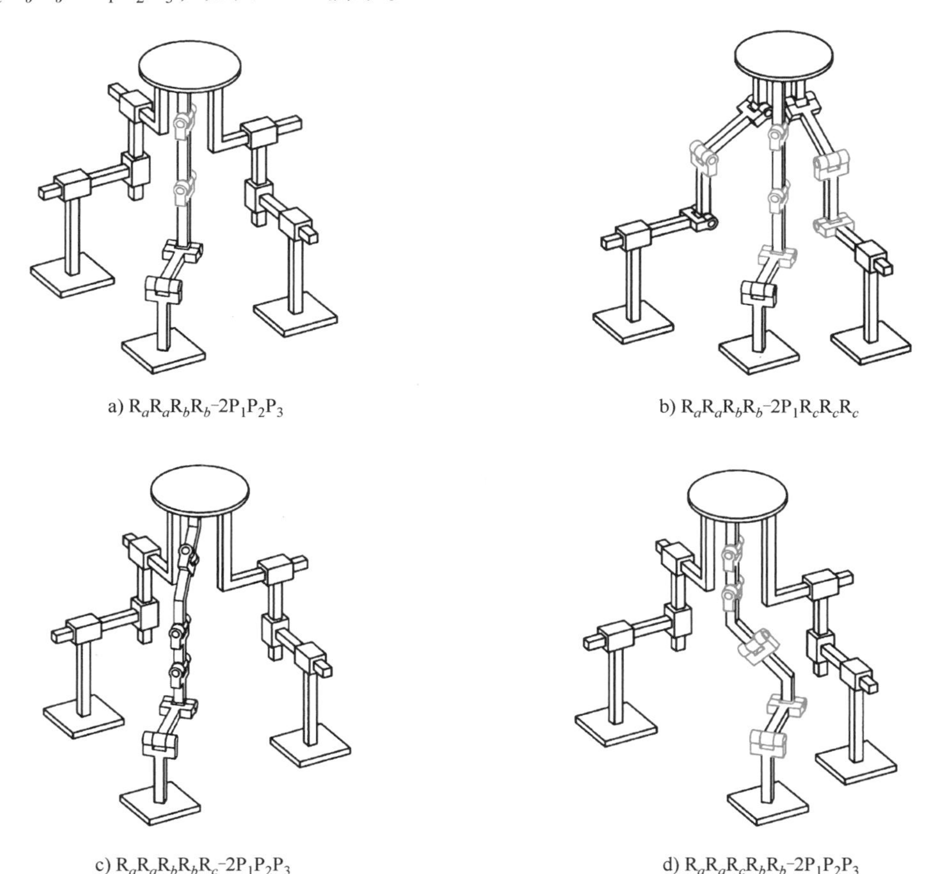

a) $R_aR_aR_bR_b$-$2P_1P_2P_3$　　b) $R_aR_aR_bR_b$-$2P_1R_cR_cR_c$

c) $R_aR_aR_bR_bR_c$-$2P_1P_2P_3$　　d) $R_aR_aR_cR_bR_b$-$2P_1P_2P_3$

图 4.44　三支链面对称环面并联机构

2. 螺旋面并联机构算例

与环面并联机构类似，螺旋面并联机构由一条能够生成螺旋面平动的 2T1R、2T2R 或

2T3R 支链和若干条转动与其无交集的 3T2R、3T1R 或 3T 支链组成。由于螺旋面并联机构为两自由度机构，因此将 2T1R、2T2R 或 2T3R 支链作为无驱动支链，以构建三支链面对称并联机构，驱动由两条对称布置的 3T2R、3T1R 或 3T 支链提供。

（1）标准支链　生成螺旋面平动的标准支链有三自由度、四自由度和五自由度 3 种。三自由度 2T1R 标准支链为表 4.17 中的 $H_aP_1H_a$，其运动表达式为

$$S_{f,H_aP_1H_a}=\left(2\tan\frac{\theta_{a,2}}{2}\begin{pmatrix}s_a\\r_{a,2}\times s_a\end{pmatrix}+h_{a,2}\theta_{a,2}\begin{pmatrix}\mathbf{0}\\s_a\end{pmatrix}\right)\Delta t_1\begin{pmatrix}\mathbf{0}\\s_1\end{pmatrix}\Delta\left(2\tan\frac{\theta_{a,1}}{2}\begin{pmatrix}s_a\\r_{a,1}\times s_a\end{pmatrix}+h_{a,1}\theta_{a,1}\begin{pmatrix}\mathbf{0}\\s_a\end{pmatrix}\right)$$
$$=2\tan\frac{\theta_{a,1}+\theta_{a,2}}{2}\begin{pmatrix}s_a\\r_{a,2}\times s_a\end{pmatrix}\Delta\begin{pmatrix}\mathbf{0}\\\exp(\theta_{a,1}\widetilde{s}_a-E_3)(r_{a,2}-r_{a,1})+(h_{a,2}\theta_{a,2}+h_{a,1}\theta_{a,1})s_a+\exp(\theta_{a,1}\widetilde{s}_a)t_1s_1\end{pmatrix}\tag{4-162}$$

式中，$s_1^{\mathrm{T}}s_a=0$；$\begin{pmatrix}\mathbf{0}\\\exp(\theta_{a,1}\widetilde{s}_a-E_3)(r_{a,2}-r_{a,1})+(h_{a,2}\theta_{a,2}+h_{a,1}\theta_{a,1})s_a+\exp(\theta_{a,1}\widetilde{s}_a)t_1s_1\end{pmatrix}$ 表示螺旋面平动。四自由度 2T2R、五自由度 2T3R 标准支链是在三自由度标准支链的基础上添加与 H_a 方向不同的一个或两个转动副得到的 $H_aP_1H_aR_b$ 与 $H_aP_1H_aR_bR_c$，四自由度、五自由度标准支链的运动表达式分别为

$$S_{f,H_aP_1H_aR_b}=2\tan\frac{\theta_b}{2}\begin{pmatrix}s_b\\r_b\times s_b\end{pmatrix}\Delta\left(2\tan\frac{\theta_{a,2}}{2}\begin{pmatrix}s_a\\r_{a,2}\times s_a\end{pmatrix}+h_{a,2}\theta_{a,2}\begin{pmatrix}\mathbf{0}\\s_a\end{pmatrix}\right)\Delta$$
$$t_1\begin{pmatrix}\mathbf{0}\\s_1\end{pmatrix}\Delta\left(2\tan\frac{\theta_{a,1}}{2}\begin{pmatrix}s_a\\r_{a,1}\times s_a\end{pmatrix}+h_{a,1}\theta_{a,1}\begin{pmatrix}\mathbf{0}\\s_a\end{pmatrix}\right)$$
$$=2\tan\frac{\theta_b}{2}\begin{pmatrix}s_b\\r_b\times s_b\end{pmatrix}\Delta 2\tan\frac{\theta_{a,1}+\theta_{a,2}}{2}\begin{pmatrix}s_a\\r_{a,2}\times s_a\end{pmatrix}\Delta$$
$$\begin{pmatrix}\mathbf{0}\\\exp(\theta_{a,1}\widetilde{s}_a-E_3)(r_{a,2}-r_{a,1})+(h_{a,2}\theta_{a,2}+h_{a,1}\theta_{a,1})s_a+\exp(\theta_{a,1}\widetilde{s}_a)t_1s_1\end{pmatrix}\tag{4-163}$$

$$S_{f,H_aP_1H_aR_bR_c}=2\tan\frac{\theta_c}{2}\begin{pmatrix}s_c\\r_c\times s_c\end{pmatrix}\Delta 2\tan\frac{\theta_b}{2}\begin{pmatrix}s_b\\r_b\times s_b\end{pmatrix}\Delta\left(2\tan\frac{\theta_{a,2}}{2}\begin{pmatrix}s_a\\r_{a,2}\times s_a\end{pmatrix}+h_{a,2}\theta_{a,2}\begin{pmatrix}\mathbf{0}\\s_a\end{pmatrix}\right)\Delta$$
$$t_1\begin{pmatrix}\mathbf{0}\\s_1\end{pmatrix}\Delta\left(2\tan\frac{\theta_{a,1}}{2}\begin{pmatrix}s_a\\r_{a,1}\times s_a\end{pmatrix}+h_{a,1}\theta_{a,1}\begin{pmatrix}\mathbf{0}\\s_a\end{pmatrix}\right)$$
$$=2\tan\frac{\theta_c}{2}\begin{pmatrix}s_c\\r_c\times s_c\end{pmatrix}\Delta 2\tan\frac{\theta_b}{2}\begin{pmatrix}s_b\\r_b\times s_b\end{pmatrix}\Delta 2\tan\frac{\theta_{a,1}+\theta_{a,2}}{2}\begin{pmatrix}s_a\\r_{a,2}\times s_a\end{pmatrix}\Delta$$
$$\begin{pmatrix}\mathbf{0}\\\exp(\theta_{a,1}\widetilde{s}_a-E_3)(r_{a,2}-r_{a,1})+(h_{a,2}\theta_{a,2}+h_{a,1}\theta_{a,1})s_a+\exp(\theta_{a,1}\widetilde{s}_a)t_1s_1\end{pmatrix}\tag{4-164}$$

对比式（4-164）、式（4-163）与式（4-162），三自由度支链 $H_aP_1H_a$ 与四自由度支链 $H_aP_1H_aR_b$、五自由度支链 $H_aP_1H_aR_bR_c$ 生成相同的两自由度螺旋面平动。

三自由度 $H_aP_1H_a$ 支链可与两条 3T2R 双熊夫利运动支链、两条 3T1R 熊夫利运动支链或两条 3T 三平动支链装配组成三支链面对称并联机构；四自由度 $H_aP_1H_aR_b$ 支链需要与两

条 3T1R 支链或两条 3T 支链装配；而五自由度 $H_aP_1H_aR_bR_c$ 仅能与两条 3T 支链装配。前文已研究 3T2R 双熊夫利运动支链、3T1R 熊夫利运动支链、3T 三平动支链的标准支链与衍生支链。在此基础上，本节仅讨论 $H_aP_1H_a$、$H_aP_1H_aR_b$ 和 $H_aP_1H_aR_bR_c$ 的衍生支链。

（2）衍生支链 三自由度 $H_aP_1H_a$ 支链共有两种衍生支链，已列于表 4.17。其中，以 $H_aP_1R_a$ 支链为例，其运动表达式为

$$\begin{aligned}S_{f,H_aP_1R_a}&=2\tan\frac{\theta_{a,2}}{2}\begin{pmatrix}s_a\\r_{a,2}\times s_a\end{pmatrix}\Delta t_1\begin{pmatrix}\mathbf{0}\\s_1\end{pmatrix}\Delta\left(2\tan\frac{\theta_{a,1}}{2}\begin{pmatrix}s_a\\r_{a,1}\times s_a\end{pmatrix}+h_{a,1}\theta_{a,1}\begin{pmatrix}\mathbf{0}\\s_a\end{pmatrix}\right)\\&=2\tan\frac{\theta_{a,1}+\theta_{a,2}}{2}\begin{pmatrix}s_a\\r_{a,2}\times s_a\end{pmatrix}\Delta\begin{pmatrix}\mathbf{0}\\\exp(\theta_{a,1}\tilde{s}_a-E_3)(r_{a,2}-r_{a,1})+h_{a,1}\theta_{a,1}\tilde{s}_a+\exp(\theta_{a,1}\tilde{s}_a)t_1s_1\end{pmatrix}\end{aligned}\tag{4-165}$$

式中，当 t_1 与 $\theta_{a,1}$、$\theta_{a,2}$ 在实数域范围内任意取值时，$\begin{pmatrix}\mathbf{0}\\\exp(\theta_{a,1}\tilde{s}_a-E_3)(r_{a,2}-r_{a,1})+h_{a,1}\theta_{a,1}\tilde{s}_a+\exp(\theta_{a,1}\tilde{s}_a)t_1s_1\end{pmatrix}$ 与 $\begin{pmatrix}\mathbf{0}\\\exp(\theta_{a,1}\tilde{s}_a-E_3)(r_{a,2}-r_{a,1})+(h_{a,2}\theta_{a,2}+h_{a,1}\theta_{a,1})s_a+t_1s_1\end{pmatrix}$ 具有相同的值域，因此，$H_aP_1R_a$ 支链与 $H_aP_1H_a$ 支链生成等效的螺旋面平动。$R_aP_1H_a$ 支链同理。

四自由度 $H_aP_1H_aR_b$ 支链和五自由度 $H_aP_1H_aR_bR_c$ 支链的衍生支链可通过旋量三角的交换运算性质得到，其衍生支链具有的特征为：衍生支链运动表达式与式（4-163）、式（4-164）不等效，但仍包含环面运动 $\begin{pmatrix}\mathbf{0}\\\exp(\theta_{a,1}\tilde{s}_a-E_3)(r_{a,2}-r_{a,1})+(h_{a,2}\theta_{a,2}+h_{a,1}\theta_{a,1})s_a+\exp(\theta_{a,1}\tilde{s}_a)t_1s_1\end{pmatrix}$ 或其等效运动为子集。例如，$H_aP_1R_bR_cH_a$ 为一个满足条件的衍生支链，其运动表达式为

$$\begin{aligned}S_{f,H_aP_1R_bR_cH_a}&=\left(2\tan\frac{\theta_{a,2}}{2}\begin{pmatrix}s_a\\r_{a,2}\times s_a\end{pmatrix}+h_{a,2}\theta_{a,2}\begin{pmatrix}\mathbf{0}\\s_a\end{pmatrix}\right)\Delta 2\tan\frac{\theta_c}{2}\begin{pmatrix}s_c\\r_c\times s_c\end{pmatrix}\Delta 2\tan\frac{\theta_b}{2}\begin{pmatrix}s_b\\r_b\times s_b\end{pmatrix}\Delta\\&\quad t_1\begin{pmatrix}\mathbf{0}\\s_1\end{pmatrix}\Delta\left(2\tan\frac{\theta_{a,1}}{2}\begin{pmatrix}s_a\\r_{a,1}\times s_a\end{pmatrix}+h_{a,1}\theta_{a,1}\begin{pmatrix}\mathbf{0}\\s_a\end{pmatrix}\right)\\&=2\tan\frac{\theta_c}{2}\begin{pmatrix}s_c\\(r_{a,2}-\exp(-\theta_{a,2}\tilde{s}_a)(r_c-r_{a,2})-h_{a,2}\theta_{a,2}s_a)\times s_c\end{pmatrix}\Delta\\&\quad 2\tan\frac{\theta_b}{2}\begin{pmatrix}s_c\\(r_{a,2}-\exp(-\theta_{a,2}\tilde{s}_a)(r_b-r_{a,2})-h_{a,2}\theta_{a,2}s_a)\times s_b\end{pmatrix}\Delta 2\tan\frac{\theta_{a,1}+\theta_{a,2}}{2}\begin{pmatrix}s_a\\r_{a,2}\times s_a\end{pmatrix}\Delta\\&\quad\begin{pmatrix}\mathbf{0}\\\exp(\theta_{a,1}\tilde{s}_a-E_3)(r_{a,2}-r_{a,1})+(h_{a,2}\theta_{a,2}+h_{a,1}\theta_{a,1})s_a+\exp(\theta_{a,1}\tilde{s}_a)t_1s_1\end{pmatrix}\end{aligned}\tag{4-166}$$

式（4-166）不与式（4-160）等效，但 $\begin{pmatrix}\mathbf{0}\\\exp(\theta_{a,1}\tilde{s}_a-E_3)(r_{a,2}-r_{a,1})+(h_{a,2}\theta_{a,2}+h_{a,1}\theta_{a,1})s_a+t_1s_1\end{pmatrix}$ 为式（4-166）子集。类似，可获得 $H_aP_1H_aR_b$ 和 $H_aP_1H_aR_bR_c$ 的全部衍生支链，螺旋面平动的标准支链与衍生支链见表 4.19。

表 4.19 螺旋面平动的标准支链与衍生支链

标准支链	衍生支链
三自由度 $H_aP_1H_a$ （P_1 和 H_a 垂直）	$H_aP_1R_a$、$R_aP_1H_a$

（续）

标准支链	衍生支链
四自由度 $H_aP_1H_aR_b$ （P_1 和 H_a 垂直，R_b 与 H_a 不平行）	$H_aP_1H_aR_b$、$H_aP_1R_bH_a$、$H_aR_bP_1H_a$、$R_bH_aP_1H_a$、 $H_aP_1R_aR_b$、$H_aP_1R_bR_a$、$H_aR_bP_1R_a$、$R_bH_aP_1R_a$、 $R_aP_1H_aR_b$、$R_aP_1R_bH_a$、$R_aR_bP_1H_a$、$R_bR_aP_1H_a$
五自由度 $H_aP_1H_aR_bR_c$ （P_1 和 H_a 垂直，R_b、R_c 与 H_a 不平行）	$H_aP_1H_aR_bR_c$、$H_aP_1R_bR_cH_a$、$H_aR_bR_cP_1H_a$、$R_bR_cH_aP_1H_a$、 $H_aP_1R_bH_aR_c$、$H_aR_bP_1H_aR_c$、$R_bH_aP_1H_aR_c$、 $H_aR_bP_1R_cH_a$、$R_bH_aP_1R_cH_a$、$R_bH_aR_cP_1H_a$、 $H_aP_1R_aR_bR_c$、$H_aP_1R_bR_cR_a$、$H_aR_bR_cP_1R_a$、$R_bR_cH_aP_1R_a$、 $H_aP_1R_bR_aR_c$、$H_aR_bP_1R_aR_c$、$R_bH_aP_1R_aR_c$、 $H_aR_bP_1R_cR_a$、$R_bH_aP_1R_cR_a$、$R_bH_aR_cP_1R_a$、 $R_aP_1H_aR_bR_c$、$R_aP_1R_bR_cH_a$、$R_aR_bR_cP_1H_a$、$R_bR_cR_aP_1H_a$、 $R_aP_1R_bH_aR_c$、$R_aR_bP_1H_aR_c$、$R_bR_aP_1H_aR_c$、 $R_aR_bP_1R_cH_a$、$R_bR_aP_1R_cH_a$、$R_bR_aR_cP_1H_a$

螺旋面平动的标准支链及其典型衍生支链如图 4.45 所示。

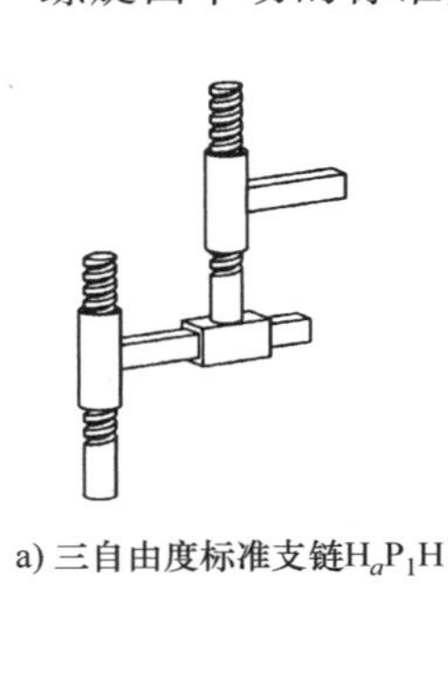

a) 三自由度标准支链H_aP_1H

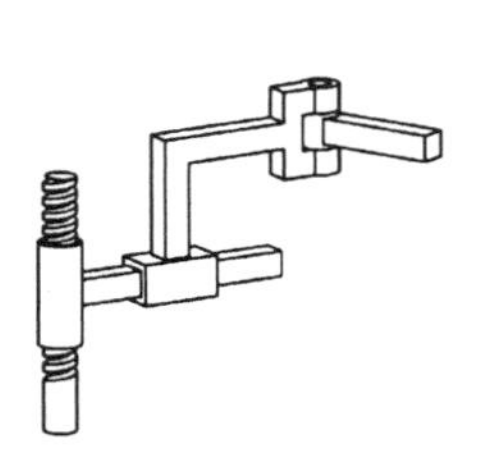

b) 三自由度衍生支链$H_aP_1R_a$

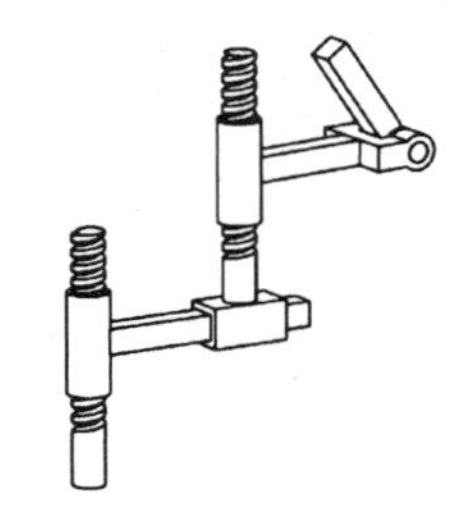

c) 四自由度标准支链$H_aP_1H_aR_b$

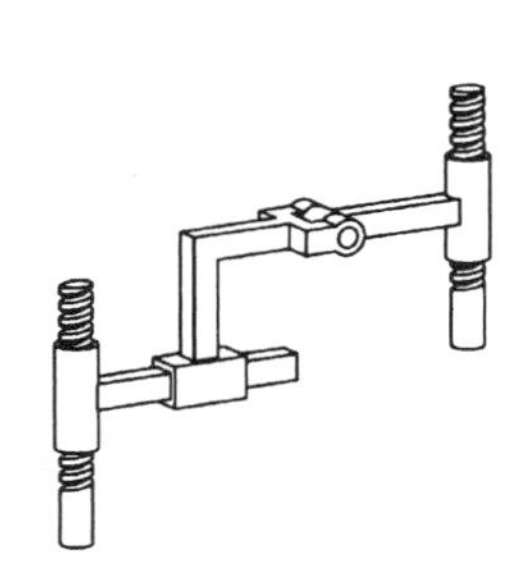

d) 四自由度衍生支链$H_aP_1R_bH_a$

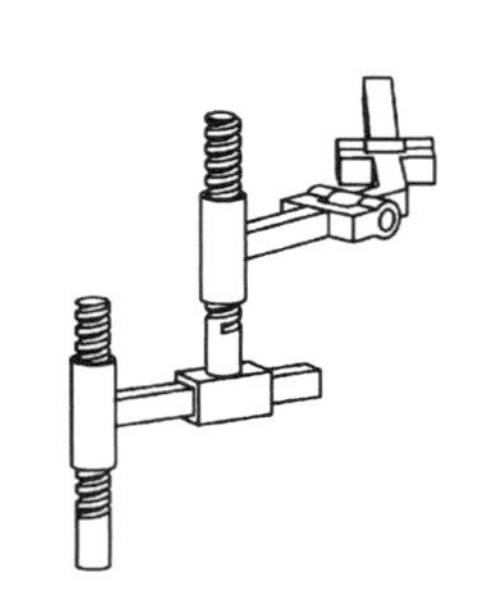

e) 五自由度标准支链$H_aP_1H_aR_bR_c$

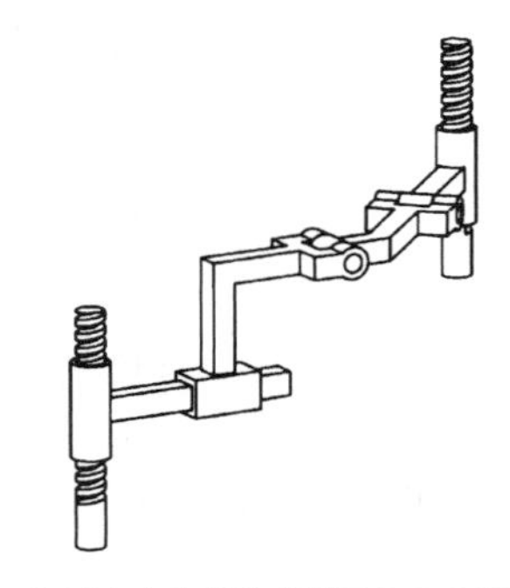

f) 五自由度衍生支链$H_aP_1R_bR_cH_a$

图 4.45 螺旋面平动的标准支链及其典型衍生支链

（3）装配条件与驱动选取　三自由度、四自由度、五自由度支链与两条三平动支链装配为螺旋面并联机构时，无需装配条件。驱动副的选取应满足：两条三平动支链中各选取一个 P 副作为驱动副，两个驱动 P 副方向不相互平行。

三自由度、四自由度螺旋平动支链与两条 3T2R 双熊夫利运动支链或两条 3T1R 熊夫利运动支链装配时，双熊夫利运动支链或熊夫利运动支链中的 R（H）副不能与螺旋平动支链中 H 副平行。驱动副的选取应满足：两条双熊夫利运动支链或熊夫利运动支链中各选取一个 P 副作为驱动副，两个驱动 P 副方向不平行；当两条双熊夫利运动支链或两条熊夫利运动支链仅含 R 副和平行 P 副时，在两条支链各选取一个 R 副作为驱动副。

按照上述装配条件组装标准支链，可得三支链面对称螺旋面并联机构的经典构型，包括 $H_aP_1H_a$-$2P_1P_2P_3$、$H_aP_1H_aR_b$-$2P_1P_2P_3R_a$、$H_aP_1H_aR_bR_c$-$2P_1P_2P_3R_dR_e$，如图 4.46 所示。组装标准支链和衍生支链可得更多构型。

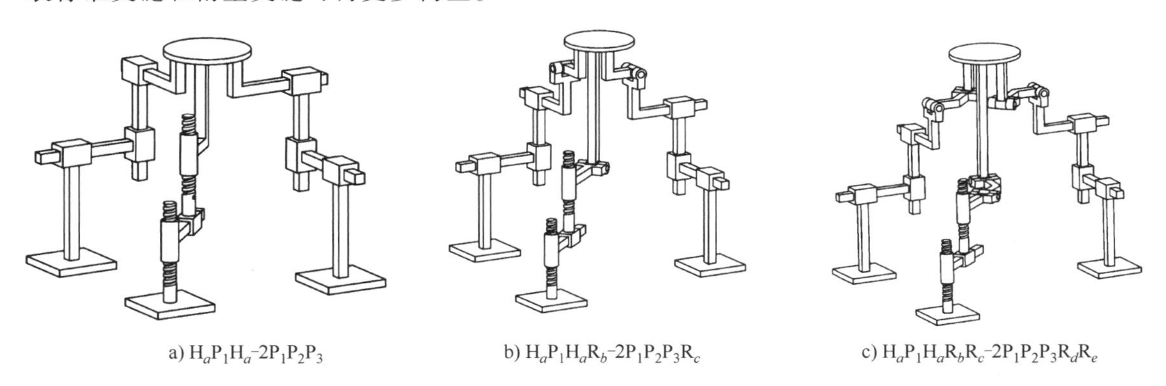

a) $H_aP_1H_a$-$2P_1P_2P_3$　　b) $H_aP_1H_aR_b$-$2P_1P_2P_3R_c$　　c) $H_aP_1H_aR_bR_c$-$2P_1P_2P_3R_dR_e$

图 4.46　三支链面对称螺旋面并联机构

4.5.3　具有空间曲线平动的 1T*n*R 机构

表 4.17 列举了 4 种二次曲面平动的运动生成元，第 4.5.1 节也讨论了更多二次曲面的生成方式，如圆锥面。当将两个二次曲面平动的运动生成元分别作为两个支链组装为并联机构时，该机构可沿两个二次曲面的交线平动。例如，$P_1R_aR_a$-$P_2R_bR_b$ 两支链并联机构中，两个 PRR 支链可生成母线不平行的两个圆柱面，该并联机构动平台沿两个圆柱面的相贯线平动。

两个二次曲面平动的基本运动生成元，即其自由度数目最少的标准支链和衍生支链，可组装得到单自由度 1T 空间曲线平动机构。在此基础上可知，组装其余标准支链和衍生支链可得到具有空间曲线平动的 1T*n*R 机构。例如，$P_1R_aR_aR_c$-$P_2R_bR_bR_c$ 两支链并联机构，若两个 R_c 运动副轴线共线，则该机构具有一平一转两个自由度，即为 1T1R 机构，其中，平动自由度沿圆柱面相贯线，转动自由度绕 R_c 轴线。

根据上述分析，可由生成二次曲面平动的标准支链和衍生支链得到各类能够实现空间曲线平动的 1T*n*R 并联机构。

4.5.4　圆锥曲线双链并联机构算例

能够生成圆锥曲线的双链并联机构是空间曲线平动机构中典型代表，其构型综合过程如下：

（1）标准支链　因圆锥曲线是圆锥面与平面的交线，故在圆锥曲线单环机构的两条支链中，一个支链生成圆锥面平动，另一个支链生成平面平动。平面平动即为平面运动 *G* 群运动，故平面平动的标准支链和衍生支链可参见 4.3.2 节。本节只讨论圆锥面平动的标准支链和衍生支链。

由 4.5.1 节可知，圆锥面平动的三自由度标准支链为 $R_aP_1R_a$，且无三自由度衍生支链，其中 R_a 与 P_1 不平行也不垂直。在三自由度标准支链的基础上添加与 R_a 不平行的一个或两个转动副，可得到四自由度、五自由度标准支链 $R_aP_1R_aR_b$ 与 $R_aP_1R_aR_bR_c$。由式（4-158）可知，三自由度、四自由度、五自由度共 3 种标准支链，均生成圆锥面平动$\begin{pmatrix} \mathbf{0} \\ \exp(\theta_{a,1}\widetilde{\boldsymbol{s}}_a - \boldsymbol{E}_3)(\boldsymbol{r}_{a,2}-\boldsymbol{r}_{a,1}) + \exp(\theta_{a,1}\widetilde{\boldsymbol{s}}_a)t_1\boldsymbol{s}_1 \end{pmatrix}$。

（2）衍生支链　表 4.20 列出了圆锥面平动的全部标准支链和衍生支链。其中，三自由度标准支链 $R_aP_1R_a$ 没有衍生支链，四自由度、五自由度标准支链 $R_aP_1R_aR_b$ 和 $R_aP_1R_aR_bR_c$ 的衍生支链可通过改变 R_b 与 R_c 在支链中的连接次序得到。由旋量三角的性质可证明，任意改变 R_b 与 R_c 在支链中的连接次序，所得构型生成的运动均包含圆锥面平动$\begin{pmatrix} \mathbf{0} \\ \exp(\theta_{a,1}\widetilde{\boldsymbol{s}}_a - \boldsymbol{E}_3)(\boldsymbol{r}_{a,2}-\boldsymbol{r}_{a,1}) + \exp(\theta_{a,1}\widetilde{\boldsymbol{s}}_a)t_1\boldsymbol{s}_1 \end{pmatrix}$，其为子集，即所得构型均为四自由度、五自由度标准支链的衍生支链。例如，$R_aR_bR_cP_1R_a$ 支链为一个五自由度衍生支链，其运动表达式为

$$\begin{aligned} \boldsymbol{S}_{f,R_aR_bR_cP_1R_a} &= 2\tan\frac{\theta_{a,2}}{2}\begin{pmatrix} \boldsymbol{s}_a \\ \boldsymbol{r}_{a,2}\times\boldsymbol{s}_a \end{pmatrix} \Delta t_1 \begin{pmatrix} \mathbf{0} \\ \boldsymbol{s}_1 \end{pmatrix} \Delta 2\tan\frac{\theta_c}{2}\begin{pmatrix} \boldsymbol{s}_c \\ \boldsymbol{r}_c\times\boldsymbol{s}_c \end{pmatrix} \Delta \\ &\quad 2\tan\frac{\theta_b}{2}\begin{pmatrix} \boldsymbol{s}_b \\ \boldsymbol{r}_b\times\boldsymbol{s}_b \end{pmatrix} \Delta 2\tan\frac{\theta_{a,1}}{2}\begin{pmatrix} \boldsymbol{s}_a \\ \boldsymbol{r}_{a,1}\times\boldsymbol{s}_a \end{pmatrix} \\ &= 2\tan\frac{\theta_{a,1}+\theta_{a,2}}{2}\begin{pmatrix} \boldsymbol{s}_a \\ \boldsymbol{r}_{a,2}\times\boldsymbol{s}_a \end{pmatrix} \Delta \begin{pmatrix} \mathbf{0} \\ \exp(\theta_{a,1}\widetilde{\boldsymbol{s}}_a - \boldsymbol{E}_3)(\boldsymbol{r}_{a,2}-\boldsymbol{r}_{a,1}) + \exp(\theta_{a,1}\widetilde{\boldsymbol{s}}_a)t_1\boldsymbol{s}_1 \end{pmatrix} \Delta \\ &\quad 2\tan\frac{\theta_c}{2}\begin{pmatrix} \boldsymbol{s}_c \\ (\boldsymbol{r}_{a,1}+\exp(\theta_{a,1}\widetilde{\boldsymbol{s}}_a)(\boldsymbol{r}_{a,1}-\boldsymbol{r}_c))\times\boldsymbol{s}_c \end{pmatrix} \Delta 2\tan\frac{\theta_b}{2}\begin{pmatrix} \boldsymbol{s}_b \\ (\boldsymbol{r}_{a,1}+\exp(\theta_{a,1}\widetilde{\boldsymbol{s}}_a)(\boldsymbol{r}_{a,1}-\boldsymbol{r}_b))\times\boldsymbol{s}_b \end{pmatrix} \end{aligned} \quad (4\text{-}167)$$

显而易见式（4-167）包含圆锥面平动为子集。

表 4.20　圆锥面平动的标准支链与衍生支链

标准支链	衍生支链
三自由度 $R_aP_1R_a$ （R_a 和 P_1 不平行也不垂直）	无
四自由度 $R_aP_1R_aR_b$	$R_aP_1R_aR_b$、$R_aP_1R_bR_a$、$R_aR_bP_1R_a$、$R_bR_aP_1R_a$
五自由度 $R_1P_2R_1R_3R_4$	$R_aP_1R_aR_bR_c$、$R_aP_1R_bR_cR_a$、$R_aR_bR_cP_1R_a$、$R_bR_cR_aP_1R_a$、 $R_aP_1R_bR_aR_c$、$R_aR_bP_1R_aR_c$、$R_bR_aP_1R_aR_c$、 $R_aR_bP_1R_cR_a$、$R_bR_aP_1R_cR_a$、$R_bR_aR_cP_1R_a$

生成圆锥面平动的标准支链及其典型衍生支链如图 4.47 所示。

（3）装配条件与驱动选取　能够生成圆锥曲线的单环机构由一条平面平动支链和一条圆锥面平动支链构成。由本节分析可知，结构最简单的圆锥曲线单环机构为 $R_{1,a}P_{1,1}R_{1,a}$-$R_{2,a}P_{2,1}R_{2,a}$。其中，$R_{1,a}$ 的方向记为 $\boldsymbol{s}_{1,a}$，表示平面的垂线方向；$R_{2,a}$ 的方向为 $\boldsymbol{s}_{2,a}$，表示

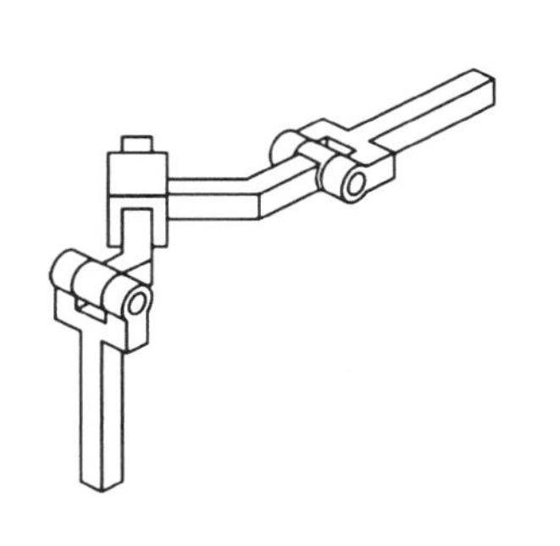

a) 三自由度标准支链$R_aP_1R_a$

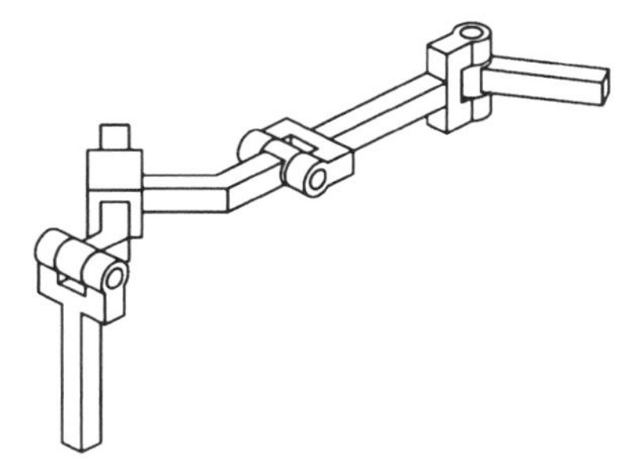

b) 四自由度标准支链$R_aP_1R_aR_b$

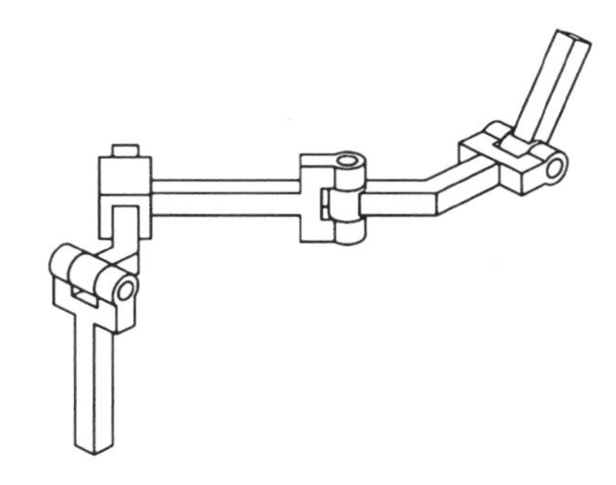

c) 四自由度衍生支链$R_aP_1R_bR_a$

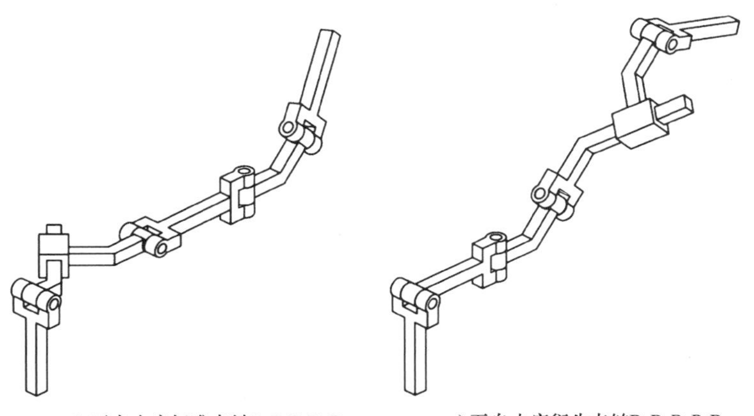

d) 五自由度标准支链$R_aP_1R_aR_bR_c$　　e) 五自由度衍生支链$R_aR_bR_cP_2R_1$

图 4.47　圆锥面平动的标准支链及其典型衍生支链

圆锥面的对称轴（高线）方向；$P_{2,1}$ 方向为 $\boldsymbol{s}_{2,1}$，表示单环机构初始位姿处圆锥面的母线方向。根据机构干涉可知，单环机构的初始位姿不可能在圆锥面顶点。因此，根据圆锥曲线理论，在平面与圆锥面的不同几何关系下，两者的相交线可能为直线、双曲线、抛物线、椭圆、圆，具体生成各圆锥曲线的机构装配条件如下。

为确保机构不生成转动，需使 $R_{1,a}$ 与 $R_{2,a}$ 不平行，即

$$\boldsymbol{s}_{1,a}^{\mathrm{T}}\boldsymbol{s}_{2,a} \neq \pm 1 \tag{4-168}$$

当平面与圆锥面的母线平行，且过圆锥顶点时，交线为直线，即 $\boldsymbol{s}_{1,a}^{\mathrm{T}}\boldsymbol{s}_{2,1}=0$ 为生成直线平动机构的装配条件。该条件也可改写为

$$\boldsymbol{s}_{1,a}^{\mathrm{T}}\boldsymbol{s}_{2,1\perp}=1 \tag{4-169}$$

其中，$\boldsymbol{s}_{2,1\perp}$ 表示与 $\boldsymbol{s}_{2,a}$、$\boldsymbol{s}_{2,1}$ 共面，且与 $\boldsymbol{s}_{2,1}$ 垂直的方向，即 $\boldsymbol{s}_{2,1\perp}=\boldsymbol{s}_{2,1}\times(\boldsymbol{s}_{2,a}\times\boldsymbol{s}_{2,1})$。

当平面与圆锥面两侧都相交时，交线为双曲线，即

$$2(\boldsymbol{s}_{2,a}^{\mathrm{T}}\boldsymbol{s}_{2,1})^2-1<\boldsymbol{s}_{1,a}^{\mathrm{T}}\boldsymbol{s}_{2,1\perp}<1 \tag{4-170}$$

为双曲线平动机构的装配条件。

当平面与圆锥面的母线平行，但不过圆锥顶点时，交线为抛物线，即

$$\boldsymbol{s}_{1,a}^{\mathrm{T}}\boldsymbol{s}_{2,1\perp}=2(\boldsymbol{s}_{2,a}^{\mathrm{T}}\boldsymbol{s}_{2,1})^2-1 \tag{4-171}$$

为抛物线机构的装配条件。

当平面只与圆锥面一侧相交时，交线为椭圆，即

$$-1<\boldsymbol{s}_{1,a}^{\mathrm{T}}\boldsymbol{s}_{2,1\perp}<2(\boldsymbol{s}_{2,a}^{\mathrm{T}}\boldsymbol{s}_{2,1})^{2}-1 \tag{4-172}$$

为椭圆机构的装配条件。需要指出的是，当平面与圆锥面对称轴垂直时，交线为圆，即

$$\boldsymbol{s}_{1,a}^{\mathrm{T}}\boldsymbol{s}_{2,1\perp}=-\boldsymbol{s}_{2,a}^{\mathrm{T}}\boldsymbol{s}_{2,1\perp}=-\boldsymbol{s}_{2,a}^{\mathrm{T}}(\boldsymbol{s}_{2,1}\times(\boldsymbol{s}_{2,a}\times\boldsymbol{s}_{2,1}))=(\boldsymbol{s}_{2,a}^{\mathrm{T}}\boldsymbol{s}_{2,1})^{2}-1 \tag{4-173}$$

为生成曲线为圆的机构装配条件。显而易见，$-1<(\boldsymbol{s}_{2,a}^{\mathrm{T}}\boldsymbol{s}_{2,1})^{2}-1<2(\boldsymbol{s}_{2,a}^{\mathrm{T}}\boldsymbol{s}_{2,1})^{2}-1$，与圆锥曲线理论中将圆视为椭圆的结论吻合。但式（4-173）与式（4-169）矛盾，故 $\mathrm{R}_{1,a}\mathrm{P}_{1,1}\mathrm{R}_{1,a}$-$\mathrm{R}_{2,a}\mathrm{P}_{2,1}\mathrm{R}_{2,a}$ 机构无法仅生成圆平动，会伴随转动。

在三自由度圆锥平动支链与平面平动支链装配条件的基础上，若采用一条四自由度或五自由度圆锥面平动支链与一条平面平动支链组成圆锥曲线单环机构，例如，$\mathrm{R}_{1,a}\mathrm{P}_{1,1}\mathrm{R}_{1,a}$-$\mathrm{R}_{2,a}\mathrm{P}_{2,1}\mathrm{R}_{2,a}\mathrm{R}_{2,b}$ 或 $\mathrm{R}_{1,a}\mathrm{P}_{1,1}\mathrm{R}_{1,a}$-$\mathrm{R}_{2,a}\mathrm{P}_{2,1}\mathrm{R}_{2,a}\mathrm{R}_{2,b}\mathrm{R}_{2,c}$，装配条件仅需进一步确保 $\mathrm{R}_{2,b}$、$\mathrm{R}_{2,c}$ 与 $\mathrm{R}_{1,a}$ 不平行。事实上，在 $\mathrm{R}_{1,a}\mathrm{P}_{1,1}\mathrm{R}_{1,a}$ 及等效运动支链中，任意位置添加一个或两个转动副可获得更多可生成平面平动的支链，例如，$\mathrm{R}_{1,a}\mathrm{P}_{1,1}\mathrm{R}_{1,a}\mathrm{R}_{1,b}$ 和 $\mathrm{R}_{1,a}\mathrm{P}_{1,1}\mathrm{R}_{1,a}\mathrm{R}_{1,b}\mathrm{R}_{1,c}$ 等，这里不再赘述。若采用这些支链组成圆锥曲线单环，则装配条件还需保证 $\mathrm{R}_{2,b}$、$\mathrm{R}_{2,c}$ 与 $\mathrm{R}_{1,b}$、$\mathrm{R}_{1,c}$ 轴线不共线。

无论选取的支链中是否含有 $\mathrm{R}_{1,b}$、$\mathrm{R}_{1,c}$ 与 $\mathrm{R}_{2,b}$、$\mathrm{R}_{2,c}$，平面平动与圆锥面平动总是分别由 $\mathrm{R}_{1,a}\mathrm{P}_{1,1}\mathrm{R}_{1,a}$ 单元和平面 G 群单元生成。由于圆锥曲线单环机构为单自由度机构，所以仅有一个驱动副，因此，在 $\mathrm{R}_{1,a}$、$\mathrm{P}_{1,1}$、$\mathrm{R}_{1,a}$、G 群单元中的 P 副和平行 R 副组中任意选取一个运动副作为驱动副均可。

根据本节所述支链结构和装配条件，可得若干个能够生成不同圆锥曲线的单环平动机构，其经典构型如图 4. 48 所示。

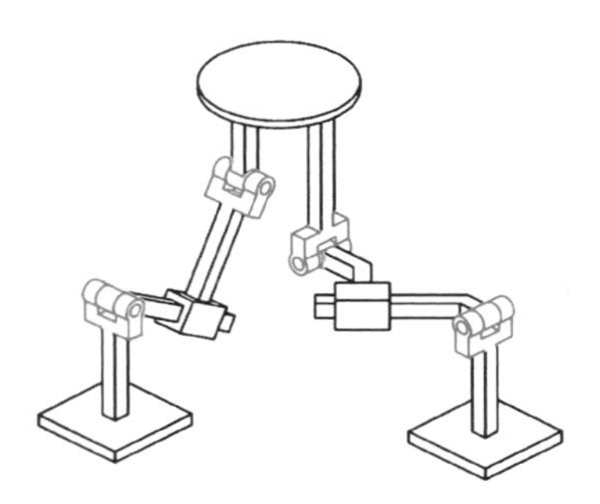

a) 双曲线机构$\mathrm{R}_{1,a}\mathrm{P}_{1,1}\mathrm{R}_{1,a}$-$\mathrm{R}_{2,a}\mathrm{P}_{2,1}\mathrm{R}_{2,a}$

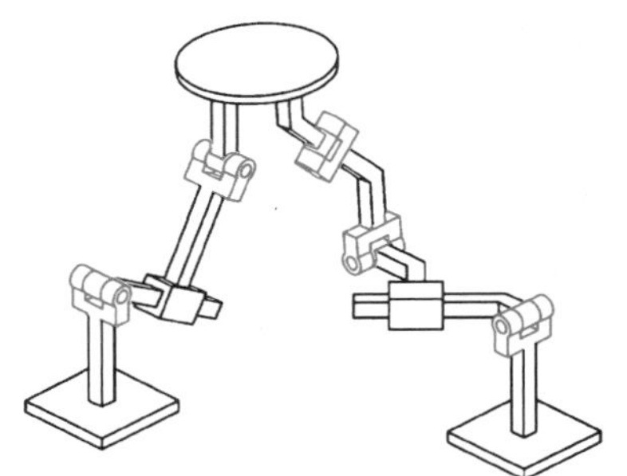

b) 双曲线机构$\mathrm{R}_{1,a}\mathrm{P}_{1,1}\mathrm{R}_{1,a}$-$\mathrm{R}_{2,a}\mathrm{P}_{2,1}\mathrm{R}_{2,a}\mathrm{R}_{2,b}$

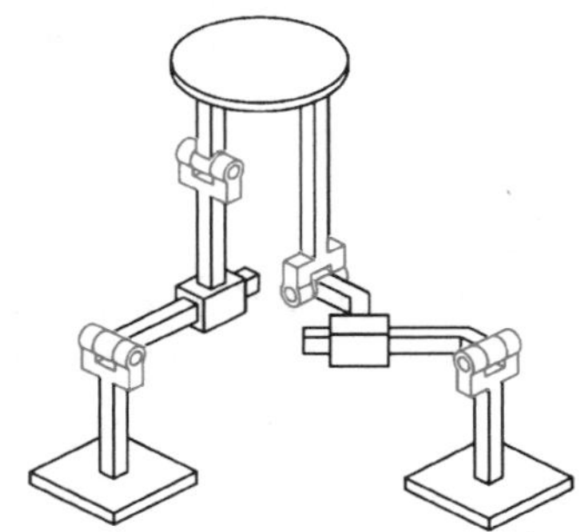

c) 抛物线机构$\mathrm{R}_{1,a}\mathrm{P}_{1,1}\mathrm{R}_{1,a}$-$\mathrm{R}_{2,a}\mathrm{P}_{2,1}\mathrm{R}_{2,a}$

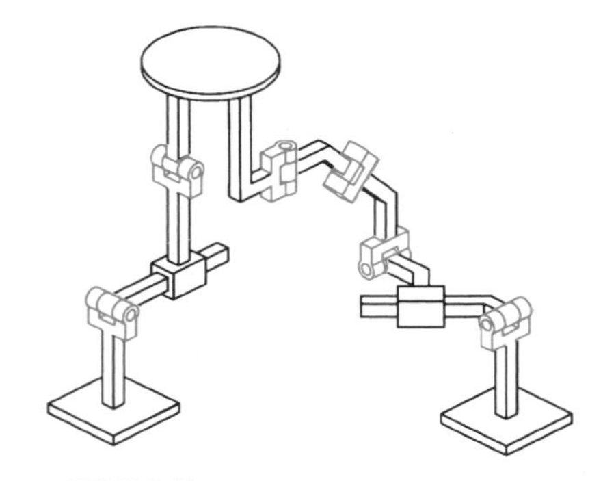

d) 抛物线机构$\mathrm{R}_{1,a}\mathrm{P}_{1,1}\mathrm{R}_{1,a}$-$\mathrm{R}_{2,a}\mathrm{P}_{2,1}\mathrm{R}_{2,a}\mathrm{R}_{2,b}\mathrm{R}_{2,c}$

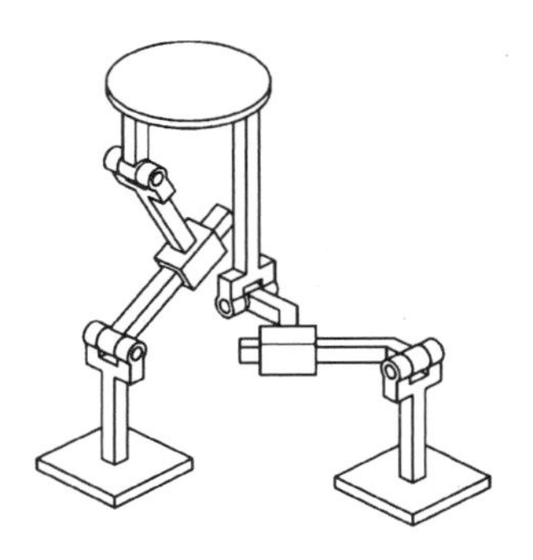

e) 椭圆机构$\mathrm{R}_{1,a}\mathrm{P}_{1,1}\mathrm{R}_{1,a}$-$\mathrm{R}_{2,a}\mathrm{P}_{2,1}\mathrm{R}_{2,a}$

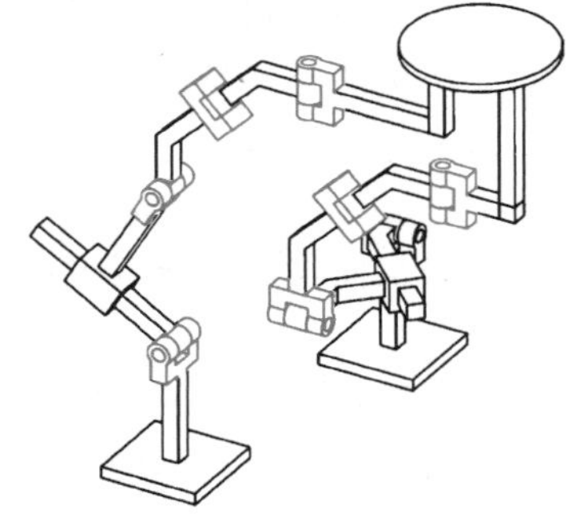

f) 椭圆机构 $\mathrm{R}_{1,a}\mathrm{P}_{1,1}\mathrm{R}_{1,a}\mathrm{R}_{2,b}\mathrm{R}_{2,c}$-$\mathrm{R}_{2,a}\mathrm{P}_{2,1}\mathrm{R}_{2,a}\mathrm{R}_{2,b}\mathrm{R}_{2,c}$

图 4. 48　圆锥曲线单环机构的经典构型

4.6 本章小结

在第3章建立机器人机构拓扑模型的基础上，本章深入研究机构的构型综合方法和通用流程，提出了构型综合的有限旋量方法。该方法以有限旋量为数学工具，全程基于机构在有限运动过程中的解析表征和代数运算，格式简洁、计算便捷。本章详细讨论了构型综合中涉及的常用运动模式、支链综合方法、装配条件选取等内容，并结合多种机构算例，论证了方法的通用性和有效性。

为方便读者阅读和理解，将本章要点罗列如下：

1）基于有限旋量解析集合表征和运算，提出适用于各类串联、并联、混联机器人机构的通用构型综合方法和流程。

2）构型综合的有限旋量方法全程基于运动解析表征和代数计算，具体体现在：采用旋量解析式描述机构运动模式，借助旋量合成运算推导标准支链和衍生支链构型，使用旋量交集算法给出机构装配条件和驱动选取规则。

3）采用有限旋量方法，详细给出了若干转动轴线固定类、转动轴线变化类、曲面/曲线平动机构的构型综合过程，其中转动轴线变化类机构和曲面/曲线平动机构难以用其他方法综合得到。

习　　题

1. 试讨论在机器人机构的构型综合研究中，采用解析式描述机构期望运动模式的优势。

2. 简述在给定期望运动模式的条件下，综合具有该运动模式的串联机构、并联机构、混联机构时，方法和流程的区别和联系。

3. 若机构的期望运动模式为五自由度三转动两平动，其中包含三个球面转动自由度和两个相互垂直的直线移动自由度，试采用有限旋量表达式描述该运动模式。

4. 一个两支链并联机构 $P_1R_aP_2$-$P_1P_2R_a$，每条支链由两个移动副和一个转动副组成。在机构的初始位姿，两个 P_1 副方向相互平行，两个 P_2 副方向相互平行，两个 R_a 副轴线重合。两条支链的拓扑模型分别为

$$\boldsymbol{S}_{f,1}=t_{1,2}\begin{pmatrix}\boldsymbol{0}\\ \boldsymbol{s}_2\end{pmatrix}\Delta 2\tan\frac{\theta_{1,a}}{2}\begin{pmatrix}\boldsymbol{s}_a\\ \boldsymbol{r}_a\times\boldsymbol{s}_a\end{pmatrix}\Delta t_{1,1}\begin{pmatrix}\boldsymbol{0}\\ \boldsymbol{s}_1\end{pmatrix}$$

$$\boldsymbol{S}_{f,2}=2\tan\frac{\theta_{2,a}}{2}\begin{pmatrix}\boldsymbol{s}_a\\ \boldsymbol{r}_a\times\boldsymbol{s}_a\end{pmatrix}\Delta t_{2,2}\begin{pmatrix}\boldsymbol{0}\\ \boldsymbol{s}_2\end{pmatrix}\Delta t_{2,1}\begin{pmatrix}\boldsymbol{0}\\ \boldsymbol{s}_1\end{pmatrix}$$

求解该并联机构的运动模式。

5. Exechon 机器人的并联部分为 2UPR-SPR 机构，4.4.4 节详细讨论了该类机构的构型综合流程，简述该类机构运动模式无法由串联机构生成的原因。

6. 两自由度支链 R_aR_b 由两个空间异面的转动副组成，其运动模式为

$$\boldsymbol{S}_f=2\tan\frac{\theta_b}{2}\begin{pmatrix}\boldsymbol{s}_b\\ \boldsymbol{r}_b\times\boldsymbol{s}_b\end{pmatrix}\Delta 2\tan\frac{\theta_a}{2}\begin{pmatrix}\boldsymbol{s}_a\\ \boldsymbol{r}_a\times\boldsymbol{s}_a\end{pmatrix}$$

证明该支链运动模式为五自由度双熊夫利运动支链 $R_aR_aR_bR_bR_b$ 运动模式的子集。

7. 平行四边形 4S 闭环机构可视为两支链并联机构 SS-SS，试通过建立该机构的运动模式表达式来分析

其自由度类型。

8. 两个四自由度支链 $R_aP_1R_aR_b$ 与 $R_bR_aP_1R_a$ 的运动表达式分别为

$$S_{f,1}=2\tan\frac{\theta_b}{2}\begin{pmatrix}s_b\\ r_b\times s_b\end{pmatrix}\Delta 2\tan\frac{\theta_{a,2}}{2}\begin{pmatrix}s_a\\ r_{a,2}\times s_a\end{pmatrix}\Delta t_1\begin{pmatrix}\mathbf{0}\\ s_1\end{pmatrix}\Delta 2\tan\frac{\theta_{a,1}}{2}\begin{pmatrix}s_a\\ r_{a,1}\times s_a\end{pmatrix}$$

$$S_{f,1}=2\tan\frac{\theta_{a,2}}{2}\begin{pmatrix}s_a\\ r_{a,2}\times s_a\end{pmatrix}\Delta t_1\begin{pmatrix}\mathbf{0}\\ s_1\end{pmatrix}\Delta 2\tan\frac{\theta_{a,1}}{2}\begin{pmatrix}s_a\\ r_{a,1}\times s_a\end{pmatrix}\Delta 2\tan\frac{\theta_b}{2}\begin{pmatrix}s_b\\ r_b\times s_b\end{pmatrix}$$

证明这两个支链的运动不等效。

9. 给定五自由度并联机构的期望运动模式为

$$S_f=2\tan\frac{\theta_c}{2}\begin{pmatrix}s_c\\ r_c\times s_c\end{pmatrix}\Delta 2\tan\frac{\theta_b}{2}\begin{pmatrix}s_b\\ r_b\times s_b\end{pmatrix}\Delta 2\tan\frac{\theta_{a,2}}{2}\begin{pmatrix}s_a\\ r_{a,2}\times s_a\end{pmatrix}\Delta 2\tan\frac{\theta_{a,1}}{2}\begin{pmatrix}s_a\\ r_{a,1}\times s_a\end{pmatrix}\Delta t_1\begin{pmatrix}\mathbf{0}\\ s_1\end{pmatrix}$$

式中，$s_a^{\mathrm{T}}s_1=0$，求机构的标准支链结构和衍生支链结构。

10. 按照本章所述构型综合通用流程，综合一平动两转动混联机构，混联机构由两个并联部分串接组成，其中一部分生成沿椭圆曲线的平动，另一部分生成胡克铰转动。

参考文献

[1] SUN T, YANG S F. An approach to formulate the hessian matrix for dynamic control of parallel robots [J]. IEEE/ASME Transactions on Mechatronics, 2019, 24 (1): 271-281.

[2] SUN T, HUO X M. Type synthesis of 1T2R parallel mechanisms with parasitic motions [J]. Mechanism and Machine Theory, 2018, 128: 412-428.

[3] HUANG Z, LI Q C, DING HF. Theory of parallel mechanisms [M]. Dordrecht: Springer, 2013.

[4] KONG X W, GOSSELIN C M. Type synthesis of parallel mechanisms [M]. Berlin: Springer, 2007.

[5] SUN T, YANG S F, LIAN B B. Finite and instantaneous screw theory in robotic mechanism [M]. Singapore: Springer, 2020.

[6] LIU X J, WANG J S. Parallel kinematics: type, kinematics, and optimal design [M]. Berlin, Heidelberg: Springer, 2014.

[7] LI Q C, HERVÉ J M, YE W. Geometric method for type synthesis of parallel manipulators [M]. Singapore: Springer, 2020.

[8] SUN T, YANG S F, HUANG T, et al. A way of relating instantaneous and finite screws based on the screw triangle product [J]. Mechanism and Machine Theory, 2017, 108: 75-82.

[9] YANG S F, SUN T, HUANG T, et al. A finite screw approach to type synthesis of three-DoF translational parallel mechanisms [J]. Mechanism and Machine Theory, 2016, 104: 405-419.

[10] YANG S F, SUN T, HUANG T. Type synthesis of parallel mechanisms having 3T1R motion with variable rotational axis [J]. Mechanism and Machine Theory, 2017, 109: 220-230.

[11] HUANG Z, LI Q C. General methodology for type synthesis of symmetrical lower-mobility parallel manipulators and several novel manipulators [J]. The International Journal of Robotics Research, 2002, 21 (2): 131-145.

[12] FANG Y F, TSAI LW. Structure synthesis of a class of 4-DoF and 5-DoF parallel manipulators with identical limb structures [J]. The International Journal of Robotics Research, 2002, 21 (9): 799-810.

[13] HUANG Z, LI Q C. Type synthesis of symmetrical lower-mobility parallel mechanisms using the constraint-synthesis method [J]. The International Journal of Robotics Research, 2003, 22 (1): 59-79.

[14] FANG Y F, TSAI L W. Structure synthesis of a class of 3-DoF rotational parallel manipulators [J]. IEEE

Transactions on Robotics and Automation, 2004, 20 (1): 117-121.

[15] KONG X W, GOSSELIN C M. Type synthesis of three-degree-of-freedom spherical parallel manipulators [J]. The International Journal of Robotics Research, 2004, 23 (3): 237-245.

[16] LI Q C, HUANG Z, HERVÉ J M. Type synthesis of 3R2T 5-DoF parallel mechanisms using the Lie group of displacements [J]. IEEE Transactions on Robotics and Automation, 2004, 20 (2): 173-180.

[17] KONG X W, GOSSELIN C M. Type synthesis of 3T1R 4-DoF parallel manipulators based on screw theory [J]. IEEE Transactions on Robotics and Automation, 2004, 20 (2): 181-190.

[18] LI Q C, HERVÉ J M. Type synthesis of 3-DoF RPR-equivalent parallel mechanisms [J]. IEEE Transactions on Robotics, 2014, 30 (6): 1333-1343.

[19] JOSHI S, TSAI L W. A comparison study of two 3-DoF parallel manipulators: one with three and the other with four supporting legs [J]. IEEE Transactions on Robotics and Automation, 2003, 19 (2): 200-209.

[20] LEE C C, HERVÉ J M. Generators of the product of two schoenflies motion groups [J]. European Journal of Mechanics-A/Solids, 2010, 29 (1): 97-108.

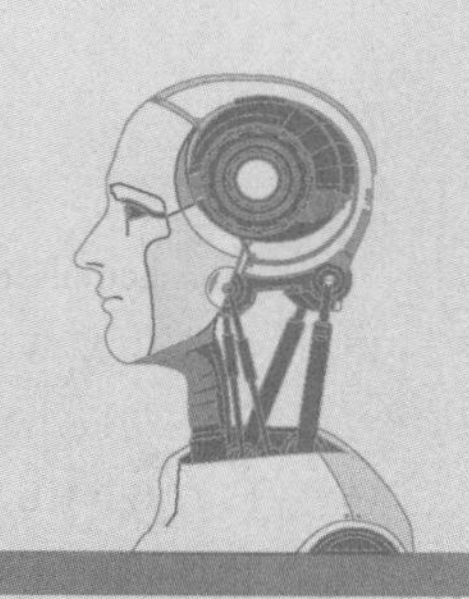

第5章 运动学建模与分析

5.1 引言

机器人运动学主要研究机构输入与输出的运动传递，是开展机器人机构静力学、动力学分析和设计的基础。运动学通常包括两方面的内容，即正运动学和逆运动学。

正运动学主要解决已知运动输入量求解运动输出量的问题，与之相反，逆运动学主要解决已知运动输出量求解运动输入量的问题。正运动学和逆运动学都涉及机器人机构的位移模型。例如，若机器人中已知驱动关节的运动变量求解末端动平台的位置和姿态属于位移正解，反之则属于位移逆解。基于位移模型，可以在考虑机构约束的情况下确定末端执行器或移动平台的可达位姿，即机器人机构的工作空间。将机构的位移模型进行一阶微分运算可获得速度模型，通常以雅可比矩阵来反映机器人操作空间和关节空间的瞬时运动映射关系，它是开展机构奇异性分析的基础，也被用来评价机构的运动性能。

由第3章可知，利用有限旋量构建机构的拓扑模型可以清晰简洁地描述机构的所有运动要素，而瞬时旋量可描述机器人机构的力和运动。前者对应于瞬时运动，后者可描述机构受到的约束力/力偶和驱动力/力偶。本章介绍基于拓扑模型的位移建模方法，从中求解正运动学和逆运动学。利用有限旋量与瞬时旋量间存在的分步微分定律，对基于有限旋量的位移模型进行一阶微分运算，进一步建立基于瞬时旋量的速度模型。利用运动和力的互易性，得到广义雅可比矩阵。在此基础上，开展了串联机器人、并联机器人机构的工作空间分析和奇异性分析。此外，针对串联机器人和并联机器人机构，本章分别介绍了目前常用的D-H参数和闭环向量等位移建模方法。

5.2 位移建模与分析

如图5.1所示，机器人机构位移建模的目的是建立驱动关节运动变量与机构末端位置和姿态（位姿）的映射关系。对于一般的串联机构，每个组成关节均为驱动关节。而在并联机构中，每条支链通常同时含有驱动关节和非驱动关节。

5.2.1 串联机构位移建模的有限旋量方法

串联机构的末端运动是所有关节运动的合成运动，因此建立位移模型的关键在于任意关

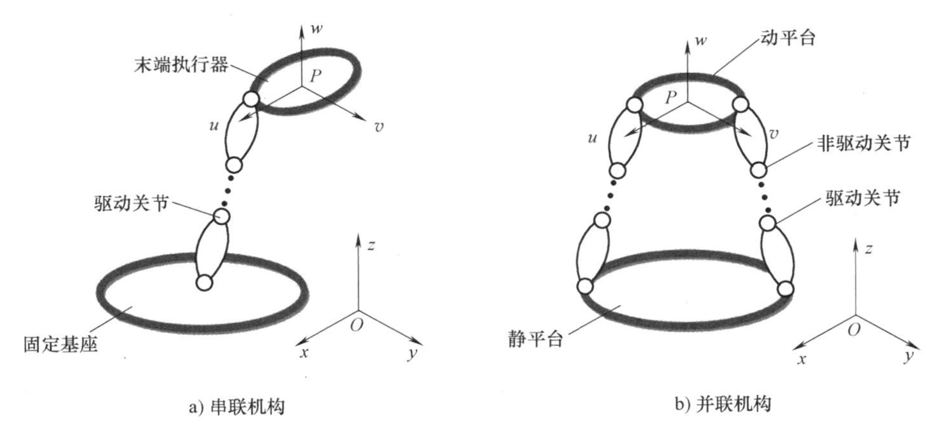

图 5.1 机器人机构组成

节运动的准确表征和运动合成运算。

建立固定坐标系 $Oxyz$，在机构位移建模过程中，关节运动均在此坐标系下描述。基于有限旋量的刚体运动表征方法，串联机构组成关节的运动可描述为

$$\boldsymbol{S}_{f,j}=2\tan\frac{\theta_j}{2}\begin{pmatrix}\boldsymbol{s}_j\\ \boldsymbol{r}_j\times\boldsymbol{s}_j\end{pmatrix}+t_j\begin{pmatrix}\boldsymbol{0}\\ \boldsymbol{s}_j\end{pmatrix} \tag{5-1}$$

式中，$\boldsymbol{s}_j$ 和 $\boldsymbol{r}_j$ 分别为第 j 个关节在末端处于初始状态时的运动轴线方向和位置向量。θ_j 和 t_j 分别为第 j 个关节的转动角度和移动位移。

按照组成运动副产生运动的考虑顺序，串联机构末端运动的计算有两类方式：自靠近动平台的运动关节起向下进行描述和自靠近静平台的运动关节起向上进行描述。

这里考虑由单自由度运动关节组成的串联机构，如图 5.2a 所示，利用第一种方法可建立的位移模型为

$$\boldsymbol{S}_f=\boldsymbol{S}_{f,n}\Delta\cdots\Delta\boldsymbol{S}_{f,1} \tag{5-2}$$

式中，$\boldsymbol{S}_f$ 为末端运动。$\boldsymbol{S}_{f,j}(j=1,\ \cdots,\ n)$ 为第 j 个关节运动。连接静平台和末端执行器的关节分别命名为第 1 个和第 n 个关节，所有其他关节都按升序命名。末端执行器的有限运动可视为从第 n 个关节到第 1 个关节按降序贡献的运动。即末端执行器的有限运动是通过第 n 个关节、第 $n-1$ 个关节的运动累积获得的，依此类推。由于有限运动表示从初始位姿到当前

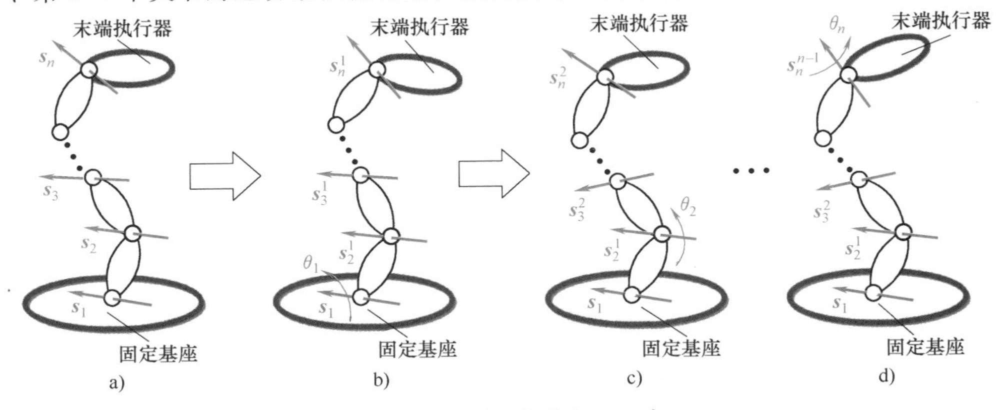

图 5.2 串联机构的有限运动

位姿的位移，因此串联机构的位移可通过每个关节的运动合成来计算。例如，六自由度串联机械臂的运动学方程可以通过式（5-2）获得。

实际上，末端执行器的运动也可以看作是从第 1～第 n 个关节的运动合成，即首先考量第一个关节运动，再考量第二个关节运动，依此类推。如图 5.2b～d，若 n-DoF 串联机构由 n 个关节组成，其运动方程可由第 1～第 n 个关节的运动合成描述为

$$\boldsymbol{S}_f=\boldsymbol{S}_{f,1}\Delta\boldsymbol{S}_{f,2}^{1}\Delta\cdots\Delta\boldsymbol{S}_{f,n-1}^{n-2}\Delta\boldsymbol{S}_{f,n}^{n-1} \tag{5-3}$$

式中，$\boldsymbol{S}_{f,j}^{j-1}$ 为关节 j 在前 $j-1$ 个关节运动作用下的有限运动，且

$$\boldsymbol{S}_{f,j}^{j-1}=\begin{cases}\tan\dfrac{\theta_j}{2}\begin{pmatrix}\boldsymbol{s}_j^{j-1}\\ \boldsymbol{r}_j^{j-1}\times\boldsymbol{s}_j^{j-1}\end{pmatrix} & \text{R 副}\\ t_j\begin{pmatrix}\boldsymbol{0}\\ \boldsymbol{s}_j^{j-1}\end{pmatrix} & \text{P 副}\\ 2\tan\dfrac{\theta_j}{2}\begin{pmatrix}\boldsymbol{s}_j^{j-1}\\ \boldsymbol{r}_j^{j-1}\times\boldsymbol{s}_j^{j-1}\end{pmatrix}+h_j\theta_j\begin{pmatrix}\boldsymbol{0}\\ \boldsymbol{s}_j^{j-1}\end{pmatrix} & \text{H 副}\end{cases} \tag{5-4}$$

式中，$\boldsymbol{s}_j^{j-1}$ 和 $\boldsymbol{r}_j^{j-1}$ 可通过以下步骤计算获得。

1）当关节 1 为 R 副时，$\boldsymbol{s}_j^1$ 和 $\boldsymbol{r}_j^1$ 可分别计算为

$$\boldsymbol{s}_j^1=\exp(\theta_1\widetilde{\boldsymbol{s}}_1)\boldsymbol{s}_j、\boldsymbol{r}_j^1=\boldsymbol{r}_1+\exp(\theta_1\widetilde{\boldsymbol{s}}_1)(\boldsymbol{r}_j-\boldsymbol{r}_1) \tag{5-5}$$

当关节 1 为 P 副时，$\boldsymbol{s}_j^1$ 和 $\boldsymbol{r}_j^1$ 可分别计算为

$$\boldsymbol{s}_j^1=\boldsymbol{s}_j、\boldsymbol{r}_j^1=\boldsymbol{r}_j+t_1\boldsymbol{s}_1 \tag{5-6}$$

当关节 1 为 H 副时，$\boldsymbol{s}_j^1$ 和 $\boldsymbol{r}_j^1$ 可分别计算为

$$\boldsymbol{s}_j^1=\exp(\theta_1\widetilde{\boldsymbol{s}}_1)\boldsymbol{s}_j、\boldsymbol{r}_j^1=\boldsymbol{r}_1+\exp(\theta_1\widetilde{\boldsymbol{s}}_1)(\boldsymbol{r}_j-\boldsymbol{r}_1)+h_1\theta_1\boldsymbol{s}_1 \tag{5-7}$$

式中，$\begin{pmatrix}\boldsymbol{s}_j^1\\ \boldsymbol{r}_j^1\times\boldsymbol{s}_j^1\end{pmatrix}$ 和 $\begin{pmatrix}\boldsymbol{0}\\ \boldsymbol{s}_j^1\end{pmatrix}$ 为关节 j 在关节 1 运动作用下的轴线向量。

2）当关节 $k(k=2，\cdots，j-1)$ 为 R 副时，$\boldsymbol{s}_j^k$ 和 $\boldsymbol{r}_j^k$ 可分别计算为

$$\boldsymbol{s}_j^k=\exp(\theta_k\widetilde{\boldsymbol{s}}_k^{k-1})\boldsymbol{s}_j^{k-1}、\boldsymbol{r}_j^k=\boldsymbol{r}_k^{k-1}+\exp(\theta_k\widetilde{\boldsymbol{s}}_k^{k-1})(\boldsymbol{r}_j^{k-1}-\boldsymbol{r}_k^{k-1}) \tag{5-8}$$

当关节 $k(k=2，\cdots，j-1)$ 为 P 副时，$\boldsymbol{s}_j^k$ 和 $\boldsymbol{r}_j^k$ 可分别计算为

$$\boldsymbol{s}_j^k=\boldsymbol{s}_j^{k-1}、\boldsymbol{r}_j^k=\boldsymbol{r}_j^{k-1}+t_k\boldsymbol{s}_k^{k-1} \tag{5-9}$$

当关节 $k(k=2，\cdots，j-1)$ 为 H 副时，$\boldsymbol{s}_j^k$ 和 $\boldsymbol{r}_j^k$ 可分别计算为

$$\boldsymbol{s}_j^k=\exp(\theta_k\widetilde{\boldsymbol{s}}_k^{k-1})\boldsymbol{s}_j^{k-1}、\boldsymbol{r}_j^k=\boldsymbol{r}_k^{k-1}+\exp(\theta_k\widetilde{\boldsymbol{s}}_k^{k-1})(\boldsymbol{r}_j^{k-1}-\boldsymbol{r}_k^{k-1})+h_k\theta_k\boldsymbol{s}_k^{k-1} \tag{5-10}$$

式中，$\begin{pmatrix}\boldsymbol{s}_j^k\\ \boldsymbol{r}_j^k\times\boldsymbol{s}_j^k\end{pmatrix}$ 或 $\begin{pmatrix}\boldsymbol{0}\\ \boldsymbol{s}_j^k\end{pmatrix}$ 为关节 j 在关节 k 运动作用下的轴线向量。

若关节不是逐一运动的，那么同样适用于式（5-3）。即第 j 个关节的运动会影响第（$j+1$）～第 n 个关节的轴，但不会影响第 1～第（$j-1$）个关节的轴。假设运动机构在运动开始时，第 m 个关节运动，之后第 u 个关节运动（c_1，c_2，…为 m～n 之间的关节数），则串联机构的运动方程可以被表述为

$$S_f = S_{f,m}\Delta\cdots\Delta S_{f,u}^{c_1,c_2,\cdots}\Delta\cdots \tag{5-11}$$

式中，$S_{f,u}^{c_1,c_2,\cdots}$ 为关节 u 在关节 c_1、$c_2\cdots$运动作用下的有限运动，其计算过程与 $S_{f,j}^{j-1}$ 相同。

参考第 2 章，如果在旋量三角积中交换任意自由度运动的位置，则 S_f 保持不变。因此，可以证明式（5-2）等同于式（5-3），表明串联机构的运动学方程可以用这两个方程中的任何一个来表示。式（5-2）通常被认为是较简单的表达方式，因为其推导比式（5-3）更简单。然而，式（5-3）及其变体在表征某些机构的特定运动模式方面非常有帮助。

构建上述位移模型依据的基本原理是末端执行器由初始状态至目标状态的运动过程与各个关节的运动过程相同。为了便于求解末端执行器位姿与运动关节变量之间的映射关系，本章引入表征末端执行器初始状态的计算因子 $S_{f,\mathrm{st}}$。需要注意的是，这里的初始状态可以为末端执行器真实可达到的状态，也可以是为了便于描述关节轴线而定义的虚拟状态。串联机构的初始位姿和目标位姿如图 5.3 所示。

在末端执行器中心建立随动参考系 $O'uvw$，则末端执行器的初始位姿可描述为随动参考系相对固定参考系的变换。假设随动参考系相对固定参考系的旋转矩阵表示为 R_{st}，点 O' 的初始位置向量为 b_{st}。基于 Chasles 运动定理，随动参考系和固定参考系的变换可视为等效的 Chasles 运动，利用有限旋量可表示为

$$S_{f,\mathrm{st}} = 2\tan\frac{\theta_{\mathrm{st}}}{2}\begin{pmatrix} s_{\mathrm{st}} \\ r_{\mathrm{st}}\times s_{\mathrm{st}} \end{pmatrix} + t_{\mathrm{st}}\begin{pmatrix} \mathbf{0} \\ s_{\mathrm{st}} \end{pmatrix} \tag{5-12}$$

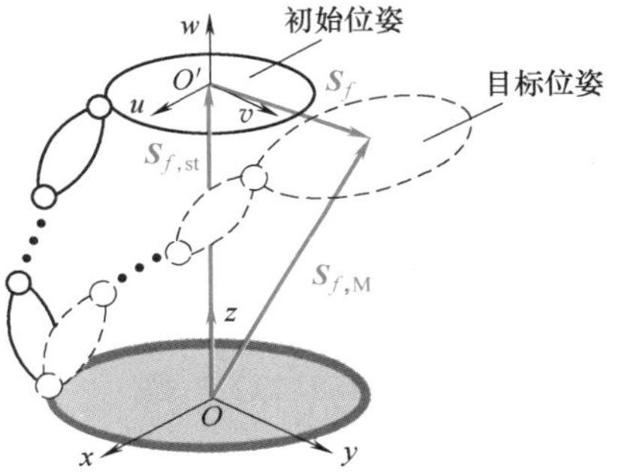

图 5.3　串联机构的初始位姿和目标位姿

根据 Rodrigues 公式和 SE（3）的对数求解方法可得

$$\theta_{\mathrm{st}} = \arccos^{-1}\left(\frac{\mathrm{trace}(R_{\mathrm{st}})-1}{2}\right)，\tilde{\omega}_{\mathrm{st}} = \lg[R_{\mathrm{st}}] = \frac{\theta_{\mathrm{st}}(R_{\mathrm{st}}-R_{\mathrm{st}}^{\mathrm{T}})}{2\sin\theta_{\mathrm{st}}} \tag{5-13}$$

式中，$\tilde{\omega}_{\mathrm{st}}$ 是 ω_{st} 的反对称矩阵。

$$M_{\mathrm{st}}^{-1} = E_3 - \frac{1}{2}\tilde{\omega}_{\mathrm{st}} + \frac{2\sin\|\omega_{\mathrm{st}}\| - \|\omega_{\mathrm{st}}\|(1+\cos\|\omega_{\mathrm{st}}\|)}{2\|\omega_{\mathrm{st}}\|^2\sin\|\omega_{\mathrm{st}}\|}\tilde{\omega}_{\mathrm{st}}^2，\ v_{\mathrm{st}} = \frac{M_{\mathrm{st}}^{-1}b_{\mathrm{st}}}{\theta_{\mathrm{st}}} \tag{5-14}$$

利用上述公式，式（5-12）中等效 Chasles 运动轴线的单位方向向量 $s_{f,\mathrm{st}}$、位置向量单位 $r_{f,\mathrm{st}}$ 以及移动变量 t_{st} 可分别求解为

$$s_{f,\mathrm{st}} = \omega_{\mathrm{st}}/\|\omega_{\mathrm{st}}\|、t_{\mathrm{st}} = s_{f,\mathrm{st}}^{\mathrm{T}}v_{\mathrm{st}}\theta_{\mathrm{st}}、r_{f,\mathrm{st}} = s_{f,\mathrm{st}}\times(v_{\mathrm{st}} - s_{f,\mathrm{st}}^{\mathrm{T}}v_{\mathrm{st}}s_{f,\mathrm{st}}) \tag{5-15}$$

由图 5.3 所示可知，在式（5-2）和式（5-3）等式两边同时添加末端执行器初始状态的计算因子，可得串联机构运动的两种表达形式为

$$S_{f,\mathrm{M}} = S_{f,\mathrm{st}}\Delta S_{f,n}\Delta\cdots\Delta S_{f,1} \tag{5-16}$$

$$S_{f,\mathrm{M}} = S_{f,\mathrm{st}}\Delta S_{f,1}\Delta S_{f,2}^{1}\Delta\cdots\Delta S_{f,n-1}^{n-2}\Delta S_{f,n}^{n-1} \tag{5-17}$$

式中，$S_{f,\mathrm{M}}$ 表示串联机构末端执行器由固定坐标系运动至目标状态的有限运动。

1. 串联机构的位移正解

对于一般的串联机构，所有运动关节均为驱动关节。因此，串联机构的位移正解可通过构建并求解式（5-16）或式（5-17）表示的运动方程直接获得。

【例 5-1】　建立如图 5.4 所示的 6R 机器人位移正解模型。

在 6R 机器人基座部件中心建立坐标 $Oxyz$。

1）采用方式一，运动方程可构建为

$$\boldsymbol{S}_{f,\mathrm{M}}=\boldsymbol{S}_{f,\mathrm{st}}\Delta\boldsymbol{S}_{f,6}\Delta\cdots\Delta\boldsymbol{S}_{f,1} \tag{5-18}$$

式中，$\boldsymbol{S}_f$为 6R 机器人的末端运动；$\boldsymbol{S}_{f,j}(j=1,\ \cdots,\ 6)$ 为关节 j 的运动。根据转动副的运动描述，运动方程可进一步改写为

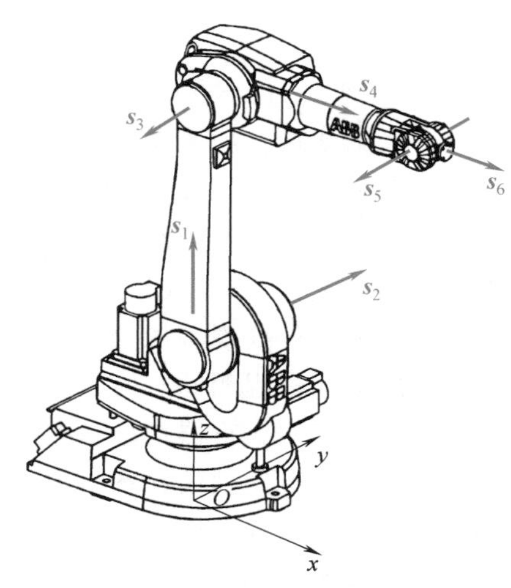

图 5.4　6R 机器人机构

$$\boldsymbol{S}_{f,\mathrm{M}}=\boldsymbol{S}_{f,\mathrm{st}}\Delta 2\tan\frac{\theta_6}{2}\begin{pmatrix}\boldsymbol{s}_6\\ \boldsymbol{r}_6\times\boldsymbol{s}_6\end{pmatrix}\Delta 2\tan\frac{\theta_5}{2}\begin{pmatrix}\boldsymbol{s}_5\\ \boldsymbol{r}_5\times\boldsymbol{s}_5\end{pmatrix}\Delta 2\tan\frac{\theta_4}{2}\begin{pmatrix}\boldsymbol{s}_4\\ \boldsymbol{r}_4\times\boldsymbol{s}_4\end{pmatrix}\Delta$$
$$2\tan\frac{\theta_3}{2}\begin{pmatrix}\boldsymbol{s}_3\\ \boldsymbol{r}_3\times\boldsymbol{s}_3\end{pmatrix}\Delta 2\tan\frac{\theta_2}{2}\begin{pmatrix}\boldsymbol{s}_2\\ \boldsymbol{r}_2\times\boldsymbol{s}_2\end{pmatrix}\Delta 2\tan\frac{\theta_1}{2}\begin{pmatrix}\boldsymbol{s}_1\\ \boldsymbol{r}_1\times\boldsymbol{s}_1\end{pmatrix} \tag{5-19}$$

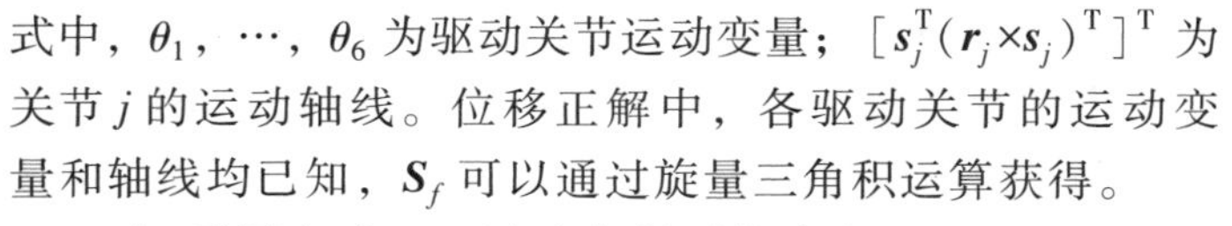

式中，θ_1，…，θ_6 为驱动关节运动变量；$[\boldsymbol{s}_j^{\mathrm{T}}(\boldsymbol{r}_j\times\boldsymbol{s}_j)^{\mathrm{T}}]^{\mathrm{T}}$ 为关节 j 的运动轴线。位移正解中，各驱动关节的运动变量和轴线均已知，$\boldsymbol{S}_f$ 可以通过旋量三角积运算获得。

2）采用方式二，运动方程可构建为

$$\boldsymbol{S}_{f,\mathrm{M}}=\boldsymbol{S}_{f,\mathrm{st}}\Delta\boldsymbol{S}_{f,6}^{5}\Delta\cdots\Delta\boldsymbol{S}_{f,k}^{k-1}\Delta\cdots\Delta\boldsymbol{S}_{f,1} \tag{5-20}$$

式中，$\boldsymbol{s}_k^{k-1}=\exp(\theta_{k-1}\widetilde{\boldsymbol{s}}_{k-1}^{k-2})\boldsymbol{s}_k^{k-1}$；$\boldsymbol{r}_k^{k-1}=\boldsymbol{r}_{k-1}^{k-2}+\exp(\theta_{k-1}\widetilde{\boldsymbol{s}}_{k-1}^{k-2})(\boldsymbol{r}_k^{k-1}-\boldsymbol{r}_{k-1}^{k-2})$。

2. 串联机构的位移逆解

考虑到一个由主动单自由度关节组成的串联机构，其运动学方程可表示为式（5-2）。使用符号 p_{a_j} 表示主动关节参数，则可以将运动学方程表示为

$$\boldsymbol{S}_{f,\mathrm{M}}=f(p_{a_1},\cdots,p_{a_n}) \tag{5-21}$$

这表明机构姿态与关节运动参数之间的映射关系。末端执行器的姿态可以表示为

$$\boldsymbol{S}_{f,\mathrm{M}}=2\tan\frac{\theta}{2}\begin{pmatrix}\boldsymbol{s}\\ \boldsymbol{r}\times\boldsymbol{s}\end{pmatrix}+t\begin{pmatrix}\boldsymbol{0}\\ \boldsymbol{s}\end{pmatrix} \tag{5-22}$$

式（5-22）中的元素，包括运动轴线的单位方向向量和位置向量、转动角位移、移动线位移，都是关节运动参数的函数。假设串联机构中有 m 个独立的运动关节，则式（5-22）可以分解为以下四个函数，分别为

$$\boldsymbol{s}=f_s(\theta_1,\cdots,\theta_m) \tag{5-23}$$

$$\tan\frac{\theta}{2}=f_\theta(\theta_1,\cdots,\theta_m) \tag{5-24}$$

$$\boldsymbol{r}=f_r(p_{a_1},\cdots,p_{a_n}) \tag{5-25}$$

$$t=f_t(p_{a_1},\cdots,p_{a_n}) \tag{5-26}$$

式（5-22）可进一步分解为

$$\begin{aligned}&2\tan\frac{\theta}{2}\boldsymbol{r}\times\boldsymbol{s}+t\boldsymbol{s}\\&=2f_\theta(\theta_1,\cdots,\theta_m)\cdot(f_r(p_{a_1},\cdots,p_{a_n})\times f_s(\theta_1,\cdots,\theta_m))+\\&\quad f_t(p_{a_1},\cdots,p_{a_n})\cdot f_s(\theta_1,\cdots,\theta_m)\\&=f_p(p_{a_1},\cdots,p_{a_n})\end{aligned} \tag{5-27}$$

公式（5-23）~式（5-26）揭示了关节参数与末端执行器有限运动之间的代数映射关系。利用这些映射，可通过代数推导求解给定姿态下串联机构的所有关节参数。从上述分析中，逆运动学的一般步骤可总结如下：

1）利用旋量三角积计算由所有关节运动产生的位姿，将运动学方程重写为式（5-22）。

2）建立关节转动运动参数与给定姿态之间的映射关系，如式（5-23）和式（5-24）所示。

3）建立所有关节参数与给定位姿的最后三项之间的映射关系，如式（5-25）和式（5-26）所示。

4）通过向量和多项式分析求解式（5-23）~式（5-26），得到所有关节参数的解析解或数值解。

【例 5-2】 建立如图 5.4 所示的 6R 机器人位移逆解模型。

已知 6R 机器人末端执行器的位姿，采用 6 个相互独立的运动可描述为

$$\boldsymbol{S}_{f,\mathrm{M}}=2\tan\frac{\theta_x}{2}\begin{pmatrix}\boldsymbol{s}_x\\\boldsymbol{0}\end{pmatrix}\Delta2\tan\frac{\theta_y}{2}\begin{pmatrix}\boldsymbol{s}_y\\\boldsymbol{0}\end{pmatrix}\Delta2\tan\frac{\theta_z}{2}\begin{pmatrix}\boldsymbol{s}_z\\\boldsymbol{0}\end{pmatrix}\Delta t_x\begin{pmatrix}\boldsymbol{0}\\\boldsymbol{s}_x\end{pmatrix}\Delta t_y\begin{pmatrix}\boldsymbol{0}\\\boldsymbol{s}_y\end{pmatrix}\Delta t_z\begin{pmatrix}\boldsymbol{0}\\\boldsymbol{s}_z\end{pmatrix} \tag{5-28}$$

式中，$\boldsymbol{s}_x$、$\boldsymbol{s}_y$、$\boldsymbol{s}_z$ 分别为平行于 x、y、z 坐标轴的单位方向向量；θ_x、θ_y、θ_z、t_x、t_y、t_z 用于描述 6R 机器人末端执行器的位姿。利用旋量三角运算将式（5-28）整理为

$$\boldsymbol{S}_{f,\mathrm{M}}=2\tan\frac{\theta}{2}\begin{pmatrix}\boldsymbol{s}\\\boldsymbol{r}\times\boldsymbol{s}\end{pmatrix}+t\begin{pmatrix}\boldsymbol{0}\\\boldsymbol{s}\end{pmatrix} \tag{5-29}$$

$\boldsymbol{S}_{f,\mathrm{M}}$ 由关节运动产生，因此是运动关节变量的函数。基于式（5-27），建立如下运动方程：

$$\begin{cases}\boldsymbol{s}=f_s(\theta_1,\cdots,\theta_6)\\\tan\dfrac{\theta}{2}=f_\theta(\theta_1,\cdots,\theta_6)\\\boldsymbol{r}=f_r(\theta_1,\cdots,\theta_6)\\t=f_t(\theta_1,\cdots,\theta_6)\end{cases} \tag{5-30}$$

通过代数运算求解方程可获得 θ_1，…，θ_6 的解析解或数值解，它们是 θ_x、θ_y、θ_z、t_x、t_y、t_z 的函数。

5.2.2 串联机构位移建模的 D-H 参数方法

串联机器人可以看作是由一系列连杆通过关节串联而成的运动链，其中连杆能保持其两端的关节轴线具有固定的几何关系。因此，串联机器人的末端运动也可以视为机架的参考坐标系通过一系列运动变换而获得的。本节介绍构建串联机构位移模型的另一种常用方法——D-H（Denavit-Hartenberg）参数法。

1. 连杆连接的描述

如图 5.5 所示，假设刚性连杆 i-1 和连杆 i 由一个公共的关节轴 i 连接，即连杆 i 绕关节轴 i 相对于连杆 i-1 进行转动和移动运动。为了描述连杆 i 的运动，首先应描述关节轴线 i 与关节轴线 i-1 的相对空间位置。以关节轴线 i-1 为参考，关节轴线 i 可通过定义两个轴线之间的距离和扭转角两个参数来描述，即连杆长度和连杆的扭转角，这两个参数也反映了连杆 i-1 自身的特征。在此基础上，连杆 i 相对连杆 i-1 的转动和移动可以通过沿着轴线 i 的

连杆偏距和绕着轴线 i 的关节转角来定义，这两个参数反映了连杆 i 相对连杆 $i-1$ 的连接关系。由此可知，机器人的每个连杆都可以用 4 个运动学参数来描述，其中两个参数用于描述连杆本身，也可称为连杆结构参数；另两个参数用于描述连杆之间的连接关系，也称连杆连接参数。

（1）连杆结构参数　连杆长度和扭转角　空间中任意两条直线的关系可以用公垂线的长度和扭转角来定义。如图 5.5 所示，关节轴 $i-1$ 和关节轴 i 之间公垂线的长度为 a_{i-1}，即为连杆长度。当两轴线相交时，$a_{i-1}=0$。关节轴 $i-1$ 和关节轴 i 之间的夹角为 α_{i-1}，即为连杆扭转角。当两轴线平行时，$\alpha_{i-1}=0$。

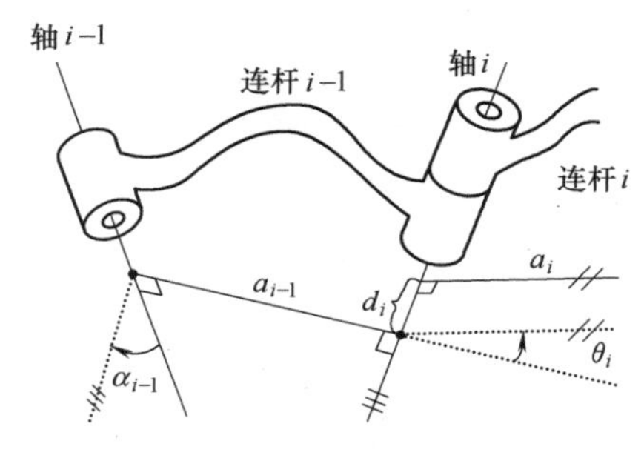

图 5.5　D-H 参数

（2）连杆连接参数　连杆偏距和关节角　如图 5.5 所示，从垂线 a_{i-1} 与关节轴 i 的交点到公垂线 a_i 与关节轴 i 交点的有向距离即为连杆偏距 d_i。平移公垂线 a_{i-1} 和 a_i 绕关节轴 i 旋转所形成的夹角即为关节角 θ_i。当关节 i 为移动关节时，连杆偏距 d_i 为变量。当关节 i 为转动关节时，关节角 θ_i 为变量。

因此，串联机构的每个连杆都可以用 4 个运动学参数来描述，其中两个参数用于描述连杆本身，另两个参数用于描述连杆之间的连接关系。通常，对于转动关节，θ_i 为关节变量，其他三个连杆参数为结构参数；对于移动关节，d_i 为关节变量，其他三个连杆参数为结构参数。这种用连杆参数描述机构运动关系的规则称为 D-H 参数法。

根据上述方法，可以利用 D-H 参数描述任意串联机构运动。例如，一个由 6 个单自由度运动关节组成的串联机构，其具有 18 个固定的运动学参数和 6 个运动变量。如果是 6 个转动关节组成的串联机构，此时 18 个固定参数可分 6 组（a_i，α_i，d_i）表示。

2. 连杆坐标系的定义

为了描述每个连杆与相邻连杆之间的相对位置关系，在每个连杆上定义坐标系。本书主要介绍前置坐标系，即以连杆的前一个关节坐标系为其连杆坐标系。根据连杆坐标系所在连杆的编号进行命名，因此，连杆 $i-1$ 上的连杆坐标系称为坐标系 $\{i-1\}$。图 5.6 所示为坐标系 $\{i-1\}$ 和 $\{i\}$ 的位置。

确定连杆坐标系 $\{i-1\}$ 的方法为：坐标系的原点位于公垂线 a_{i-1} 与关节轴 $i-1$ 的交点处，$\hat{Z}_{i-1}$ 轴与关节轴 $i-1$ 重合，$\hat{X}_{i-1}$ 沿 a_{i-1} 方向由关节 $i-1$ 指向关节 i，$\hat{Y}_{i-1}$ 轴由右手定则确定。此外，有两个特殊的坐标系：坐标系 $\{0\}$ 和坐标系 $\{n\}$。坐标系 $\{0\}$ 固连于机器人基座（即连杆 0），一般将该坐标系作为描述其他连杆坐标系位置的参考坐标系。坐标系 $\{0\}$ 可以任意设定，但是为了简化计算，通常设定坐标系 $\{0\}$ 与坐标系 $\{1\}$ 原点重合，$\hat{Z}_0$ 轴与 $\hat{Z}_1$ 轴重合。对于末端连杆坐标系 $\{n\}$，当末端关节为转动关节时，选取坐标系 $\{N\}$ 的原点位置使之满足 $d_n=0$，设定 $\theta_n=0$，此时 $\hat{X}_N$ 轴与 $\hat{X}_{N-1}$ 轴的方向相同。当末端关节为移动关节时，选取坐标系 $\{N\}$ 的原点位于 $\hat{X}_{N-1}$ 轴与关节轴 n 的交点位置，设定 $\hat{X}_N$ 轴的方向使之满足 $\theta_n=0$，$d_n=0$。需要注意，按照上述方法建立的坐标系并不唯一。

3. 串联机构 D-H 参数

建立串联机构运动学方程时，为了确定两个相邻关节轴的位置关系，将连杆视为刚体。

从串联机器人机构的基座开始对连杆进行编号，定义基座为连杆 0。第一个可动连杆为连杆 1，以此类推，最末端的连杆为连杆 n。按照下面的步骤建立串联机构的连杆坐标系：

1）确定各个关节轴线，并标出相应轴线的延长线。在步骤 2）~步骤 3）中，仅考虑关节轴线 $i-1$ 及其相邻轴线 i。

2）确定关节轴 $i-1$ 和 i 之间的公垂线或两轴的交点，以关节轴 $i-1$ 和 i 的交点或公垂线与关节轴 $i-1$ 的交点作为连杆坐标系 $\{i-1\}$ 的原点。

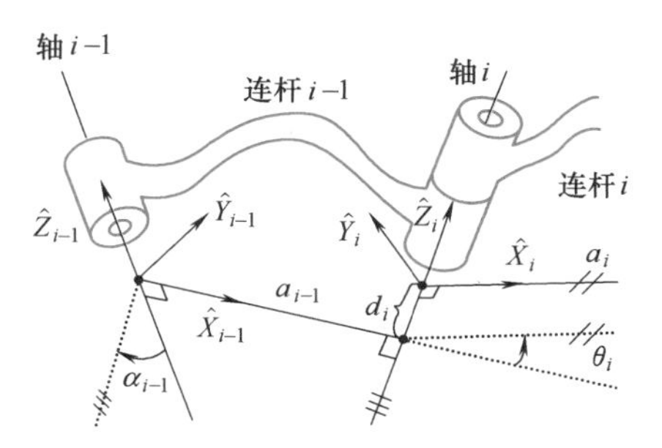

图 5.6 连杆连接坐标系定义

3）规定 $\hat{Z}_{i-1}$ 轴沿关节轴 $i-1$ 的指向，规定 $\hat{X}_{i-1}$ 轴沿公垂线的指向，如果关节轴 $i-1$ 和 i 相交，则规定 $\hat{X}_{i-1}$ 轴垂直于关节轴 $i-1$ 和 i 所在的平面，按右手定则确定 $\hat{Y}_i$ 轴。

4）当第一个关节变量为 0 时，规定坐标系 $\{0\}$ 和 $\{1\}$ 重合。对于坐标系 $\{N\}$，其原点和 $\hat{X}_N$ 的方向可以任意选取。但是选取时，通常尽量使连杆参数为 0。

由上述步骤可知，坐标系 $\{i\}$ 相对于坐标系 $\{i-1\}$ 的变换是由 4 个连杆参数构成的。对任意给定的串联机构，4 个参数中只有 1 个为运动变量，另外 3 个参数由机械系统结构确定。对每个连杆逐一建立坐标系，把具有 n 个可动连杆的串联机构运动学问题分解成 n 个子问题，再将每个子问题再分解成 4 次变换，每次变换都是仅有一个连杆参数的函数，通过观察能很容易写出它的表达式。

假设坐标系 $\{i-1\}$ 由于绕 $\hat{X}_{i-1}$ 轴旋转角 α_{i-1} 得到坐标系 $\{P\}$，$\{P\}$ 沿 $\hat{X}_{i-1}$ 轴平移 a_{i-1} 得到坐标系 $\{Q\}$，$\{Q\}$ 绕 $\hat{Z}_i$ 轴旋转角 θ_i 得到坐标系 $\{R\}$，$\{R\}$ 沿 $\hat{Z}_i$ 轴平移 d_i 得到坐标系 $\{i\}$，这里坐标系 $\{P\}$、$\{Q\}$、$\{R\}$ 均为中间坐标系。上述变换过程用矩阵描述为

$$ {}^{i-1}_{i}\boldsymbol{T} = {}^{i-1}_{R}\boldsymbol{T}\,{}^{R}_{Q}\boldsymbol{T}\,{}^{Q}_{P}\boldsymbol{T}\,{}^{P}_{i}\boldsymbol{T} \tag{5-31} $$

考虑每一个变换矩阵，式（5-31）可以写为

$$ {}^{i-1}_{i}\boldsymbol{T} = \boldsymbol{R}_X(\alpha_{i-1})\boldsymbol{D}_X(a_{i-1})\boldsymbol{R}_Z(\theta_i)\boldsymbol{D}_Z(d_i) \tag{5-32} $$

利用矩阵连乘计算式（5-32），可得 ${}^{i-1}_{i}\boldsymbol{T}$ 的一般表达式为

$$ {}^{i-1}_{i}\boldsymbol{T} = \begin{pmatrix} c\theta_i & -s\theta_i & 0 & a_{i-1} \\ s\theta_i c\alpha_{i-1} & c\theta_i c\alpha_{i-1} & -s\alpha_{i-1} & -s\alpha_{i-1}d_i \\ s\theta_i s\alpha_{i-1} & c\theta_i s\alpha_{i-1} & c\alpha_{i-1} & c\alpha_{i-1}d_i \\ 0 & 0 & 0 & 1 \end{pmatrix} \tag{5-33} $$

如果已经定义了连杆坐标系和相应的连杆参数，就能直接建立串联机构的运动学方程。由连杆参数值可以计算出各个连杆变换矩阵。把这些连杆变换矩阵连乘就能得到一个坐标系 $\{N\}$ 相对于坐标系 $\{0\}$ 的变换矩阵，即

$$ {}^{0}_{N}\boldsymbol{T} = {}^{0}_{1}\boldsymbol{T}\,{}^{1}_{2}\boldsymbol{T}\,{}^{2}_{3}\boldsymbol{T}\cdots{}^{N-1}_{N}\boldsymbol{T} \tag{5-34} $$

变换矩阵 ${}^{0}_{N}\boldsymbol{T}$ 是关于 n 个关节变量的函数。如果能得到机构关节运动变量值，机构末端连杆在笛卡儿坐标系中的位置和姿态就能通过 ${}^{0}_{N}\boldsymbol{T}$ 计算出来。

【例 5-3】 请分析 6R 机器人机构的 D-H 参数，并建立运动方程。

如图 5.7 所示，建立 6R 机构的固定连杆坐标系，D-H 参数见表 5.1。基于式（5-34），

6R 机构的运动方程可构建为

$$ {}_6^0\boldsymbol{T} = {}_1^0\boldsymbol{T}{}_2^1\boldsymbol{T}{}_3^2\boldsymbol{T}\cdots{}_6^5\boldsymbol{T} \tag{5-35}$$

式中，

$$ {}_i^{i-1}\boldsymbol{T} = \begin{pmatrix} \cos\theta_i & -\sin\theta_i & 0 & a_{i-1} \\ \sin\theta_i\cos\alpha_{i-1} & \cos\theta_i\cos\alpha_{i-1} & -\sin\alpha_{i-1} & 0 \\ \sin\theta_i\sin\alpha_{i-1} & \cos\theta_i\sin\alpha_{i-1} & \cos\alpha_{i-1} & 0 \\ 0 & 0 & 0 & 1 \end{pmatrix}$$

将连杆 i 的 D-H 参数代入式（5-35），可得其坐标转换矩阵。以连杆 1 为例，则

$$ {}_1^0\boldsymbol{T} = \begin{pmatrix} \cos\theta_i & -\sin\theta_i & 0 & 0 \\ \sin\theta_i & \cos\theta_i & 0 & 0 \\ 0 & 0 & 1 & 0 \\ 0 & 0 & 0 & 1 \end{pmatrix}$$

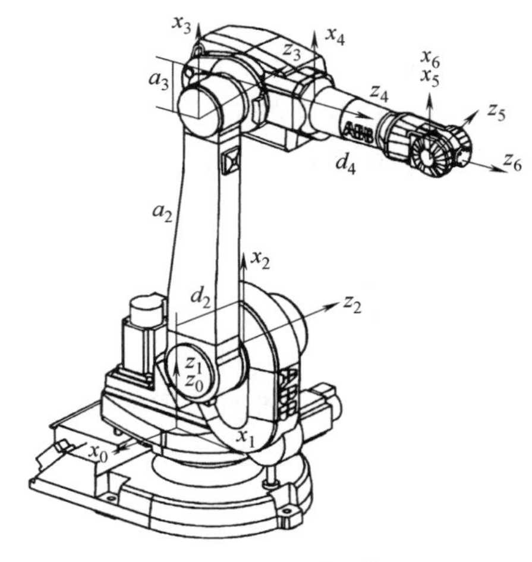

图 5.7　6R 机器人的连杆坐标系

表 5.1　6R 机器人的 D-H 参数

连杆	a_{i-1}	α_{i-1}	d_{i-1}	θ_i
1	0	0°	0	θ_1
2	0	-90°	d_2	θ_2
3	a_2	0°	0	θ_3
4	a_3	-90°	d_4	θ_4
5	0	90°	0	θ_5
6	0	-90°	0	θ_6

5.2.3　并联机构位移建模的有限旋量方法

如图 5.8 所示，假设一个包含 N 个支链的并联机构，支链 i 具有 m_i 个单自由度运动关节。并联机构末端运动可视为各支链运动的交集，即

$$ \boldsymbol{S}_{f,\mathrm{PM}} = \boldsymbol{S}_{f,1} \cap \cdots \cap \boldsymbol{S}_{f,N} \tag{5-36}$$

式中，$\boldsymbol{S}_{f,\mathrm{PM}}$ 和 $\boldsymbol{S}_{f,i}$（$i=1, 2, \cdots, N$）分别为并联机构末端和组成支链末端的运动。“∩”表示运动求交运算。

1. 并联机构的位移正解

并联机构的正运动学是通过已知的驱动关节参数来计算动平台的位姿。常见的情况下，每条支链含有一个驱动关节，若这个驱动关节的参数是已知量，则第 i 条支链中其余 n_i-1 的关节参数可由第 i 个支链的已知驱动参数和其他支链的驱动参数确定，如图 5.9 所示。定义 $\overline{\boldsymbol{S}}_f$ 表示具有未知运动参数的有限运动。如果在第 i 个支链中选择第 a_i 个关节作为驱动关节，那么第 i 个支链的运动学方程可以表示为

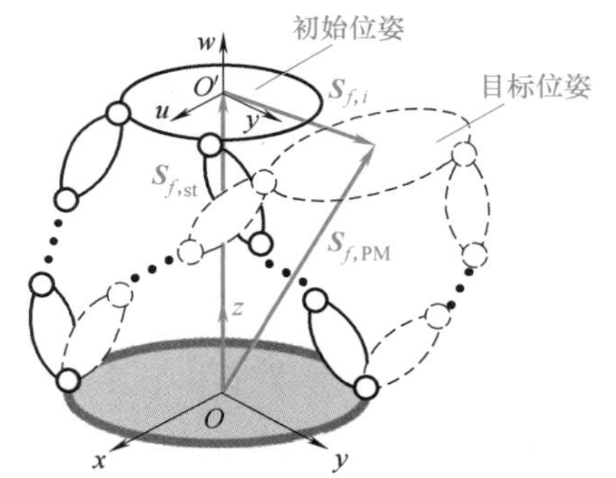

图 5.8　并联机构的初始位姿和目标位姿

$$\overline{\boldsymbol{S}}_{f,i}=\boldsymbol{S}_{f,\mathrm{st}}\Delta\overline{\boldsymbol{S}}_{f,i,n_i}\Delta\cdots\Delta\boldsymbol{S}_{f,i,a_i}\Delta\cdots\Delta\overline{\boldsymbol{S}}_{f,i,1} \tag{5-37}$$

式中，$\overline{\boldsymbol{S}}_{f,i}$ 表示第 i 个支链的有限运动；$\boldsymbol{S}_{f,i,a_i}$ 表示第 i 个支链中驱动关节的有限运动；$\overline{\boldsymbol{S}}_{f,i,k}$（$k=1$，…，$a_i-1$，$a_i+1$，…，$n_i$）表示第 k 个非驱动关节的有限运动，其关节参数未知，且

$$\overline{\boldsymbol{S}}_{f,i,k}=\begin{cases}\tan\dfrac{\overline{\theta}_{i,k}}{2}\begin{pmatrix}\boldsymbol{s}_{i,k}\\ \boldsymbol{r}_{i,k}\times\boldsymbol{s}_{i,k}\end{pmatrix} & \text{R 副}\\ \overline{t}_{i,k}\begin{pmatrix}\boldsymbol{0}\\ \boldsymbol{s}_{i,k}\end{pmatrix} & \text{P 副}\\ \tan\dfrac{\overline{\theta}_{i,k}}{2}\begin{pmatrix}\boldsymbol{s}_{i,k}\\ \boldsymbol{r}_{i,k}\times\boldsymbol{s}_{i,k}\end{pmatrix}+h_{i,k}\overline{\theta}_{i,k}\begin{pmatrix}\boldsymbol{0}\\ \boldsymbol{s}_{i,k}\end{pmatrix} & \text{H 副}\end{cases} \tag{5-38}$$

由于这些支链连接到同一个动平台上，它们的运动是相同的，即

$$\overline{\boldsymbol{S}}_{f,1}=\cdots=\overline{\boldsymbol{S}}_{f,i}=\cdots=\overline{\boldsymbol{S}}_{f,l} \tag{5-39}$$

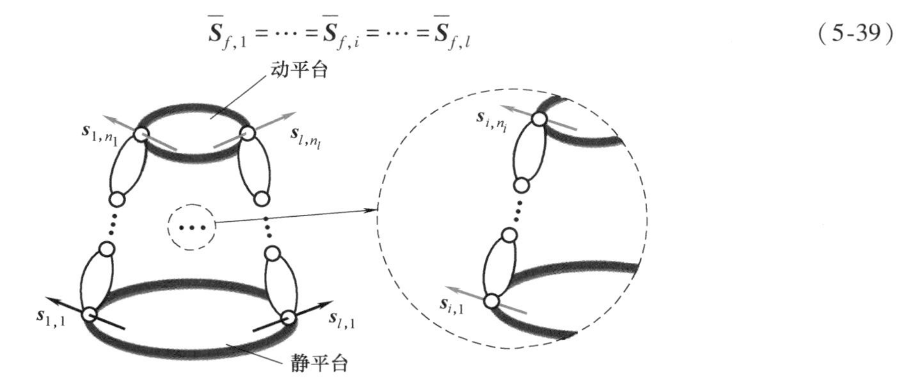

图 5.9 并联机构的有限运动

首先解算第 i 个支链中非驱动关节的未知参数，这些未知参数可表示为所有驱动关节参数的函数，即

$$\overline{p}_{i,k}=f(p_{1,a_1},\cdots,p_{l,a_l}) \tag{5-40}$$

式中，$\overline{p}_{i,k}$和 p_{i,a_i} 分别为支链 i 中非驱动关节 k 和驱动关节 a_i 的运动参数，且

$$\overline{p}_{i,k}=\begin{cases}\overline{\theta}_{i,k} & \text{R 或 H}\\ \overline{t}_{i,k} & \text{P}\end{cases},\ k=1,\cdots,a_i-1,a_i+1,\cdots,n_i \tag{5-41}$$

$$p_{i,a_i}=\begin{cases}\theta_{i,a_i} & \text{R 或 H}\\ t_{i,a_i} & \text{P}\end{cases} \tag{5-42}$$

【例 5-4】 Sprint Z3 动力头是三自由度并联机器人的典型代表，它具有高刚度、运动灵活的优势，在加工、装配等领域得到了成功应用。如图 5.10 所示，Sprint Z3 动力头由动平台、静平台和 3 条相同的 $\underline{\mathrm{P}}$RS 支链组成，其中，P 为驱动关节。请建立该机构的位移正解模型。

在 3-PRS 机构的静平台中心点 O 处建立固定坐标系 $Oxyz$，y 轴经过点 B_2，z 轴垂直于静平台向上，x 轴符合右手定则。在此坐标系下，第 i 条 PRS 支链的运动表达式为

$$\boldsymbol{S}_{f,i}=\boldsymbol{S}_{f,\mathrm{st}}\Delta 2\tan\frac{\theta_{i,5}}{2}\begin{pmatrix}\boldsymbol{s}_{i,5}\\ \boldsymbol{r}_{i,5}\times\boldsymbol{s}_{i,5}\end{pmatrix}\Delta$$
$$2\tan\frac{\theta_{i,4}}{2}\begin{pmatrix}\boldsymbol{s}_{i,4}\\ \boldsymbol{r}_{i,4}\times\boldsymbol{s}_{i,4}\end{pmatrix}\Delta 2\tan\frac{\theta_{i,3}}{2}\begin{pmatrix}\boldsymbol{s}_{i,3}\\ \boldsymbol{r}_{i,3}\times\boldsymbol{s}_{i,3}\end{pmatrix}\Delta$$
$$2\tan\frac{\theta_{i,2}}{2}\begin{pmatrix}\boldsymbol{s}_{i,2}\\ \boldsymbol{r}_{i,2}\times\boldsymbol{s}_{i,2}\end{pmatrix}\Delta t_{i,1}\begin{pmatrix}\boldsymbol{0}\\ \boldsymbol{s}_{i,1}\end{pmatrix}\qquad(5\text{-}43)$$

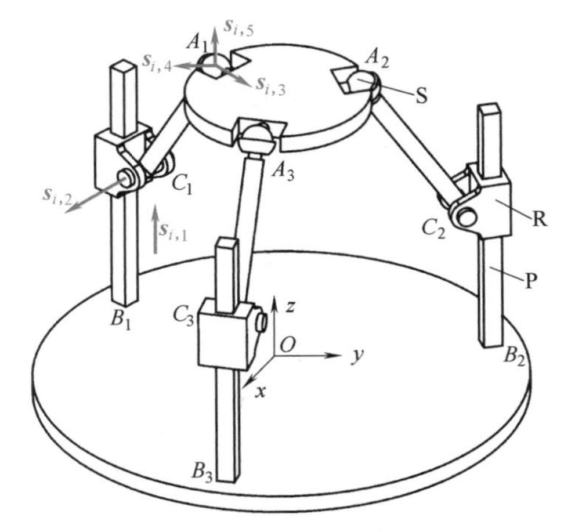

图 5.10　3-PRS 并联机构

式中，$\boldsymbol{S}_{f,\mathrm{st}}$ 的含义与串联机构相同；$\boldsymbol{s}_{i,j_s}(j_s=3，4，5)$ 和 $\boldsymbol{s}_{i,2}$ 是第 i 条 PRS 支链球副和转动副的单位轴线方向向量，$\boldsymbol{s}_{i,j_s}$ 彼此相互独立并且 $\boldsymbol{s}_{i,2}=\boldsymbol{s}_{i,3}$；$\boldsymbol{r}_{i,2}$ 和 $\boldsymbol{r}_{i,j_s}$（$j_s=3，4，5$）分别是点 C_i 和 A_i 的位置向量；$t_{i,1}$ 为第 i 条支链的移动驱动关节运动变量。

固定坐标系 $Oxyz$ 下

$$\boldsymbol{s}_{i,2}=(\cos\phi_i\quad -\sin\phi_i\quad 0)^{\mathrm{T}}(i=1,2,3),\ \phi_i=(i-2)\frac{2\pi}{3},\ \boldsymbol{s}_{i,1}=(0\quad 0\quad 1)^{\mathrm{T}}$$

$$\boldsymbol{r}_{i,2}=\boldsymbol{r}_1(\sin\phi_i\quad \cos\phi_i\quad 0)^{\mathrm{T}}+t_{i,1}\boldsymbol{s}_{i,1},\ \boldsymbol{r}_{i,j_s}=\boldsymbol{r}_{i,2}-l_i\boldsymbol{s}_{i,l}(j_s=3,4,5)\qquad(5\text{-}44)$$

式中，$\boldsymbol{s}_{i,l}$ 为初始状态下 RS 连杆的单位方向向量。与串联机构不同，并联机构的组成支链运动受其他支链的约束作用。基于机器人各支链末端运动相同这一原理建立方程组，即

$$\boldsymbol{S}_{f,1}=\boldsymbol{S}_{f,2}=\boldsymbol{S}_{f,3}\qquad(5\text{-}45)$$

通过求解式（5-45）可获得非驱动关节运动变量与驱动关节运动变量 $t_{i,1}(i=1，2，3)$ 的函数关系，代入 $\boldsymbol{S}_{f,i}$ 可计算末端动平台的位姿为

$$\boldsymbol{S}_{f,1}=\boldsymbol{S}_{f,\mathrm{PM}}\qquad(5\text{-}46)$$

基于驱动关节和非驱动关节的参数，可利用式（5-45）中的第 i 个支链的有限运动来求解动平台的有限运动。按照此过程，有两种方法可求解并联机构的正运动学问题。一种方法是求解运动方程，另一种方法是通过分步运动计算有限运动。

（1）整体求解运动参数　正运动学问题中，驱动关节的运动参数为已知，非驱动关节的运动参数未知。假设并联机构中有 l 条支链，每条支链包含 1 个驱动关节，则有 $\sum_{i=1}^{l}(n_i-1)$ 个未知参数。若每条支链都是不超过 5 个自由度的少自由度支链，则未知参数的数量不超过 $4l$。式（5-45）可以写成 $6\times(l-1)$ 个标量方程。由于并联机构至少有两条支链，因此 l 不小于 2。因此，标量方程的数量通常大于未知参数的数量。通过求解这些方程，可以计算出未知参数。最终，通过式（5-46）可得到并联机构的当前姿态。

例如，【例 5-4】中的 3-PRS 机构，三条支链的非驱动关节变量为 12 个，利用式（5-45）可获得代数方程 12 个，可进行正运动学求解。

（2）分步求解运动参数　动平台从初始姿态到当前姿态的运动可以视为分步运动。从第 1 条支链的驱动关节开始，到第 l 条支链的驱动关节逐一运动。在第 j 个驱动关节运动前，

这个支链中的关节轴线已经被前面的 $j-1$ 个驱动关节的运动所改变。第 j 个驱动关节产生的动平台有限运动为

$$\overline{\boldsymbol{S}}_{f,i}^{j-1}=\boldsymbol{S}_{f,\mathrm{st}}\Delta\overline{\boldsymbol{S}}_{f,i,n_j}^{j-1}\Delta\cdots\Delta\boldsymbol{S}_{f,i,a_j}^{j-1}\Delta\cdots\Delta\overline{\boldsymbol{S}}_{f,i,1}^{j-1} \tag{5-47}$$

式中，$\overline{\boldsymbol{S}}_{f,i}^{j-1}$ 表示前 $j-1$ 个驱动关节运动后，第 j 个驱动关节产生的移动平台的有限运动。

$$\boldsymbol{S}_{f,i,a_j}^{j-1}=\begin{cases}\tan\dfrac{\theta_{i,a_i}}{2}\begin{pmatrix}\boldsymbol{s}_{i,a_i}^{j-1}\\ \boldsymbol{r}_{i,a_i}^{j-1}\times\boldsymbol{s}_{i,a_i}^{j-1}\end{pmatrix} & \text{R 副}\\ t_{i,a_i}\begin{pmatrix}\boldsymbol{0}\\ \boldsymbol{s}_{i,a_i}^{j-1}\end{pmatrix} & \text{P 副}\\ \tan\dfrac{\theta_{i,a_i}}{2}\begin{pmatrix}\boldsymbol{s}_{i,a_j}^{j-1}\\ \boldsymbol{r}_{i,a_i}^{j-1}\times\boldsymbol{s}_{i,a_i}^{j-1}\end{pmatrix}+h_{i,a_i}\theta_{i,a_i}\begin{pmatrix}\boldsymbol{0}\\ \boldsymbol{s}_{i,a_i}^{j-1}\end{pmatrix} & \text{H 副}\end{cases} \tag{5-48}$$

式中，$\boldsymbol{S}_{f,i,a_j}^{j-1}$（$k=1$，…，$a_j-1$，$a_j+1$，…，$n_j$）为第 i 条支链中第 k 个非驱动关节在前面的 $j-1$ 个驱动关节运动后所产生的姿态变换。$\overline{\boldsymbol{S}}_{f,i,k}^{j-1}$可描述为

$$\overline{\boldsymbol{S}}_{f,i,k}^{j-1}=\begin{cases}\tan\dfrac{\overline{\theta}_{i,k}}{2}\begin{pmatrix}\boldsymbol{s}_{i,k}^{j-1}\\ \boldsymbol{r}_{i,k}^{j-1}\times\boldsymbol{s}_{i,k}^{j-1}\end{pmatrix} & \text{R 副}\\ \overline{t}_{i,k}\begin{pmatrix}\boldsymbol{0}\\ \boldsymbol{s}_{i,k}^{j-1}\end{pmatrix} & \text{P 副}\\ \tan\dfrac{\overline{\theta}_{j,k}}{2}\begin{pmatrix}\boldsymbol{s}_{i,k}^{j-1}\\ \boldsymbol{r}_{i,k}^{j-1}\times\boldsymbol{s}_{i,k}^{j-1}\end{pmatrix}+h_{i,k}\overline{\theta}_{i,k}\begin{pmatrix}\boldsymbol{0}\\ \boldsymbol{s}_{i,k}^{j-1}\end{pmatrix} & \text{H 副}\end{cases} \tag{5-49}$$

式中，$\overline{\theta}_{i,k}$ 和 $\overline{t}_{i,k}$ 是支链 i 中的非驱动参数，它们由前面的 $j-1$ 个驱动参数决定；$\boldsymbol{s}_{i,k}^{j-1}$ 和 $\boldsymbol{r}_{i,k}^{j-1}$ 是第 i 个支链中第 k 个关节在前面 $j-1$ 个驱动关节移动后的单位方向向量和位置向量。非驱动参数与前面 $j-1$ 个驱动参数之间的关系可以写为

$$\overline{p}_{i,k}=f_{i,k}(p_{1,a_1},\cdots,p_{j-1,a_{j-1}}) \tag{5-50}$$

如上分析可知，逐个计算驱动关节的运动可以获取动平台的运动。这种方式将并联机构视为串联机构，则末端动平台的运动是由所有 l 个驱动关节产生的运动组合而成。因此，并联机构的运动学方程可以表示为

$$\boldsymbol{S}_f=\overline{\boldsymbol{S}}_{f,1}\Delta\cdots\Delta\overline{\boldsymbol{S}}_{f,i}^{j-1}\Delta\cdots\Delta\overline{\boldsymbol{S}}_{f,l}^{l-1} \tag{5-51}$$

解决并联机构正运动学问题的第二种方法中，$\overline{\theta}_{i,k}$ 和 $\overline{t}_{i,k}$（$i=1$，…，l，$k=1$，…，n_i），$\boldsymbol{s}_{i,k}^{j-1}$ 和 $\boldsymbol{r}_{i,k}^{j-1}$（$i=2$，…，$l$，$k=1$，…，$n_i$）是未知参数。它们可通过分析关节和支链之间的几何条件来获得。这些参数的计算必须遵循驱动关节的运动序列。这意味着只有得到 $\boldsymbol{s}_{i,k}^{j-1}$ 和 $\boldsymbol{r}_{i,k}^{j-1}$ 之后，才能计算 $\overline{\theta}_{i,k}$ 和 $\overline{t}_{i,k}$。该方法把复杂的运动学方程求解拆分为若干步简单方程求解，但求解步骤较多。

【例 5-5】 如图 5.11 所示，六自由度并联机构由静平台、动平台以及 6 条对称分布的

UPS 支链构成，每条支链均由 P 副驱动。定义动、静平台的半径分别为 $r_m = 200\text{mm}$、$r_s = 250\text{mm}$，相邻铰点 A_1、A_6 间的夹角为 30°。当驱动关节变量如图 5.12 所示时，求解末端动平台的运动。

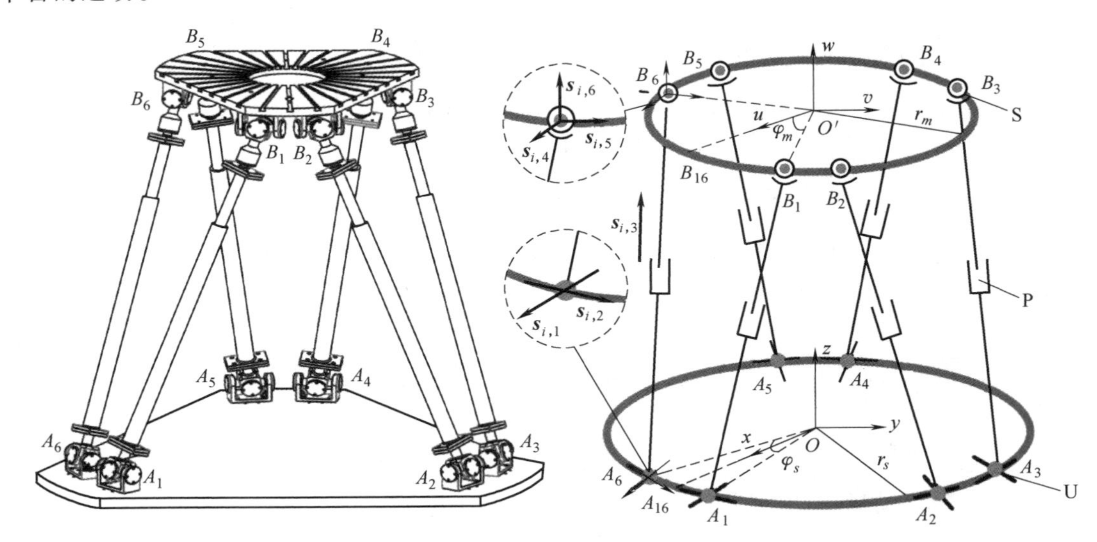

图 5.11　6-UPS 并联机构

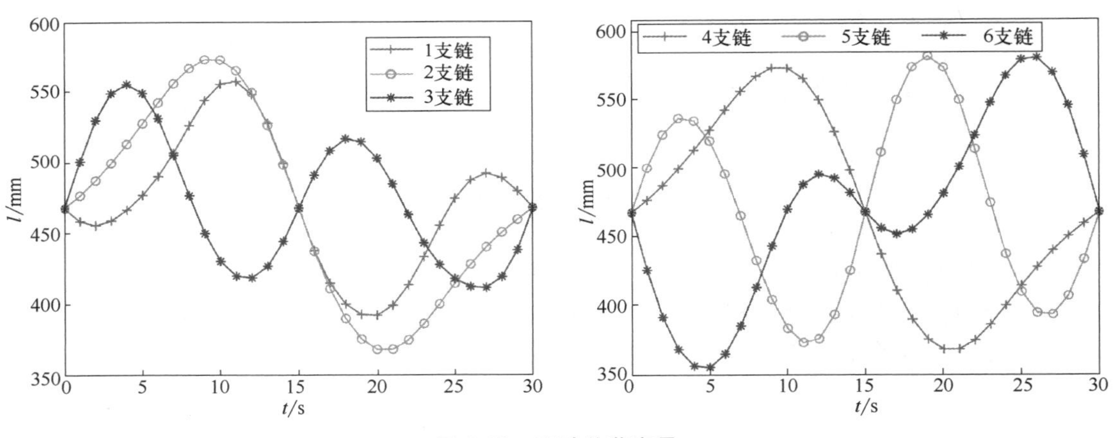

图 5.12　驱动关节变量

首先，定义 A_i 和 B_i 分别表示 U 副中心和 S 副中心，在静平台中心点 O 建立固定参考系 $Oxyz$，x 轴沿 OA_{16}（A_{16} 为弧 A_1A_6 的中点）方向，z 轴垂直静平台，y 轴符合右手定理。类似地，在动平台中心点 O'建立随动参考系 $O'uvw$，在初始位姿时，u 轴和 v 轴分别平行于 x 轴和 y 轴。$x(u)$ 轴和 OA_1（$O'B_1$）的夹角为 $\varphi_s = 15°$（$\varphi_m = 45°$）。

定义动平台的初始位姿与静平台重合，P 副轴线沿 A_iO 方向，$\boldsymbol{S}_{f,\text{st}}$ 为

$$\boldsymbol{S}_{f,\text{st}} = 2\tan\frac{\theta_0}{2}\begin{pmatrix}\boldsymbol{s}_0\\ \boldsymbol{r}_0\times\boldsymbol{s}_0\end{pmatrix},\theta_0 = \begin{cases}\varphi_s-\varphi_m & i=1,3,5\\ \varphi_m-\varphi_s & i=2,4,6\end{cases} \tag{5-52}$$

式中，$\boldsymbol{s}_0$ 是沿 z 轴的单位向量；$\boldsymbol{r}_0$ 为固定参考系 $Oxyz$ 中 O'的位置向量。

在固定坐标系 $Oxyz$ 下，第 i 条 UPS 支链的运动表达式为

$$\boldsymbol{S}_{f,i}=\boldsymbol{S}_{f,\mathrm{st}}\Delta 2\tan\frac{\theta_{i,6}}{2}\begin{pmatrix}\boldsymbol{s}_{i,6}\\ \boldsymbol{r}_{S,i}\times\boldsymbol{s}_{i,6}\end{pmatrix}\Delta 2\tan\frac{\theta_{i,5}}{2}\begin{pmatrix}\boldsymbol{s}_{i,5}\\ \boldsymbol{r}_{S,i}\times\boldsymbol{s}_{i,5}\end{pmatrix}\Delta 2\tan\frac{\theta_{i,4}}{2}\begin{pmatrix}\boldsymbol{s}_{i,4}\\ \boldsymbol{r}_{S,i}\times\boldsymbol{s}_{i,4}\end{pmatrix}\Delta$$

$$t_{i,3}\begin{pmatrix}\boldsymbol{0}\\ \boldsymbol{s}_{i,3}\end{pmatrix}\Delta 2\tan\frac{\theta_{i,2}}{2}\begin{pmatrix}\boldsymbol{s}_{i,2}\\ \boldsymbol{r}_{U,i}\times\boldsymbol{s}_{i,2}\end{pmatrix}\Delta 2\tan\frac{\theta_{i,1}}{2}\begin{pmatrix}\boldsymbol{s}_{i,1}\\ \boldsymbol{r}_{U,i}\times\boldsymbol{s}_{i,1}\end{pmatrix}\tag{5-53}$$

式中，$\boldsymbol{s}_{i,j}$ 是第 i 条 UPS 支链第 j 个运动副的单位轴线方向向量，且

$$\boldsymbol{s}_{i,1}=\begin{cases}\mathrm{Rot}\left(z,\dfrac{(i-1)\pi}{3}+\varphi_s\right)\boldsymbol{s}_x, i=1,3,5\\ \mathrm{Rot}\left(z,\dfrac{i\pi}{3}-\varphi_s\right)\boldsymbol{s}_x, i=2,4,6\end{cases}$$

$$\boldsymbol{s}_{i,2}=\begin{cases}\mathrm{Rot}\left(z,\dfrac{(i-1)\pi}{3}+\varphi_s\right)\boldsymbol{s}_y, i=1,3,5\\ \mathrm{Rot}\left(z,\dfrac{i\pi}{3}-\varphi_s\right)\boldsymbol{s}_y, i=2,4,6\end{cases}\tag{5-54}$$

$$\boldsymbol{s}_{i,3}=-\boldsymbol{s}_{i,1},\boldsymbol{s}_{i,4}=\boldsymbol{s}_{i,2},\boldsymbol{s}_{i,5}=\boldsymbol{s}_{i,1},\boldsymbol{s}_{i,6}=\boldsymbol{s}_z$$

$$\boldsymbol{r}_{\mathrm{U},i}=\begin{cases}\mathrm{Rot}\left(z,\dfrac{(i-1)\pi}{3}+\varphi_s\right)r_s\boldsymbol{s}_x, i=1,3,5\\ \mathrm{Rot}\left(z,\dfrac{i\pi}{3}-\varphi_s\right)r_s\boldsymbol{s}_x, i=2,4,6\end{cases}$$

$$\boldsymbol{r}_{\mathrm{S},i}=\begin{cases}\mathrm{Rot}\left(z,\dfrac{(i-1)\pi}{3}+\varphi_m\right)r_m\boldsymbol{s}_x, i=1,3,5\\ \mathrm{Rot}\left(z,\dfrac{i\pi}{3}-\varphi_m\right)r_m\boldsymbol{s}_x, i=2,4,6\end{cases}\tag{5-55}$$

建立运动方程

$$\boldsymbol{S}_{f,1}=\boldsymbol{S}_{f,2}=\cdots=\boldsymbol{S}_{f,6}\tag{5-56}$$

利用牛顿迭代法求解方程，获得非驱动关节变量与驱动关节变量的函数关系。将图 5.12 中的驱动关节变量输入模型中，获得输出的末端动平台运动位姿曲线如图 5.13 所示。

2. 并联机构的位移逆解

鉴于有限旋量能够表征每个运动关节的运动变量，由此构建的运动方程可以求解给定末端位姿下的并联机构全关节（包含驱动关节和非驱动关节）运动变量，主要步骤为：

（1）机构初始化　位移逆解求解机构从初始位姿到目标位姿的关节运动变量。构建运动方程时，须定义动平台的初始位姿并获得此位姿下关节运动的轴线方位，一般要进行几何分析推导，为便于对机构进行初始化可采用支链虚拟位姿的方法。

（2）运动学建模　运动学建模可分为两个运动阶段：第一阶段是从虚拟位姿到初始位姿，第二阶段是从初始位姿到目标位姿。从初始位姿到目标位姿的关节运动变量可通过两个阶段的解相减来求解。

（3）运动变量求解　逆运动学方程的未知变量一般包括关节的旋转角度和平移位移，运动合成使得逆运动学方程呈非线性的特点，计算求解较为复杂。因此，将非线性的运动学方程求解转化为优化问题，并采用数值算法进行求解。

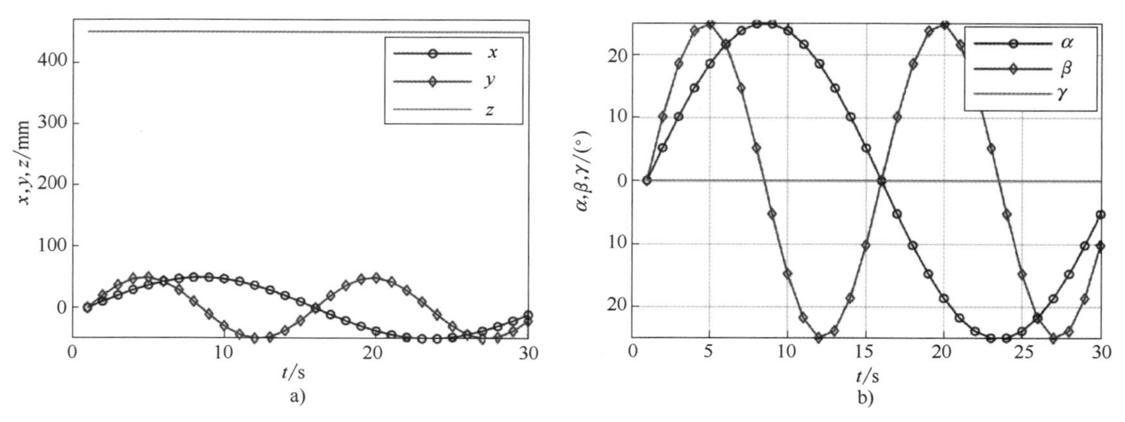

图 5.13 末端动平台运动位姿曲线

下面对建模过程进行详细阐述，动平台和关节的目标位姿由它们相对初始位姿的角度或线位移来描述，在位移逆解问题中将它们视为运动变量。动平台的初始位姿可以在可达工作空间内任意选择，但是由于其他支链的约束，此时无法直接确定支链中关节的初始位姿。因此，需通过定义虚拟位姿对动平台及对应的关节空间进行初始化。

需要注意的是，动平台的运动与任意支链的末端运动等效，因此为每个支链定义初始位姿，以方便获得运动关节的轴线。为具有 l 条支链的并联机构定义 l 个虚拟位姿，第 $i(i=1, 2, \cdots, n)$ 条支链的虚拟位姿使动平台与静平台处于同一平面，动平台的虚拟位姿由第 i 条支链长度决定的，构件的长度可能使动平台与静平台的中心不重合。此外，由于支链之间的运动学约束，并联机构实际上可能无法到达虚拟位姿。

完成机构初始化后，利用有限旋量构建机构的运动方程

$$\boldsymbol{S}'_{f,i}=\boldsymbol{S}_{f,\mathrm{st}}\Delta\boldsymbol{S}_{f,i}=\boldsymbol{S}_{f,\mathrm{st}}\Delta\boldsymbol{S}_{f,i,n_i}\Delta\boldsymbol{S}_{f,i,n_i-1}\Delta\cdots\Delta\boldsymbol{S}_{f,i,1} \tag{5-57}$$

为每条支链构建的运动方程为

$$\begin{cases}\boldsymbol{S}_{f,\mathrm{PM}}=\boldsymbol{S}'_{f,1}\\ \quad\cdots\\ \boldsymbol{S}_{f,\mathrm{PM}}=\boldsymbol{S}'_{f,i},i=1,2,\cdots,l\\ \quad\cdots\\ \boldsymbol{S}_{f,\mathrm{PM}}=\boldsymbol{S}'_{f,l}\end{cases} \tag{5-58}$$

当 $\boldsymbol{S}_{f,\mathrm{PM}}$ 为给定初始位姿或目标位姿时，可通过求解方程获得所有关节相对于初始位姿的运动变量。

【例 5-6】 请建立例 5-4 中 Sprint Z3 动力头的全关节位移逆解模型。

建立 Sprint Z3 动力头末端运动表达式为

$$\boldsymbol{S}_f=2\tan\frac{\widetilde{\theta}}{2}\begin{pmatrix}\widetilde{\boldsymbol{s}}\\ \boldsymbol{0}\end{pmatrix}\Delta\widetilde{t}\begin{pmatrix}\boldsymbol{0}\\ \widetilde{\boldsymbol{s}}\end{pmatrix} \tag{5-59}$$

式中，$\widetilde{\theta}$ 和 $\widetilde{t}$ 为末端动平台运动参数；$\widetilde{\boldsymbol{s}}$ 为末端等效运动轴线。基于机器人末端运动与支链末端运动相同这一运动原理建立方程组为

$$\boldsymbol{S}_f=\boldsymbol{S}_{f,1}=\boldsymbol{S}_{f,2}=\boldsymbol{S}_{f,3} \tag{5-60}$$

逆运动学求解的本质是获得动平台位姿和关节变量之间的映射关系。由有限旋量三角积

运算，式（5-60）每个支链方程的两侧均可化简为六维向量格式，即

$$S_{f,\mathrm{PM}}=S'_{f,i}=\begin{pmatrix}f_1(q_{1,i},\cdots,q_{n_i,i})\\ f_2(q_{1,i},\cdots,q_{n_i,i})\\ \cdots\\ f_6(q_{1,i},\cdots,q_{n_i,i})\end{pmatrix} \tag{5-61}$$

式中，右侧六个分量是含有关节变量的函数，将其与 $S_{f,\mathrm{PM}}$ 的六个参数一一对应即可得到 6 个待求解方程。

对于具有 n_i-DoF 运动关节的支链，存在 n_i 个未知运动变量。为了降低计算成本，将方程分为两个阶段求解，如图 5.14 所示。

首先通过遗传算法搜索初始值，然后用数值方法求解精确解。初值搜索阶段，给定关节变量的边界约束以减少多解问题，得到接近真实运动变量的初值。第二步求解精确解，当 $n_i<6$，方程为超定，采用数值优化算法求解，如最小二乘法求解等。对于 $n_i=6$ 的情况，为提高计算效率，使用牛顿-拉弗森数值迭代算法。关节从初始位姿到目标位姿的运动通过两个运动变量相减得到。

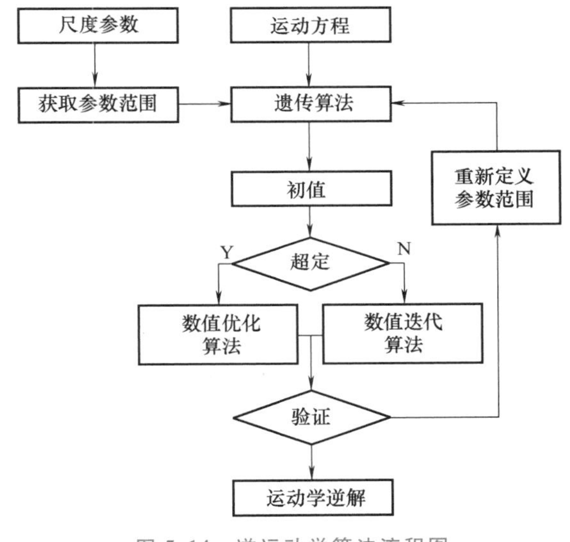

图 5.14 逆运动学算法流程图

在获得运动变量的基础上，第 i 条支链第 k 个关节的有限运动可表述为

$$S_{f,i,k}^{k-1}=S_{f,i,k-1}\Delta\cdots\Delta S_{f,i,2}\Delta S_{f,i,1} \tag{5-62}$$

将式（5-62）右侧简化为六维向量形式，即

$$S_{f,i,k-1}^{k-1}=\begin{pmatrix}A\\ B\end{pmatrix}_{6\times1} \tag{5-63}$$

式中，A 和 B 均为三维向量。将式（5-63）改写为 Chasles 运动的格式，为

$$S_{f,i,k}^{k-1}=2\tan\frac{\theta}{2}\begin{pmatrix}s_{i,k}^{k-1}\\ r_{i,k}^{k-1}\times s_{i,k}^{k-1}\end{pmatrix}+t_{i,k}^{k-1}\begin{pmatrix}\mathbf{0}\\ s_{i,k}^{k-1}\end{pmatrix} \tag{5-64}$$

若 $A\neq\mathbf{0}$，则

$$\begin{cases}s_{i,k}^{k-1}=\dfrac{A}{|A|}\\ \theta_{i,k}^{k-1}=2\tan^{-1}\dfrac{|A|}{2}\\ t_{i,k}^{k-1}=(s_{i,k}^{k-1})^{\mathrm{T}}B\\ r_{i,k}^{k-1}=s_{i,k}^{k-1}\times\dfrac{(B-t_{i,k}^{k-1}s_{i,k}^{k-1})}{2\tan\dfrac{\theta_{i,k}^{k-1}}{2}}\end{cases} \tag{5-65}$$

若 $\boldsymbol{A}=\boldsymbol{0}$，则

$$\begin{cases} \boldsymbol{s}_{i,k}^{k-1}=\dfrac{\boldsymbol{B}}{|\boldsymbol{B}|} \\ \theta_{i,k}^{k-1}=0 \\ t_{i,k}^{k-1}=|\boldsymbol{B}| \\ \boldsymbol{r}_{i,k}^{k-1}=\boldsymbol{0} \end{cases} \tag{5-66}$$

目标位姿下第 i 条支链中第 k 个关节的方向向量和位置向量可以描述为

$$\boldsymbol{s}_{f,i,k}=\boldsymbol{R}\boldsymbol{s}_{f,i,k}^{0}$$

$$\boldsymbol{r}_{f,i,k}=\boldsymbol{R}\boldsymbol{r}_{f,i,k}^{0}+t_{f,i,k}\boldsymbol{s}_{f,i,k}+(\boldsymbol{I}-\boldsymbol{R})\boldsymbol{r}_{f,i,k}^{0} \tag{5-67}$$

式中，$\boldsymbol{s}_{f,i,k}^{0}$ 和 $\boldsymbol{r}_{f,i,k}^{0}$ 是第 i 条支链第 k 个关节的在初始位姿下的方向向量和位置向量。

$$\boldsymbol{R}=\boldsymbol{I}+(1-\cos\theta_{i,k}^{k-1})\hat{\boldsymbol{s}}_{i,k}^{k-1}+\sin\theta_{i,k}^{k-1}(\hat{\boldsymbol{s}}_{i,k}^{k-1})^{2} \tag{5-68}$$

式中，$\hat{\boldsymbol{s}}_{i,k}^{k-1}$ 是向量 $\boldsymbol{s}_{i,k}^{k-1}$ 的斜对称矩阵。

利用上述方法，可获得动平台任意目标位姿下所有关节的运动变量与位置参数。

【例 5-7】 给定 6-UPS 机构动平台的运动轨迹为

$$\begin{cases} t_x=50\sin\left(\dfrac{\pi}{15}t\right)\text{mm},\ t_y=50\sin\left(\dfrac{2\pi}{15}t\right)\text{mm},\ t_z=450\text{mm} \\ \theta_x=25\sin\left(\dfrac{\pi}{15}t\right)^{\circ},\ \theta_y=25\sin\left(\dfrac{2\pi}{15}t\right)^{\circ},\theta_z=0 \end{cases} \tag{5-69}$$

求解驱动关节变量和非驱动关节变量。

定义与式（5-52）相同的初始位姿，可以得到动平台的目标位姿为

$$\boldsymbol{S}_{f,\mathrm{PM}}=2\tan\frac{\theta_z}{2}\begin{pmatrix}\boldsymbol{s}_z\\ \boldsymbol{0}\end{pmatrix}\Delta 2\tan\frac{\theta_y}{2}\begin{pmatrix}\boldsymbol{s}_y\\ \boldsymbol{0}\end{pmatrix}\Delta$$

$$2\tan\frac{\theta_x}{2}\begin{pmatrix}\boldsymbol{s}_x\\ \boldsymbol{0}\end{pmatrix}\Delta t_z\begin{pmatrix}\boldsymbol{0}\\ \boldsymbol{s}_z\end{pmatrix}\Delta t_y\begin{pmatrix}\boldsymbol{0}\\ \boldsymbol{s}_y\end{pmatrix}\Delta t_x\begin{pmatrix}\boldsymbol{0}\\ \boldsymbol{s}_x\end{pmatrix} \tag{5-70}$$

式中，θ_x、θ_y、θ_z 为转动角度；t_x、t_y、t_z 为平移位移。各支链的有限运动可以写为

$$\boldsymbol{S}'_{f,i}=\boldsymbol{S}_{f,\mathrm{st}}\Delta 2\tan\frac{\theta_{i,6}}{2}\begin{pmatrix}\boldsymbol{s}_{i,6}\\ \boldsymbol{r}_{S,i}\times\boldsymbol{s}_{6,i}\end{pmatrix}\Delta 2\tan\frac{\theta_{i,5}}{2}\begin{pmatrix}\boldsymbol{s}_{i,5}\\ \boldsymbol{r}_{S,i}\times\boldsymbol{s}_{i,5}\end{pmatrix}\Delta$$

$$2\tan\frac{\theta_{i,4}}{2}\begin{pmatrix}\boldsymbol{s}_{i,4}\\ \boldsymbol{r}_{i,S}\times\boldsymbol{s}_{i,4}\end{pmatrix}\Delta t_{i,3}\begin{pmatrix}\boldsymbol{0}\\ \boldsymbol{s}_{i,3}\end{pmatrix}\Delta \qquad ,\ i=1,2,\cdots,6 \tag{5-71}$$

$$2\tan\frac{\theta_{i,2}}{2}\begin{pmatrix}\boldsymbol{s}_{i,2}\\ \boldsymbol{r}_{i,U}\times\boldsymbol{s}_{i,2}\end{pmatrix}\Delta 2\tan\frac{\theta_{i,1}}{2}\begin{pmatrix}\boldsymbol{s}_{i,1}\\ \boldsymbol{r}_{i,U}\times\boldsymbol{s}_{i,1}\end{pmatrix}$$

式中，各关节轴线的方向向量和位置向量与式（5-54）相同。由此可建立运动方程为

$$\boldsymbol{S}_{f,\mathrm{PM}}=\boldsymbol{S}'_{f,i}\ ,\ i=1,2,\cdots,6 \tag{5-72}$$

求解式（5-72）可获得所有关节的运动变量，其中支链 1 的非驱动关节变量如图 5.15

所示，机构驱动关节的运动变量如图 5.16 所示。

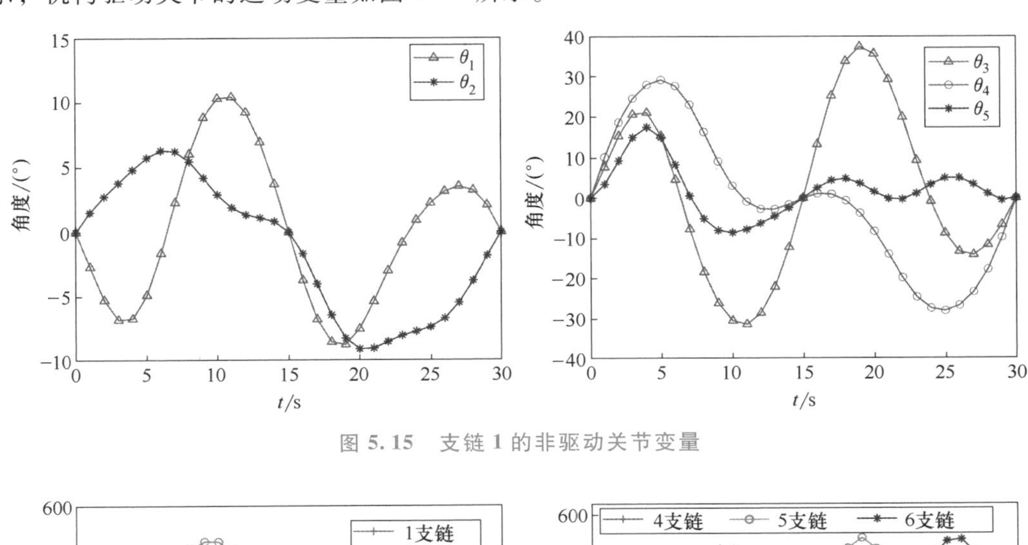

图 5.15 支链 1 的非驱动关节变量

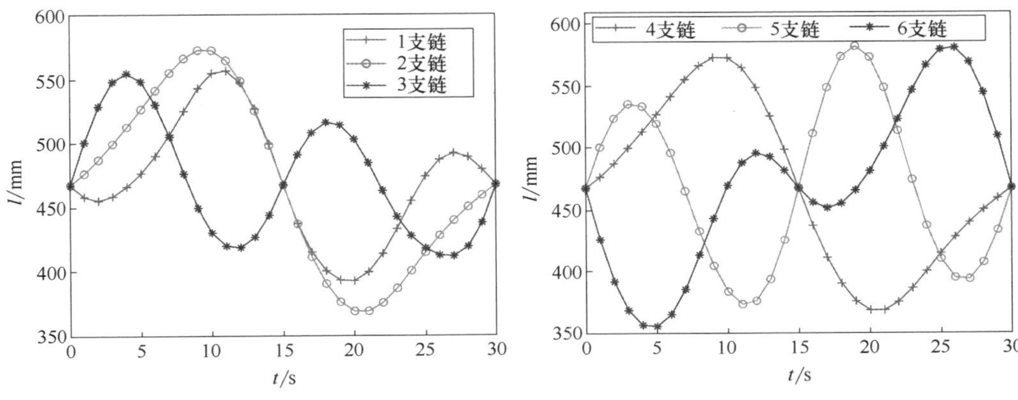

图 5.16 机构驱动关节的运动变量

5.2.4 并联机构位移建模的闭环向量方程

并联机构位移建模的主要目标是建立各组成构件和末端动平台的位移关系，因此构件的具体结构不会影响其位移模型。闭环向量法的基本原理是将并联机构中的每一构件简化成直线并用向量描述。整个机构在运动过程中可看作是一个或多个由向量组成的封闭向量多边形，从而建立约束方程并求解方程。

【例 5-8】 基于闭环向量法建立 3-PRS 并联机构的运动学方程并求解驱动关节解。

图 5.17 所示分别为在静平台和动平台中心点建立固定坐标系 $Oxyz$ 和随动坐标系 $O'uvw$，建立闭环向量方程为

$$\boldsymbol{r}_{i,1}+t_i\boldsymbol{s}_{i,1}+l_i\boldsymbol{s}_{i,l}=\boldsymbol{p}+\boldsymbol{R}\boldsymbol{r}_{i,2} \tag{5-73}$$

式中，$\boldsymbol{r}_{i,1}$ 为点 D_i在固定坐标系 $Oxyz$ 的位置向量；$\boldsymbol{r}_{i,2}$ 为第 i 条支链球副中心点在随动坐标系 $O'uvw$ 的位置向量；$\boldsymbol{R}(\theta_1, \theta_2, \theta_3)$ 为随动坐标系 $O'uvw$ 相对于固定坐标系 $Oxyz$ 的旋转矩阵；$\boldsymbol{p}=(p_x, p_y, p_z)$ 为点 O'在固定坐标系 $Oxyz$ 的位置向量。t_i 和 $\boldsymbol{s}_{i,1}=(0\quad 0\quad 1)^{\mathrm{T}}$ 分别为第 i 条支链驱动移动副的运动参数和单位方向向量。l_i 和 $\boldsymbol{s}_{i,l}$ 分别为第 i 条支链 RS 连杆的长度和单位方向向量。

式（5-73）中，驱动关节运动变量 t_i 和 RS 连杆的单位方向向量 $\boldsymbol{s}_{i,l}$ 为未知量。此外，由于 3-PRS 并联机构具有 3 个自由度，因此旋转矩阵 $\boldsymbol{R}(\theta_1,\ \theta_2,\ \theta_3)$ 和位置向量 $\boldsymbol{p}=(p_x,\ p_y,\ p_z)$ 中含有 3 个已知的独立变量，其他参数则为独立变量的函数。由于方程数目少于未知量数目，此时须根据几何条件构建约束方程。注意到本例中向量 OA_i 始终处于 R 副轴线的法平面上，因此构造方程为

$$\boldsymbol{s}_{i,2}^{\mathrm{T}}\boldsymbol{s}_{i,l}=0 \tag{5-74}$$

求解可得

$$\theta_3=\arctan\frac{s\theta_1 s\theta_2}{c\theta_1+c\theta_2} \tag{5-75}$$

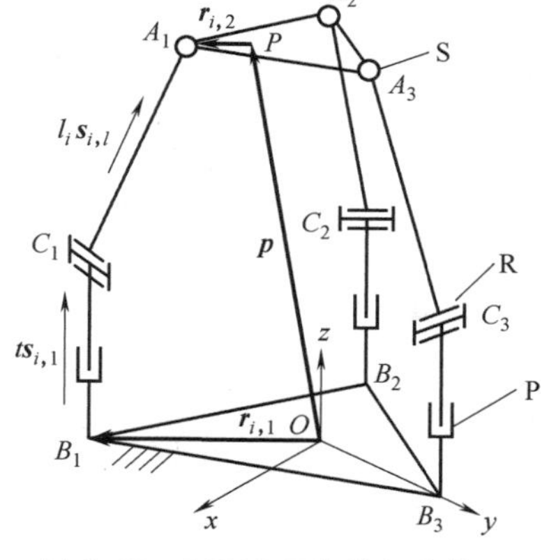

图 5.17　3-PRS 机构的机构简图

$$p_y=r_0\left(\frac{1}{2}s\theta_1 s\theta_2 s\theta_3+\frac{1}{2}c\theta_3(c\theta_1-c\theta_2)\right) \tag{5-76}$$

$$p_x=-r_0 s\theta_3 c\theta_2 \tag{5-77}$$

式中，r_0 为动平台半径。对式（5-73）两侧同时与 $\boldsymbol{s}_{i,1}$ 做向量叉积运算得

$$l_i\boldsymbol{s}_{i,l}\times\boldsymbol{s}_{i,1}=\boldsymbol{p}\times\boldsymbol{s}_{i,1}+\boldsymbol{R}\boldsymbol{r}_{i,2}\times\boldsymbol{s}_{i,1}-\boldsymbol{r}_{i,1}\times\boldsymbol{s}_{i,1} \tag{5-78}$$

对式（5-78）两侧取模得

$$\|l_i\boldsymbol{s}_{i,l}\times\boldsymbol{s}_{i,1}\|=\|\boldsymbol{p}\times\boldsymbol{s}_{i,1}+\boldsymbol{R}\boldsymbol{r}_{i,2}\times\boldsymbol{s}_{i,1}-\boldsymbol{r}_{i,1}\times\boldsymbol{s}_{i,1}\| \tag{5-79}$$

由此可得 $\boldsymbol{s}_{i,l}$ 与 $\boldsymbol{s}_{i,1}$ 夹角，并代入式（5-73）中，从而可求解 t_i。

5.3　速度建模与分析

5.3.1　串联机构速度建模

基于有限旋量与瞬时旋量的分步微分运算定律，对式（5-16）两端进行微分运算可得到在初始时刻串联机构的速度模型，为

$$\boldsymbol{S}_t^O=\sum_{j=1}^{n}\dot{q}_j\hat{\boldsymbol{S}}_{t,j}^0 \tag{5-80}$$

式中，$\boldsymbol{S}_t^O=(\boldsymbol{\omega}^{\mathrm{T}}\quad \boldsymbol{v}^{\mathrm{T}})^{\mathrm{T}}$ 为串联机构末端在点 O 处的速度旋量；$\dot{q}_j$ 为关节 j 的速度；$\hat{\boldsymbol{S}}_{t,j}^0$ 为初始位姿下关节 j 在坐标系 $Oxyz$ 的运动旋量。

当串联机构从任意位姿运动至目标位姿，其组成运动关节的运动轴线可描述为

$$\hat{\boldsymbol{S}}_{t,j}=\prod_{g=1}^{j-1}\exp(q_{g,i}\widetilde{\hat{\boldsymbol{S}}}_{g,i}^0)\hat{\boldsymbol{S}}_{t,j}^0 \tag{5-81}$$

式中，$q_{g,i}(g=1,\ 2,\ \cdots,\ k-1)$ 为机构由初始状态运动至任意状态过程中的第 i 条支链第 g 个运动关节的位移运动变量；$\widetilde{\hat{\boldsymbol{S}}}_{g,i}^0$ 为 $\hat{\boldsymbol{S}}_{g,i}^0$ 的反对称矩阵，这里 $\hat{\boldsymbol{S}}_{g,i}^0$ 为处于初始状态下第 i 条支链第 g 个运动关节的运动轴线。以任意位姿作为初始位姿，将式（5-81）代入式（5-80），可得任意时刻下串联机构末端的速度。

为了求解串联机构末端中心点 O' 的速度，则利用变换矩阵得

$$S_t^{O'}=\begin{bmatrix} E_3 & 0 \\ \tilde{p} & E_3 \end{bmatrix} S_t^{O} \tag{5-82}$$

式中，p 为由点 O' 指向点 O 的位置向量，$\tilde{p}$ 为 p 的反对称阵。本节以 S_t 和 $\hat{S}_{t,j}$ 表示任意时刻串联机构末端和关节 i 在点 O' 的速度，则有

$$S_t=\sum_{j=1}^{n}\dot{q}_j\hat{S}_{t,j} \tag{5-83}$$

将式（5-83）改写为矩阵形式为

$$S_t=J\dot{q} \tag{5-84}$$

式中，J 为串联机构的速度雅可比矩阵

$$J=[\hat{S}_{t,1} \quad \hat{S}_{t,2} \quad \cdots \quad \hat{S}_{t,l}] \tag{5-85}$$

【例 5-9】 试建立 6R 串联机器人的雅可比矩阵。

对式（5-18）等式两侧同时做微分运算，6R 串联机器人的速度模型可以构建为

$$S_t=T_O^{O'}\sum_{j=1}^{6}\dot{\theta}_j\hat{S}_{t,j}=T_O^{O'}\sum_{j=1}^{6}\dot{\theta}_j\begin{pmatrix} s_j \\ r_j\times s_j \end{pmatrix} \tag{5-86}$$

式中，S_t 为机器人末端在点 O' 的瞬时运动旋量；$\hat{S}_{t,j}$ 和 $\dot{\theta}_j$ 为第 j 个转动驱动关节的单位速度旋量和速度大小。将式（5-86）整理为

$$S_t=[\hat{S}_{t,1}\hat{S}_{t,2}\hat{S}_{t,3}\hat{S}_{t,4}\hat{S}_{t,5}\hat{S}_{t,6}]\dot{\theta} \tag{5-87}$$

5.3.2 并联机构速度建模

与串联机构不同，并联机构的驱动关节分布在不同组成支链，且其组成支链虽通常具有串联结构，但由于含有非驱动关节，因此需利用驱动力和约束力来实现驱动关节和末端动平台的速度映射。

1. 组成支链的速度旋量与力旋量

假设刚体做旋量运动，其运动旋量为（ω，$r_1\times\omega+v$），作用有一力旋量（$r_2\times f+\tau$，f）。由第 3 章可知，运动旋量与力旋量的互易积可表示为

$$S_t^{\mathrm{T}}S_w=f\cdot v+\omega\cdot\tau-(r_1-r_2)\times f\cdot\omega \tag{5-88}$$

实际上，式（5-88）表示刚体所允许的位移上，此力旋量对刚体所做的瞬时虚功率，也是力 f 和力偶 τ 引起的瞬时功率之和。若速度旋量和力旋量的互易积数值为 0，即

$$S_t^{\mathrm{T}}S_w=0 \tag{5-89}$$

则表示力旋量对速度旋量的瞬时功率为 0。这种情况下，无论该力旋量的力或力矩多大，都不会影响刚体的运动状态。此时称力旋量和速度旋量互为反旋量，力旋量也可视为刚体运动的约束。此外，若运动旋量与力旋量的互易积不为 0 且运动存在，则力旋量为该运动的驱动力旋量。

运动旋量和力旋量的相互求解是速度建模的关键一环，其数学本质是反旋量求解。本书主要介绍零空间法和观察法两种方法。

（1）零空间求解法 假设一刚体的运动旋量为

$$S_{t,i}=(a_ib_ic_ir_ip_iq_i) \tag{5-90}$$

代入式（5-89）并改写为矩阵形式得

$$\boldsymbol{A}\boldsymbol{S}_w=0 \tag{5-91}$$

式中，

$$\boldsymbol{A}=\begin{bmatrix} l_1 & m_1 & n_1 & o_1 & p_1 & q_1 \\ l_2 & m_2 & n_2 & o_2 & p_2 & q_2 \\ \cdots & \cdots & \cdots & \cdots & \cdots & \cdots \\ l_i & m_i & n_i & o_i & p_i & q_i \end{bmatrix}$$

因此，反旋量求解可转化为求解矩阵 $\boldsymbol{A}$ 的零空间，求解方法有奇异值分解法等，本书不做详细介绍。

（2）观察求解法　为了降低制造成本并保证性能，机器人机构的运动关节主要为移动副、转动副、球副、圆柱副、胡克铰等，并且轴线通常具有平行、垂直、相交等特殊的几何关系，这简化了运动旋量和约束旋量的相互求解。

1）移动运动旋量和约束力。假设单位移动运动旋量与单位约束力旋量的夹角为 α，代入式（5-88）可计算为

$$\boldsymbol{S}_t^{\mathrm{T}}\boldsymbol{S}_w=\cos\alpha \tag{5-92}$$

令 $\boldsymbol{S}_t^{\mathrm{T}}\boldsymbol{S}_w=0$，则 $\alpha=90°$，这表明 $\boldsymbol{S}_w$ 的方向向量与 $\boldsymbol{S}_t$ 相互垂直。换言之，移动运动旋量与约束力旋量须满足相互垂直的几何条件。

2）移动运动旋量和约束力偶。对于移动运动旋量和力偶，其互易积恒为 0，因此两者无特殊几何条件要求。

3）转动运动旋量和约束力。假设单位转动运动旋量与单位约束力旋量的夹角为 α，公垂线的长度为 a，代入式（5-88）可计算为

$$\boldsymbol{S}_t^{\mathrm{T}}\boldsymbol{S}_w=-(\boldsymbol{r}_1-\boldsymbol{r}_2)\times\boldsymbol{f}\cdot\boldsymbol{\omega}=a\sin\alpha \tag{5-93}$$

令 $\boldsymbol{S}_t^{\mathrm{T}}\boldsymbol{S}_w=0$ 可得，$\alpha=0°$或 $a=0$，这表明 $\boldsymbol{S}_w$ 与 $\boldsymbol{S}_t$ 相互平行或相交。即转动运动旋量与其约束力旋量须满足共面的几何条件。

4）转动运动旋量和约束力偶。与式（5-92）类似，假设单位转动运动旋量与单位约束力旋量的夹角为 α，代入式（5-88）可计算为

$$\boldsymbol{S}_t^{\mathrm{T}}\boldsymbol{S}_w=\cos\alpha \tag{5-94}$$

令 $\boldsymbol{S}_t^{\mathrm{T}}\boldsymbol{S}_w=0$，则 $\alpha=90°$，这表明 $\boldsymbol{S}_w$ 的方向向量与 $\boldsymbol{S}_t$ 相互垂直。即转动运动旋量与其约束力偶须满足相互垂直的几何条件。

观察法主要是利用力与运动间存在的几何关系进行分析。总结上述分析结果可得，约束力与移动运动轴线垂直；约束力偶与转动运动轴线垂直；约束力与转动运动轴线共面。

【例 5-10】　如图 5.18 所示，$\mathrm{U\underline{P}U}$ 串联支链由胡克铰、移动副、胡克铰依次连接构成，其中 P 副为驱动，试分析其约束力旋量。

将胡克铰链视为两个单自由度的转动副，$\mathrm{U\underline{P}U}$ 串联机构的运动旋量可分别描述为

$$\hat{\boldsymbol{S}}_{ta,1}=\begin{pmatrix}\boldsymbol{s}_1\\(\boldsymbol{a}-q\boldsymbol{s}_3)\times\boldsymbol{s}_1\end{pmatrix},\ \hat{\boldsymbol{S}}_{ta,2}=\begin{pmatrix}\boldsymbol{s}_2\\(\boldsymbol{a}-q\boldsymbol{s}_3)\times\boldsymbol{s}_2\end{pmatrix},\ \hat{\boldsymbol{S}}_{ta,3}=\begin{pmatrix}\boldsymbol{0}\\\boldsymbol{s}_3\end{pmatrix},$$

$$\hat{\boldsymbol{S}}_{ta,4}=\begin{pmatrix}\boldsymbol{s}_4\\\boldsymbol{a}\times\boldsymbol{s}_4\end{pmatrix},\ \hat{\boldsymbol{S}}_{ta,5}=\begin{pmatrix}\boldsymbol{s}_5\\\boldsymbol{a}\times\boldsymbol{s}_5\end{pmatrix} \tag{5-95}$$

式中，q 为 $\mathrm{U\underline{P}U}$ 串联机构中 P 副的运动变量；$\boldsymbol{a}=a(c\psi\quad s\psi\quad 0)$（$\psi\in[0\quad 2\pi]$）为点 P

指向点 A 的向量；$\boldsymbol{s}_i$ 是第 i 个单自由度运动关节的单位方向向量。

$$\boldsymbol{s}_1=\begin{pmatrix}\mathrm{c}\phi\mathrm{c}\theta\mathrm{c}\beta-\mathrm{s}\phi\mathrm{s}\beta\\(\mathrm{s}\gamma\mathrm{s}\phi\mathrm{c}\theta-\mathrm{c}\gamma\mathrm{s}\theta)\mathrm{c}\beta+\mathrm{s}\gamma\mathrm{c}\phi\mathrm{s}\beta\\(\mathrm{c}\gamma\mathrm{s}\phi\mathrm{c}\theta+\mathrm{s}\gamma\mathrm{s}\theta)\mathrm{c}\beta+\mathrm{c}\gamma\mathrm{c}\phi\mathrm{s}\beta\end{pmatrix},\ \boldsymbol{s}_2=\begin{pmatrix}\mathrm{c}\phi\mathrm{s}\theta\\\mathrm{s}\gamma\mathrm{s}\phi\mathrm{s}\theta+\mathrm{c}\gamma\mathrm{c}\theta\\\mathrm{c}\gamma\mathrm{s}\phi\mathrm{s}\theta-\mathrm{s}\gamma\mathrm{c}\theta\end{pmatrix},$$

$$\boldsymbol{s}_3=\begin{pmatrix}-\mathrm{s}\phi\\\mathrm{s}\gamma\mathrm{c}\phi\\\mathrm{c}\gamma\mathrm{c}\phi\end{pmatrix},\boldsymbol{s}_4=\begin{pmatrix}0\\\mathrm{c}\gamma\\-\mathrm{s}\gamma\end{pmatrix},\boldsymbol{s}_5=\begin{pmatrix}1\\0\\0\end{pmatrix}\tag{5-96}$$

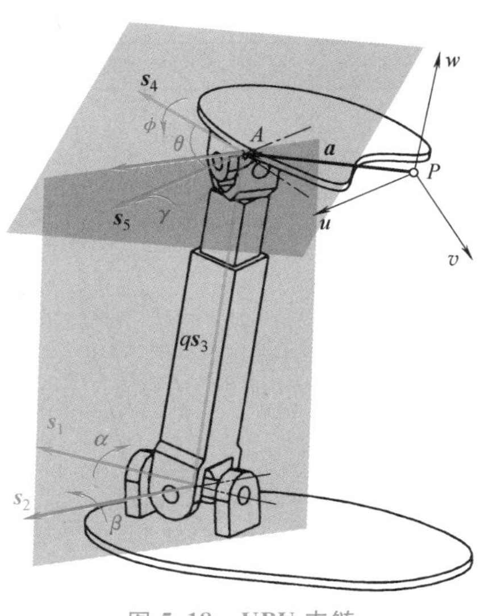

图 5.18 U$\underline{\mathrm{P}}$U 支链

式中，s 和 c 分别表示 sin 和 cos；α，β，γ 和 ϕ 表示两个 U 副的转动角度；θ 表示 U 副两个轴线 $\boldsymbol{s}_{2//}$ 和 $\boldsymbol{s}_4$ 的夹角；$\boldsymbol{s}_{2//}$ 与 $\boldsymbol{s}_2$ 平行。

利用互易积法则，U$\underline{\mathrm{P}}$U 的约束力旋量可以求解为

$$\hat{\boldsymbol{S}}_{wc}^{\mathrm{T}}=(\boldsymbol{s}_{wc}^{\circ\mathrm{T}},\boldsymbol{s}_{wc}^{\mathrm{T}})\tag{5-97}$$

式中，

$$\boldsymbol{s}_{wc}^{\mathrm{T}}=\begin{pmatrix}q^2l\\q^2m\\-q^2n\end{pmatrix},\ \boldsymbol{s}_{wc}^{\circ\mathrm{T}}=\begin{pmatrix}a\mathrm{s}\psi q^2n\\q^3\mathrm{c}\beta\mathrm{s}\gamma+a\mathrm{c}\psi q^2n\\q^3\mathrm{c}\beta\mathrm{c}\gamma+a\mathrm{c}\psi q^2m+a\mathrm{s}\psi q^2l\end{pmatrix},\ l=\mathrm{c}^2\phi\mathrm{s}\beta\mathrm{s}\theta$$

$$m=\mathrm{c}\gamma\mathrm{s}\phi\mathrm{c}\beta+\mathrm{c}\gamma\mathrm{c}\phi\mathrm{c}\theta\mathrm{s}\beta+\mathrm{s}\gamma\mathrm{s}\phi\mathrm{c}\phi\mathrm{s}\theta\mathrm{s}\beta,\ n=\mathrm{s}\gamma\mathrm{s}\phi\mathrm{c}\beta+\mathrm{s}\gamma\mathrm{c}\phi\mathrm{c}\theta\mathrm{s}\beta-\mathrm{c}\gamma\mathrm{s}\phi\mathrm{c}\phi\mathrm{s}\theta\mathrm{s}\beta。$$

计算 $\boldsymbol{s}_{wc}^{\mathrm{T}}$ 和 $\boldsymbol{s}_{wc}^{\circ\mathrm{T}}$ 两者的内积为 0，可知 $\hat{\boldsymbol{S}}_{wc}^{\mathrm{T}}$ 表示约束力，即 U$\underline{\mathrm{P}}$U 机构受到一个方向为 $\boldsymbol{s}_{wc}^{\mathrm{T}}$ 的约束力。$\boldsymbol{s}_{wc}^{\mathrm{T}}$ 和 $\boldsymbol{s}_{wc}^{\circ\mathrm{T}}$ 均为胡克铰运动关节变量的函数，在不同时刻 U$\underline{\mathrm{P}}$U 机构受到的约束力也会发生变化。例如，当 $\beta=0$、$\phi=0$ 时，式（5-97）可改写为

$$\hat{\boldsymbol{S}}_{wc}^{\mathrm{T}}=(0\quad \mathrm{s}\gamma\quad \mathrm{c}\gamma,0\quad 0\quad 0)\tag{5-98}$$

此时，U$\underline{\mathrm{P}}$U 支链受到约束力偶的作用。

利用上述方法，给出部分常用并联机构组成支链的驱动力旋量和约束力旋量，见表 5.2。

表 5.2 常用并联机构组成支链的驱动力旋量和约束力旋量

类型	速度旋量系	驱动力旋量和约束力旋量
$\underline{\mathrm{P}}$RS	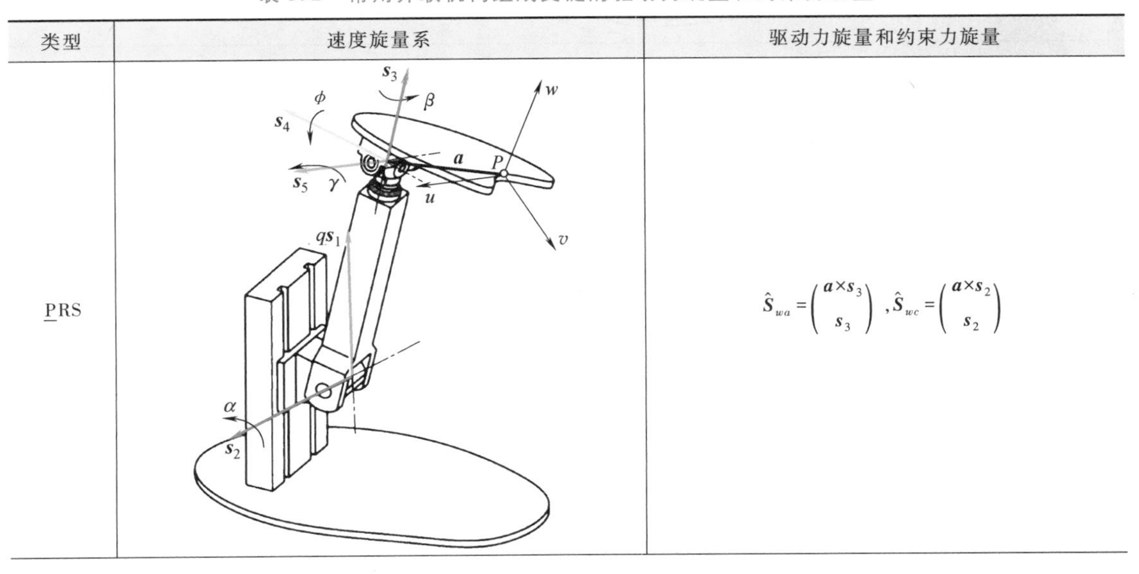	$\hat{\boldsymbol{S}}_{wa}=\begin{pmatrix}\boldsymbol{a}\times\boldsymbol{s}_3\\\boldsymbol{s}_3\end{pmatrix},\hat{\boldsymbol{S}}_{wc}=\begin{pmatrix}\boldsymbol{a}\times\boldsymbol{s}_2\\\boldsymbol{s}_2\end{pmatrix}$

（续）

类型	速度旋量系	驱动力旋量和约束力旋量
R$\underline{\text{P}}$S	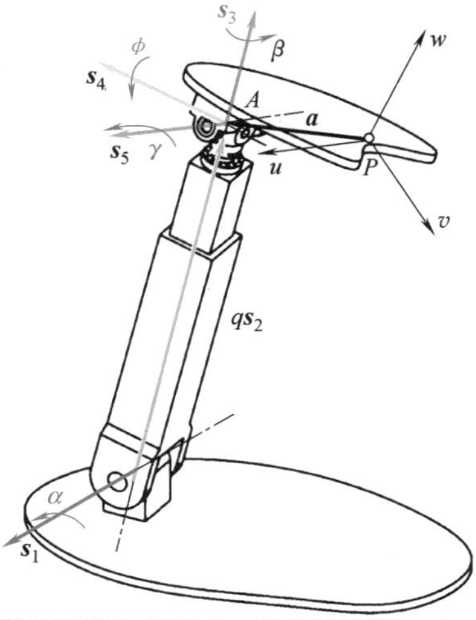	$\hat{\boldsymbol{S}}_{wa}=\begin{pmatrix}\boldsymbol{a}\times\boldsymbol{s}_2\\ \boldsymbol{s}_2\end{pmatrix}$，$\hat{\boldsymbol{S}}_{wc}=\begin{pmatrix}\boldsymbol{a}\times\boldsymbol{s}_1\\ \boldsymbol{s}_1\end{pmatrix}$
S$\underline{\text{P}}$R	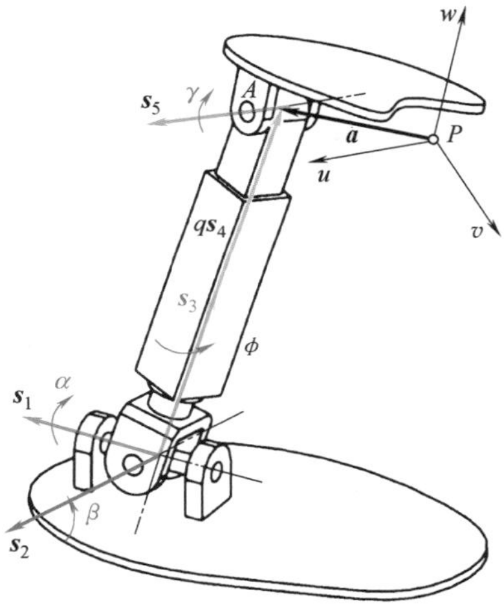	$\hat{\boldsymbol{S}}_{wa}=\begin{pmatrix}\boldsymbol{a}\times\boldsymbol{s}_3\\ \boldsymbol{s}_3\end{pmatrix}$， $\hat{\boldsymbol{S}}_{wc}=\begin{pmatrix}(\boldsymbol{a}-q\boldsymbol{s}_4)\times\boldsymbol{s}_5\\ \boldsymbol{s}_5\end{pmatrix}$
$\underline{\text{P}}$SR	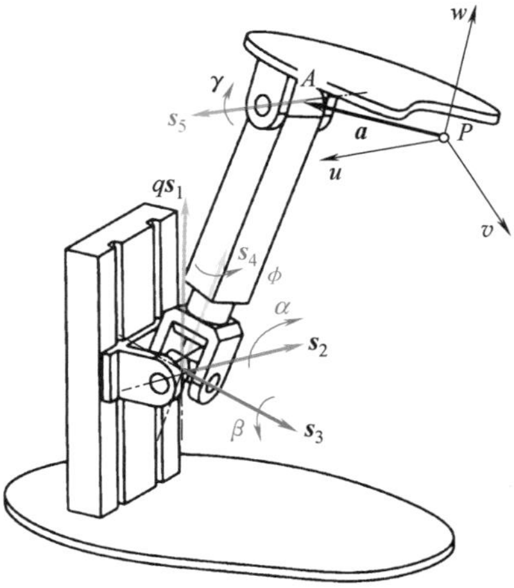	$\hat{\boldsymbol{S}}_{wa}=\begin{pmatrix}\boldsymbol{a}\times\boldsymbol{s}_4\\ \boldsymbol{s}_4\end{pmatrix}$，$\hat{\boldsymbol{S}}_{wc}=\begin{pmatrix}(\boldsymbol{a}-l\boldsymbol{s}_4)\times\boldsymbol{s}_5\\ \boldsymbol{s}_5\end{pmatrix}$

2. 并联机构的速度雅可比矩阵

由于所有支链共同支撑动平台，因此动平台的速度可通过每个支链的运动旋量计算为

$$\boldsymbol{S}_{t,i}=\sum_{k=1}^{n_i}\boldsymbol{S}_{t,i,k}=[\hat{\boldsymbol{S}}_{t,i,1}\quad\cdots\quad\hat{\boldsymbol{S}}_{t,i,n_i}]\dot{\boldsymbol{q}}_i \tag{5-99}$$

式中，$\boldsymbol{S}_{t,i,k}(k=1,\ \cdots,\ n_i)$ 为第 i 条支链第 k 个运动关节的速度；$\hat{\boldsymbol{S}}_{t,i,k}$ 为单位运动轴，$\boldsymbol{s}_{i,k}$ 和 $\boldsymbol{r}_{i,k}$ 分别为单位方向向量和位置向量；$\dot{\boldsymbol{q}}_i$指包含支链中所有关节角速度或线速度的向量。

并联机构的力空间由来自驱动关节的驱动力旋量和支链约束力旋量构成的。假设在第 i 个支链中有 n_i 个关节，并且其中的一个关节是驱动关节。并联机构的力旋量空间可以表示为

$$\boldsymbol{S}_w=\boldsymbol{S}_{wa}+\boldsymbol{S}_{wc}=\sum_{i=1}^{l}\sum_{ka=1}^{g_i}f_{a,i,ka}\hat{\boldsymbol{S}}_{wa,i,ka}+\sum_{i=1}^{l}\sum_{kc=1}^{6-n_i}f_{c,i,kc}\hat{\boldsymbol{S}}_{wc,i,kc} \tag{5-100}$$

式中，$\boldsymbol{S}_{wa}$ 和 $\boldsymbol{S}_{wc}$ 分别为并联机构的驱动力和约束力旋量；$\hat{\boldsymbol{S}}_{wa,i,ka}$ 和 $\hat{\boldsymbol{S}}_{wc,i,kc}$分别为单位驱动力旋量和单位约束力旋量；$f_{a,i,ka}$ 和 $f_{c,i,kc}$分别为驱动力旋量和约束力旋量的强度。

将式（5-99）两端同时与单位力旋量 $\hat{\boldsymbol{S}}_{wa,i,ka}$ 和 $\hat{\boldsymbol{S}}_{wc,i,kc}$ 做内积运算，得

$$\begin{gathered}\hat{\boldsymbol{S}}^{\mathrm{T}}_{wa,i,ka}\boldsymbol{S}_t=q_{a,i,ka}\hat{\boldsymbol{S}}^{\mathrm{T}}_{wa,i,ka}\hat{\boldsymbol{S}}_{t,i,ka},ka=1,2\cdots,g_i,i=1,2\cdots l,\\ \hat{\boldsymbol{S}}^{\mathrm{T}}_{wc,i,kc}\boldsymbol{S}_t=0,kc=1,2\cdots,6-n_i\end{gathered} \tag{5-101}$$

将公式（5-101）改写为矩阵形式，即

$$\boldsymbol{J}_w\boldsymbol{S}_t=\boldsymbol{J}_q\dot{\boldsymbol{q}} \tag{5-102}$$

式中，

$$\boldsymbol{J}_w=\begin{bmatrix}\boldsymbol{J}_{wa}\\ \boldsymbol{J}_{wc}\end{bmatrix},\ \boldsymbol{J}_q=\begin{bmatrix}\boldsymbol{J}_{qa} & \\ & \boldsymbol{0}\end{bmatrix},\ \dot{\boldsymbol{q}}=\begin{bmatrix}\dot{\boldsymbol{q}}_a\\ \boldsymbol{0}\end{bmatrix},\ \boldsymbol{J}_{wa}=[\cdots\quad\hat{\boldsymbol{S}}_{wa,i,1}\quad\cdots\quad\hat{\boldsymbol{S}}_{wa,i,g_i}\quad\cdots]^{\mathrm{T}},$$

$$\boldsymbol{J}_{wc}=\begin{bmatrix}\boldsymbol{J}_{wc,1}\\ \boldsymbol{J}_{wc,2}\\ \vdots\\ \boldsymbol{J}_{wc,l}\end{bmatrix},\ \boldsymbol{J}_{wc,i}=\left[\hat{\boldsymbol{S}}_{wc,i,1}\quad\hat{\boldsymbol{S}}_{wc,i,2}\quad\cdots\quad\hat{\boldsymbol{S}}_{wc,i,6-n_i}\right]^{\mathrm{T}},$$

$$\boldsymbol{J}_{qa}=\begin{bmatrix}\hat{\boldsymbol{S}}^{\mathrm{T}}_{wa,1,1}\hat{\boldsymbol{S}}_{t,1,1} & \cdots & \cdots & \cdots & \cdots\\ \vdots & \ddots & \vdots & \vdots & \vdots\\ \cdots & \cdots & \hat{\boldsymbol{S}}^{\mathrm{T}}_{wa,1,1}\hat{\boldsymbol{S}}_{t,1,g_1} & \cdots & \cdots\\ \vdots & \vdots & \vdots & \ddots & \vdots\\ \cdots & \cdots & \cdots & \cdots & \hat{\boldsymbol{S}}^{\mathrm{T}}_{wa,l,g_l}\hat{\boldsymbol{S}}_{t,l,g_l}\end{bmatrix}。$$

如果 $\boldsymbol{J}_w$ 为满秩矩阵，则式（5-102）可以改写为

$$\boldsymbol{S}_t=\boldsymbol{J}_w^{-1}\boldsymbol{J}_q\dot{\boldsymbol{q}}=\boldsymbol{J}\dot{\boldsymbol{q}}=[\boldsymbol{J}_a\quad\boldsymbol{J}_c]\begin{bmatrix}\dot{\boldsymbol{q}}_a\\ \boldsymbol{0}\end{bmatrix},\ \boldsymbol{S}_t=\boldsymbol{J}_a\dot{\boldsymbol{q}}_a \tag{5-103}$$

式（5-103）可以改写为

$$\dot{\boldsymbol{q}}_a=\boldsymbol{G}_a\boldsymbol{S}_t \tag{5-104}$$

式中，$\boldsymbol{G}_a=\begin{bmatrix}\dfrac{\hat{\boldsymbol{S}}_{wa,1,1}}{\hat{\boldsymbol{S}}_{wa,1,1}^{\mathrm{T}}\hat{\boldsymbol{S}}_{t,1,1}} & \cdots & \dfrac{\hat{\boldsymbol{S}}_{wa,l,g_l}}{\hat{\boldsymbol{S}}_{wa,l,g_l}^{\mathrm{T}}\hat{\boldsymbol{S}}_{t,l,g_l}}\end{bmatrix}^{\mathrm{T}}$。

【例 5-11】 建立 3-PRS 并联机构的速度雅可比矩阵。

对式（5-43）等号两侧同时进行微分运算，得

$$\boldsymbol{S}_{t,i}=\sum_{k=1}^{5}\dot{q}_{i,k}\hat{\boldsymbol{S}}_{t,i,k},\ i=1,2,3 \tag{5-105}$$

式中，$\hat{\boldsymbol{S}}_{t,i,k}$ 为第 i 条支链第 k 个运动关节的单位瞬时运动轴线；$\boldsymbol{s}_{i,k}$ 和 $\boldsymbol{r}_{i,k}$ 为单位方向向量和位置向量；$\dot{q}_{i,k}$ 为运动速度大小。

对于 PRS 支链，P 副为驱动关节，驱动力可求解为

$$\hat{\boldsymbol{S}}_{wa,i}=\begin{pmatrix}\boldsymbol{r}_{i,2}\times\boldsymbol{s}_{i,l}\\ \boldsymbol{s}_{i,l}\end{pmatrix} \tag{5-106}$$

驱动力沿着 R 副与 S 副连杆方向。每条 PRS 支链提供一个约束，即

$$\hat{\boldsymbol{S}}_{wc,i}=\begin{pmatrix}\boldsymbol{r}_{i,2}\times\boldsymbol{s}_{i,2}\\ \boldsymbol{s}_{i,2}\end{pmatrix} \tag{5-107}$$

约束力经过 S 副中心并且与 R 副轴线方向平行。支链 i 的力旋量可描述为

$$\boldsymbol{S}_{w,i}=f_{a,i}\hat{\boldsymbol{S}}_{wa,i}+f_{c,i}\hat{\boldsymbol{S}}_{wc,i},i=1,2,3 \tag{5-108}$$

式中，$f_{a,i}$和 $f_{c,i}$分别为支链 i 约束力旋量和驱动力旋量的大小。

对运动旋量和力旋量进行内积运算得

$$\boldsymbol{J}_w\boldsymbol{S}_t=\boldsymbol{J}_q\dot{\boldsymbol{q}} \tag{5-109}$$

式中，

$$\boldsymbol{J}_w=\begin{bmatrix}\boldsymbol{J}_{wa}\\ \boldsymbol{J}_{wc}\end{bmatrix},\ \boldsymbol{J}_q=\begin{bmatrix}\boldsymbol{J}_{qa} & \\ & \boldsymbol{0}\end{bmatrix},\ \dot{\boldsymbol{q}}=\begin{bmatrix}\dot{\boldsymbol{q}}_a\\ \boldsymbol{0}_{3\times1}\end{bmatrix},\ \dot{\boldsymbol{q}}_a=\begin{bmatrix}\dot{t}_1 & \dot{t}_2 & \dot{t}_3\end{bmatrix}^{\mathrm{T}},$$

$$\boldsymbol{J}_{wa}=[\hat{\boldsymbol{S}}_{wa,1}\quad \hat{\boldsymbol{S}}_{wa,2}\quad \hat{\boldsymbol{S}}_{wa,3}]^{\mathrm{T}},\ \boldsymbol{J}_{wc}=[\hat{\boldsymbol{S}}_{wc,1}\quad \hat{\boldsymbol{S}}_{wc,2}\quad \hat{\boldsymbol{S}}_{wc,3}]^{\mathrm{T}},$$

$$\boldsymbol{J}_q=\begin{bmatrix}\hat{\boldsymbol{S}}_{wa,1}^{\mathrm{T}}\hat{\boldsymbol{S}}_{t,1} & & & \\ & \hat{\boldsymbol{S}}_{wa,2}^{\mathrm{T}}\hat{\boldsymbol{S}}_{t,2} & & \\ & & \hat{\boldsymbol{S}}_{wa,3}^{\mathrm{T}}\hat{\boldsymbol{S}}_{t,3} & \\ & & & \boldsymbol{0}\end{bmatrix}。$$

5.3.3 奇异性分析

1. 串联机器人

由于串联机器人各个关节是独立的并且都是驱动关节，因此在关节空间中不存在奇异位形。串联机器人的奇异位形主要由关节空间到操作空间的映射引入的。

以六自由度机械臂为例，其雅可比矩阵可以描述为

$$\dot{\boldsymbol{q}}=\boldsymbol{G}\boldsymbol{S}_t \tag{5-110}$$

在已知机器人末端速度 $\boldsymbol{S}_t$ 的情况下，由雅可比矩阵的逆可以计算出机器人关节速度。

然而，雅可比矩阵不是在所有的工作空间内都有逆矩阵。一般情况下，雅可比矩阵是六维方阵，但是当机器人处于某些位置时，雅可比矩阵的秩会小于6，此时机械臂发生了运动学奇异。雅可比矩阵奇异的位置称为机器人的奇异位形或奇异状态。

串联机构奇异位形的关键特征是在奇异位形处，速度雅可比矩阵降秩，机器人末端失去一个或更多自由度。此时机器人末端在某个方向上，无论以多大的速度运动，机器人末端在这个方向上都不能产生运动。

串联机器人的奇异位形通常出现下面两种情况：

1）工作空间边界。

2）存在两个或以上的关节轴线共线。

【例5-12】　图5.19所示的串联机构由相互平行的3个转动关节构成，求解该机构的奇异位形。

建立图5.19a所示的坐标系 Ox_0y_0，其雅可比矩阵可以描述为

$$\boldsymbol{S}_t=\boldsymbol{J}\begin{pmatrix}\theta_1\\ \theta_2\\ \theta_3\end{pmatrix} \tag{5-111}$$

式中，$\boldsymbol{J}=\begin{bmatrix}\boldsymbol{s} & \boldsymbol{s} & \boldsymbol{s}\\ \boldsymbol{r}_1\times\boldsymbol{s} & \boldsymbol{r}_2\times\boldsymbol{s} & \boldsymbol{r}_3\times\boldsymbol{s}\end{bmatrix}$；$\boldsymbol{s}=(0\quad 0\quad 1)^{\mathrm{T}}$；$\boldsymbol{r}_i=(x_i\quad y_i\quad 0)^{\mathrm{T}}$。当机构发生奇异时，有

$$\det\begin{pmatrix}1 & 1 & 1\\ y_1 & y_2 & y_3\\ -x_1 & -x_2 & -x_3\end{pmatrix}=0 \tag{5-112}$$

通过分析可知，当 $y_1/x_1=y_2/x_2=y_3/x_3$，即三点共线时，运动雅可比矩阵降维，机构减少一个自由度，如图5.19b、c所示。

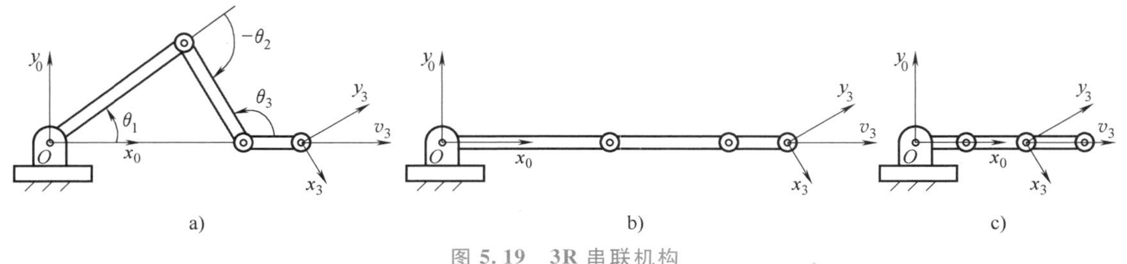

图5.19　3R串联机构

2. 并联机器人

并联机器人的奇异位形问题要比串联机构复杂。无论哪种奇异位形，在设计和应用中都应尽量避免。并联机器人的雅可比矩阵可求解为

$$\boldsymbol{J}_q\dot{\boldsymbol{q}}=\boldsymbol{J}_w\boldsymbol{S}_t \tag{5-113}$$

将并联机构的驱动关节变量 $\dot{\boldsymbol{q}}$ 看成输入，将末端运动 $\boldsymbol{S}_t$ 看成输出。依据式（5-113）将并联机构的奇异位形分为三类：

（1）输入奇异　该类奇异也称死点奇异，即有矩阵 $\boldsymbol{J}_q$ 降秩，即

$$\det(\boldsymbol{J}_q)=0 \tag{5-114}$$

式（5-114）表明并联机构的输入运动无法被力旋量传递出去，此时并联机构末端动平台的自由度减少。

（2）输出奇异　该类奇异是机构所受的驱动力和约束力无法平衡广义外力导致的，即有矩阵 $\boldsymbol{J}_w$ 降秩

$$\det(\boldsymbol{J}_w)=0 \tag{5-115}$$

式（5-115）表明并联机构的输出运动无法由力旋量实现，此时并联机构末端动平台存在不可控自由度。

（3）组合奇异　该类奇异是输入奇异和输出奇异的组合，即有

$$\begin{cases}\det(\boldsymbol{J}_q)=0\\ \det(\boldsymbol{J}_w)=0\end{cases} \tag{5-116}$$

此时并联末端动平台既减少了已知自由度，同时存在不可控自由度。

【例 5-13】　求解 3-PRS 并联机器人的奇异位形，并分析发生奇异的原因和类型。

3-PRS 并联机器人速度雅可比和力雅可比分别为

$$\boldsymbol{J}_q=\begin{bmatrix}\boldsymbol{S}_{w1}^{\mathrm{T}}\boldsymbol{S}_{t1} &&&&& \\ & \boldsymbol{S}_{w2}^{\mathrm{T}}\boldsymbol{S}_{t2} &&&& \\ && \boldsymbol{S}_{w3}^{\mathrm{T}}\boldsymbol{S}_{t3} &&& \\ &&& \boldsymbol{S}_{wc1}^{\mathrm{T}}\boldsymbol{S}_{tc1} && \\ &&&& \boldsymbol{S}_{wc2}^{\mathrm{T}}\boldsymbol{S}_{tc2} & \\ &&&&& \boldsymbol{S}_{wc3}^{\mathrm{T}}\boldsymbol{S}_{tc3}\end{bmatrix} \tag{5-117}$$

$$\boldsymbol{J}_w=\begin{bmatrix}\boldsymbol{r}_{1,2}\times\boldsymbol{s}_{1,l} & \boldsymbol{r}_{2,2}\times\boldsymbol{s}_{2,l} & \boldsymbol{r}_{3,2}\times\boldsymbol{s}_{3,l} & \boldsymbol{r}_{1,2}\times\boldsymbol{s}_{1,2} & \boldsymbol{r}_{2,2}\times\boldsymbol{s}_{2,2} & \boldsymbol{r}_{3,2}\times\boldsymbol{s}_{3,2}\\ \boldsymbol{s}_{1,l} & \boldsymbol{s}_{2,l} & \boldsymbol{s}_{3,l} & \boldsymbol{s}_{1,2} & \boldsymbol{s}_{2,2} & \boldsymbol{s}_{3,2}\end{bmatrix} \tag{5-118}$$

令 $\det(\boldsymbol{J}_q)=0$ 及 $\det(\boldsymbol{J}_w)=0$，求解机器人机构发生的奇异位形。

如图 5.20a 所示，机构支链的运动旋量和驱动力旋量相互垂直，此时两者的互易积为

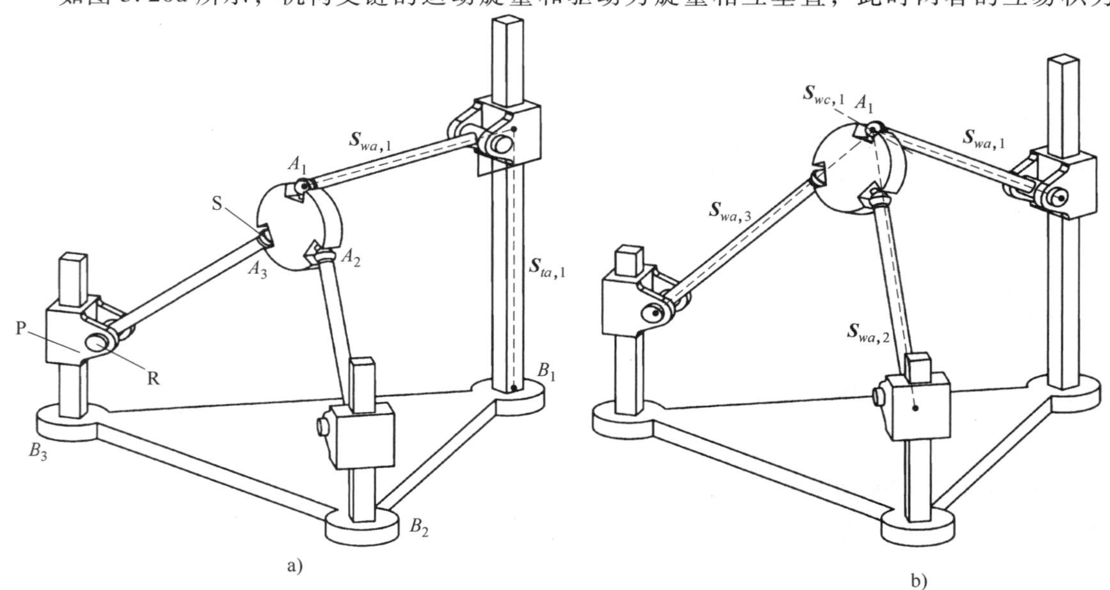

图 5.20　3-PRS 并联机器人奇异位形

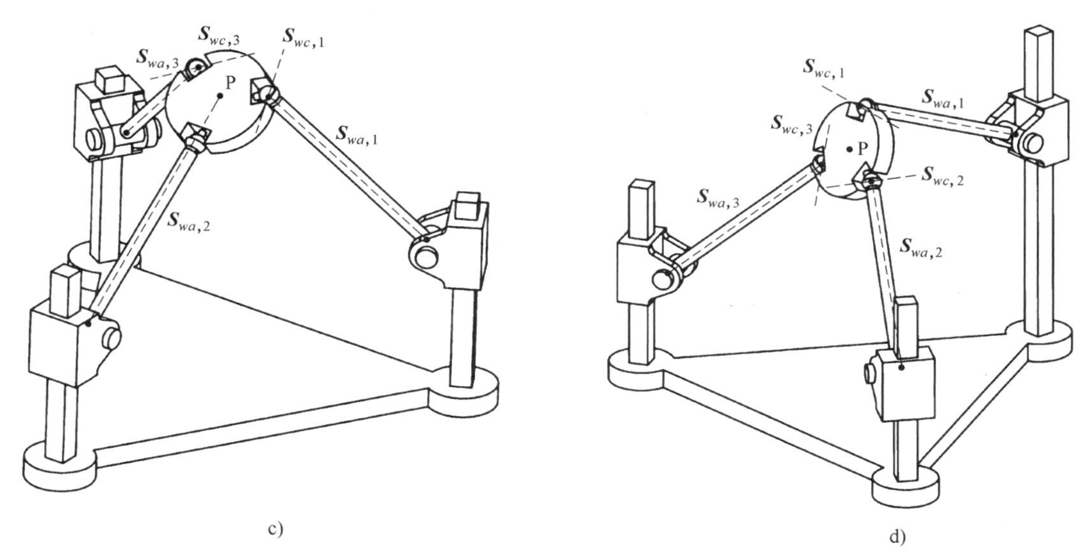

图 5.20　3-PRS 并联机器人奇异位形（续）

0，表明驱动力无法驱动相应的运动，此时速度雅可比矩阵的行列式为 0，这类奇异属于输入奇异，又称为死点奇异。如图 5.20b 所示，机构支链的驱动力旋量和约束力旋量相交于一点，因此只有三个力旋量线性无关，此时力雅可比矩阵降维，其行列式的值为 0，这类奇异属于第二类奇异。类似地，图 5.20c、d 所示的情况也属于此类奇异。图 5.20c 中三个驱动力旋量与两个约束力旋量线性相关，图 5.20d 中则是三个驱动力旋量与三个约束力旋量线性相关，此时也会导致力雅可比矩阵的行列式值为 0。

5.4　工作空间分析

运动学方程建立了驱动参数与机构当前位姿的映射。对于一个 n-DoF 非冗余串联或并联机构，假设存在 n 个驱动关节，则运动学方程可被表述为

$$\boldsymbol{S}_f=f(p_{a_1},\cdots,p_{a_n}) \tag{5-119}$$

如果给出每个运动参数的范围，就可利用式（5-119）计算出 $\boldsymbol{S}_f$ 的集合，本书中用 $\{\boldsymbol{S}_f\}$ 表示。因为机构的自由度数目不超过 6 个，故 $\{\boldsymbol{S}_f\}$ 表示该机构的六维工作空间。

机构的位姿由其驱动关节的运动产生的。在本书中，只考虑具有单个自由度驱动关节的机构。如果驱动关节是 R 关节或 H 关节，其参数的取值范围是 $[0, 2\pi]$。如果驱动关节是一个 P 关节，其参数的取值范围是实数域$\mathbb{R}$ 。考虑机器人机构的几何约束，如电动机的位置限制和机械结构干涉，可达位姿是 $\{\boldsymbol{S}_f\}$ 的子集。

如果 R 驱动关节和 H 驱动关节的数量为 m，P 驱动关节的数量为 $n-m$，则可达位姿集的计算方法为

$$\{\boldsymbol{S}_f\}^r=\left\{f(p_{a_1},\cdots,p_{a_n})\ \middle|\ \begin{matrix} p_{a_k}\in[\alpha_k,\beta_k],k=1,\cdots,m \\ p_{a_k}\in[a_k,b_k],k=m+1,\cdots,n \end{matrix}\right\} \tag{5-120}$$

式中，$\{\boldsymbol{S}_f\}^r$ 表示机器人机构的可达位姿集合，且

$$\{\boldsymbol{S}_f\}^r \subseteq \{\boldsymbol{S}_f\} \tag{5-121}$$

α_k 和 β_k 分别为 R 或 H 关节旋转角度的下限和上限；a_k 和 b_k 分别为 P 关节平移距离的下限和上限。作为 $\{\boldsymbol{S}_f\}$ 的子集，$\{\boldsymbol{S}_f\}^r$ 也是一个六维的工作空间，它是第 2 章讨论的有限旋量李群的一个子集。

当给定了所有运动关节的限位范围后，可通过式（5-120）计算出整个可达位姿集。结果集合 $\{\boldsymbol{S}_f\}^r$ 包含各种有限旋量，这些旋量描述了机构末端执行器或动平台从初始位姿至不同位姿的过程。机构的每个位姿均可分为两部分，即姿态和位置。因此，可达位姿集可分为可达姿态集和可达位置集，这意味着此六维工作空间被分离为姿态工作空间和位置工作空间。为了清楚地显示机构工作空间的特点，下面将分别讨论姿态工作空间和位置工作空间。

5.4.1 姿态工作空间

机构的姿态可以用一个由三维向量和运动参数组成的 Gibson 形式来描述，即

$$\boldsymbol{g} = 2\tan\frac{\theta}{2}\boldsymbol{s} \tag{5-122}$$

式中，$\boldsymbol{g}$ 以 Gibson 形式描述姿态；$\boldsymbol{s}$ 是一个单位向量，表示从初始姿态到当前姿态的旋转方向；θ 是以初始方向为基准的旋转角度。

当一个机构连续经历两个姿态时，这两个姿态都可以用 Gibson 形式表示，即

$$\boldsymbol{g}_a = 2\tan\frac{\theta_a}{2}\boldsymbol{s}_a,\ \boldsymbol{g}_b = 2\tan\frac{\theta_b}{2}\boldsymbol{s}_b \tag{5-123}$$

机构的合成姿态是上述两个姿态的组合，即

$$\boldsymbol{g}_{ab} = \frac{2\tan\frac{\theta_a}{2}\boldsymbol{s}_a + 2\tan\frac{\theta_b}{2}\boldsymbol{s}_b + 2\tan\frac{\theta_a}{2}\tan\frac{\theta_b}{2}\boldsymbol{s}_b\times\boldsymbol{s}_a}{1-\tan\frac{\theta_a}{2}\tan\frac{\theta_b}{2}\boldsymbol{s}_b^{\mathrm{T}}\boldsymbol{s}_a} \tag{5-124}$$

其中，$\boldsymbol{g}_{ab}$ 表示机构的当前姿态，几种 Gibson 形式的组合具有封闭性，因此，$\boldsymbol{g}_{ab}$ 可以重写为 Gibson 形式，即

$$\boldsymbol{g}_{ab} = 2\tan\frac{\theta_{ab}}{2}\boldsymbol{s}_{ab} \tag{5-125}$$

式中，

$$\theta_{ab} = 2\arctan\left(\frac{\left|\tan\frac{\theta_a}{2}\boldsymbol{s}_a + \tan\frac{\theta_b}{2}\boldsymbol{s}_b + \tan\frac{\theta_a}{2}\tan\frac{\theta_b}{2}\boldsymbol{s}_b\times\boldsymbol{s}_a\right|}{1-\tan\frac{\theta_a}{2}\tan\frac{\theta_b}{2}\boldsymbol{s}_b^{\mathrm{T}}\boldsymbol{s}_a}\right) \tag{5-126}$$

并且

$$\boldsymbol{s}_{ab} = \frac{\tan\frac{\theta_a}{2}\boldsymbol{s}_a + \tan\frac{\theta_b}{2}\boldsymbol{s}_b + \tan\frac{\theta_a}{2}\tan\frac{\theta_b}{2}\boldsymbol{s}_b\times\boldsymbol{s}_a}{\left|\tan\frac{\theta_a}{2}\boldsymbol{s}_a + \tan\frac{\theta_b}{2}\boldsymbol{s}_b + \tan\frac{\theta_a}{2}\tan\frac{\theta_b}{2}\boldsymbol{s}_b\times\boldsymbol{s}_a\right|} \tag{5-127}$$

Gibson 形式的合成算法类似于旋量三角积。①Gibson 形式的合成算法是将旋量三角积退

化为纯旋转层面；②旋量三角积可以看作是 Gibson 形式的合成算法，即利用“转移原理”从角度、向量到广角、二重向量的推广。

Gibson 形式可通过从伪向量格式的有限旋量中提取前三项来获得。因此，有限旋量和 Gibson 形式之间存在线性映射，即

$$2\tan\frac{\theta}{2}\boldsymbol{s}=[\boldsymbol{E}_3\quad \boldsymbol{0}_{3\times3}]\left(2\tan\frac{\theta}{2}\begin{pmatrix}\boldsymbol{s}\\ \boldsymbol{r}\times\boldsymbol{s}\end{pmatrix}+t\begin{pmatrix}\boldsymbol{0}\\ \boldsymbol{s}\end{pmatrix}\right)$$
$$\rightarrow\boldsymbol{g}=\boldsymbol{T}_{SG}\boldsymbol{S}_f \tag{5-128}$$

式中，$\boldsymbol{T}_{SG}=[\boldsymbol{E}_3\quad \boldsymbol{0}_{3\times3}]$ 是从有限旋量到相应 Gibson 形式的变换矩阵。

机器人机构的姿态工作空间可以用 Gibson 形式的集合来表示，Gibson 形式可表示为 $\{\boldsymbol{g}_{\mathrm{M}}\}$。它是 Gibson 形式三维集合的子集，即

$$\{\boldsymbol{g}_{\mathrm{M}}\}\subseteq\{\boldsymbol{g}\},\{\boldsymbol{g}\}=\left\{2\tan\frac{\theta}{2}\boldsymbol{s}\,|\,\theta\in[0,2\pi],\boldsymbol{s}\in\mathbb{R}^{3\times1},|\boldsymbol{s}|=1\right\} \tag{5-129}$$

因此，$\{\boldsymbol{g}_{\mathrm{M}}\}$ 是一个三维姿态工作空间。

利用有限旋量与 Gibson 形式之间的变换矩阵，将机构的六维子工作空间与三维子姿态工作空间之间的映射公式化为

$$\{\boldsymbol{g}_{\mathrm{M}}\}=\{\boldsymbol{T}_{SG}\boldsymbol{S}_f\}^r \tag{5-130}$$

机构的姿态工作空间包含了它所能实现的所有姿态。可用于根据姿态（无论位置如何）来配置机构的工作空间。从 Gibson 形式的表达式可以发现，机构的尺寸对姿态工作空间的影响很小。小型机构可以具有与大型机构相同或更灵活的姿态工作空间。

5.4.2 位置工作空间

三维位置向量可用于描述机构相对于其初始状态的位置。它由距离值和单位向量构成，即

$$\boldsymbol{d}=d\boldsymbol{s} \tag{5-131}$$

其中，d 是距离向量的大小，$\boldsymbol{s}(|\boldsymbol{s}|=1)$ 是其方向向量。

考虑由 n 个自由度关节组成的串联机构的位置工作空间。通常，从连接固定基座的关节开始，到连接末端执行器的关节结束，对 n 个关节进行编号。当第 n 个关节移动时，该关节移动前后末端执行器中心的位置向量分别为 $\boldsymbol{r}(\boldsymbol{r}^0)$ 和 $\boldsymbol{r}^1$。以类似的方式，第 j 个（$j=n,\cdots,1$）关节移动之前和之后的位置向量分别为 $\boldsymbol{r}^{n-j}$ 和 $\boldsymbol{r}^{n-j+1}$。

如果第 j 个关节是一个 R 副关节，得到由该关节产生的距离向量 $\boldsymbol{d}_j$ 为

$$\boldsymbol{d}_j=(\exp(\theta_j\widetilde{\boldsymbol{s}}_j)-\boldsymbol{E}_3)(\boldsymbol{r}^{j-1}-\boldsymbol{r}_j) \tag{5-132}$$

$\boldsymbol{r}^j$ 可以计算为

$$\begin{aligned}\boldsymbol{r}^j&=\boldsymbol{r}^{j-1}+\boldsymbol{d}_j\\&=\boldsymbol{r}^{j-1}+(\exp(\theta_j\widetilde{\boldsymbol{s}}_j)-\boldsymbol{E}_3)(\boldsymbol{r}^{j-1}-\boldsymbol{r}_j)\end{aligned} \tag{5-133}$$

如果第 j 个关节是一个 P 副关节，则得到距离向量 $\boldsymbol{d}_j$ 为

$$\boldsymbol{d}_j=t_j\boldsymbol{s}_j \tag{5-134}$$

$\boldsymbol{r}^j$ 可以计算为

$$\boldsymbol{r}^j=\boldsymbol{r}^{j-1}+\boldsymbol{d}_j$$

$$=\boldsymbol{r}^{j-1}+t_j\boldsymbol{s}_j \tag{5-135}$$

如果第 j 个关节是一个 H 副关节，则得到距离向量 $\boldsymbol{d}_j$ 为

$$\boldsymbol{d}_j=(\exp(\theta_j\widetilde{\boldsymbol{s}}_j)-\boldsymbol{E}_3)(\boldsymbol{r}^{j-1}-\boldsymbol{r}_j)+h_j\theta_j\boldsymbol{s}_j \tag{5-136}$$

$\boldsymbol{r}^j$ 可以计算为

$$\begin{aligned}\boldsymbol{r}^j&=\boldsymbol{r}^{j-1}+\boldsymbol{d}_j\\&=\boldsymbol{r}^{j-1}+(\exp(\theta_j\widetilde{\boldsymbol{s}}_j)-\boldsymbol{E}_3)(\boldsymbol{r}-\boldsymbol{r}_j)+h_j\theta_j\boldsymbol{s}_j\end{aligned} \tag{5-137}$$

以这种方式可获得由 n 个关节中每一个关节生成的 $\boldsymbol{d}_j$。因此，由其 n 个关节生成的机构的位置计算为

$$\boldsymbol{d}=\sum_{j=1}^{n}\boldsymbol{d}_j \tag{5-138}$$

式中，$\boldsymbol{d}$ 为机构在其所有关节运动之后的当前位置。应该注意的是，$\boldsymbol{d}_j$ 和 $\boldsymbol{d}$ 都可以重新改写为距离向量的标准形式。

与 $\boldsymbol{g}_{\mathrm{M}}$ 不同，$\boldsymbol{d}$ 和 $\boldsymbol{S}_f$ 之间没有明确的映射。然而，$\boldsymbol{d}$ 也可以被视为驱动关节参数的函数。对于具有 n 个单自由度关节的 n 自由度串联机构，函数表示为

$$\boldsymbol{d}=f(p_{a_1},\cdots,p_{a_n}) \tag{5-139}$$

因此，当给出关节参数的取值范围时，可通过以下方式计算串联机构的位置工作空间

$$\{\boldsymbol{d}\}=\left\{f(p_{a_1},\cdots,p_{a_n})\left|\begin{array}{l}p_{a_k}\in[\alpha_k,\beta_k],k=1,\cdots,m\\p_{a_k}\in[a_k,b_k],k=m+1,\cdots,n\end{array}\right.\right\} \tag{5-140}$$

式中，α_k，β_k，a_k 和 b_k 的表示可参照式（5-120）。

考虑一个具有 l 个支链的 n 自由度并联机构。每个支链都有 $n_i(i=1,\ \cdots,\ l)$ 个单自由度关节。第 i 个支链的位置工作空间可通过式（5-140）得到，即

$$\{\boldsymbol{d}_i\}=\{f(p_{i,1},\cdots,p_{i,n_i})\} \tag{5-141}$$

因为所有的支链共享同一个移动平台，所以机构的位置工作空间应该是其支链位置工作空间的交集，即

$$\{\boldsymbol{d}\}=\{\boldsymbol{d}_1\}\cap\cdots\cap\{\boldsymbol{d}_l\} \tag{5-142}$$

将其重写为所有 n 个驱动关节参数的函数值范围，如

$$\{\boldsymbol{d}\}=\{f(p_{a_1},\cdots,p_{a_l})\} \tag{5-143}$$

根据 $\boldsymbol{d}$ 的表达式，位置工作空间由连杆尺度决定。对于拓扑构型相同的机器人机构，连杆尺寸越大，其位置工作空间就越大。

5.4.3 边界搜索法

工作空间边界搜索算法的原理为：以并联机构的运动学逆解为基础，求解每一点的位姿矩阵对应的雅可比矩阵、移动关节位移、铰链转角和杆件距离，如果满足奇异性约束和几何约束等条件，即可判断该位置点位于工作空间内，否则处于工作空间之外；若能将所有的边界点都搜索出来，那么由这些点所组成曲面之内的点就构成了并联机构的工作空间。具体的工作空间边界搜索方法步骤如下：

1）根据并联机器人的具体结构参数估计出大概的工作空间范围。

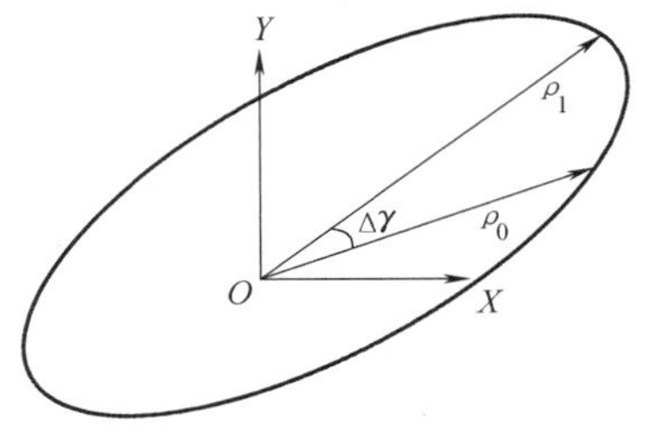

图 5.21　工作空间截面图

2）利用平行于 X-Y 面的平面簇将工作空间 $z_{\min}$ 到 $z_{\max}$ 分割成 n 份高度为 Δz 的子空间，并假设该子空间是一高度为 Δz 的圆柱。

3）在每一子空间内，极角从 0 递增 $\Delta\gamma$ 到 2π，极径从初值 0 递增 $\Delta\rho$ 到 ρ 逐步进行搜索，当约束条件由满足到不满足或从不满足到满足时，此点即为工作空间的边界点。约束条件包括但不限于奇异性约束和几何约束，其中几何约束涉及移动关节行程约束、铰链转角约束和杆件干涉约束等。所得到的集合为工作空间的边界线，如图 5.21 所示。

4）将所有子空间内的工作空间的边界点搜索出来，再利用这些点生成工作空间的包络曲面，曲面之内的点构成了并联机构的工作空间。

搜索工作空间的流程如图 5.22 所示。

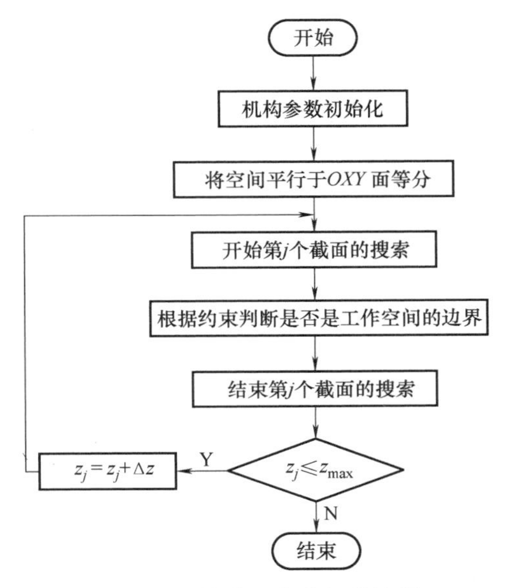

图 5.22　搜索工作空间的流程

【例 5-14】　采用极限边界搜索理论求解 6-UPS 并联机构的工作空间。

为了描述 6-UPS 并联机构的工作空间，需要建立其工作空间搜索的约束模型，得到在给定约束条件下机构位置和姿态的工作空间轮廓，以评估机器人的运动范围。当 6-UPS 并联机构的结构参数确定时，其工作空间的约束条件包括奇异性约束和几何约束，如移动关节行程约束、胡克铰和球铰的转角约束以及连杆干涉约束。

（1）奇异性约束　首先，建立 6-UPS 机构的雅可比矩阵。对式（5-53）两侧进行微分运算，即

$$\boldsymbol{S}_{t,i} = \sum_{k=1}^{6} \boldsymbol{S}_{t,i,k} = [\hat{\boldsymbol{S}}_{t,i,1} \quad \cdots \quad \hat{\boldsymbol{S}}_{t,i,6}]\dot{\boldsymbol{q}}_i \tag{5-144}$$

式中，$\boldsymbol{S}_{t,i,k}$（$k=1, \cdots, n_i$）为第 i 条支链第 k 个运动关节的速度；$\hat{\boldsymbol{S}}_{t,i,k}$ 为单位运动轴；$\dot{\boldsymbol{q}}_i$ 指包含支链中所有关节角速度或线速度的向量。

UPS 支链具有 6 个自由度，因此不存在约束力旋量。以 P 副为驱动关节时，驱动力旋量可求解为

$$\boldsymbol{S}_{wa,i} = f_{a,i}\begin{pmatrix} \boldsymbol{r}_{\mathrm{U}} \times \boldsymbol{s}_{i,3} \\ \boldsymbol{s}_{i,3} \end{pmatrix} \tag{5-145}$$

将式（5-144）两端同时与单位力旋量 $\hat{\boldsymbol{S}}_{wa,i}$ 做内积运算得

$$\hat{\boldsymbol{S}}_{wa,i}^{\mathrm{T}}\boldsymbol{S}_t = \boldsymbol{q}_{a,i}\hat{\boldsymbol{S}}_{wa,i}^{\mathrm{T}}\hat{\boldsymbol{S}}_{t,i}, \ i=1,2\cdots l \tag{5-146}$$

将式（5-146）改写为矩阵形式，为

$$J_w S_t = J_q \dot{q} \tag{5-147}$$

式中，

$$J_w = [\hat{S}_{wa,1} \quad \hat{S}_{wa,2} \quad \cdots \quad \hat{S}_{wa,6}]^{\mathrm{T}},\ J_q = E_{6\times6}。$$

由式（5-147）可知，在机构运动中，矩阵 J_q 不会发生降秩，因此机构不存在第一类奇异。机构避免第二类奇异的条件为

$$\|J_w\| \neq 0 \tag{5-148}$$

（2）几何约束

1）移动关节行程约束。UPS 支链直线模组驱动行程如图 5.23 所示，机器人在运动过程中，驱动关节的运动变量要在选定的行程范围［$d_{\min}$，$d_{\max}$］内。

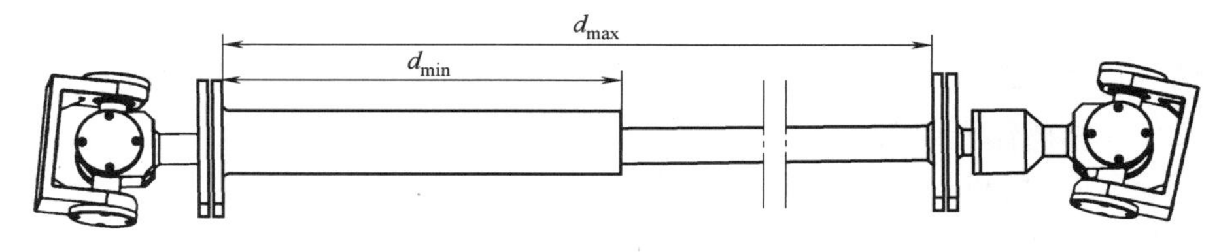

图 5.23　UPS 支链直线模组驱动行程

2）胡克铰和球铰的转角约束。根据胡克铰和球铰的三维结构，其转轴的转角范围有物理限制，其转角约束如图 5.24 所示。根据胡克铰的加工制造技术要求，一般情况下规定胡克铰的转动范围为±45°，球铰为标准件，根据 SRJ-008C 的生产标准，球铰的转动范围为±30°。

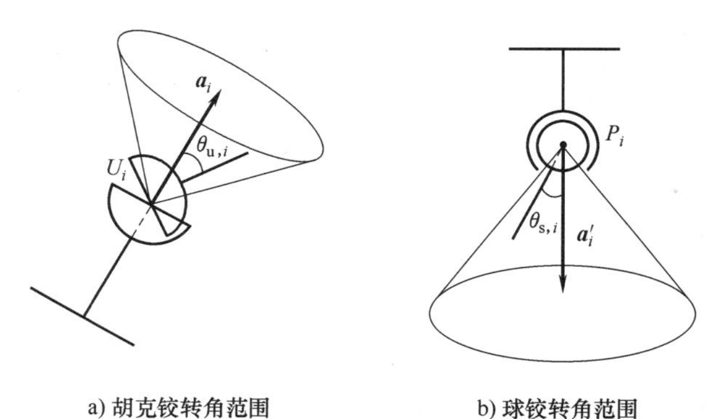

图 5.24　胡克铰和球铰的转角约束

3）连杆干涉约束。6-U<u>P</u>S 并联机构在运动过程中，连接动平台和静平台的定长杆是具有一定尺寸大小的，相邻的杆件之间有可能发生干涉。若相邻两杆中心线之间的最短距离用 d_i 表示，那么两杆之间不发生干涉的物理条件为 d_i 大于杆件直径，如图 5.25 所示。其约束可表示为

$$d_i > d_g \tag{5-149}$$

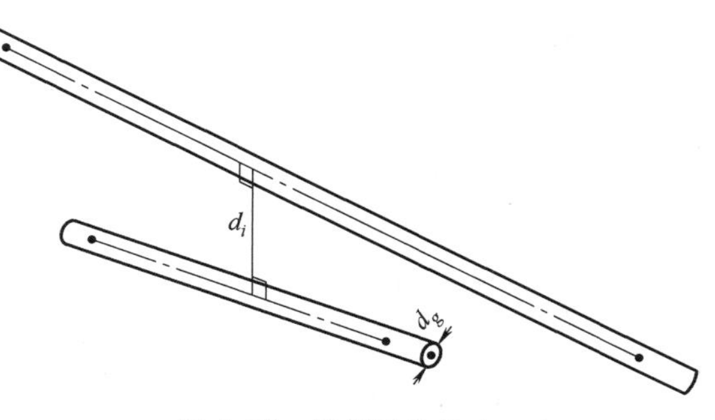

图 5.25　连杆干涉约束

综上所示，根据物理限制条件，6-U$\underline{P}$S 并联机构工作空间搜索的几何约束模型可表示为

$$\begin{cases} d_{\min} \leqslant t_i \leqslant d_{\max} \\ \theta_{u,i} = \arccos(\boldsymbol{a}_i \boldsymbol{u}_i) \leqslant \theta_{u,\max} \\ \theta_{s,i} = \arccos(\boldsymbol{a}_i' \boldsymbol{s}_i) \leqslant \theta_{s,\max} \\ d_i > d_g \end{cases}, \ i=1,2\cdots 6 \tag{5-150}$$

式中，$d_{\min}$ 和 $d_{\max}$ 分别为 U$\underline{P}$S 支链中移动副行程的最小值和最大值；$\theta_{u,i}$ 和 $\theta_{s,i}$ 分别为第 i 条支链中胡克铰和球铰的转动角度；$\boldsymbol{u}_i$ 和 $\boldsymbol{s}_i$ 分别为第 i 条支链中胡克铰和球铰的初始安装方向；$\theta_{u,\max}$ 和 $\theta_{s,\max}$ 分别为胡克铰链和球铰链所允许的最大转角。

基于上述约束条件，在给定的位置工作空间和姿态工作空间内搜索 6-U$\underline{P}$S 的工作空间，如图 5.26 所示。

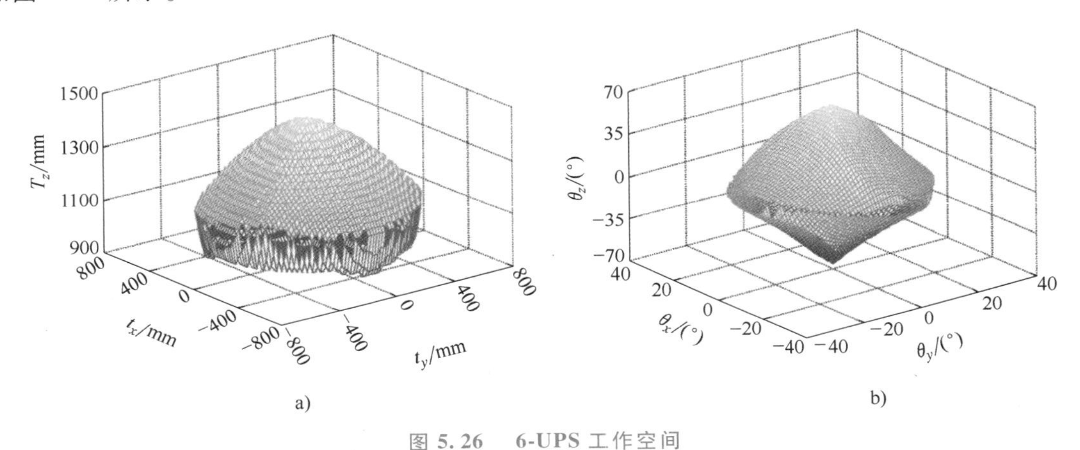

图 5.26　6-U$\underline{P}$S 工作空间

5.5　本章小结

基于有限-瞬时旋量数学框架，本章深入研究机构的位移模型和速度模型，提出了串联、并联机器人机构运动学建模的有限旋量方法。该方法建立了机构拓扑、位移和速度以及约束力、驱动力之间的内在联系。此外，针对串联、并联机构运动学建模和求解分别介绍了 D-H 法、闭环向量法等常用方法。在此基础上，讨论了机构的奇异性，介绍了工作空间分析方法，并结合串联、并联机构算例，论证了方法的通用性和有效性。

为方便读者阅读和理解，将本章要点罗列如下：

1）本章基于有限旋量拓扑模型，提出了串联、并联机构位移建模和求解方法。该方法助于建立拓扑模型和运动学模型的联系，实现拓扑和性能的一体化建模。

2）本章利用有限-瞬时旋量的分步微分运算定律，提出了由机构位移模型直接建立速度模型的方法，并详细介绍了力旋量和速度旋量的相互求解方法，建立了机构的雅可比矩阵，开展机构奇异性分析。

3）本章介绍了影响并联机构工作空间的奇异约束和几何约束等限制条件，以经典案例说明了工作空间的求解方法。

习 题

1. 试求解6R串联机器人机构的运动学逆解，比较D-H法和有限旋量方法的运动方程计算结果和简便性。

2. 图5.27所示为SPR串联机构，请建立其位移模型和速度模型。

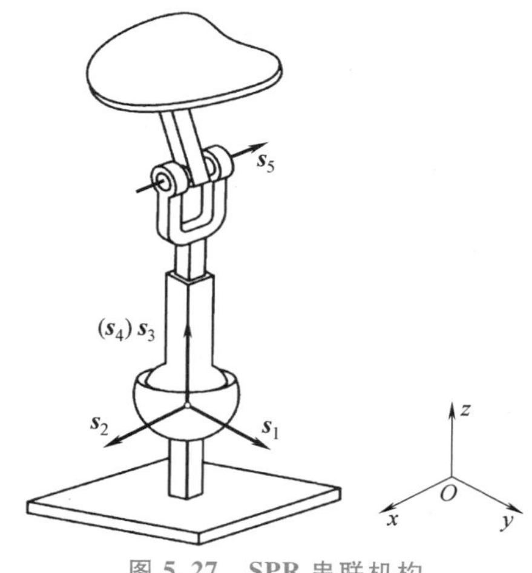

图5.27 SPR串联机构

3. 图5.28所示为对称布局的6-$\underline{P}$US并联机构，其动平台半径为200mm，US杆长为600mm，相邻铰点B_1、B_2之间的夹角为30°。

1）请建立合适的坐标系，分别利用有限旋量方法和闭环向量方法构建运动方程，求解其位移正解和逆解并比较两种方法的差异。

2）建立机构的雅可比矩阵，并分析该机构会发生哪些类型的奇异？找出典型的奇异位形，分析代数和几何特点。

3）利用搜索法求解该机构的工作空间。

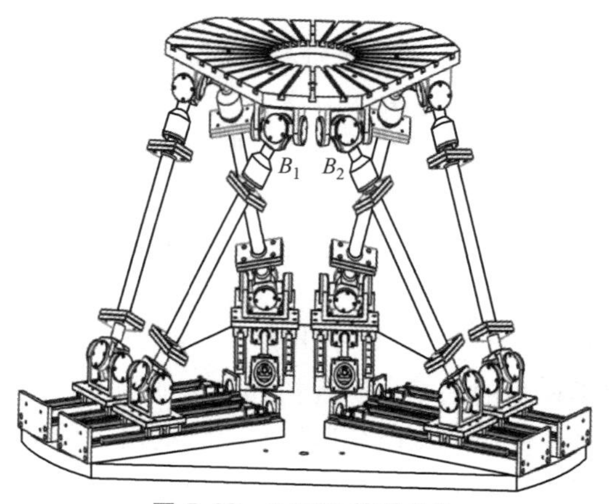

图5.28 6-$\underline{P}$US并联机构

4. 如图5.29所示，5R机器人机构是一类有对称闭环结构的平面运动机构，其中，$A_1A_2=100\text{mm}$，$A_2A_3=80\text{mm}$，$A_1A_5=130\text{mm}$。试建立其雅可比矩阵并求解奇异位形，观察在奇异位形附近雅可比矩阵的变化特点。

5. 如图 5.30 所示，Exechon 并联机器人由 2 条 UPR 支链和 1 条 SPR 支链组成，试建立其位移模型和速度模型。

6. 图 5.31 所示为 4-UPS-RPS 并联机构，图 5.31a 中采用对称布局形式，静平台半径 $b=600\text{mm}$，动平台半径 $a=300\text{mm}$；图 5.31b 中采用反对称布局形式，静平台半径 $b=600\text{mm}$、$l=900\text{mm}$，动平台半径 $a=300\text{mm}$。试分析图 5.31a、b 中机构的奇异位形，试比较两个布局的差异。

7. 分析图 5.32 中 PUU 串联支链的约束力和驱动力，分析其在运动过程中力旋量性质的变化。

8. 试利用搜索法求解 3-PRS 并联机构的工作空间。

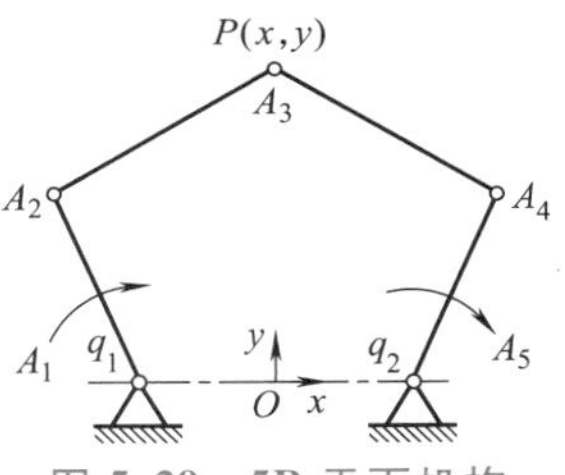

图 5.29　5R 平面机构

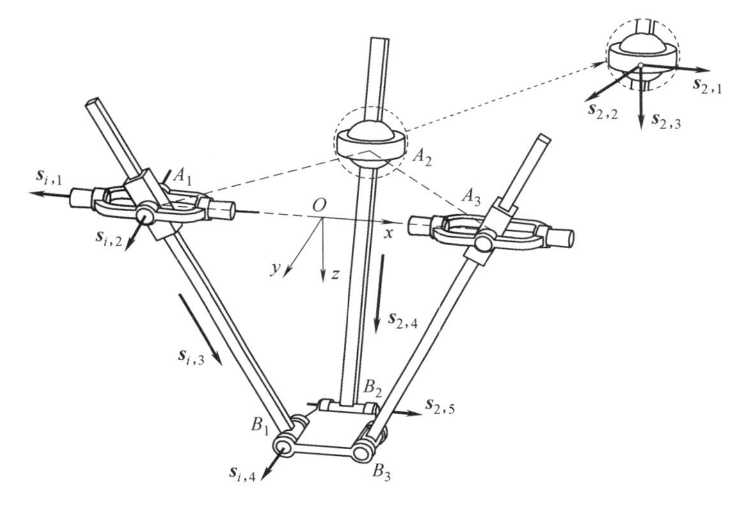

图 5.30　Exechon 机器人机构

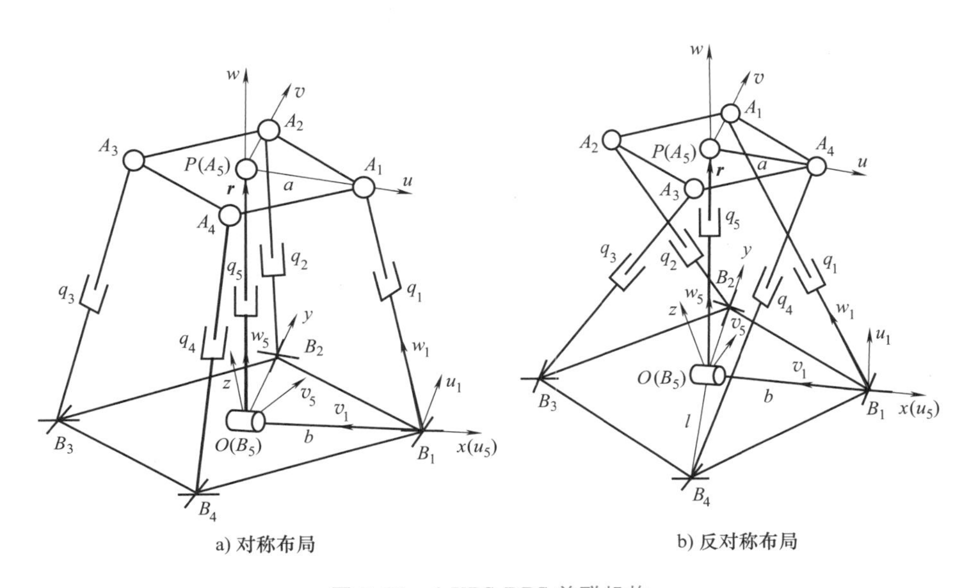

图 5.31　4-UPS-RPS 并联机构

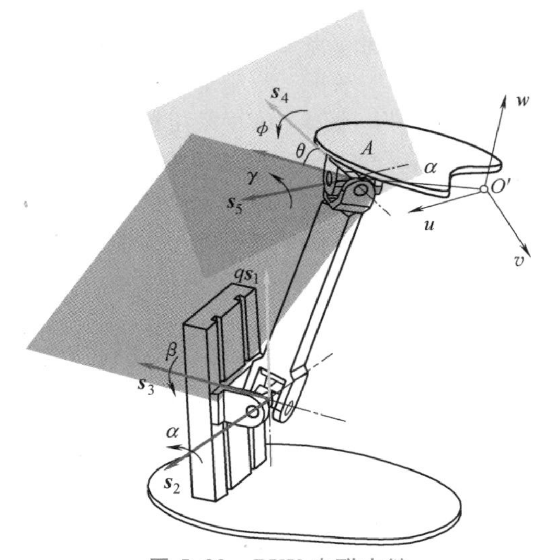

图 5.32 PUU 串联支链

参 考 文 献

[1] MERLET J P. Parallel robots [M]. 2nd ed. Netherlands: Springer, 2006.

[2] ZHANG D. Parallel robotic machine tool [M]. New York: Springer, 2010.

[3] LIU X J, WANG J S. Parallel kinematics [M]. Berlin, Heidelberg: Springer, 2014.

[4] PAUL R P, STEVENSON C N. Kinematics of robot wrists [J]. The International Journal of Robotics Research, 1983, 2: 31-38.

[5] ANGELES J. Fundamentals of robotic mechanical systems: theory, methods, and algorithms [M]. 4th ed. New York: Springer, 2014.

[6] SONG Y M, GAO H, SUN T, et al. Kinematic analysis and optimal design of a novel 1T3R parallel manipulator with an articulated travelling plate [J]. Robotics and Computer-Integrated Manufacturing, 2014, 30 (5): 508-516.

[7] HUO X M, SUN T, SONG Y M. A geometric algebra approach to determine motion/constraint, mobility and singularity of parallel mechanism [J]. Mechanism and Machine Theory, 2017, 116: 273-293.

[8] SONG Y M, LIAN B B, SUN T, et al. A novel five-degree-of-freedom parallel manipulator and its kinematic optimization [J]. Journal of Mechanisms and Robotics, 2014, 6 (4): 410081-410089.

[9] SUN T, SONG Y M, DONG G, et al. Optimal design of a parallel mechanism with three rotational degrees of freedom [J]. Robotics and Computer-Integrated Manufacturing, 2012, 28 (4): 500-508.

[10] ANGELES J, PARK F C. Performance evaluation and design criteria [M]. Berlin, Heidelberg: Springer, 2008.

[11] XIE F G, LIU X J, WANG J S. A 3-DoF parallel manufacturing module and its kinematic optimization [J]. Robotics and Computer-Integrated Manufacturing, 2012, 28: 334-343.

[12] TSAI M J, LEE H W. Generalized evaluation for the transmission performance of mechanisms [J]. Mechanism and Machine Theory, 1994, 29: 607-618.

[13] 孙涛. 少自由度并联机构性能评价指标体系研究 [D]. 天津: 天津大学, 2012.

[14] GOSSELIN C M, ANGELES J. A global performance index for the kinematic optimization of robotic manipulators [J]. Journal of Mechanical Design, 1991, 113: 220-226.

[15] BALL R S. A treatise on the theory of screws [M]. London: Cambridge University Press, 1990.

[16] SUN T, YANG S F, HUANG T, et al. A finite and instantaneous screw based approach for topology design and kinematic analysis of 5-axis parallel kinematic machines [J]. Chinese Journal of Mechanical Engineering, 2018, 31: 1-10.

[17] SUN T, SONG Y M, LI Y G, et al. Workspace decomposition based dimensional synthesis of a novel hybrid reconfigurable robot [J]. Journal of Mechanisms and Robotics, 2010, 2 (3): 310091-310098.

[18] CRAIG J J. 机器人学导论 [M]. 4版. 负超，王伟，译. 北京：机械工业出版社，2018.

[19] 黄真，赵永生，赵铁石. 高等空间机构学 [M]. 北京：高等教育出版社，2006.

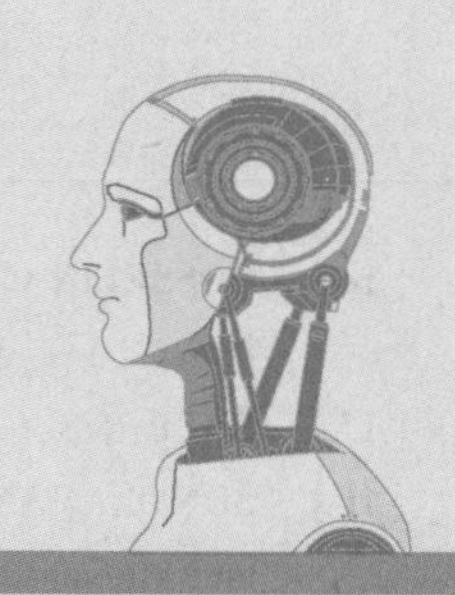

第6章 静力学建模与分析

6.1 引言

刚度表示物体受到外力作用时抵抗弹性变形的能力，是度量物体弹性变形难易程度的指标。可根据外载荷的形式将刚度划分为两类：静载荷作用下抵抗变形的能力为静刚度，动载荷作用下抵抗变形的能力为动刚度。机器人作业过程中保持静止或运动的速度很低，可近似认为准静态作业时，主要考虑机器人机构的静刚度性能。例如，装配机器人夹持待装配零件缓慢调姿，与另一零件对接并装配，此时认为机器人准静态作业，待装配零件的重力对机器人而言为静载荷，需分析机器人的静刚度性能。动刚度是在静刚度的基础上，进一步考虑动态载荷的频率与系统固有频率之间的关系衡量动态变形。因此，对于速度较大、受动载荷作用的机器人，静刚度仍然是度量机器人性能的重要指标，高刚度特性是机器人具备优良动态特性的前提。因此，静刚度性能对机器人的分析与设计具有重要意义。

由材料力学可知，刚度与物体的材料属性、几何形状、边界约束与外力形式有关，是物体的固有属性。机器人由多个构件通过运动关节以一定顺序相互连接的复杂系统，虽然构件的材料属性和几何形状保持不变，但机器人作业过程中，位姿的变化使得每个构件的边界约束和外力形式随之改变，因此机器人的整体刚度随其位姿变化而变化，需进行刚度建模。无论刚度模型是用于机器人机构的性能分析，还是用于构建机器人机构的设计目标，都对刚度模型有如下要求：①能够计算工作空间内任何位姿下的机构刚度。②包含整个机构的完整准确变形信息。

刚度建模是从零部件的弹性变形特点入手，考虑机器人机构变形与受力的特征与传递规律，构造整体刚度性能模型的过程。本章首先定义了 m 自由度虚弹簧表示构件的弹性变形，引入了刚度与柔度的基本概念，介绍了刚度与柔度矩阵的坐标转换方法。其中，构件的刚度或柔度可借助有限元分析（FEA）软件精确提炼，也可以利用解析法刻画。随后，基于瞬时运动旋量的物理含义定义了弹性变形旋量（后文统称为变形旋量），构建出串联机构与并联机构的静力与变形旋量的映射关系。最后，结合构件柔度、力与变形的传递关系，由虚功方程进行串联与并联机构的静刚度建模。

6.2 静刚度矩阵与柔度矩阵

机器人机构的静力学性能主要是研究构件的弹性变形，满足连续均匀性假设、各向同性假设和小变形假设。由材料力学可知，构件在外力作用下最基本的变形形式是拉伸（压缩）、剪切、扭转和弯曲。以杆件为例，当杆件受到轴向拉力或压力时，杆件产生拉伸或压缩变形；当受到绕轴线的力矩，杆件产生扭转变形；当杆件受到垂直于杆件轴线或通过杆轴平面的力矩，杆件产生弯曲变形。刚度矩阵描述构件在特定约束条件下受到单位外载荷的变形情况。刚度矩阵的逆矩阵即为柔度矩阵，表示构件产生单位变形时需施加的载荷。

6.2.1 *m* 自由度虚弹簧

通常，构件受力变形将使构件的尺度发生变化，但由于本章仅考虑构件的弹性变形，满足小变形假设和胡克定律，因此可将构件等效为刚体和虚弹簧，其中刚体保持构件的形状和尺寸，虚弹簧无实体，仅表示构件在载荷作用下的变形，可视为构件在受力方向下的微小“运动”，虚弹簧的微小“运动”自由度即为构件刚度或柔度矩阵的维数。

构件刚度取决于材料属性（弹性模量、切变模量等）、几何形状（长度、截面积、极惯性矩等）、边界约束（固定铰链、运动副、固支端等）、外力形式（拉压力、扭矩、弯曲力或力矩）。由旋量理论可知，力旋量可张成六维空间，因此表示单位载荷下构件变形特征的刚度矩阵维数是6，即虚弹簧的自由度为6，对应的柔度矩阵维数是6×6。构件变形采用瞬时旋量进行表征，为 $\boldsymbol{S}_{te}$，根据胡克定律，柔度矩阵可通过图6.1所示的方式进行定义。

$$
\begin{array}{c}
\begin{matrix} \tau_x & \tau_y & \tau_z & f_x & f_y & f_z \\ \vdots & \vdots & \vdots & \vdots & \vdots & \vdots \end{matrix} \\
\boldsymbol{C}=\begin{bmatrix}
\frac{\delta\varphi_x}{\tau_x} & \frac{\delta\varphi_x}{\tau_y} & \frac{\delta\varphi_x}{\tau_z} & \frac{\delta\varphi_x}{f_x} & \frac{\delta\varphi_x}{f_y} & \frac{\delta\varphi_x}{f_z} \\
\frac{\delta\varphi_y}{\tau_x} & \frac{\delta\varphi_y}{\tau_y} & \frac{\delta\varphi_y}{\tau_z} & \frac{\delta\varphi_y}{f_x} & \frac{\delta\varphi_y}{f_y} & \frac{\delta\varphi_y}{f_z} \\
\frac{\delta\varphi_z}{\tau_x} & \frac{\delta\varphi_z}{\tau_y} & \frac{\delta\varphi_z}{\tau_z} & \frac{\delta\varphi_z}{f_x} & \frac{\delta\varphi_z}{f_y} & \frac{\delta\varphi_z}{f_z} \\
\frac{\delta p_x}{\tau_x} & \frac{\delta p_x}{\tau_y} & \frac{\delta p_x}{\tau_z} & \frac{\delta p_x}{f_x} & \frac{\delta p_x}{f_y} & \frac{\delta p_x}{f_z} \\
\frac{\delta p_y}{\tau_x} & \frac{\delta p_y}{\tau_y} & \frac{\delta p_y}{\tau_z} & \frac{\delta p_y}{f_x} & \frac{\delta p_y}{f_y} & \frac{\delta p_y}{f_z} \\
\frac{\delta p_z}{\tau_x} & \frac{\delta p_z}{\tau_y} & \frac{\delta p_z}{\tau_z} & \frac{\delta p_z}{f_x} & \frac{\delta p_z}{f_y} & \frac{\delta p_z}{f_z}
\end{bmatrix}
\begin{matrix} \cdots & \delta\varphi_x \\ \cdots & \delta\varphi_y \\ \cdots & \delta\varphi_z \\ \cdots & \delta p_x \\ \cdots & \delta p_y \\ \cdots & \delta p_z \end{matrix}
\end{array}
$$

图6.1 柔度矩阵定义方式

由图6.1可知，柔度矩阵的每一列分别表示受到相应方向的力和力矩作用时产生的角变形与线变形。以第一列为例，构件受到 x 方向的单位力矩 τ_x 的作用，构件随之产生关于 x 方向的角变形 δ_{φ_x}、关于 y 方向的角变形 δ_{φ_y}、关于 z 方向的角变形 δ_{φ_z}、沿 x 方向的线变形 δ_{p_x}、沿 y 方向的线变形 δ_{p_y} 和沿 z 方向的线变形 δ_{p_z}。柔度矩阵其余列中各元素的物理含义以此类推。因此，柔度矩阵主对角元素表示受力方向上的变形，受力形式为拉压变形、扭转变形或弯曲变形。非对角线元素表示对应列的力或力矩产生的非受力方向的变形，若对应列的力或力矩在此方向上构件的变形为0，则直接将此非对角线元素赋值为0。

根据柔度的定义，构件柔度矩阵有两种构建方式：解析法或数值法。解析法主要针对杆、形状和受力简单的平板和壳体，利用材料力学的基本变形研究建立构件的柔度矩阵。例如，在图6.2所示的矩形悬臂梁中，给定其弹性模量 E、切变模量 G、长度 l、截面宽度 a、高度 b，悬臂梁的约束边界是固定支撑，在其固定端建立坐标系 $Oxyz$。由材料力学知识可知，τ_x 使悬臂梁产生扭转变形，τ_y、τ_z 使悬臂梁产生弯曲变形，f_x 使悬臂梁产生拉压变形，f_y、f_z 使悬臂梁产生弯曲变形，可得柔度矩阵的主对角元素为

$$C_{11}=\frac{l}{GI_p},\ C_{22}=\frac{l}{EI_y},\ C_{33}=\frac{l}{EI_z},\ C_{44}=\frac{l}{EA},\ C_{55}=\frac{l^3}{3EI_z},\ C_{66}=\frac{l^3}{3EI_y} \tag{6-1}$$

式中，A 为悬臂梁横截面积；I_y 和 I_z 为截面惯性矩；I_p 为极惯性矩。且

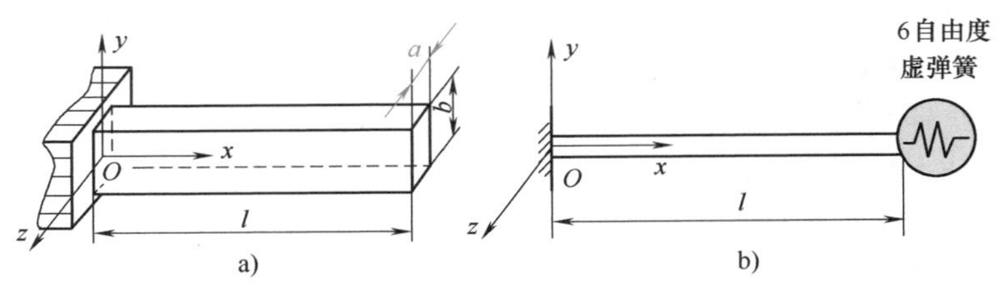

图 6.2　悬臂梁及其等效弹性模型

$$A=ab,\ I_y=\frac{a^3b}{12},\ I_z=\frac{ab^3}{12},\ I_p=I_y+I_z$$

悬臂梁受拉压力与转矩作用仅在受力方向上变形，因此，τ_x、f_x 对应列非主对角元素均为 0。受剪力或弯矩作用，悬臂梁除了对应力或力矩方向产生挠度或转角变形，还产生了相应的转角或挠度变形，即 τ_y 使悬臂梁产生沿 z 方向的线变形 δ_{p_z}、τ_z 使悬臂梁产生沿 y 方向的线变形 δ_{p_y}、f_y 使悬臂梁产生沿 z 方向的角变形 δ_{φ_z}、f_z 使悬臂梁产生沿 y 方向的角变形 δ_{φ_y}。同样借助材料力学知识，得

$$C_{26}=C_{62}=-\frac{l^2}{2EI_y},\ C_{35}=C_{53}=\frac{l^2}{2EI_z} \tag{6-2}$$

因此，利用解析法得到如图 6.2 所示的悬臂梁的柔度矩阵为

$$\boldsymbol{C}=\begin{bmatrix} \frac{l}{GI_p} & & & & & \\ & \frac{l}{EI_y} & & & & -\frac{l^2}{2EI_y} \\ & & \frac{l}{EI_z} & & \frac{l^2}{2EI_z} & \\ & & & \frac{l}{EA} & & \\ & & \frac{l^2}{2EI_z} & & \frac{l^3}{3EI_z} & \\ & -\frac{l^2}{2EI_y} & & & & \frac{l^3}{3EI_y} \end{bmatrix} \tag{6-3}$$

基于小变形假设，悬臂梁可等效为图 6.2b 中的刚体和虚弹簧，其中刚体的材料属性、长度、截面尺度仍保持不变，悬臂梁的柔度由末端的虚弹簧表示。由于悬臂梁在三个坐标轴方向均产生线变形与角变形，因此虚弹簧的自由度是 6。

解析柔度建模法有助于参数化建模，便于后续机构的静力学性能评价与设计，其缺点是仅适用于几何形状规则的构件。机器人机构的构件在大多数情况下难以等效为规则的几何体，为保证柔度模型的精准性，可利用数值法提取构件的柔度，进而构造柔度矩阵。

数值法是将构件导入 FEA 软件，在软件内定义构件的材料属性，设置构件的边界约束，建立局部坐标系，利用单元进行构件的网格划分，在构件运动输出处施加单位载荷，由 FEA 软件内置的分析算法得到构件在载荷作用下的变形情况。对构件依次施加 τ_x、τ_y、τ_z、

f_x、f_y、f_z，构件变形即为柔度矩阵的元素，即

$$C=\begin{bmatrix} c_{11} & c_{12} & \cdots & c_{16} \\ c_{21} & c_{22} & \cdots & c_{26} \\ \vdots & \vdots & & \vdots \\ c_{61} & c_{62} & \cdots & c_{66} \end{bmatrix} \tag{6-4}$$

式中，$c_{i,j}$（$i=1$，2，…，6，$j=1$，2，…，6）表示施加单位力矩或单位力时，利用 FEA 软件测量得到的构件变形。

由于柔度矩阵与刚度矩阵互为逆矩阵，通过解析法或者数值法得到构件的柔度矩阵后，刚度矩阵可直接对柔度矩阵求逆获得，即

$$K=C^{-1} \tag{6-5}$$

通常考虑单个构件的柔度或刚度时，相应矩阵的维度是6×6，如式（6-3）和式（6-4）。但是，在机构刚度建模与分析的过程中，存在两种特殊情况，使得构件虚弹簧的自由度小于6：①构件仅受特定方向的力或力矩作用，无需考虑其余方向的变形；②构件的边界存在运动副，在运动副的运动方向上约束被放开，允许构件在此方向产生刚体运动，因此该方向构件的刚度为0。

若考虑平面机构在运动平面内的刚度或柔度，在图 6.3 所示的平面四杆机构和五杆机构中，此时机构受到平面内的力与绕平面法线的力矩作用，构件虚弹簧的自由度是3，柔度或刚度矩阵的维度是3×3，此时图 6.1 所示的柔度矩阵可表示为

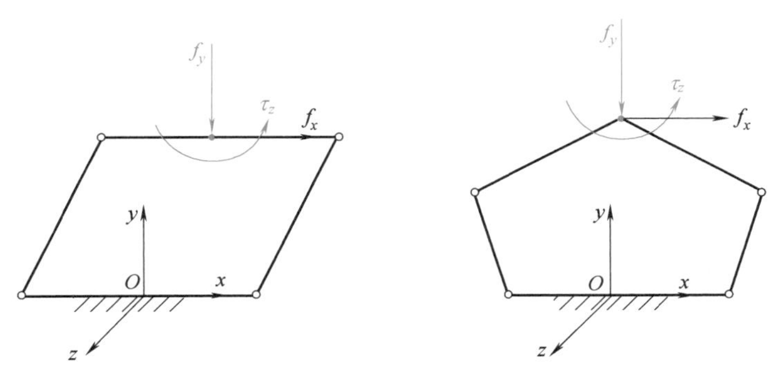

图 6.3　平面四杆机构和五杆机构

$$C=\begin{bmatrix} \dfrac{\delta_{\varphi_z}}{\tau_z} & \dfrac{\delta_{\varphi_z}}{f_x} & \dfrac{\delta_{\varphi_z}}{f_y} \\ \dfrac{\delta_{p_x}}{\tau_z} & \dfrac{\delta_{p_x}}{f_x} & \dfrac{\delta_{p_x}}{f_y} \\ \dfrac{\delta_{p_y}}{\tau_z} & \dfrac{\delta_{p_y}}{f_x} & \dfrac{\delta_{p_y}}{f_y} \end{bmatrix} \tag{6-6}$$

值得注意的是，若需分析或设计平面机构承受垂直平面方向外力的作用（或绕平面内轴线的力矩作用），则仍需考虑平面机构在此方向的柔度或刚度。例如，平面五杆机构与竖直方向的立柱串接，用于设计 3D 打印机器人时，需考虑平面五杆机构在竖直方向的柔度或刚度性能，此时机构的刚度维度为6×6，如图 6.4 所示。

构件虚弹簧的自由度是6，如果构件与下一构件固定连接，则可直接将此构件的弹性变

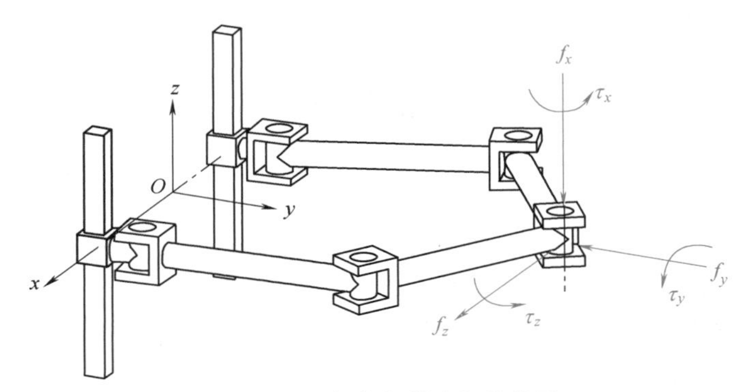

图 6.4 3D 打印机器人机构简图

形叠加至下一个构件，如果构件与下一构件通过运动副连接，则需考虑运动副的影响。机构静力学分析时，驱动锁紧，机构处于静力平衡状态，因此，若构件之间的运动副为驱动关节，则可认为两个构件近似于固定连接，构件虚弹簧的自由度仍是 6。若构件之间存在被动运动副，受力时构件在运动副的许动方向上产生运动，对应方向的弹性变形被释放，构件虚弹簧的自由度为 m，刚度或柔度矩阵的维数变为 $m\times m$，其中，$m=6-f_p$，f_p 是被动关节的自由度。

如图 6.5a 所示，若两个构件之间存在被动移动副，构件利用解析法得到的 6×6 柔度矩阵，如式（6-3），其中构件长度 l 替换为两个构件的相对位移量 q，此处，矩阵中的 I_p、I_y 与 I_z 需替换为圆截面对应的惯性矩。受沿 x 向移动副的影响，构件的柔度矩阵需去掉对应 f_x 的行和列，即

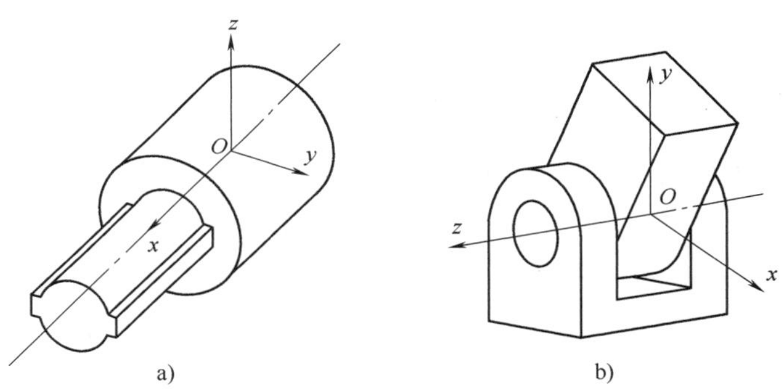

图 6.5 被动移动副与转动副

$$
\boldsymbol{C}=\begin{bmatrix}
\frac{q}{GI_p} & & & & \\
 & \frac{q}{EI_y} & & & -\frac{q^2}{2EI_y} \\
 & & \frac{q}{EI_z} & \frac{q^2}{2EI_z} & \\
 & & \frac{q^2}{2EI_z} & \frac{q^3}{3EI_z} & \\
 & -\frac{q^2}{2EI_y} & & & \frac{q^3}{3EI_y}
\end{bmatrix}_{5\times5}
\tag{6-7}
$$

如图 6.5b 所示，若两个构件之间存在被动转动副，构件利用数值法得到的 6×6 柔度矩阵，如式（6-4）。受轴线沿 z 向的转动副的影响，构件的柔度矩阵需去掉对应 τ_z 的行和列，即

$$C=\begin{bmatrix} c_{11} & c_{12} & c_{14} & c_{15} & c_{16} \\ c_{21} & c_{22} & c_{24} & c_{25} & c_{26} \\ c_{41} & c_{42} & c_{44} & c_{45} & c_{46} \\ c_{51} & c_{52} & c_{54} & c_{55} & c_{56} \\ c_{61} & c_{62} & c_{64} & c_{65} & c_{66} \end{bmatrix}_{5\times 5} \tag{6-8}$$

6.2.2 刚/柔度矩阵的坐标变换

多个构件通过一定方式连接形成机构时，构建机构的刚度或柔度需在同一个坐标系内讨论各个构件的刚度或柔度矩阵。即构件在自身局部坐标系内获得柔度矩阵或刚度矩阵后，均需转化到统一的全局坐标系下。因此，涉及构件柔度矩阵与刚度矩阵的坐标变换。

如图 6.6 所示，假设已知弹性体在自身局部坐标系 $Bx_By_Bz_B$ 下的柔度矩阵 $\boldsymbol{C}_B$，求其转化到坐标系 $Ax_Ay_Az_A$ 下的柔度矩阵 $\boldsymbol{C}_A$。

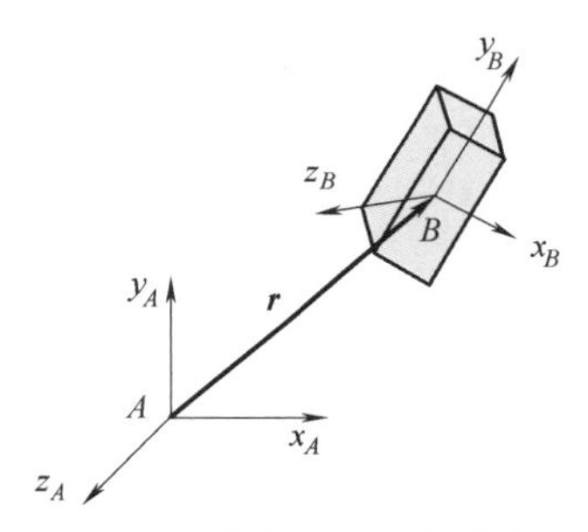

图 6.6 柔度矩阵坐标变换

在小变形假设条件下，构件的变形映射与速度映射关系相同。因此，点 A 与点 B 之间广义力和变形之间存在如下关系

$$\boldsymbol{\delta}_A=\boldsymbol{T}\boldsymbol{\delta}_B,\ \boldsymbol{W}_B=\boldsymbol{T}^{\mathrm{T}}\boldsymbol{W}_A \tag{6-9}$$

式中，$\boldsymbol{\delta}_A\in\mathbb{R}^{6\times1}$、$\boldsymbol{\delta}_B\in\mathbb{R}^{6\times1}$分别表示点 A 与点 B 处的变形；$\boldsymbol{W}_A\in\mathbb{R}^{6\times1}$、$\boldsymbol{W}_B\in\mathbb{R}^{6\times1}$分别表示点 A 与点 B 处的六维力；$\boldsymbol{T}$ 为 A、B 两点坐标系之间的伴随矩阵，且

$$\boldsymbol{T}=\begin{bmatrix} \boldsymbol{R} & \boldsymbol{0} \\ \widetilde{\boldsymbol{r}}\boldsymbol{R} & \boldsymbol{R} \end{bmatrix}$$

式中，$\boldsymbol{R}$ 为坐标系 $Bx_By_Bz_B$ 相对于为坐标 $Ax_Ay_Az_A$ 的旋转矩阵；$\boldsymbol{r}$ 表示点 B 在坐标系 $Ax_Ay_Az_A$ 下的坐标或由点 A 指向点 B 的向量在坐标系 $Ax_Ay_Az_A$ 下的表达；$\widetilde{\boldsymbol{r}}$ 为 $\boldsymbol{r}$ 的反对称矩阵

$$\widetilde{\boldsymbol{r}}=\begin{bmatrix} 0 & -r_z & r_y \\ r_z & 0 & -r_x \\ -r_y & r_x & 0 \end{bmatrix}$$

由胡克定律可知

$$\boldsymbol{\delta}_B=\boldsymbol{C}_B\boldsymbol{W}_B,\ \boldsymbol{\delta}_A=\boldsymbol{C}_A\boldsymbol{W}_A \tag{6-10}$$

根据虚功原理，得

$$\boldsymbol{\delta}_B^{\mathrm{T}}\boldsymbol{W}_B=\boldsymbol{\delta}_A^{\mathrm{T}}\boldsymbol{W}_A \tag{6-11}$$

将式（6-9）和式（6-10）代入式（6-11），整理得

$$\boldsymbol{C}_A=\boldsymbol{T}\boldsymbol{C}_B\boldsymbol{T}^{\mathrm{T}} \tag{6-12}$$

式中，$\boldsymbol{C}_A$ 即为由点 B 的弹性引起的点 A 的柔度矩阵。若考虑被动关节的影响，$\boldsymbol{C}_B$ 的维数为 $m\times m$，则 $\boldsymbol{T}$ 矩阵需去掉对应的列使得式（6-12）成立。

将柔度矩阵进行求逆运算得到刚度矩阵为

$$K_A = C_A^{-1} = T^{-T} K_B T^{-1} \tag{6-13}$$

【例 6-1】 图 6.7 所示为悬臂梁，其弹性模量 $E=2.1\times10^{11}\text{Pa}$、$G=8\times10^{10}\text{Pa}$、$l=2\text{m}$、$a=0.2\text{m}$、$b=0.3\text{m}$，求悬臂梁在坐标系 $O'x'y'z'$下的柔度矩阵与刚度矩阵。

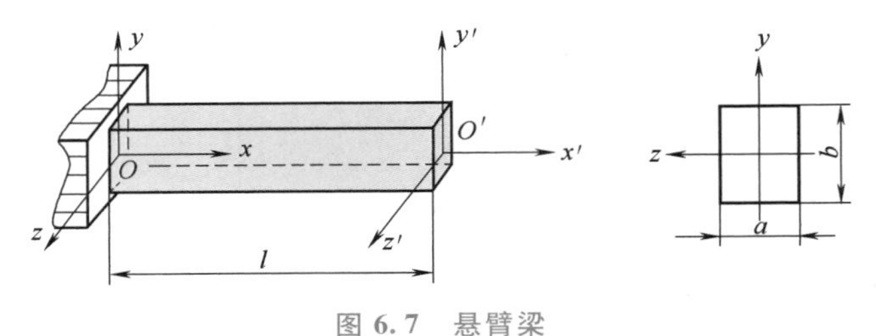

图 6.7 悬臂梁

坐标系 $Oxyz$ 与坐标系 $O'x'y'z'$平行，点 O 至点 O'的位置向量为 $\boldsymbol{r}=(2\quad 0\quad 0)^{\mathrm{T}}$，因此转换矩阵为

$$T=\begin{bmatrix} E_3 & \mathbf{0} \\ \tilde{r}E_3 & E_3 \end{bmatrix} = \begin{bmatrix} 1 & 0 & 0 & 0 & 0 & 0 \\ 0 & 1 & 0 & 0 & 0 & 0 \\ 0 & 0 & 1 & 0 & 0 & 0 \\ 0 & 0 & 0 & 1 & 0 & 0 \\ 0 & 0 & 2 & 0 & 1 & 0 \\ 0 & -2 & 0 & 0 & 0 & 1 \end{bmatrix} \tag{6-14}$$

悬臂梁在坐标系 $Oxyz$ 下的柔度矩阵见式（6-3），即

$$C_O = \begin{bmatrix} \frac{l}{GI_p} & & & & & \\ & \frac{l}{EI_y} & & & & -\frac{l^2}{2EI_y} \\ & & \frac{l}{EI_z} & & \frac{l^2}{2EI_z} & \\ & & & \frac{l}{EA} & & \\ & & \frac{l^2}{2EI_z} & & \frac{l^3}{3EI_z} & \\ & -\frac{l^2}{2EI_y} & & & & \frac{l^3}{3EI_y} \end{bmatrix} \tag{6-15}$$

将式（6-15）代入式（6-12）可得坐标系 $O'x'y'z'$下悬臂梁的柔度矩阵为

$$C_{O'} = TC_O T^{\mathrm{T}} = \begin{bmatrix} 3.21 & & & & & \\ & 3.97 & & & & -7.94 \\ & & 1.76 & & 3.54 & \\ & & & 0.159 & & \\ & & 3.54 & & 7.11 & \\ & -7.98 & & & & 15.97 \end{bmatrix} \times 10^{-9}\,\text{m/N} \tag{6-16}$$

悬臂梁在坐标系 $O'x'y'z'$ 下的刚度矩阵可对式（6-16）求逆矩阵而得，见式（6-17）。

$$\boldsymbol{K}_{O'}=\boldsymbol{C}_{O'}^{-1}=\begin{bmatrix} 0.0003 & & & & & \\ & 0.7663 & & & & 0.3811 \\ & & 1.8589 & & -0.9246 & \\ & & & 0.0063 & & \\ & & -0.9246 & & 0.4600 & \\ & 0.3828 & & & & 0.1905 \end{bmatrix}\times 10^{12}\mathrm{N/m} \tag{6-17}$$

【例 6-2】　已知构件的材料属性、尺度与图 6.7 所示的悬臂梁相同。构件连接转动轴线沿 z 轴的被动转动副，如图 6.8 所示，已知 $\alpha=30°$，$L=2\mathrm{m}$，求构件在坐标系 $O'x'y'z'$ 下的柔度矩阵与刚度矩阵。

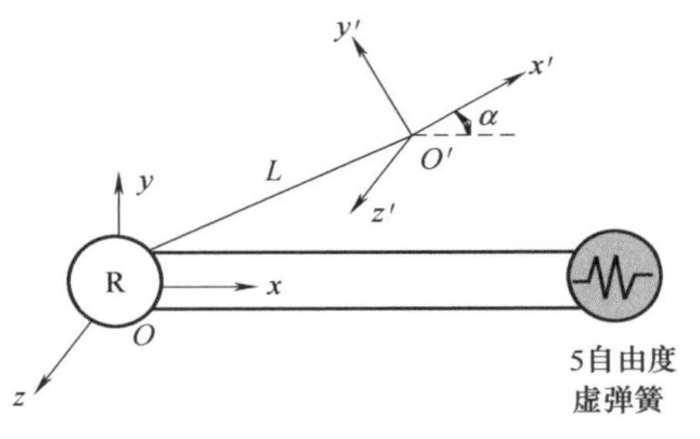

图 6.8　构件与被动转动副

坐标系 $Oxyz$ 绕 z 轴转 α 再沿 y 轴平移 L 可得坐标系 $O'x'y'z'$，因此

$$\boldsymbol{R}=\begin{bmatrix} \cos\alpha & \sin\alpha & 0 \\ -\sin\alpha & \cos\alpha & 0 \\ 0 & 0 & 1 \end{bmatrix},\ \boldsymbol{r}=(L\cos\alpha \quad L\sin\alpha \quad 0)^{\mathrm{T}} \tag{6-18}$$

则可计算伴随变换矩阵为

$$\boldsymbol{T}=\begin{bmatrix} \boldsymbol{R} & \boldsymbol{0} \\ \tilde{\boldsymbol{r}}\boldsymbol{R} & \boldsymbol{R} \end{bmatrix}=\begin{bmatrix} 0.866 & 0.5 & 0 & 0 & 0 & 0 \\ -0.5 & 0.866 & 0 & 0 & 0 & 0 \\ 0 & 0 & 1 & 0 & 0 & 0 \\ 0 & 0 & 1 & 0.866 & 0.5 & 0 \\ 0 & 0 & -1.732 & -0.5 & 0.866 & 0 \\ -1.732 & 0.9999 & 0 & 0 & 0 & 1 \end{bmatrix} \tag{6-19}$$

已知构件在坐标系 $Oxyz$ 下的 6×6 柔度矩阵如式（6-15），受轴线沿 z 向的被动转动副影响，柔度矩阵去掉第六行与第六列，变成 5×5 矩阵。相应地，将伴随变换矩阵 $\boldsymbol{T}$ 删去第六列元素，变为 6×5 的矩阵。利用式（6-16），得到构件在坐标系 $O'x'y'z'$ 下的柔度矩阵为

$$\boldsymbol{C}_{O'}=[\boldsymbol{T}]_{6\times5}[\boldsymbol{C}_{O}]_{5\times5}[\boldsymbol{T}^{\mathrm{T}}]_{5\times6}$$

$$=\begin{bmatrix} 0.0340 & 0.0033 & 0 & 0 & 0 & -0.0283 \\ 0.0033 & 0.0378 & 0 & 0 & 0 & 0.0622 \\ 0 & 0 & 0.0176 & 0.0177 & -0.0303 & 0 \\ 0 & 0 & 0.0177 & 0.0190 & -0.0312 & 0 \\ 0 & 0 & -0.0303 & -0.0312 & 0.0527 & 0 \\ -0.0283 & 0.0622 & 0 & 0 & 0 & 0.1360 \end{bmatrix}\times 10^{-7}\mathrm{m/N} \tag{6-20}$$

对 5×5 柔度矩阵求逆，同时对 6×6 伴随变换矩阵求逆，删掉第六列元素，利用式（6-13）可得构件在坐标系 $O'x'y'z'$ 下的刚度矩阵为

$$\boldsymbol{K}_{O'}=[\boldsymbol{T}^{-\mathrm{T}}]_{6\times5}[\boldsymbol{C}_O^{-1}]_{5\times5}[\boldsymbol{T}^{-1}]_{6\times5}$$

$$=\begin{bmatrix} 0.0021 & 0.0011 & 0 & 0 & 0 & -0.0002 \\ 0.0011 & 0.0007 & 0 & 0 & 0 & 0.0002 \\ 0 & 0 & 4.7022 & 2.1826 & 3.9981 & 0 \\ 0 & 0 & 2.1826 & 1.1972 & 1.9647 & 0 \\ 0 & 0 & 3.9981 & 1.9647 & 3.4657 & 0 \\ -0.0002 & 0.0002 & 0 & 0 & 0 & 0.0005 \end{bmatrix}\times10^{11}\,\mathrm{N/m} \tag{6-21}$$

6.3 静力与变形映射关系

第 5 章给出了机器人机构瞬时运动旋量 $\boldsymbol{S}_t$ 与力旋量 $\boldsymbol{S}_w$ 的映射关系，主要运用力旋量与瞬时运动旋量的互易关系构建机构关节空间与操作空间的瞬时运动映射模型，即速度模型。本章分析机构的静力学性质，主要考察机构在不同位形下静力与变形之间的关系。静止状态可视为机构在当前瞬时状态“冻结”，因此机构的变形与速度均可应用瞬时旋量进行表征，且机构的静力映射与速度模型涉及的机构力映射形式相同。

由前述可知，构件在外载荷作用下产生六维变形，即沿坐标轴方向的线变形与绕坐标轴方向的角变形。此六维变形视为构件虚弹簧的微小“运动”，利用瞬时运动旋量表示构件的变形，称之为变形旋量，即

$$\boldsymbol{S}_{te}=(\delta_{\varphi_x}\quad \delta_{\varphi_y}\quad \delta_{\varphi_z}\quad \delta_{p_x}\quad \delta_{p_y}\quad \delta_{p_z})^{\mathrm{T}} \tag{6-22}$$

构件的受力与变形满足胡克定律，因此有

$$\boldsymbol{S}_w=\boldsymbol{K}\boldsymbol{S}_{te},\ \boldsymbol{S}_{te}=\boldsymbol{C}\boldsymbol{S}_w \tag{6-23}$$

由胡克定律可知，机构的刚度或柔度取决于机构的力旋量以及在力旋量作用下的变形旋量。而机器人机构通过多个构件按照一定规则连接而成，由虚功原理可知，若建立起构件与机构的受力与变形映射关系，则可通过构件的柔度或刚度矩阵构建出机构的柔度或刚度，因此机构的静力与变形映射关系对机构的静力学建模与分析至关重要。

6.3.1 串联机构静力与变形映射

由于串联机构内所有的关节都是驱动关节，静止状态下，机构末端的微小运动均源于构件的变形，因此有

$$\boldsymbol{S}_t=\boldsymbol{S}_{te} \tag{6-24}$$

由第 5 章可知，串联机构的瞬时运动模型为

$$\boldsymbol{S}_t=\sum_{i=1}^{n}q_i\hat{\boldsymbol{S}}_{t,i}=\boldsymbol{J}\boldsymbol{q} \tag{6-25}$$

式中，

$$\boldsymbol{J}=[\hat{\boldsymbol{S}}_{t,1}\quad \hat{\boldsymbol{S}}_{t,2}\quad \cdots\quad \hat{\boldsymbol{S}}_{t,n}],\ \boldsymbol{q}=(q_1\quad q_2\quad \cdots\quad q_n)^{\mathrm{T}}。$$

若仅考虑构件受驱动力作用产生沿关节方向的变形，则关节空间的变形与机构末端的变形映射关系与瞬时运动映射关系相同，有

$$\boldsymbol{S}_t=\boldsymbol{S}_{te}=\boldsymbol{J}\delta\boldsymbol{q} \tag{6-26}$$

机构驱动关节提供的驱动力和机构受到的外载荷静力平衡，利用虚功原理描述串联机构的静止状态，即

$$\boldsymbol{S}_{w}^{\mathrm{T}}\boldsymbol{S}_{te}=\boldsymbol{\tau}\delta\boldsymbol{q} \tag{6-27}$$

将式（6-26）代入式（6-27），整理得

$$\boldsymbol{\tau}=\boldsymbol{J}^{\mathrm{T}}\boldsymbol{S}_{w} \tag{6-28}$$

由上可见，关节空间与操作空间的力映射关系与雅可比矩阵有关，有时也称 $\boldsymbol{J}^{\mathrm{T}}$ 为串联机构的力雅可比矩阵。若串联机构驱动关节的数目大于 6，机构存在冗余自由度，雅可比矩阵出现线性相关列，关节驱动力存在多解。

对于 n 自由度串联机构的静力，还可借助 3.5.2 节串联机构力建模的方式建立机构内的静力映射。串联机构在不同位姿下静止时，各运动副的单位旋量张成的瞬时运动旋量系为

$$\boldsymbol{T}=\mathrm{span}\{\hat{\boldsymbol{S}}_{t,1},\cdots,\hat{\boldsymbol{S}}_{t,n}\} \tag{6-29}$$

利用零空间的计算方法，得到串联机构的约束力螺旋系为

$$\boldsymbol{W}_{c}=\boldsymbol{T}^{\perp} \tag{6-30}$$

$$\boldsymbol{W}_{c}=\mathrm{span}\{\hat{\boldsymbol{S}}_{wc,1},\cdots,\hat{\boldsymbol{S}}_{wc,6-n}\} \tag{6-31}$$

锁住第 $k(k=1,2,\cdots,n)$ 个运动副，机构的瞬时运动旋量系退化为 $n-1$ 维，约束力旋量系由 $6-n$ 维增加到 $7-n$ 维。对比第 k 个运动副锁住前后的机构约束力旋量系，多出的一个旋量即为该运动副的驱动力旋量，满足

$$\begin{cases}\hat{\boldsymbol{S}}_{wa,k}^{\mathrm{T}}\hat{\boldsymbol{S}}_{t,j}\neq 0 & j=k\\ \hat{\boldsymbol{S}}_{wa,k}^{\mathrm{T}}\hat{\boldsymbol{S}}_{t,j}=0 & j=1,k-1,\cdots,k+1,n\end{cases} \tag{6-32}$$

锁住第 k 个运动副后，约束力旋量系和瞬时运动旋量系变为 $\not{\boldsymbol{W}}_{c,k}$ 与 $\not{\boldsymbol{T}}_{k}$，即

$$\not{\boldsymbol{W}}_{c,k}=\boldsymbol{W}_{c,1}\cap\boldsymbol{W}_{c,k-1}\cap\cdots\cap\boldsymbol{W}_{c,k+1}\cap\boldsymbol{W}_{c,n} \tag{6-33}$$

$$\not{\boldsymbol{T}}_{k}=\mathrm{span}\{\hat{\boldsymbol{S}}_{t,1},\hat{\boldsymbol{S}}_{t,k-1},\cdots,\hat{\boldsymbol{S}}_{t,k+1},\hat{\boldsymbol{S}}_{t,n}\},\ \not{\boldsymbol{W}}_{c,k}=\not{\boldsymbol{T}}_{k}^{\perp} \tag{6-34}$$

对比 $7-n$ 维约束力旋量系 $\not{\boldsymbol{W}}_{c,k}$ 与 $6-n$ 维约束力旋量系 $\boldsymbol{W}_{c}$，找到 $\not{\boldsymbol{W}}_{c,k}$ 中比 $\boldsymbol{W}_{c}$ 多出的一个旋量，即为第 k 个运动副对应的驱动力旋量，即

$$\not{\boldsymbol{W}}_{c,k}=\mathrm{span}\{\boldsymbol{W}_{c},\hat{\boldsymbol{S}}_{wa,k}\} \tag{6-35}$$

由此可以找到串联机构中 n 个运动副的驱动力旋量，其张成的驱动力旋量系为

$$\boldsymbol{W}_{a}=\mathrm{span}\{\hat{\boldsymbol{S}}_{wa,1},\cdots,\hat{\boldsymbol{S}}_{wa,n}\} \tag{6-36}$$

因此，可建立适用于任意串联机构的静力模型为

$$\boldsymbol{S}_{w}=f_{wc,1}\hat{\boldsymbol{S}}_{wc,1}+\cdots+f_{wc,6-n}\hat{\boldsymbol{S}}_{wc,6-n}+f_{wa,1}\hat{\boldsymbol{S}}_{wa,1}+\cdots+f_{wa,n}\hat{\boldsymbol{S}}_{wa,n} \tag{6-37}$$

式中，$f_{wc,k}$（$k=1,\cdots,6-n$）与 $f_{wa,j}$（$j=1,\cdots,n$）分别表示约束力旋量和驱动力旋量的强度。

对比式（6-28）与式（6-37），前者仅关心驱动关节的输出力或力矩大小，每个关节的一维力或一维力矩作用于驱动关节的轴线方向；后者关心机构驱动关节的广义力信息，作用于每个驱动关节的驱动力旋量和串联机构的约束力旋量均为六维向量，因此式（6-37）表示的串联机构的静力模型是一般建模流程，涵盖式（6-28）表示的情况。

若需考虑构件的完整变形，由于构件之间均为驱动关节，则构件的六维变形均可累积至

下一构件，因此，串联机构的变形可由各个构件的变形叠加而得，即

$$S_{te} = \sum_{j=1}^{n} S_{te,j} \tag{6-38}$$

式中，$S_{te,j}$ 表示第 j 个构件的六维变形，均表示在机构的瞬时坐标系下。

【例 6-3】 图 6.9 所示为工业 6R 串联机器人，已知外力 S_w，求关节驱动力 $\boldsymbol{\tau}$。

在工业 6R 串联机器人的末端参考点处建立与静坐标系 $Oxyz$ 时刻平行的瞬时坐标系 $O'x'y'z'$。工业 6R 串联机器人关节空间与操作空间的变形映射可表示为

$$S_{te} = J\delta\boldsymbol{\theta} \tag{6-39}$$

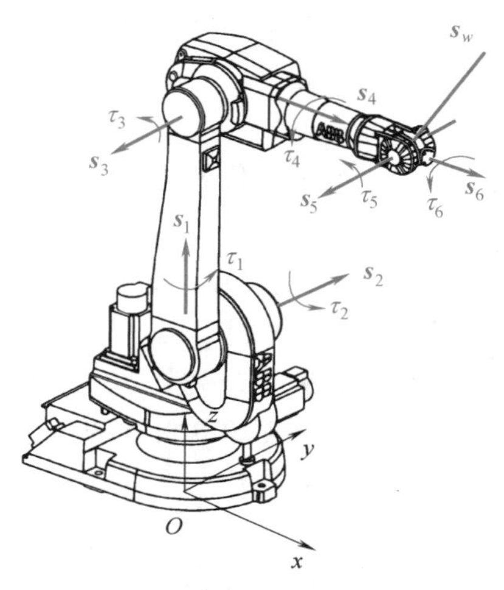

图 6.9 工业 6R 串联机器人

式中，

$$J = [\hat{S}_{t,1} \quad \hat{S}_{t,2} \quad \cdots \quad \hat{S}_{t,6}],$$

$$\hat{S}_{t,1} = \begin{pmatrix} s_1 \\ \boldsymbol{0} \end{pmatrix},\ \hat{S}_{t,2} = \begin{pmatrix} s_2 \\ r_2 \times s_2 \end{pmatrix},\ \hat{S}_{t,3} = \begin{pmatrix} s_3 \\ r_3 \times s_3 \end{pmatrix},\ \hat{S}_{t,4} = \begin{pmatrix} s_4 \\ r_4 \times s_4 \end{pmatrix},\ \hat{S}_{t,5} = \begin{pmatrix} s_5 \\ r_5 \times s_5 \end{pmatrix},\ \hat{S}_{t,6} = \begin{pmatrix} s_6 \\ r_6 \times s_6 \end{pmatrix}。$$

其中，r_k（$k=1$，2，…，6）表示在系 $O'x'y'z'$下由点 O'指向第 k 个关节中心的位置向量。

驱动关节力矩的求解公式为

$$\boldsymbol{\tau} = J^{\mathrm{T}} S_w \tag{6-40}$$

6.3.2 并联机构静力与变形映射

不失一般性，假设并联机构具有 l 条支链，每条支链含有 $n_i(i=1,\ \cdots,\ l)$ 个单自由度运动副，此处，若支链内存在 U 副、C 副与 S 副，参考第 3 章将 U 副分解为正交的两个 R 副、C 副分解为轴线重合的 R 副和 P 副、S 副分解为轴线线性无关的三个 R 副。并联机构各支链的力模型见式（6-37），可表示为

$$S_{w,i} = f_{wc,i,1}\hat{S}_{wc,i,1} + \cdots + f_{wc,i,6-n_i}\hat{S}_{wc,i,6-n_i} + f_{wa,i,1}\hat{S}_{wa,i,1} + \cdots + f_{wa,i,n_i}\hat{S}_{wa,i,n_i} \tag{6-41}$$

并联机构的约束力旋量系应包含每条支链的全部约束力旋量，因此，机构的约束力旋量系可由各支链的约束力旋量系张成，即

$$W_c = \mathrm{span}\{W_{c,1},\cdots,W_{c,l}\} \tag{6-42}$$

又因为并联机构约束力旋量系维数与机构自由度数目之和为 6，对于 f 自由度并联机构，其约束力旋量可表示为

$$\dim(W_c) = 6-f \tag{6-43}$$

$$W_c = \mathrm{span}\{\hat{S}_{wc,1},\cdots,\hat{S}_{wc,6-f}\} \tag{6-44}$$

与串联机构类似，可根据机构瞬时运动旋量与约束力旋量的互易关系，由并联机构支链的瞬时运动旋量得到支链的约束力旋量，再将驱动关节锁定，对比锁住驱动关节前后的支链约束力旋量系，多出的基旋量即为驱动关节对应的驱动力旋量。假定选取第 i（$i=1$，…，l）条支链的第 j（$j=1$，…，n_i）个运动副作为第 q（$q=1$，…，f）个驱动副，则

$$W_{c,i,j} = \mathrm{span}\{W_{c,i},\hat{S}_{wa,i,j}\} = \mathrm{span}\{\hat{S}_{wc,i,1},\cdots,\hat{S}_{wc,i,6-n_i},\hat{S}_{wa,i,j}\} \tag{6-45}$$

$$\boldsymbol{W}_{c,q}=\text{span}\{\boldsymbol{W}_{c,1},\cdots\boldsymbol{W}_{c,i-1},\boldsymbol{W}_{c,i,j},\boldsymbol{W}_{c,i+1},\cdots\boldsymbol{W}_{c,l}\}=\text{span}\{\boldsymbol{W}_{c},\hat{\boldsymbol{S}}_{wa,q}\} \tag{6-46}$$

$$\hat{\boldsymbol{S}}_{wa,q}=\hat{\boldsymbol{S}}_{wa,i,j} \tag{6-47}$$

因此，并联机构的驱动力旋量系为

$$\boldsymbol{W}_{a}=\text{span}\{\hat{\boldsymbol{S}}_{wa,1},\cdots,\hat{\boldsymbol{S}}_{wa,f}\} \tag{6-48}$$

任意并联机构的静力模型为

$$\boldsymbol{S}_{w}=f_{wc,1}\hat{\boldsymbol{S}}_{wc,1}+\cdots+f_{wc,6-f}\hat{\boldsymbol{S}}_{wc,6-f}+f_{wa,1}\hat{\boldsymbol{S}}_{wa,1}+\cdots+f_{wa,f}\hat{\boldsymbol{S}}_{wa,f} \tag{6-49}$$

由此可见，并联机构的静力模型求解与第5章建立并联机构的速度模型时求 $\boldsymbol{J}_w$ 矩阵的流程一致。据此，将并联机构的动平台作为受力自由体，不考虑重力与支链内的摩擦力，动平台的受力如图6.10所示。

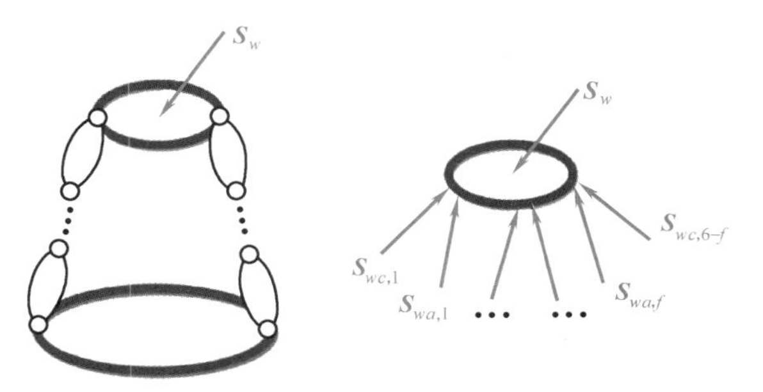

图6.10 并联机构动平台受力

如图6.10所示，支链向动平台提供驱动力旋量与约束力旋量，根据作用力与反作用力，支链受到驱动力旋量与约束力旋量的作用。因此，在建模精度要求不高的场合，并联机构各支链的变形仅考虑支链驱动力方向与约束力方向上的变形，此时支链内各个构件在驱动力或约束力的作用下产生拉压、扭转或弯曲变形，则支链受力产生的变形为各个构件变形的叠加，即

$$\delta_{a,i}(\boldsymbol{S}_{wa,i})=\delta_{a,i,1}+\delta_{a,i,2}+\cdots+\delta_{a,i,n_i} \tag{6-50}$$

$$\delta_{c,i}(\boldsymbol{S}_{wc,i})=\delta_{c,i,1}+\delta_{c,i,2}+\cdots+\delta_{c,i,n_i} \tag{6-51}$$

【例6-4】 图6.11为某并联机构的P̲RS支链，求支链在驱动力与约束力作用下的变形。

由第5章可知，P̲RS支链受一个驱动力旋量和一个约束力旋量的作用，分别为

$$\hat{\boldsymbol{S}}_{wa}=\begin{pmatrix}\boldsymbol{a}\times\boldsymbol{s}_3\\ \boldsymbol{s}_3\end{pmatrix},\ \hat{\boldsymbol{S}}_{wc}=\begin{pmatrix}\boldsymbol{a}\times\boldsymbol{s}_2\\ \boldsymbol{s}_2\end{pmatrix} \tag{6-52}$$

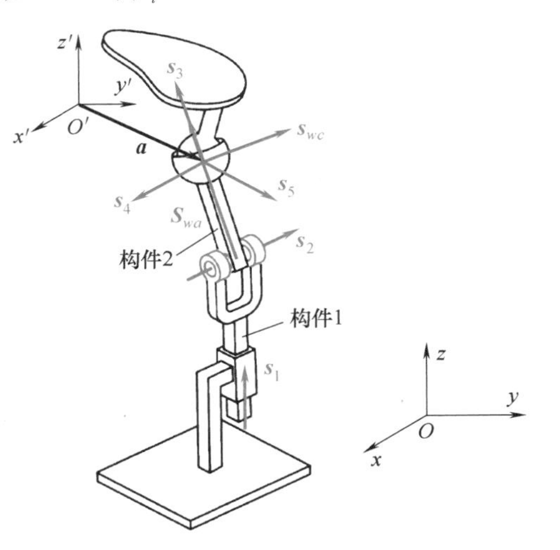

图6.11 某并联机构的P̲RS支链

支链驱动力使得构件2产生拉压变形，使得构件1产生组合变形。将驱动力向构件1的局部坐标系投影，沿构件1轴向的分力使其产生拉压变形，沿构件1侧向的分力使其产生弯曲变形，因此驱动力旋量对应的支链变形为

$$\delta_a(\boldsymbol{S}_{wa})=\delta_{t,2}(\boldsymbol{S}_{wa})+\sqrt{\delta_{t,1}^2(\boldsymbol{S}_{wa})+\delta_{b,1}^2(\boldsymbol{S}_{wa})} \tag{6-53}$$

式中，$\delta_{t,2}(\boldsymbol{S}_{wa})$ 表示构件2在 $\boldsymbol{S}_{wa}$ 作用下的拉压变形；$\delta_{t,1}(\boldsymbol{S}_{wa})$、$\delta_{b,1}(\boldsymbol{S}_{wa})$ 分别表示构件1在 $\boldsymbol{S}_{wa}$ 作用下的拉压变形和弯曲变形。

支链约束力使构件1和构件2产生弯曲变形，因此约束力旋量对应的支链变形为

$$\delta_c(\boldsymbol{S}_{wc})=\delta_{b,2}(\boldsymbol{S}_{wc})+\delta_{b,1}(\boldsymbol{S}_{wc}) \tag{6-54}$$

若考虑构件的完整变形特征，当并联机构处于静止状态时，驱动关节被锁定，并联机构

动平台的微小运动是被动关节的瞬时运动旋量与构件的变形旋量之和，即

$$\boldsymbol{S}_t=\boldsymbol{S}_{t,i}=\boldsymbol{S}_{te,i}+\boldsymbol{\$}_{t,i},\ i=1,\cdots,l \tag{6-55}$$

式中，$\boldsymbol{S}_{te,i}$ 表示第 i 条支链的变形旋量；$\boldsymbol{\$}_{t,i}$ 表示锁住驱动关节后第 i 条支链的运动旋量。

第 i 条支链的变形旋量是支链内各构件变形的叠加，即

$$\boldsymbol{S}_{te,i}=\sum_{k=1}^{N_i}\boldsymbol{S}_{te,i,k} \tag{6-56}$$

式中，N_i 表示第 i 条支链中构件的数目。

同样，将被动关节的瞬时运动旋量进行线性叠加可得到 $\boldsymbol{\$}_{t,i}$，即

$$\boldsymbol{\$}_{t,i}=\sum_{k=1}^{n_i-g_i}\delta q_{i,k}\boldsymbol{\$}_{t,i,k} \tag{6-57}$$

式中，n_i 和 g_i 分别表示第 i 条支链中的运动副的数目和驱动关节的数目；$\boldsymbol{\$}_{t,i,k}$ 表示第 k 个被动关节的单位瞬时运动旋量；$\delta q_{i,k}$ 表示强度。

因此，第 i 条支链的变形旋量也可表示为

$$\boldsymbol{S}_{t,i}=\sum_{k=1}^{N_i}\boldsymbol{S}_{te,i,k}+\sum_{k=1}^{n_i-g_i}\delta q_{i,k}\boldsymbol{\$}_{t,i,k} \tag{6-58}$$

由瞬时运动旋量和力旋量的互易关系可知，驱动力旋量和约束力旋量对支链内被动关节的瞬时运动旋量不做功，对构件的变形旋量做功。对于第 i 条支链（$i=1,\ 2,\ \cdots,\ l$），可得到以下关系式：

$$\boldsymbol{S}_{wa,i}^{\mathrm{T}}\boldsymbol{\$}_{t,i}=0,\ \boldsymbol{S}_{wc,i}^{\mathrm{T}}\boldsymbol{\$}_{t,i}=0 \tag{6-59}$$

$$\hat{\boldsymbol{S}}_{wa,i}^{\mathrm{T}}\boldsymbol{S}_t=\hat{\boldsymbol{S}}_{wa,i}^{\mathrm{T}}\boldsymbol{S}_{t,i}=\hat{\boldsymbol{S}}_{wa,i}^{\mathrm{T}}\boldsymbol{S}_{te,i}=\boldsymbol{\rho}_{ta,i} \tag{6-60}$$

$$\hat{\boldsymbol{S}}_{wc,i}^{\mathrm{T}}\boldsymbol{S}_t=\hat{\boldsymbol{S}}_{wc,i}^{\mathrm{T}}\boldsymbol{S}_{t,i}=\hat{\boldsymbol{S}}_{wc,i}^{\mathrm{T}}\boldsymbol{S}_{te,i}=\boldsymbol{\rho}_{tc,i} \tag{6-61}$$

式（6-59）~式（6-61）也可统一表示为

$$\hat{\boldsymbol{S}}_{w,i}^{\mathrm{T}}\boldsymbol{S}_t=\hat{\boldsymbol{S}}_{w,i}^{\mathrm{T}}\boldsymbol{S}_{t,i}=\hat{\boldsymbol{S}}_{w,i}^{\mathrm{T}}\boldsymbol{S}_{te,i}=\boldsymbol{\rho}_{t,i} \tag{6-62}$$

6.4 静刚度建模与分析

从构件的柔度或刚度矩阵入手，利用机构的静力与变形映射关系，结合胡克定律和虚功方程，可以得到串联机构或并联机构支链的柔度或刚度矩阵。由于并联机构由多条支链连接同一个动平台构成闭环机构，将支链的刚度矩阵在动平台参考点处直接线性叠加可得到所有支链的刚度矩阵。若考虑静平台与动平台的弹性变形，则将其柔度矩阵转换至同一坐标系叠加即可。因此，机器人机构静刚度建模的流程可归纳为①从构件到支链，利用变形叠加原理得到串联机构或并联机构第 i 条支链的变形旋量，结合串联机构或并联机构支链的受力获得相应的柔度或刚度矩阵；②从支链到并联机构，利用胡克定律和虚功原理，构建所有支链在动平台参考点处的刚度矩阵，进行刚度矩阵叠加；③获取静平台和动平台在局部坐标系下的柔度矩阵，再次利用变形叠加原理得到整机的柔度模型。

6.4.1 串联机构静刚度建模

静止状态下，串联机构的所有驱动关节被锁定。若仅考虑构件在受力方向上的变形，由

式（6-28）可知，各构件受到驱动关节方向上的力作用，由胡克定律得

$$\tau_j = k_j \delta_j,\ j=1,2,\cdots,n \tag{6-63}$$

式中，τ_j 为第 j 个构件受到的驱动力；k_j 为受力方向上构件的刚度系数；δ_j 为对应的变形。

将式（6-63）扩充至串联机构的所有构件，写成矩阵形式，为

$$\boldsymbol{\tau} = \overline{\boldsymbol{K}}\boldsymbol{\delta} \tag{6-64}$$

式中，

$$\boldsymbol{\tau}=(\tau_1\quad \tau_2\quad \cdots\quad \tau_n)^{\mathrm{T}},\ \boldsymbol{\delta}=(\delta_1\quad \delta_2\quad \cdots\quad \delta_n)^{\mathrm{T}},\ \overline{\boldsymbol{K}}=\mathrm{diag}(k_1\quad k_2\quad \cdots\quad k_n)。$$

根据串联机构的静力映射和变形映射，有

$$\boldsymbol{S}_{te}=\boldsymbol{J}\boldsymbol{\delta},\ \boldsymbol{\tau}=\boldsymbol{J}^{\mathrm{T}}\boldsymbol{S}_w \tag{6-65}$$

建立串联机构的虚功方程，有

$$\boldsymbol{S}_w^{\mathrm{T}}\boldsymbol{S}_{te}=\boldsymbol{\tau}^{\mathrm{T}}\boldsymbol{\delta} \tag{6-66}$$

将式（6-64）与式（6-65）代入式（6-66），整理得

$$\boldsymbol{C}=\boldsymbol{J}\overline{\boldsymbol{K}}^{-1}\boldsymbol{J}^{\mathrm{T}} \tag{6-67}$$

矩阵 $\boldsymbol{C}$ 是串联机构的柔度矩阵，其逆矩阵即为串联机构的刚度矩阵，即

$$\boldsymbol{K}=\boldsymbol{C}^{-1}=\boldsymbol{J}^{-\mathrm{T}}\overline{\boldsymbol{K}}\boldsymbol{J}^{-1} \tag{6-68}$$

【例 6-5】　试计算图 6.12 所示平面 2R 串联机器人的柔度矩阵。

平面 2R 串联机构的变形映射可表示为

$$\boldsymbol{S}_t=\delta\theta_1\hat{\boldsymbol{S}}_{t,1}+\delta\theta_2\hat{\boldsymbol{S}}_{t,2} \tag{6-69}$$

式（6-69）可进一步整理为

$$\begin{pmatrix}\delta\boldsymbol{\varphi}\\ \delta\boldsymbol{p}\end{pmatrix}=\delta\theta_1\begin{pmatrix}\boldsymbol{e}_3\\ -\boldsymbol{e}_3\times\boldsymbol{r}_B\end{pmatrix}+\delta\theta_2\begin{pmatrix}\boldsymbol{e}_3\\ -\boldsymbol{e}_3\times\boldsymbol{r}_A\end{pmatrix} \tag{6-70}$$

式中，$\boldsymbol{e}_3=(0\quad 0\quad 1)^{\mathrm{T}}$ 为转动副轴线的方向向量，即

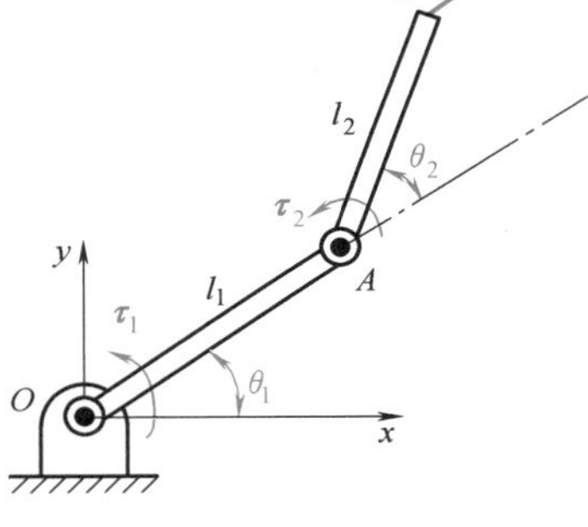

图 6.12　平面 2R 串联机器人

$$\begin{pmatrix}\dot{x}\\ \dot{y}\end{pmatrix}=\begin{bmatrix}-l_2\sin(\theta_1+\theta_2)-l_1\sin\theta_1 & -l_2\sin(\theta_1+\theta_2)\\ l_2\cos(\theta_1+\theta_2)+l_1\cos\theta_1 & l_2\cos(\theta_1+\theta_2)\end{bmatrix}\begin{pmatrix}\dot{\theta}_1\\ \dot{\theta}_2\end{pmatrix}$$

因此，平面 2R 串联机构的雅可比矩阵可表示为

$$\boldsymbol{J}=\begin{bmatrix}-l_2\sin(\theta_1+\theta_2)-l_1\sin\theta_1 & -l_2\sin(\theta_1+\theta_2)\\ l_2\cos(\theta_1+\theta_2)+l_1\cos\theta_1 & l_2\cos(\theta_1+\theta_2)\end{bmatrix} \tag{6-71}$$

假设杆件 1 和杆件 2 的刚度系数分别为 k_1 和 k_2，那么

$$\overline{\boldsymbol{K}}=\begin{bmatrix}k_1 & \\ & k_2\end{bmatrix} \tag{6-72}$$

则平面 2R 串联机构的柔度模型为

$$\boldsymbol{C}_{2\times 2}=\boldsymbol{J}\overline{\boldsymbol{K}}^{-1}\boldsymbol{J}^{\mathrm{T}} \tag{6-73}$$

$$C_{11}=\frac{(l_2\sin(\theta_1+\theta_2)+l_1\sin\theta_1)^2}{k_1}+\frac{l_2^2\sin^2(\theta_1+\theta_2)}{k_2}$$

$$C_{22}=C_{21}=\frac{(l_2\cos(\theta_1+\theta_2)+l_1\cos\theta_1)(-l_2\sin(\theta_1+\theta_2)-l_1\sin\theta_1)}{k_1}-\frac{l_2^2\sin(\theta_1+\theta_2)\cos(\theta_1+\theta_2)}{k_2}$$

$$C_{22}=\frac{(l_2\cos(\theta_1+\theta_2)+l_1\cos\theta_1)^2}{k_1}+\frac{l_2^2\cos^2(\theta_1+\theta_2)}{k_2}$$

【例 6-6】 试计算如图 6.9 所示工业 6R 串联机器人的刚度矩阵。

由例 6-3 可知，工业 6R 串联机器人的变形映射与静力映射分别为

$$\boldsymbol{S}_{te}=\boldsymbol{J}\delta\boldsymbol{\theta},\boldsymbol{\tau}=\boldsymbol{J}^{\mathrm{T}}\boldsymbol{S}_w \tag{6-74}$$

串联机构内各个构件受到关节处绕转动轴线的力矩作用，主要产生扭转变形，构件的扭转刚度表示为 k_i，由式（6-68）可得机器人的刚度矩阵为

$$\boldsymbol{K}=\boldsymbol{J}^{-\mathrm{T}}\overline{\boldsymbol{K}}\boldsymbol{J}^{-1}=[\hat{\boldsymbol{S}}_{t,1}\quad\hat{\boldsymbol{S}}_{t,2}\quad\cdots\quad\hat{\boldsymbol{S}}_{t,6}]^{-\mathrm{T}}\mathrm{diag}(k_1\quad k_2\quad\cdots\quad k_6)[\hat{\boldsymbol{S}}_{t,1}\quad\hat{\boldsymbol{S}}_{t,2}\quad\cdots\quad\hat{\boldsymbol{S}}_{t,6}]^{-1} \tag{6-75}$$

若考虑构件的完整变形信息，以 m 自由度虚弹簧辨识构件变形。由于驱动关节被锁定，串联机构内构件的虚弹簧 $m=6$，如图 6.13 所示。

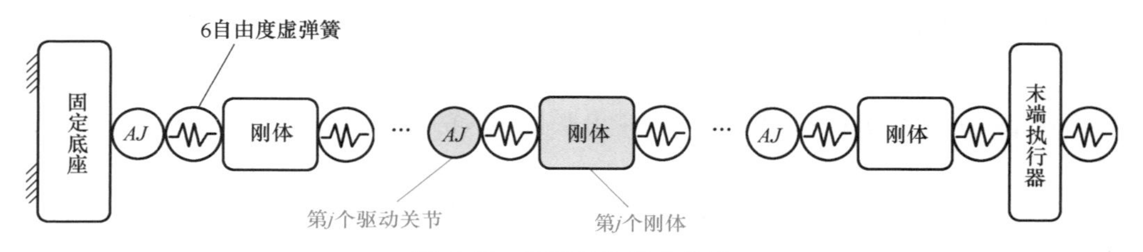

图 6.13 串联机构弹性模型

在末端执行器参考点处建立瞬时坐标系 $O'x'y'z'$，其坐标轴时刻与串联机构的静坐标系平行。由解析法或数值法获得构件在局部坐标系下的 6×6 柔度矩阵。根据胡克定律，第 j 个构件满足如下表达式：

$$\boldsymbol{S}_{te,p,j}=\boldsymbol{C}_j\boldsymbol{S}_{w,p,j} \tag{6-76}$$

式中，$\boldsymbol{S}_{te,p,j}$ 表示第 j 个构件在局部坐标系下的变形旋量；$\boldsymbol{C}_j$ 表示第 j 个构件在局部坐标系下的柔度矩阵；$\boldsymbol{S}_{w,p,j}$ 表示第 j 个构件在局部坐标系下的力旋量。

将构件变形旋量均转换至同一坐标系下，叠加所有构件的变形旋量可得到串联机构的变形旋量。根据式（6-12），第 j 个构件变形旋量在瞬时坐标系中的表示为

$$\boldsymbol{C}_j=\boldsymbol{T}_j\boldsymbol{C}_{p,j}\boldsymbol{T}_j^{\mathrm{T}} \tag{6-77}$$

式中，$\boldsymbol{C}_{p,j}$ 是第 j 个构件在局部坐标系下利用解析法或数值法得到的柔度矩阵；$\boldsymbol{T}_j$ 是第 j 个构件局部坐标系与串联机构瞬时坐标系之间的转换矩阵。

各个构件的柔度矩阵均表示在瞬时坐标系下，直接进行线性叠加可得到串联机构的柔度矩阵，即

$$\boldsymbol{C}=\sum_{j=1}^{N}\boldsymbol{C}_j \tag{6-78}$$

6.4.2 并联机构静刚度建模

任意并联机构由静平台、支链和动平台三部分组成，若将所有支链视为一个整体，并联

机构可看作由静平台、支链、动平台串联而成。因此，可分别获得静平台、支链和动平台的柔度矩阵。在同一坐标系内叠加即可得到整机的柔度矩阵，进而求逆得到整机刚度矩阵。所有支链共同连接同一动平台形成闭环机构，因此，并联机构刚度建模的难点在于建立所有支链的刚度或柔度模型。

假设 f-DoF 并联机构有 l 条支链，每条支链有 n_i 个关节，每条支链的自由度≤6。支链受到驱动力旋量（无约束支链）、约束力旋量（无驱动支链）、驱动力旋量与约束力旋量（恰约束支链）的作用。驱动力旋量和约束力旋量可表示为

$$\boldsymbol{S}_{wa,i}=f_{wa,i}\hat{\boldsymbol{S}}_{wa,i},\boldsymbol{S}_{wc,i}=f_{wc,i}\hat{\boldsymbol{S}}_{wc,i} \tag{6-79}$$

式中，$f_{wa,i}$、$f_{wc,i}$ 分别表示第 i 条支链驱动力和约束力的大小。

若仅考虑构件在支链受力方向上的变形，根据胡克定律得

$$f_{wa,i}=k_{a,i}\delta_{a,i},f_{wc,i}=k_{c,i}\delta_{c,i} \tag{6-80}$$

式中，$k_{a,i}$、$k_{c,i}$ 分别表示第 i 条支链对应驱动力旋量、约束力旋量的刚度系数；$\delta_{a,i}$、$\delta_{c,i}$ 分别表示对应的变形。

将式（6-80）扩充到所有支链，整理成矩阵形式，为

$$\boldsymbol{f}_{wa}=\overline{\boldsymbol{K}}_a\boldsymbol{\delta}_a,\ \boldsymbol{f}_{wc}=\overline{\boldsymbol{K}}_c\boldsymbol{\delta}_c \tag{6-81}$$

式中，$\overline{\boldsymbol{K}}_a=\mathrm{diag}(k_{a,1},\cdots,k_{a,f})$；$\overline{\boldsymbol{K}}_c=\mathrm{diag}(\overline{\boldsymbol{K}}_{c,1},\cdots,\overline{\boldsymbol{K}}_{c,l})$；$\overline{\boldsymbol{K}}_{c,i}=\mathrm{diag}(k_{c,i,1},\cdots,k_{c,i,6-n_i})$。

由并联机构的速度映射关系得

$$\boldsymbol{\delta}=\boldsymbol{G}\boldsymbol{S}_t \tag{6-82}$$

建立并联机构的虚功方程，有

$$\boldsymbol{S}_t^{\mathrm{T}}\boldsymbol{S}_w=\boldsymbol{\delta}^{\mathrm{T}}\boldsymbol{f} \tag{6-83}$$

式中，$\boldsymbol{\delta}=\begin{bmatrix}\boldsymbol{\delta}_a\\ \boldsymbol{\delta}_c\end{bmatrix}$；$\boldsymbol{f}=\begin{bmatrix}\boldsymbol{f}_a\\ \boldsymbol{f}_c\end{bmatrix}$。

将式（6-81）、式（6-82）代入式（6-83），可得仅考虑支链受力方向变形时所有支链的刚度矩阵，为

$$\boldsymbol{K}=\boldsymbol{G}^{\mathrm{T}}\overline{\boldsymbol{K}}\boldsymbol{G},\ \overline{\boldsymbol{K}}=\mathrm{diag}(\overline{\boldsymbol{K}}_a,\overline{\boldsymbol{K}}_c) \tag{6-84}$$

【例 6-7】 3-$\underline{\mathrm{P}}$RS 并联机构如图 6.14 所示。静平台半径为 a，动平台半径为 b，定长杆长度为 l。若静平台与动平台均视为刚体，仅考虑支链在受力方向上的柔度/刚度系数，试建立 3-$\underline{\mathrm{P}}$RS 并联机构的刚度模型。

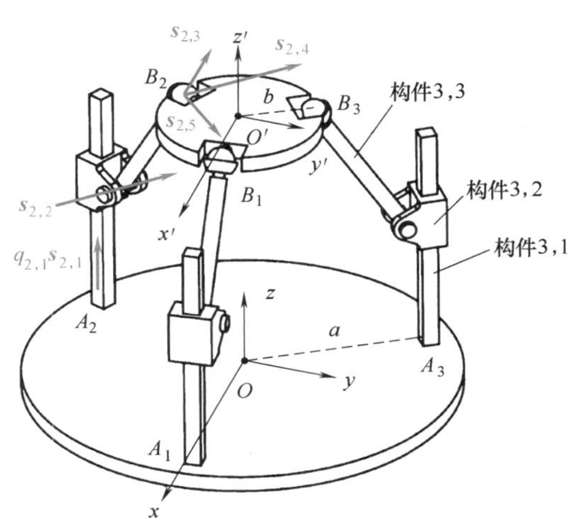

图 6.14 3-$\underline{\mathrm{P}}$RS 并联机构

由例 6-4 可知，第 i 个 $\underline{\mathrm{P}}$RS 支链受到一个驱动力旋量和一个约束力旋量的作用。利用材料力学知识，得到第 i 个支链内第 k 个构件在驱动力、约束力方向上施加单位力时的拉压或弯曲变形，据此得到构件在对应方向上的柔度系数 $c_{a,i,k}$ 和 $c_{c,i,k}$，利用变形叠加得到第 i 条支链的柔度系数，进而求出刚度系数，为

$$k_{a,i}=c_{a,i}^{-1}=(c_{a,i,1}+c_{a,i,2}+c_{a,i,3})^{-1} \tag{6-85}$$

$$k_{c,i}=c_{c,i}^{-1}=(c_{c,i,1}+c_{c,i,2}+c_{c,i,3})^{-1} \tag{6-86}$$

据此，可得

$$\overline{\boldsymbol{K}}=\mathrm{diag}(k_{a,1},k_{a,2},k_{a,3},k_{c,1},k_{c,2},k_{c,3}) \tag{6-87}$$

3-PRS 并联机构第 i 条支链的变形可表示为

$$\boldsymbol{S}_{t,i}=\delta q_{i,1}\hat{\boldsymbol{S}}_{t,i,1}+\delta\theta_{i,2}\hat{\boldsymbol{S}}_{t,i,2}+\delta\theta_{i,3}\hat{\boldsymbol{S}}_{t,i,3}+\delta\theta_{i,4}\hat{\boldsymbol{S}}_{t,i,4}+\delta\theta_{i,5}\hat{\boldsymbol{S}}_{t,i,5} \tag{6-88}$$

式中，$\hat{\boldsymbol{S}}_{t,i,k}$ 表示在瞬时坐标系 $O'x'y'z'$ 下，

$$\hat{\boldsymbol{S}}_{t,i,1}=\begin{pmatrix}\boldsymbol{0}\\ \boldsymbol{s}_{i,1}\end{pmatrix},\ \hat{\boldsymbol{S}}_{t,i,2}=\begin{pmatrix}\boldsymbol{s}_{i,2}\\ (\boldsymbol{b}_i-l\boldsymbol{s}_{i,3})\times\boldsymbol{s}_{i,2}\end{pmatrix},\ \hat{\boldsymbol{S}}_{t,i,3}=\begin{pmatrix}\boldsymbol{s}_{i,3}\\ \boldsymbol{b}_i\times\boldsymbol{s}_{i,3}\end{pmatrix},\ \hat{\boldsymbol{S}}_{t,i,4}=\begin{pmatrix}\boldsymbol{s}_{i,4}\\ \boldsymbol{b}_i\times\boldsymbol{s}_{i,4}\end{pmatrix},\ \hat{\boldsymbol{S}}_{t,i,5}=\begin{pmatrix}\boldsymbol{s}_{i,5}\\ \boldsymbol{b}_i\times\boldsymbol{s}_{i,5}\end{pmatrix}$$

第 i 条支链的驱动力旋量与约束力旋量为

$$\hat{\boldsymbol{S}}_{wa,i}=\begin{pmatrix}\boldsymbol{b}_i\times\boldsymbol{s}_{i,3}\\ \boldsymbol{s}_{i,3}\end{pmatrix},\ \hat{\boldsymbol{S}}_{wc,i}=\begin{pmatrix}\boldsymbol{b}_i\times\boldsymbol{s}_{i,2}\\ \boldsymbol{s}_{i,2}\end{pmatrix} \tag{6-89}$$

3-PRS 并联机构的变形映射关系为

$$\boldsymbol{\delta}=\boldsymbol{G}\boldsymbol{S}_t,\ \boldsymbol{G}=\begin{bmatrix}\dfrac{\hat{\boldsymbol{S}}_{wa,1}}{\hat{\boldsymbol{S}}_{wa,1}^{\mathrm{T}}\hat{\boldsymbol{S}}_{t,1,1}} & \dfrac{\hat{\boldsymbol{S}}_{wa,2}}{\hat{\boldsymbol{S}}_{wa,2}^{\mathrm{T}}\hat{\boldsymbol{S}}_{t,2,1}} & \dfrac{\hat{\boldsymbol{S}}_{wa,3}}{\hat{\boldsymbol{S}}_{wa,3}^{\mathrm{T}}\hat{\boldsymbol{S}}_{t,3,1}} & \hat{\boldsymbol{S}}_{wc,1} & \hat{\boldsymbol{S}}_{wc,2} & \hat{\boldsymbol{S}}_{wc,3}\end{bmatrix}^{\mathrm{T}} \tag{6-90}$$

由式（6-84），3-PRS 并联机构的刚度矩阵为

$$\boldsymbol{K}=\boldsymbol{G}^{\mathrm{T}}\overline{\boldsymbol{K}}\boldsymbol{G} \tag{6-91}$$

【例 6-8】 6-UPS 并联机构如图 6.15 所示，若静平台与动平台均视为刚体，仅考虑支链在受力方向上的柔度/刚度系数，试建立 6-UPS 并联机构的刚度模型。

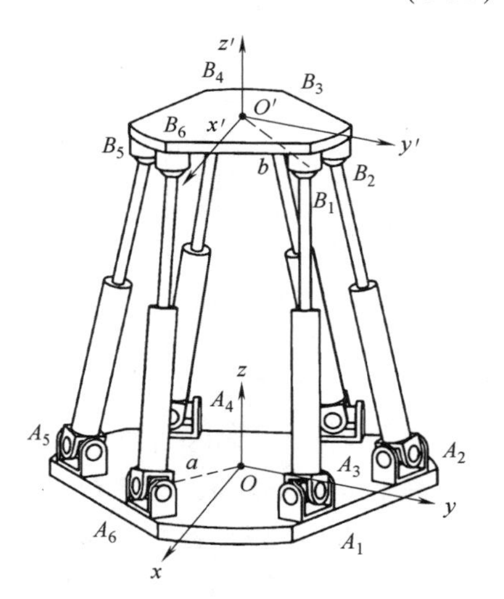

图 6.15 6-UPS 并联机构

UPS 支链受一个驱动力旋量的作用，由于驱动力旋量沿支链轴线方向，支链内各个构件主要产生拉压变形。第 i 条支链内第 k 个构件的柔度系数为

$$c_{a,i,k}=\frac{l_{i,k}}{EA_{i,k}} \tag{6-92}$$

第 i 条支链的刚度系数为

$$k_{a,i}=\left(\sum_{k=1}^{N_i}c_{a,i,k}\right)^{-1} \tag{6-93}$$

因此，

$$\overline{\boldsymbol{K}}=\mathrm{diag}(k_{a,1},k_{a,2},k_{a,3},k_{a,4},k_{a,5},k_{a,6}) \tag{6-94}$$

6-UPS 并联机构的变形映射关系为

$$\boldsymbol{\delta}=\boldsymbol{G}\boldsymbol{S}_t \tag{6-95}$$

式中，

$$\boldsymbol{G}=\begin{bmatrix}(\boldsymbol{b}_1\times\boldsymbol{s}_{1,3})^{\mathrm{T}} & \boldsymbol{s}_{1,3}^{\mathrm{T}}\\ \vdots & \vdots\\ (\boldsymbol{b}_6\times\boldsymbol{s}_{6,3})^{\mathrm{T}} & \boldsymbol{s}_{6,3}^{\mathrm{T}}\end{bmatrix}$$

6-UPS 并联机构的刚度矩阵为

$$K = G^{\mathrm{T}}\overline{K}G \tag{6-96}$$

若需考虑构件的完整变形，由 6.3.2 节可知，并联机构的支链内存在被动关节，支链变形叠加时需考虑被动关节许动运动的影响。另外，由支链与动平台之间的静力传递关系可知，支链受到的力有驱动力旋量和约束力旋量，建立支链刚度或柔度矩阵时需考虑力旋量的作用。并联机构处于静止状态时，驱动关节被锁定，对应构件的虚弹簧为 6 自由度；f 自由度被动关节，对应构件虚弹簧的自由度为 $m=6-f$，并联机构支链的弹性模型如图 6.16 所示。

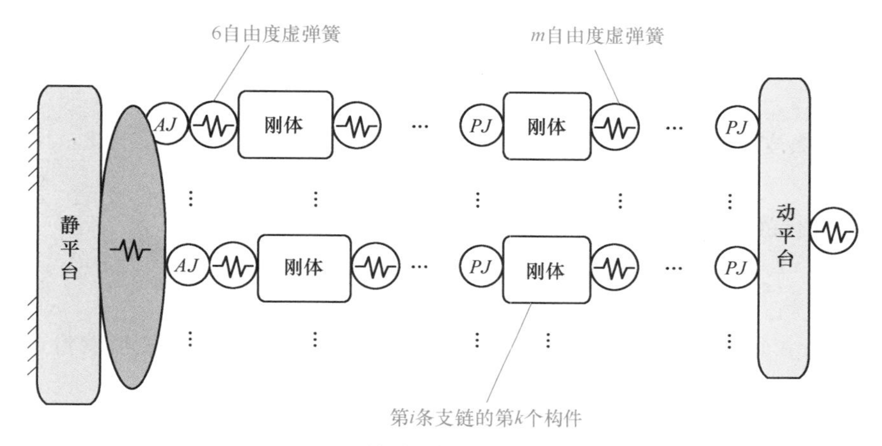

图 6.16 并联机构支链的弹性模型

在各自的局部参考坐标系下，利用解析法或者数值法获得第 i 条支链内第 k 个构件的柔度矩阵 $\boldsymbol{C}_{i,k}$。若构件连接驱动关节，则 $\boldsymbol{C}_{i,k} \in \mathbb{R}^{6\times6}$；若构件连接 f_p 自由度被动关节，则构件柔度矩阵去掉被动关节自由度对应的行与列，即 $\boldsymbol{C}_{i,k} \in \mathbb{R}^{m\times m}$，$m=6-f_p$。

通过有限元分析软件或分析计算获得构件的柔度矩阵，将其转换至瞬时坐标系下进行线性叠加，有

$$\boldsymbol{C}_{L,i} = \sum_{k=1}^{N_i} \boldsymbol{T}_{i,k}\boldsymbol{C}_{i,k}\boldsymbol{T}_{i,k}^{\mathrm{T}},\ i=1,2,\cdots,l \tag{6-97}$$

若 $\boldsymbol{C}_{i,k} \in \mathbb{R}^{6\times6}$，则

$$\boldsymbol{T}_{i,k} = \begin{bmatrix} \boldsymbol{R}_{i,k} & \boldsymbol{0} \\ \widetilde{\boldsymbol{r}}_{i,k}\boldsymbol{R}_{i,k} & \boldsymbol{R}_{i,k} \end{bmatrix}_{6\times6} \tag{6-98}$$

式中，$\boldsymbol{R}_{i,k}$ 为构件局部坐标系相对于瞬时坐标系的旋转矩阵；$\widetilde{\boldsymbol{r}}_{i,k}$ 为在瞬时坐标系下由末端参考点指向局部坐标系原点的位置向量。若 $\boldsymbol{C}_{i,k} \in \mathbb{R}^{m\times m}$，$m=6-f$，$\boldsymbol{T}_{i,k}$ 去掉对应的列，维数变为 $6\times m$。

由胡克定律，第 i 条支链的静力与变形满足如下关系：

$$\boldsymbol{S}_{te,i} = \boldsymbol{C}_{L,i}\boldsymbol{S}_{w,i} \tag{6-99}$$

第 i 条支链的微小运动旋量为

$$\boldsymbol{S}_{t,i} = \boldsymbol{S}_{te,i} + \boldsymbol{S}_{t,i} \tag{6-100}$$

式（6-100）两边同时乘以第 i 条支链的单位力旋量得

$$\hat{\boldsymbol{S}}_{w,i}^{\mathrm{T}}\hat{\boldsymbol{S}}_{t,i} = \hat{\boldsymbol{S}}_{w,i}^{\mathrm{T}}\boldsymbol{S}_{te,i} + \hat{\boldsymbol{S}}_{w,i}^{\mathrm{T}}\boldsymbol{S}_{t,i}$$

$$=\hat{\boldsymbol{S}}_{w,i}^{\mathrm{T}}\boldsymbol{C}_{L,i}\boldsymbol{S}_{w,i}$$
$$=\boldsymbol{\rho}_{t,i} \tag{6-101}$$

将 $\boldsymbol{S}_{w,i}$ 写成强度与单位力旋量形式，式（6-101）可进一步整理为

$$\hat{\boldsymbol{S}}_{w,i}^{\mathrm{T}}\boldsymbol{C}_{L.i}\hat{\boldsymbol{S}}_{w,i}f_{w,i}=\boldsymbol{\rho}_{t,i} \tag{6-102}$$

再次根据胡克定律，第 i 条支链的静力与变形关系为

$$f_{w,i}=(\hat{\boldsymbol{S}}_{w,i}^{\mathrm{T}}\boldsymbol{C}_{L.i}\hat{\boldsymbol{S}}_{w,i})^{-1}\boldsymbol{\rho}_{t,i} \tag{6-103}$$

在动平台参考点处列写第 i 条支链的虚功方程，即

$$\boldsymbol{S}_{t,i}^{\mathrm{T}}\boldsymbol{S}_{w,i}=\boldsymbol{\rho}_{t,i}^{\mathrm{T}}f_{w,i} \tag{6-104}$$

将式（6-101）、式（6-102）与式（6-103）代入式（6-104），得

$$\boldsymbol{S}_{w,i}=\hat{\boldsymbol{S}}_{w,i}(\hat{\boldsymbol{S}}_{w,i}^{\mathrm{T}}\boldsymbol{C}_{L,i}\hat{\boldsymbol{S}}_{w,i})^{-1}\hat{\boldsymbol{S}}_{w,i}^{\mathrm{T}}\boldsymbol{S}_{t,i} \tag{6-105}$$

因此，第 i 条支链的刚度模型为

$$\boldsymbol{K}_{L,i}=\hat{\boldsymbol{S}}_{w,i}(\hat{\boldsymbol{S}}_{w,i}^{\mathrm{T}}\boldsymbol{C}_{L,i}\hat{\boldsymbol{S}}_{w,i})^{-1}\hat{\boldsymbol{S}}_{w,i}^{\mathrm{T}} \tag{6-106}$$

对动平台进行静力平衡分析，根据虚功原理得

$$\boldsymbol{S}_{t,E}^{\mathrm{T}}\boldsymbol{S}_{w,E}=\sum_{i=1}^{l}\boldsymbol{S}_{t,i}^{\mathrm{T}}\boldsymbol{S}_{w,i} \tag{6-107}$$

式中，$\boldsymbol{S}_{w,E}$ 和 $\boldsymbol{S}_{t,E}$ 分别表示作用在动平台上的外力旋量和由此产生的变形旋量。

根据式（6-106）和式（6-107），并联机构所有支链的刚度模型为

$$\boldsymbol{K}_L=\sum_{i=1}^{l}\boldsymbol{K}_{L,i} \tag{6-108}$$

考虑静平台和动平台的弹性变形，并联机构的整机刚度模型为

$$\boldsymbol{K}=\boldsymbol{C}^{-1}=(\boldsymbol{C}_B+\boldsymbol{K}_L^{-1}+\boldsymbol{C}_P)^{-1} \tag{6-109}$$

式中，$\boldsymbol{C}_B=\boldsymbol{T}_B\overline{\boldsymbol{C}}_B\boldsymbol{T}_B^{\mathrm{T}}$；$\boldsymbol{C}_P=\boldsymbol{T}_P\overline{\boldsymbol{C}}_P\boldsymbol{T}_P^{\mathrm{T}}$。$\overline{\boldsymbol{C}}_B$ 和 $\overline{\boldsymbol{C}}_P$ 是静平台和动平台在局部坐标系下的柔度矩阵。$\boldsymbol{T}_B$ 和 $\boldsymbol{T}_P$ 是伴随变换矩阵，且

$$\boldsymbol{T}_B=\begin{bmatrix}\boldsymbol{E}_3 & \boldsymbol{0}\\ \tilde{\boldsymbol{r}}_{O'} & \boldsymbol{E}_3\end{bmatrix},\ \boldsymbol{T}_P=\begin{bmatrix}\boldsymbol{R} & \boldsymbol{0}\\ \boldsymbol{0} & \boldsymbol{R}\end{bmatrix} \tag{6-110}$$

式中，$\tilde{\boldsymbol{r}}_{O'}$是在瞬时坐标系下、从原点 O' 指向静坐标系原点的位置向量；$\boldsymbol{R}$ 是动坐标系相对于静坐标系的旋转矩阵。

【例 6-9】 3-$\underline{R}$RR 并联机构如图 6.17 所示，假设定长杆材料、截面相同，不考虑静平台的柔性，试建立此并联机构的刚度模型。

3-$\underline{R}$RR 并联机构具有三自由度，即沿 x 轴的平动、沿 y 轴的平动和绕 z 轴的转动自由度。在动平台中心建立瞬时坐标系 $O'x'y'z'$，其轴线时刻与静坐标系 $Oxyz$ 平行。第 i 条支链内各运动副的单位瞬时运动旋量为

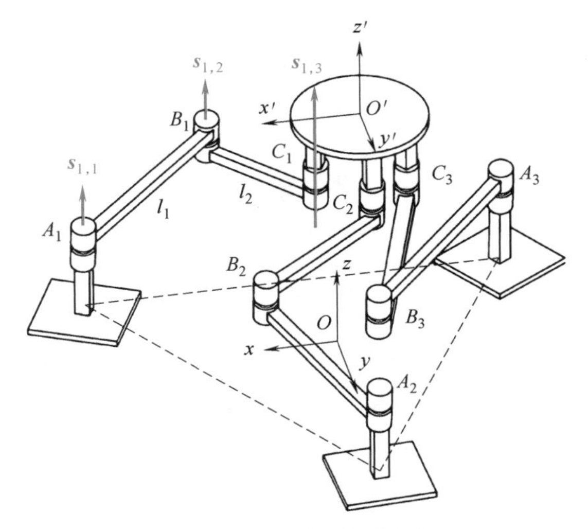

图 6.17 3-$\underline{R}$RR 并联机构

$$\hat{\boldsymbol{S}}_{t,i,1}=\begin{pmatrix}\boldsymbol{s}_{i,1}\\ \boldsymbol{r}_{A_i}\times\boldsymbol{s}_{i,1}\end{pmatrix},\ \hat{\boldsymbol{S}}_{t,i,2}=\begin{pmatrix}\boldsymbol{s}_{i,2}\\ \boldsymbol{r}_{B_i}\times\boldsymbol{s}_{i,2}\end{pmatrix},\ \hat{\boldsymbol{S}}_{t,i,3}=\begin{pmatrix}\boldsymbol{s}_{i,3}\\ \boldsymbol{r}_{C_i}\times\boldsymbol{s}_{i,3}\end{pmatrix} \tag{6-111}$$

式中，$\boldsymbol{s}_{i,1}=\boldsymbol{s}_{i,2}=\boldsymbol{s}_{i,3}=\boldsymbol{s}_z$；$\boldsymbol{r}_{A_i}$、$\boldsymbol{r}_{B_i}$、$\boldsymbol{r}_{C_i}$ 是在瞬时坐标系下，由点 O' 指向点 A_i、点 B_i、点 C_i 的位置向量。

利用瞬时运动旋量与力旋量的互易关系，可得到第 i 条支链的约束力旋量与驱动力旋量为

$$\hat{\boldsymbol{S}}_{wc,i,1}=\begin{pmatrix}\boldsymbol{s}_x\\ \boldsymbol{0}\end{pmatrix},\ \hat{\boldsymbol{S}}_{wc,i,2}=\begin{pmatrix}\boldsymbol{s}_y\\ \boldsymbol{0}\end{pmatrix},\ \hat{\boldsymbol{S}}_{wc,i,3}=\begin{pmatrix}\boldsymbol{0}\\ \boldsymbol{s}_z\end{pmatrix},\ \hat{\boldsymbol{S}}_{wa,i}=\begin{pmatrix}\boldsymbol{r}_{C_i}\times\boldsymbol{s}_{B_iC_i}\\ \boldsymbol{s}_{B_iC_i}\end{pmatrix} \tag{6-112}$$

式中，$\boldsymbol{s}_{B_iC_i}$ 表示 B_iC_i 的方向向量。

3-$\underline{\mathrm{R}}$RR 并联机构每条支链的第一个 R 副为驱动关节，其余为被动关节。因此，连接第一个 R 副的构件变形由 6 自由度虚弹簧表示，连接被动 R 副的构件变形由 5 自由度虚弹簧表示。3-$\underline{\mathrm{R}}$RR 并联机构的弹性模型如图 6.18 所示。

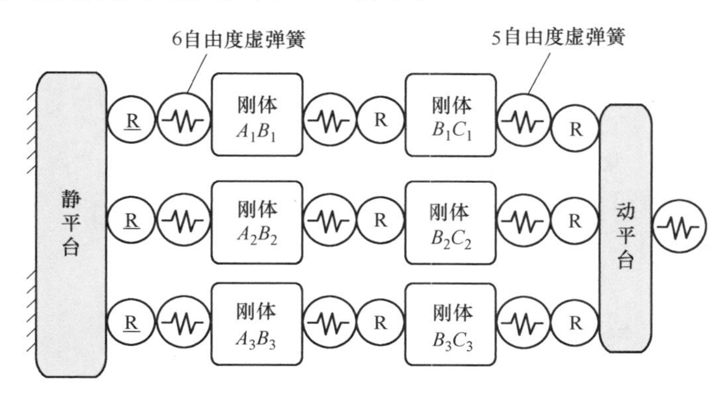

图 6.18 3-$\underline{\mathrm{R}}$RR 并联机构的弹性模型

第 i 条支链内的构件包括驱动单元、构件 A_iB_i、构件 B_iC_i。驱动单元在自身局部坐标系下的柔度矩阵为 $\boldsymbol{C}_{ac}\in\mathbb{R}^{6\times6}$，构件 A_iB_i、构件 B_iC_i 在自身局部坐标下的柔度矩阵由解析法获得，分别为

$$\boldsymbol{C}_{AB}=\begin{bmatrix}\frac{l_1}{GI_p}&&&&&\\ &\frac{l_1}{EI_y}&&&&-\frac{l_1^2}{2EI_y}\\ &&\frac{l_1}{EI_z}&&\frac{l_1^2}{2EI_z}&\\ &&&\frac{l_1}{EA}&&\\ &&\frac{l_1^2}{2EI_z}&&\frac{l_1^3}{3EI_z}&\\ &-\frac{l_1^2}{2EI_y}&&&&\frac{l_1^3}{3EI_y}\end{bmatrix}_{6\times6} \tag{6-113}$$

$$
\boldsymbol{C}_{BC}=\begin{bmatrix}\dfrac{l_2}{GI_p} & & & & \\ & \dfrac{l_2}{EI_y} & & & \dfrac{l_2^2}{2EI_z} \\ & & \dfrac{l_1}{EI_z} & & \\ & & & \dfrac{l_2}{EA} & \\ & \dfrac{l_2^2}{2EI_z} & & & \dfrac{l_2^3}{3EI_z}\end{bmatrix}_{5\times5} \tag{6-114}
$$

构件坐标系相对于瞬时坐标系转换矩阵的旋转矩阵与平移距离借助并联机构的全关节逆解进行求解，构件柔度矩阵叠加得

$$
\boldsymbol{C}_{L,i}=\boldsymbol{T}_{ac}\boldsymbol{C}_{ac}\boldsymbol{T}_{ac}^{\mathrm{T}}+\boldsymbol{T}_{AB}\boldsymbol{C}_{AB}\boldsymbol{T}_{AB}^{\mathrm{T}}+\boldsymbol{T}_{BC}\boldsymbol{C}_{BC}\boldsymbol{T}_{BC}^{\mathrm{T}} \tag{6-115}
$$

式中，$\boldsymbol{T}_{BC}$ 去掉第六列，变成 6×5 矩阵。

由式（6-106）可得第 i 条支链的刚度矩阵为

$$
\boldsymbol{K}_{L,i}=\boldsymbol{W}_i(\boldsymbol{W}_i^{\mathrm{T}}\boldsymbol{C}_{L,i}\boldsymbol{W}_i)^{-1}\boldsymbol{W}_i^{\mathrm{T}},\ i=1,2,3 \tag{6-116}
$$

式中，$\boldsymbol{W}_i=[\hat{\boldsymbol{S}}_{wc,i,1}\quad \hat{\boldsymbol{S}}_{wc,i,2}\quad \hat{\boldsymbol{S}}_{wc,i,3}\quad \hat{\boldsymbol{S}}_{wa,i}]$。

3-$\underline{\mathrm{R}}$RR 并联机构所有支链在动平台参考点处的刚度矩阵为

$$
\boldsymbol{K}=\boldsymbol{K}_{L.1}+\boldsymbol{K}_{L.2}+\boldsymbol{K}_{L.3} \tag{6-117}
$$

动平台在自身局部坐标系下的柔度矩阵 $\overline{\boldsymbol{C}}_P$ 可由数值法获得。3-$\underline{\mathrm{R}}$RR 并联机构的整机刚度模型为

$$
\boldsymbol{K}=\boldsymbol{C}^{-1}=(\boldsymbol{K}_L^{-1}+\boldsymbol{C}_P)^{-1} \tag{6-118}
$$

$$
\boldsymbol{C}_P=\boldsymbol{T}_P\overline{\boldsymbol{C}}_P\boldsymbol{T}_P^{\mathrm{T}},\ \boldsymbol{T}_P=\begin{bmatrix}\boldsymbol{R} & \boldsymbol{0}\\ \boldsymbol{0} & \boldsymbol{R}\end{bmatrix} \tag{6-119}
$$

【例 6-10】 具有 1T2R 自由度的 Exechon 并联机构如图 6.19 所示，试建立此并联机构的刚度模型。

Exechon 并联机构第 i 条支链的瞬时运动旋量为

$$
\hat{\boldsymbol{S}}_{t,i,1}=\begin{pmatrix}\boldsymbol{s}_{i,1}\\ \boldsymbol{r}_{i,1}\times\boldsymbol{s}_{i,1}\end{pmatrix},\ \hat{\boldsymbol{S}}_{t,i,2}=\begin{pmatrix}\boldsymbol{s}_{i,2}\\ \boldsymbol{r}_{i,2}\times\boldsymbol{s}_{i,2}\end{pmatrix},\ \hat{\boldsymbol{S}}_{t,i,3}=\begin{pmatrix}\boldsymbol{0}\\ \boldsymbol{s}_{i,3}\end{pmatrix},\ \hat{\boldsymbol{S}}_{t,i,4}=\begin{pmatrix}\boldsymbol{s}_{i,4}\\ \boldsymbol{r}_{i,4}\times\boldsymbol{s}_{i,4}\end{pmatrix},\ i=1,3
$$

$$
\hat{\boldsymbol{S}}_{t,i,1}=\begin{pmatrix}\boldsymbol{s}_{i,1}\\ \boldsymbol{r}_{i,1}\times\boldsymbol{s}_{i,1}\end{pmatrix},\ \hat{\boldsymbol{S}}_{t,i,2}=\begin{pmatrix}\boldsymbol{s}_{i,2}\\ \boldsymbol{r}_{i,2}\times\boldsymbol{s}_{i,2}\end{pmatrix},\ \hat{\boldsymbol{S}}_{t,i,3}=\begin{pmatrix}\boldsymbol{s}_{i,3}\\ \boldsymbol{r}_{i,3}\times\boldsymbol{s}_{i,3}\end{pmatrix},\ \hat{\boldsymbol{S}}_{t,i,4}=\begin{pmatrix}\boldsymbol{0}\\ \boldsymbol{s}_{i,4}\end{pmatrix},\ \hat{\boldsymbol{S}}_{t,i,5}=\begin{pmatrix}\boldsymbol{s}_{i,5}\\ \boldsymbol{r}_{i,5}\times\boldsymbol{s}_{i,5}\end{pmatrix},\ i=2
$$

利用瞬时运动旋量与力旋量的互易关系，得到 Exechon 并联机构的驱动力和约束力旋量为

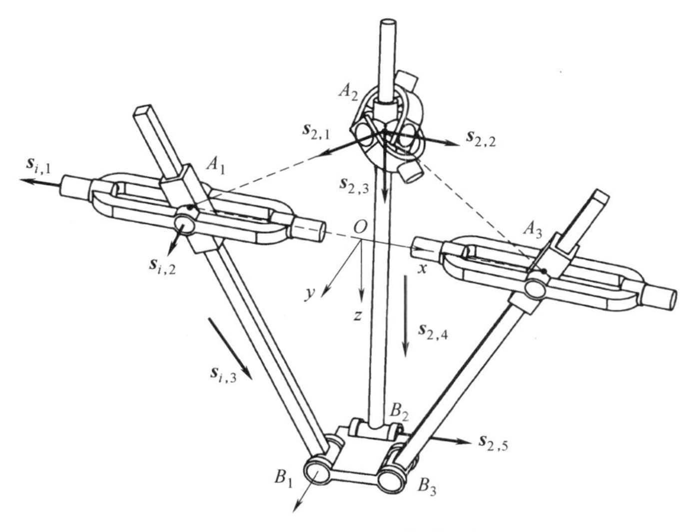

图 6.19 Exechon 并联机构

$$\hat{S}_{wa,i}=\begin{pmatrix} r_{i,3}\times s_{i,3} \\ s_{i,3} \end{pmatrix},\ \hat{S}_{wc,i,1}=\begin{pmatrix} r_{i,2}\times s_{i,2} \\ s_{i,2} \end{pmatrix},\ \hat{S}_{wc,i,2}=\begin{pmatrix} s_{i,2}\times s_{i,1} \\ \mathbf{0} \end{pmatrix},\ i=1,3$$

$$\hat{S}_{wa,i}=\begin{pmatrix} r_{i,4}\times s_{i,4} \\ s_{i,4} \end{pmatrix},\ \hat{S}_{wc,i,1}=\begin{pmatrix} r_{i,1}\times s_{i,1} \\ s_{i,1} \end{pmatrix},\ i=2$$

若仅考虑支链受力方向上的变形，Exechon 并联机构关节空间与操作空间的变形映射关系为

$$\boldsymbol{\delta}=\boldsymbol{G}\boldsymbol{S}_t \tag{6-120}$$

式中，

$$\boldsymbol{G}=\begin{bmatrix} \dfrac{\hat{S}_{wa,1}}{\hat{S}_{wa,1}^{\mathrm{T}}\hat{S}_{t,1,3}} & \dfrac{\hat{S}_{wa,2}}{\hat{S}_{wa,2}^{\mathrm{T}}\hat{S}_{t,2,4}} & \dfrac{\hat{S}_{wa,3}}{\hat{S}_{wa,3}^{\mathrm{T}}\hat{S}_{t,2,3}} & \hat{S}_{wc,1,1} & \hat{S}_{wc,1,2} & \hat{S}_{wc,2,1} & \hat{S}_{wc,3,1} & \hat{S}_{wc,3,2} \end{bmatrix}^{\mathrm{T}}。$$

第 1 条、第 3 条支链内有 4 个构件，第 2 条支链内有 3 个构件，利用数值法或解析法可得到这些构件在驱动力或约束力方向上的柔度系数，则各支链对应的刚度系数为

$$k_{a,i}=(c_{a,i,1}+c_{a,i,2}+c_{a,i,3})^{-1},\ i=1,3 \tag{6-121}$$

$$k_{c1,i}=(c_{c1,i,1}+c_{c1,i,2}+c_{c1,i,3})^{-1},\ k_{c3,i}=(c_{c3,i,1}+c_{c3,i,2}+c_{c3,i,3})^{-1},\ i=1,3 \tag{6-122}$$

$$k_{a,i}=(c_{a,i,1}+c_{a,i,2}+c_{a,i,3}+c_{a,i,4})^{-1},\ k_{c,i}=(c_{c,i,1}+c_{c,i,2}+c_{c,i,3}+c_{c,i,4})^{-1},\ i=2 \tag{6-123}$$

Exechon 并联机构所有支链的刚度矩阵求解公式为

$$\boldsymbol{K}_L=\boldsymbol{G}^{\mathrm{T}}\overline{\boldsymbol{K}}\boldsymbol{G} \tag{6-124}$$

式中，

$$\overline{\boldsymbol{K}}=\mathrm{diag}(k_{a,1},k_{a,2},k_{a,3},k_{c1,1},k_{c1,2},k_{c,2},k_{c3,1},k_{c3,2})。$$

若考虑构件的完整变形信息，利用 m 自由度虚弹簧表示构件的变形，Exechon 并联机构的等效弹性模型如图 6.20 所示。由于 P 副为驱动关节，其构件虚弹簧的自由度为 6；其余运动副为被动关节，对应构件的变形需去掉被动关节的运动自由度，其自由度为 5。

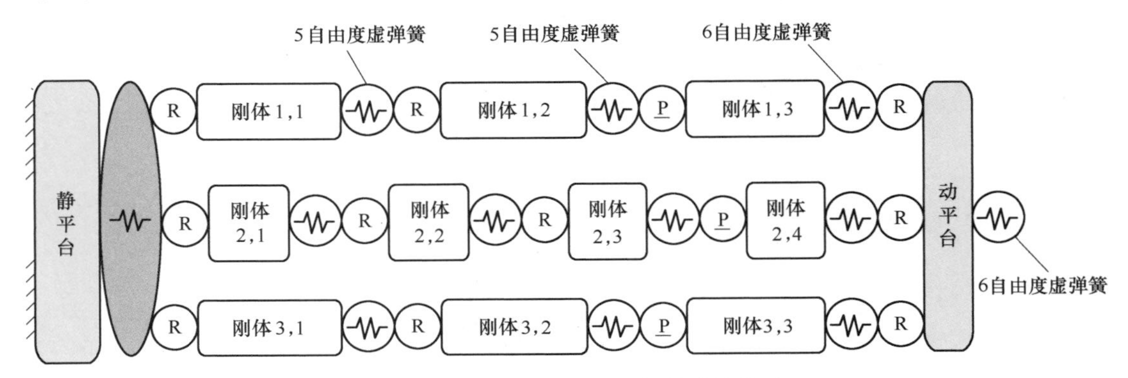

图 6.20　Exechon 并联机构等效弹性模型

利用数值法或解析法获取各个构件在局部坐标系下的6×6 柔度矩阵，分别记为 $\boldsymbol{C}_{i,k}$（$i=1$，3 时，$k=1$，2，3；$i=2$ 时，$k=1$，2，3，4）。与被动 R 副连接的构件，其6×6 柔度矩阵去掉 R 副轴线方向对应的行与列，维数变成 5×5。

各个构件局部坐标系相对于瞬时坐标系的旋转矩阵和平移向量可借助 Exechon 并联机构的全关节逆解求得，据此可构造转换矩阵为

$$\boldsymbol{T}_{i,k}=\begin{bmatrix}\boldsymbol{R}_{i,k} & \boldsymbol{0}\\ \widetilde{\boldsymbol{r}}_{i,k}\boldsymbol{R}_{i,k} & \boldsymbol{R}_{i,k}\end{bmatrix}\tag{6-125}$$

根据变形叠加原理，第 i 条支链的柔度矩阵为

$$\boldsymbol{C}_{L,i}=\sum_{k=1}^{3}\boldsymbol{T}_{i,k}\boldsymbol{C}_{i,k}\boldsymbol{T}_{i,k}^{\mathrm{T}},\ i=1,3\tag{6-126}$$

$$\boldsymbol{C}_{L,i}=\sum_{k=1}^{4}\boldsymbol{T}_{i,k}\boldsymbol{C}_{i,k}\boldsymbol{T}_{i,k}^{\mathrm{T}},\ i=2\tag{6-127}$$

式中，若 $\boldsymbol{C}_{i,k}$ 为 5×5 矩阵，则 $\boldsymbol{T}_{i,k}$ 应去掉对应的列，变成 6×5 矩阵。

考虑支链驱动力旋量与约束力旋量的作用，支链的刚度矩阵为

$$\boldsymbol{K}_{L,i}=\boldsymbol{W}_i(\boldsymbol{W}_i^{\mathrm{T}}\boldsymbol{C}_{L,i}\boldsymbol{W}_i)^{-1}\boldsymbol{W}_i^{\mathrm{T}},\ i=1,2,3\tag{6-128}$$

式中，

$$\boldsymbol{W}_i=[\hat{\boldsymbol{S}}_{wa,i}\quad \hat{\boldsymbol{S}}_{wc,i,1}\quad \hat{\boldsymbol{S}}_{wc,i,2}],\ i=1,3,\ \boldsymbol{W}_i=[\hat{\boldsymbol{S}}_{wa,i}\quad \hat{\boldsymbol{S}}_{wc,i,1}],\ i=2。$$

3 条支链并联连接动平台，可通过刚度叠加得到所有支链的刚度模型，即

$$\boldsymbol{K}_L=\sum_{i=1}^{3}\boldsymbol{K}_{L,i},\ i=1,2,3\tag{6-129}$$

利用数值法获得静平台和动平台在局部坐标系下的柔度矩阵 $\overline{\boldsymbol{C}}_B$ 和 $\overline{\boldsymbol{C}}_P$，根据变形叠加原理得到 Exechon 并联机构的整机刚度模型为

$$\boldsymbol{K}=\boldsymbol{C}^{-1}=(\boldsymbol{C}_B+\boldsymbol{K}_L^{-1}+\boldsymbol{C}_P)^{-1}\tag{6-130}$$

式中，$\boldsymbol{C}_B=\boldsymbol{T}_B\overline{\boldsymbol{C}}_B\boldsymbol{T}_B^{\mathrm{T}}$，$\boldsymbol{C}_P=\boldsymbol{T}_P\overline{\boldsymbol{C}}_P\boldsymbol{T}_P^{\mathrm{T}}$。

$$T_B=\begin{bmatrix} E_3 & 0 \\ \widetilde{r}_O & E_3 \end{bmatrix},\ T_P=\begin{bmatrix} R & 0 \\ 0 & R \end{bmatrix}$$

式中，$\widetilde{\boldsymbol{r}}_O$ 是瞬时坐标系下从点 O'指向点 O 的位置向量；$\boldsymbol{R}$ 是动坐标系相对于瞬时坐标系的旋转矩阵。

【例 6-11】 一种六自由度并联调姿机构的运动简图如图 6.21 所示，其拓扑构型为 6-PUS。试建立此并联机构的刚度模型。

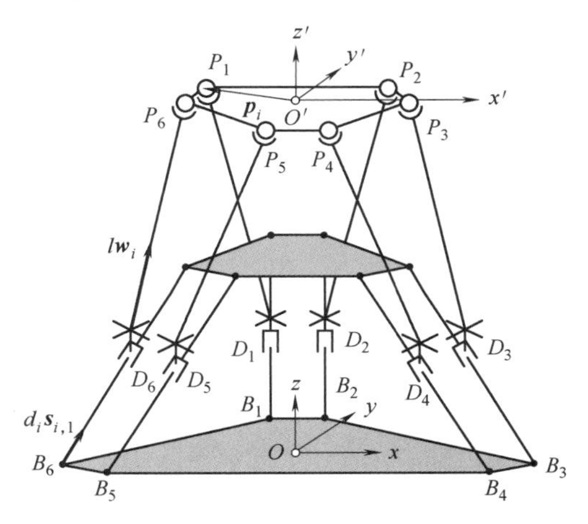

图 6.21 一种六自由度并联调姿机构的运动简图

建立瞬时坐标系 $O'x'y'z'$，使其坐标轴时刻与系 $Oxyz$ 的坐标轴平行。将 PUS 支链的 S 副等效分解成三个线性无关的 R 副。在瞬时坐标系下，第 i 条 PUS 支链各个运动副的单位瞬时运动旋量为

$$\hat{\boldsymbol{S}}_{t,i,1}=\begin{pmatrix} \boldsymbol{0} \\ d_i\boldsymbol{s}_{i,1} \end{pmatrix},\ \hat{\boldsymbol{S}}_{t,i,2}=\begin{pmatrix} \boldsymbol{s}_{i,2} \\ (\boldsymbol{Rp}_i-l\boldsymbol{w}_i)\times\boldsymbol{s}_{i,2} \end{pmatrix},\ \hat{\boldsymbol{S}}_{t,i,3}=\begin{pmatrix} \boldsymbol{s}_{i,3} \\ (\boldsymbol{Rp}_i-l\boldsymbol{w}_i)\times\boldsymbol{s}_{i,3} \end{pmatrix},$$

$$\hat{\boldsymbol{S}}_{t,i,4}=\begin{pmatrix} \boldsymbol{s}_{i,4} \\ \boldsymbol{Rp}_i\times\boldsymbol{s}_{i,4} \end{pmatrix},\ \hat{\boldsymbol{S}}_{t,i,5}=\begin{pmatrix} \boldsymbol{s}_{i,5} \\ \boldsymbol{Rp}_i\times\boldsymbol{s}_{i,5} \end{pmatrix},\ \hat{\boldsymbol{S}}_{t,i,6}=\begin{pmatrix} \boldsymbol{s}_{i,6} \\ \boldsymbol{Rp}_i\times\boldsymbol{s}_{i,6} \end{pmatrix}$$

式中，$\boldsymbol{s}_{i,j}$（$i=1,\ 2,\ \cdots,\ 6,\ j=1,\ 2,\ \cdots,\ 6$）表示各运动副轴线的方向向量；$d_i$ 表示移动副的位移量；$\boldsymbol{R}$ 为动坐标系相对于静坐标系的旋转矩阵；l 和 $\boldsymbol{w}_i$ 分别为 US 定长杆的长度和方向向量。

PUS 支链是无约束支链，根据力旋量与瞬时运动旋量的互易关系，将驱动关节 P 副锁定后，可求得 PUS 支链的驱动力旋量为

$$\hat{\boldsymbol{S}}_{wa,i}=\begin{pmatrix} \boldsymbol{Rp}_i\times\boldsymbol{w}_i \\ \boldsymbol{w}_i \end{pmatrix} \tag{6-131}$$

PUS 支链的机械结构如图 6.22 所示，分 7 个构件。若仅考虑支链在受力方向上的变形，因驱动力旋量沿定长杆轴线方向，丝杠、滑块和十字轴产生拉压变形与弯曲变形，轴座、定长杆、球铰头、球铰座产生拉压变形。借助解析法或数值法获得构件相应的柔度系数，据此

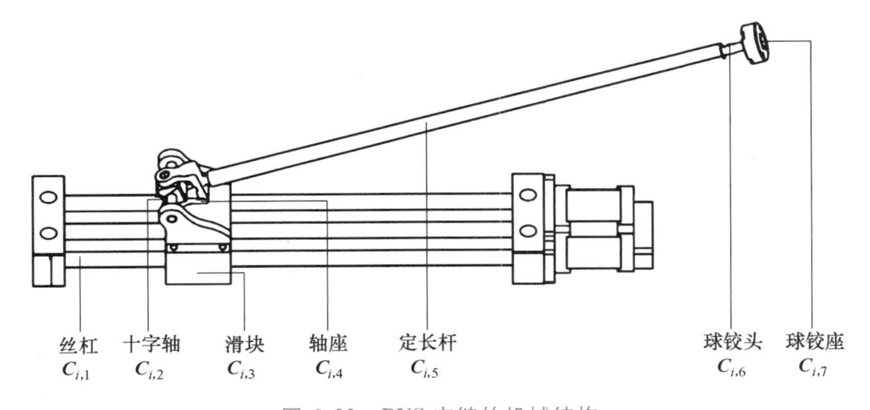

图 6.22 PUS 支链的机械结构

利用变形叠加原理得到支链的刚度系数为

$$k_{a,i}=\left(\sum_{k=1}^{7}c_{a,i,k}\right)^{-1} \tag{6-132}$$

6-$\underline{\text{P}}$US 并联机构关节空间与操作空间的变形映射关系可表示为

$$\boldsymbol{\delta}=\boldsymbol{G}\boldsymbol{S}_t \tag{6-133}$$

$$\boldsymbol{G}=[\hat{\boldsymbol{S}}_{wa,1}\quad \hat{\boldsymbol{S}}_{wa,2}\quad \cdots\quad \hat{\boldsymbol{S}}_{wa,6}] \tag{6-134}$$

仅考虑支链受力方向上的变形时，6-$\underline{\text{P}}$US 并联机构所有支链的刚度模型为

$$\boldsymbol{K}_L=\boldsymbol{G}^{\mathrm{T}}\overline{\boldsymbol{K}}\boldsymbol{G} \tag{6-135}$$

式中，$\overline{\boldsymbol{K}}=\mathrm{diag}(k_{a,1}\quad k_{a,2}\quad \cdots\quad k_{a,6})$。

若考虑构件的完整变形，则需获取构件的柔度矩阵。可利用解析法的方式获得丝杠和定长杆在局部坐标系下的柔度矩阵，十字轴、滑块、轴座、球铰头和球铰座均利用 ANSYS Workbench 提取柔度矩阵。构件局部坐标系相对于瞬时坐标系的转换矩阵可通过机构的全关节逆解求得，即

$$\boldsymbol{T}_{i,k}=\begin{bmatrix}\boldsymbol{R}_{i,k} & \boldsymbol{0}\\ \widetilde{\boldsymbol{r}}_{i,k}\boldsymbol{R}_{i,k} & \boldsymbol{R}_{i,k}\end{bmatrix} \tag{6-136}$$

式中，$\boldsymbol{R}_{i,k}$ 为构件局部坐标系相对瞬时坐标系的旋转矩阵；$\widetilde{\boldsymbol{r}}_{i,k}$ 表示瞬时坐标系下从点 O' 指向局部坐标系原点的向量。

因此，第 i 条支链的柔度矩阵为

$$\boldsymbol{C}_{L,i}=\sum_{k=1}^{7}\boldsymbol{T}_{i,k}\boldsymbol{C}_{i,k}\boldsymbol{T}_{i,k}^{\mathrm{T}} \tag{6-137}$$

式中，$\boldsymbol{C}_{i,k}$ 需考虑运动副的影响，若其连接驱动关节，$\boldsymbol{C}_{i,k}\in\mathbb{R}^{6\times6}$；若其连接被动关节，$\boldsymbol{C}_{i,k}\in\mathbb{R}^{m\times m}$，$m=6-f_p$，$f_p$ 为被动关节的自由度。

从支链到机构的变形传递需考虑支链力旋量的作用。由于 6-$\underline{\text{P}}$US 并联机构支链内仅存在驱动力旋量，则第 i 条支链的刚度模型为

$$\boldsymbol{K}_{L,i}=\hat{\boldsymbol{S}}_{wa,i}(\hat{\boldsymbol{S}}_{wa,i}^{\mathrm{T}}\boldsymbol{C}_{L,i}\hat{\boldsymbol{S}}_{wa,i})^{-1}\hat{\boldsymbol{S}}_{wa,i}^{\mathrm{T}} \tag{6-138}$$

建立所有支链在动平台参考点处的虚功方程为

$$\boldsymbol{S}_{t,E}^{\mathrm{T}}\boldsymbol{S}_{w,E}=\sum_{i=1}^{6}\boldsymbol{S}_{t,i}^{\mathrm{T}}\boldsymbol{S}_{w,i} \tag{6-139}$$

式中，$\boldsymbol{S}_{w,E}$、$\boldsymbol{S}_{t,E}$ 分别表示作用于动平台参考点处的外力与对应的变形。

联立式（6-138）和式（6-139），得到所有支链的刚度模型为

$$\boldsymbol{K}_L=\sum_{i=1}^{6}\boldsymbol{K}_{L,i} \tag{6-140}$$

并联机构可以看作是一个按静平台、支链和动平台顺序排列的串联机构。最后，得到 6-$\underline{\text{P}}$US 并联机构的整体刚度模型为

$$\boldsymbol{K}=\boldsymbol{C}^{-1}=(\boldsymbol{C}_B+\boldsymbol{K}_L^{-1}+\boldsymbol{C}_P)^{-1} \tag{6-141}$$

式中，$\boldsymbol{C}_B=\boldsymbol{T}_B\overline{\boldsymbol{C}}_B\boldsymbol{T}_B^{\mathrm{T}}$；$\boldsymbol{C}_P=\boldsymbol{T}_P\overline{\boldsymbol{C}}_P\boldsymbol{T}_P^{\mathrm{T}}$。$\overline{\boldsymbol{C}}_B$ 和 $\overline{\boldsymbol{C}}_P$ 分别为静平台和动平台在零部件局部参考坐标系下的柔度矩阵，由 ANSYS Workbench 利用数值法提取。$\boldsymbol{T}_B$ 和 $\boldsymbol{T}_P$ 是伴随变换矩阵，分别为

$$T_B=\begin{bmatrix} E_3 & 0 \\ \widetilde{r}_O & E_3 \end{bmatrix},\ T_P=\begin{bmatrix} R & 0 \\ 0 & R \end{bmatrix} \tag{6-142}$$

式中，$\widetilde{r}_O$ 为瞬时坐标系下从点 O'指向点 O 的位置向量；R 为动坐标系相对瞬时坐标系的旋转矩阵。

6.5 本章小结

本章提出了采用 m 自由度虚弹簧表示构件弹性变形的思路，基于瞬时运动旋量的物理含义定义了弹性变形旋量，利用瞬时运动旋量与力旋量的互易关系进行机器人机构静力与变形的映射分析，结合胡克定律和虚功原理，提出了机器人机构静刚度建模的一般方法。

为方便读者阅读和理解，将本章要点罗列如下：

1）为描述构件受力作用产生弹性变形的情况，利用虚弹簧表示构件变形，引入了柔度矩阵、刚度矩阵的基本概念，介绍了柔度矩阵、刚度矩阵的坐标变换算法。6×6 柔度/刚度矩阵是构件的固有属性，但构件与被动关节连接时，柔度/刚度矩阵的维数变为 $m\times m$。

2）利用瞬时旋量描述构件变形，将机器人机构力旋量与速度旋量的关系扩展至静力与变形分析中，得到静力与变形在机器人机构关节空间与操作空间中的映射关系。串联机构的变形旋量映射与力旋量映射均与雅可比矩阵有关，并联机构的静力映射关系取决于支链的驱动力旋量与约束力旋量，从支链到整机的变形传递需考虑驱动力、约束力旋量的影响。

3）基于力旋量与变形旋量的映射关系，借助胡克定律和虚功方程，可建立串联机构、并联机构的柔度/刚度模型。并联机构的刚度建模可分为仅考虑构件受力方向上的变形与考虑构件完整变形两种情况，利用 m 自由度虚弹簧描述构件的完整变形有利于建立精准的刚度模型。

习　题

1. 如图 6.23 所示，已知悬臂梁弹性模量 $E=2.1\times10^{11}$Pa，$G=8\times10^{10}$Pa，$l=2$m，分别求截面形状为矩形或圆形时悬臂梁的柔度矩阵和刚度矩阵。其中，矩形截面尺寸 $a=0.2$m，$b=0.3$m，$a_1=0.15$m，$b_1=0.25$m，圆形截面尺寸 $r=0.5$m，$r_1=0.25$m。

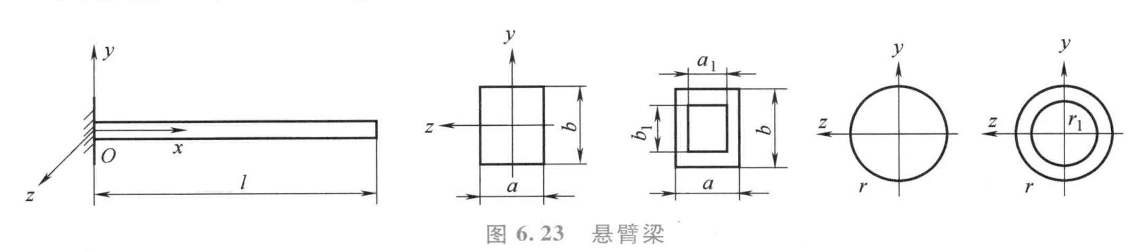

图 6.23 悬臂梁

2. 如图 6.24 所示 UR 机械臂在坐标系 $Puvw$ 下的柔度矩阵为 C_P。坐标系 $P'x'y'z'$是由坐标系 $Puvw$ 绕 u 轴旋转 α，再由 P 点平移 $p=[p_x\quad p_y\quad p_z]$ 得到的，求机械臂在坐标系 $P'x'y'z'$下的柔度矩阵与刚度矩阵。

3. 试计算图 6.24 所示 UR 机械臂的柔度矩阵与刚度矩阵。

4. 图 6.25 所示为 SCARA 串联机械臂，试计算其刚度矩阵。

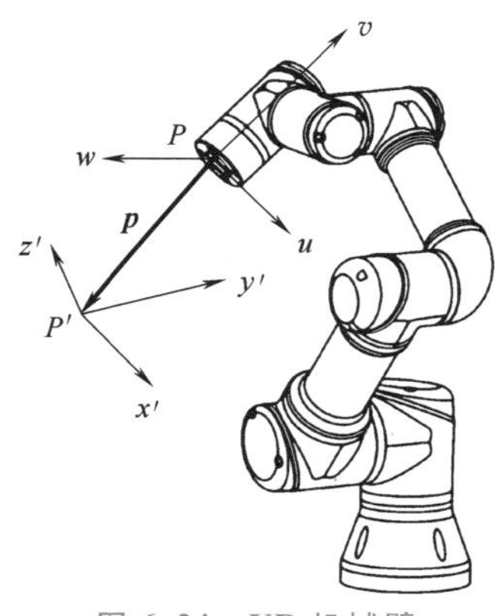

图 6.24　UR 机械臂

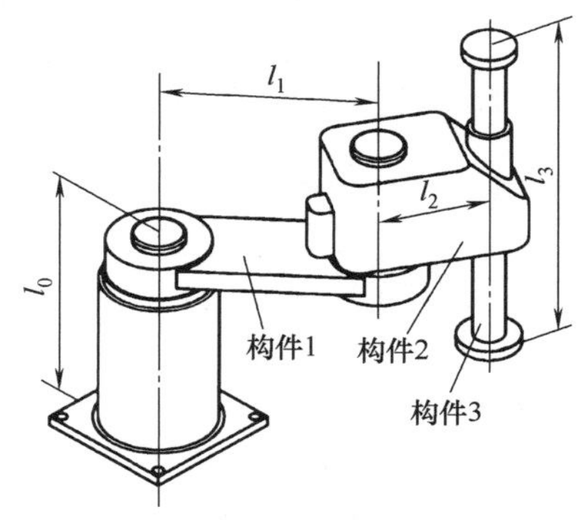

图 6.25　SCARA 串联机械臂

5. 试计算图 6.26 所示平面 5R 并联机构的刚度矩阵。

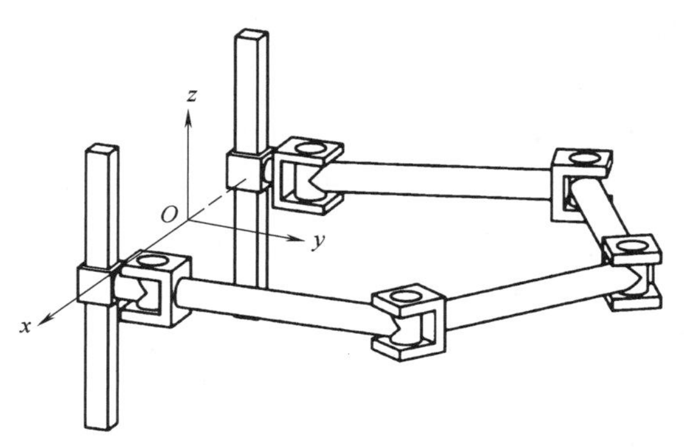

图 6.26　平面 5R 并联机构

6. 图 6.27 所示为三自由度 Tricept 并联机构，不考虑其静平台的变形，试计算 Tricept 机构的刚度矩阵。

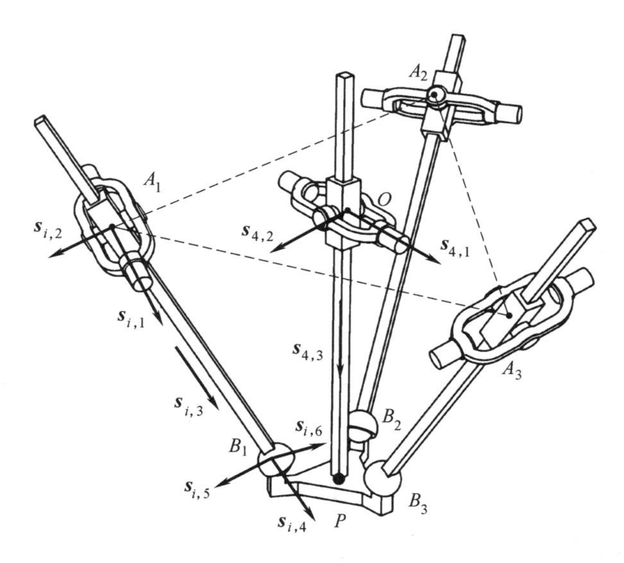

图 6.27　三自由度 Tricept 并联机构

参考文献

[1] SUN T, YANG S F, HUANG T, et al. A way of relating instantaneous and finite screws based on the screw triangle product [J]. Mechanism and Machine Theory, 2017, 108: 75-82.

[2] SUN T, YANG S F, HUANG T, et al. A finite and instantaneous screw based approach for topology design and kinematic analysis of 5-axis parallel kinematic machines [J]. Chinese Journal of Mechanical Engineering, 2018, 31 (1): 1-10.

[3] SUN T, YANG S F. An approach to formulate the hessian matrix for dynamic control of parallel robots [J]. IEEE/ASME Transactions on Mechatronics, 2019, 24 (1): 271-281.

[4] SUN T, SONG Y M, GAO H, et al. Topology synthesis of a 1-translational and 3-rotational parallel manipulator with an articulated traveling plate [J]. Journal of Mechanisms and Robotics-Transactions of the ASME, 2015, 7 (3): 0310151-0310159.

[5] YANG S F, SUN T, HUANG T, et al. A finite screw approach to type synthesis of three-DoF translational parallel mechanisms [J]. Mechanism and Machine Theory, 2016, 104: 405-419.

[6] SUN T, HUO X M. Type synthesis of 1T2R parallel mechanisms with parasitic motions [J]. Mechanism and Machine Theory, 2018, 128: 412-428.

[7] SUN T, SONG Y M, LI Y G, et al. Workspace decomposition based dimensional synthesis of a novel hybrid reconfigurable robot [J]. Journal of Mechanisms and Robotics-Transactions of the ASME, 2010, 2 (3): 0310091-0310098.

[8] SUN T, SONG Y M, DONG G, et al. Optimal design of a parallel mechanism with three rotational degrees of freedom [J]. Robotics and Computer-Integrated Manufacturing, 2012, 28 (4): 500-508.

[9] SUN T, LIANG D, SONG Y M. Singular-perturbation-based nonlinear hybrid control of redundant parallel robot [J]. IEEE Transactions on Industrial Electronics, 2018, 65 (4): 3326-3336.

[10] SUN T, LIAN B B, SONG Y M, et al. Elasto-dynamic optimization of a 5-DoF parallel kinematic machine considering parameter uncertainty [J]. IEEE/ASME Transactions on Mechatronics, 2019, 24 (1): 315-325.

[11] BALL R S. A treatise on the theory of screws [M]. Cambridge: Cambridge University Press, 1900.

[12] McCARTHY J M, SOH G S. Geometric design of linkages [M]. 2nd ed. New York: Springer, 2011.

[13] HUNT K H, PARKIN I A. Finite displacements of points, planes, and lines via screw theory [J]. Mechanism and Machine Theory, 1995, 30 (2): 177-192.

[14] HUANG C, CHEN C M. The linear representation of the screw triangle-a unification of finite and infinitesimal kinematics [J]. Journal of Mechanical Design-Transactions of the ASME, 1995, 117 (4): 554-560.

[15] HERVÉ J M. The Lie group of rigid body displacements, a fundamental tool for mechanism design [J]. Mechanism and Machine Theory, 1999, 34 (5): 719-730.

[16] CECCARELLI M. Screw axis defined by giulio mozzi in 1763 and early studies on helicoidal motion [J]. Mechanism and Machine Theory, 2000, 35 (6): 761-770.

[17] TSAI LW. Robot analysis: the mechanics of serial and parallel manipulators [M]. New York: John Wiley & Sons, Inc., 1999.

[18] HUANG Z, LI Q C, DING H F. Theory of parallel mechanisms [M]. Dordrecht: Springer, 2013.

[19] MENG J, LIU G F, LI Z X. A geometric theory for analysis and synthesis of sub-6 DoF parallel manipulators [J]. IEEE Transactions on Robotics, 2007, 23 (4): 625-649.

[20] MURRAY R M, LI Z X, SASTRY S S. A mathematical introduction to robotic manipulation [M]. Boca Raton: CRC Press, 1994.

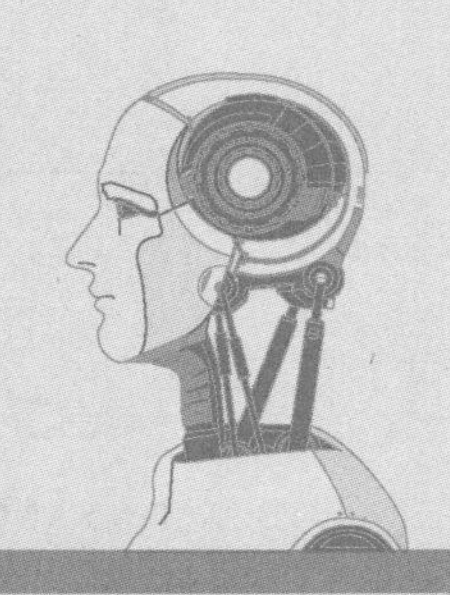

第7章 动力学建模与分析

7.1 引言

机器人的动力学性能涉及机器人机构的位移、速度、加速度与机构的受力，是高速运动或重载作业机器人驱动器选型、结构设计与机器人控制的基础。动力学模型揭示机器人在外力作用下的运动规律，是动力学性能分析、设计与应用的前提。与运动学建模类似，动力学建模分正动力学建模与逆动力学建模两类，均涉及机构的驱动力/力矩与末端运动。正动力学模型是已知驱动力/力矩求解机器人的输出运动，逆动力学模型是已知机器人的末端输出运动反求机器人的驱动力/力矩。其中，逆动力学模型与机器人的驱动器选型及控制直接相关，是最常见的动力学建模类型。

机器人的动力学建模有多种方法，如拉格朗日法、牛顿-欧拉法、虚功方程等。拉格朗日法从机器人系统动能和势能入手建立动力学方程，对于关节数目较少、结构较简单的机器人便捷有效，但对于自由度数目较多的机器人则计算烦琐。牛顿-欧拉法分别描述刚体的平动与转动，通常与 D-H 参数结合，利用递推的方式建立机构的运动或受力方程，对于开环机构的串联机器人，建模过程清晰直观，但扩展至闭环机构则建模流程较为复杂。由于有限-瞬时旋量可简洁直观、完备统一地描述机器人机构的运动，基于有限-瞬时旋量进行动力学建模可便捷获得并联机器人机构各阶运动与受力之间的关系。第 5 章建立了驱动关节与机器人末端位移、速度与加速度之间的映射关系，在此基础上，本章首先构建被动关节与驱动关节运动或机器人机构末端运动的关联，进而求解机构各个构件的速度、加速度，最后根据串联机构与并联机构的特点选用拉格朗日法、牛顿-欧拉法或者虚功方程建立动力学模型。

7.2 刚体的惯性

机器人机构的动力学建模必须考虑构件的惯性。例如，沿某一方向移动的滑块需考虑质量的影响，进行定轴转动的连杆需用到惯性矩或转动惯量。对于进行空间任意移动或转动的刚体，需引入惯性矩阵。下面介绍质心、质量、惯性积与惯性矩阵的基本概念。

7.2.1 质量与质心

如图 7.1 所示，刚体可以看作是 n 个质点 M_1、M_2、…、M_n 刚性连接组成的，各质点的质量和相对参考系坐标原点的矢径分别为 m_1、m_2、…、m_n 和 $\boldsymbol{r}_1$、$\boldsymbol{r}_2$、…、$\boldsymbol{r}_n$。各质点质量的代数和即刚体的质量，用 m 表示，即

$$m = \sum_{i=1}^{n} m_i \tag{7-1}$$

或者可将刚体看作是由各向同性材料（质量均匀分布）组成，该刚体的密度 $\rho(\boldsymbol{r})=\rho$ 为常值。令 V 表示刚体的体积，刚体的质量 m 可以表示为

$$m = \int_V \rho \mathrm{d}V \tag{7-2}$$

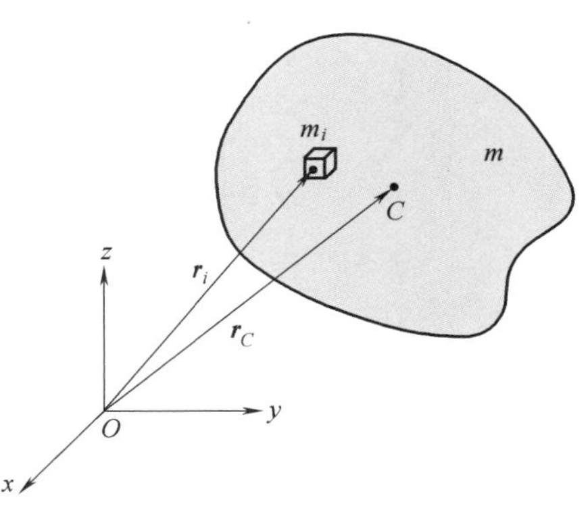

图 7.1 刚体的质量与质心

质点系的质心是质点系质量分布的平均位置。刚体的质心表示刚体质量的中心位置，刚体质心的矢径可用 $\boldsymbol{r}_c$ 表示为

$$\boldsymbol{r}_c = \frac{\sum_{i=1}^{n} m_i \boldsymbol{r}_i}{m} \tag{7-3}$$

7.2.2 惯性矩阵与转动惯量

转动惯量的概念从质点系的角动量引进，质点系的角动量公式为

$$\boldsymbol{L} = \sum_{i=1}^{n} \boldsymbol{r}_i \times m_i \boldsymbol{v}_i \tag{7-4}$$

式中，质点 i 的矢径 $\boldsymbol{r}_i = (x_i \quad y_i \quad z_i)^{\mathrm{T}}$。

因为质点线速度与角速度之间满足$\boldsymbol{v}_i = \dot{\boldsymbol{r}}_i = \boldsymbol{\omega} \times \boldsymbol{r}_i$，因此质点系角动量公式可整理为

$$\begin{aligned}\boldsymbol{L} &= \sum_{i}^{n} m_i \boldsymbol{r}_i \times (\boldsymbol{\omega} \times \dot{\boldsymbol{r}}_i) \\ &= \sum_{i}^{n} m_i \begin{bmatrix} (y_i^2 + z_i^2) & -x_i y_i & -x_i z_i \\ -x_i y_i & (x_i^2 + z_i^2) & -y_i z_i \\ -x_i z_i & -y_i z_i & (x_i^2 + y_i^2) \end{bmatrix} \begin{bmatrix} \omega_x \\ \omega_y \\ \omega_z \end{bmatrix}\end{aligned} \tag{7-5}$$

令 $\boldsymbol{L} = \boldsymbol{I}\boldsymbol{\omega}$，则 $\boldsymbol{I}$ 表达式为

$$\boldsymbol{I} = \begin{bmatrix} \sum_{i}^{n} m_i (y_i^2 + z_i^2) & -\sum_{i=1}^{n} m_i x_i y_i & -\sum_{i=1}^{n} m_i x_i z_i \\ -\sum_{i=1}^{n} m_i x_i y_i & \sum_{i=1}^{n} m_i (x_i^2 + z_i^2) & -\sum_{i=1}^{n} m_i y_i z_i \\ -\sum_{i=1}^{n} m_i x_i z_i & -\sum_{i=1}^{n} m_i y_i z_i & \sum_{i=1}^{n} m_i (x_i^2 + y_i^2) \end{bmatrix} \tag{7-6}$$

由于刚体的质点实际上是连续的，可以将离散的求和替代为连续的积分，因此

$$\boldsymbol{I}=\begin{bmatrix}\int(y^2+z^2)\mathrm{d}m & \int(-xy)\mathrm{d}m & \int(-xz)\mathrm{d}m\\ \int(-xy)\mathrm{d}m & \int(x^2+z^2)\mathrm{d}m & \int(-yz)\mathrm{d}m\\ \int(-xz)\mathrm{d}m & \int(-yz)\mathrm{d}m & \int(x^2+y^2)\mathrm{d}m\end{bmatrix} \tag{7-7}$$

式（7-7）表示刚体的惯性矩阵（也称为惯性张量），其通式为

$$\boldsymbol{I}=\begin{bmatrix}I_{xx} & -I_{xy} & -I_{xz}\\ -I_{xy} & I_{yy} & -I_{yz}\\ -I_{xz} & -I_{yz} & I_{zz}\end{bmatrix} \tag{7-8}$$

式中，矩阵主对角线元素 I_{xx}、I_{yy}、I_{zz} 分别为刚体绕 x、y、z 轴的惯性矩，也称为转动惯量；矩阵的非主对角线元素 I_{xy}、I_{xz}、I_{yz} 分别为刚体的惯性积。总体而言，I_{ij}（i、j 可以是 x、y 或 z）表示施加至 i 轴的转矩，其值取决于刚体相对于旋转轴的质量分布。当刚体的质量分布发生改变，或坐标系发生变化，惯性矩阵也会改变。

为了便于工程应用，刚体惯性矩阵参考坐标系的原点有时需要由质心 C 处平移至另一点 A 处，因此有必要运用平行轴定理建立刚体惯性矩阵在不同坐标系下的表达。转动惯量的平行轴定理为刚体对于任一轴的转动惯量，等于刚体对通过质心并与该轴平行的轴的转动惯量，加上刚体的质量与此轴间距离平方的乘积，即

$${}^{A}I_i={}^{C}I_i+ml^2 \tag{7-9}$$

从而可以推导得到惯性矩阵的平行轴定理为

$${}^{A}\boldsymbol{I}={}^{C}\boldsymbol{I}+m[(\boldsymbol{r}_c^{\mathrm{T}}\boldsymbol{r}_c)\boldsymbol{I}_{3\times3}-\boldsymbol{r}_c\boldsymbol{r}_c^{\mathrm{T}}] \tag{7-10}$$

式中，$\boldsymbol{r}_c=(x_c\quad y_c\quad z_c)^{\mathrm{T}}$ 为刚体质心 C 相对参考坐标系 $\{A\}$ 原点的位置向量。

应当注意的是，式（7-10）中的 ${}^{C}\boldsymbol{I}$ 必须是通过质心的惯性矩阵，而对于任意两平行轴之间的惯性矩阵之间的关系，必须通过式（7-10）推导得出。

此外，刚体的惯性矩阵与所选的参考坐标系直接相关，在特定的参考坐标系下，其惯性积可以为 0。此时，刚体的惯性矩阵退化为对角矩阵，所选取的三个特殊坐标轴为惯性主轴，它同时也是惯性矩阵的特征向量，并且与三个惯性主轴相对应的惯性矩称为主惯性矩。通常，将坐标系原点选在质心 C 处时符合该情况，相应的 x、y、z 轴是惯性主轴，惯性矩阵为对角矩阵，其对角线元素为刚体的主惯性矩。

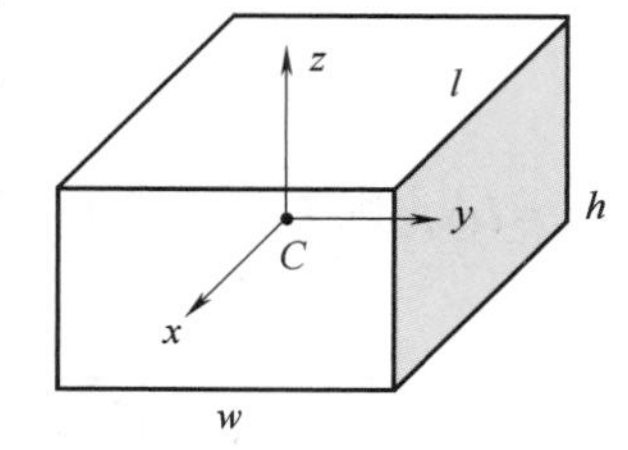

图 7.2　长方体

【例 7-1】　已知均质长方体的质量为 m，长度为 l，宽度为 w，高度为 h，如图 7.2 所示，求其质心 C 处的惯性矩阵。

根据定义计算长方体质心 C 处的惯性矩阵，得

$${}^{C}I_{xx}=\int_V\rho(y^2+z^2)\mathrm{d}V=\int_{-h/2}^{h/2}\int_{-w/2}^{w/2}\int_{-l/2}^{l/2}\frac{m}{lwh}(y^2+z^2)\mathrm{d}x\mathrm{d}y\mathrm{d}z=\frac{m}{12}(w^2+h^2)$$

$${}^{C}I_{yy}=\int_V\rho(x^2+z^2)\mathrm{d}V=\int_{-h/2}^{h/2}\int_{-w/2}^{w/2}\int_{-l/2}^{l/2}\frac{m}{lwh}(x^2+z^2)\mathrm{d}x\mathrm{d}y\mathrm{d}z=\frac{m}{12}(l^2+h^2)$$

$$^{C}I_{zz}=\int_V\rho(x^2+y^2)\mathrm{d}V=\int_{-h/2}^{h/2}\int_{-w/2}^{w/2}\int_{-l/2}^{l/2}\frac{m}{lwh}(y^2+x^2)\mathrm{d}x\mathrm{d}y\mathrm{d}z=\frac{m}{12}(l^2+w^2)$$

$$^{C}I_{xy}=\int_V\rho xy\mathrm{d}V=\int_{-h/2}^{h/2}\int_{-w/2}^{w/2}\int_{-l/2}^{l/2}\frac{m}{lwh}xy\mathrm{d}x\mathrm{d}y\mathrm{d}z=0,\ ^{C}I_{yz}={}^{C}I_{xz}=0 \tag{7-11}$$

因此，其惯性矩阵可表示为

$$\boldsymbol{I}_C=\begin{bmatrix} m(w^2+h^2)/12 & 0 & 0 \\ 0 & m(l^2+h^2)/12 & 0 \\ 0 & 0 & m(l^2+w^2)/12 \end{bmatrix} \tag{7-12}$$

【例 7-2】　已知均质圆柱体质量为 m，半径为 r，高为 h。分别在质心 C 和上圆面中心建立坐标系，如图 7.3 所示。分别求圆柱体在质心 C 和上圆面中心 O 处的惯性矩阵。

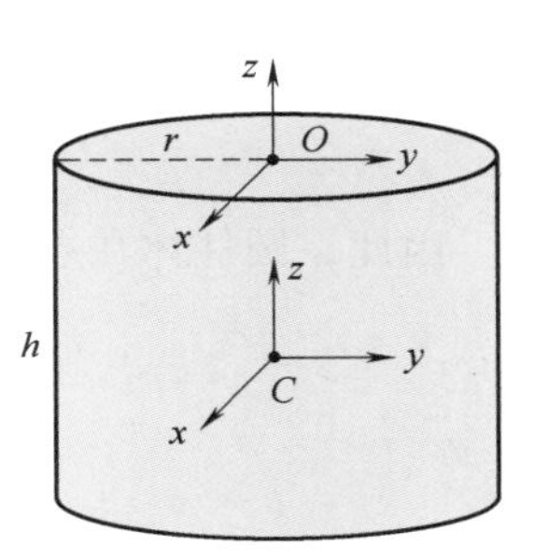

图 7.3　圆柱体

计算圆柱体质心 C 处的惯性矩阵，根据定义得

$$^{C}I_{xx}=\int_V\rho(y^2+z^2)\mathrm{d}V=\int_{-h/2}^{h/2}\int_{-r}^{r}\int_{-r}^{r}(y^2+z^2)\mathrm{d}x\mathrm{d}y\mathrm{d}z=\frac{m}{12}(3r^2+h^2)$$

$$^{C}I_{yy}=\int_V\rho(x^2+z^2)\mathrm{d}V=\int_{-h/2}^{h/2}\int_{-r}^{r}\int_{-r}^{r}(x^2+z^2)\mathrm{d}x\mathrm{d}y\mathrm{d}z=\frac{m}{12}(3r^2+h^2)$$

$$^{C}I_{zz}=\int_V\rho(x^2+y^2)\mathrm{d}V=\int_{-h/2}^{h/2}\int_{-r}^{r}\int_{-r}^{r}(y^2+x^2)\mathrm{d}x\mathrm{d}y\mathrm{d}z=\frac{m}{2}r^2$$

$$^{C}I_{xy}=\int_V\rho xy\mathrm{d}V=\int_{-h/2}^{h/2}\int_{-r}^{r}\int_{-r}^{r}xy\mathrm{d}x\mathrm{d}y\mathrm{d}z=0,\ ^{C}I_{yz}={}^{C}I_{xz}=0 \tag{7-13}$$

因此，相应的惯性矩阵为

$$\boldsymbol{I}_C=\begin{bmatrix} m(3r^2+h^2)/12 & 0 & 0 \\ 0 & m(3r^2+h^2)/12 & 0 \\ 0 & 0 & mr^2/2 \end{bmatrix} \tag{7-14}$$

再计算圆柱体在顶点 O 处的惯性矩阵。同样根据定义，得

$$^{O}I_{xx}=\int_V\rho(y^2+z^2)\mathrm{d}V=\int_{-h}^{0}\int_{-r}^{r}\int_{-r}^{r}(y^2+z^2)\mathrm{d}x\mathrm{d}y\mathrm{d}z=\frac{m}{12}(3r^2+4h^2)$$

$$^{O}I_{yy}=\int_V\rho(x^2+z^2)\mathrm{d}V=\int_{-h}^{0}\int_{-r}^{r}\int_{-r}^{r}(x^2+z^2)\mathrm{d}x\mathrm{d}y\mathrm{d}z=\frac{m}{12}(3r^2+4h^2)$$

$$^{O}I_{zz}=\int_V\rho(x^2+y^2)\mathrm{d}V=\int_{-h}^{0}\int_{-r}^{r}\int_{-r}^{r}(y^2+x^2)\mathrm{d}x\mathrm{d}y\mathrm{d}z=\frac{m}{2}r^2$$

$$^{O}I_{xy}=\int_V\rho xy\mathrm{d}V=\int_{-h}^{0}\int_{-r}^{r}\int_{-r}^{r}xy\mathrm{d}x\mathrm{d}y\mathrm{d}z=0,\ ^{O}I_{yz}={}^{O}I_{xz}=0 \tag{7-15}$$

也可以根据平移轴定理计算参考坐标系在点 O 时的惯性矩阵，可得

$$
\begin{aligned}
&{}^{O}I_{xx}={}^{C}I_{xx}+m(y_c^2+z_c^2)=\frac{m}{12}(3r^2+h^2)+m\left(0+\frac{h^2}{4}\right)=\frac{m}{12}(3r^2+4h^2)\\
&{}^{O}I_{yy}={}^{C}I_{yy}+m(x_c^2+z_c^2)=\frac{m}{12}(3r^2+h^2)+m\left(0+\frac{h^2}{4}\right)=\frac{m}{12}(3r^2+4h^2)\\
&{}^{O}I_{zz}={}^{C}I_{zz}+m(x_c^2+y_c^2)=\frac{mr^2}{2}+m(0+0)=\frac{mr^2}{2}\\
&{}^{O}I_{xy}={}^{C}I_{xy}+mx_cy_c=0+m(0\times0)=0\\
&{}^{O}I_{yz}={}^{C}I_{yz}+my_cz_c=0+m\left[0\times\left(-\frac{h}{2}\right)\right]=0\\
&{}^{O}I_{xz}={}^{C}I_{xz}+mx_cz_c=0+m\left[0\times\left(-\frac{h}{2}\right)\right]=0
\end{aligned}
\tag{7-16}
$$

因此，圆柱体在点 O 处的惯性矩阵为

$$
\boldsymbol{I}_O=\begin{bmatrix} m(3r^2+4h^2)/12 & 0 & 0\\ 0 & m(3r^2+4h^2)/12 & 0\\ 0 & 0 & mr^2/2 \end{bmatrix} \tag{7-17}
$$

7.3 构件质心的速度

机器人机构的动力学建模涉及所有构件的速度，假设构件是质量均匀分布的刚体，以构件质心处的速度代表构件的速度。第 5 章利用瞬时运动旋量与力旋量间的对偶关系，建立了机器人机构的驱动关节与末端速度的映射模型。在此基础上，本节利用类似方法获得机构内所有关节的速度，构件速度即是其前一个关节的速度转换至构件质心处的速度。

7.3.1 关节速度

由第 5 章可知，串联机构的速度模型为

$$
\boldsymbol{S}_t=\boldsymbol{J}\dot{\boldsymbol{q}} \tag{7-18}
$$

式中，$\boldsymbol{J}$ 为速度雅可比矩阵，表示驱动关节速度与机器人末端线速度、角速度之间的关系。

由于串联机构所有的关节均为驱动关节，因此 $\dot{\boldsymbol{q}}$ 即为所有关节的速度。若已知机构末端的线速度与角速度，串联机构所有关节的速度为

$$
\dot{\boldsymbol{q}}=\boldsymbol{G}\boldsymbol{S}_t \tag{7-19}
$$

式中，$\boldsymbol{G}=\boldsymbol{J}^{-1}$。值得注意的是，通常串联机构已知关节速度求解末端速度，所以较常采用式（7-18）进行动力学建模。若利用末端速度求解关节速度，对于自由度 $n<6$ 的串联机构，可根据末端的自由度将雅可比矩阵缩维至 $n\times n$ 再求逆；对于自由度 $n>6$ 的冗余串联机构，关节速度的解不唯一，还需建立其他的约束方程确定关节速度。

【例 7-3】 平面二连杆如图 7.4 所示，杆件 1 的长度为 l_1，与 y 轴的夹角为 θ_1，杆件 2 的长度为 l_2，与杆件 1 轴线延长线的夹角为 θ_2。已知末端点 B 的速度，求转动副 1 和转动副 2 的角速度 $\dot{\theta}_1$ 和角速度 $\dot{\theta}_2$。

由第 5 章得，平面二连杆机构的速度模型为

$$\boldsymbol{S}_t=\dot{\theta}_1\hat{\boldsymbol{S}}_{t,1}+\dot{\theta}_2\hat{\boldsymbol{S}}_{t,2} \tag{7-20}$$

式（7-20）可表示为

$$\begin{pmatrix}\boldsymbol{\omega}\\ \boldsymbol{v}\end{pmatrix}=\dot{\theta}_1\begin{pmatrix}\boldsymbol{e}_3\\ -\boldsymbol{e}_3\times\boldsymbol{r}_B\end{pmatrix}+\dot{\theta}_2\begin{pmatrix}\boldsymbol{e}_3\\ -\boldsymbol{e}_3\times\boldsymbol{r}_A\end{pmatrix} \tag{7-21}$$

式中，$\boldsymbol{e}_3=(0\quad 0\quad 1)^{\mathrm{T}}$ 为转动副轴线的方向向量。

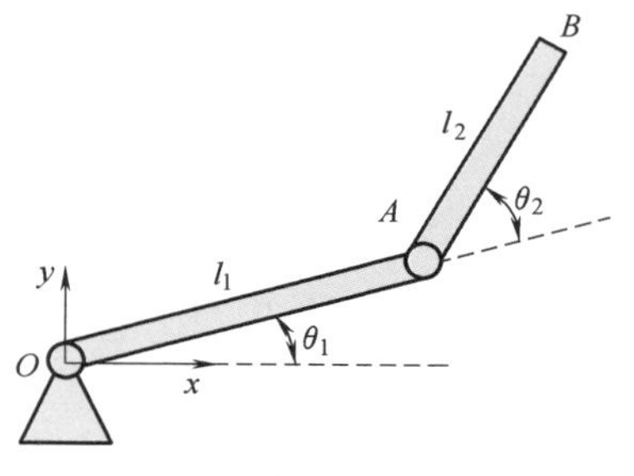

图 7.4 平面二连杆

根据平面二连杆机构的自由度，其速度映射模型可进一步表示为

$$\begin{pmatrix}\dot{x}\\ \dot{y}\end{pmatrix}=\begin{bmatrix}-l_2\sin(\theta_1+\theta_2)-l_1\sin\theta_1 & -l_2\sin(\theta_1+\theta_2)\\ l_2\cos(\theta_1+\theta_2)+l_1\cos\theta_1 & l_2\cos(\theta_1+\theta_2)\end{bmatrix}\begin{pmatrix}\dot{\theta}_1\\ \dot{\theta}_2\end{pmatrix} \tag{7-22}$$

则转动副 1 和转动副 2 的角速度 $\dot{\theta}_1$ 和角速度 $\dot{\theta}_2$ 为

$$\begin{pmatrix}\dot{\theta}_1\\ \dot{\theta}_2\end{pmatrix}=\begin{bmatrix}-l_2\sin(\theta_1+\theta_2)-l_1\sin\theta_1 & -l_2\sin(\theta_1+\theta_2)\\ l_2\cos(\theta_1+\theta_2)+l_1\cos\theta_1 & l_2\cos(\theta_1+\theta_2)\end{bmatrix}^{-1}\begin{pmatrix}\dot{x}\\ \dot{y}\end{pmatrix} \tag{7-23}$$

【例 7-4】 工业 6R 串联机械臂如图 7.5 所示，第一个转动副 R_1 过原点 O 指向静坐标系的 z 轴方向，第二个转动副 R_2 和第三个转动副 R_3 轴线平行，且在初始位姿处与 y 轴平行，第四个转动副 R_4 指向构件的轴线方向且与 R_3 垂直，第五个转动副 R_5 与 R_4 垂直且初始位姿与 R_3 轴线平行，第六个转动副轴线指向末端执行器的法线方向。已知机械臂末端的速度，求六个转动副的角速度。

以瞬时旋量为数学工具，工业 6R 串联机械臂的速度模型可表示为

$$\boldsymbol{S}_t=\dot{\theta}_1\hat{\boldsymbol{S}}_{t,1}+\dot{\theta}_2\hat{\boldsymbol{S}}_{t,2}+\dot{\theta}_3\hat{\boldsymbol{S}}_{t,3}+\dot{\theta}_4\hat{\boldsymbol{S}}_{t,4}+\dot{\theta}_5\hat{\boldsymbol{S}}_{t,5}+\dot{\theta}_6\hat{\boldsymbol{S}}_{t,6} \tag{7-24}$$

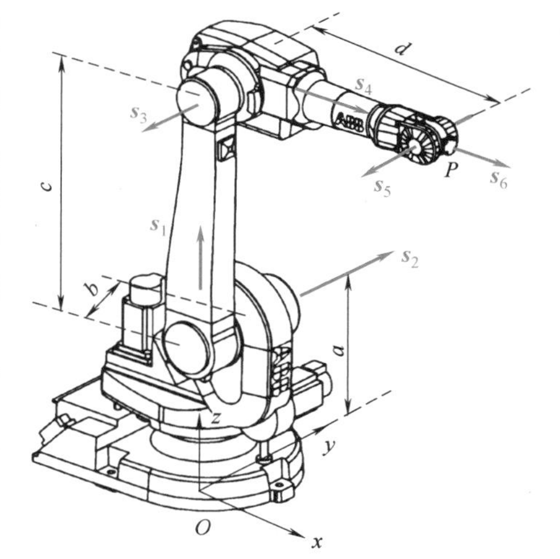

图 7.5 工业 6R 串联机械臂

式中，

$$\hat{\boldsymbol{S}}_{t,1}=\begin{pmatrix}\boldsymbol{s}_1\\ \boldsymbol{0}\end{pmatrix},\ \hat{\boldsymbol{S}}_{t,2}=\begin{pmatrix}\boldsymbol{s}_2\\ \boldsymbol{r}_2\times\boldsymbol{s}_2\end{pmatrix},\ \hat{\boldsymbol{S}}_{t,3}=\begin{pmatrix}\boldsymbol{s}_3\\ \boldsymbol{r}_3\times\boldsymbol{s}_3\end{pmatrix},\ \hat{\boldsymbol{S}}_{t,4}=\begin{pmatrix}\boldsymbol{s}_4\\ \boldsymbol{r}_4\times\boldsymbol{s}_4\end{pmatrix},\ \hat{\boldsymbol{S}}_{t,5}=\begin{pmatrix}\boldsymbol{s}_5\\ \boldsymbol{r}_5\times\boldsymbol{s}_5\end{pmatrix},\ \hat{\boldsymbol{S}}_{t,6}=\begin{pmatrix}\boldsymbol{s}_6\\ \boldsymbol{r}_6\times\boldsymbol{s}_6\end{pmatrix}$$

式中，

$$\boldsymbol{s}_1=(0\quad 0\quad 1)^{\mathrm{T}},\ \boldsymbol{s}_2=\mathrm{Rot}(z,\theta_1)(0\quad 1\quad 0)^{\mathrm{T}},\boldsymbol{r}_2=a\boldsymbol{s}_1+b\boldsymbol{s}_2,\boldsymbol{s}_3=\boldsymbol{s}_2,$$

$$\boldsymbol{r}_3=\boldsymbol{r}_2+\mathrm{Rot}(y,\theta_2)(0\quad 0\quad c)^{\mathrm{T}},\ \boldsymbol{s}_4=\mathrm{Rot}(z,\theta_1)\mathrm{Rot}(y,\theta_2)\mathrm{Rot}(y,\theta_3)(1\quad 0\quad 0)^{\mathrm{T}},\boldsymbol{r}_4=\boldsymbol{r}_3,$$

$$\boldsymbol{s}_5=\mathrm{Rot}(z,\theta_1)\mathrm{Rot}(y,\theta_2)\mathrm{Rot}(y,\theta_3)\mathrm{Rot}(x,\theta_4)(0\quad 1\quad 0)^{\mathrm{T}},\boldsymbol{r}_5=\boldsymbol{r}_4+d\boldsymbol{s}_4,$$

$$\boldsymbol{s}_6=\mathrm{Rot}(z,\theta_1)\mathrm{Rot}(y,\theta_2)\mathrm{Rot}(y,\theta_3)\mathrm{Rot}(x,\theta_4)\mathrm{Rot}(y,\theta_5)(1\quad 0\quad 0)^{\mathrm{T}},\boldsymbol{r}_6=\boldsymbol{r}_5$$

因此，工业 6R 串联机械臂末端速度与转动关节的速度映射为

$$\boldsymbol{S}_t^P=\boldsymbol{T}_P\boldsymbol{J}\dot{\boldsymbol{\theta}} \tag{7-25}$$

式中，$\boldsymbol{T}_P$ 表示机械臂的速度从静坐标系原点 O 至末端执行器点 P 的转换矩阵，即

$$\boldsymbol{T}_P=\begin{bmatrix}\boldsymbol{E}_3 & \boldsymbol{0}\\ -\widetilde{\boldsymbol{r}}_p & \boldsymbol{E}_3\end{bmatrix},\ \boldsymbol{J}=[\hat{\boldsymbol{S}}_{t,1}\quad\cdots\quad\hat{\boldsymbol{S}}_{t,6}],\ \dot{\boldsymbol{\theta}}=[\dot{\theta}_1\quad\cdots\quad\dot{\theta}_6]^{\mathrm{T}}$$

因此，第一至第六转动副可由式（7-25）求得

$$\dot{\boldsymbol{\theta}}=\boldsymbol{J}^{-1}\boldsymbol{T}_P^{-1}\boldsymbol{S}_t^P \tag{7-26}$$

若并联机构末端的线速度与角速度已知，利用并联机构的速度雅可比矩阵可求得驱动关节的速度。但并联机构的支链内含有被动关节，被动关节的速度需借助支链内瞬时运动旋量与力旋量的互易关系求得。

假设并联机构第 i 条支链内有 n_i 个关节，其速度模型可表示为

$$\boldsymbol{S}_t=\dot{q}_{i,1}\hat{\boldsymbol{S}}_{t,i,1}+\dot{q}_{i,2}\hat{\boldsymbol{S}}_{t,i,2}+\cdots+q_{i,n_i}\hat{\boldsymbol{S}}_{t,i,n_i} \tag{7-27}$$

若求解第一个关节的速度 $\dot{q}_1$，则锁定第一个关节，$\hat{\boldsymbol{S}}_{t,2}$ 至 $\hat{\boldsymbol{S}}_{t,n_i}$ 张成瞬时运动旋量空间，利用瞬时运动旋量与力旋量的对偶关系，求解得到第一个关节对应的驱动力旋量 $\hat{\boldsymbol{S}}_{wa,i,1}$，因此第一个关节的速度为

$$\dot{q}_{i,1}=\frac{\hat{\boldsymbol{S}}_{wa,i,1}}{\hat{\boldsymbol{S}}_{wa,i,1}^{\mathrm{T}}\hat{\boldsymbol{S}}_{t,i,1}}\boldsymbol{S}_t \tag{7-28}$$

利用相似的方法，可得到支链内所有关节的速度，即

$$\dot{\boldsymbol{q}}_i=\boldsymbol{G}_i\boldsymbol{S}_t \tag{7-29}$$

式中，

$$\boldsymbol{G}_i=\begin{bmatrix}\dfrac{\hat{\boldsymbol{S}}_{wa,i,1}}{\hat{\boldsymbol{S}}_{wa,i,1}^{\mathrm{T}}\hat{\boldsymbol{S}}_{t,1,i}} & \dfrac{\hat{\boldsymbol{S}}_{wa,i,2}}{\hat{\boldsymbol{S}}_{wa,i,2}^{\mathrm{T}}\hat{\boldsymbol{S}}_{t,i,2}} & \cdots & \dfrac{\hat{\boldsymbol{S}}_{wa,i,n_i}}{\hat{\boldsymbol{S}}_{wa,i,n_i}^{\mathrm{T}}\hat{\boldsymbol{S}}_{t,i,n_i}}\end{bmatrix}^{\mathrm{T}}$$

【例 7-5】 某并联机构的 SPR 支链如图 7.6 所示。S 副可分解为三个不共线的 R 副，支链的拓扑构型为 RRRPR，相应的轴线方向向量如图 7.6，其中，$\boldsymbol{s}_1\perp\boldsymbol{s}_2$，$\boldsymbol{s}_3\perp\boldsymbol{s}_2$，$\boldsymbol{s}_1\perp\boldsymbol{s}_3$，$\boldsymbol{s}_3=\boldsymbol{s}_4$，$\boldsymbol{s}_4\perp\boldsymbol{s}_5$，已知支链在点 O 处的速度 $\boldsymbol{S}_t$，求这五个单自由度运动副的角速度或线速度。

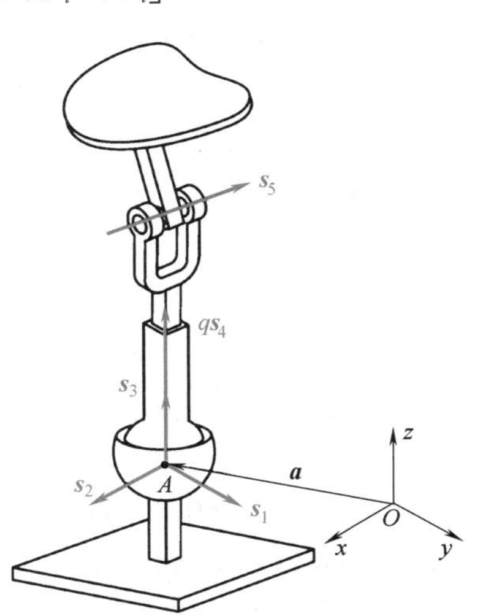

图 7.6 某并联机构的 SPR 支链

SPR 支链各个关节的单位瞬时运动旋量可表示为

$$\hat{\boldsymbol{S}}_{t,i,1}=\begin{pmatrix}\boldsymbol{s}_1\\ \boldsymbol{a}\times\boldsymbol{s}_1\end{pmatrix},\ \hat{\boldsymbol{S}}_{t,i,2}=\begin{pmatrix}\boldsymbol{s}_2\\ \boldsymbol{a}\times\boldsymbol{s}_2\end{pmatrix},\ \hat{\boldsymbol{S}}_{t,i,3}=\begin{pmatrix}\boldsymbol{s}_3\\ \boldsymbol{a}\times\boldsymbol{s}_3\end{pmatrix},$$

$$\hat{\boldsymbol{S}}_{t,i,4}=\begin{pmatrix}\boldsymbol{0}\\ \boldsymbol{s}_4\end{pmatrix},\ \hat{\boldsymbol{S}}_{t,i,5}=\begin{pmatrix}\boldsymbol{s}_5\\ (\boldsymbol{a}+q\boldsymbol{s}_4)\times\boldsymbol{s}_5\end{pmatrix} \tag{7-30}$$

利用观察法可得到支链的约束力螺旋为

$$\hat{\boldsymbol{S}}_{wc}=\begin{pmatrix}\boldsymbol{a}\times\boldsymbol{s}_5\\ \boldsymbol{s}_5\end{pmatrix} \tag{7-31}$$

锁定第一个 R 副，$\hat{\boldsymbol{S}}_{t,i,2}$、$\hat{\boldsymbol{S}}_{t,i,3}$、$\hat{\boldsymbol{S}}_{t,i,4}$、$\hat{\boldsymbol{S}}_{t,i,5}$ 与 $\hat{\boldsymbol{S}}_{wc}$ 对应的单位瞬时运动旋量构成五系螺旋，利用互易积求其反螺旋即为第一个 R 副的驱动力旋量

$$\hat{\boldsymbol{S}}_{wa,i,1}=\begin{pmatrix}(\boldsymbol{a}+q\boldsymbol{s}_4)\times\boldsymbol{s}_2\\ \boldsymbol{s}_2\end{pmatrix} \tag{7-32}$$

采用类似的方式，可以得到其余四个关节的驱动力旋量，分别为

$$\hat{\boldsymbol{S}}_{wa,i,2}=\begin{pmatrix}(\boldsymbol{a}+q\boldsymbol{s}_4)\times\boldsymbol{s}_1\\ \boldsymbol{s}_1\end{pmatrix},\ \hat{\boldsymbol{S}}_{wa,i,3}=\begin{pmatrix}\boldsymbol{s}_3\\ \boldsymbol{0}\end{pmatrix},\ \hat{\boldsymbol{S}}_{wa,i,4}=\begin{pmatrix}(\boldsymbol{a}+q\boldsymbol{s}_4)\times\boldsymbol{s}_3\\ \boldsymbol{s}_3\end{pmatrix},\ \hat{\boldsymbol{S}}_{wa,i,5}=\begin{pmatrix}\boldsymbol{a}\times\boldsymbol{s}_6\\ \boldsymbol{s}_6\end{pmatrix},\ \boldsymbol{s}_6=\boldsymbol{s}_4\times\boldsymbol{s}_5$$

因此各个关节的速度为

$$\dot{\boldsymbol{q}}=\boldsymbol{G}\boldsymbol{S}_t \tag{7-33}$$

式中，

$$\dot{\boldsymbol{q}}=[\dot{\theta}_1\quad \dot{\theta}_2\quad \dot{\theta}_3\quad q\quad \dot{\theta}_5]$$

$$\boldsymbol{G}=\begin{bmatrix}\dfrac{\hat{\boldsymbol{S}}_{wa,i,1}}{\hat{\boldsymbol{S}}^{\mathrm{T}}_{wa,i,1}\hat{\boldsymbol{S}}_{t,i,1}} & \dfrac{\hat{\boldsymbol{S}}_{wa,i,2}}{\hat{\boldsymbol{S}}^{\mathrm{T}}_{wa,i,2}\hat{\boldsymbol{S}}_{t,i,2}} & \cdots & \dfrac{\hat{\boldsymbol{S}}_{wa,i,5}}{\hat{\boldsymbol{S}}^{\mathrm{T}}_{wa,i,5}\hat{\boldsymbol{S}}_{t,i,5}}\end{bmatrix}^{\mathrm{T}}$$

【例 7-6】　六自由度 Stewart 并联机器人如图 7.7 所示，由六条 U$\underline{\text{P}}$S 支链组成。在静平台建立静坐标系 $Oxyz$，点 O 是六条支链 U 副中心所形成圆的圆心，x 轴从点 O 指向第一条支链的 U 副中心，z 轴为静平台的法线方向。类似地，S 副中心张成一个圆，点 P 为动平台圆心。静平台与动平台的半径分别为 a 和 b。已知 Stewart 并联机器人在点 P 处的速度为 $\boldsymbol{S}_t^P$，求六条支链内所有关节的速度。

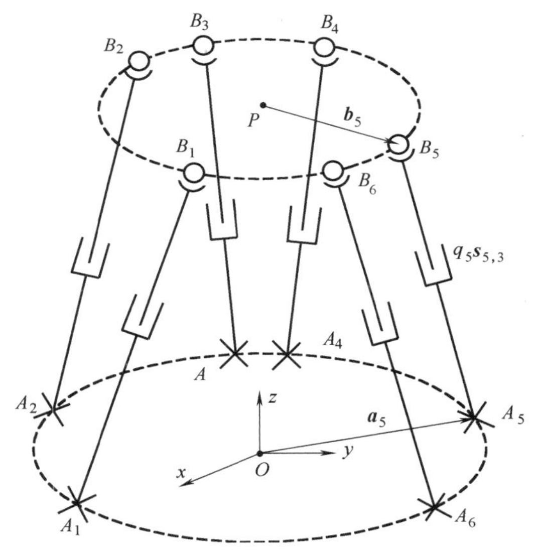

图 7.7　六自由度 Stewart 并联机器人

将六自由度 Stewart 并联机器人在末端点 P 处的速度转换到点 O 处，则机器人在点 O 处的速度可表示为

$$\boldsymbol{S}_t=\boldsymbol{T}_P^{-1}\boldsymbol{S}_t^P \tag{7-34}$$

式中，$\boldsymbol{T}_P=\begin{bmatrix}\boldsymbol{E}_3 & \boldsymbol{0}\\ -\tilde{\boldsymbol{r}}_p & \boldsymbol{E}_3\end{bmatrix}$。

U$\underline{\text{P}}$S 支链内将 S 等效成三个线性无关的 R 副，第 i 条支链的速度可表示为

$$\boldsymbol{S}_t=\dot{\theta}_{i,1}\hat{\boldsymbol{S}}_{t,i,1}+\dot{\theta}_{i,2}\hat{\boldsymbol{S}}_{t,i,2}+\dot{q}_{i,3}\hat{\boldsymbol{S}}_{t,i,3}+\cdots+\dot{\theta}_{i,6}\hat{\boldsymbol{S}}_{t,i,6} \tag{7-35}$$

式中，

$$\hat{\boldsymbol{S}}_{t,i,1}=\begin{pmatrix}\boldsymbol{s}_{i,1}\\ \boldsymbol{a}_i\times\boldsymbol{s}_{i,1}\end{pmatrix},\ \hat{\boldsymbol{S}}_{t,i,2}=\begin{pmatrix}\boldsymbol{s}_{i,2}\\ \boldsymbol{a}_i\times\boldsymbol{s}_{i,2}\end{pmatrix},\ \hat{\boldsymbol{S}}_{t,i,3}=\begin{pmatrix}\boldsymbol{0}\\ q_i\boldsymbol{s}_{i,3}\end{pmatrix},\ \hat{\boldsymbol{S}}_{t,i,4}=\begin{pmatrix}\boldsymbol{s}_{i,4}\\ (\boldsymbol{a}_i+q_i\boldsymbol{s}_{i,3})\times\boldsymbol{s}_{i,4}\end{pmatrix},$$

$$\hat{\boldsymbol{S}}_{t,i,5}=\begin{pmatrix}\boldsymbol{s}_{i,5}\\ (\boldsymbol{a}_i+q_i\boldsymbol{s}_{i,3})\times\boldsymbol{s}_{i,5}\end{pmatrix},\ \hat{\boldsymbol{S}}_{t,i,6}=\begin{pmatrix}\boldsymbol{s}_{i,6}\\ (\boldsymbol{a}_i+q_i\boldsymbol{s}_{i,3})\times\boldsymbol{s}_{i,6}\end{pmatrix}$$

式中，$\boldsymbol{s}_{i,3}=\boldsymbol{s}_{i,4}$。

P 副为驱动关节，通过观察法得 UPS 支链得驱动力旋量是沿 P 副轴线方向的六维力，机构的速度映射模型为

$$\boldsymbol{J}_w\boldsymbol{S}_t=\boldsymbol{J}_q\dot{\boldsymbol{q}} \tag{7-36}$$

式中，

$$\boldsymbol{J}_w=\begin{bmatrix}\hat{\boldsymbol{S}}_{wa,1,3}^{\mathrm{T}}\\ \vdots\\ \hat{\boldsymbol{S}}_{wa,6,3}^{\mathrm{T}}\end{bmatrix},\ \hat{\boldsymbol{S}}_{wa,i,3}=\begin{pmatrix}\boldsymbol{a}_i\times\boldsymbol{s}_{i,3}\\ \boldsymbol{s}_{i,3}\end{pmatrix},\ \boldsymbol{J}_q=\boldsymbol{E}_6,\ \dot{\boldsymbol{q}}=[\dot{q}_{1,3}\ \ \cdots\ \ \dot{q}_{6,3}]^{\mathrm{T}}$$

因此，第 1~6 条 UPS 支链的 P 副线速度为

$$\dot{\boldsymbol{q}}=\boldsymbol{J}_w\boldsymbol{S}_t \tag{7-37}$$

支链内被动关节的速度借助相应的驱动力旋量进行计算。待求关节的驱动力旋量与支链内其他关节的互易积为 0，由此可得被动关节的驱动力旋量为

$$\hat{\boldsymbol{S}}_{wa,i,1}=\begin{pmatrix}(\boldsymbol{a}_i+q_i\boldsymbol{s}_{i,3})\times\boldsymbol{s}_{i,2}\\ \boldsymbol{s}_{i,2}\end{pmatrix},\ \hat{\boldsymbol{S}}_{wa,i,2}=\begin{pmatrix}(\boldsymbol{a}_i+q_i\boldsymbol{s}_{i,3})\times\boldsymbol{s}_{i,1}\\ \boldsymbol{s}_{i,1}\end{pmatrix},$$

$$\hat{\boldsymbol{S}}_{wa,i,4}=\begin{pmatrix}\boldsymbol{0}\\ \boldsymbol{s}_{i,3}\end{pmatrix},\ \hat{\boldsymbol{S}}_{wa,i,5}=\begin{pmatrix}\boldsymbol{a}_i\times\boldsymbol{s}_{i,6}\\ \boldsymbol{s}_{i,6}\end{pmatrix},\ \hat{\boldsymbol{S}}_{wa,i,6}=\begin{pmatrix}\boldsymbol{a}_i\times\boldsymbol{s}_{i,5}\\ \boldsymbol{s}_{i,5}\end{pmatrix} \tag{7-38}$$

故被动关节的速度求解公式为

$$\dot{\boldsymbol{\theta}}_i=\boldsymbol{G}_i\boldsymbol{S}_t \tag{7-39}$$

式中，

$$\dot{\boldsymbol{\theta}}_i=[\dot{\theta}_{i,1}\ \ \dot{\theta}_{i,2}\ \ \cdots\ \ \dot{\theta}_{i,6}]^{\mathrm{T}},\ \boldsymbol{G}_i=\begin{bmatrix}\dfrac{\hat{\boldsymbol{S}}_{wa,i,1}}{\hat{\boldsymbol{S}}_{wa,i,1}^{\mathrm{T}}\hat{\boldsymbol{S}}_{t,i,1}} & \dfrac{\hat{\boldsymbol{S}}_{wa,i,2}}{\hat{\boldsymbol{S}}_{wa,i,2}^{\mathrm{T}}\hat{\boldsymbol{S}}_{t,i,2}} & \cdots & \dfrac{\hat{\boldsymbol{S}}_{wa,i,6}}{\hat{\boldsymbol{S}}_{wa,i,6}^{\mathrm{T}}\hat{\boldsymbol{S}}_{t,i,6}}\end{bmatrix}^{\mathrm{T}}$$

7.3.2 串联机构构件质心的速度

在已知所有关节速度的基础上，可求解串联机构所有构件的速度。对于末端执行器，其参考点 P 通常定义在其几何形心处，即末端执行器的质心处。若已知串联机构在点 P 处的速度，则此速度值即为末端执行器的速度；若已知串联机构所有关节的速度，以瞬时旋量描述关节的运动时，所有关节瞬时旋量的叠加可得末端执行器在点 O 处的速度，此时，需将末端执行器的速度表述在点 P 处，因此，末端执行器质心处的速度为

$$\boldsymbol{S}_t^p=\boldsymbol{T}_p\boldsymbol{S}_t \tag{7-40}$$

式中，$\boldsymbol{T}_p=\begin{bmatrix}\boldsymbol{E}_3 & \boldsymbol{0}\\ -\widetilde{\boldsymbol{r}}_p & \boldsymbol{E}_3\end{bmatrix}$，$\widetilde{\boldsymbol{r}}_p$ 为从 O 点指向 P 点的位置向量。

不失一般性，将串联机构中第 j（j=1，2，…，$n-1$）个构件定义为连接第 j 个和第（j+1）个关节的刚体。第 j 个构件的速度由前（j−1）个关节速度求解，求解步骤可归纳为：

步骤 1：求解第 1~j 个关节的关节速度。

步骤 2：对步骤 1 得到的关节速度进行叠加，得到第 j 个构件在第 j 个关节连接点处的速度。

步骤 3：通过变换矩阵得到第 j 个构件质心处的速度。

因此，第 j 个构件质心处的速度可表示为

$$\boldsymbol{S}_{t,j}^{c}=\boldsymbol{T}_{c,j}\sum_{k=1}^{j}\dot{q}_{k}\hat{\boldsymbol{S}}_{t,k} \tag{7-41}$$

式中，$\boldsymbol{S}_{t,j}^{c}$ 为第 j 个构件质心处的速度；$\boldsymbol{T}_{c,j}=\begin{bmatrix}\boldsymbol{E}_3 & \boldsymbol{0}\\ -\widetilde{\boldsymbol{r}}_{c,j} & \boldsymbol{E}_3\end{bmatrix}$ 是点 O 处得到的速度到第 j 个构件质心处速度的变换矩阵；$\widetilde{\boldsymbol{r}}_{c,j}$ 是从点 O 指向第 j 个构件质心的向量。

构件质心的速度可进一步表示为

$$\boldsymbol{S}_{t,j}^{c}=\boldsymbol{T}_{c,j}\boldsymbol{J}_{j}^{b}\boldsymbol{G}_{j}^{b}\boldsymbol{S}_{t}=\boldsymbol{T}_{c,j}\boldsymbol{J}_{j}^{b}\dot{\boldsymbol{q}}_{j} \tag{7-42}$$

式中，$\boldsymbol{J}_{j}^{b}=[\hat{\boldsymbol{S}}_{t,1}\quad \hat{\boldsymbol{S}}_{t,2}\quad \cdots\quad \hat{\boldsymbol{S}}_{t,j}]$ 是一个 $6\times j$ 的矩阵，由 j 个运动旋量的单位向量组成。

【例 7-7】 在图 7.4 所示的平面二连杆中，连杆 1 和连杆 2 为均质体，质心均在几何形心处，求解连杆 1 和连杆 2 的速度。

连杆 1 的角速度与第一个 R 副的角速度相同，$\dot{\boldsymbol{\theta}}_1=(0\quad 0\quad \dot{\theta}_1)^{\mathrm{T}}$。以质心处的线速度表示连杆 1 的线速度，则

$$\boldsymbol{v}_1=\dot{\boldsymbol{\theta}}_1\times\boldsymbol{r}_1=\begin{pmatrix}\dfrac{l_1}{2}\cos\theta_1\\ \dfrac{l_1}{2}\sin\theta_1\\ 0\end{pmatrix}\times\begin{pmatrix}0\\0\\\dot{\theta}_1\end{pmatrix}=\begin{pmatrix}-\dfrac{l_1}{2}\dot{\theta}_1\sin\theta_1\\ \dfrac{l_1}{2}\dot{\theta}_1\cos\theta_1\\ 0\end{pmatrix} \tag{7-43}$$

第一个 R 副与第二个 R 副速度叠加，得连杆 2 在点 A 处的速度为

$$\begin{pmatrix}\boldsymbol{\omega}_A\\ \boldsymbol{v}_A\end{pmatrix}=\dot{\theta}_1\begin{pmatrix}\boldsymbol{s}_1\\ \boldsymbol{0}\end{pmatrix}+\dot{\theta}_2\begin{pmatrix}\boldsymbol{s}_1\\ \boldsymbol{r}_A\times\boldsymbol{s}_1\end{pmatrix} \tag{7-44}$$

式中，$\boldsymbol{s}_1=(0\quad 0\quad 1)^{\mathrm{T}}$，$\boldsymbol{r}_A=(l_1\cos\theta_1\quad l_1\sin\theta_1\quad 0)^{\mathrm{T}}$。

从点 O 至连杆 2 质心处的转换矩阵为

$$\boldsymbol{T}_c=\begin{bmatrix}\boldsymbol{E}_3 & \boldsymbol{0}\\ -\widetilde{\boldsymbol{r}}_c & \boldsymbol{E}_3\end{bmatrix} \tag{7-45}$$

式中，$\widetilde{\boldsymbol{r}}_c=\left(l_1\cos\theta_1+\dfrac{l_2}{2}\cos(\theta_1+\theta_2)\quad l_1\sin\theta_1+\dfrac{l_2}{2}\sin(\theta_1+\theta_2)\quad 0\right)^{\mathrm{T}}$。

则连杆 2 质心处的速度为

$$\begin{pmatrix}\boldsymbol{\omega}_2\\ \boldsymbol{v}_2\end{pmatrix}=\boldsymbol{T}_c\begin{pmatrix}\boldsymbol{\omega}_A\\ \boldsymbol{v}_A\end{pmatrix} \tag{7-46}$$

式中，

$$\boldsymbol{\omega}_2=\begin{pmatrix}0\\0\\\dot{\theta}_1+\dot{\theta}_2\end{pmatrix},\ \boldsymbol{v}_2=\begin{pmatrix}-l_1\dot{\theta}_1\sin\theta_1-\dfrac{l_2}{2}(\dot{\theta}_1+\dot{\theta}_2)\sin(\theta_1+\theta_2)\\ l_1\dot{\theta}_1\cos\theta_1+\dfrac{l_2}{2}(\dot{\theta}_1+\dot{\theta}_2)\cos(\theta_1+\theta_2)\\ 0\end{pmatrix}$$

【例 7-8】 UR3 串联机械臂如图 7.8 所示。第 1 个 R 副轴线沿静坐标系 z 轴方向，第 2 个 R 副轴线与第 1 个 R 副轴线垂直，第 2、3、4 个 R 副轴线相互平行，第 5 个 R 副轴线方向垂直于第 4 个和第 6 个 R 副轴线。已知第 1~6 个 R 副的转动角速度，求构件 1~6 质心处的速度。

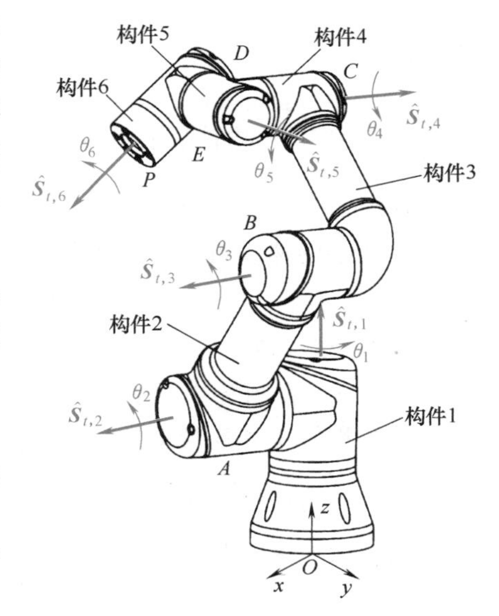

图 7.8 UR3 串联机械臂

利用 SolidWorks 软件测量各个构件的质心位置，得到第 j 个构件质心相对于第 j 个关节中心的位置向量 $\boldsymbol{r}_{c,j}$。

构件 1 的速度为

$$\boldsymbol{S}_{t,OA}=\boldsymbol{T}_{c,1}\dot{\theta}_1\hat{\boldsymbol{S}}_{t,1} \tag{7-47}$$

式中，$\boldsymbol{T}_{c,1}=\begin{bmatrix}\boldsymbol{E}_3 & \boldsymbol{0}\\ -\widetilde{\boldsymbol{r}}_{c,1} & \boldsymbol{E}_3\end{bmatrix}$；$\hat{\boldsymbol{S}}_{t,1}=(0\quad 0\quad 1\quad 0\quad 0\quad 0)^{\mathrm{T}}$。

构件 2 的速度为

$$\boldsymbol{S}_{t,AB}=\boldsymbol{T}_{c,2}(\dot{\theta}_1\hat{\boldsymbol{S}}_{t,1}+\dot{\theta}_2\hat{\boldsymbol{S}}_{t,2}) \tag{7-48}$$

式中，$\boldsymbol{T}_{c,2}=\begin{bmatrix}\boldsymbol{E}_3 & \boldsymbol{0}\\ -(\boldsymbol{r}_{OA}+\boldsymbol{r}_{c,2}) & \boldsymbol{E}_3\end{bmatrix}$，$(\boldsymbol{r}_{OA}+\boldsymbol{r}_{c,2})\times$表示 $\boldsymbol{r}_{OA}+\boldsymbol{r}_{c,2}$ 的斜对称矩阵；$\hat{\boldsymbol{S}}_{t,2}=\begin{pmatrix}\boldsymbol{s}_2\\ \boldsymbol{r}_{OA}\times\boldsymbol{s}_2\end{pmatrix}$，$\boldsymbol{s}_2=\mathrm{Rot}(z,\theta_1)\boldsymbol{e}_1$，$\boldsymbol{e}_1=(0\quad 0\quad 1)^{\mathrm{T}}$。

构件 3 的速度为

$$\boldsymbol{S}_{t,BC}=\boldsymbol{T}_{c,3}(\dot{\theta}_1\hat{\boldsymbol{S}}_{t,1}+\dot{\theta}_2\hat{\boldsymbol{S}}_{t,2}+\dot{\theta}_3\hat{\boldsymbol{S}}_{t,3}) \tag{7-49}$$

式中，$\boldsymbol{T}_{c,3}=\begin{bmatrix}\boldsymbol{E}_3 & \boldsymbol{0}\\ -(\boldsymbol{r}_{OB}+\boldsymbol{r}_{c,3}) & \boldsymbol{E}_3\end{bmatrix}$；$\hat{\boldsymbol{S}}_{t,3}=\begin{pmatrix}\boldsymbol{s}_3\\ \boldsymbol{r}_{OB}\times\boldsymbol{s}_3\end{pmatrix}$，$\boldsymbol{s}_3=\boldsymbol{s}_2$。

构件 4 的速度为

$$\boldsymbol{S}_{t,CD}=\boldsymbol{T}_{c,4}(\dot{\theta}_1\hat{\boldsymbol{S}}_{t,1}+\dot{\theta}_2\hat{\boldsymbol{S}}_{t,2}+\dot{\theta}_3\hat{\boldsymbol{S}}_{t,3}+\dot{\theta}_4\hat{\boldsymbol{S}}_{t,4}) \tag{7-50}$$

式中，$\boldsymbol{T}_{c,4}=\begin{bmatrix}\boldsymbol{E}_3 & \boldsymbol{0}\\ -(\boldsymbol{r}_{OC}+\boldsymbol{r}_{c,4}) & \boldsymbol{E}_3\end{bmatrix}$；$\hat{\boldsymbol{S}}_{t,4}=\begin{pmatrix}\boldsymbol{s}_4\\ \boldsymbol{r}_{OC}\times\boldsymbol{s}_4\end{pmatrix}$，$\boldsymbol{s}_4=\boldsymbol{s}_3$。

构件 5 的速度为

$$\boldsymbol{S}_{t,DE}=\boldsymbol{T}_{c,5}(\dot{\theta}_1\hat{\boldsymbol{S}}_{t,1}+\dot{\theta}_2\hat{\boldsymbol{S}}_{t,2}+\dot{\theta}_3\hat{\boldsymbol{S}}_{t,3}+\dot{\theta}_4\hat{\boldsymbol{S}}_{t,4}+\dot{\theta}_5\hat{\boldsymbol{S}}_{t,5}) \tag{7-51}$$

式中，

$$\boldsymbol{T}_{c,5}=\begin{bmatrix}\boldsymbol{E}_3 & \boldsymbol{0}\\ -(\boldsymbol{r}_{OD}+\boldsymbol{r}_{c,5}) & \boldsymbol{E}_3\end{bmatrix};\ \hat{\boldsymbol{S}}_{t,5}=\begin{pmatrix}\boldsymbol{s}_5\\ \boldsymbol{r}_{OD}\times\boldsymbol{s}_5\end{pmatrix},$$

$$\boldsymbol{s}_5=\mathrm{Rot}(z,\theta_1)\mathrm{Rot}(x,\theta_2)\mathrm{Rot}(x,\theta_3)\mathrm{Rot}(x,\theta_4)\boldsymbol{e}_2,\ \boldsymbol{e}_2=(0\quad 1\quad 0)^{\mathrm{T}}$$

构件 6 的速度为

$$\boldsymbol{S}_{t,EP}=\boldsymbol{T}_{c,6}(\dot{\theta}_1\hat{\boldsymbol{S}}_{t,1}+\dot{\theta}_2\hat{\boldsymbol{S}}_{t,2}+\dot{\theta}_3\hat{\boldsymbol{S}}_{t,3}+\dot{\theta}_4\hat{\boldsymbol{S}}_{t,4}+\dot{\theta}_5\hat{\boldsymbol{S}}_{t,5}+\dot{\theta}_6\hat{\boldsymbol{S}}_{t,6}) \tag{7-52}$$

式中，

$$\boldsymbol{T}_{c,6}=\begin{bmatrix}\boldsymbol{E}_3 & \boldsymbol{0}\\ -(\boldsymbol{r}_{OE}+\boldsymbol{r}_{c,6}) & \boldsymbol{E}_3\end{bmatrix};\hat{\boldsymbol{S}}_{t,6}=\begin{pmatrix}\boldsymbol{s}_6\\ \boldsymbol{r}_{OE}\times\boldsymbol{s}_6\end{pmatrix},$$

$$\boldsymbol{s}_6=\mathrm{Rot}(z,\theta_1)\mathrm{Rot}(x,\theta_2)\mathrm{Rot}(x,\theta_3)\mathrm{Rot}(x,\theta_4)\mathrm{Rot}(y,\theta_5)\boldsymbol{e}_3,\boldsymbol{e}_3=(0\quad 0\quad 1)^{\mathrm{T}}$$

7.3.3 并联机构构件质心的速度

并联机构构件包括动平台与支链内的构件。对于动平台，若已知并联机构在某一点的速度，则转换到其质心处即为动平台的速度；若已知并联机构内驱动关节的线速度或角速度，则利用雅可比矩阵建立驱动关节与动平台的速度映射关系，转换至质心处可获得动平台的速度。

若已知并联机构某一点的速度 $\boldsymbol{S}_{t,A}$，则动平台质心 P 的速度为

$$\boldsymbol{S}_{t,P}=\boldsymbol{T}_{AP}\boldsymbol{S}_{t,A} \tag{7-53}$$

式中，$\boldsymbol{T}_{AP}=\begin{bmatrix}\boldsymbol{E}_3 & \boldsymbol{0}\\ -\widetilde{\boldsymbol{r}}_{AP} & \boldsymbol{E}_3\end{bmatrix}$，$\widetilde{\boldsymbol{r}}_{AP}$ 为点 A 指向质心 P 的位置向量。

若已知并联机构驱动关节的速度，且速度雅可比矩阵均相对于静坐标系表达，则

$$\boldsymbol{J}_w\boldsymbol{S}_{t,O}=\boldsymbol{J}_q\dot{\boldsymbol{q}} \tag{7-54}$$

$$\boldsymbol{S}_{t,O}=\boldsymbol{G}\dot{\boldsymbol{q}}=\boldsymbol{J}_w^{-1}\boldsymbol{J}_q\dot{\boldsymbol{q}} \tag{7-55}$$

因此，动平台质心 P 处的速度为

$$\boldsymbol{S}_{t,P}=\boldsymbol{T}_{OP}\boldsymbol{S}_{t,O} \tag{7-56}$$

式中，$\boldsymbol{T}_{OP}=\begin{bmatrix}\boldsymbol{E}_3 & \boldsymbol{0}\\ -\widetilde{\boldsymbol{r}}_p & \boldsymbol{E}_3\end{bmatrix}$，$\widetilde{\boldsymbol{r}}_p$ 为从点 O 指向点 P 的位置向量。

假设并联机构内有 l 条支链，每条支链内有 n_i 个关节。第 i 条支链内构件质心处的速度求解步骤归纳如下：

步骤 1：求解第 i 个支链中所有关节的速度。

步骤 2：第 i 个支链内第 1~k 个关节进行速度叠加，得到第 k 个构件在第 k 个关节中心的速度。

步骤 3：考虑第 k 个关节中心至第 k 个构件质心处的转换关系，计算第 k 个构件的速度。

步骤 4：重复步骤 2 和步骤 3，直到获得第 i 个支链所有构件的速度。

依据上述步骤，第 i 个支链中第 k 个关节的速度为

$$\boldsymbol{S}_{t,i,k}=\sum_{j=1}^{k}\dot{q}_{i,j}\hat{\boldsymbol{S}}_{t,i,j} \tag{7-57}$$

若已知并联机构的速度 $\boldsymbol{S}_t$，则第 i 个支链中第 k 个构件的速度为

$$\boldsymbol{S}_{t,i,k}^c=\boldsymbol{T}_{c,i,k}\sum_{j=1}^{k}\dot{q}_{i,j}\hat{\boldsymbol{S}}_{t,i,j}=\boldsymbol{T}_{c,i,k}\boldsymbol{J}_{i,k}^b\boldsymbol{G}_{i,k}^b\boldsymbol{S}_t \tag{7-58}$$

式中，$\boldsymbol{T}_{c,i,k}=\begin{bmatrix}\boldsymbol{E}_3 & \boldsymbol{0}\\ -\widetilde{\boldsymbol{r}}_{c,i,k} & \boldsymbol{E}_3\end{bmatrix}$，$\widetilde{\boldsymbol{r}}_{c,i,k}$ 为点 O 指向第 k 个构件质心的位置向量；$\boldsymbol{J}_{i,k}^b=[\hat{\boldsymbol{S}}_{t,i,1}\quad\hat{\boldsymbol{S}}_{t,i,2}\quad\cdots\quad\hat{\boldsymbol{S}}_{t,i,k}]$；$\boldsymbol{G}_{i,k}^b=[\boldsymbol{G}_{i,1}\quad\boldsymbol{G}_{i,2}\quad\cdots\quad\boldsymbol{G}_{i,k}]^{\mathrm{T}}$，$\boldsymbol{G}_{i,k}=\dfrac{\hat{\boldsymbol{S}}_{wa,i,k}}{\hat{\boldsymbol{S}}_{wa,i,k}^{\mathrm{T}}\hat{\boldsymbol{S}}_{t,i,k}}$。

第 i 个支链中第 k 个构件的速度也可利用驱动关节速度求得，即

$$\boldsymbol{S}_{t,i,k}^{c}=\boldsymbol{T}_{c,i,k}\boldsymbol{J}_{i,k}^{b}\boldsymbol{G}_{i,k}^{b}\boldsymbol{J}_{q}\dot{\boldsymbol{q}} \tag{7-59}$$

【例 7-9】 Stewart 并联机器人的静、动平台半径分别为 a 和 b，第 i 条支链内构件 1 的质心是 $C_{i,1}$、构件 2 的质心是 $C_{i,2}$，动平台的质心为 P。构件 1 距点 A 的长度为 l_1，构件 2 距点 B 的长度为 l_2，如图 7.9 所示。已知并联机器人在点 O 处的速度 $\boldsymbol{S}_{t,O}$，求解第 i 条支链内构件 1、构件 2 以及动平台质心的速度。

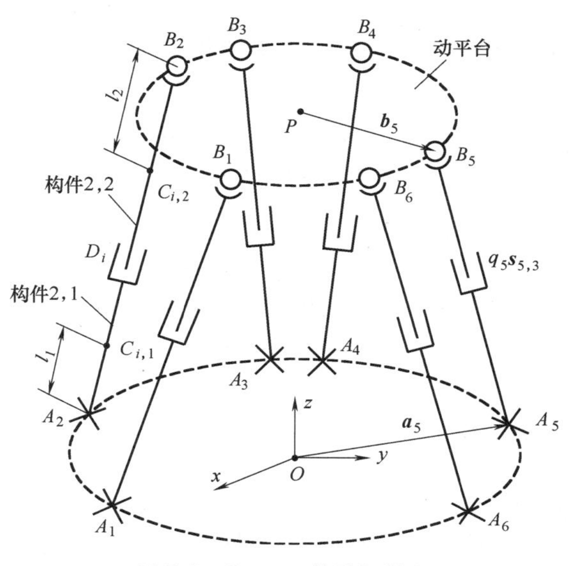

图 7.9 Stewart 并联机器人

由 Stewart 并联机构在点 O 处的速度可求得动平台点 P 处的速度为

$$\boldsymbol{S}_{t,P}=\boldsymbol{T}_{OP}\boldsymbol{S}_{t,O} \tag{7-60}$$

式中，$\boldsymbol{T}_{OP}=\begin{bmatrix}\boldsymbol{E}_3 & \boldsymbol{0}\\ -\widetilde{\boldsymbol{r}}_{OP} & \boldsymbol{E}_3\end{bmatrix}$，$\widetilde{\boldsymbol{r}}_{OP}$ 为从点 O 指向点 P 的位置向量。

由式（7-34）~式（7-39）得 Stewart 并联机构所有关节的速度为

$$\dot{\boldsymbol{\theta}}_i=\boldsymbol{G}_i\boldsymbol{S}_t \tag{7-61}$$

因此，第 i 条支链中构件 1 在点 A_i 处的速度可表示为

$$\boldsymbol{S}_{t,i,A}=\dot{\theta}_1\hat{\boldsymbol{S}}_{t,i,1}+\dot{\theta}_2\hat{\boldsymbol{S}}_{t,i,2} \tag{7-62}$$

将构件 1 在点 A_i 处的速度转换到质心 $C_{i,1}$ 处

$$\boldsymbol{S}_{t,i,C_1}=\boldsymbol{T}_{C,1}\boldsymbol{S}_{t,i,A} \tag{7-63}$$

式中，$\boldsymbol{T}_{C,1}=\begin{bmatrix}\boldsymbol{E}_3 & \boldsymbol{0}\\ -\widetilde{\boldsymbol{r}}_{OC_1} & \boldsymbol{E}_3\end{bmatrix}$，$\widetilde{\boldsymbol{r}}_{OC_1}=\boldsymbol{a}_i+l_1\boldsymbol{s}_{i,3}$ 为点 O 指向点 C_1 的位置向量。

第 i 条支链内构件 2 在 P 副处的速度为

$$\boldsymbol{S}_{t,i,D}=\dot{\theta}_1\hat{\boldsymbol{S}}_{t,i,1}+\dot{\theta}_2\hat{\boldsymbol{S}}_{t,i,2}+\dot{q}_3\hat{\boldsymbol{S}}_{t,i,3} \tag{7-64}$$

构件 2 在质心点 C_2 处的速度求解公式为

$$\boldsymbol{S}_{t,i,C_2}=\boldsymbol{T}_{C,2}\boldsymbol{S}_{t,i,D} \tag{7-65}$$

式中，$\boldsymbol{T}_{C,2}=\begin{bmatrix}\boldsymbol{E}_3 & \boldsymbol{0}\\ -\widetilde{\boldsymbol{r}}_{OC_2} & \boldsymbol{E}_3\end{bmatrix}$，$\widetilde{\boldsymbol{r}}_{OC_2}=\boldsymbol{a}_i+(q_{i,3}-l_2)$

$\boldsymbol{s}_{i,3}$ 是点 O 指向点 C_2 的位置向量。

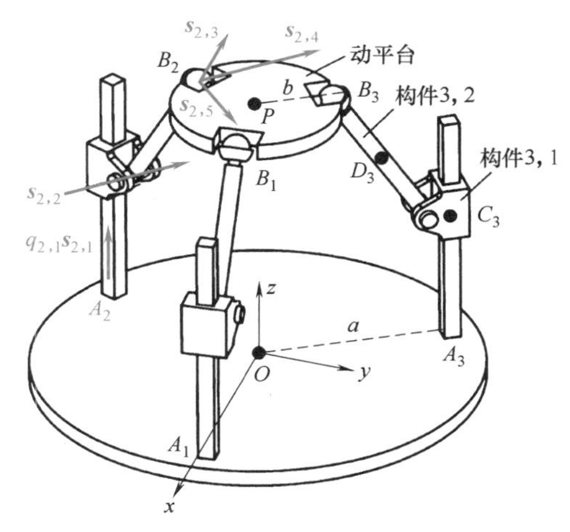

图 7.10　三自由度 3PRS 并联机器人

【例 7-10】　3PRS 并联机器人的支链对称分布，静动平台的半径分别为 a 和 b。将 S 副等效为三个转轴两两垂直的 R 副，各轴线方向如图 7.10 所示。P 副滑块距静平台平面的距离为 $q_{i,1}$，定长杆的长度为 l，已知三条支链 P 副的线速度 $\dot{q}_{i,1}$，求所有构件质心处的速度。

由第 5 章可知，3PRS 并联机构的速度映射模型为

$$\boldsymbol{J}_w\boldsymbol{S}_t=\boldsymbol{J}_q\dot{\boldsymbol{q}} \tag{7-66}$$

式中，

$$\boldsymbol{J}_w=\begin{bmatrix}\boldsymbol{J}_{wa}\\ \boldsymbol{J}_{wc}\end{bmatrix},\ \boldsymbol{J}_{wa}=(\hat{\boldsymbol{S}}_{wa,1,1}\quad \hat{\boldsymbol{S}}_{wa,2,1}\quad \hat{\boldsymbol{S}}_{wa,3,1})^{\mathrm{T}},\ \boldsymbol{J}_{wc}=(\hat{\boldsymbol{S}}_{wc,1}\quad \hat{\boldsymbol{S}}_{wc,2}\quad \hat{\boldsymbol{S}}_{wc,3})^{\mathrm{T}};$$

$\boldsymbol{J}_q=\mathrm{diag}\ (\hat{\boldsymbol{S}}_{wa,1,1}^{\mathrm{T}}\hat{\boldsymbol{S}}_{t,1,1}\quad \hat{\boldsymbol{S}}_{wa,2,1}^{\mathrm{T}}\hat{\boldsymbol{S}}_{t,2,1}\quad \hat{\boldsymbol{S}}_{wa,3,1}^{\mathrm{T}}\hat{\boldsymbol{S}}_{t,3,1}\quad \boldsymbol{0}_3)$，$\hat{\boldsymbol{S}}_{wa,i,1}=\begin{pmatrix}\boldsymbol{s}_{C_iB_i}\\ (\boldsymbol{a}_i+q_{i,1}\boldsymbol{s}_{i,1})\times\boldsymbol{s}_{C_iB_i}\end{pmatrix}$，$\hat{\boldsymbol{S}}_{wc,i}=\begin{pmatrix}\boldsymbol{s}_{i,2}\\ (\boldsymbol{r}-\boldsymbol{R}\boldsymbol{b}_i)\times\boldsymbol{s}_{i,2}\end{pmatrix}$；$\dot{\boldsymbol{q}}=(\dot{q}_{1,1}\quad \dot{q}_{2,1}\quad \dot{q}_{3,1}\quad 0\quad 0\quad 0)^{\mathrm{T}}$。

其中，$\boldsymbol{s}_{C_iB_i}$ 为 C_iB_i 的方向向量；$\boldsymbol{a}_i$ 表示点 A_i 的位置向量；$\boldsymbol{r}$ 是点 O 至点 P 的位置向量；$\boldsymbol{R}$ 为 3PRS 并联机构的旋转矩阵；$\boldsymbol{b}_i$ 表示点 B_i 在动平台坐标系内的位置向量。

因此，由 P 副的线速度可求得并联机构在点 O 处的速度为

$$\boldsymbol{S}_t=\boldsymbol{G}\dot{\boldsymbol{q}}=\boldsymbol{J}_w^{-1}\boldsymbol{J}_q\dot{\boldsymbol{q}} \tag{7-67}$$

动平台在其质心 P 处的速度为

$$\boldsymbol{S}_{t,P}=\boldsymbol{T}_{OP}\boldsymbol{S}_t \tag{7-68}$$

式中，$\boldsymbol{T}_{OP}=\begin{bmatrix}\boldsymbol{E}_3 & \boldsymbol{0}\\ -\widetilde{\boldsymbol{r}} & \boldsymbol{E}_3\end{bmatrix}$。

第 i 条支链的速度旋量可表示为

$$\boldsymbol{S}_t=\dot{q}_{i,1}\hat{\boldsymbol{S}}_{t,i,1}+\dot{\theta}_{i,2}\hat{\boldsymbol{S}}_{t,i,2}+\dot{\theta}_{i,3}\hat{\boldsymbol{S}}_{t,i,3}+\dot{\theta}_{i,4}\hat{\boldsymbol{S}}_{t,i,4}+\dot{\theta}_{i,5}\hat{\boldsymbol{S}}_{t,i,5} \tag{7-69}$$

式中，$\hat{\boldsymbol{S}}_{t,i,1}=\begin{pmatrix}\boldsymbol{e}_3\\ \boldsymbol{0}\end{pmatrix}$；$\hat{\boldsymbol{S}}_{t,i,2}=\begin{pmatrix}\boldsymbol{s}_{i,2}\\ (\boldsymbol{a}_i+q_{i,1}\boldsymbol{e}_3)\times\boldsymbol{s}_{i,2}\end{pmatrix}$；$\hat{\boldsymbol{S}}_{t,i,3}=\begin{pmatrix}\boldsymbol{s}_{i,3}\\ (\boldsymbol{r}-\boldsymbol{R}\boldsymbol{b}_i)\times\boldsymbol{s}_{i,3}\end{pmatrix}$；$\hat{\boldsymbol{S}}_{t,i,4}=\begin{pmatrix}\boldsymbol{s}_{i,4}\\ (\boldsymbol{r}-\boldsymbol{R}\boldsymbol{b}_i)\times\boldsymbol{s}_{i,4}\end{pmatrix}$；$\hat{\boldsymbol{S}}_{t,i,5}=\begin{pmatrix}\boldsymbol{s}_{i,5}\\ (\boldsymbol{r}-\boldsymbol{R}\boldsymbol{b}_i)\times\boldsymbol{s}_{i,5}\end{pmatrix}$。

式中，$\boldsymbol{s}_{i,3}$ 沿构件 2 轴线方向，$\boldsymbol{e}_3\perp\boldsymbol{s}_{i,2}$，$\boldsymbol{s}_{i,2}\perp\boldsymbol{s}_{i,3}$，$\boldsymbol{s}_{i,3}$、$\boldsymbol{s}_{i,4}$、$\boldsymbol{s}_{i,5}$ 两两垂直。

支链内各个关节的瞬时运动旋量与约束力旋量共同张成六维空间，锁定第 j 个被动关

节，求其余瞬时运动旋量的反螺旋，去掉约束力旋量，剩余的力旋量即为此关节的驱动力旋量。由此可得支链 i 内转动副的速度为

$$\dot{\theta}_{i,2}=\frac{\hat{\boldsymbol{S}}_{wa,i,2}}{\hat{\boldsymbol{S}}_{wa,i,2}^{\mathrm{T}}\hat{\boldsymbol{S}}_{t,i,2}}\boldsymbol{S}_t=\frac{\hat{\boldsymbol{S}}_{wa,i,2}}{\hat{\boldsymbol{S}}_{wa,i,2}^{\mathrm{T}}\hat{\boldsymbol{S}}_{t,i,2}}\boldsymbol{G}\dot{\boldsymbol{q}} \tag{7-70}$$

式中，

$$\hat{\boldsymbol{S}}_{wa,i,2}=\begin{pmatrix}(\boldsymbol{r}-\boldsymbol{R}\boldsymbol{b}_i)\times(\boldsymbol{s}_{i,1}\times\boldsymbol{s}_{i,2})\\ \boldsymbol{s}_{i,1}\times\boldsymbol{s}_{i,2}\end{pmatrix}$$

第 i 条支链内构件 1 的速度为

$$\boldsymbol{S}_{t,C_1}=\boldsymbol{T}_{OC_1}\dot{q}_{i,1}\hat{\boldsymbol{S}}_{t,i,1} \tag{7-71}$$

式中，$\boldsymbol{T}_{OC_1}=\begin{bmatrix}\boldsymbol{E}_3 & \boldsymbol{0}\\ -\widetilde{\boldsymbol{r}}_{OC_1} & \boldsymbol{E}_3\end{bmatrix}$，$\widetilde{\boldsymbol{r}}_{OC_1}=\boldsymbol{a}_i+q_{i,1}\boldsymbol{e}_3$。

第 i 条支链内构件 2 的速度为

$$\boldsymbol{S}_{t,C_2}=\boldsymbol{T}_{OC_2}(\dot{q}_{i,1}\hat{\boldsymbol{S}}_{t,i,1}+\dot{\theta}_{i,2}\hat{\boldsymbol{S}}_{t,i,2}) \tag{7-72}$$

式中，$\boldsymbol{T}_{OC_2}=\begin{bmatrix}\boldsymbol{E}_3 & \boldsymbol{0}\\ -\widetilde{\boldsymbol{r}}_{OC_2} & \boldsymbol{E}_3\end{bmatrix}$，$\widetilde{\boldsymbol{r}}_{OC_2}=\boldsymbol{a}_i+q_{i,1}\boldsymbol{e}_3+\frac{1}{2}\boldsymbol{s}_{i,3}$。

7.4 构件质心的加速度

由第 5 章可知机器人机构的加速度映射模型，它可由有限旋量模型的二阶微分获得，也可以直接通过速度模型的一阶微分获得。利用此映射关系获得机构内所有关节的加速度后，可借助第 j 个构件在关节 j 处的加速度、从关节 j 至构件质心处的转换矩阵，可求得机构内所有构件质心处的加速度。其求解流程与 7.3 节中求解构件质心速度的方法相似。

7.4.1 关节加速度

回顾第 5 章内容，串联机构的速度模型为

$$\boldsymbol{S}_t=\dot{q}_1\hat{\boldsymbol{S}}_{t,1}+\dot{q}_2\hat{\boldsymbol{S}}_{t,2}+\cdots+\dot{q}_n\hat{\boldsymbol{S}}_{t,n} \tag{7-73}$$

对速度模型做一阶微分，获得串联机构的加速度模型为

$$\begin{aligned}\boldsymbol{S}_a&=\dot{\boldsymbol{S}}_t\\ &=\sum_{k=1}^{n}\left(\ddot{q}_k\hat{\boldsymbol{S}}_{t,k}+\dot{q}_k\sum_{m=1}^{k-1}\dot{q}_m\hat{\boldsymbol{S}}_{t,m}\times\hat{\boldsymbol{S}}_{t,k}\right)\\ &=\boldsymbol{J}\ddot{\boldsymbol{q}}+\dot{\boldsymbol{q}}^{\mathrm{T}}\boldsymbol{H}\dot{\boldsymbol{q}}\end{aligned} \tag{7-74}$$

式中，$\boldsymbol{H}$ 为对雅可比矩阵的微分，称为海塞矩阵。若已知串联机构各个驱动关节的速度与加速度，可利用式（7-73）求得机构末端的加速度。

根据式（7-74），第 j 个关节的加速度可表示为

$$\boldsymbol{S}_{a,j}=\sum_{k=1}^{j}\left(\ddot{q}_k\hat{\boldsymbol{S}}_{t,k}+\dot{q}_k\sum_{m=1}^{k-1}\dot{q}_m\hat{\boldsymbol{S}}_{t,m}\times\hat{\boldsymbol{S}}_{t,k}\right) \tag{7-75}$$

若已知串联机构末端的加速度，则各个驱动关节的加速度计算公式为

$$\ddot{\boldsymbol{q}}=\boldsymbol{G}(\boldsymbol{S}_a-\dot{\boldsymbol{q}}^{\mathrm{T}}\boldsymbol{H}\dot{\boldsymbol{q}}) \tag{7-76}$$

式中，$\boldsymbol{G}$ 与式（7-19）相同。

【例 7-11】 如图 7.5 所示，工业 6R 串联机械臂各个驱动关节的角速度 $\dot{\boldsymbol{\theta}}=(\dot{\theta}_1 \quad \dot{\theta}_2 \quad \cdots \quad \dot{\theta}_6)^{\mathrm{T}}$ 和角加速度 $\ddot{\boldsymbol{\theta}}=(\ddot{\theta}_1 \quad \ddot{\theta}_2 \quad \cdots \quad \ddot{\theta}_6)^{\mathrm{T}}$，求机械臂末端点 P 的加速度。

工业 6R 串联机械臂在点 O 处的速度映射模型为

$$\boldsymbol{S}_t=\dot{\theta}_1\begin{pmatrix}\boldsymbol{s}_1\\ \boldsymbol{0}\end{pmatrix}+\dot{\theta}_2\begin{pmatrix}\boldsymbol{s}_2\\ \boldsymbol{r}_2\times\boldsymbol{s}_2\end{pmatrix}+\dot{\theta}_3\begin{pmatrix}\boldsymbol{s}_3\\ \boldsymbol{r}_3\times\boldsymbol{s}_3\end{pmatrix}+\dot{\theta}_4\begin{pmatrix}\boldsymbol{s}_4\\ \boldsymbol{r}_4\times\boldsymbol{s}_4\end{pmatrix}+\dot{\theta}_5\begin{pmatrix}\boldsymbol{s}_5\\ \boldsymbol{r}_5\times\boldsymbol{s}_5\end{pmatrix}+\dot{\theta}_6\begin{pmatrix}\boldsymbol{s}_6\\ \boldsymbol{r}_6\times\boldsymbol{s}_6\end{pmatrix} \tag{7-77}$$

由式（7-74）得工业 6R 串联机械臂在点 O 处的加速度为

$$\begin{aligned}
\boldsymbol{S}_a=&\ddot{\theta}_1\begin{pmatrix}\boldsymbol{s}_1\\ \boldsymbol{0}\end{pmatrix}+\ddot{\theta}_2\begin{pmatrix}\boldsymbol{s}_2\\ \boldsymbol{r}_2\times\boldsymbol{s}_2\end{pmatrix}+\ddot{\theta}_3\begin{pmatrix}\boldsymbol{s}_3\\ \boldsymbol{r}_3\times\boldsymbol{s}_3\end{pmatrix}+\ddot{\theta}_4\begin{pmatrix}\boldsymbol{s}_4\\ \boldsymbol{r}_4\times\boldsymbol{s}_4\end{pmatrix}+\ddot{\theta}_5\begin{pmatrix}\boldsymbol{s}_5\\ \boldsymbol{r}_5\times\boldsymbol{s}_5\end{pmatrix}+\ddot{\theta}_6\begin{pmatrix}\boldsymbol{s}_6\\ \boldsymbol{r}_6\times\boldsymbol{s}_6\end{pmatrix}+\\
&\dot{\theta}_1\dot{\theta}_2\begin{pmatrix}\boldsymbol{s}_1\times\boldsymbol{s}_2\\ -\boldsymbol{s}_1^{\mathrm{T}}\boldsymbol{r}_2\boldsymbol{s}_2\end{pmatrix}+\dot{\theta}_1\dot{\theta}_3\begin{pmatrix}\boldsymbol{s}_1\times\boldsymbol{s}_3\\ \boldsymbol{s}_1\times(\boldsymbol{r}_3\times\boldsymbol{s}_3)\end{pmatrix}+\cdots+\dot{\theta}_1\dot{\theta}_6\begin{pmatrix}\boldsymbol{s}_1\times\boldsymbol{s}_6\\ \boldsymbol{s}_1\times(\boldsymbol{r}_6\times\boldsymbol{s}_6)\end{pmatrix}+\\
&\dot{\theta}_2\dot{\theta}_3\begin{pmatrix}\boldsymbol{s}_2\times\boldsymbol{s}_3\\ \boldsymbol{s}_2\times(\boldsymbol{r}_3\times\boldsymbol{s}_3)-\boldsymbol{s}_3\times(\boldsymbol{r}_2\times\boldsymbol{s}_2)\end{pmatrix}+\cdots+\dot{\theta}_2\dot{\theta}_6\begin{pmatrix}\boldsymbol{s}_2\times\boldsymbol{s}_6\\ \boldsymbol{s}_2\times(\boldsymbol{r}_6\times\boldsymbol{s}_6)-\boldsymbol{s}_6\times(\boldsymbol{r}_2\times\boldsymbol{s}_2)\end{pmatrix}+\\
&\dot{\theta}_3\dot{\theta}_4\begin{pmatrix}\boldsymbol{s}_3\times\boldsymbol{s}_4\\ \boldsymbol{s}_3\times(\boldsymbol{r}_4\times\boldsymbol{s}_4)-\boldsymbol{s}_4\times(\boldsymbol{r}_3\times\boldsymbol{s}_3)\end{pmatrix}+\cdots+\dot{\theta}_3\dot{\theta}_6\begin{pmatrix}\boldsymbol{s}_3\times\boldsymbol{s}_6\\ \boldsymbol{s}_3\times(\boldsymbol{r}_6\times\boldsymbol{s}_6)-\boldsymbol{s}_6\times(\boldsymbol{r}_3\times\boldsymbol{s}_3)\end{pmatrix}+\\
&\dot{\theta}_4\dot{\theta}_5\begin{pmatrix}\boldsymbol{s}_4\times\boldsymbol{s}_5\\ \boldsymbol{s}_4\times(\boldsymbol{r}_5\times\boldsymbol{s}_5)-\boldsymbol{s}_5\times(\boldsymbol{r}_4\times\boldsymbol{s}_4)\end{pmatrix}+\dot{\theta}_4\dot{\theta}_6\begin{pmatrix}\boldsymbol{s}_4\times\boldsymbol{s}_6\\ \boldsymbol{s}_4\times(\boldsymbol{r}_6\times\boldsymbol{s}_6)-\boldsymbol{s}_6\times(\boldsymbol{r}_4\times\boldsymbol{s}_4)\end{pmatrix}+\\
&\dot{\theta}_5\dot{\theta}_6\begin{pmatrix}\boldsymbol{s}_5\times\boldsymbol{s}_6\\ \boldsymbol{s}_5\times(\boldsymbol{r}_6\times\boldsymbol{s}_6)-\boldsymbol{s}_6\times(\boldsymbol{r}_5\times\boldsymbol{s}_5)\end{pmatrix}
\end{aligned} \tag{7-78}$$

将点 O 处的加速度转换至点 P 处，得到机械臂在点 P 处的加速度为

$$\boldsymbol{S}_a^P=\boldsymbol{T}_P\boldsymbol{S}_a \tag{7-79}$$

式中，$\boldsymbol{T}_P=\begin{bmatrix}\boldsymbol{E}_3 & \boldsymbol{0}\\ -\widetilde{\boldsymbol{r}} & \boldsymbol{E}_3\end{bmatrix}$。

并联机构加速度的映射模型可通过第 i 条支链求得，即

$$\begin{aligned}
\boldsymbol{S}_a&=\hat{\boldsymbol{S}}_{t,i}\\
&=\sum_{k=1}^{n_i}\left(\ddot{q}_{i,k}\hat{\boldsymbol{S}}_{t,i,k}+\dot{q}_{i,k}\sum_{m=1}^{k-1}\dot{q}_{i,m}\hat{\boldsymbol{S}}_{t,i,m}\times\hat{\boldsymbol{S}}_{t,i,k}\right)\\
&=\boldsymbol{J}_i\ddot{\boldsymbol{q}}_i+\dot{\boldsymbol{q}}_i^{\mathrm{T}}\boldsymbol{H}_i\dot{\boldsymbol{q}}_i
\end{aligned} \tag{7-80}$$

与串联机构类似，并联机构中第 i 个支链内所有关节的加速度可从式（7-76）得到，即

$$\ddot{\boldsymbol{q}}_i=\boldsymbol{G}_i(\boldsymbol{S}_a-\dot{\boldsymbol{q}}_i^{\mathrm{T}}\boldsymbol{H}_i\dot{\boldsymbol{q}}_i) \tag{7-81}$$

其中，$\boldsymbol{G}_i$ 与式（7-29）相同，$\boldsymbol{H}_i$ 是第 i 个支链的海塞矩阵，

$$\boldsymbol{H}_i=\begin{bmatrix}\boldsymbol{0} & \hat{\boldsymbol{S}}_{t,i,1}\times\hat{\boldsymbol{S}}_{t,i,2} & \cdots & \hat{\boldsymbol{S}}_{t,i,1}\times\hat{\boldsymbol{S}}_{t,i,n_i}\\ \boldsymbol{0} & \boldsymbol{0} & \cdots & \vdots\\ \boldsymbol{0} & \boldsymbol{0} & \cdots & \hat{\boldsymbol{S}}_{t,i,n_i-1}\times\hat{\boldsymbol{S}}_{t,i,n_i}\\ \boldsymbol{0} & \boldsymbol{0} & \cdots & \boldsymbol{0}\end{bmatrix}$$

也可以利用支链内被动关节与主动关节的速度关系，将式（7-80）表示为

$$\ddot{\boldsymbol{q}}_i=\boldsymbol{G}_i(\boldsymbol{S}_a-(\boldsymbol{G}_i\boldsymbol{J}_a\dot{\boldsymbol{q}}_a)^{\mathrm{T}}\boldsymbol{H}_i\boldsymbol{G}_i\boldsymbol{J}_a\dot{\boldsymbol{q}}_a) \tag{7-82}$$

【例 7-12】 某并联机构的 SPR 支链如图 7.6 所示。已知并联机构在点 O 处的速度 $\boldsymbol{S}_t$ 和加速度 $\boldsymbol{S}_a$，求第 i 条支链内各关节的加速度。

由式（7-33）得 SPR 支链内各个关节的速度为

$$\dot{\boldsymbol{q}}_i=\boldsymbol{G}_i\boldsymbol{S}_t \tag{7-83}$$

式中，

$$\dot{\boldsymbol{q}}_i=[\dot{\theta}_{i,1}\quad\dot{\theta}_{i,2}\quad\dot{\theta}_{i,3}\quad q_i\quad\dot{\theta}_{i,5}];$$

$$\boldsymbol{G}=\begin{bmatrix}\dfrac{\hat{\boldsymbol{S}}_{wa,i,1}}{\hat{\boldsymbol{S}}_{wa,i,1}^{\mathrm{T}}\hat{\boldsymbol{S}}_{t,1,i}} & \dfrac{\hat{\boldsymbol{S}}_{wa,i,2}}{\hat{\boldsymbol{S}}_{wa,i,2}^{\mathrm{T}}\hat{\boldsymbol{S}}_{t,i,2}} & \cdots & \dfrac{\hat{\boldsymbol{S}}_{wa,i,5}}{\hat{\boldsymbol{S}}_{wa,i,5}^{\mathrm{T}}\hat{\boldsymbol{S}}_{t,i,5}}\end{bmatrix}^{\mathrm{T}}。$$

第 i 条支链的加速度模型可表示为

$$\begin{aligned}\boldsymbol{S}_a&=\hat{\boldsymbol{S}}_t\\&=\ddot{\theta}_{i,1}\hat{\boldsymbol{S}}_{t,i,1}+\ddot{\theta}_{i,2}\hat{\boldsymbol{S}}_{t,i,2}+\ddot{\theta}_{i,3}\hat{\boldsymbol{S}}_{t,i,3}+\ddot{q}_i\hat{\boldsymbol{S}}_{t,i,4}+\ddot{\theta}_{i,5}\hat{\boldsymbol{S}}_{t,i,5}+\\&\quad\dot{\theta}_{i,1}\dot{\theta}_{i,2}\hat{\boldsymbol{S}}_{t,i,1}\times\hat{\boldsymbol{S}}_{t,i,2}+\dot{\theta}_{i,1}\dot{\theta}_{i,3}\hat{\boldsymbol{S}}_{t,i,1}\times\hat{\boldsymbol{S}}_{t,i,3}+\dot{\theta}_{i,1}\dot{q}_i\hat{\boldsymbol{S}}_{t,i,1}\times\hat{\boldsymbol{S}}_{t,i,4}+\dot{\theta}_{i,1}\dot{\theta}_{i,5}\hat{\boldsymbol{S}}_{t,i,1}\times\hat{\boldsymbol{S}}_{t,i,5}+\\&\quad\dot{\theta}_{i,2}\dot{\theta}_{i,3}\hat{\boldsymbol{S}}_{t,i,2}\times\hat{\boldsymbol{S}}_{t,i,3}+\dot{\theta}_{i,2}\dot{q}_i\hat{\boldsymbol{S}}_{t,i,2}\times\hat{\boldsymbol{S}}_{t,i,4}+\dot{\theta}_{i,2}\dot{\theta}_{i,5}\hat{\boldsymbol{S}}_{t,i,2}\times\hat{\boldsymbol{S}}_{t,i,5}+\\&\quad\dot{\theta}_{i,3}\dot{q}_i\hat{\boldsymbol{S}}_{t,i,3}\times\hat{\boldsymbol{S}}_{t,i,4}+\dot{\theta}_{i,3}\dot{\theta}_{i,5}\hat{\boldsymbol{S}}_{t,i,3}\times\hat{\boldsymbol{S}}_{t,i,5}+\dot{q}_i\dot{\theta}_{i,5}\hat{\boldsymbol{S}}_{t,i,4}\times\hat{\boldsymbol{S}}_{t,i,5}\\&=\boldsymbol{J}_i\ddot{\boldsymbol{q}}_i+\dot{\boldsymbol{q}}_i^{\mathrm{T}}\boldsymbol{H}_i\dot{\boldsymbol{q}}_i\end{aligned} \tag{7-84}$$

各关节的加速度为

$$\ddot{\boldsymbol{q}}_i=\boldsymbol{G}_i(\boldsymbol{S}_a-\dot{\boldsymbol{q}}_i^{\mathrm{T}}\boldsymbol{H}_i\dot{\boldsymbol{q}}_i) \tag{7-85}$$

7.4.2 串联机构构件质心的加速度

若已知串联机构各关节的速度，可利用递推关系获得构件质心的线速度与角加速度。从静平台开始，由构件 1、构件 2 一直递推至构件 n，此过程称为向外递推。若关节 j+1 为转动副，则其角加速度和线加速度分别为

$$\dot{\boldsymbol{\omega}}_{j+1}=\mathrm{Rot}(\boldsymbol{s}_j,\theta_j)\dot{\boldsymbol{\omega}}_j+\mathrm{Rot}(\boldsymbol{s}_j,\theta_j)\boldsymbol{\omega}_j\times\dot{\theta}_{j+1}\boldsymbol{s}_j+\ddot{\theta}_{j+1}\boldsymbol{s}_j \tag{7-86}$$

$$\dot{\boldsymbol{v}}_{j+1}=\mathrm{Rot}(\boldsymbol{s}_j,\theta_j)[\dot{\boldsymbol{v}}_j+\dot{\boldsymbol{\omega}}_j\times{}^j\boldsymbol{r}_{j+1}+\boldsymbol{\omega}_j\times(\boldsymbol{\omega}_j\times{}^j\boldsymbol{r}_{j+1})] \tag{7-87}$$

式中，${}^j\boldsymbol{r}_{j+1}$ 为关节 j 至关节 j+1 的位置向量。

若关节 j+1 为移动副，其角加速度和线加速度分别为

$$\dot{\boldsymbol{\omega}}_{j+1}=\mathrm{Rot}(\boldsymbol{s}_j,\theta_j)\dot{\boldsymbol{\omega}}_j \tag{7-88}$$

$$\dot{\boldsymbol{v}}_{j+1}=\mathrm{Rot}(\boldsymbol{s}_j,\theta_j)[\dot{\boldsymbol{v}}_j+\dot{\boldsymbol{\omega}}_j\times{}^i\boldsymbol{r}_{i+1}+\boldsymbol{\omega}_j\times(\boldsymbol{\omega}_j\times{}^i\boldsymbol{r}_{i+1})]+2\dot{d}_{j+1}\boldsymbol{\omega}_j\times\boldsymbol{s}_{j+1}+\ddot{d}_{j+1}\boldsymbol{s}_{j+1} \tag{7-89}$$

式中，d 表示移动副的平移位置。

构件 j+1 的角速度与关节 j+1 的角速度相同，即如式（7-86）或式（7-88）。构件 j+1 质心处的线速度在式（7-87）或式（7-89）的基础上考虑关节 j+1 至构件质心的位置向量，表示为

$$\dot{\boldsymbol{v}}_{C,j+1}=\dot{\boldsymbol{v}}_{j+1}+\dot{\boldsymbol{\omega}}_{j+1}\times\boldsymbol{r}_{C,j+1}+\dot{\boldsymbol{\omega}}_{j+1}\times(\dot{\boldsymbol{\omega}}_{j+1}\times\boldsymbol{r}_{C,j+1}) \tag{7-90}$$

若已知串联机构在点 O 的加速度，则末端执行器在质心处的加速度 $\boldsymbol{S}_a^p$ 可表示为

$$S_a^P = T_P S_a \tag{7-91}$$

式中，$T_P = \begin{bmatrix} E_3 & 0 \\ -\widetilde{r} & E_3 \end{bmatrix}$，$r_p$ 为从点 O 指向点 P 的位置向量。

串联支链内第 j 个构件质心处的加速度可在第 j 个关节加速度的基础上，考虑关节中心与构件质心的转换关系求得，即

$$S_{a,j}^c = T_{c,j} S_{a,j} \tag{7-92}$$

式中，$S_{a,j} = \sum_{k=1}^{j}\left(\ddot{q}_k \hat{S}_{t,k} + \dot{q}_k \sum_{m=1}^{k-1} \dot{q}_m \hat{S}_{t,m} \times \hat{S}_{t,k}\right)$；$T_{c,j}$ 为第 j 个关节到第 j 个构件质心处的转换矩阵。

式（7-92）也可表示为

$$S_{a,j}^c = T_{c,j}(J_j^b \ddot{q}_j + \dot{q}_j^{\mathrm{T}} H_{j\times j} \dot{q}_j) \tag{7-93}$$

式中，J_j^b 表示前 $j-1$ 个关节的单位瞬时运动旋量组成的矩阵。

若已知串联机构末端速度与加速度，可将机构关节与末端的速度与加速度映射关系代入式（7-93），得第 j 个构件的加速度为

$$S_{a,j}^c = T_{c,j}(J_j^b G_j^b (S_a - S_t^{\mathrm{T}} G^{\mathrm{T}} H G S_t) + (G_j^b S_t)^{\mathrm{T}} H_{j\times j} G_j^b S_t) \tag{7-94}$$

式中，J_j^b、G_j^b 分别表示 J_j、G_j 前 j 列构成的矩阵；$H_{j\times j}$ 为矩阵 H 的前 $j\times j$ 矩阵块。

【例 7-13】 图 7.4 所示为平面二连杆，已知转动副 1 和转动副 2 的速度 $\dot{\theta}_1$ 和 $\dot{\theta}_2$、角加速度 $\ddot{\theta}_1$ 和 $\ddot{\theta}_2$，求构件 1 与构件 2 质心处的加速度。

基座的角速度、线速度与角加速度均为 0，线加速度为重力加速度，表示为

$$\dot{v}_0 = (0 \quad g \quad 0)^{\mathrm{T}} \tag{7-95}$$

关节 1 的角速度与角加速度分别为

$$\omega_1 = (0 \quad 0 \quad \dot{\theta}_1)^{\mathrm{T}},\ \dot{\omega}_1 = (0 \quad 0 \quad \ddot{\theta}_1)^{\mathrm{T}} \tag{7-96}$$

关节 1 处的线加速度由式（7-87）可表示为

$$\dot{v}_1 = \mathrm{Rot}(z,\theta_1)\dot{v}_0 = \begin{bmatrix} \cos\theta_1 & \sin\theta_1 & 0 \\ -\sin\theta_1 & \cos\theta_1 & 0 \\ 0 & 0 & 1 \end{bmatrix}\begin{pmatrix} 0 \\ g \\ 0 \end{pmatrix} = \begin{pmatrix} g\sin\theta_1 \\ g\cos\theta_1 \\ 0 \end{pmatrix} \tag{7-97}$$

构件 1 的角速度、角加速度与关节 1 相同，质心处的线速度由式（7-90）得

$$\dot{v}_{C,1} = \dot{v}_1 + \dot{\omega}_1 \times r_{C,1} + \dot{\omega}_1 \times (\dot{\omega}_1 \times r_{C,1})$$

$$= \begin{pmatrix} g\sin\theta_1 \\ g\cos\theta_1 \\ 0 \end{pmatrix} + \begin{pmatrix} 0 \\ 0 \\ \ddot{\theta}_1 \end{pmatrix} \times \begin{pmatrix} l_1/2 \\ 0 \\ 0 \end{pmatrix} + \begin{pmatrix} 0 \\ 0 \\ \dot{\theta}_1 \end{pmatrix} \times \left\{\begin{pmatrix} 0 \\ 0 \\ \dot{\theta}_1 \end{pmatrix} \times \begin{pmatrix} l_1/2 \\ 0 \\ 0 \end{pmatrix}\right\} = \begin{pmatrix} g\sin\theta_1 - \dfrac{l_1}{2}\dot{\theta}_1^2 \\ g\cos\theta_1 + \dfrac{l_1}{2}\ddot{\theta}_1 \\ 0 \end{pmatrix} \tag{7-98}$$

关节 2 的角速度和线速度分别为

$$\omega_2 = \begin{pmatrix} 0 \\ 0 \\ \dot{\theta}_1 + \dot{\theta}_2 \end{pmatrix} \tag{7-99}$$

$$\boldsymbol{v}_2=\mathrm{Rot}(z,\theta_2)(\boldsymbol{v}_1+\boldsymbol{\omega}_1\times\boldsymbol{r}_2)=\begin{bmatrix}\cos\theta_2 & \sin\theta_2 & 0\\ -\sin\theta_2 & \cos\theta_2 & 0\\ 0 & 0 & 1\end{bmatrix}\left\{\begin{pmatrix}0\\0\\\dot{\theta}_1\end{pmatrix}\times\begin{pmatrix}l_1\\0\\0\end{pmatrix}\right\}=\begin{pmatrix}l_1\dot{\theta}_1\sin\theta_2\\ l_1\dot{\theta}_1\cos\theta_2\\ 0\end{pmatrix} \tag{7-100}$$

关节 2 的角加速度和线加速度由式（7-86）与式（7-87）可得

$$\dot{\boldsymbol{\omega}}_2=\mathrm{Rot}(z,\theta_2)\dot{\boldsymbol{\omega}}_1+\mathrm{Rot}(z,\theta_2)\dot{\boldsymbol{\omega}}_1\times\dot{\theta}_2 z+\ddot{\theta}_2 z=\begin{pmatrix}0\\0\\\ddot{\theta}_1+\ddot{\theta}_2\end{pmatrix} \tag{7-101}$$

$$\begin{aligned}\dot{\boldsymbol{v}}_2&=\mathrm{Rot}(z,\theta_2)[\dot{\boldsymbol{v}}_1+\dot{\boldsymbol{\omega}}_1\times\boldsymbol{r}_2+\boldsymbol{\omega}_1\times(\boldsymbol{\omega}_1\times\boldsymbol{r})]\\&=\begin{bmatrix}\cos\theta_2 & \sin\theta_2 & 0\\ -\sin\theta_2 & \cos\theta_2 & 0\\ 0 & 0 & 1\end{bmatrix}\left\{\begin{pmatrix}g\sin\theta_1\\g\cos\theta_1\\0\end{pmatrix}+\begin{pmatrix}0\\0\\\ddot{\theta}_1\end{pmatrix}\times\begin{pmatrix}l_1\\0\\0\end{pmatrix}+\begin{pmatrix}0\\0\\\dot{\theta}_1\end{pmatrix}\times\left(\begin{pmatrix}0\\0\\\dot{\theta}_1\end{pmatrix}\times\begin{pmatrix}l_1\\0\\0\end{pmatrix}\right)\right\}\\&=\begin{pmatrix}l_1(\ddot{\theta}_1\sin\theta_2-\dot{\theta}_1^2\cos\theta_2)+g\sin(\theta_1+\theta_2)\\ l_1(\ddot{\theta}_1\cos\theta_2+\dot{\theta}_1^2\sin\theta_2)+g\cos(\theta_1+\theta_2)\\ 0\end{pmatrix}\end{aligned} \tag{7-102}$$

构件 2 的角速度与角加速度与关节 1 相同，其质心处的线加速度由式（7-90）得

$$\begin{aligned}\dot{\boldsymbol{v}}_{C,2}&=\dot{\boldsymbol{v}}_2+\dot{\boldsymbol{\omega}}_2\times\boldsymbol{r}_{C,2}+\dot{\boldsymbol{\omega}}_2\times(\dot{\boldsymbol{\omega}}_2\times\boldsymbol{r}_{C,2})\\&=\begin{pmatrix}l_1(\ddot{\theta}_1\sin\theta_2-\dot{\theta}_1^2\cos\theta_2)+g\sin(\theta_1+\theta_2)\\ l_1(\ddot{\theta}_1\cos\theta_2+\dot{\theta}_1^2\sin\theta_2)+g\cos(\theta_1+\theta_2)\\ 0\end{pmatrix}+\begin{pmatrix}0\\0\\\ddot{\theta}_1+\ddot{\theta}_2\end{pmatrix}\times\begin{pmatrix}\frac{l_2}{2}\\0\\0\end{pmatrix}+\begin{pmatrix}0\\0\\\dot{\theta}_1+\dot{\theta}_2\end{pmatrix}\times\left(\begin{pmatrix}0\\0\\\dot{\theta}_1+\dot{\theta}_2\end{pmatrix}\times\begin{pmatrix}\frac{l_2}{2}\\0\\0\end{pmatrix}\right)\\&=\begin{pmatrix}l_1(\ddot{\theta}_1\sin\theta_2-\dot{\theta}_1^2\cos\theta_2)+g\sin(\theta_1+\theta_2)-\frac{l_2}{2}(\dot{\theta}_1+\dot{\theta}_2)^2\\ l_1(\ddot{\theta}_1\cos\theta_2+\dot{\theta}_1^2\sin\theta_2)+g\cos(\theta_1+\theta_2)+\frac{l_2}{2}(\ddot{\theta}_1+\ddot{\theta}_2)\\ 0\end{pmatrix}\end{aligned} \tag{7-103}$$

【例 7-14】 在图 7.8 所示的 UR3 串联机械臂中，已知转动副 1~转动副 6 的角速度与角加速度，求构件 1~构件 6 质心处的加速度。

UR3 串联机械臂第一个关节的加速度旋量可表示为

$$\boldsymbol{S}_{a,1}=(0\quad 0\quad \ddot{\theta}_1\quad 0\quad 0\quad 0)^{\mathrm{T}} \tag{7-104}$$

构件 1 的质心距原点的向量可表示为 $\boldsymbol{r}_{c,1}=(0\quad 0\quad r_{c1})^{\mathrm{T}}$，则构件 1 质心处的加速度为

$$\boldsymbol{S}_{a,OA}=\boldsymbol{T}_{c,1}\boldsymbol{S}_{a,1} \tag{7-105}$$

式中，$\boldsymbol{T}_{c,1}=\begin{bmatrix}\boldsymbol{E}_3 & \boldsymbol{0}\\ -\widetilde{\boldsymbol{r}}_{c,1} & \boldsymbol{E}_3\end{bmatrix}$。

关节 2 的加速度可通过速度的一阶微分获得，即

$$\boldsymbol{S}_{a,2}=\ddot{\theta}_1\hat{\boldsymbol{S}}_{t,1}+\ddot{\theta}_2\hat{\boldsymbol{S}}_{t,2}+\dot{\theta}_1\dot{\theta}_2\hat{\boldsymbol{S}}_{t,1}\times\hat{\boldsymbol{S}}_{t,2} \tag{7-106}$$

构件 2 在质心处的加速度可表示为

$$\boldsymbol{S}_{a,AB}=\boldsymbol{T}_{c,2}\boldsymbol{S}_{a,2} \tag{7-107}$$

式中，$\boldsymbol{T}_{c,2}=\begin{bmatrix}\boldsymbol{E}_3 & \boldsymbol{0}\\ -(\boldsymbol{r}_{OA}+\boldsymbol{r}_{c,2}) & \boldsymbol{E}_3\end{bmatrix}$。

关节 3 的加速度为

$$\boldsymbol{S}_{a,3}=\ddot{\theta}_1\hat{\boldsymbol{S}}_{t,1}+\ddot{\theta}_2\hat{\boldsymbol{S}}_{t,2}+\ddot{\theta}_3\hat{\boldsymbol{S}}_{t,3}+\dot{\theta}_1\dot{\theta}_2\hat{\boldsymbol{S}}_{t,1}\times\hat{\boldsymbol{S}}_{t,2}+\dot{\theta}_1\dot{\theta}_3\hat{\boldsymbol{S}}_{t,1}\times\hat{\boldsymbol{S}}_{t,3}+\dot{\theta}_2\dot{\theta}_3\hat{\boldsymbol{S}}_{t,2}\times\hat{\boldsymbol{S}}_{t,3} \tag{7-108}$$

构件 3 质心处的加速度为

$$\boldsymbol{S}_{a,BC}=\boldsymbol{T}_{c,3}\boldsymbol{S}_{a,3} \tag{7-109}$$

式中，$\boldsymbol{T}_{c,3}=\begin{bmatrix}\boldsymbol{E}_3 & \boldsymbol{0}\\ -(\boldsymbol{r}_{OB}+\boldsymbol{r}_{c,3}) & \boldsymbol{E}_3\end{bmatrix}$。

类似地，构件 4、构件 5、构件 6 质心处的加速度可分别表示为

$$\boldsymbol{S}_{a,CD}=\boldsymbol{T}_{c,4}\boldsymbol{S}_{a,4}、\boldsymbol{S}_{a,DE}=\boldsymbol{T}_{c,5}\boldsymbol{S}_{a,5}、\boldsymbol{S}_{a,EP}=\boldsymbol{T}_{c,6}\boldsymbol{S}_{a,6} \tag{7-110}$$

式中，$\boldsymbol{T}_{c,4}=\begin{bmatrix}\boldsymbol{E}_3 & \boldsymbol{0}\\ -(\boldsymbol{r}_{OC}+\boldsymbol{r}_{c,4}) & \boldsymbol{E}_3\end{bmatrix}$；$\boldsymbol{T}_{c,5}=\begin{bmatrix}\boldsymbol{E}_3 & \boldsymbol{0}\\ -(\boldsymbol{r}_{OD}+\boldsymbol{r}_{c,5}) & \boldsymbol{E}_3\end{bmatrix}$；$\boldsymbol{T}_{c,6}=\begin{bmatrix}\boldsymbol{E}_3 & \boldsymbol{0}\\ -(\boldsymbol{r}_{OE}+\boldsymbol{r}_{c,6}) & \boldsymbol{E}_3\end{bmatrix}$；$\boldsymbol{S}_{a,4}$、$\boldsymbol{S}_{a,5}$、$\boldsymbol{S}_{a,6}$ 均可由式（7-75）获得。

7.4.3 并联机构构件质心的加速度

若已知并联机构的加速度 $\boldsymbol{S}_a$，动平台质心处的加速度计算公式为

$$\boldsymbol{S}_{a,P}=\boldsymbol{T}_P\boldsymbol{S}_a \tag{7-111}$$

并联机构每条支链内构件质心处的加速度可参考串联机构构件质心加速度的求解方式获得。第 i 条支链的加速度模型可表示为

$$\begin{aligned}\boldsymbol{S}_{a,i}&=\boldsymbol{J}_i\ddot{\boldsymbol{q}}_i+\dot{\boldsymbol{q}}_i^{\mathrm{T}}\boldsymbol{H}_i\dot{\boldsymbol{q}}_i\\ &=[\hat{\boldsymbol{S}}_{t,i,1}\quad\hat{\boldsymbol{S}}_{t,i,2}\quad\cdots\quad\hat{\boldsymbol{S}}_{t,i,n_i}]\ddot{\boldsymbol{q}}_i+\dot{\boldsymbol{q}}_i^{\mathrm{T}}\begin{bmatrix}\boldsymbol{0} & \hat{\boldsymbol{S}}_{t,i,1}\times\hat{\boldsymbol{S}}_{t,i,2} & \cdots & \hat{\boldsymbol{S}}_{t,i,1}\times\hat{\boldsymbol{S}}_{t,i,n_i}\\ \boldsymbol{0} & \boldsymbol{0} & \cdots & \vdots\\ \boldsymbol{0} & \boldsymbol{0} & \cdots & \hat{\boldsymbol{S}}_{t,i,n_i-1}\times\hat{\boldsymbol{S}}_{t,i,n_i}\\ \boldsymbol{0} & \boldsymbol{0} & \cdots & \boldsymbol{0}\end{bmatrix}\dot{\boldsymbol{q}}_i\end{aligned} \tag{7-112}$$

第 i 条支链内所有关节的加速度为

$$\ddot{\boldsymbol{q}}_i=\boldsymbol{G}_i(\boldsymbol{S}_a-\dot{\boldsymbol{q}}_i^{\mathrm{T}}\boldsymbol{H}_i\dot{\boldsymbol{q}}_i) \tag{7-113}$$

对于第 i 个支链中的第 k 个构件，其质心处的加速度可由前 k 个关节的加速度模型、考虑第 j 个构件质心处的位置向量求得，即

$$\boldsymbol{S}_{a,i,k}^{c}=\boldsymbol{T}_{c,i,k}(\boldsymbol{J}_{i,k}^{b}\ddot{\boldsymbol{q}}_{i,k}+\dot{\boldsymbol{q}}_{i,k}^{\mathrm{T}}\boldsymbol{H}_{i,k\times k}\dot{\boldsymbol{q}}_{i,k}) \tag{7-114}$$

式中，$\boldsymbol{T}_{c,i,k}=\begin{bmatrix}\boldsymbol{E}_3 & \boldsymbol{0}\\ -\widetilde{\boldsymbol{r}}_{c,i,k} & \boldsymbol{E}_3\end{bmatrix}$，$\widetilde{\boldsymbol{r}}_{c,i,k}$ 表示从静坐标系原点 O 指向第 k 个构件质心的位置向量；$\boldsymbol{J}_{i,k}^{b}$ 表示第 1～k 个关节单位瞬时运动旋量构成的矩阵；$\boldsymbol{H}_{i,k\times k}$ 表示 $\boldsymbol{H}_i$ 的前 $k\times k$ 阶矩阵。

【例 7-15】 图 7.9 所示为 Stewart 并联机器人，已知并联机器人在点 O 处的速度 $\boldsymbol{S}_{t,O}$ 和

加速度 $\boldsymbol{S}_{a,O}$，求动平台以及第 i 条支链内构件 1 和构件 2 质心处的加速度。

动平台质心处的加速度可直接由 $\boldsymbol{S}_{a,O}$ 求得

$$\boldsymbol{S}_{a,P}=\boldsymbol{T}_{OP}\boldsymbol{S}_{a,O} \tag{7-115}$$

式中，$\boldsymbol{T}_{OP}=\begin{bmatrix}\boldsymbol{E}_3 & \boldsymbol{0}\\ -\widetilde{\boldsymbol{r}}_{OP} & \boldsymbol{E}_3\end{bmatrix}$，$\widetilde{\boldsymbol{r}}_{OP}$ 为从点 O 指向点 P 的位置向量。

由式（7-39）得 Stewart 并联机器人所有关节的速度为

$$\dot{\boldsymbol{\theta}}_i=\boldsymbol{G}_i\boldsymbol{S}_{t,O} \tag{7-116}$$

式中，

$$\dot{\boldsymbol{\theta}}_i=[\dot{\theta}_{i,1}\quad \dot{\theta}_{i,2}\quad \dot{q}_i\quad \cdots\quad \dot{\theta}_{i,6}]^{\mathrm{T}};\ \boldsymbol{G}_i=\begin{bmatrix}\dfrac{\hat{\boldsymbol{S}}_{wa,i,1}}{\hat{\boldsymbol{S}}_{wa,i,1}^{\mathrm{T}}\hat{\boldsymbol{S}}_{t,i,1}} & \dfrac{\hat{\boldsymbol{S}}_{wa,i,2}}{\hat{\boldsymbol{S}}_{wa,i,2}^{\mathrm{T}}\hat{\boldsymbol{S}}_{t,i,2}} & \cdots & \dfrac{\hat{\boldsymbol{S}}_{wa,i,6}}{\hat{\boldsymbol{S}}_{wa,i,6}^{\mathrm{T}}\hat{\boldsymbol{S}}_{t,i,6}}\end{bmatrix}^{\mathrm{T}}$$

Stewart 并联机器人第 i 条支链的加速度模型可表示为

$$\boldsymbol{S}_{a,O}=[\hat{\boldsymbol{S}}_{t,i,1}\quad \hat{\boldsymbol{S}}_{t,i,2}\quad \cdots\quad \hat{\boldsymbol{S}}_{t,i,6}]\ddot{\boldsymbol{\theta}}_i+\dot{\boldsymbol{\theta}}_i^{\mathrm{T}}\begin{bmatrix}\boldsymbol{0} & \hat{\boldsymbol{S}}_{t,i,1}\times\hat{\boldsymbol{S}}_{t,i,2} & \cdots & \hat{\boldsymbol{S}}_{t,i,1}\times\hat{\boldsymbol{S}}_{t,i,6}\\ \boldsymbol{0} & \boldsymbol{0} & \cdots & \vdots\\ \boldsymbol{0} & \boldsymbol{0} & \cdots & \hat{\boldsymbol{S}}_{t,i,n_i-1}\times\hat{\boldsymbol{S}}_{t,i,6}\\ \boldsymbol{0} & \boldsymbol{0} & \cdots & \boldsymbol{0}\end{bmatrix}\dot{\boldsymbol{\theta}}_i \tag{7-117}$$

因此，Stewart 并联机器人第 i 条支链内所有关节的加速度计算公式为

$$\ddot{\boldsymbol{\theta}}_i=\boldsymbol{G}_i(\boldsymbol{S}_{a,O}-\dot{\boldsymbol{\theta}}_i^{\mathrm{T}}\boldsymbol{H}_i\dot{\boldsymbol{\theta}}_i) \tag{7-118}$$

第 i 条支链内构件 1 质心处的加速度为

$$\boldsymbol{S}_{a,i,C_1}=\boldsymbol{T}_{i,C_1}(\ddot{\theta}_{i,1}\hat{\boldsymbol{S}}_{t,i,1}+\ddot{\theta}_{i,2}\hat{\boldsymbol{S}}_{t,i,2}+\dot{\theta}_{i,1}\dot{\theta}_{i,2}\hat{\boldsymbol{S}}_{t,i,1}\times\hat{\boldsymbol{S}}_{t,i,2}) \tag{7-119}$$

式中，$\boldsymbol{T}_{i,C_1}=\begin{bmatrix}\boldsymbol{E}_3 & \boldsymbol{0}\\ -\widetilde{\boldsymbol{r}}_{i,C_1} & \boldsymbol{E}_3\end{bmatrix}$，$\widetilde{\boldsymbol{r}}_{i,C_1}$ 为从点 O 指向构件 1 质心处的位置向量。

第 i 条支链内构件 2 质心处的加速度为

$$\boldsymbol{S}_{a,i,C_2}=\boldsymbol{T}_{i,C_2}(\ddot{\theta}_{i,1}\hat{\boldsymbol{S}}_{t,i,1}+\ddot{\theta}_{i,2}\hat{\boldsymbol{S}}_{t,i,2}+\ddot{q}_i\hat{\boldsymbol{S}}_{t,i,3}+\dot{\theta}_{i,1}\dot{\theta}_{i,2}\hat{\boldsymbol{S}}_{t,i,1}\times\hat{\boldsymbol{S}}_{t,i,2}+\dot{\theta}_{i,1}\dot{q}_i\hat{\boldsymbol{S}}_{t,i,1}\times\hat{\boldsymbol{S}}_{t,i,3}+\dot{\theta}_{i,2}\dot{q}_i\hat{\boldsymbol{S}}_{t,i,2}\times\hat{\boldsymbol{S}}_{t,i,3}) \tag{7-120}$$

式中，$\boldsymbol{T}_{i,C_2}=\begin{bmatrix}\boldsymbol{E}_3 & \boldsymbol{0}\\ -\widetilde{\boldsymbol{r}}_{i,C_2} & \boldsymbol{E}_3\end{bmatrix}$，$\widetilde{\boldsymbol{r}}_{i,C_2}$ 为从点 O 指向构件 1 质心处的位置向量。

7.5 动力学建模与分析

机器人的动力学模型本质上是建立机器人机构内所有构件的位移、速度、加速度以及受力的关系，通常讨论逆动力学问题，即已知机器人关节位移、末端位移和外界载荷，求解期望的驱动力/力矩。建立机器人动力学模型的方法有多种，串联机器人重点讨论拉格朗日方程和牛顿-欧拉方程的动力学建模方法，并联机器人则主要采用基于有限-瞬时旋量的虚功方程动力学建模方法。

7.5.1 串联机构动力学建模

1. 基于拉格朗日方程的动力学建模

串联机构的拉格朗日函数为

$$L(\boldsymbol{q},\dot{\boldsymbol{q}})=E_k(\boldsymbol{q},\dot{\boldsymbol{q}})-E_p(\boldsymbol{q}) \tag{7-121}$$

式中，$\boldsymbol{q}$ 表示各个关节的移动或转角形成的向量；$E_k(\boldsymbol{q},\dot{\boldsymbol{q}})$ 表示机器人的动能；$E_p(\boldsymbol{q})$ 表示机器人的势能。

则拉格朗日方程为

$$\boldsymbol{\tau}_d=\frac{\mathrm{d}}{\mathrm{d}t}\frac{\partial L}{\partial\dot{\boldsymbol{q}}}+\frac{\partial L}{\partial\boldsymbol{q}} \tag{7-122}$$

式中，$\boldsymbol{\tau}_d$ 为仅考虑惯量和重力的关节驱动力向量。

拉格朗日方程可视为机器人的动力学方程，可进一步表示为

$$\boldsymbol{\tau}_d=\frac{\mathrm{d}}{\mathrm{d}t}\frac{\partial E_k}{\partial\dot{\boldsymbol{q}}}-\frac{\partial E_k}{\partial\boldsymbol{q}}+\frac{\partial E_p}{\partial\boldsymbol{q}} \tag{7-123}$$

因此，基于拉格朗日法建立机器人动力学模型的关键在于机器人动能与势能的求解。单个构件的动能可表示为

$$E_{k,i}=\frac{1}{2}\boldsymbol{\omega}_i^{\mathrm{T}}\boldsymbol{I}_i\boldsymbol{\omega}_i+\frac{1}{2}m_i\boldsymbol{v}_{C,i}^{\mathrm{T}}\boldsymbol{v}_{C,i} \tag{7-124}$$

将构件速度分别表示为角速度与线速度，有

$$\boldsymbol{\omega}=\boldsymbol{J}_\omega\dot{\boldsymbol{q}},\ \boldsymbol{v}=\boldsymbol{J}_v\dot{\boldsymbol{q}} \tag{7-125}$$

式中，$\boldsymbol{J}_\omega$、$\boldsymbol{J}_v$ 分别表示构件角速度、线速度对应的雅可比矩阵。

因此，构件的动能可表示为

$$E_{k,i}=\frac{1}{2}\dot{\boldsymbol{q}}^{\mathrm{T}}(\boldsymbol{J}_\omega^{\mathrm{T}}\boldsymbol{I}_i\boldsymbol{J}_\omega+m_i\boldsymbol{J}_v^{\mathrm{T}}\boldsymbol{J}_v)\dot{\boldsymbol{q}}=\frac{1}{2}\dot{\boldsymbol{q}}^{\mathrm{T}}\boldsymbol{M}_i\dot{\boldsymbol{q}} \tag{7-126}$$

对串联机构内的 n 个构件进行叠加，得到串联机构的动能为

$$E_k=\sum_{i=1}^{n}E_{k,i}=\sum_{i=1}^{n}\left(\frac{1}{2}\dot{\boldsymbol{q}}^{\mathrm{T}}\boldsymbol{M}_i\dot{\boldsymbol{q}}\right)=\frac{1}{2}\dot{\boldsymbol{q}}^{\mathrm{T}}\boldsymbol{M}\dot{\boldsymbol{q}} \tag{7-127}$$

式中，$\boldsymbol{M}$ 为串联机器人的广义质量矩阵或广义惯性矩阵。

接下来计算串联机构的势能。每个构件的势能增量是重力做功的负值，因此串联机构的总势能为

$$E_p=\sum_{i=1}^{n}(-m_i\boldsymbol{g}^{\mathrm{T}}\boldsymbol{r}_{C,i}) \tag{7-128}$$

式中，$\boldsymbol{g}$ 表示重力加速度向量，$\boldsymbol{r}_{C,i}$ 表示第 i 个构件质心的位置向量。

将式（7-127）和式（7-128）代入式（7-123），可建立串联机构的动力学方程为

$$\boldsymbol{M}(\boldsymbol{q})\ddot{\boldsymbol{q}}+\boldsymbol{C}(\boldsymbol{q},\dot{\boldsymbol{q}})+\boldsymbol{G}(\boldsymbol{q})=\boldsymbol{\tau}_d \tag{7-129}$$

式中，$\boldsymbol{M}(\boldsymbol{q})\ddot{\boldsymbol{q}}$ 表示惯性力项；$\boldsymbol{C}(\boldsymbol{q},\dot{\boldsymbol{q}})$ 表示速度乘积项，包含哥氏力和离心力；$\boldsymbol{G}(\boldsymbol{q})$

表示重力项。

如果串联机器人末端有外载荷 $\boldsymbol{F}_e$，根据静力分析，由外载荷引起的关节力矩 $\boldsymbol{\tau}_0$ 应满足

$$\boldsymbol{\tau}_0=\boldsymbol{J}^{\mathrm{T}}\boldsymbol{F}_e \tag{7-130}$$

因此，关节总驱动力矩为

$$\boldsymbol{\tau}=\boldsymbol{\tau}_d+\boldsymbol{\tau}_0 \tag{7-131}$$

2. 基于牛顿-欧拉方程的动力学建模

由理论力学知识可知，刚体运动可分解为随质心的平动与绕质心的转动。其中，随质心平动的动力学特性可通过牛顿方程描述，绕质心转动的动力学特性可由欧拉方程表达。

根据牛顿第二定律，牛顿方程为

$$\boldsymbol{f}=\frac{\mathrm{d}(m\boldsymbol{v}_C)}{\mathrm{d}t}=m\dot{\boldsymbol{v}}_C \tag{7-132}$$

式中，m 为刚体的质量；$\boldsymbol{v}_C$、$\dot{\boldsymbol{v}}_C$ 分别为刚体质心处的线速度、线加速度；$\boldsymbol{f}$ 为作用于质心处的合力。

刚体转动的欧拉方程为

$$\boldsymbol{m}=\frac{\mathrm{d}(\boldsymbol{I}_C\boldsymbol{\omega})}{\mathrm{d}t}=\boldsymbol{I}_C\dot{\boldsymbol{\omega}}+\boldsymbol{\omega}\times\boldsymbol{I}_C\boldsymbol{\omega} \tag{7-133}$$

式中，$\boldsymbol{m}$ 为作用在刚体质心坐标系的合力矩；$\boldsymbol{I}_C$ 为刚体质心处的惯性矩阵；$\boldsymbol{\omega}$、$\dot{\boldsymbol{\omega}}$ 分别为刚体的角速度和角加速度。

式（7-133）为刚体质心坐标系处的方程，在静坐标系下描述，得

$$\boldsymbol{m}={}_C^0\boldsymbol{R}\boldsymbol{I}_C{}_C^0\boldsymbol{R}^{\mathrm{T}}\dot{\boldsymbol{\omega}}+\boldsymbol{\omega}\times({}_C^0\boldsymbol{R}\boldsymbol{I}_C{}_C^0\boldsymbol{R}^{\mathrm{T}})\boldsymbol{\omega} \tag{7-134}$$

在式（7-132）和式（7-134）的基础上，递推可以获得任意构件的力与力矩。对于具有 n 个构件的串联机器人，向外递推，从基座开始，从构件 1～构件 n，直至末端执行器，得到各个构件的速度和加速度；然后根据牛顿-欧拉方程得到各个构件的惯性力和惯性力矩，再从末端执行器开始，由构件 n～构件 1，再到基座，计算各关节的驱动力/力矩。注意到串联机器人机构的速度递推涉及相邻关节的坐标系定义，具有前置坐标系与后置坐标系两种定义方式。

7.3 节与 7.4 节已给出利用向外递推的方式计算串联机器人构件质心处的速度与加速度，下面给出关节力与力矩的向内递推公式，即

$$\boldsymbol{f}_i=\boldsymbol{f}_{C,i}+{}_{i+1}^{1}\boldsymbol{R}\boldsymbol{f}_{i+1} \tag{7-135}$$

$$\boldsymbol{m}_i=\boldsymbol{m}_{C,i}+{}_{i+1}^{i}\boldsymbol{R}\boldsymbol{m}_{i+1}+{}^{i}\boldsymbol{r}_{i+1}\times{}_{i+1}^{i}\boldsymbol{R}\boldsymbol{f}_{i+1}+{}^{i}\boldsymbol{r}_{C,i}\times\boldsymbol{f}_{C,i} \tag{7-136}$$

【例 7-16】 2R 串联机器人如图 7.11 所示，将两个杆件均视为位于各杆末端的集中质量，即质心均位于杆件末端，试建立机器人的动力学方程。

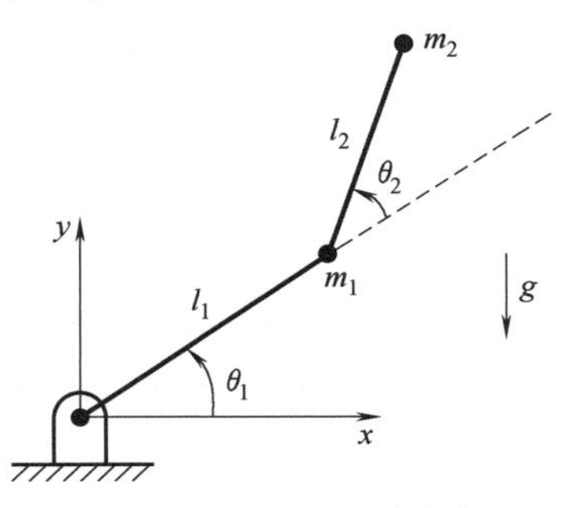

图 7.11 2R 串联机器人

（1）杆件惯性矩阵的惯性矩阵 由于各个杆件的质量集中于末端，因此各杆相对于其质心坐标系的惯性矩阵都为 0，即

$$\boldsymbol{I}_{C1}=\boldsymbol{I}_{C2}=\boldsymbol{0} \tag{7-137}$$

（2）杆件质心的速度与加速度 借鉴例 7-7 和例 7-13 的推导过程，杆件 1 质心处的速度和加速度分别为

$$\boldsymbol{v}_{C,1}=\begin{pmatrix}-l_1\sin\theta_1\\ l_1\cos\theta_1\\ 0\end{pmatrix}\dot{\theta}_1,\ \dot{\boldsymbol{v}}_{C,1}=\begin{pmatrix}g\sin\theta_1-l_1\dot{\theta}_1^2\\ g\cos\theta_1+l_1\ddot{\theta}_1\\ 0\end{pmatrix} \tag{7-138}$$

杆件 2 质心处的速度与加速度分别为

$$\boldsymbol{v}_{C,2}=\begin{bmatrix}-l_1\sin\theta_1-l_2\sin(\theta_1+\theta_2) & -l_2\sin(\theta_1+\theta_2) & 0\\ l_1\cos\theta_1+l_2\cos(\theta_1+\theta_2) & l_2\cos(\theta_1+\theta_2) & 0\\ 0 & 0 & 0\end{bmatrix}\begin{pmatrix}\dot{\theta}_1\\ \dot{\theta}_2\\ 0\end{pmatrix} \tag{7-139}$$

$$\dot{\boldsymbol{v}}_{C,2}=\begin{pmatrix}l_1(\ddot{\theta}_1\sin\theta_2-\dot{\theta}_1^2\cos\theta_2)+g\sin(\theta_1+\theta_2)-l_2(\dot{\theta}_1+\dot{\theta}_2)^2\\ l_1(\ddot{\theta}_1\cos\theta_2+\dot{\theta}_1^2\sin\theta_2)+g\cos(\theta_1+\theta_2)+l_2(\ddot{\theta}_1+\ddot{\theta}_2)\\ 0\end{pmatrix} \tag{7-140}$$

（3）基于拉格朗日方程的动力学模型　杆件 1 和杆件 2 的动能分别为

$$E_{k,1}=\frac{1}{2}m_1\boldsymbol{v}_{C,1}^2=\frac{1}{2}m_1l_1^2\dot{\theta}_1^2 \tag{7-141}$$

$$E_{k,2}=\frac{1}{2}m_2\boldsymbol{v}_{C,2}^2=\frac{1}{2}m_2[(l_1^2+2l_1l_2\cos\theta_2+l_2^2)\dot{\theta}_1^2+2(l_2^2+2l_1l_2\cos\theta_2)\dot{\theta}_1\dot{\theta}_2+l_2^2\dot{\theta}_2^2] \tag{7-142}$$

杆件 1 和杆件 2 的势能分别为

$$E_{p,1}=m_1gl_1\sin\theta_1 \tag{7-143}$$

$$E_{p,2}=m_2g[l_1\sin\theta_1+l_2\sin(\theta_1+\theta_2)] \tag{7-144}$$

2R 串联机器人的拉格朗日函数 $L(\theta,\ \dot{\theta})$ 可表示为

$$L(\theta,\dot{\theta})=\sum_{i=1}^{2}(E_{k,i}-E_{p,i}) \tag{7-145}$$

则拉格朗日方程为

$$\tau_i=\frac{\mathrm{d}}{\mathrm{d}t}\frac{\partial L}{\partial\dot{\theta}_i}-\frac{\partial L}{\partial\dot{\theta}_i},\ i=1,2 \tag{7-146}$$

将动能项和势能项代入式（7-146），得 2R 串联机器人的动力学方程为

$$\begin{aligned}\tau_1=&[m_1l_1^2+m_2(l_1^2+2l_1l_2\cos\theta_2+l_2^2)]\ddot{\theta}_1+m_2(l_1l_2\cos\theta_2+l_2^2)\ddot{\theta}_2-\\ &m_2l_1l_2\sin\theta_2(2\dot{\theta}_1\dot{\theta}_2+\dot{\theta}_2^2)+(m_1+m_2)l_1g\sin\theta_1+m_2gl_2\sin(\theta_1+\theta_2)\end{aligned} \tag{7-147}$$

$$\tau_2=m_2(l_1l_2\cos\theta_2+l_2^2)\ddot{\theta}_1+m_2l_2^2\ddot{\theta}_2+m_2l_1l_2\dot{\theta}_1^2\sin\theta_2+m_2gl_2\sin(\theta_1+\theta_2) \tag{7-148}$$

（4）基于牛顿-欧拉方程的动力学模型　从机器人末端向内递推计算各连杆的内力，杆件 1 和杆件 2 的惯性力矩均为 0，惯性力分别为

$$\boldsymbol{f}_{C,1}=m_1\dot{\boldsymbol{v}}_{C,1}=m_1\begin{pmatrix}g\sin\theta_1-l_1\dot{\theta}_1^2\\ g\cos\theta_1+l_1\ddot{\theta}_1\\ 0\end{pmatrix} \tag{7-149}$$

$$\boldsymbol{f}_{C,2}=m_2\dot{\boldsymbol{v}}_{C,2}=m_2\begin{pmatrix}l_1(\ddot{\theta}_1\sin\theta_2-\dot{\theta}_1^2\cos\theta_2)+g\sin(\theta_1+\theta_2)-l_2(\dot{\theta}_1+\dot{\theta}_2)^2\\l_1(\ddot{\theta}_1\cos\theta_2+\dot{\theta}_1^2\sin\theta_2)+g\cos(\theta_1+\theta_2)+l_2(\ddot{\theta}_1+\ddot{\theta}_2)\\0\end{pmatrix}\tag{7-150}$$

杆件 2 末端受力为 0，$\boldsymbol{f}_3=\boldsymbol{\tau}_3=\boldsymbol{0}$，因此

$$\boldsymbol{f}_2=\boldsymbol{f}_{C,2}+{}_3^2\boldsymbol{R}\boldsymbol{f}_3=\boldsymbol{f}_{C,2}\tag{7-151}$$

$$\begin{aligned}\boldsymbol{m}_2&=\boldsymbol{m}_{C,2}+{}_3^2\boldsymbol{R}\boldsymbol{m}_3+{}^2\boldsymbol{r}_3\times{}_3^2\boldsymbol{R}\boldsymbol{f}_3+{}^2\boldsymbol{r}_{C,2}\times\boldsymbol{f}_{C,2}=\boldsymbol{r}_{C,2}\times\boldsymbol{f}_{C,2}\\&=m_2\begin{pmatrix}l_2\\0\\0\end{pmatrix}\times\begin{pmatrix}l_1(\ddot{\theta}_1\sin\theta_2-\dot{\theta}_1^2\cos\theta_2)+g\sin(\theta_1+\theta_2)-l_2(\dot{\theta}_1+\dot{\theta}_2)^2\\l_1(\ddot{\theta}_1\cos\theta_2+\dot{\theta}_1^2\sin\theta_2)+g\cos(\theta_1+\theta_2)+l_2(\ddot{\theta}_1+\ddot{\theta}_2)\\0\end{pmatrix}\\&=\begin{pmatrix}0\\0\\m_2(l_1l_2\cos\theta_2+l_2^2)\ddot{\theta}_1+m_2l_2^2\ddot{\theta}_2+m_2l_1l_2\dot{\theta}_1^2\sin\theta_2+m_2gl_2\sin(\theta_1+\theta_2)\end{pmatrix}\end{aligned}\tag{7-152}$$

因此，关节 2 的驱动力矩为

$$\tau_2=m_2(l_1l_2\cos\theta_2+l_2^2)\ddot{\theta}_1+m_2l_2^2\ddot{\theta}_2+m_2l_1l_2\dot{\theta}_1^2\sin\theta_2+m_2gl_2\sin(\theta_1+\theta_2)\tag{7-153}$$

关节 1 的力和力矩分别为

$$\begin{aligned}\boldsymbol{f}_1=\boldsymbol{f}_{C,1}+{}_2^1\boldsymbol{R}\boldsymbol{f}_2=m_1\begin{pmatrix}g\sin\theta_1-l_1\dot{\theta}_1^2\\g\cos\theta_1+l_1\ddot{\theta}_1\\0\end{pmatrix}+\\m_2\begin{pmatrix}\cos\theta_1&\sin\theta_1&0\\-\sin\theta_1&\cos\theta_1&0\\0&0&1\end{pmatrix}\begin{pmatrix}l_1(\ddot{\theta}_1\sin\theta_2-\dot{\theta}_1^2\cos\theta_2)+g\sin(\theta_1+\theta_2)-l_2(\dot{\theta}_1+\dot{\theta}_2)^2\\l_1(\ddot{\theta}_1\cos\theta_2+\dot{\theta}_1^2\sin\theta_2)+g\cos(\theta_1+\theta_2)+l_2(\ddot{\theta}_1+\ddot{\theta}_2)\\0\end{pmatrix}\end{aligned}\tag{7-154}$$

$$\begin{aligned}\boldsymbol{m}_1&=\boldsymbol{m}_{C,1}+{}_2^1\boldsymbol{R}\boldsymbol{m}_2+{}^1\boldsymbol{r}_2\times{}_2^1\boldsymbol{R}\boldsymbol{f}_2+{}^1\boldsymbol{r}_{C,1}\times\boldsymbol{f}_{C,1}\\&=\begin{pmatrix}0\\0\\[m_1l_1^2+m_2(l_1^2+2l_1l_2\cos\theta_2+l_2^2)]\ddot{\theta}_1+m_2(l_1l_2\cos\theta_2+l_2^2)\ddot{\theta}_2-\\m_2l_1l_2\sin\theta_2(2\dot{\theta}_1\dot{\theta}_2+\dot{\theta}_2^2)+(m_1+m_2)l_1g\sin\theta_1+m_2gl_2\sin(\theta_1+\theta_2)\end{pmatrix}\end{aligned}\tag{7-155}$$

关节 1 的驱动力矩为

$$\begin{aligned}\tau_1=&[m_1l_1^2+m_2(l_1^2+2l_1l_2\cos\theta_2+l_2^2)]\ddot{\theta}_1+m_2(l_1l_2\cos\theta_2+l_2^2)\ddot{\theta}_2-\\&m_2l_1l_2\sin\theta_2(2\dot{\theta}_1\dot{\theta}_2+\dot{\theta}_2^2)+(m_1+m_2)l_1g\sin\theta_1+m_2gl_2\sin(\theta_1+\theta_2)\end{aligned}\tag{7-156}$$

7.5.2 并联机构动力学建模

根据虚功原理，对于一个受力平衡的机构，机构外力对机构的虚位移做功为 0。虚位移指的是机构内各个构件可能产生的微小位移，可用瞬时旋量表示，机构内各个构件虚位移的

映射关系可直接应用机构瞬时运动映射关系表示，即虚位移映射与速度映射模型相同。求出机构内各个构件的速度和加速度后，可进一步求解各个构件的惯性力、重力，同时列出驱动关节的驱动力、末端执行器或动平台受到的外力。在虚位移模型和机构外力表达式的基础上，列出虚功方程。对于逆动力学模型，若已知机构的位移、速度、加速度与末端执行器或动平台受到的外力，则可通过虚功方程求解出驱动关节的力矩。

根据式达朗伯原理，刚体的重力旋量和惯性力旋量的表达式分别为

$$\boldsymbol{S}_w^G=\begin{bmatrix}\boldsymbol{0}\\ m\boldsymbol{g}\end{bmatrix} \tag{7-157}$$

$$\boldsymbol{S}_w^I=\begin{bmatrix}\boldsymbol{I}\dot{\boldsymbol{\omega}}+\boldsymbol{\omega}\times\boldsymbol{I}\boldsymbol{\omega}\\ m\dot{\boldsymbol{v}}\end{bmatrix}=\boldsymbol{m}\dot{\boldsymbol{S}}_t+\boldsymbol{V}\boldsymbol{m}\boldsymbol{S}_t \tag{7-158}$$

式中，

$$\boldsymbol{g}=\begin{pmatrix}0\\0\\-g\end{pmatrix}；\ \boldsymbol{m}=\begin{bmatrix}\boldsymbol{I} & \boldsymbol{0}\\ \boldsymbol{0} & m\boldsymbol{E}_3\end{bmatrix}；\ \dot{\boldsymbol{S}}_t=\boldsymbol{S}_a+\boldsymbol{\Omega}\boldsymbol{S}_t，\ \boldsymbol{S}_a=\begin{bmatrix}\dot{\boldsymbol{\omega}}\\ \dot{\boldsymbol{v}}-\boldsymbol{\omega}\times\boldsymbol{v}\end{bmatrix}，$$

$$\boldsymbol{\Omega}=\begin{bmatrix}\boldsymbol{0} & \widetilde{\boldsymbol{\omega}}\\ \boldsymbol{0} & \boldsymbol{0}\end{bmatrix}，\ \boldsymbol{S}_t=\begin{bmatrix}\boldsymbol{\omega}\\ \boldsymbol{v}\end{bmatrix}，\ \boldsymbol{V}=\begin{bmatrix}\widetilde{\boldsymbol{\omega}} & \boldsymbol{0}\\ \boldsymbol{0} & \widetilde{\boldsymbol{v}}\end{bmatrix}。$$

将并联机构各个构件质心位置、速度、加速度代入式（7-157）和式（7-158）中，即可获得各个构件的重力与惯性力。并联机构的动平台还受到外载荷的作用，因此动平台的受力为

$$\boldsymbol{S}_w=\boldsymbol{S}_w^I+\boldsymbol{S}_w^G+\boldsymbol{S}_w^E \tag{7-159}$$

将并联机构关节空间和动平台之间的速度与加速度映射代入惯性力的公式，可将动平台的惯性力进一步表示为

$$\boldsymbol{S}_w^I=\boldsymbol{m}(\boldsymbol{T}_p(\boldsymbol{J}_a\ddot{\boldsymbol{q}}_a+\boldsymbol{J}_w^{-1}\boldsymbol{h}(\dot{\boldsymbol{q}}_a)\dot{\boldsymbol{q}}_a)+\boldsymbol{\Omega}\boldsymbol{T}_p\boldsymbol{J}_a\dot{\boldsymbol{q}}_a)+\boldsymbol{V}\boldsymbol{m}\boldsymbol{T}_p\boldsymbol{J}_a\dot{\boldsymbol{q}}_a \tag{7-160}$$

式中，

$$\boldsymbol{h}(\dot{\boldsymbol{q}}_a)=\begin{bmatrix}\hat{\boldsymbol{S}}_{wa,1,1}^{\mathrm{T}}((\boldsymbol{G}_1\boldsymbol{J}_a\dot{\boldsymbol{q}}_a)^{\mathrm{T}}\boldsymbol{H}_1\boldsymbol{G}_1\boldsymbol{J}_a)\\ \vdots\\ \hat{\boldsymbol{S}}_{wa,1,g_1}^{\mathrm{T}}((\boldsymbol{G}_1\boldsymbol{J}_a\dot{\boldsymbol{q}}_a)^{\mathrm{T}}\boldsymbol{H}_1\boldsymbol{G}_1\boldsymbol{J}_a)\\ \vdots\\ \hat{\boldsymbol{S}}_{wa,l,g_l}^{\mathrm{T}}((\boldsymbol{G}_l\boldsymbol{J}_a\dot{\boldsymbol{q}}_a)^{\mathrm{T}}\boldsymbol{H}_l\boldsymbol{G}_l\boldsymbol{J}_a)\\ \hat{\boldsymbol{S}}_{wc,1,1}^{\mathrm{T}}((\boldsymbol{G}_1\boldsymbol{J}_a\dot{\boldsymbol{q}}_a)^{\mathrm{T}}\boldsymbol{H}_1\boldsymbol{G}_1\boldsymbol{J}_a)\\ \vdots\\ \hat{\boldsymbol{S}}_{wc,l,g_l}^{\mathrm{T}}((\boldsymbol{G}_l\boldsymbol{J}_a\dot{\boldsymbol{q}}_a)^{\mathrm{T}}\boldsymbol{H}_l\boldsymbol{G}_l\boldsymbol{J}_a)\end{bmatrix}$$

其中，$\boldsymbol{H}_i$ 表示第 i 条支链的海塞矩阵。

并联机构的第 i 条支链内第 k 个构件受到惯性力和重力的作用，其合力可表示为

$$\boldsymbol{S}_{w,i,k}^c=\boldsymbol{S}_{w,i,k}^I+\boldsymbol{S}_{w,i,k}^G \tag{7-161}$$

式中，$\boldsymbol{S}_{w,i,k}^I$ 和 $\boldsymbol{S}_{w,i,k}^G$ 分别是第 i 个支链中第 k 个构件的惯性力和重力，可进一步表示为

$$\boldsymbol{S}_{w,i,k}^G=\begin{bmatrix}\boldsymbol{0}\\ m_{i,k}\boldsymbol{g}\end{bmatrix} \tag{7-162}$$

$$S_{w,i,k}^{I}=\begin{bmatrix} I_{i,k}\dot{\omega}_{i,k}+\omega_{i,k}\times I_{i,k}\omega_{i,k} \\ m_{i,k}\dot{v}_{i,k} \end{bmatrix}=m_{i,k}\dot{S}_{t,i,k}^{c}+V_{i,k}m_{i,k}S_{t,i,k}^{c} \tag{7-163}$$

式中，$S_{t,i,k}^{c}$ 和 $S_{a,i,k}^{c}$ 分别表示第 i 个支链中第 k 个构件质心处的速度和加速度；$m_{i,k}=\begin{bmatrix} I_{i,k} & 0 \\ 0 & m_{i,k}E_3 \end{bmatrix}$；$\dot{S}_{t,i,k}^{c}=S_{a,i,k}^{c}+\Omega_{i,k}S_{t,i,k}^{c}$；$\Omega_{i,k}=\begin{bmatrix} 0 & \widetilde{\omega}_{i,k} \\ 0 & 0 \end{bmatrix}$；$V_{i,k}=\begin{bmatrix} \widetilde{\omega}_{i,k} & 0 \\ 0 & \widetilde{v}_{i,k} \end{bmatrix}$。

获得并联机构内所有构件的惯性力与重力后，基于虚功原理建立并联机构的虚功方程为

$$\sum_{i=1}^{l}\sum_{k=1}^{n_i-1}(\delta S_{t,i,k}^{c})^{\mathrm{T}}(S_{w,i,k}^{I}+S_{w,i,k}^{G})+(\delta S_{t,P})^{\mathrm{T}}(S_{w}^{I}+S_{w}^{G})+(\delta S_{t})^{\mathrm{T}}S_{w}^{E}+\dot{q}_{a}^{\mathrm{T}}f_{a}=0 \tag{7-164}$$

因此，并联机构的驱动力/力矩可由式（7-164）求得

$$f_a=-J_a^{\mathrm{T}}\left(\sum_{i=1}^{l}\sum_{k=1}^{n_i-1}(T_{c,i,k}J_{i,k}^{b}G_{i,k}^{b})^{\mathrm{T}}(S_{w,i,k}^{I}+S_{w,i,k}^{G})+T_{p}^{\mathrm{T}}(S_{w}^{I}+S_{w}^{G})+S_{w}^{E}\right) \tag{7-165}$$

【例 7-17】 Exechon 并联机器人如图 7.12 所示，其拓扑构型为 2U$\underline{\text{P}}$R-S$\underline{\text{P}}$R。假设构件 1、构件 3、构件 5 的质心在点 A_i 处，构件 2、构件 4、构件 6 的质心为点 C_i，动平台质心为点 P。已知动平台在点 O 处的位移、速度与加速度，求驱动关节 $\underline{\text{P}}$ 副的驱动力。

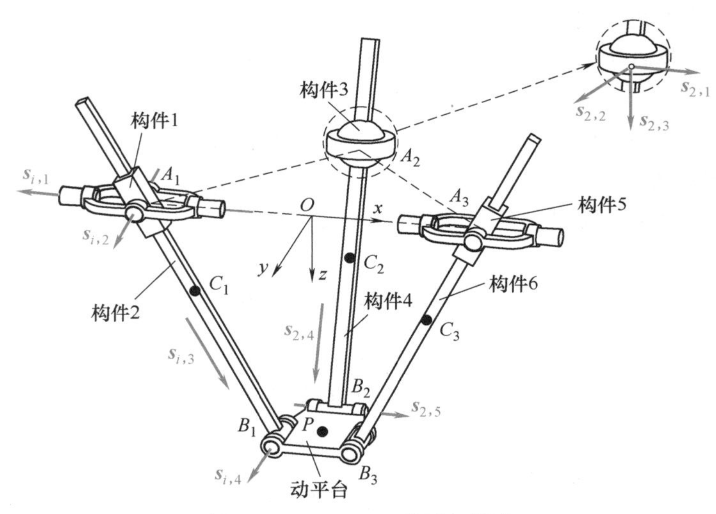

图 7.12 Exechon 并联机器人

Exechon 并联机器人第 1、第 3 条支链的拓扑是 U$\underline{\text{P}}$R。第 1、第 3 条支链的速度模型为

$$S_t=\dot{\theta}_{i,1}\hat{S}_{t,i,1}+\dot{\theta}_{i,2}\hat{S}_{t,i,2}+\dot{q}_{i}\hat{S}_{t,i,3}+\dot{\theta}_{i,4}\hat{S}_{t,i,4},i=1,3 \tag{7-166}$$

式中，$\hat{S}_{t,i,1}=\begin{pmatrix} s_{i,1} \\ r_{A_i}\times s_{i,1} \end{pmatrix}$；$\hat{S}_{t,i,2}=\begin{pmatrix} s_{i,2} \\ r_{A_i}\times s_{i,2} \end{pmatrix}$；$\hat{S}_{t,i,3}=\begin{pmatrix} 0 \\ s_{i,3} \end{pmatrix}$；$\hat{S}_{t,i,4}=\begin{pmatrix} s_{i,4} \\ r_{B_i}\times s_{i,4} \end{pmatrix}$。

利用瞬时运动旋量与约束力旋量的互易积为 0 的性质，可以得到

$$\hat{S}_{wc,i,1}=\begin{pmatrix} s_{i,1}\times s_{i,2} \\ 0 \end{pmatrix},\hat{S}_{wc,i,2}=\begin{pmatrix} r_{A_i}\times s_{i,2} \\ s_{i,2} \end{pmatrix} \tag{7-167}$$

锁定第 i 个支链的第 k 个关节，利用互易积的性质可获得支链内各个关节的驱动力旋量

$$\hat{S}_{wa,i,1}=\begin{pmatrix}s_{i,1}\\ \mathbf{0}\end{pmatrix},\hat{S}_{wa,i,2}=\begin{pmatrix}r_{B_i}\times(s_{i,2}\times s_{i,3})\\ s_{i,2}\times s_{i,3}\end{pmatrix},$$

$$\hat{S}_{wa,i,3}=\begin{pmatrix}r_{B_i}\times s_{i,3}\\ s_{i,3}\end{pmatrix},\hat{S}_{wa,i,4}=\begin{pmatrix}r_{A_i}\times(s_{i,1}\times s_{i,2})\\ s_{i,1}\times s_{i,2}\end{pmatrix}\tag{7-168}$$

第 2 条支链的速度模型可用瞬时旋量表示为

$$S_t=\dot{\theta}_{i,1}\hat{S}_{t,i,1}+\dot{\theta}_{i,2}\hat{S}_{t,i,2}+\dot{\theta}_{i,3}\hat{S}_{t,i,3}+\dot{q}_i\hat{S}_{t,i,4}+\dot{\theta}_{1,5}\hat{S}_{t,i,5},i=2\tag{7-169}$$

式中，$\hat{S}_{t,i,1}=\begin{pmatrix}s_{i,1}\\ r_{A_i}\times s_{i,1}\end{pmatrix}$；$\hat{S}_{t,i,2}=\begin{pmatrix}s_{i,2}\\ r_{A_i}\times s_{i,2}\end{pmatrix}$；$\hat{S}_{t,i,3}=\begin{pmatrix}s_{i,3}\\ r_{A_i}\times s_{i,3}\end{pmatrix}$；$\hat{S}_{t,i,4}=\begin{pmatrix}\mathbf{0}\\ s_{i,4}\end{pmatrix}$；$\hat{S}_{t,i,5}=\begin{pmatrix}s_{i,5}\\ r_{B_i}\times s_{i,5}\end{pmatrix}$。

利用瞬时运动旋量与力旋量的互易性质，得到第 2 条支链的约束力旋量和驱动力旋量分别为

$$\hat{S}_{wc,i}=\begin{pmatrix}r_{A_i}\times s_{i,5}\\ s_{i,5}\end{pmatrix},\hat{S}_{wa,i,1}=\begin{pmatrix}r_{B_i}\times s_{i,2}\\ s_{i,2}\end{pmatrix},\hat{S}_{wa,i,2}=\begin{pmatrix}r_{B_i}\times(s_{i,2}\times s_{i,3})\\ s_{i,2}\times s_{i,3}\end{pmatrix}$$

$$\hat{S}_{wa,i,3}=\begin{pmatrix}s_{i,3}\\ \mathbf{0}\end{pmatrix},\hat{S}_{wa,i,4}=\begin{pmatrix}r_{B_i}\times s_{i,3}\\ s_{i,3}\end{pmatrix},\hat{S}_{wa,i,5}=\begin{pmatrix}r_{A_i}\times(s_{i,4}\times s_{i,5})\\ s_{i,4}\times s_{i,5}\end{pmatrix}\tag{7-170}$$

因此，Exechon 并联机器人各关节的速度为

$$\dot{\boldsymbol{\theta}}_i=G_iS_t\tag{7-171}$$

式中，$G_i=\left[\dfrac{\hat{S}_{wa,i,1}}{\hat{S}^{\mathrm{T}}_{wa,i,1}\hat{S}_{t,1,i}}\quad\dfrac{\hat{S}_{wa,i,2}}{\hat{S}^{\mathrm{T}}_{wa,i,2}\hat{S}_{t,i,2}}\quad\dfrac{\hat{S}_{wa,i,3}}{\hat{S}^{\mathrm{T}}_{wa,i,3}\hat{S}_{t,i,3}}\quad\dfrac{\hat{S}_{wa,i,4}}{\hat{S}^{\mathrm{T}}_{wa,i,4}\hat{S}_{t,i,4}}\right]^{\mathrm{T}}$，$i=1,3$；

$G_i=\left[\dfrac{\hat{S}_{wa,i,1}}{\hat{S}^{\mathrm{T}}_{wa,i,1}\hat{S}_{t,1,i}}\quad\dfrac{\hat{S}_{wa,i,2}}{\hat{S}^{\mathrm{T}}_{wa,i,2}\hat{S}_{t,i,2}}\quad\dfrac{\hat{S}_{wa,i,3}}{\hat{S}^{\mathrm{T}}_{wa,i,3}\hat{S}_{t,i,3}}\quad\dfrac{\hat{S}_{wa,i,4}}{\hat{S}^{\mathrm{T}}_{wa,i,4}\hat{S}_{t,i,4}}\quad\dfrac{\hat{S}_{wa,i,5}}{\hat{S}^{\mathrm{T}}_{wa,i,5}\hat{S}_{t,i,5}}\right]^{\mathrm{T}}$，$i=2$。

动平台在点 P 处的速度为

$$S_{t,P}=T_PS_t\tag{7-172}$$

式中，$T_P=\begin{bmatrix}E_3&\mathbf{0}\\ -\tilde{r}&E_3\end{bmatrix}$，$r$ 为从点 O 至点 P 的位置向量。

构件 1、构件 5 质心处的速度为

$$S_{t,i,A_i}=T_{A_i}(\dot{\theta}_{i,1}\hat{S}_{t,i,1}+\dot{\theta}_{i,2}\hat{S}_{t,i,2}),i=1,3\tag{7-173}$$

式中，$T_{A_i}=\begin{bmatrix}E_3&\mathbf{0}\\ -\tilde{r}_{A_i}&E_3\end{bmatrix}$。

构件 3、构件 4 质心处的速度分别为

$$S_{t,i,A_2}=T_{A_2}(\dot{\theta}_{2,1}\hat{S}_{t,2,1}+\dot{\theta}_{2,2}\hat{S}_{t,2,2}+\dot{\theta}_{2,3}\hat{S}_{t,2,3})\tag{7-174}$$

$$S_{t,i,C_2}=T_{C_2}(\dot{\theta}_{2,1}\hat{S}_{t,2,1}+\dot{\theta}_{2,2}\hat{S}_{t,2,2}+\dot{\theta}_{2,3}\hat{S}_{t,2,3}+\dot{q}_2\hat{S}_{t,2,4})\tag{7-175}$$

构件 2、构件 6 质心处的速度为

$$S_{t,i,C_i}=T_{C_i}(\dot{\theta}_{i,1}\hat{S}_{t,i,1}+\dot{\theta}_{i,2}\hat{S}_{t,i,2}+\dot{q}_i\hat{S}_{t,i,3}),i=1,3\tag{7-176}$$

第 1、第 3 条支链的加速度模型为

$$\boldsymbol{S}_{a,i}=\boldsymbol{J}_i\ddot{\boldsymbol{\theta}}_i+\dot{\boldsymbol{\theta}}_i^{\mathrm{T}}\boldsymbol{H}_i\dot{\boldsymbol{\theta}}_i$$

$$=[\hat{\boldsymbol{S}}_{t,i,1}\quad \hat{\boldsymbol{S}}_{t,i,2}\quad \hat{\boldsymbol{S}}_{t,i,3}\quad \hat{\boldsymbol{S}}_{t,i,4}]\ddot{\boldsymbol{\theta}}_i+\dot{\boldsymbol{\theta}}_i^{\mathrm{T}}\begin{bmatrix}\boldsymbol{0} & \hat{\boldsymbol{S}}_{t,i,1}\times\hat{\boldsymbol{S}}_{t,i,2} & \cdots & \hat{\boldsymbol{S}}_{t,i,1}\times\hat{\boldsymbol{S}}_{t,i,4}\\ \boldsymbol{0} & \boldsymbol{0} & \cdots & \vdots\\ \boldsymbol{0} & \boldsymbol{0} & \cdots & \hat{\boldsymbol{S}}_{t,i,3}\times\hat{\boldsymbol{S}}_{t,i,4}\\ \boldsymbol{0} & \boldsymbol{0} & \cdots & \boldsymbol{0}\end{bmatrix}\dot{\boldsymbol{\theta}}_i,\quad i=1,3 \tag{7-177}$$

第 2 条支链的加速度模型为

$$\boldsymbol{S}_{a,i}=\boldsymbol{J}_i\ddot{\boldsymbol{\theta}}_i+\dot{\boldsymbol{\theta}}_i^{\mathrm{T}}\boldsymbol{H}_i\dot{\boldsymbol{\theta}}_i$$

$$=[\hat{\boldsymbol{S}}_{t,i,1}\quad \hat{\boldsymbol{S}}_{t,i,2}\quad \cdots\quad \hat{\boldsymbol{S}}_{t,i,5}]\ddot{\boldsymbol{\theta}}_i+\dot{\boldsymbol{\theta}}_i^{\mathrm{T}}\begin{bmatrix}\boldsymbol{0} & \hat{\boldsymbol{S}}_{t,i,1}\times\hat{\boldsymbol{S}}_{t,i,2} & \cdots & \hat{\boldsymbol{S}}_{t,i,1}\times\hat{\boldsymbol{S}}_{t,i,5}\\ \boldsymbol{0} & \boldsymbol{0} & \cdots & \vdots\\ \boldsymbol{0} & \boldsymbol{0} & \cdots & \hat{\boldsymbol{S}}_{t,i,4}\times\hat{\boldsymbol{S}}_{t,i,5}\\ \boldsymbol{0} & \boldsymbol{0} & \cdots & \boldsymbol{0}\end{bmatrix}\dot{\boldsymbol{\theta}}_i,\quad i=2 \tag{7-178}$$

因此，Exechon 并联机器人第 i 条支链各个关节的加速度为

$$\ddot{\boldsymbol{\theta}}_i=\boldsymbol{G}_i(\boldsymbol{S}_a-\dot{\boldsymbol{\theta}}_i^{\mathrm{T}}\boldsymbol{H}_i\dot{\boldsymbol{\theta}}_i),i=1,2,3 \tag{7-179}$$

动平台在质心 P 处的加速度为

$$\boldsymbol{S}_{a,P}=\boldsymbol{T}_P\boldsymbol{S}_a \tag{7-180}$$

构件 1、构件 5 质心处的加速度为

$$\boldsymbol{S}_{a,i,A_i}=\boldsymbol{T}_{A_i}[(\hat{\boldsymbol{S}}_{t,i,1}\quad \hat{\boldsymbol{S}}_{t,i,2})(\ddot{\theta}_{i,1}\quad \ddot{\theta}_{i,2})^{\mathrm{T}}+(\dot{\theta}_{i,1}\quad \dot{\theta}_{i,2})\boldsymbol{H}_{i,2\times2}(\dot{\theta}_{i,1}\quad \dot{\theta}_{i,2})^{\mathrm{T}}],i=1,3 \tag{7-181}$$

构件 3、构件 4 质心处的加速度分别为

$$\begin{aligned}\boldsymbol{S}_{a,2,A_2}=\boldsymbol{T}_{A_2}[&(\hat{\boldsymbol{S}}_{t,2,1}\quad \hat{\boldsymbol{S}}_{t,2,2}\quad \hat{\boldsymbol{S}}_{t,2,3})(\ddot{\theta}_{2,1}\quad \ddot{\theta}_{2,2}\quad \ddot{\theta}_{2,3})^{\mathrm{T}}+\\ &(\dot{\theta}_{i,1}\quad \dot{\theta}_{i,2}\quad \dot{\theta}_{i,3})\boldsymbol{H}_{2,3\times3}(\dot{\theta}_{2,1}\quad \dot{\theta}_{2,2}\quad \dot{\theta}_{2,3})^{\mathrm{T}}]\end{aligned} \tag{7-182}$$

$$\boldsymbol{S}_{a,2,C_2}=\boldsymbol{T}_{C_2}[(\hat{\boldsymbol{S}}_{t,2,1}\quad \cdots\quad \hat{\boldsymbol{S}}_{t,2,4})(\ddot{\theta}_{2,1}\quad \cdots\quad \ddot{q}_2)^{\mathrm{T}}+(\dot{\theta}_{2,1}\quad \cdots\quad \ddot{q}_2)\boldsymbol{H}_{2,4\times4}(\dot{\theta}_{2,1}\quad \cdots\quad \ddot{q}_2)^{\mathrm{T}}] \tag{7-183}$$

构件 2、构件 6 质心处的加速度为

$$\begin{aligned}\boldsymbol{S}_{a,2,C_i}=\boldsymbol{T}_{C_i}[&(\hat{\boldsymbol{S}}_{t,i,1}\quad \hat{\boldsymbol{S}}_{t,i,2}\quad \hat{\boldsymbol{S}}_{t,2,3})(\ddot{\theta}_{i,1}\quad \ddot{\theta}_{i,2}\quad \ddot{q}_i)^{\mathrm{T}}+\\ &(\dot{\theta}_{i,1}\quad \dot{\theta}_{i,2}\quad \dot{q}_i)\boldsymbol{H}_{i,3\times3}(\dot{\theta}_{i,1}\quad \dot{\theta}_{i,2}\quad \dot{q}_i)^{\mathrm{T}}],i=1,3\end{aligned} \tag{7-184}$$

动平台受到的惯性力和重力的计算公式为

$$\boldsymbol{S}_{w,P}^{I}=\begin{bmatrix}\boldsymbol{I}_P\dot{\boldsymbol{\omega}}_P+\boldsymbol{\omega}_P\times\boldsymbol{I}_P\boldsymbol{\omega}_P\\ m_P\dot{\boldsymbol{v}}_P\end{bmatrix}=\boldsymbol{m}_P\dot{\boldsymbol{S}}_{t,P}+\boldsymbol{V}_P\boldsymbol{m}_P\boldsymbol{S}_{t,P},\boldsymbol{S}_{w,P}^{G}=\begin{bmatrix}\boldsymbol{0}\\ m_P\boldsymbol{g}\end{bmatrix} \tag{7-185}$$

构件 1、构件 3、构件 5 的惯性力和重力分别为

$$S_{w,A_i}^{I}=\begin{bmatrix} I_{A_i}\dot{\omega}_{A_i}+\omega_{A_i}\times I_{A_i}\omega_{A_i} \\ m_{A_i}\dot{v}_{A_i} \end{bmatrix}=m_{A_i}\dot{S}_{t,A_i}+V_{A_i}m_{A_i}S_{t,A_i},S_{w,A_i}^{G}=\begin{bmatrix} 0 \\ m_{A_i}g \end{bmatrix},i=1,2,3 \quad (7\text{-}186)$$

构件 2、构件 4、构件 6 的惯性力和重力分别为

$$S_{w,C_i}^{I}=\begin{bmatrix} I_{C_i}\dot{\omega}_{C_i}+\omega_{C_i}\times I_{C_i}\omega_{C_i} \\ m_{C_i}\dot{v}_{C_i} \end{bmatrix}=m_{C_i}\dot{S}_{t,C_i}+V_{C_i}m_{C_i}S_{t,C_i},S_{w,C_i}^{G}=\begin{bmatrix} 0 \\ m_{C_i}g \end{bmatrix},i=1,2,3 \quad (7\text{-}187)$$

基于虚功原理，可构造 Exechon 并联机器人的动力学方程为

$$\delta\dot{q}^{\mathrm{T}}f+\sum_{i=1}^{3}\delta S_{t,A_i}^{\mathrm{T}}(S_{w,A_i}^{I}+S_{w,A_i}^{G})+\sum_{i=1}^{3}\delta S_{t,C_i}^{\mathrm{T}}(S_{w,C_i}^{I}+S_{w,C_i}^{G})+\delta S_{t,P}^{\mathrm{T}}(S_{w,P}^{I}+S_{w,P}^{G}+S_{w}^{E})=0 \quad (7\text{-}188)$$

由式（7-188）可求得 Exechon 并联机器人的驱动力。

7.6 本章小结

本章借助有限-瞬时旋量间的分步微分映射规律，在机器人机构关节空间与末端操作空间速度、加速度映射模型的基础上，提出了求解机构所有关节速度与加速度的方法，进而得到机器人机构所有构件在质心处的速度与加速度，利用拉格朗日法、牛顿-欧拉法和虚功方程建立了机器人机构的动力学模型。

为方便读者阅读和理解，将本章要点罗列如下：

1）为描述机器人机构的惯性，介绍了刚体的质心、质量、惯性矩阵、转动惯量等基础概念。

2）利用雅可比矩阵建立串联机器人机构驱动关节速度与末端操作空间速度的映射关系，基于速度叠加原理构建了串联机构构件质心的速度模型；利用瞬时运动旋量和力旋量的互易性质，构造出并联机器人机构驱动及被动关节与动平台速度之间的映射关系，由速度叠加原理得到并联机构构件质心的速度。

3）对机器人机构的速度模型进行微分，可获得加速度模型，其中海塞矩阵可直接利用相应关节单位瞬时运动旋量的叉积进行计算。获得所有关节的加速度后，结合海塞矩阵可快速求解构件质心的加速度。

4）基于拉格朗日法、牛顿-欧拉法介绍了串联机器人动力学建模的方法，基于有限-瞬时旋量理论提出了并联机器人动力学建模的方法。

习　题

1. 已知空心圆柱杆件的质量为 m，长度为 l，内径为 d，外径为 D，如图 7.13 所示。求其质心 C 处的惯性矩阵。

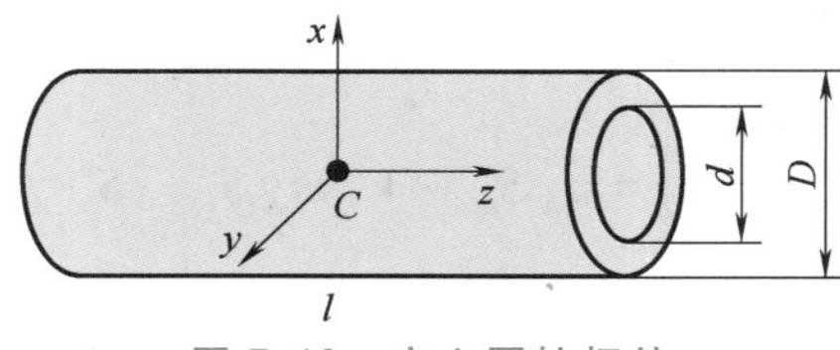

图 7.13 空心圆柱杆件

2. 已知空心长方体的质量为 m，长度为 l，横截面内长方形短边为 a_1，长边为 b_1，外长方形短边为 a_2，长边为 b_2，如图 7.14 所示。求其质心 C 处与顶点 O 处的惯性矩阵。

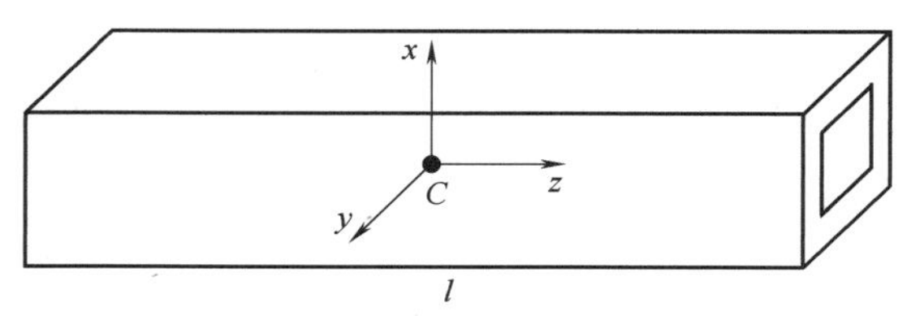

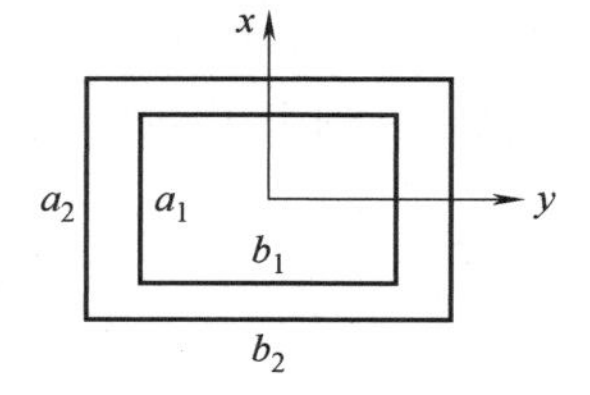

图 7.14 空心长方体

3. SPR 串联机构如图 7.15 所示，将 S 副等效为三个两两正交的 R 副。已知所有关节的速度和加速度，构件 1 的质心 C_1、构件 2 的质心 C_2 和末端执行器的质心 P 以及相应的尺寸 l_1、l_2 和 l_3。求解构件 1、构件 2 以及末端执行器质心处的速度和加速度。

4. SCARA 串联机器人如图 7.16 所示。已知对应串联机构的尺度 l_0、l_1、l_2 和 P 副丝杠的总长 l_3，第一个 R 副的角速度 $\dot{\theta}_1$ 和角加速度 $\ddot{\theta}_1$，第二个 R 副的角速度 $\dot{\theta}_2$ 和角加速度 $\ddot{\theta}_2$，P 副的线速度 $\dot{q}_3$ 和加速度 $\ddot{q}_3$。求构件 1、构件 2 和构件 3 质心处的速度与加速度，并建立动力学模型。

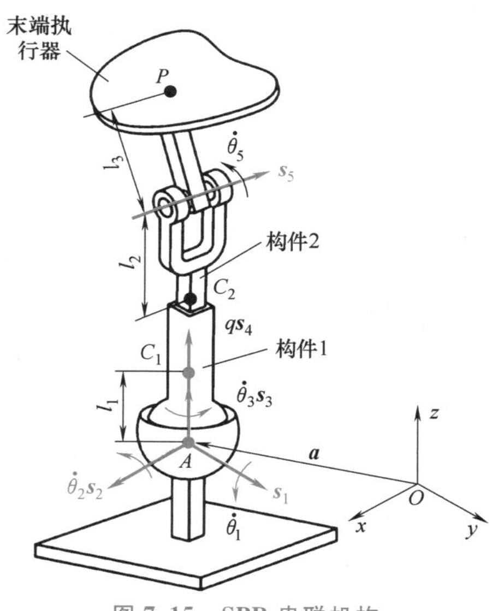

图 7.15 SPR 串联机构

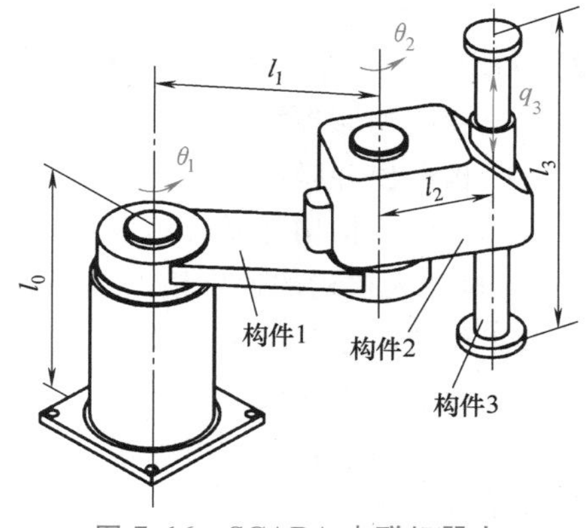

图 7.16 SCARA 串联机器人

5. Tricept 并联机器人如图 7.17 所示，其拓扑构型为 3UPS-UP。已知机器人在动平台点 P 处的位移 $\boldsymbol{r}$、速度 $\boldsymbol{S}_{t,P}$ 与加速度 $\boldsymbol{S}_{a,P}$，试建立此机器人的动力学模型。

6. Stewart 并联机器人如图 7.9 所示，已知六个驱动关节的移动距离所构成的向量 $\boldsymbol{q}$、速度向量 $\dot{\boldsymbol{q}}$ 和加速度向量 $\ddot{\boldsymbol{q}}$，试对 Stewart 并联机器人进行动力学分析。

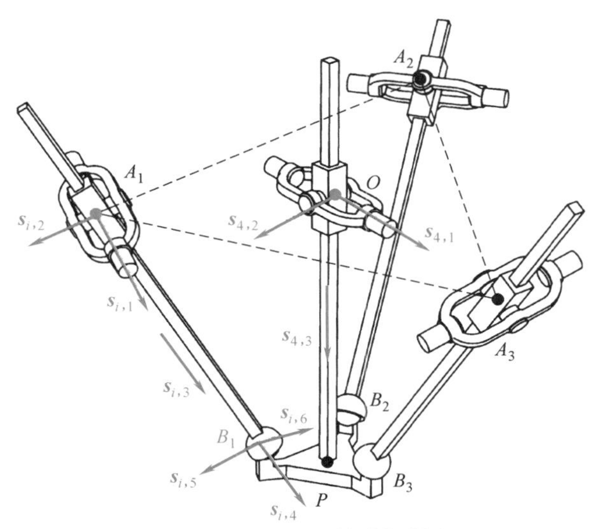

图 7.17 Tricept 并联机器人

7. 三自由度 3-PRS 并联机器人如图 7.10 所示。已知机器人在动平台点 P 处的位移 $\boldsymbol{r}$、速度 $\boldsymbol{S}_{t,P}$ 与加速度 $\boldsymbol{S}_{a,P}$，试对此并联机构进行动力学建模。

参考文献

[1] LIANG D, SONG Y M, SUN T. Optimum design of a novel redundantly actuated parallel manipulator with multiple actuation modes for high kinematic and dynamic performance [J]. Nonlinear Dynamics, 2016, 83: 631-658.

[2] WU J, CHEN X, WANG L, et al. Dynamic load-carrying capacity of a novel redundantly actuated parallel conveyor [J]. Nonlinear Dynamics, 2014, 78 (1): 241-250.

[3] SUN T, LIAN B B, SONG Y M. Elasto-dynamic optimization of a 5-DoF parallel kinematic machine considering parameter uncertainty [J]. IEEE/ASME Transactions on Mechatronics, 2019, 24 (1): 315-325.

[4] SUN T, YANG S F. An approach to formulate the hessian matrix for dynamic control of parallel robots [J]. IEEE/ASME Transactions on Mechatronics, 2019, 24 (1): 271-281.

[5] WANG J, GOSSELIN C M. A new approach for the dynamic analysis of parallel manipulators [J]. Multibody System Dynamics, 1998, 2 (3): 317-334.

[6] KHALIL W, GUEGAN S. Inverse and direct dynamic modeling of gough-stewart robots [J]. IEEE Transactions on Robotics, 2004, 20 (4): 754-761.

[7] CHEN G L, LIN Z. Q. Forward dynamics analysis of spatial parallel mechanisms based on the newton-euler method with generalized coordinates [J]. Journal of Mechanical Engineering, 2009, 45 (7): 41-48.

[8] MILLER K. Optimal design and modeling of spatial parallel manipulators [J]. The International Journal of Robotics Research, 2004, 23 (2): 127-140.

[9] YUN Y, LI Y. A general dynamics and control model of a class of multi-DoF manipulators for active vibration control [J]. Mechanism and Machine Theory, 2011, 46 (10): 1549-1574.

[10] LIANG D, SONG Y M, SUN T. Nonlinear dynamic modeling and performance analysis of a redundantly actuated parallel manipulator with multiple actuation modes based on FMD theory [J]. Nonlinear Dynamics, 2017, 89 (1): 391-428.

[11] DANAEI B, ARIAN A, TALE MASOULEH M. Dynamic modeling and base inertial parameters determination of a 2-DoF spherical parallel mechanism [J]. Multibody System Dynamics, 2017, 41 (4): 367-390.

[12] SHAO P J, WANG Z, YANG S F. Dynamic modeling of a two-DoF rotational parallel robot with changeable rotational axes [J]. Mechanism and Machine Theory, 2019, 131: 318-335.

[13] SONG Y M, DONG G, SUN T, et al. Elasto-dynamic analysis of a novel 2-DoF rotational parallel mechanism with an articulated travelling platform [J]. Meccanica, 2016, 51: 1547-1557.

[14] LIANG D, SONG Y M, SUN T, et al. Rigid-flexible coupling dynamic modeling and investigation of a redundantly actuated parallel manipulator with multiple actuation modes [J]. Journal of Sound and Vibration, 2017, 403: 129-151.

[15] TSAI L W. Solving the inverse dynamics of a stewart-gough manipulator by the principle of virtual work [J]. ASME Journal of Mechanical Design, 2000, 122 (1): 3-9.

[16] ABDELLATIF H, HEIMANN B. Computational efficient inverse dynamics of 6-DoF fully parallel manipulators by using the Lagrangian formalism [J]. Mechanism and Machine Theory, 2009, 44 (1): 192-207.

[17] GALLARDO J, RICO J M, FRISOLI A, et al. Dynamic of parallel manipulators by means of screw theory [J]. Mechanism and Machine Theory, 2003, 38 (11): 1113-1131.

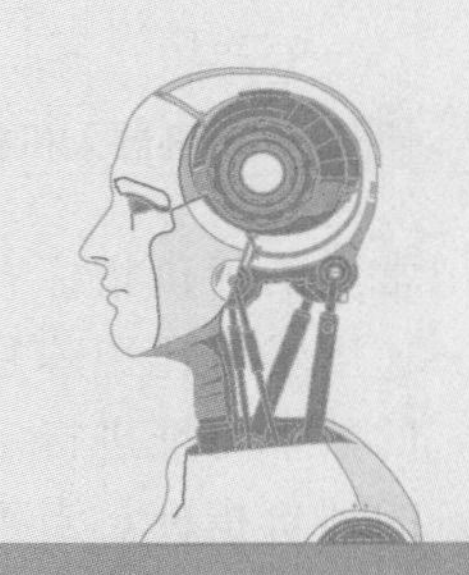

第8章 机器人机构性能优化设计

8.1 引言

性能优化设计是机器人机构参数优选的过程，通常将机构参数作为自变量、机器人性能作为目标函数，借助优化算法搜索出机器人性能最优的机构参数。随着计算机技术的飞速发展，遗传算法、粒子群算法、模拟退火算法等人工智能优化算法已具备解决多参数、强耦合、非线性优化问题的能力，机器人机构性能优化设计可在构建出优化模型后，直接选用适宜的优化算法进行求解。

建立优化模型的核心在于定义优化目标与机构参数。优化目标是机器人机构的量化性能评价指标，实际工程对机器人性能的需求通常是多维度的，因此机器人机构的优化设计大多归纳为多目标优化问题，即根据机器人性能需求采用多个性能评价指标作为目标函数，进行多目标优化。例如，加工机器人需具备运动灵活性、高刚度与优动态特性，涉及运动学、静力学和动力学性能评价指标，可构建出三个以上的优化目标。机构参数是指机器人机构的设计对象，可包括拓扑构型参数，如支链数目、关节顺序、方位等，也可包含机构的尺度参数，比如平台半径、杆长等，还可以包含构件的截面尺寸，如杆件直径、横截面边长等。机器人机构的拓扑构型建模已在第3、第4章介绍，机器人机构的运动学、静力学与动力学建模在第5、第6、第7章介绍。借助有限旋量拓扑模型与瞬时旋量性能模型间的映射关系，可构建出设计参数与目标函数之间的数学关系，进而借助优化算法进行参数优选。

本章首先介绍常用的性能评价指标、机构参数定义方法，随后给出机器人机构的多目标优化设计流程。重点讨论基于Pareto前沿的多目标优化，将多个性能指标均视为目标函数进行优化搜索，得到多个目标的非支配解集后，定义性能合作均衡点，获得多维性能均衡匹配的机构参数。最后，以6-$\underline{P}$US并联机器人、类Z3变轴线1T2R并联机器人为例介绍机器人机构的优化设计方法。

8.2 性能评价指标

8.2.1 运动学性能评价指标

机器人机构的运动学性能评价指标定量衡量机器人输入与输出之间的运动/力传递特性。

常见的评价指标有基于运动传递特性的指标与基于运动/力交互特性的指标。由第 5 章可知，速度雅可比矩阵是机器人机构输入运动与输出运动的映射矩阵，通常可借助速度雅可比矩阵的数学特征进行定量分析与评价。实际上，机器人机构的奇异位形可作为基于运动传递特性的评价指标。当机器人处于奇异位形时，机构末端出现不可控自由度或丧失自由度，表明机构输入与输出之间的运动传递失真。因此，计算奇异性的速度雅可比矩阵特征值可视为机构的运动性能传递指标。其他常见的指标有基于速度雅可比矩阵条件数的灵巧度指标、行列式指标等。基于运动/力交互特性的指标是将机构输入与输出之间的传递关系扩充至广义雅可比矩阵，从机构运动旋量与力旋量的关系入手，由机构输入端和输出端的功率分析运动与力的传递关系，如输入传递指标、输出传递指标、虚功率传递指标等。

1. 速度雅可比矩阵的条件数

根据矩阵条件数的定义，机器人机构速度雅可比矩阵的条件数可定义为

$$\boldsymbol{\kappa}(\boldsymbol{J})=\|\boldsymbol{J}\|\|\boldsymbol{J}^{-1}\| \tag{8-1}$$

$$\|\boldsymbol{J}\|=\max_{\|\boldsymbol{x}\|=1}\|\boldsymbol{J}\boldsymbol{x}\| \tag{8-2}$$

对式（8-2）两边取二次方，得

$$\|\boldsymbol{J}\|^2=\max_{\|\boldsymbol{x}\|=1}\boldsymbol{x}^{\mathrm{T}}(\boldsymbol{J}^{\mathrm{T}}\boldsymbol{J})\boldsymbol{x} \tag{8-3}$$

若 $\boldsymbol{J}$ 非奇异，$\boldsymbol{J}^{\mathrm{T}}\boldsymbol{J}$ 为对称正定矩阵，其最大特征值 $\lambda_{\max}(\boldsymbol{J}^{\mathrm{T}}\boldsymbol{J})=\|\boldsymbol{J}\|^2$。因此，$\boldsymbol{J}$ 的谱范数等于最大奇异值 $\sigma_{\max}=\sqrt{\lambda_{\max}(\boldsymbol{J}^{\mathrm{T}}\boldsymbol{J})}$，$\boldsymbol{J}^{-1}$ 的谱范数等于该矩阵最小奇异值的倒数 $1/\sigma_{\min}$，因此有

$$\boldsymbol{\kappa}(\boldsymbol{J})=\frac{\sigma_{\max}}{\sigma_{\min}}=\frac{\sqrt{\lambda_{\max}(\boldsymbol{J}^{\mathrm{T}}\boldsymbol{J})}}{\sqrt{\lambda_{\min}(\boldsymbol{J}^{\mathrm{T}}\boldsymbol{J})}} \tag{8-4}$$

速度雅可比矩阵与机器人几何尺寸、所处位形相关，因此其条件数也随几何尺寸及位形变化。$\boldsymbol{\kappa}(\boldsymbol{J})=1$，表明此时机构的最大奇异值与最小奇异值相等，机构的输入运动在各个方向上的传递性能相同，称机构此时的位形为运动各向同性位形。运动各向同性利于保持机构输入运动的均衡、稳定传递，是一种理想的机构状态。反之，速度雅可比矩阵的条件数越大，表明机构在各个方向上的运动传递性能差异越大，若其值为无穷大，则机构处于奇异位形。因此，速度雅可比矩阵的条件数可作为衡量机构运动传递性能的指标，其值越接近于 1 越好。

【例 8-1】 求平面 2 自由度 5R 并联机器人机构的速度雅可比矩阵条件数。

图 8.1 所示为平面 2 自由度 5R 并联机构，以 A_1A_5 为机架，机构中的运动副皆为轴线垂直于纸面方向的转动副。点 A_1、A_5 处的转动副为驱动关节，假设其驱动量为 q_1、q_2。点 P 为机构的输出点，具有 x 与 y 方向的移动自由度。由第 3 章所述，可建立机构的瞬时运动模型为

$$\boldsymbol{S}_t=\boldsymbol{J}\dot{\boldsymbol{q}} \tag{8-5}$$

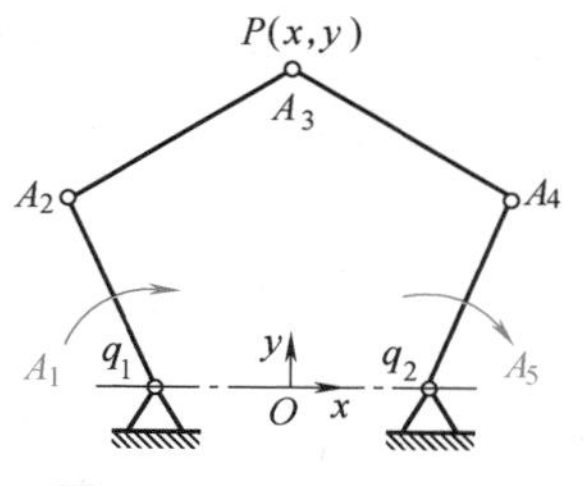

图 8.1 平面 2 自由度 5R 并联机构

式中，$\boldsymbol{S}_t$ 为并联机构在任意位姿的速度；$\dot{\boldsymbol{q}}$ 为机构在任意位姿下所有驱动副速度大小组成的向量；$\boldsymbol{J}$ 为机构在任意位姿下的速度雅可比矩阵。

5R 并联机构的尺度 $A_1A_2=100\text{mm}$、$A_2A_3=80\text{mm}$、$A_1A_5=$

130mm，给定机构末端点 P 的运动轨迹如下：

$$\begin{cases} x=0 \\ y=120-0.1t \end{cases} \tag{8-6}$$

根据式（8-4）计算5R并联机构在给定运动轨迹下，机构速度雅可比矩阵的条件数 $\boldsymbol{\kappa}(\boldsymbol{J})$，如图8.2所示。点 P 沿 y 轴做直线运动时，条件数取值变化均匀，表明机构各向同性较好。$y=91.7$mm时，$\boldsymbol{\kappa}(\boldsymbol{J})$ 发生突变，其值可达 10^3，远大于其他位姿处的条件数，表明5R并联机构在此位姿处为奇异位形。

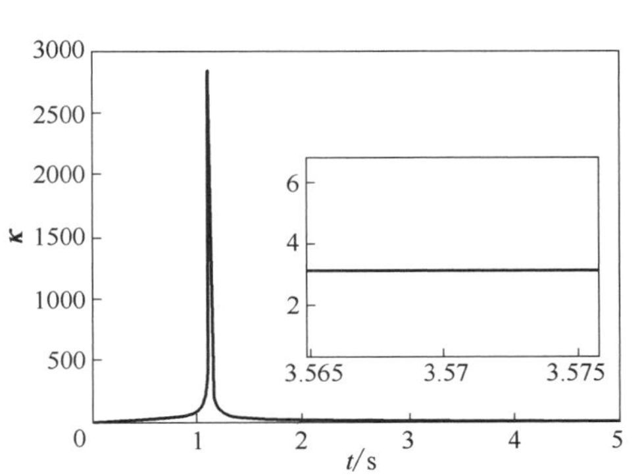

图 8.2　给定轨迹下速度雅可比矩阵条件数的变化趋势

2. 运动/力传递性能评价指标

机器人机构中一般存在两种力旋量：驱动力旋量和约束力旋量。从能量传递的角度看，驱动力旋量是将输入关节空间的能量传递到机构的输出端，约束力旋量与驱动力旋量共同平衡外力，驱动力旋量本身并不能传递能量，因此可以分别从输入端和输出端分析机器人机构运动与力的传递关系，还可以对机构整体进行运动与力传递性能分析。

（1）输入传递指标　对于机构的输入端，若不考虑摩擦力和重力，则驱动关节在驱动力旋量的作用下做功，并将能量传递出去。由于驱动关节的运动可由输入运动旋量来表示，那么从输入端传递的能量等于驱动力旋量对于输入运动旋量所做的功。输入端的传递性能与能量的传递效率有关，即驱动力旋量对输入运动旋量做功的功率有关。驱动力旋量的功率越大，输入端的传递性能越好。

由第3章可知，互易积的值越大，力旋量做功的功率越大。因此，可采用驱动力旋量与输入运动旋量的互易积表示他们之间的功率。由于并联机构的第 i 个支链的驱动关节一般是单自由度关节，机构第 i 个输入运动旋量可直接表示为此单自由度关节的运动旋量。第 i 个单位驱动力旋量对第 i 个单位输入运动旋量做功的功率可表示为

$$P_{Ii}=|\hat{\boldsymbol{S}}_{wa,i}^{\mathrm{T}}\hat{\boldsymbol{S}}_{t,Ii}| \tag{8-7}$$

式中，$\hat{\boldsymbol{S}}_{wa,i}$、$\hat{\boldsymbol{S}}_{t,Ii}$ 分别表示第 i 个驱动力旋量和输入运动旋量。

由式（8-7）可计算第 i 个单位驱动力旋量与第 i 个单位输入运动旋量之间的能效系数为

$$\lambda_i=\frac{|\hat{\boldsymbol{S}}_{wa,i}^{\mathrm{T}}\hat{\boldsymbol{S}}_{t,Ii}|}{|\hat{\boldsymbol{S}}_{wa,i}^{\mathrm{T}}\hat{\boldsymbol{S}}_{t,Ii}|_{\max}} \tag{8-8}$$

由式（8-8）可知，能效系数 λ_i 与驱动力旋量和输入运动旋量的幅值无关，可认为是机构第 i 个驱动力对第 i 个驱动关节运动的传递效率。λ_i 值越大，表示机构第 i 个驱动关节运动传递出去的效率越高，或者说第 i 个驱动关节的运动传递性能越好。考虑机构的力旋量和运动旋量随位姿变化，为了整体评价机构输入端的运动传递性能，定义机构的输入运动传递指标为

$$\gamma_I=\min_i\{\lambda_i\}=\min_i\left\{\frac{|\hat{\boldsymbol{S}}_{wa,i}^{\mathrm{T}}\hat{\boldsymbol{S}}_{t,Ii}|}{|\hat{\boldsymbol{S}}_{wa,i}^{\mathrm{T}}\hat{\boldsymbol{S}}_{t,Ii}|_{\max}}\right\},i=1,2,\cdots,n \tag{8-9}$$

式中，n 表示机构的驱动关节数目。γ_I 的值越大，表示机构输入端的运动传递性能越好。由于旋量互易积为坐标不变量，能效系数也为坐标不变量，且取值范围为［0，1］，故 γ_I 的取值与坐标系原点的选取无关，取值范围为［0，1］。

【例 8-2】 如图 8.3 所示，求 PRS 和 RPS 支链的输入传递指标。

令 P 副的移动方向向量为 $\boldsymbol{s}_t$，则 PRS 和 RPS 支链的单位输入运动旋量均可表示为

$$\hat{\boldsymbol{S}}_{t,I}=\begin{pmatrix}\boldsymbol{0}\\ \boldsymbol{s}_t\end{pmatrix} \tag{8-10}$$

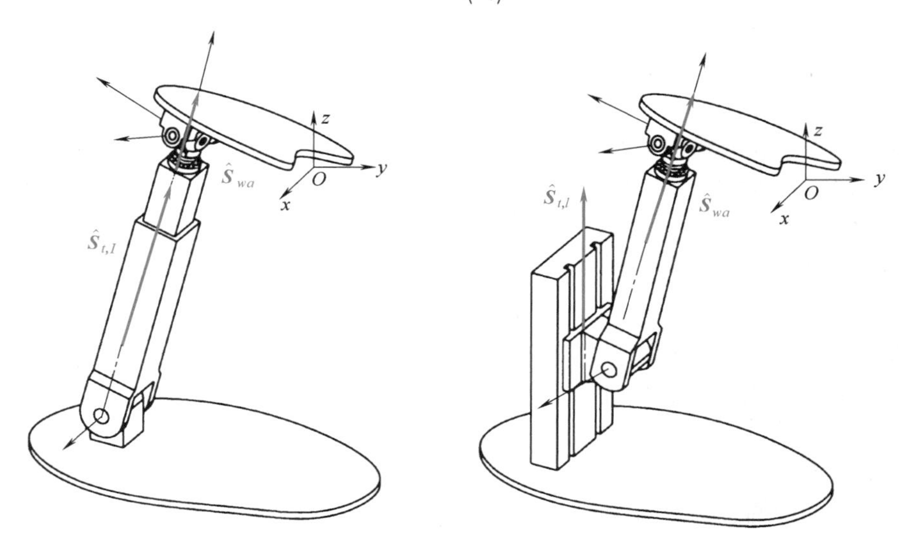

图 8.3 PRS 支链和 RPS 支链

由第 5 章表 5.2 可知，PRS 和 RPS 支链的单位驱动力旋量是过 S 副中心且与 R 副垂直的一个纯力，利用式（8-7）计算支链的功率为

$$P_I=|\hat{\boldsymbol{S}}_{wa}^{\mathrm{T}}\hat{\boldsymbol{S}}_{t,I}|=\begin{pmatrix}\boldsymbol{r}_w\times\boldsymbol{s}_w\\ \boldsymbol{s}_w\end{pmatrix}^{\mathrm{T}}\begin{pmatrix}\boldsymbol{0}\\ \boldsymbol{s}_t\end{pmatrix}=\boldsymbol{s}_w^{\mathrm{T}}\boldsymbol{s}_t \tag{8-11}$$

$$\boldsymbol{s}_w^{\mathrm{T}}\boldsymbol{s}_t=\begin{cases}\|\boldsymbol{s}_t\|^2=1, & \text{RPS 支链}\\ (-\sin\theta,0,\cos\theta)^{\mathrm{T}}(0,0,1)=\cos\theta, & \text{PRS 支链}\end{cases} \tag{8-12}$$

式中，θ 为 PRS 支链中 R 副的转动角度。

根据式（8-8），PRS 和 RPS 支链的输入传递指标为

$$\lambda=\begin{cases}\cos\theta, & \text{PRS 支链}\\ 1, & \text{RPS 支链}\end{cases} \tag{8-13}$$

由式（8-13）可知，PRS 和 RPS 支链的输入传递指标均与坐标系的定义无关。

（2）输出传递指标 对于 n 自由度非冗余并联机构，假如锁定（$n-1$）个驱动关节，只驱动第 i 个驱动关节，那么只有第 i 个驱动关节的运动能够在第 i 个驱动力的作用下被传递到动平台，此时机构变为单自由度机构，其动平台的单位瞬时运动可用单位输出运动旋量 $\hat{\boldsymbol{S}}_{t,Oi}$ 表示。此时，可认为只有第 i 个驱动力能够对机构动平台做功，其余的（$n-1$）个驱动力均变为约束力。根据运动旋量与力旋量的互易性质可得

$$\hat{\boldsymbol{S}}_{wa,j}^{\mathrm{T}}\hat{\boldsymbol{S}}_{t,Oi}=0(i,j=1,2,\cdots,n;i\neq j) \tag{8-14}$$

对应机构的 n 个输入关节，可求得 n 个单位输出运动旋量，即 $\hat{\boldsymbol{S}}_{t,O1}$，$\hat{\boldsymbol{S}}_{t,O2}$，…，$\hat{\boldsymbol{S}}_{t,On}$。这 n 个运动旋量之间线性无关。

同输入端类似，不考虑摩擦力和重力，第 i 个单位驱动力旋量对第 i 个机器人机构输出端所做的功率为

$$P_{Oi}=|\hat{\boldsymbol{S}}_{wa,i}^{\mathrm{T}}\hat{\boldsymbol{S}}_{t,Oi}| \tag{8-15}$$

由于力旋量对机构末端的输出运动起作用，故每个驱动力旋量都有对应的输出传递指标。类似式（8-8），第 i 个单位驱动力旋量与第 i 个单位输出运动旋量之间的能效系数为

$$\eta_i=\frac{|\hat{\boldsymbol{S}}_{wa,i}^{\mathrm{T}}\hat{\boldsymbol{S}}_{t,Oi}|}{|\hat{\boldsymbol{S}}_{wa,i}^{\mathrm{T}}\hat{\boldsymbol{S}}_{t,Oi}|_{\max}} \tag{8-16}$$

该指标反映了机构的第 i 个驱动力旋量在动平台输出运动方向上运动与力传递的效率。η_i 越大，表示第 i 个驱动力旋量对动平台的运动传递效率越高，同时意味着在给定外力作用下，机构内部所需的传递力越小，表明机构在输出运动 $\boldsymbol{S}_{t,Oi}$ 的轴线方向上平衡外力的能力越强。

同样，为了整体评价机构输出端运动与力的传递性能，定义机构的输出传递指标为

$$\gamma_O=\min_i\{\eta_i\}=\min_i\left\{\frac{|\hat{\boldsymbol{S}}_{wa,i}^{\mathrm{T}}\hat{\boldsymbol{S}}_{t,Oi}|}{|\hat{\boldsymbol{S}}_{wa,i}^{\mathrm{T}}\hat{\boldsymbol{S}}_{t,Oi}|_{\max}}\right\},i=1,2,\cdots,n \tag{8-17}$$

γ_O 越大，表示机构输出端运动与力的传递性能越好。与输入传递指标 γ_I 一样，γ_O 也为坐标不变量，取值范围为［0，1］。

【例 8-3】 4UPS-RPS 并联机构如图 8.4 所示。以 RPS 支链为中心，4 个无约束 UPS 支链呈空间对称布置，机构具有 5 个自由度。求 4UPS-RPS 并联机构的输出传递指标。

4UPS-RPS 并联机构的 P 副是驱动关节。UPS 支链是无约束支链，锁定 P 副后，由 U 副、S 副的运动旋量可求得 UPS 支链的驱动力旋量为

$$\hat{\boldsymbol{S}}_{wa,i}=\begin{pmatrix}\boldsymbol{r}_i\times\boldsymbol{B}_i\boldsymbol{A}_i\\ \boldsymbol{B}_i\boldsymbol{A}_i\end{pmatrix},i=1,2,\cdots,4 \tag{8-18}$$

式中，$\boldsymbol{r}_i$ 表示在瞬时坐标系下，参考点 P 到点 A_i 的向量，$\boldsymbol{B}_i\boldsymbol{A}_i$ 表示 B_iA_i 的方向向量。

RPS 支链存在一个驱动力旋量和一个约束力旋量，分别为

$$\hat{\boldsymbol{S}}_{wa,5}=\begin{pmatrix}\boldsymbol{0}\\ \overline{OP}\end{pmatrix},\hat{\boldsymbol{S}}_{wc}=\begin{pmatrix}\boldsymbol{0}\\ \boldsymbol{s}_R\end{pmatrix} \tag{8-19}$$

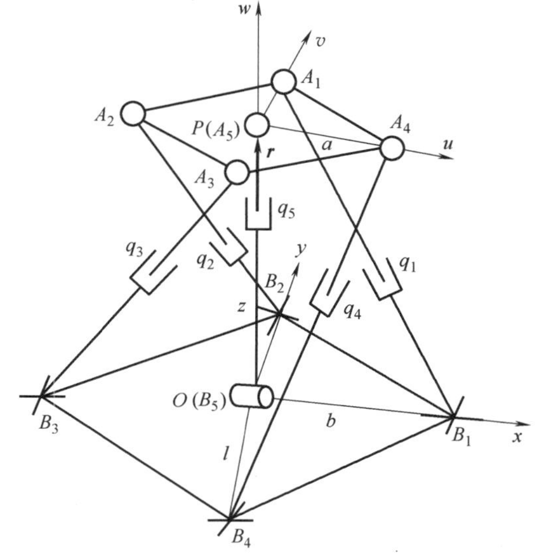

图 8.4 4UPS-RPS 并联机构

式中，$\overline{OP}$ 表示 OP 的方向向量；$\boldsymbol{s}_R$ 表示 RPS 支链内 R 副轴线的方向向量。

利用式（8-20）可求得对应于第 i 个驱动力旋量的输出运动旋量 $\hat{\boldsymbol{S}}_{t,Oi}$

$$\begin{cases}\hat{\boldsymbol{S}}_{wa,j}^{\mathrm{T}}\hat{\boldsymbol{S}}_{t,Oi}=0 & (i,j=1,2,\cdots,5;i\neq j)\\ \hat{\boldsymbol{S}}_{wc}^{\mathrm{T}}\hat{\boldsymbol{S}}_{t,Oi}=0 & (i=1,2,\cdots,5)\end{cases} \tag{8-20}$$

根据式（8-17），可得机构的输出传递指标为

$$\gamma_O=\min_i\{\eta_i\}=\min_i\left\{\frac{|\hat{\boldsymbol{S}}_{wa,i}^{\mathrm{T}}\hat{\boldsymbol{S}}_{t,Oi}|}{|\hat{\boldsymbol{S}}_{wa,i}^{\mathrm{T}}\hat{\boldsymbol{S}}_{t,Oi}|_{\max}}\right\},i=1,2,\cdots,5 \tag{8-21}$$

4UPS-RPS 并联机构的尺度参数 $a=300\mathrm{mm}$、$b=600\mathrm{mm}$、$l=900\mathrm{mm}$。给定机构末端轨迹时，4UPS-RPS 并联机构输出传递指标分布如图 8.5 所示。输出传递指标处于［0，1］之间，恰约束支链 RPS 的传递力螺旋对动平台的运动传递效率低于 UPS 支链传递力螺旋对动平台的运动传递效率。

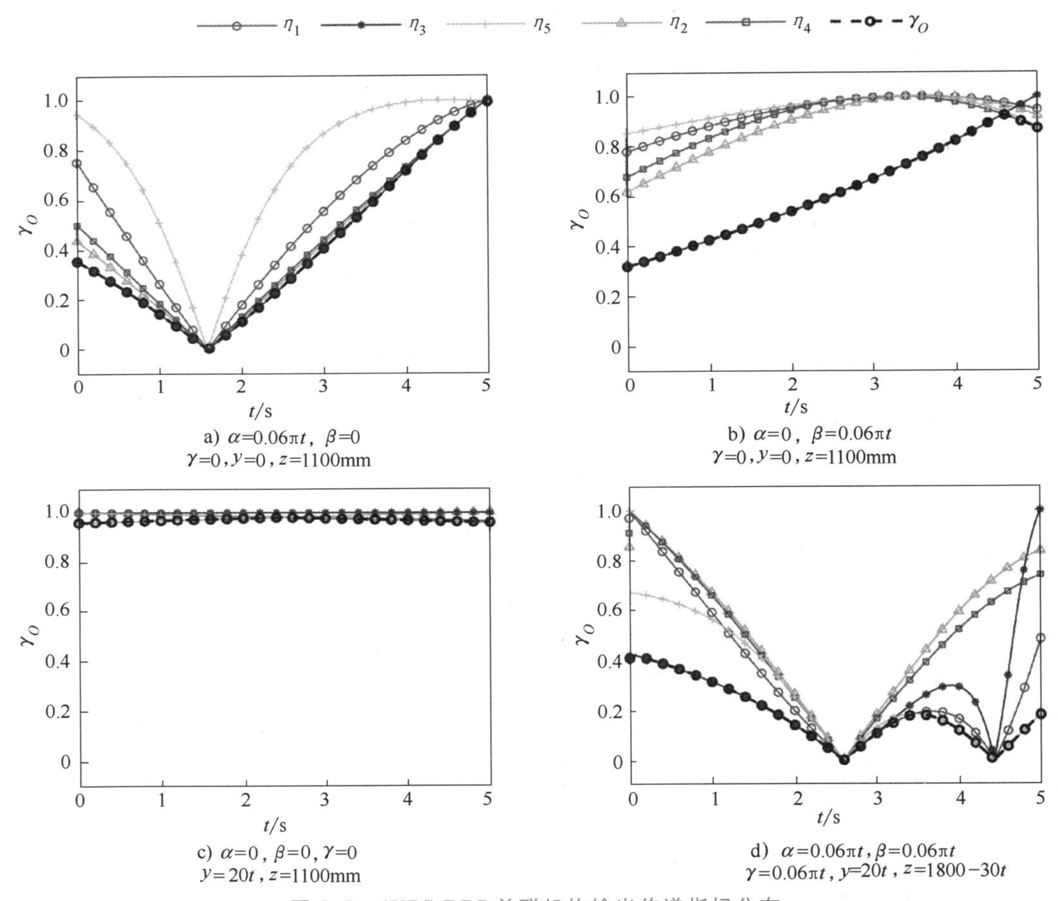

图 8.5　4UPS-RPS 并联机构输出传递指标分布

（3）整体传递指标　为了让每个驱动力旋量都有较好的运动和力传递性能，使得机构远离奇异位形，输入和输出传递性能指标的值越大越好。可定义 n 自由度机构的整体传递性能指标为

$$\gamma=\min\{\gamma_I,\gamma_O\} \tag{8-22}$$

在不同位形下，机构的输入和输出传递指标值的大小不同，故将 γ 称为局部传递指标，其取值范围为［0，1］，且与坐标系的选取无关。

除了分别从输入、输出端分析机构的运动与力传递性能，还可以从机构的运动映射模型分析传递性能。由第5章得到的机构运动映射模型可表示为

$$\boldsymbol{J}_w\boldsymbol{S}_t=\boldsymbol{J}_q\dot{\boldsymbol{q}} \tag{8-23}$$

式中，$\boldsymbol{S}_t$ 表示机构末端动平台的运动旋量；$\dot{\boldsymbol{q}}$ 为驱动关节的运动量张成的向量。

若机构非奇异，$\boldsymbol{J}_w$ 满秩，机构末端的运动旋量可进一步表示为

$$\boldsymbol{S}_t=\boldsymbol{J}_w^{-1}\boldsymbol{J}_q\dot{\boldsymbol{q}} \tag{8-24}$$

式中，$\boldsymbol{J}_w^{-1}$ 可表示为

$$\boldsymbol{J}_w^{-1}=[\rho_1^*\hat{\boldsymbol{S}}_{t,1}^* \quad \rho_2^*\hat{\boldsymbol{S}}_{t,2}^* \quad \cdots \quad \rho_6^*\hat{\boldsymbol{S}}_{t,6}^*]$$

对于 n 自由度并联机构，机构末端的运动旋量可表示为

$$\boldsymbol{S}_t=\sum_{k=1}^{n}\rho_{t,k,gk}\rho_{t,k}^*(\hat{\boldsymbol{S}}_{wa,k,gk}^{\mathrm{T}}\hat{\boldsymbol{S}}_{t,k,gk})\hat{\boldsymbol{S}}_{t,k}^* \tag{8-25}$$

式中，$\rho_{t,k,gk}$、$\rho_{t,k}^*$ 分别表示 $\boldsymbol{S}_{t,k,gk}$、$\boldsymbol{S}_{t,k}^*$ 的强度。

并联机构的力旋量可表示为

$$\boldsymbol{S}_w=\boldsymbol{S}_{wa}+\boldsymbol{S}_{wc}=\sum_{i=1}^{l}\sum_{ka=1}^{g_i}f_{a,i,ka}\hat{\boldsymbol{S}}_{wa,i,ka}+\sum_{i=1}^{l}\sum_{kc=1}^{6-n_i}f_{c,i,kc}\hat{\boldsymbol{S}}_{wc,i,kc} \tag{8-26}$$

式中，$f_{a,i,ka}$、$f_{c,i,kc}$ 分别表示 $\boldsymbol{S}_{wa,i,ka}$、$\boldsymbol{S}_{wc,i,kc}$ 的强度。

并联机构的运动旋量与力旋量做广义内积，可得到并联机构从驱动空间到末端操作空间的虚功率。采用类似能效系数的概念定义，可得到虚功率传递率为

$$\mu_k=\left\{\frac{|\hat{\boldsymbol{S}}_{wa,k,gk}^{\mathrm{T}}\hat{\boldsymbol{S}}_{t,k}^*|}{|\hat{\boldsymbol{S}}_{wa,k,gk}^{\mathrm{T}}\hat{\boldsymbol{S}}_{t,k}^*|_{\max}},\frac{|\hat{\boldsymbol{S}}_{wa,k,gk}^{\mathrm{T}}\hat{\boldsymbol{S}}_{t,k,gk}|}{|\hat{\boldsymbol{S}}_{wa,k,gk}^{\mathrm{T}}\hat{\boldsymbol{S}}_{t,k,gk}|_{\max}}\right\} \tag{8-27}$$

如果 μ_k 的值接近于0，表示驱动关节的功率无法传递至末端，此时并联机构处于奇异位形。μ_k 的取值范围为［0，1］，其值越接近1，表明并联机构的功率传递性能越好。则并联机构的虚功率传递率指标可定义为

$$v_k=\min_k(\mu_k) \tag{8-28}$$

上述整体传递指标为局部传递指标，若考虑机构在整个工作空间内的运动传递性能，可进一步考虑虚功率传递率在机构工作空间内的均值 $\bar{v}_k$ 与方差 $\tilde{v}_k$，分别为

$$\bar{v}_k=\frac{\int_V v_k\mathrm{d}V}{V},\tilde{v}_k=\frac{\sqrt{\int_V(v_k-\bar{v}_k)^2\mathrm{d}V}}{V} \tag{8-29}$$

【例8-4】 求4U$\underline{\text{P}}$S-R$\underline{\text{P}}$S并联机构的整体传递指标。

1）输入/输出性能局部传递指标。4U$\underline{\text{P}}$S-R$\underline{\text{P}}$S并联机构的五个单位输入运动旋量分别为

$$\hat{\boldsymbol{S}}_{t,Ti}=\begin{pmatrix}\boldsymbol{0}\\ \overline{B_iA_i}\end{pmatrix},i=1,2,\cdots,5 \tag{8-30}$$

机构的五个驱动力旋量与一个约束力旋量见式（8-19）。机构的五个输出运动旋量可由式（8-20）求得。分别计算输入传递指标 γ_I 和输出传递指标 γ_O，输入/输出性能局部传递指标为

$$\gamma=\min\{\gamma_I,\gamma_O\} \tag{8-31}$$

由于4U$\underline{\text{P}}$S-R$\underline{\text{P}}$S并联机构的输入传递指标恒为1，且 γ_I，$\gamma_O\in$［0，1］，故局部传递指

标即为输出传递指标 γ_O。

2）虚功率传递率。因驱动力旋量与驱动关节旋量互易积为 1，4UPS-RPS 并联机构的运动映射模型可表示为

$$J_w S_t = \dot{q} \tag{8-32}$$

式中，J_w 是五个驱动力旋量与一个约束力旋量组成的矩阵。

当工作空间内机构不奇异时，J_w 可逆，式（8-32）可改写为

$$S_t = J_w^{-1}\dot{q} = \sum_{k=1}^{6} q_k \rho_{t,k}^{*} \hat{S}_{t,k}^{*} \tag{8-33}$$

则虚功率传递率可表示为

$$v = \min\left(\frac{|\hat{S}_{wa,i}^{\mathrm{T}} \hat{S}_{t,i}^{*}|}{|\hat{S}_{wa,i}^{\mathrm{T}} \hat{S}_{t,i}^{*}|_{\max}}\right), i = 1, 2, \cdots, 5 \tag{8-34}$$

不同轨迹下虚功率传递率的变化趋势如图 8.6 所示。在图 8.6a 中，t=2.5s 时，机构虚功率传递率接近于 0，此时机构接近奇异。同时，在图 8.6d 中，t=2.7s、t=4.2s 时，机构接近奇异。

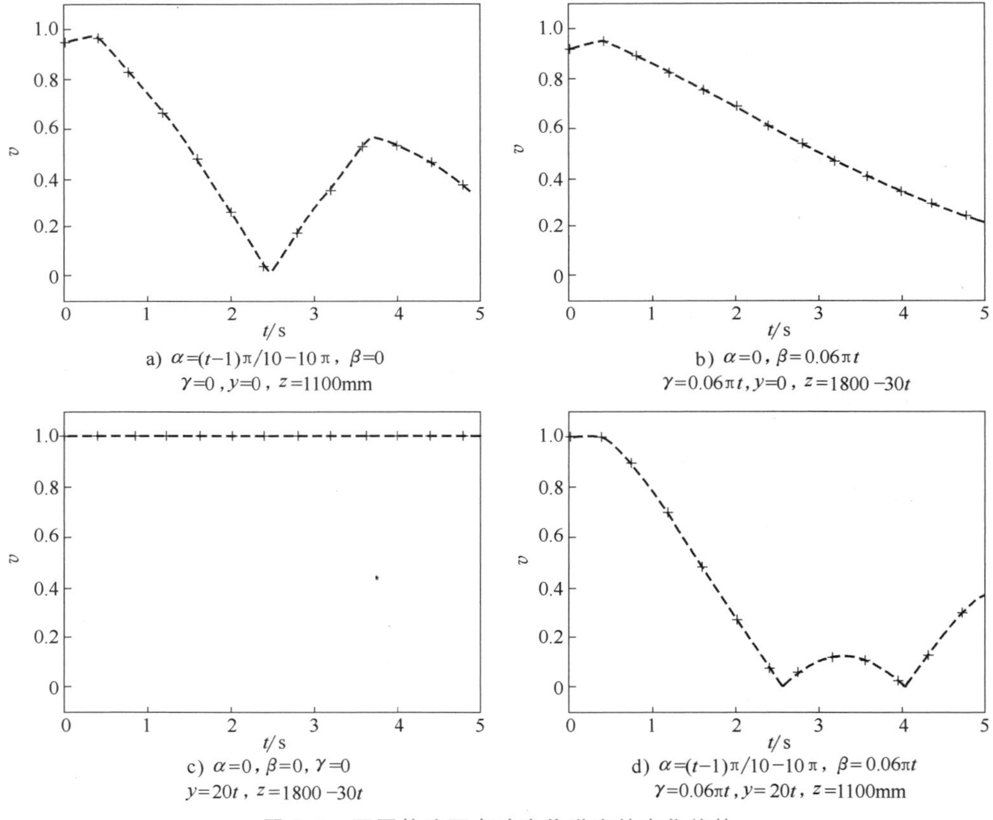

a) $\alpha=(t-1)\pi/10-10\pi$，$\beta=0$，$\gamma=0$，$y=0$，$z=1100$mm

b) $\alpha=0$，$\beta=0.06\pi t$，$\gamma=0.06\pi t$，$y=0$，$z=1800-30t$

c) $\alpha=0$，$\beta=0$，$\gamma=0$，$y=20t$，$z=1800-30t$

d) $\alpha=(t-1)\pi/10-10\pi$，$\beta=0.06\pi t$，$\gamma=0.06\pi t$，$y=20t$，$z=1100$mm

图 8.6 不同轨迹下虚功率传递率的变化趋势

8.2.2 静力学性能评价指标

1. 瞬时能量

机构的静力学性能主要包括静刚度与质量。为了量化衡量机构的静刚度，首先引入瞬时

能量的概念。由能量守恒定律可知，外载荷与机构对应变形所做的功将转变为机构的变形能。并联机构末端承受外载荷以及产生的变形可表示为

$$\boldsymbol{S}_{w,E}=f_{w,E}\hat{\boldsymbol{S}}_{w,E}=f_{w,E}\begin{pmatrix}\boldsymbol{r}_E\times\boldsymbol{s}_w+h_w\boldsymbol{s}_w\\ \boldsymbol{s}_w\end{pmatrix},\boldsymbol{S}_d=\rho_d\hat{\boldsymbol{S}}_d=\begin{pmatrix}\boldsymbol{s}_d\\ \boldsymbol{r}_d\times\boldsymbol{s}_d+h_d\boldsymbol{s}_d\end{pmatrix} \tag{8-35}$$

式中，$f_{w,E}$、ρ_d 和 $\hat{\boldsymbol{S}}_{w,E}$、$\hat{\boldsymbol{S}}_d$ 分别表示外载荷旋量、对应变形旋量的强度和单位旋量；$\boldsymbol{s}_w$ 和 $\boldsymbol{s}_d$ 分别为外力旋量与变形旋量的单位轴线向量；$\boldsymbol{r}_E$ 和 $\boldsymbol{r}_d$ 分别为外力旋量与变形旋量关于固定坐标系原点 O 的矩；h_w 和 h_d 分别为外力旋量与变形旋量的节距。当 $h_w=0$ 或 $h_w=\infty$ 时，$\hat{\boldsymbol{S}}_{w,E}$ 为纯力旋量或力偶旋量；当 $h_d=0$ 或 $h_d=\infty$ 时，$\hat{\boldsymbol{S}}_d$ 为角变形旋量或线变形旋量。

当并联机构处于平衡状态时，若在末端参考点施加单位外载荷，并联机构末端将产生微小变形，其集合可构成一个 6 维线性空间，称此空间为微小变形旋量空间，记作 $\boldsymbol{D}$。作用于末端参考点的外载荷也构成一个 6 维线性空间，称为载荷旋量空间，记为 $\boldsymbol{W}$。$\boldsymbol{S}_d\in\boldsymbol{D}$ 和 $\boldsymbol{S}_{w,E}\in\boldsymbol{W}$ 分别表示微小变形旋量和载荷旋量在瞬时坐标系 $O'x'y'z'$下的度量。

按纯力旋量和力偶旋量对 $\boldsymbol{W}$ 做直和分解，并按微小线变形旋量和微小角变形旋量对 $\boldsymbol{D}$ 做直和分解，即

$$\boldsymbol{W}=\boldsymbol{W}_L\oplus\boldsymbol{W}_M \tag{8-36}$$

由式（8-36）可做如下定义：

（1）纯力旋量空间 $\boldsymbol{W}_L$　机构末端承受的外载荷中，纯力旋量集合张成 $\boldsymbol{W}$ 的一个 3 维子空间，其元素 $\boldsymbol{S}_{wl}$ 称为纯力旋量。

（2）力偶旋量空间 $\boldsymbol{W}_M$　机构末端承受的外载荷中，力偶旋量集合张成 $\boldsymbol{W}$ 的一个 3 维子空间，其元素 $\boldsymbol{S}_{wm}$ 称为力偶旋量。

（3）微小线变形旋量空间 $\boldsymbol{D}_L$　在外载荷作用下，机构末端产生的微小线变形旋量集合张成 $\boldsymbol{D}$ 的一个 3 维子空间，其元素 $\boldsymbol{S}_{dl}$ 称为微小线变形旋量。

（4）微小角变形旋量空间 $\boldsymbol{D}_M$　在外载荷作用下，机构末端产生的微小角变形旋量集合张成 $\boldsymbol{D}$ 的一个 3 维子空间，其元素 $\boldsymbol{S}_{dm}$ 称为微小角变形旋量。

由理论力学知识可知，纯力（力偶）旋量仅在微小线（角）变形旋量上做功，而在微小角（线）变形旋量上不做功，因此有

$$\hat{\boldsymbol{S}}_{wl,k_l}^{\mathrm{T}}\hat{\boldsymbol{S}}_{dl,j_l}=\begin{cases}\mu_l & k_l=j_l\\ 0 & k_l\neq j_l\end{cases},k_l,j_l=1,2,3 \tag{8-37}$$

$$\hat{\boldsymbol{S}}_{wm,k_m}^{\mathrm{T}}\hat{\boldsymbol{S}}_{dm,j_m}=\begin{cases}\mu_m & k_m=j_m\\ 0 & k_m\neq j_m\end{cases},k_m,j_m=1,2,3 \tag{8-38}$$

$$\hat{\boldsymbol{S}}_{wl,k_l}^{\mathrm{T}}\hat{\boldsymbol{S}}_{dm,j_m}=0,\hat{\boldsymbol{S}}_{wm,k_m}^{\mathrm{T}}\hat{\boldsymbol{S}}_{dl,j_l}=0 \tag{8-39}$$

式中，$\{\hat{\boldsymbol{S}}_{wl,1}\quad\hat{\boldsymbol{S}}_{wl,2}\quad\hat{\boldsymbol{S}}_{wl,3}\}$ 和 $\{\hat{\boldsymbol{S}}_{wm,1}\quad\hat{\boldsymbol{S}}_{wm,2}\quad\hat{\boldsymbol{S}}_{wm,3}\}$ 分别为纯力旋量空间和力偶旋量空间的基，$\{\hat{\boldsymbol{S}}_{dl,1}\quad\hat{\boldsymbol{S}}_{dl,2}\quad\hat{\boldsymbol{S}}_{dl,3}\}$ 和 $\{\hat{\boldsymbol{S}}_{dm,1}\quad\hat{\boldsymbol{S}}_{dm,2}\quad\hat{\boldsymbol{S}}_{dm,3}\}$ 分别为微小线变形旋量空间和角变形旋量空间的基，且 μ_l 和 μ_m 均为非零实数。

由线性代数知识可知，$\boldsymbol{W}_L(\boldsymbol{W}_M)$ 与 $\boldsymbol{D}_M$（$\boldsymbol{D}_L$）互为零化子空间，其物理意义可解释为纯力（力偶）旋量在微小角（线）变形旋量上一定不做功。$\boldsymbol{W}_L(\boldsymbol{W}_M)$ 与 $\boldsymbol{D}_M(\boldsymbol{D}_L)$ 互为对偶空间，其物理意义可解释为纯力（力偶）旋量仅在微小线（角）变形旋量上做功。

不计机构零部件摩擦，在瞬时状态下，施加于机构末端参考点的外载荷与对应变形所做的功将转化为机构存储的瞬时能量。瞬时变形能是瞬时外载荷与相应微小形变所做的虚功，表征机构承受外载荷的能力。由胡克定律可知，在同样外力载荷作用下，机构的刚度越高，所产生的相应变形越小。即瞬时变形能越小，机构的刚度性能越好。瞬时外载荷和对应的瞬时微小变形可由瞬时力旋量和变形旋量描述，可将它们分解为三维的瞬时力和力偶以及对应的瞬时线变形和角变形。因瞬时力（力偶）不对瞬时角（线）变形做功，故瞬时变形能可定义为

$$E=\sum_{j_l=1}^{3}E_{l,j_l}+\sum_{j_m=1}^{3}E_{m,j_m}=\sum_{j_l=1}^{3}\left|\boldsymbol{S}_{wl,j_l}^{\mathrm{T}}\boldsymbol{S}_{dl,j_l}\right|+\sum_{j_m=1}^{3}\left|\boldsymbol{S}_{wm,j_m}^{\mathrm{T}}\boldsymbol{S}_{dm,j_m}\right| \tag{8-40}$$

式中，E 为机构总瞬时能；E_{l,j_l} 为纯力旋量沿第 j_l 微小线变形轴线产生的瞬时能量；E_{m,j_m} 为力偶旋量绕第 j_m 微小角变形轴线产生的瞬时能量。

不失一般性，以 $E_{l,1}$（即纯力旋量沿第 1 个微小线变形轴线产生的瞬时能量）为例，在机构末端参考点施加单位纯力旋量将产生微小线变形，变形越小，产生的瞬时能量就越小，即 $E_{l,1}$ 越小。根据刚度的定义，$E_{l,1}$ 越小，表示机构沿第 1 个微小线变形轴线的线刚度越大，反之亦然。不管所施加的力旋量是纯力旋量还是力偶旋量，沿或绕某轴线产生的瞬时能量，其单位均为焦耳。以瞬时能量评价机构的刚度可有效统一量纲，物理意义清晰直观。

2. 静刚度性能评价指标

由胡克定律可知，机构末端动平台承受的外载荷和产生的变形满足如下关系：

$$\boldsymbol{S}_{w,E}=\boldsymbol{K}\boldsymbol{S}_d,\boldsymbol{S}_d=\boldsymbol{C}\boldsymbol{S}_{w,E} \tag{8-41}$$

式中，$\boldsymbol{K}$ 和 $\boldsymbol{C}$ 分别表示机构的刚度矩阵和柔度矩阵，两者互为逆矩阵。

柔度矩阵 $\boldsymbol{C}$ 为 Hermite 矩阵，假定柔度矩阵 $\boldsymbol{C}$ 的特征值 $\lambda_{c,i}(i=1,2,\cdots,6)$ 互不相等，则属于特征值 $\lambda_{c,i}$ 的单位特征向量 $\hat{\boldsymbol{S}}_{c,i}(i=1,2,\cdots,6)$ 相互正交，即满足

$$\begin{cases}\hat{\boldsymbol{S}}_{c,i}^{\mathrm{T}}\hat{\boldsymbol{S}}_{c,j}=1 & i=j\\ \hat{\boldsymbol{S}}_{c,i}^{\mathrm{T}}\hat{\boldsymbol{S}}_{c,j}=0 & i\neq j\end{cases},i=1,2,\cdots,6,j=1,2,\cdots,6 \tag{8-42}$$

同时，由特征值和特征向量的定义可知

$$\boldsymbol{C}\hat{\boldsymbol{S}}_{c,i}=\lambda_{c,i}\hat{\boldsymbol{S}}_{c,i} \tag{8-43}$$

若柔度矩阵 $\boldsymbol{C}$ 的特征值 $\lambda_{c,i}$ 不满足互不相等的条件，可通过施密特正交化方法使特征向量 $\hat{\boldsymbol{S}}_{c,i}$ 满足式（8-42）和式（8-43）。

由外力旋量与变形旋量的关系，定义纯力旋量空间 $\boldsymbol{W}_L$ 与力偶旋量空间 $\boldsymbol{W}_M$ 的基分别为

$$\boldsymbol{B}_l=\{\hat{\boldsymbol{S}}_{l,1}\quad\hat{\boldsymbol{S}}_{l,2}\quad\hat{\boldsymbol{S}}_{l,3}\},\boldsymbol{B}_m=\{\hat{\boldsymbol{S}}_{m,1}\quad\hat{\boldsymbol{S}}_{m,2}\quad\hat{\boldsymbol{S}}_{m,3}\} \tag{8-44}$$

式中，$\hat{\boldsymbol{S}}_{l,i}=\begin{pmatrix}\boldsymbol{s}_i\\ \boldsymbol{0}\end{pmatrix}$；$\hat{\boldsymbol{S}}_{m,i}\begin{pmatrix}\boldsymbol{0}\\ \boldsymbol{s}_i\end{pmatrix}$。其中，$i=1,2,3$，$s_1=(1\quad 0\quad 0)^{\mathrm{T}}$，$s_2=(0\quad 1\quad 0)^{\mathrm{T}}$，$s_3=(0\quad 0\quad 1)^{\mathrm{T}}$。

由瞬时力和力偶张成的空间的维数等于柔度矩阵独立特征向量的个数。因此，由线性代数可知，外载荷旋量 $\boldsymbol{S}_{w,E}$ 可由空间 $\boldsymbol{W}$ 的基唯一表示为

$$\boldsymbol{S}_{w,E}=\boldsymbol{S}_{wl}+\boldsymbol{S}_{wm}=\sum_{j_l=1}^{3}\rho_{l,j_l}\hat{\boldsymbol{S}}_{l,j_l}+\sum_{j_m=1}^{3}\rho_{m,j_m}\hat{\boldsymbol{S}}_{m,j_m} \tag{8-45}$$

式中，$\rho_{l,j_l}(\rho_{m,j_m})$ 是单位旋量 $\hat{\boldsymbol{S}}_{l,j_l}(\hat{\boldsymbol{S}}_{m,j_m})$ 的强度。

同理，基 $\boldsymbol{B}_l$ 和基 $\boldsymbol{B}_m$ 的任意一个基螺旋可由柔度矩阵 $\boldsymbol{C}$ 的单位特征向量表示为

$$\hat{\boldsymbol{S}}_{l,j_l}=\sum_{i=1}^{6}\delta_{l,i,j_l}\hat{\boldsymbol{S}}_{c,i},\hat{\boldsymbol{S}}_{m,j_m}=\sum_{i=1}^{6}\delta_{m,i,j_m}\hat{\boldsymbol{S}}_{c,i} \tag{8-46}$$

式中，$\delta_{l,i,j_l}(\delta_{m,i,j_m})$ 为柔度矩阵的特征向量 $\hat{\boldsymbol{S}}_{c,i}$ 的强度，其值计算公式为

$$[\delta_{l,1,j_l},\delta_{l,2,j_l},\cdots,\delta_{l,6,j_l}]^{\mathrm{T}}=\boldsymbol{H}_c^{-1}\boldsymbol{S}_{l,j_l},[\delta_{m,1,j_m},\delta_{m,2,j_m},\cdots,\delta_{m,6,j_m}]^{\mathrm{T}}=\boldsymbol{H}_c^{-1}\boldsymbol{S}_{m,j_m} \tag{8-47}$$

式中，$\boldsymbol{H}_c=[\hat{\boldsymbol{S}}_{c,1}\quad\cdots\quad\hat{\boldsymbol{S}}_{c,6}]^{\mathrm{T}}$。

将式（8-46）和式（8-47）代入式（8-45），机构末端动平台所受外载荷为

$$\boldsymbol{S}_{w,E}=\sum_{i=1}^{6}\left(\sum_{j_l=1}^{3}\rho_{l,j_l}\delta_{l,i,j_l}+\sum_{j_m=1}^{3}\rho_{m,j_m}\delta_{m,i,j_m}\right)\hat{\boldsymbol{S}}_{c,i} \tag{8-48}$$

在确定机构末端动平台所受外力载荷后，由式（8-41）、式（8-43）和式（8-48）可得，在外载荷作用下机构末端动平台所产生的变形旋量为

$$\boldsymbol{S}_d=\sum_{i=1}^{6}\left(\left(\sum_{j_l=1}^{3}\rho_{l,j_l}\delta_{l,i,j_l}+\sum_{j_m=1}^{3}\rho_{m,j_m}\delta_{m,i,j_m}\right)\lambda_{c,i}\hat{\boldsymbol{S}}_{c,i}\right) \tag{8-49}$$

计算机构的瞬时能量，结合零化子空间和对偶空间的定义，得

$$E=E_l+E_m \tag{8-50}$$

$$E_l=\sum_{i=1}^{6}\left(\left(\sum_{j_l=1}^{3}\rho_{l,j_l}\delta_{l,i,j_l}\right)\left(\sum_{j_l=1}^{3}\rho_{l,j_l}\delta_{l,i,j_l}+\sum_{j_m=1}^{3}\rho_{m,j_m}\delta_{m,i,j_m}\right)\lambda_{c,i}\hat{\boldsymbol{S}}_{c,i}^{\mathrm{T}}\hat{\boldsymbol{S}}_{c,i}\right) \tag{8-51}$$

$$E_m=\sum_{i=1}^{6}\left(\left(\sum_{j_m=1}^{3}\rho_{m,j_m}\delta_{m,i,j_m}\right)\left(\sum_{j_l=1}^{3}\rho_{l,j_l}\delta_{l,i,j_l}+\sum_{j_m=1}^{3}\rho_{m,j_m}\delta_{m,i,j_m}\right)\lambda_{c,i}\hat{\boldsymbol{S}}_{c,i}^{\mathrm{T}}\hat{\boldsymbol{S}}_{c,i}\right) \tag{8-52}$$

式中，E_l 和 E_m 分别表示由纯力旋量和力偶旋量引起的瞬时能量。

为表征机构沿/绕瞬时坐标系轴线的刚度，建立柔度矩阵特征向量 $\hat{\boldsymbol{S}}_{c,i}$ 与 $\hat{\boldsymbol{S}}_{l,i}$、$\hat{\boldsymbol{S}}_{m,i}$ 间的关系。由前述可知，两者关系可表示为

$$\boldsymbol{Q}[\hat{\boldsymbol{S}}_{c,1}\quad\hat{\boldsymbol{S}}_{c,2}\quad\cdots\quad\hat{\boldsymbol{S}}_{c,6}]=[\hat{\boldsymbol{S}}_{l,1}\quad\cdots\quad\hat{\boldsymbol{S}}_{l,3}\quad\hat{\boldsymbol{S}}_{m,1}\quad\cdots\quad\hat{\boldsymbol{S}}_{m,3}] \tag{8-53}$$

因柔度矩阵 $\boldsymbol{C}$ 的特征向量线性无关，故矩阵 $\boldsymbol{Q}$ 有唯一解。由式（8-47）可得 $\boldsymbol{Q}=\boldsymbol{H}^{-1}$，而 $\boldsymbol{H}^{\mathrm{T}}\boldsymbol{H}=\boldsymbol{E}_{6\times6}$，因此 $\boldsymbol{Q}=\boldsymbol{H}^{\mathrm{T}}$。将此关系代入式（8-53），可得

$$\begin{cases}\hat{\boldsymbol{S}}_{c,i}=\boldsymbol{H}^{-1}\hat{\boldsymbol{S}}_{l,j}i=1,2,3,\ j=1,2,3\\ \hat{\boldsymbol{S}}_{c,i}=\boldsymbol{H}^{-1}\hat{\boldsymbol{S}}_{m,j}i=4,5,6,\ j=1,2,3\end{cases} \tag{8-54}$$

将式（8-54）分别代入式（8-51）和式（8-52），可得

$$\begin{aligned}E_l=&\sum_{i=1}^{3}\left(\left(\sum_{j_l=1}^{3}\rho_{l,j_l}\delta_{l,i,j_l}\right)\left(\sum_{j_l=1}^{3}\rho_{l,j_l}\delta_{l,i,j_l}+\sum_{j_m=1}^{3}\rho_{m,j_m}\delta_{m,i,j_m}\right)\lambda_{c,i}\right)+\\&\sum_{i=1}^{3}\left(\left(\sum_{j_l=1}^{3}\rho_{l,j_l}\delta_{l,i+3,j_l}\right)\left(\sum_{j_l=1}^{3}\rho_{l,j_l}\delta_{l,i+3,j_l}+\sum_{j_m=1}^{3}\rho_{m,j_m}\delta_{m+3,i,j_m}\right)\lambda_{c,i+3}\right)\end{aligned} \tag{8-55}$$

$$\begin{aligned}E_m=&\sum_{i=1}^{3}\left(\left(\sum_{j_m=1}^{3}\rho_{m,j_m}\delta_{m,i,j_m}\right)\left(\sum_{j_l=1}^{3}\rho_{l,j_l}\delta_{l,i,j_l}+\sum_{j_m=1}^{3}\rho_{m,j_m}\delta_{m,i,j_m}\right)\lambda_{c,i}\right)+\\&\sum_{i=1}^{3}\left(\left(\sum_{j_m=1}^{3}\rho_{m,j_m}\delta_{m+3,i,j_m}\right)\left(\sum_{j_l=1}^{3}\rho_{l,j_l}\delta_{l,i+3,j_l}+\sum_{j_m=1}^{3}\rho_{m,j_m}\delta_{m+3,i,j_m}\right)\lambda_{c,i+3}\right)\end{aligned} \tag{8-56}$$

根据式（8-55）和式（8-56），在机构末端参考点沿瞬时坐标系轴线方向分别施加单位纯

力旋量，可定义机构的线刚度性能评价指标为

$$\begin{cases}\eta_{lx}=\left|\sum_{i=1}^{6}((\rho_{l,1}\delta_{l,i,1})^2\lambda_{c,i})\right|\\ \eta_{ly}=\left|\sum_{i=1}^{6}((\rho_{l,2}\delta_{l,i,2})^2\lambda_{c,i})\right|\\ \eta_{lz}=\left|\sum_{i=1}^{6}((\rho_{l,3}\delta_{l,i,3})^2\lambda_{c,i})\right|\end{cases} \tag{8-57}$$

由于瞬时坐标系与静坐标系平行，η_{lx}、η_{ly}、η_{lz} 表示机构沿 x、y、z 轴的线刚度性能评价指标。同理，在末端参考点绕瞬时坐标系轴线分别施加单位力偶旋量，可定义机构的角刚度性能评价指标为

$$\begin{cases}\eta_{mx}=\left|\sum_{i=1}^{6}((\rho_{m,1}\delta_{m,i,1})^2\lambda_{c,i})\right|\\ \eta_{my}=\left|\sum_{i=1}^{6}((\rho_{m,2}\delta_{m,i,2})^2\lambda_{c,i})\right|\\ \eta_{mz}=\left|\sum_{i=1}^{6}((\rho_{m,3}\delta_{m,i,3})^2\lambda_{c,i})\right|\end{cases} \tag{8-58}$$

式中，η_{mx}、η_{my}、η_{mz} 分别表示机构绕 x、y、z 轴的角刚度性能评价指标。

式（8-57）和式（8-58）中，刚度性能评价指标的单位均为焦耳，故可将各方向线/角刚度性能评价指标叠加，机构整体刚度性能的局域评价指标为

$$\eta=\left|\sum_{i=1}^{6}\left(\sum_{j_l=1}^{3}\rho_{l,j_l}\delta_{l,i,j_l}+\sum_{j_m=1}^{3}\rho_{m,j_m}\delta_{m,i,j_m}\right)^2\lambda_{c,i}\right| \tag{8-59}$$

考虑整个工作空间内局域指标的均值与方差，可定义整体刚度性能的全域评价指标为

$$\overline{\eta}=\frac{\int_V\eta\mathrm{d}V}{V},\widetilde{\eta}=\frac{\sqrt{\int_V(\eta-\overline{\eta})^2\mathrm{d}V}}{V} \tag{8-60}$$

式中，V 表示任务工作空间的体积；$\overline{\eta}$ 表示 η 在工作空间内的平均值。

全域刚度性能评价指标可评价机构在工作空间内的整体刚度性能。全域刚度性能评价指标越小，表示并联机构的整体刚度越好。但全域刚度性能评价指标无法表明每一个方向上的刚度特性均会达到理想水平。例如，某一方向刚度性能评价指标数值很小，其余方向刚度性能评价指标数值很大，则全域刚度性能评价指标的数值仍比较大，以其评价机构的刚度性能无法反映机构在单一方向刚度较差的情况。因此，为保证特定方向上的刚度性能仍符合工程需求，应综合式（8-57）和式（8-58）进行最坏情况估计。

【例 8-5】 求解图 8.7 所示 6-<u>P</u>US 并联机构的各向刚度性能评价指标。

第 6 章例 6-11 已建立 6-<u>P</u>US 并联机构的刚度矩阵 $\boldsymbol{K}$，求逆可得机构的柔度矩阵 $\boldsymbol{C}$。求解矩阵 $\boldsymbol{C}$ 的特征值 $\lambda_{c,i}$ 与特征向量 $\hat{\boldsymbol{S}}_{c,i}$，根据特征向量 $\hat{\boldsymbol{S}}_{c,i}$ 构造矩阵为

$$\boldsymbol{H}_c=[\hat{\boldsymbol{S}}_{c,1}\quad\cdots\quad\hat{\boldsymbol{S}}_{c,6}]^{\mathrm{T}} \tag{8-61}$$

由式（8-44）得力空间的基底为

$$\hat{\boldsymbol{S}}_{l,i}=\begin{pmatrix}\boldsymbol{s}_i\\\boldsymbol{0}\end{pmatrix},\hat{\boldsymbol{S}}_{m,i}=\begin{pmatrix}\boldsymbol{0}\\\boldsymbol{s}_i\end{pmatrix},i=1,2,3,s_1=(1\quad0\quad0)^{\mathrm{T}},s_2=(0\quad1\quad0)^{\mathrm{T}},s_3=(0\quad0\quad1)^{\mathrm{T}} \tag{8-62}$$

由式（8-47）计算强度，分别为

$$[\delta_{l,1,j_l},\delta_{l,2,j_l},\cdots,\delta_{l,6,j_l}]^{\mathrm{T}}=\boldsymbol{H}_c^{-1}\hat{\boldsymbol{S}}_{l,j_l},j_l=1,2,3$$

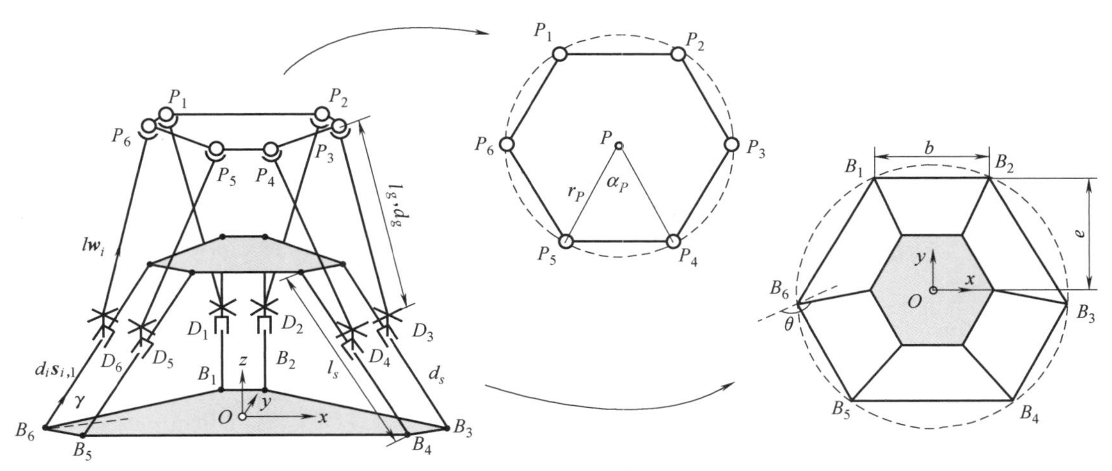

图 8.7 6-PUS 并联机构

$$[\delta_{m,1,j_m},\delta_{m,2,j_m},\cdots,\delta_{m,6,j_m}]^{\mathrm{T}}=\boldsymbol{H}_c^{-1}\hat{\boldsymbol{S}}_{m,j_m},j_m=1,2,3 \tag{8-63}$$

由式（8-45）可知，外力旋量可表示为

$$\boldsymbol{S}_{w,E}=\boldsymbol{S}_{wl}+\boldsymbol{S}_{wm}=\sum\nolimits_{j_l=1}^{3}\rho_{l,j_l}\hat{\boldsymbol{S}}_{l,j_l}+\sum\nolimits_{j_m=1}^{3}\rho_{m,j_m}\hat{\boldsymbol{S}}_{m,j_m} \tag{8-64}$$

假设 6-PUS 并联机构受单位载荷的作用，即 ρ_{l,j_l}、ρ_{m,j_m} 均为 1，此时机构的各项刚度指标的计算公式为

$$\begin{cases}\eta_{lx}=\left|\sum\nolimits_{i=1}^{6}(\delta_{l,i,1}^2\lambda_{c,i})\right|\\ \eta_{ly}=\left|\sum\nolimits_{i=1}^{6}(\delta_{l,i,2}^2\lambda_{c,i})\right|\\ \eta_{lz}=\left|\sum\nolimits_{i=1}^{6}(\delta_{l,i,3}^2\lambda_{c,i})\right|\end{cases},\begin{cases}\eta_{mx}=\left|\sum\nolimits_{i=1}^{6}(\delta_{m,i,1}^2\lambda_{c,i})\right|\\ \eta_{my}=\left|\sum\nolimits_{i=1}^{6}(\delta_{m,i,2}^2\lambda_{c,i})\right|\\ \eta_{mz}=\left|\sum\nolimits_{i=1}^{6}(\delta_{m,i,3}^2\lambda_{c,i})\right|\end{cases} \tag{8-65}$$

给定 6-PUS 并联机构的参数见表 8.1。当 $z=470\text{mm}$、$z=510\text{mm}$ 时，6-PUS 并联机构的刚度指标分布如图 8.8 所示。指标取值越小，表明机构的刚度越好。可见，机构在几何中心处刚度较高，沿 x、y 方向的线刚度性能呈面对称分布，沿 z 方向的线刚度中心对称。各向线刚度的分布规律与各向角刚度的分布规律相似。

表 8.1 6-PUS 并联机构参数

类型	静平台尺度 1	静平台尺度 2	P 副倾角	P 副长度	P 副直径	定长杆长度	定长杆直径	动平台尺度	动平台角度
参数/单位	b/mm	e/mm	γ/(°)	l_s/mm	d_s/mm	l_g/mm	d_g/mm	r_P/mm	α_P/(°)
数值	79	317	47	380	20	275	10	140	17

8.2.3 动力学性能评价指标

机构的动力学特性反映了运动与力之间的关系，其中运动包括机构的加速度、速度和位移，力涉及机构的惯性力、重力和外部载荷。若忽略由应用场景带来的外部载荷，机构的动力学特性由加速度项和速度项决定。

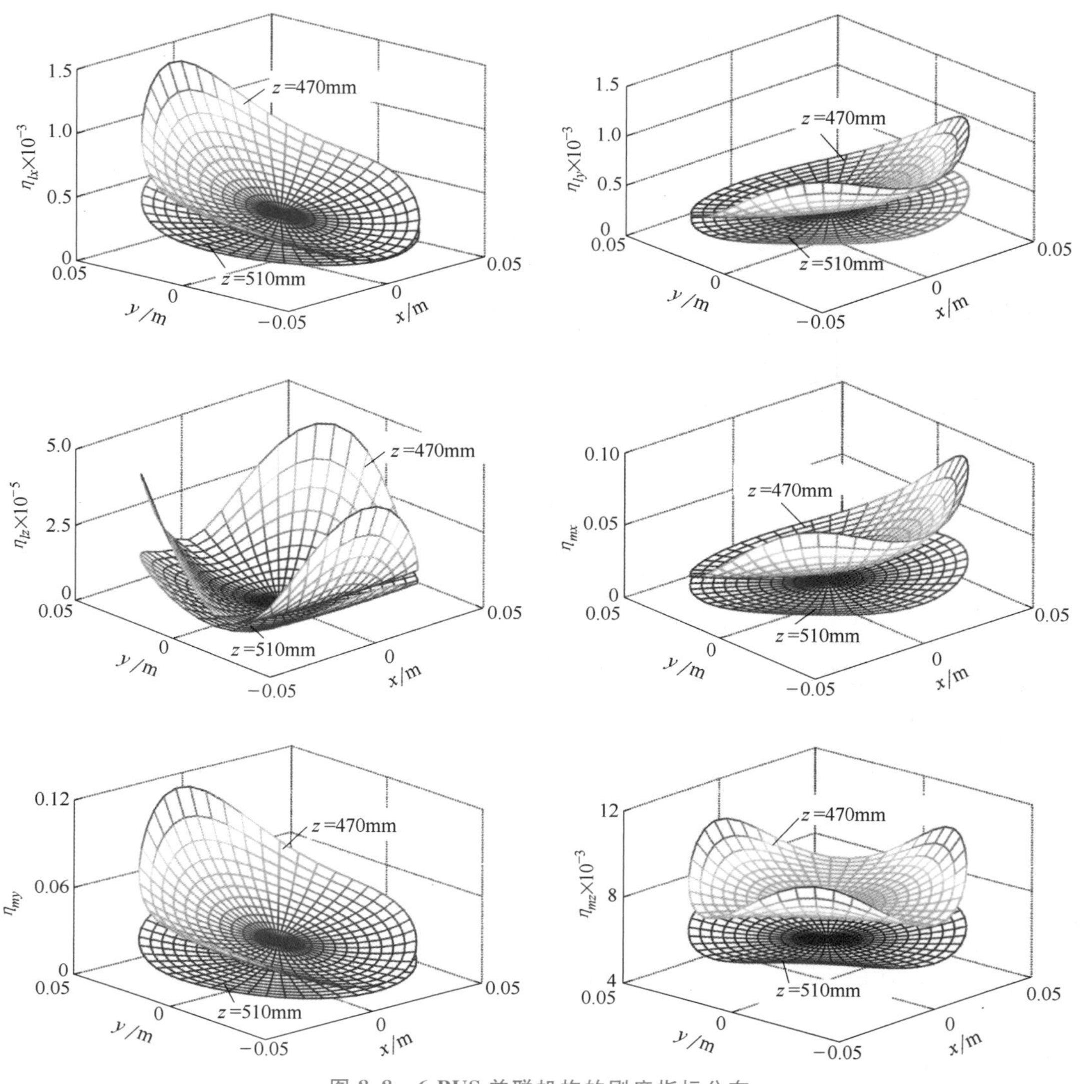

图 8.8　6-PUS 并联机构的刚度指标分布

1. 惯性矩阵条件数

由于惯性矩阵描述了机构末端动平台加速度和驱动力矩之间的关系，直接反映机构的加减速特性，故常采用惯性矩阵的条件数来评价机构的动力学性能。当条件数很大时，惯性矩阵趋近于奇异，此时机构在某些区域的可操控性很差。而当条件数接近于 1 时，表明机构在其工作空间内的任意位姿都具有类似的加减速特性，可认为此时机构的可操控性良好。因此，采用惯性矩阵条件数的倒数作为机器人的动力学性能评价指标。

第 7 章建立了机构的刚体动力学模型，可从动力学模型中提取加速度项的系数矩阵 $\boldsymbol{M}$，由此惯性矩阵条件数的倒数作为评价指标，即

$$\chi=\frac{1}{\mathrm{cond}(\boldsymbol{M})} \tag{8-66}$$

为了更全面地评价机构在工作空间内的综合动力学性能，定义机构的动力学性能局域评

价指标χ在给定工作空间V内的均值$\bar{\chi}$和标准差$\tilde{\chi}$为其全域动力学性能评价指标，即

$$\bar{\chi}=\frac{\int_V \chi \mathrm{d}V}{V},\tilde{\chi}=\frac{\sqrt{\int_V (\chi-\bar{\chi})^2 \mathrm{d}V}}{V} \tag{8-67}$$

2. 惯性项指标

若机构的速度较小，或速度项对驱动力/力矩的影响较小，且忽略重力项对驱动力/力矩的影响时，由惯性力项引起的单轴驱动力/力矩可表示为

$$\boldsymbol{\tau}_i=\boldsymbol{M}_i\boldsymbol{a} \tag{8-68}$$

式中，$\boldsymbol{M}_i$ 表示矩阵 $\boldsymbol{M}$ 的第 i 行。

根据奇异值分解原理，机构在某一位姿下，实现动平台末端参考点单位加速度（$\|\boldsymbol{a}\|=1$）所需的 $\boldsymbol{\tau}_i$ 最大值为

$$\max(\boldsymbol{\tau}_i)=\sqrt{\boldsymbol{M}_i\boldsymbol{M}_i^{\mathrm{T}}} \tag{8-69}$$

式中，$\max(\boldsymbol{\tau}_i)$ 用矩阵 $\boldsymbol{M}$ 的最大奇异值表示。

由上可见，最大单轴驱动力是机构位姿、尺度参数和惯性参数的函数，当机构处于奇异位形时，$\max(\boldsymbol{\tau}_i)\to\infty$，可将 $\max(\boldsymbol{\tau}_i)$ 作为指标评价机构的动力学特性。

3. 离心力/科氏力项指标

当机构处于高速/高加速度运动状态时，惯性力和离心力/科氏力均对机构动态特性起决定作用，其中离心力/科氏力对应机构的速度。根据机构的刚体动力学模型，机构速度项的单轴力/力矩可表示为

$$\boldsymbol{\tau}_{v,i}=\dot{\boldsymbol{q}}^{\mathrm{T}}\boldsymbol{H}_i\dot{\boldsymbol{q}} \tag{8-70}$$

式中，$\boldsymbol{H}_i$ 为海塞矩阵。

在机构某一位形下实现末端参考点单位速度，即$\|\dot{\boldsymbol{q}}\|=1$所需的单轴关节驱动力/力矩的最大值可用海塞矩阵 $\boldsymbol{H}_i$ 的最大奇异值表示。

$$\max(\boldsymbol{\tau}_{v,i})=\boldsymbol{\sigma}_{i,\max}(\boldsymbol{H}_i) \tag{8-71}$$

由上可见，实现末端动平台参考点单位速度所需的单轴力/力矩的最大值是机构尺度参数、惯性参数和构型参数的函数，可将 $\max(\boldsymbol{\tau}_{v,i})$ 作为机构动力学性能的评价指标。

8.3 多目标优化

实际工程对机器人机构提出了多维性能需求，比如用于加工的机器人需具备大工作空间、优运动特性、高刚度、优动态性能等。为了使机器人满足多维性能的需求，可借助多目标优化方法进行机器人设计。多目标优化模型可描述为

$$\begin{aligned}&\min/\max \quad F(\boldsymbol{x})=\{f_1(\boldsymbol{x}),\cdots,f_i(\boldsymbol{x}),\cdots,f_m(\boldsymbol{x})\}\\&\text{s.t.}\begin{cases}g_j(\boldsymbol{x})\geqslant 0 & j=1,2,\cdots,l\\h_k(\boldsymbol{x})=0 & k=1,2,\cdots,s\\\boldsymbol{x}^L\leqslant\boldsymbol{x}\leqslant\boldsymbol{x}^U\end{cases}\end{aligned} \tag{8-72}$$

式中，$\boldsymbol{x}$ 为设计变量，对应机器人机构的待优化参数；$f_i(\boldsymbol{x})$ 为目标函数，可取 8.2 节中的运动学、静力学或动力学性能评价指标；$g_j(\boldsymbol{x})$、$h_k(\boldsymbol{x})$ 为优化问题的不等式约束条件与等

式约束条件，可包含机构的几何约束、性能约束等，通常根据实际工程的限制条件进行设置；$\boldsymbol{x}^L$、$\boldsymbol{x}^U$ 分别为设计参数的下限值与上限值。

通常相同设计参数多个目标之间存在竞争关系，例如，机构尺度参数增大利于提高刚度性能，但加大尺度参数使得整机质量增加，因此，高刚度、轻质量的性能需求对尺度参数提出了相反的要求，刚度与质量目标函数之间存在竞争关系。由于多目标的复杂竞争关系，式（8-72）表示的多目标优化问题难以收敛至一个最优解。解决此问题的方法有多种，如线性加权法、约束转换法等，本书主要介绍 Pareto 最优法。其思路是将机器人的所有需求性能均视为目标函数，直接利用智能优化算法（如遗传算法、粒子群算法、蚁群算法等）获得多目标均衡的解集，称为非支配解集或 Pareto 前沿。通常，Pareto 前沿上任一个点对应的参数值均可选为优化问题的最终结果。

对应上述多目标优化模型及求解过程，本节重点介绍机构参数定义和性能合作均衡方法。参数定义包括拓扑参数和尺度参数定义，后续优化的目标是进行拓扑和尺度参数优选，即同时获得机构的最优拓扑和最优尺度。性能合作均衡方法是提出一种最终解的筛选方式，在多目标 Pareto 前沿上找到各项性能达到最佳匹配关系的参数集。

8.3.1 参数定义

机器人机构的设计参数包括拓扑和尺度参数。拓扑参数可以是特定的拓扑结构，此时，机器人机构的优化设计是针对特定拓扑构型进行尺度参数的优选，使目标性能达到均衡匹配。拓扑参数还可以是相同自由度、但不同的拓扑结构，比如 1T2R 三自由度并联机构有 3-PRS、3-RPS、3-RRS 等。此时，机器人机构的优化设计是同时进行拓扑参数和尺度参数的优选，找到目标性能均衡匹配的最优拓扑构型，以及这个构型对应的最优尺度参数。

机器人机构的尺度参数通常包括构件的长度、截面尺寸、惯性参数等，可表示为 $\{\boldsymbol{D}\}$。以图 8.7 所示的 6-$\underline{\text{P}}$US 并联机构为例，其尺度参数见表 8.1，其中有机构静平台的尺寸、定长杆长度、动平台尺寸、关键构件的截面半径等。尺度参数的定义较为简单，可根据待优化机构的构件特征直接定义。不同拓扑结构的参数化描述较为困难，本书以有限旋量为数学工具解析描述机构拓扑，在此基础上，为表达不同拓扑特征，进行如下定义：

单自由度关节（R 副、P 副和 H 副）的有限旋量连续运动可表示为

$$\boldsymbol{S}_{f,R}=2\tan\frac{\theta}{2}\begin{pmatrix}\boldsymbol{s}\\ \boldsymbol{r}\times\boldsymbol{s}\end{pmatrix},\boldsymbol{S}_{f,P}=t\begin{pmatrix}\boldsymbol{0}\\ \boldsymbol{s}\end{pmatrix},\boldsymbol{S}_{f,H}=2\tan\frac{\theta}{2}\begin{pmatrix}\boldsymbol{s}\\ \boldsymbol{r}\times\boldsymbol{s}\end{pmatrix}+h\theta\begin{pmatrix}\boldsymbol{0}\\ \boldsymbol{s}\end{pmatrix} \tag{8-73}$$

高自由度关节的连续运动，如 U 副、C 副和 S 副，均是利用单自由度关节的连续运动合成来表示。因此，单自由度关节是机器人机构拓扑的最小单元。然而，式（8-73）中，单自由度关节的类型由有限旋量表达式整体来体现，即具有相应的表达式才能判断对应的关节是 R 副、P 副或 H 副。关节类型隐含在表达式中，难以直接通过特定参数来表达，导致优化设计模型无法进行关节类型优选，因此可定义如下关节类型参数：

$$\boldsymbol{h}_{k,i}=\begin{cases}(1\quad 0) & \text{R 副}\\ (0\quad 1) & \text{P 副}\\ (1\quad 1) & \text{H 副}\end{cases} \tag{8-74}$$

式中，$\boldsymbol{h}_{k,i}=(h_{1,k,i}\quad h_{2,k,i})$，$h_{1,k,i}$，$h_{2,k,i}\in\{0,\ 1\}$，$\boldsymbol{h}_{k,i}=(0\quad 0)$ 表示固定连接。

建立关节类型参数与目标函数之间的映射关系时，可将单自由度关节的有限旋量连续运

动表示为

$$\boldsymbol{S}_{f,k,i}=2h_{1,k,i}\tan\frac{\theta_{k,i}}{2}\begin{pmatrix}\boldsymbol{s}_{k,i}\\ \boldsymbol{r}_{k,i}\times\boldsymbol{s}_{k,i}+p_{k,i}\dfrac{h_{2,k,i}}{h_{1,k,i}}\boldsymbol{s}_{k,i}\end{pmatrix} \tag{8-75}$$

式中，$p_{k,i}=t_{k,i}/2\tan\dfrac{\theta_{k,i}}{2}$。

两个单自由度关节连续运动合成时，第二个关节在初始时刻下的轴线方向向量与位置向量可表示为

$$\boldsymbol{s}_{2,i}=\mathrm{e}^{w_s\phi\widetilde{s}_{12}}\boldsymbol{s}_{1,i},\boldsymbol{r}_{2,i}=\boldsymbol{r}_{1,i}+w_r l_b\boldsymbol{s}_{12} \tag{8-76}$$

式中，$\boldsymbol{s}_{1,i}$、$\boldsymbol{r}_{1,i}$ 分别表示前一个关节的轴线方向向量和位置向量；$\boldsymbol{s}_{12}$ 表示两个关节连接杆的方向向量，通常用关节 1 和关节 2 的公垂线表示；ϕ 和 l_b 分别为两个关节的转角与距离。

可定义关节轴线关系的参数为

$$\boldsymbol{w}_{k,i}=\begin{cases}(1\quad 0) & 相交\\(0\quad 1) & 平行\\(1\quad 1) & 异面\\(0\quad 0) & 共线\end{cases} \tag{8-77}$$

式中，$\boldsymbol{w}_{k,i}=(w_{s,k,i}\quad w_{r,k,i})$。

因此，支链内表示关节类型与关节轴线关系的拓扑参数可定义为

$$\begin{cases}\boldsymbol{T}_H=(h_{1,i}\quad h_{2,i}\quad\cdots\quad h_{m_i,i})\\ \boldsymbol{T}_W=(w_{1,i}\quad w_{2,i}\quad\cdots\quad w_{m_i,i})\end{cases} \tag{8-78}$$

假设并联机器人机构存在 N 条支链，第 i 条支链有 m_i 个关节，驱动关节的拓扑参数可定义为

$$\boldsymbol{T}_A=\{a_i\mid a_i=1,2,\cdots,m_i\} \tag{8-79}$$

综上，机构的拓扑参数可表示为如下形式（包括支链数目、关节类型、关节轴线关系、驱动关节序号）：

$$\{\boldsymbol{T}\}=\{N,\boldsymbol{T}_H,\boldsymbol{T}_W,\boldsymbol{T}_A\} \tag{8-80}$$

8.3.2 性能合作均衡优选

以并联加工机器人的刚度与质量两目标优化为例，目标函数是式（8-60）所示整体刚度性能评价指标在工作空间内的平均值 $\overline{\eta}$、机器人机构整机质量 M，机器人的性能需求是轻质量、高刚度的，对应的两目标优化问题是搜索出使 $\overline{\eta}$ 和 M 均最小的机构参数。构造如式（8-72）表示的多目标优化模型，采用智能优化算法搜索，可得到如图 8.9 所示结果。

图 8.9 中，横坐标为整机质量，纵坐标为整体刚度指标，每一个点表示设计参数 $\boldsymbol{x}$ 的一组值。图 8.9 中所有点均满足约束条件限制，实心点为所示 Pareto 前沿，其性能均比空心点对应的刚度、质量性能更优。以点 Ⅰ 和点 Ⅱ 为例，两个点的整机质量均相同，但点 Ⅰ 的 $\overline{\eta}$ 大于点 Ⅱ 的 $\overline{\eta}$，因此点 Ⅰ 在优化过程中被舍弃。Pareto 前沿上每一个实心点的刚度与质量性能均不比其他实心点差。以点 Ⅱ 和点 Ⅲ 为例，点 Ⅱ 的 $\overline{\eta}$ 小于点 Ⅲ 的 $\overline{\eta}$，但点 Ⅱ 的整机质量大

于点Ⅲ的整机质量，因此点Ⅱ和点Ⅲ难以比较优劣，即 Pareto 前沿上的点无法进一步筛选出更优值。此时，可根据机器人的应用场景，由经验选取 Pareto 点作为设计结果。由于不同设计者的经验或偏好不同，选取的最终结果可能不同。下面，介绍一种从 Pareto 前沿上选取性能合作均衡点的方法。

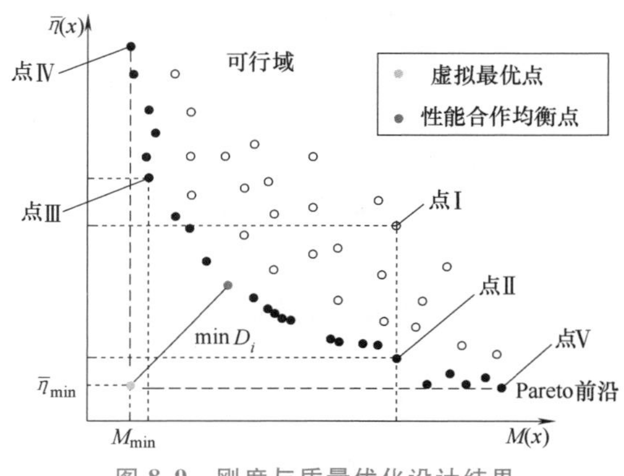

图 8.9　刚度与质量优化设计结果

对于图 8.9 所示机器人刚度与质量的 Pareto 前沿，点Ⅳ质量最小但是刚度性能最差，点Ⅴ刚度性能最好但质量最大，利用点Ⅳ的最小质量和点Ⅴ的最优刚度可构造出虚拟最优点，该点位于 Pareto 前沿外、非可行域内，不是一个真实的可行解，但代表了此优化问题的理想结果。此时，Pareto 前沿点上刚度与质量的性能匹配程度可利用与虚拟最优点的距离来表示，当 Pareto 点与虚拟最优点的距离最小时，表明此时刚度与质量的匹配关系最接近理想状态，表明两者达到了性能合作均衡，这个 Pareto 点可认为是代表性能最佳匹配关系的优化结果。

首先，将所有 Pareto 点的目标性能进行归一化处理，解决性能不同量纲对计算的影响，性能合作均衡点的筛选方法为下：

$$f_i'(\boldsymbol{x})=\frac{f_i(\boldsymbol{x})-\kappa_{f_i}}{\sigma_{f_i}},i=1,2,\cdots,m \tag{8-81}$$

式中，κ_{f_i}、σ_{f_i} 分别表示 Pareto 前沿上性能 f_i 的平均值与标准差。

再利用 m 个目标在 Pareto 前沿上的最优数值构造虚拟最优点。在虚拟最优点，第 i 个目标的取值为 $f'_{i,\min}(\boldsymbol{x})$。计算每个 Pareto 点与虚拟最优点的距离为

$$D_i=\sqrt{(f_i'(\boldsymbol{x})-f'_{i,\min}(\boldsymbol{x}))^2} \tag{8-82}$$

因此，$\min(D_i)$ 对应的 Pareto 点为多目标性能合作均衡点。

8.3.3　多目标优化一般流程

机器人机构多目标优化的一般流程如图 8.10 所示，具体步骤为：

（1）确定目标函数　根据作业场景对机器人的性能需求，选择 8.2 节中的性能评价指标作为目标函数。例如，大重量部组件调姿对接装配场景要求相应的并联装配机器人具有优良运动/力传递特性与高刚度，则可将虚功率传递率、整机刚度性能指标作为目标函数。

（2）定义机构参数，确定参数范围　根据优化问题分析待优选参数是尺度参数，还是拓扑与尺度参数。对于特定拓扑下的尺度参数，理论上其参数范围是 [0, ∞)，但此范围过大，给优化搜索带来很大难度，通常结合初步设计结果与机构几何约束确定尺度参数的范围。若优化问题涉及拓扑参数，可根据具体情况由 8.3.1 节中的定义方式量化描述拓扑参数及取值范围。

（3）建立约束空间　设计参数的取值范围可作为约束条件。另外，需根据机器人的工作空间限定搜索范围，结合机构形式建立几何约束条件，如干涉限制、无奇异位形等。若作

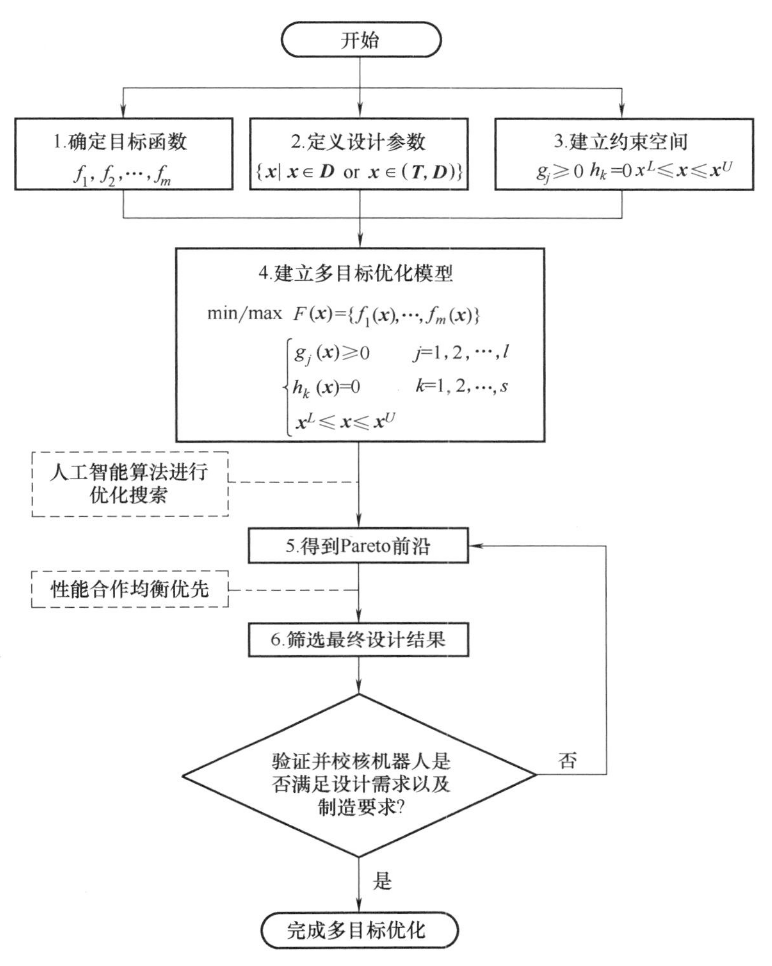

图 8.10 机器人机构多目标优化一般流程

业场景对部分性能有具体要求，也可将其描述成等式或不等式约束条件。例如，磨削加工机器人进行某零件加工时，要求机器人磨削方向的刚度不小于 5N/μm，则需以约束条件体现在优化过程中。

（4）建立多目标优化模型，进行优化搜索　确定目标函数，设计参数与约束条件后，建立如式（8-72）所示多目标优化数学模型。根据模型选择遗传算法、粒子群算法或模拟退火算法等智能优化算法进行优化搜索，得到 Pareto 前沿。

（5）确定多目标优化的最终设计结果　在 Pareto 前沿上，设计者可结合设计问题，根据经验任选一个 Pareto 点作为最终设计结果，也可以采用 8.3.2 节所示性能合作均衡优选方法得到多个目标的最佳匹配关系，将该 Pareto 点作为最终设计结果。

（6）验证机构是否满足各项设计及制造要求　根据优选出的设计参数进行机构的详细机械设计，设计过程中需考虑零部件的加工与装配要求以进行迭代设计。可利用机构的性能模型校核其运动学、静力学或动力学性能的表现。比如，可分析机构的工作空间是否满足作业需求，或分析机构的刚度分布是否合理，或分析驱动关节的单轴力矩是否具备期望动态响应等。也可以利用仿真软件校核机器人虚拟样机的运动特性、刚度/强度性能、动力学性能等。

8.4 性能优化设计实例

8.4.1 6-PUS 并联机器人优化设计

图 8.7 所示 6-PUS 并联机器人拟应用于顶升部组件中，进行空间位置与姿态调整后进行对接装配，要求机器人能够完成±50mm 水平位移、80mm 顶升距离以及±5°的姿态调整。装配环境还要求机器人的质量限制在 18kg 以内，具备优良运动学性能、高刚度以及大承载能力。

1. 确定目标函数

装配环境对 6-PUS 并联机器人的运动学性能和静力学性能提出了要求。在运动学性能方面，选取虚功率传递率指标作为衡量机器人运动/力传递性能的指标，由式（8-27）~式（8-29），以及 6-PUS 并联机器人的运动学模型，其虚功率传递率在工作空间内的均值可表示为

$$\bar{v}_k=\frac{\int_V v_k \mathrm{d}V}{V}, v_k=\min\left\{\frac{|\hat{\boldsymbol{S}}_{wa,i}^{\mathrm{T}}\hat{\boldsymbol{S}}_{t,i}^{*}|}{|\hat{\boldsymbol{S}}_{wa,i}^{\mathrm{T}}\hat{\boldsymbol{S}}_{t,i}^{*}|_{\max}}, \frac{|\hat{\boldsymbol{S}}_{wa,i}^{\mathrm{T}}\hat{\boldsymbol{S}}_{t,i,1}|}{|\hat{\boldsymbol{S}}_{wa,i}^{\mathrm{T}}\hat{\boldsymbol{S}}_{t,i,1}|_{\max}}\right\} \tag{8-83}$$

在静力学性能方面，整机刚度性能评价指标在工作空间内的均值可表示为

$$\bar{\eta}=\frac{\int_V \eta \mathrm{d}V}{V}, \eta=\left|\sum_{i=1}^{6}\left(\sum_{j_l=1}^{3}\rho_{l,j_l}\delta_{l,i,j_l}+\sum_{j_m=1}^{3}\rho_{m,j_m}\delta_{m,i,j_m}\right)^2\lambda_{c,i}\right| \tag{8-84}$$

此外，6-PUS 并联机器人的装配过程可视为准静态，机器人受到的载荷是部组件的重力，因此对机器人的大承载能力，要求可由其 z 向的线刚度和机器人的允许变形来计算，即机器人的有效载荷/质量比可定义为

$$R=\frac{\max(F_G)/g}{M}=\frac{\min(k_{lz})\cdot\max(\Delta z)/g}{M}=\frac{k_{lz,\min}}{M}\max(\Delta z)/g \tag{8-85}$$

式中，F_G 表示机器人的负载能力；g 是重力加速度；k_{lz} 和 Δz 分别表示机器人沿竖直方向的线刚度和变形量。

2. 定义机构参数，确定参数范围

6-PUS 并联机器人的设计参数是机构的尺度参数，包括静平台尺寸、定长杆长度、动平台尺寸、构件截面尺寸以及静平台倾角。受装配工作空间的限制，可确定机构静动平台尺寸、定长杆长度等参数的取值范围，结合工程经验可确定截面、倾角等其余参数的范围，6-PUS 并联机器人设计参数见表 8.2。

表 8.2 6-PUS 并联机器人设计参数

设计参数	取值范围	设计参数	取值范围
静平台模组间垂直距离 b/mm	[140,155]	定长杆长度 l_g/mm	[300,385]
静平台倾角 γ/(°)	[45,65]	定长杆直径 d_g/mm	[5,20]
P 副丝杠长度 l_s/mm	[245,275]	动平台铰点半径 r_p/mm	[100,150]
P 副丝杠直径 d_s/mm	[5,12]	动平台铰点间夹角 α_p/(°)	[16,24]

3. 建立约束空间

6-PUS 并联机器人的约束条件包括几何约束与性能约束两类。几何约束是限制机器人在给定工作空间内搜索时，机构不发生杆件干涉、不超出铰链转角范围、不发生奇异位形（表示为 $G_i \in V^s$）。性能约束是装配环境对机器人性能的要求，期望机器人整机质量小于 18kg，z 向线刚度大于 1×10^6N/m。为了保证装配精度，要求装配机器人在完成装配工作时竖直方向的变形不超过 0.1mm。

4. 建立多目标优化模型，进行优化搜索

将虚功率传递率全域均值、整机刚度全域性能均值、负载/质量比作为目标函数，借助运动学模型、静刚度模型和整机质量模型建立目标函数与设计参数之间的映射关系，确定约束空间来界定搜索边界，6-PUS 并联机器人的多目标优化模型为

$$\max\{\bar{v}, R\} \& \min\{\bar{\boldsymbol{\eta}}\}$$

$$\text{s. t.}\begin{cases} M \leqslant 18\text{kg} \\ k_{lz,\min} \geqslant 1\times10^6\ \text{N/m} \\ G_i \in V^s \\ \boldsymbol{x}^L \leqslant \boldsymbol{x} \leqslant \boldsymbol{x}^U \end{cases} \tag{8-86}$$

利用 Isight 和 Matlab 软件联合优化，借助 NSGA-Ⅱ算法得到如图 8.11 所示优化搜索结果。此优化问题的 Pareto 前沿点为 928 个，虚功率传递率全域均值 $\bar{v}$ 的变化范围是［0.879，0.959］，均接近于 1，表明 Pareto 前沿机器人的运动学性能较好。机构的有效载荷/质量比的分布范围为［1.352，3.624］，表明机器人均可承载大于其自身质量的部组件。Pareto 前沿点的分布更加倾向于使 $\bar{v}$ 和 R 数值更大，$\bar{\boldsymbol{\eta}}$ 数值更小，符合优化模型中的目标安排。

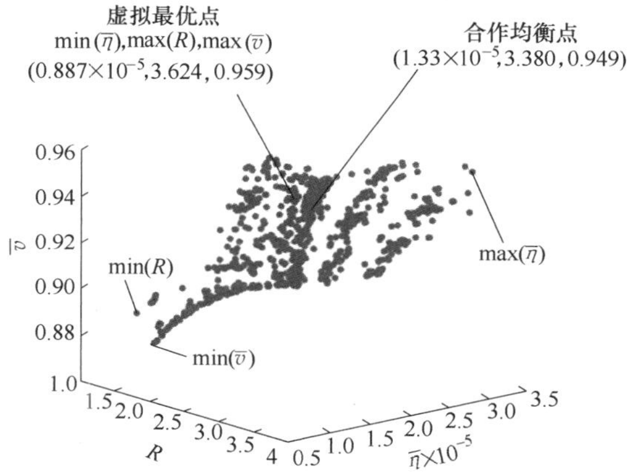

图 8.11　6-PUS 并联机器人多目标优化结果

5. 确定优化设计的最终结果

采用性能合作均衡优选方法从 Pareto 前沿上优选尺度参数。在 Pareto 点中分别寻找 $\bar{v}$、R 和 $\bar{\eta}$ 的最优值，构造虚拟最优点（0.959，3.642，0.887×10^{-5}）。对所有目标进行归一化处理，即

$$v_i' = \frac{\bar{v}_i - \kappa_v}{\sigma_v}, R_i' = \frac{R_i - \kappa_R}{\sigma_R}, \eta_i' = \frac{\bar{\eta}_i - \kappa_\eta}{\sigma_\eta}, i = 1, 2, \cdots, n_P \tag{8-87}$$

式中，κ_v、κ_R 和 κ_η 分别表示 $\bar{v}$、R 和 $\bar{\eta}$ 的均值；σ_v、σ_R、σ_η 表示其标准差。

计算 Pareto 点与虚拟最优点间的距离

$$D_i = \sqrt{(v_i' - \max(v'))^2 + (R_i' - \max(R'))^2 + (\eta_i' - \min(\eta'))^2} \tag{8-88}$$

与虚拟最优点距离最近的 Pareto 点为性能合作均衡点，对应三个目标的取值是（0.949，3.380，1.33×10^{-5}）。

6. 验证优化设计结果

利用合作均衡点对应的尺度参数数值进行虚拟样机设计，对样机性能进行仿真。优化后6-PUS并联机器人的虚功率传递率与刚度性能指标分布如图8.12所示，优化后机器人的工作空间如图8.13所示，均能满足装配场景对机器人性能的需求。

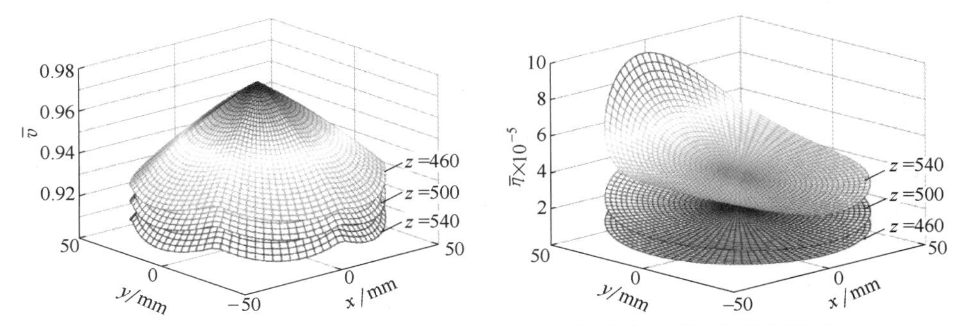

图8.12 优化后6-PUS并联机器人的虚功率传递率与刚度性能指标分布

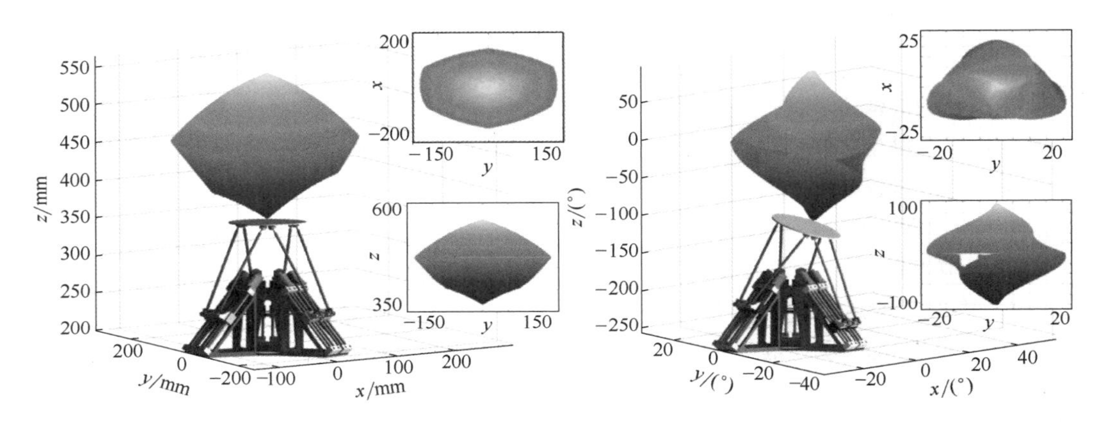

图8.13 优化后机器人的工作空间

8.4.2 变轴线1T2R并联机器人优化设计

变轴线1T2R并联机器人因其转动轴线随动平台位姿时刻变化，具有大工作空间和灵活运动能力，以Sprint Z3动力头为代表的并联加工中心已成功应用于轨道交通、航空航天等领域。本例以Sprint Z3动力头的运动形式为切入点，开展拓扑与尺度一体设计，利用优化设计的思路同时筛选出最优的变轴线1T2R并联机构拓扑构型及尺度参数。

1. 确定目标函数

变轴线1T2R并联机器人拟应用于航空航天大型复杂结构件的加工，要求机器人具备良好的运动学、静力学和动力学性能。根据8.2节，选用虚功率传递率、整体刚度性能评价指标和惯性矩阵条件数指标作为运动学、静力学和动力学性能的目标函数，分别为

$$\bar{v}_k=\frac{\int_V v_k \mathrm{d}V}{V}, v_k=\left\{\frac{|\hat{\boldsymbol{S}}_{wa,k,gk}^{\mathrm{T}}\hat{\boldsymbol{S}}_{t,k}^{*}|}{|\hat{\boldsymbol{S}}_{wa,k,gk}^{\mathrm{T}}\hat{\boldsymbol{S}}_{t,k}^{*}|_{\max}}, \frac{|\hat{\boldsymbol{S}}_{wa,k,gk}^{\mathrm{T}}\hat{\boldsymbol{S}}_{t,k,gk}|}{|\hat{\boldsymbol{S}}_{wa,k,gk}^{\mathrm{T}}\hat{\boldsymbol{S}}_{t,k,gk}|_{\max}}\right\} \tag{8-89}$$

$$\bar{\eta}=\frac{\int_V \eta \mathrm{d}V}{V},\eta=\left|\sum_{i=1}^{6}\left(\sum_{j_l=1}^{3}\rho_{l,j_l}\delta_{l,i,j_l}+\sum_{j_m=1}^{3}\rho_{m,j_m}\delta_{m,i,j_m}\right)^2\lambda_{c,i}\right| \tag{8-90}$$

$$\bar{\chi}=\frac{\int_V \chi \mathrm{d}V}{V},\quad \chi=\frac{1}{\mathrm{cond}(\boldsymbol{M})} \tag{8-91}$$

2. 定义机构参数，确定参数范围

变轴线 1T2R 并联机器人的优化设计变量包括拓扑和尺度参数。拓扑参数包括支链数目 N、关节类型 $\boldsymbol{T}_H$、关节轴线关系 $\boldsymbol{T}_W$ 和驱动关节序号 $\boldsymbol{T}_A$。本例中，$N=3$，支链类型为具有平面移动运动和球面运动的［PP］S 支链，包括 PPS、RPPU、PRPU、PPRU、RPS、PRS、RPRU、PRRU、RRPU、RRRU10 类。观察可知上述支链的区别在于前 3 个关节的类型以及 U 和 S 的选择。拟设计拓扑具有面对称结构，不妨设支链 2 和支链 3 具有相同类型。拓扑参数可描述为

$$\begin{cases}\boldsymbol{T}_H=(h_{1,1}\quad\cdots\quad h_{2,1}\quad\cdots\quad h_{2,3}),h_{k,i}\in\{0,1\}\\ \boldsymbol{T}_W=(w_1\quad w_2), \qquad w_{k,i}\in\{0,1\}\\ \boldsymbol{T}_A=(a_1\quad a_2), \qquad a_{k,i}\in\{1,2\}\end{cases} \tag{8-92}$$

式中，$h_{k,i}$ 是支链 i 第 k 个关节的类型参数，$h_{k,i}=1$ 表明是转动关节，否则是移动关节；$w_{k,i}$ 表示支链 i 第 k 个关节轴线与第 k-1 个关节轴线的关系，$w_{k,i}=1$ 表示轴线相交，不等于 0 则表示轴线平行；$a_{k,i}$ 是支链 i 的驱动关节序数。

尺度参数包括构件的长度与截面参数，包括静平台半径 r_1，动平台半径 r_2，杆件长度 $l_{b,1}$、$l_{b,2}$ 及直径 $d_{b,1}$、$d_{b,2}$，移动关节直径 $d_{b,3}$。尺度参数的取值范围根据加工服役环境对机器人的工作空间需求确定。

变轴线 1T2R 并联机器人的机构参数及取值范围见表 8.3。

表 8.3 变轴线 1T2R 并联机器人的机构参数及其取值范围

设计变量	符号	范围
拓扑参数	$h_{1,1},\cdots,h_{3,m_i}$	$\{0,1\}$
	w_1,w_2	$\{0,1\}$
	a_1,a_2	$\{1,2\}$
尺度参数/m	r_1,r_2	[1, 2]
	$l_{b,1},l_{b,2}$	[1.5, 2.5]
	$d_{b,1},d_{b,2},d_{b,3}$	[0.05 0.1]

3. 建立约束空间

变轴线 1T2R 并联机器人的优化设计必须满足：由拓扑参数构成的并联机构构型具备变轴线 1T2R 运动；机构工作空间满足作业场景需求。因此，约束条件可表示为

$$\begin{cases}\boldsymbol{T}\in\{\boldsymbol{S}_{f,E}\}\\ \boldsymbol{S}_{f,M}\in\{\boldsymbol{S}_{f,M}\}^r\\ \boldsymbol{C}:\boldsymbol{T}_{H,2}=\boldsymbol{T}_{H,3},\boldsymbol{T}_{A,2}=\boldsymbol{T}_{A,3}\end{cases} \tag{8-93}$$

式中，$\boldsymbol{T}$ 是拓扑参数集合；$\boldsymbol{S}_{f,E}$ 是变轴线 1T2R 并联机器人的末端连续运动；$\{\boldsymbol{S}_{f,M}\}^r$ 是任务工作空间；$\boldsymbol{C}$ 表示支链 2 和支链 3 的拓扑结构一致。

$$\boldsymbol{S}_{f,E}=\boldsymbol{S}_{f,L,1}\cap\boldsymbol{S}_{f,L,2}\cap\boldsymbol{S}_{f,L,3} \tag{8-94}$$

式中，$\boldsymbol{S}_{f,L,i}=2\tan\dfrac{\theta_{5,i}}{2}\begin{pmatrix}\boldsymbol{s}_{5,i}\\ \boldsymbol{r}_{5,i}\times\boldsymbol{s}_{5,i}\end{pmatrix}\Delta 2\tan\dfrac{\theta_{4,i}}{2}\begin{pmatrix}\boldsymbol{s}_{4,i}\\ \boldsymbol{r}_{4,i}\times\boldsymbol{s}_{4,i}\end{pmatrix}\Delta 2\tan\dfrac{\theta_{3,i}}{2}\begin{pmatrix}\boldsymbol{s}_{3,i}\\ \boldsymbol{r}_{3,i}\times\boldsymbol{s}_{3,i}\end{pmatrix}\Delta t_2\begin{pmatrix}\boldsymbol{0}\\ \boldsymbol{s}_{2,i}\end{pmatrix}\Delta t_1\begin{pmatrix}\boldsymbol{0}\\ \boldsymbol{s}_{1,i}\end{pmatrix}$，$\boldsymbol{s}_{3,i}=\boldsymbol{s}_{1,i}\times\boldsymbol{s}_{2,i}$，$\boldsymbol{r}_{5,i}=\boldsymbol{r}_{4,i}$。

$$\{\boldsymbol{S}_{f,M}\}^r=\left\{\boldsymbol{S}_{f,M}\,|\,\theta_x\in\left[-\frac{\pi}{9},\frac{\pi}{9}\right],\theta_y\in\left[-\frac{\pi}{9},\frac{\pi}{9}\right],|\boldsymbol{J}|\neq 0\right\} \tag{8-95}$$

4. 建立多目标优化模型，进行优化搜索

变轴线 1T2R 并联机器人的优化模型可表示为

$$\max\{\bar{v},\bar{\chi}\}\,\&\min\{\bar{\eta}\}$$
$$\text{s.t.}\begin{cases}\boldsymbol{T}\in\{\boldsymbol{S}_{f,E}\},N=3\\ \boldsymbol{V}\in\{\boldsymbol{T},\boldsymbol{D}\}\\ \boldsymbol{S}_{f,M}\in\{\boldsymbol{S}_{f,M}\}^r\\ \boldsymbol{C}:\boldsymbol{T}_{H,2}=\boldsymbol{T}_{H,3},\boldsymbol{T}_{A,2}=\boldsymbol{T}_{A,3}\end{cases} \tag{8-96}$$

采用粒子群算法对式（8-96）表示的多目标优化问题进行优化搜索，获得变轴线 1T2R 并联机器人的优化设计结果如图 8.14 所示。由图 8.14 可知，①考虑三个目标的竞争关系，获得了 63 个 Pareto 点；②Pareto 前沿涉及 17 种变轴线 1T2R 并联机器人拓扑构型，见表 8.4 和表 8.5，有助于为不同场景的机器人研发提供替代方案；③Pareto 点包括不同拓扑的不同尺度，表明拓扑与尺度耦合会影响机器人的性能。

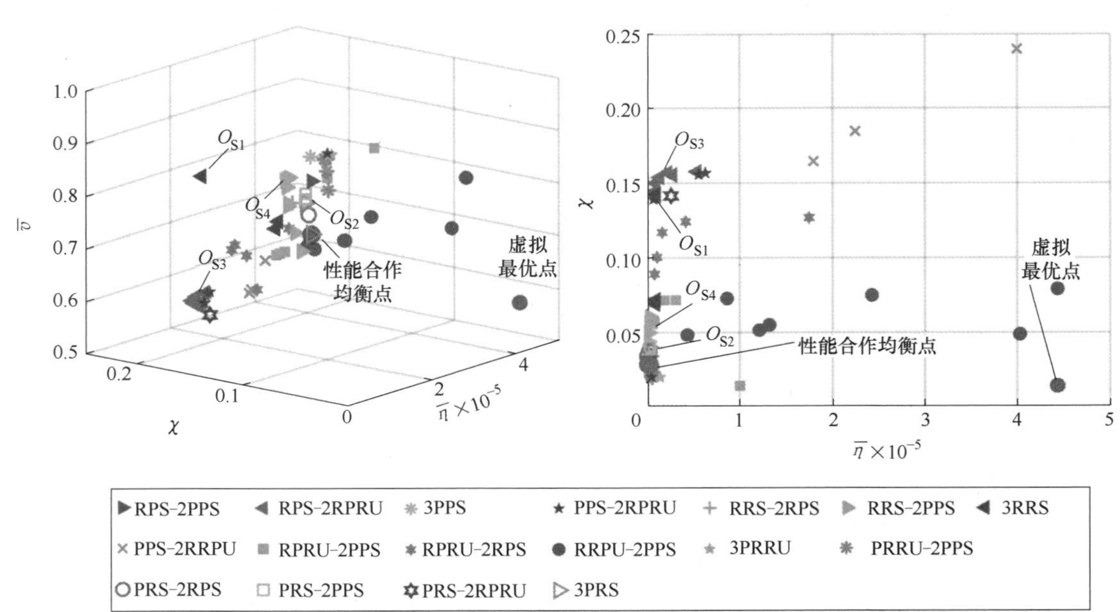

图 8.14　变轴线 1T2R 并联机器人的优化设计结果

表 8.4 部分 Pareto 点的性能指标取值

Pareto 点（拓扑构型）	$\bar{v}$	$\bar{\eta}\times10^{-5}$	χ
O_{S1}（3-RRS）	0.878	9.75	0.142
O_{S2}（PRS-2PPS）	0.871	1.42	0.041
O_{S3}（RPS-2RPRU）	0.634	6.66	0.144
O_{S4}（RRS-2PPS）	0.809	1.77	0.050

表 8.5 部分 Pareto 点的拓扑和尺度参数

Pareto 点（拓扑构型）	拓扑参数	尺度参数/m						
		r_1	r_2	$l_{b,1}$	$l_{b,2}$	$d_{b,1}$	$d_{b,2}$	$d_{b,3}$
O_{S1}（3-RRS）	$\boldsymbol{T}_H=(1\ \ 1\ \ 1\ \ 1\ \ 1\ \ 1)$，$\boldsymbol{T}_W=(1\ \ 1)$，$\boldsymbol{T}_A=(1\ \ 1)$	1.6	1.5	2.5	2	0.1	0.1	—
O_{S2}（PRS-2PPS）	$\boldsymbol{T}_H=(0\ \ 1\ \ 1\ \ 0\ \ 0\ \ 1)$，$\boldsymbol{T}_W=(1\ \ 1)$，$\boldsymbol{T}_A=(1\ \ 1)$	1.82	1.74	1.6	—	0.09	0.06	0.08
O_{S3}（RPS-2RPRU）	$\boldsymbol{T}_H=(1\ \ 0\ \ 1\ \ 1\ \ 0\ \ 1)$，$\boldsymbol{T}_W=(1\ \ 1)$，$\boldsymbol{T}_A=(2\ \ 2)$	1.71	1.5	2.236	—	0.1	0.1	0.06
O_{S4}（RRS-2PPS）	$\boldsymbol{T}_H=(1\ \ 1\ \ 1\ \ 0\ \ 0\ \ 1)$ $\boldsymbol{T}_W=(1\ \ 1)$，$\boldsymbol{T}_A=(1\ \ 1)$	1.73	1.63	1.615	—	0.1	0.08	0.08

5. 确定优化设计的最终结果

采用性能合作均衡优选方法从图 8.14 所示 Pareto 前沿上优选尺度参数。在 Pareto 点中分别寻找 $\bar{v}$、$\bar{\eta}$ 和 χ 的最优值，构造虚拟最优点。对所有目标进行归一化处理，得

$$v_i'=\frac{\bar{v}_i-\kappa_v}{\sigma_v},\eta_i'=\frac{\bar{\eta}_i-\kappa_\eta}{\sigma_\eta},\chi_i'=\frac{\chi_i-\kappa_\chi}{\sigma_\chi},\quad i=1,2,\cdots,63 \tag{8-97}$$

式中，κ_v、κ_η 和 κ_χ 分别表示 $\bar{v}$、$\bar{\eta}$ 和 χ 的均值；σ_v、σ_η、σ_χ 表示标准差。

计算 Pareto 点与虚拟最优点间的距离

$$D_i=\sqrt{(v_i'-\max(v'))^2+(\eta_i'-\min(\eta'))^2+(\chi_i'-\max(\chi'))^2} \tag{8-98}$$

与虚拟最优点距离最近的 Pareto 点为性能合作均衡点，对应三个目标的取值是 $(0.812,\ 1.088\times10^{-5},\ 0.034)$。优选出的拓扑构型是 3-PRS，对应的最优拓扑参数和尺度参数见表 8.6。

表 8.6　最优拓扑参数和尺度参数

拓扑参数			尺度参数/m				
$\boldsymbol{T}_H$	$\boldsymbol{T}_W$	$\boldsymbol{T}_A$	r_1	r_2	$l_{b,1}$	$d_{b,1}$	$d_{b,2}$
(0　1　1　0　1　1)	(1　1)	(1　1)	1.73	1.67	1.91	0.08	0.1

6. 验证优化设计结果

根据优选拓扑构型和尺度参数进行虚拟样机建模，对虚拟样机的运动学、静力学和刚体物理学性能进行仿真分析与验证。

8.5　本章小结

本章介绍了机器人机构优化设计的一般流程与方法。在优选旋量拓扑模型和瞬时旋量性能模型的基础上，分别介绍了机器人机构常用的运动学、静力学和动力学性能评价指标，将其作为优化设计的目标函数。通过建立多目标优化设计模型，重点阐述了参数定义方法和性能合作均衡优选方法，归纳出多目标优化的一般流程。

为方便读者阅读和理解，将本章要点罗列如下：

1）为量化评价机器人机构的运动/力传递性能、静刚度性能和刚体动力学性能，本章介绍了多种局域和全域量化性能评价指标，可作为优化设计的目标函数。

2）机器人机构优化设计的参数可以拓扑构型与尺度参数，作业场景通常对机器人的多维性能提出需求，需建立多目标优化模型，优选出使多维性能均衡匹配的机构参数，可利用性能合作均衡优选方法在多目标优化搜索得到的 Pareto 前沿进行筛选。

3）本章归纳出机器人机构多目标优化的一般流程，以 6-PUS 并联机器人、变轴线 1T2R 并联机器人为例，详述了多目标优化的方法。

习　　题

1. Tricept 并联机器人的拓扑构型为 3UPS-UP，如图 8.15 所示，试计算速度雅可比矩阵条件数、输入传递指标、输出传递指标和整体传递指标。

2. 试建立如图 8.15 所示 Tricept 并联机器人的线刚度性能评价指标、角刚度性能评价指标和整体刚度性能评价指标。

3. 计算如图 8.15 所示 Tricept 并联机器人的惯性矩阵条件数倒数、惯性项指标、离心力/科氏力项动力学性能评价指标。

4. 以虚功率传递率、整体刚度性能评价指标、惯性矩阵条件数倒数为目标函数，以静平台半径、动平台半径、P 副截面尺寸为设计参数，约束条件为构件不发生干涉，试对图 8.15 所示 Tricept 并联机器人进行多目标优化设计。

5. 试计算如图 8.16 所示 3PRS 并联机器人的运动/力传递性能评价指标、整体刚度性能评价指标。

6. 试对图 8.16 所示 3PRS 并联机器人的刚度与质量性能进行双目标优化设计。

7. 试给出定轴线 2T1R 并联机构的拓扑参数，包括支链数目、关节类型、关节轴线关系和驱动关节序号。

8. 试开展以 P 为驱动副的六支链六自由度并联机器人的拓扑与尺度一体设计。

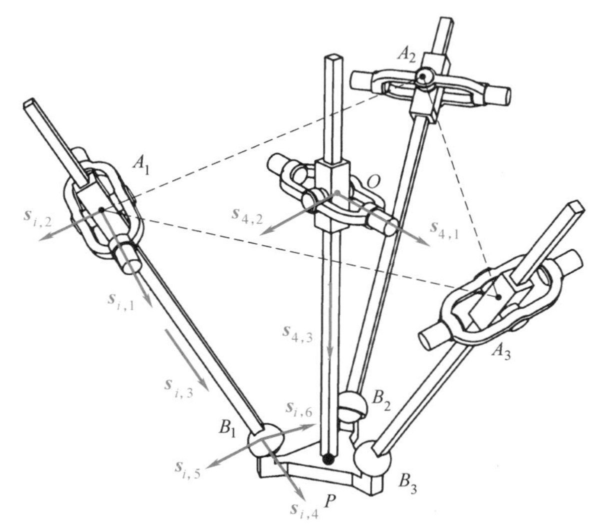

图 8.15　Tricept 并联机器人

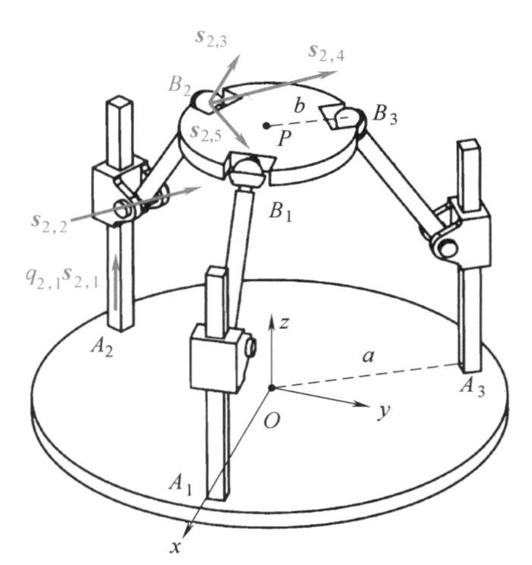

图 8.16　3PRS 并联机器人

参考文献

[1] GAO Z, ZHANG D. Performance analysis, mapping and multiobjective optimization of a hybrid robotic machine tool [J]. IEEE Transactions on Industrial Electronics, 2015, 62 (1): 423-433.

[2] KELAIAIA R, COMPANY O, ZAATRI A. Multi-objective optimization of a linear Delta parallel robot [J]. Mechanisn and Machine Theory, 2012, 50: 159-178.

[3] MENON C, VERTECHY R, MARKOT M C, et al. Geometrical optimization of parallel mechanisms based on natural frequency evaluation: application to a spherical mechanism for future space applications [J]. IEEE Transactions on Robotics, 2009, 25 (1): 12-24.

[4] SUN T, LIAN B B. Stiffness and mass optimization of parallel kinematic machine [J]. Mechanism and Machine Theory, 2018, 120: 73-88.

[5] LIANG D, SONG Y M, SUN T, et al. Optimum design of a novel redundantly actuated parallel manipulator with multiple actuation modes for high kinematic and dynamic performance [J]. Nonlinear Dynamics, 2016, 83: 631-658.

[6] XIE F G, LIU X J, WANG C. Design of a novel 3-DoF parallel kinematic mechanism: type synthesis and kinematic optimization [J]. Robotica, 2015, 33 (3): 622-637.

[7] RAO A B K, RAO P V M, SAHA S K. Dimensional design of hexaslides for optimal workspace and dexterity [J]. IEEE Transactions on Robotics, 2005, 21 (3): 444-449.

[8] SUN T, SONG Y M, DONG G, et al. Optimal design of a parallel mechanism with three rotational degrees of freedom [J]. Robotics and Computer-Integrated Manufacturing, 2012, 28 (4): 500-508.

[9] QI Y, SUN T, SONG Y M. Multi-objective optimization of parallel tracking mechanism considering parameter uncertainty [J]. Journal of Mechanisms and Robotics, 2018, 10 (4): 0410061-04100612.

[10] SUN T, LIAN B B, SONG Y M, et al. Elasto-dynamic optimization of a 5-DoF parallel kinematic machine considering parameter uncertainty [J]. IEEE/ASME Transactions on Mechatronics, 2019, 24 (1): 315-325.

[11] MILLER K. Optimal design and modeling of spatial parallel manipulators [J]. The International Journal of

Robotics Research, 2004, 23 (2): 127-140.

[12] YUN Y, LI Y M. Optimal design of a 3-PUPU parallel robot with compliant hinges for micromanipulation in a cubic workspace [J]. Robotics and Computer-Integrated Manufacturing, 2011, 27: 977-985.

[13] SHIN H P, LEE S C, JEONG J I, et al. Antagonistic stiffness optimization of redundantly actuated parallel manipulators in a predefined workspace [J]. IEEE/ASME Transactions on Mechatronics, 2013, 18 (3): 1161-1169.

[14] SONG Y M, LIAN B B, SUN T, et al. A novel five-degree-of-freedom parallel manipulator and its kinematic optimization [J]. Journal of Mechanisms and Robotics, 2014, 6 (4): 0410081-0410089.

[15] SUN T, WU H, LIAN B B, et al. Stiffness modeling, analysis and evaluation of a 5 degree of freedom hybrid manipulator for friction stir welding [J]. Journal of Mechanical Engineering Science, 2017, 231 (23): 4441-4456.

[16] JIN R, CHEN W, SIMPSON T W. Comparative studies of metamodeling techniques under multiple modeling criteria [J]. Structural and Multidisciplinary Optimization, 2001, 23: 1-13.

[17] BAUMGARTNER U, MAGELE C, RENHART W. Pareto optimality and particle swarm optimization [J]. IEEE Transactions on Magnetics, 2004, 40 (2): 1172-1175.

[18] HUO X, LIAN B B, WANG P F et al. Topology and dimension synchronous optimization of 1T2R parallel robots [J]. Mechanism and Machine Theory, 2023, 187: 105385.

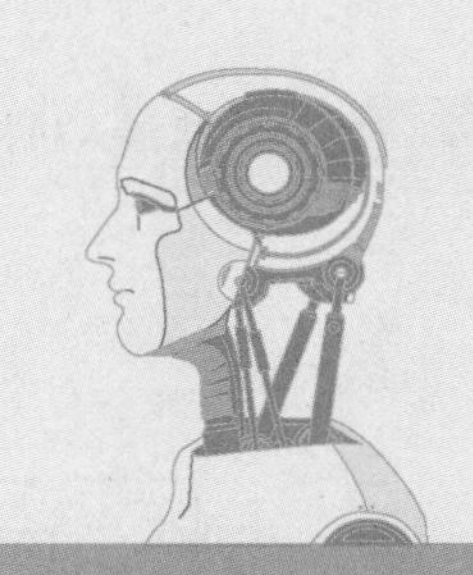

第9章 机器人机构创新设计实例

9.1 引言

机器人是一个包含机械、电气、传感、控制等部分的复杂系统，机构是机器人的骨架与执行器，机构创新设计是改善机器人产品性能、提高机器人自主设计能力的关键环节。机器人机构创新设计的内涵包括但不局限于材料属性、结构组成、运动形式、受力特点的设计，目的是使机器人具备服役环境所需的功能与性能，可以更好地适应复杂多样的任务。

本书综合数学、力学与机构学的知识，提出了机器人机构创新设计的有限-瞬时旋量理论体系。第2~8章系统阐述了旋量数学工具、拓扑构型综合、性能建模与优化设计方法，在此基础上，本章归纳出机器人机构创新设计的一般流程，通过二转动并联机器人、五自由度并联机器人两个实例，介绍机构创新设计流程与方法的综合应用。

9.2 机器人机构创新设计一般流程

图9.1给出了机器人机构创新设计的流程，包括5个部分。

1. 梳理服役环境对机器人机构的功能和性能需求

不同服役环境和作业特点对机器人机构提出了不同的需求。比如，航空航天领域大型复杂结构件的铣削加工要求机器人具备五轴运动能力，高刚度，优动态特性；中大型部组件的调姿对接要求机器人具备空间六自由度位姿调整能力、优化运动传递性能、大承载能力。这些功能和性能的需求实际上就是机器人机构设计的目标或设计空间边界，需求梳理是制定机器人机构创新设计内容和步骤的依据，也是一个容易被忽视但非常重要的过程。尽管机器人机构设计是一个不断迭代反复的过程，但是明确设计内容、限定设计范畴有助于加快创新设计进程，获得更符合服役环境作业的机构。

通常情况下，机器人的功能与性能不仅取决于机构，而是机构、传感、控制等部分的集成效果。从作业场景分析机器人机构的设计需求是一个非常复杂的过程，如有需要可参考相关文献，本书不深入探讨。

2. 机器人机构拓扑构型综合

根据服役环境对机器人运动功能的要求，例如，自由度数目、类型、期望运动模式等，开展拓扑构型综合。可利用有限旋量综合法找到所有具备期望运动模式的机器人机构，这一

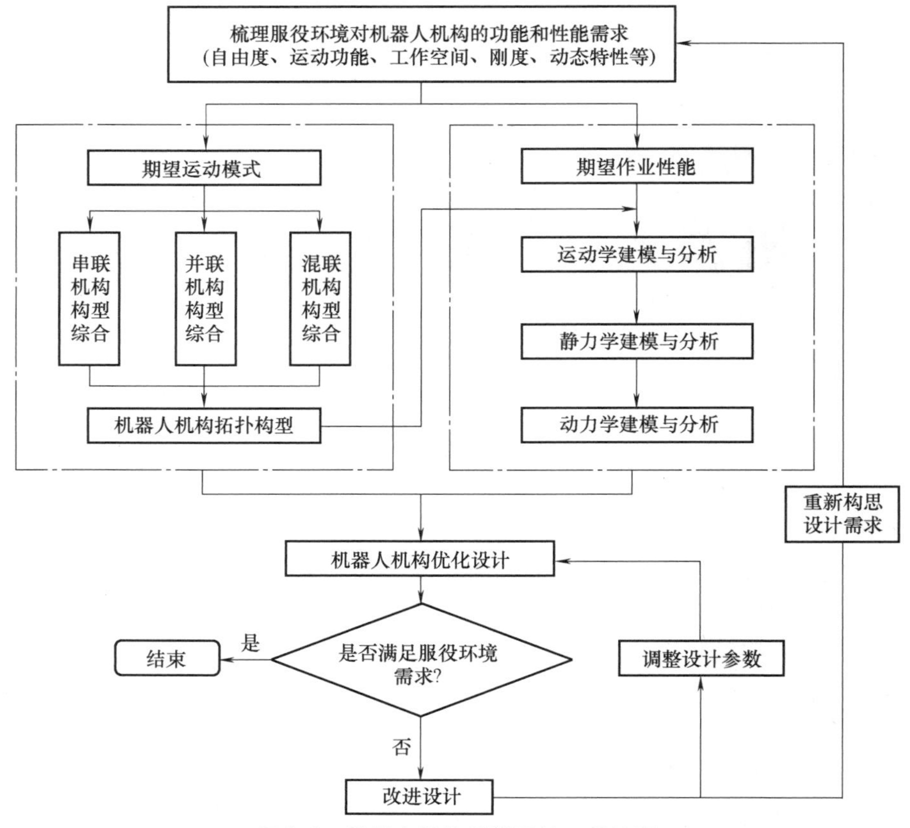

图 9.1 机器人机构创新设计一般流程

过程是开展机器人机构原始创新的重要环节。首先，将期望运动模式表示为有限旋量集合格式，然后选择机器人机构的类别，主要包括串联、并联和混联三大类。

对于串联机构，其末端刚体期望运动模式的有限旋量集合可表达为若干单自由度运动副有限旋量的合成，分解得到若干单自由度有限旋量，根据旋量表达式得到单自由度运动副类型、轴线方位。

对于并联机构，其动平台期望运动模式的有限旋量集合是多个支链运动的交集，可构成一个期望运动模式的等效表达式，支链构成并联机构的装配条件由交集表达式的代数关系和几何条件决定，由此获得若干支链构型，将支链运动视为串联机构的期望运动模式，利用串联机构的构型综合步骤可获得全部运动副类型和轴线方位。

对于混联机构，其末端刚体的期望运动模式可表达为多个串联部分/并联部分运动模式的合成，其中串联机构/并联机构的运动模式排列次序决定了对应混联机构中串联部分/并联部分的连接次序，分别根据串联机构/并联机构的运动模式进行串联机构/并联机构的构型综合，获得混联机构串联部分/并联部分的全部可行构型，合并后得到全部可行的混联机构构型。

有关机器人机构的拓扑构型综合详细内容可参考本书第 4 章。

3. 运动学、静力学和动力学建模与分析

针对特定的机器人机构拓扑构型，性能建模是建立机构关节空间与操作空间的运动、力、变形的传递关系，得到机器人机构的运动学、静力学和动力学性能表现，是开展机器人机构优化设计的基础。

对于运动学性能建模与分析，包括位移建模和速度建模。位移建模有机器人机构的正解与逆解，速度建模的关键在于构造速度雅可比矩阵，具体内容可参考本书第 5 章。

对于静力学建模与分析，主要是借助速度/力在机构内的传递关系，构造机器人机构的静力与变形映射关系，进而建立静刚度模型，具体内容参考第 6 章。

对于动力学建模与分析，通过获取机器人机构全部关节的位移、速度与加速度，求解构件质心的位移、速度、加速度，在此基础上利用拉格朗日方程法、牛顿-欧拉方程法或虚功方程建立刚体动力学模型，具体内容参考本书第 7 章。

4. 机器人机构优化设计

通常情况下，服役环境对机器人机构提出了多维性能需求，需借助多目标优化进行机器人机构的优化设计。机器人机构的功能与性能需求可划分为设计目标或约束条件。例如，调姿对接装配机器人需结构紧凑、运动特性优、承载能力大，应用场景限制机器人整机重量不大于 20kg。此时，运动/力传递性能、静刚度、整机质量均可作为设计目标，而质量要求可视为约束条件。除了重量要求的约束，应用场景还会提出刚度表现、驱动限制等其他性能约束条件。另外，机器人机构优化设计的约束条件还有几何约束，包括工作空间限制、奇异性判别、设计参数范围等。

设计变量可以是拓扑参数与尺度参数，设计任务是优选出最适合应用场景的拓扑构型及最优尺度；也可以在拓扑构型综合完成后，优选出特定的拓扑，然后开展特定拓扑下的尺度参数优选。在机器人拓扑构型综合和性能建模的基础上，可建立设计变量与优化目标之间的映射关系，据此构造多目标优化模型，进行参数优选。具体内容参考本书第 8 章。

5. 机器人机构迭代改进设计

机器人机构的设计是一个不断迭代的过程，或者是将机器人机构与传感、控制等其他子系统集成时需要做适应性修改，或者是机器人在应用场景使用过程中发现新问题需改进结构，总之是在功能校核、性能验证甚至是实际应用中对机器人机构提出新要求，不断改善机器人的功能和性能。

9.3　实例一：二转动自由度并联机器人

9.3.1　应用场景

卫星通信是地球上的无线电通信站利用卫星作为中继进行通信，具有通信范围大、响应快、多址接收与连接等特点，是现代社会信息传输的重要手段。卫星通信系统包括卫星与地球站两部分，地球站通过跟踪系统使天线正确指向并实时追踪卫星，保证通信系统正常工作。天线跟踪系统由二维角跟踪机构实现天线绕周转角和俯仰轴的精准指向，其功能和性能直接影响卫星通信任务的成败。

常见的天线角跟踪机构主要可分为 A-E 型（方向-俯仰型）、X-Y 型（双俯仰型）两类（图 9.2）。其中，A-E 型角跟踪机构由竖直转动轴和水平转动轴组成，结构较简单，但机构顶端存在跟踪盲区，影响其对目标的连续跟踪。X-Y 型角跟踪机构由两个水平转动轴组成，X 轴受限于杆件干涉等问题难以完成整周转动，连续跟踪能力有限。此外，随着卫星通信对天线增益要求的不断提高，天线尺寸将不断增加，对角跟踪机构的承载能力和指向精度提出了更高的要求，而上述两类角跟踪机构均为开环拓扑构型，开展高刚度、大承载能力的机构设计难度极大。与串联机构相比，并联机构具有结构紧凑、刚度大、承载能力强、累积误差小、响应快等优势，是天线角跟踪机构的优势解决方案。因此，面向卫星通信对地球站天线角跟踪机构的需求，结合并联机构的诸多优点，开展天线角跟踪机构的创新设计，对提高卫星通信覆盖率、传播速度及实时性具有重要意义。

a) A-E型

b) X-Y型

图 9.2　常见的天线角跟踪机构

9.3.2　构型综合

为实现天线对卫星的连续实时跟踪，并联角跟踪机构需具备绕周转轴和俯仰轴的二自由度转动能力，其应为一类二转动并联机构。得益于转动轴线随位形变化的特点，变轴线二转动并联机构具有大转动工作空间的能力，机构的期望运动为

$$\boldsymbol{S}_f=2\tan\frac{\theta_x}{2}\begin{pmatrix}\boldsymbol{s}_x\\ \boldsymbol{r}_P\times\boldsymbol{s}_x\end{pmatrix}\Delta 2\tan\frac{\theta_y}{2}\begin{pmatrix}\boldsymbol{s}_y\\ \boldsymbol{r}_P\times\boldsymbol{s}_y\end{pmatrix}\tag{9-1}$$

式中，$\boldsymbol{s}_x$、$\boldsymbol{s}_y$、$\boldsymbol{r}_P$ 均时刻变化，表明转动轴线的方向与位置实时改变。若将绕 x 轴与绕 y 轴的转动视为独立运动，那么方向与位置时刻改变的两转动运动将产生一个非独立的转动与非独立的移动，机构期望运动可表示为

$$\boldsymbol{S}_f=2\tan\frac{\theta_x}{2}\begin{pmatrix}\boldsymbol{s}_x\\ \boldsymbol{r}_P\times\boldsymbol{s}_x\end{pmatrix}\Delta 2\tan\frac{\theta_y}{2}\begin{pmatrix}\boldsymbol{s}_y\\ \boldsymbol{r}_P\times\boldsymbol{s}_y\end{pmatrix}\Delta 2\tan\frac{\bar{\theta}_3}{2}\begin{pmatrix}\bar{\boldsymbol{s}}_3\\ \boldsymbol{r}_P\times\bar{\boldsymbol{s}}_3\end{pmatrix}\Delta\bar{t}_4\begin{pmatrix}\boldsymbol{0}\\ \bar{\boldsymbol{s}}_4\end{pmatrix}\tag{9-2}$$

式中，$\bar{\theta}_3$、$\bar{\boldsymbol{s}}_3$、$\bar{t}_4$、$\bar{\boldsymbol{s}}_4$ 均为非独立旋量参数，可表示为 θ_x、θ_y、$\boldsymbol{s}_x$、$\boldsymbol{s}_y$ 的函数。

生成标准支链时，当仅采用两个 R 副组成支链时，第一个 R 副必将与静平台连接，其转动轴线固定；第二个 R 副的转动轴线可绕第一个 R 副的转动轴线变化，所组成的支链仅可实现轴线固定的单自由度转动和轴线变化的单自由度转动。在此基础上，还需满足非独立转动与移动运动。非独立转动的轴线方向向量固定，转动参数与 θ_x、θ_y 相关。非独立移动的轴线与移动参数均与 θ_x、θ_y 相关。由上可见，非独立转动可通过一个 R 副实现，而非独立移动难以采用一个 P 副实现，为实现非独立的转动与移动，需在上述 RR 开环结构的基础上至少添加两个 R 副才能满足式（9-2）的运动。因此，标准支链可表示为

$$\boldsymbol{S}_{f,\mathrm{L}}=2\tan\frac{\theta_{x,2}}{2}\begin{pmatrix}\boldsymbol{s}_x\\ \boldsymbol{r}_P\times\boldsymbol{s}_x\end{pmatrix}\Delta 2\tan\frac{\theta_b}{2}\begin{pmatrix}\boldsymbol{s}_b\\ \boldsymbol{r}_{A_1}\times\boldsymbol{s}_b\end{pmatrix}\Delta 2\tan\frac{\theta_a}{2}\begin{pmatrix}\boldsymbol{s}_a\\ \boldsymbol{r}_{A_1}\times\boldsymbol{s}_a\end{pmatrix}\Delta 2\tan\frac{\theta_{x,1}}{2}\begin{pmatrix}\boldsymbol{s}_x\\ \boldsymbol{r}_O\times\boldsymbol{s}_x\end{pmatrix}\tag{9-3}$$

式中，

$$\boldsymbol{r}_{A_1}\times\boldsymbol{s}_a=\boldsymbol{r}_O\times\boldsymbol{s}_a,\boldsymbol{r}_{A_1}\times\boldsymbol{s}_b=\boldsymbol{r}_P\times\boldsymbol{s}_b。$$

式（9-3）所示标准支链可表示为 $R_x({}_RU_R)R_x$，令支链内第一个 R 副的轴线方向指向 y 轴，标准支链还可表示为 $R_y({}_RU_R)R_y$。此处，$({}_RU)$ 表示 U 副中的第一个 R 副轴线与前一个 R 副轴线相交于一点。类似地，(U_R) 代表 U 副中的第二个 R 副轴线与下一个 R 副轴线相交于一点。

在标准支链的基础上，增加额外的运动副可得到五自由度衍生支链，见表 9.1。表 9.1 中，$({}_UR_U)$ 表示 R 副的转动轴线经过相邻 U 副的中心点。

表 9.1 变轴线二转动并联机构的可行支链

自由度	拓扑结构
4	$R({}_RU_R)R$
5(Ⅰ类)	$SS,U({}_UR_U)U,(RRR)_OS,SU,(RU)_OU,R({}_RU_R)(RR)_P,US,(RR)_OS,U(RRR)_P,U(UR)_P,S(RR)_P$
5(Ⅱ类)	$RSR,(U_R)R({}_RU)$

由可行支链装配获得变轴线二转动并联机构需遵循以下原则：

1）当机构存在 3 个或 4 个标准支链时，这些支链内的第一个 R 副轴线需交于一点，且支链内的最后一个 R 副轴线交于一点。

2）当机构存在 2 个标准支链与 2 个Ⅱ类五自由度支链时，这些支链内的第一个 R 副轴线需交于一点，且支链内的最后一个 R 副轴线交于一点。

3）当机构存在 3 个或 4 个Ⅱ类五自由度支链和 1 个Ⅰ类五自由度支链时，Ⅰ类五自由度支链位于中央，Ⅱ类五自由度支链围绕Ⅰ类五自由度支链对称布置。

下面再确定机构的驱动关节。锁住驱动关节时，机构无法运动，表明驱动关节选择有效。对于变轴线二转动并联机构，假如机构呈面对称分布，若选择 2 个 R 副为驱动关节，那么这 2 个 R 副不能在相互平行的支链上。比如，4RSR-SS 并联机构的驱动关节 $\underline{R}_a$ 和 $\underline{R}_b$ 应选为 $\underline{R}_aSR_a$-$\underline{R}_bSR_b$-2RSR-SS。

至此，完成了对称布置的变轴线二转动并联机构构型综合，见表 9.2。表 9.2 中，$(\ )_{type\ Ⅰ}$ 表示Ⅰ类五自由度支链。典型的变轴线二转动并联机构如图 9.3 所示。

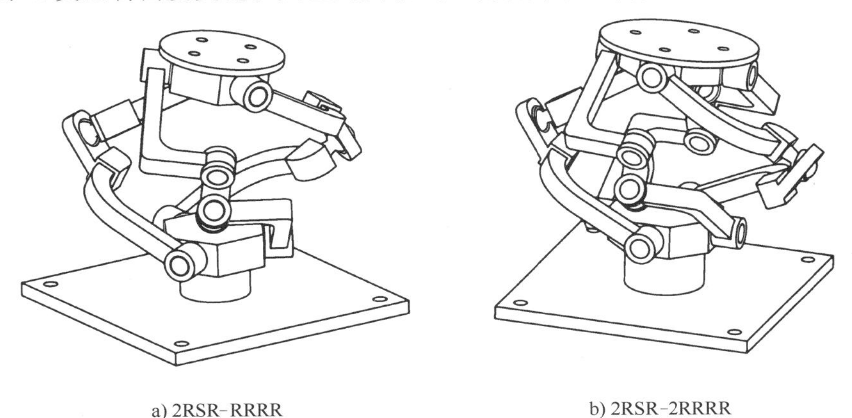

a) 2RSR-RRRR　　b) 2RSR-2RRRR

图 9.3 典型的变轴线二转动并联机构

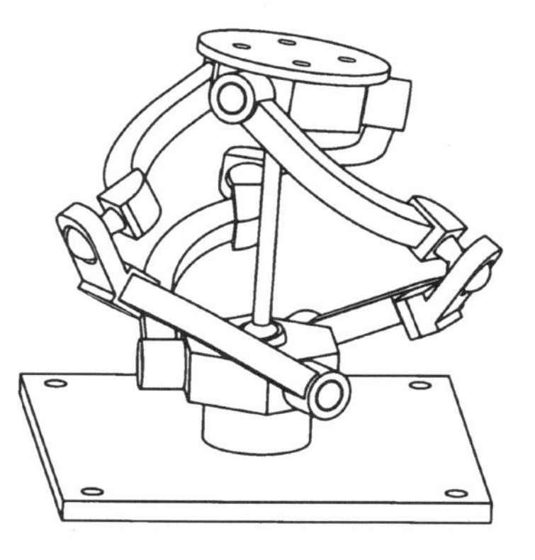

c) 3RSR-SS

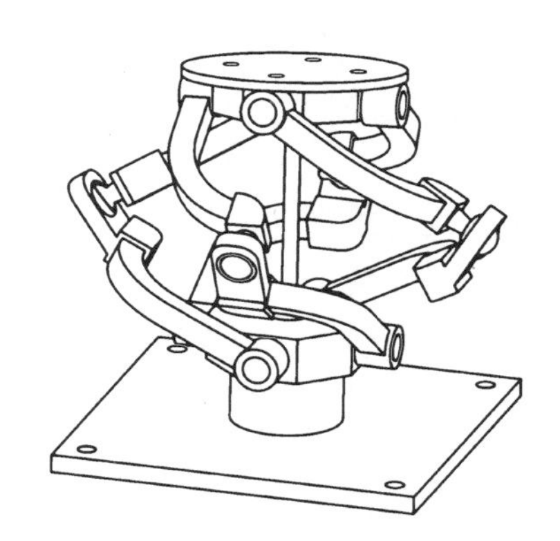

d) 4RSR-SS

图 9.3　典型的变轴线二转动并联机构（续）

表 9.2　变轴线二转动并联机构

期望运动	机构拓扑
变轴线二转动	3RRRR, 3RRRR-($)_{\text{type I}}$, 4RRRR, 4RRRR-($)_{\text{type I}}$, 2RSR-RRRR, 2RSR-2RRRR, 2RSR-2RRRR-($)_{\text{type I}}$, 2(U_R)R($_R$U)-2RRRR, 2(U_R)R($_R$U)-2RRRR-($)_{\text{type I}}$, 2RSR-2(U_R)R($_R$U)-($)_{\text{type I}}$, 4RSR-($)_{\text{type I}}$, 4(U_R)R($_R$U)-($)_{\text{type I}}$, 3RSR-($)_{\text{type I}}$, 3(U_R)R($_R$U)-($)_{\text{type I}}$

9.3.3　性能建模

并联角跟踪机构的构型选择为 4RSR-SS，如图 9.4 所示。RSR 支链对称布置，SS 支链位于中央。静、动平台中心点以点 O 和点 P 表示，平台的圆平面半径为 b。在 RSR 支链中，点 A_i、点 S_i 和点 $B_i(i=1\sim4)$ 代表该支链动平台处 R 副和 S 副、静平台处 R 副的中心，A_iS_i

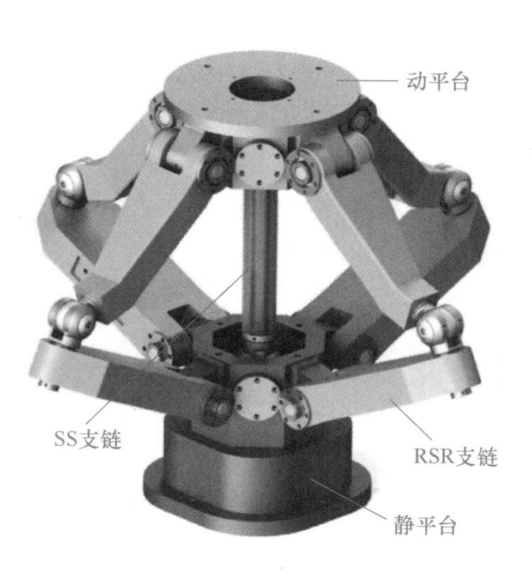

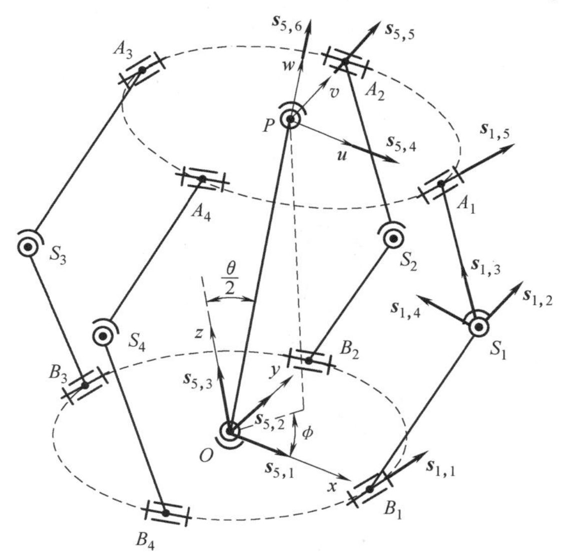

图 9.4　4RSR-SS 二转动并联角跟踪机构运动简图

杆和 S_iB_i 杆长度相同，取其长度为 l。点 O 和点 P 同时也代表 SS 支链的 S 副中心，长度为 h。在静平台平面内，以静平台中心点 O 为原点建立静平台坐标系 $Oxyz$。其中，y 轴由点 O 指向点 B_2，z 轴与静平台垂直并指向动平台平面，x 轴由右手定则确定。以动平台中心点 P 为原点，在动平台平面内建立动平台坐标系 $Puvw$。其中，v 轴由点 P 指向点 A_2，w 轴与动平台平面垂直向上，u 轴由右手定则确定。

1. 位置逆解

相对于静坐标系 $Oxyz$，动坐标系 $Puvw$ 的旋转矩阵可表示为

$$\boldsymbol{R}=[\boldsymbol{u}\quad \boldsymbol{v}\quad \boldsymbol{w}]=\begin{bmatrix} \mathrm{c}^2\phi\mathrm{c}\theta+\mathrm{s}^2\phi & \mathrm{s}\phi\mathrm{c}\phi\mathrm{c}\theta-\mathrm{s}\phi\mathrm{c}\phi & \mathrm{c}\phi\mathrm{s}\theta \\ \mathrm{s}\phi\mathrm{c}\phi\mathrm{c}\theta-\mathrm{s}\phi\mathrm{c}\phi & \mathrm{s}^2\phi\mathrm{c}\theta+\mathrm{c}^2\phi & \mathrm{s}\phi\mathrm{s}\theta \\ -\mathrm{c}\phi\mathrm{s}\theta & -\mathrm{s}\phi\mathrm{s}\theta & \mathrm{c}\theta \end{bmatrix} \tag{9-4}$$

式中，ϕ 和 θ 分别表示周转角和俯仰角。其中，$\phi\in[0,\ 2\pi]$，$\theta\in[0,\ \pi]$。

令 $\boldsymbol{r}$ 表示动平台中心点 P 在静平台坐标系 $Oxyz$ 中的位置向量，该位置向量可表示为

$$\boldsymbol{r}=(x\quad y\quad z)^{\mathrm{T}}=\left(h\mathrm{c}\phi\mathrm{s}\frac{\theta}{2}\quad h\mathrm{s}\phi\mathrm{s}\frac{\theta}{2}\quad h\mathrm{c}\frac{\theta}{2}\right)^{\mathrm{T}} \tag{9-5}$$

点 A_i、点 B_i 在静平台坐标系 $Oxyz$ 中的位置向量为

$$\boldsymbol{a}_i=\boldsymbol{r}+\boldsymbol{R}\boldsymbol{a}_{i,0},\boldsymbol{b}_i=b(\mathrm{c}\psi_i\quad \mathrm{s}\psi_i\quad 0)^{\mathrm{T}},i=1,2,3,4 \tag{9-6}$$

由于静平台 R 副和动平台 R 副的作用，RS 杆和 SR 杆仅能绕着中心点 A_i、点 B_i 分别做圆周运动。点 S_i 的位置由两个圆弧的交点确定，其中，两个圆弧分别为以点 B_i 为圆心垂直于静平台转动铰链的转动轴线 $\boldsymbol{s}_{1,i}$ 和以点 A_i 为圆心垂直于动平台转动铰链的转动轴线 $\boldsymbol{s}_{5,i}$，其半径均为 l 的圆弧。令 $\boldsymbol{r}_{S_i}=(r_{S_i,x}\quad r_{S_i,y}\quad r_{S_i,z})^{\mathrm{T}}$ 表示点 S_i 在系 $Oxyz$ 下的位置向量，对于第 1 条 RSR 支链，点 S_i 的位置向量满足以下约束：

$$\begin{cases} (r_{S_1,x}-r_{A_1,x})^2+r_{A_1,y}^2+(r_{S_1,z}-r_{A_1,z})^2=l^2 \\ (r_{S_1,x}-r_{B_1,x})^2+r_{S_1,z}^2=l^2 \\ r_{S_1,y}=0 \end{cases} \tag{9-7}$$

由式（9-7）可得 $\boldsymbol{r}_{S_1}$ 的表达式，按照类似方法可获得 $\boldsymbol{r}_{S_2}$、$\boldsymbol{r}_{S_3}$、$\boldsymbol{r}_{S_4}$ 的表达式。至此，已完成坐标系 $Oxyz$ 下点 A_i、点 S_i、点 B_i 和点 P 的位置向量求解。

2. 速度/力映射建模

初始位置时，以点 A_2、点 A_4、点 B_2 和点 B_4 为中心的 R 副轴线平行于 x 轴，以点 A_1、点 A_3、点 B_1 和点 B_3 为中心的 R 副轴线平行于 y 轴，将 S 副用三个轴线分别平行于 x、y、z 轴的 R 副等效替换，则第 1 个和第 3 个 RSR 支链可写成 $\mathrm{R}_y\mathrm{R}_z\mathrm{R}_x\mathrm{R}_y\mathrm{R}_y$，第 2 个和第 4 个 RSR 支链可写成 $\mathrm{R}_x\mathrm{R}_z\mathrm{R}_y\mathrm{R}_x\mathrm{R}_x$，SS 支链可写成 $\mathrm{R}_y\mathrm{R}_x\mathrm{R}_z\mathrm{R}_y\mathrm{R}_x$。利用有限旋量描述支链的连续运动，可得

$$\begin{aligned} \boldsymbol{S}_{f,i}=&2\tan\frac{\theta_{y,i,3}}{2}\begin{pmatrix}\boldsymbol{s}_y\\ \boldsymbol{r}_{A_i}\times\boldsymbol{s}_y\end{pmatrix}\Delta 2\tan\frac{\theta_{y,i,2}}{2}\begin{pmatrix}\boldsymbol{s}_y\\ \boldsymbol{r}_{S_i}\times\boldsymbol{s}_y\end{pmatrix}\Delta 2\tan\frac{\theta_{x,i}}{2}\begin{pmatrix}\boldsymbol{s}_x\\ \boldsymbol{r}_{S_i}\times\boldsymbol{s}_x\end{pmatrix}\Delta \\ &2\tan\frac{\theta_{z,i}}{2}\begin{pmatrix}\boldsymbol{s}_z\\ \boldsymbol{r}_{S_i}\times\boldsymbol{s}_z\end{pmatrix}\Delta 2\tan\frac{\theta_{y,i,1}}{2}\begin{pmatrix}\boldsymbol{s}_y\\ \boldsymbol{r}_{B_i}\times\boldsymbol{s}_y\end{pmatrix},i=1,3 \end{aligned} \tag{9-8}$$

$$S_{f,i}=2\tan\frac{\theta_{x,i,3}}{2}\begin{pmatrix}s_x\\ r_{A_i}\times s_x\end{pmatrix}\Delta 2\tan\frac{\theta_{x,i,2}}{2}\begin{pmatrix}s_x\\ r_{S_i}\times s_x\end{pmatrix}\Delta 2\tan\frac{\theta_{y,i}}{2}\begin{pmatrix}s_y\\ r_{S_i}\times s_y\end{pmatrix}\Delta$$
$$2\tan\frac{\theta_{z,i}}{2}\begin{pmatrix}s_z\\ r_{S_i}\times s_z\end{pmatrix}\Delta 2\tan\frac{\theta_{x,i,1}}{2}\begin{pmatrix}s_x\\ r_{B_i}\times s_x\end{pmatrix},i=2,4 \tag{9-9}$$

$$S_{f,5}=2\tan\frac{\theta_{x,5,2}}{2}\begin{pmatrix}s_x\\ r_P\times s_x\end{pmatrix}\Delta 2\tan\frac{\theta_{y,5,2}}{2}\begin{pmatrix}s_y\\ r_P\times s_y\end{pmatrix}\Delta 2\tan\frac{\theta_{z,5}}{2}\begin{pmatrix}s_z\\ r_O\times s_z\end{pmatrix}\Delta$$
$$2\tan\frac{\theta_{x,5,1}}{2}\begin{pmatrix}s_x\\ r_O\times s_x\end{pmatrix}\Delta 2\tan\frac{\theta_{y,5,1}}{2}\begin{pmatrix}s_y\\ r_O\times s_y\end{pmatrix} \tag{9-10}$$

式中，$S_{f,i}$ 指第 i 条支链的有限旋量；s_x、s_y、s_z 分别指 x、y、z 轴的方向向量。

对式（9-8）~式（9-10）做一阶微分并使变量 $\Delta\theta$ 为 0，可得机构各支链末端在初始位姿下的速度模型为

$$S_{t,i}=\sum_{k=1}^{5}S_{t,i,k}=\sum_{k=1}^{5}\dot{\theta}_{i,k}\hat{S}_{t,i,k},i=1,2,\cdots,5 \tag{9-11}$$

式中，

$$S_{t,i}=\dot{\theta}_{y,i,3}\begin{pmatrix}s_y\\ r_{A_i}\times s_y\end{pmatrix}+\dot{\theta}_{y,i,2}\begin{pmatrix}s_y\\ r_{S_i}\times s_y\end{pmatrix}+\dot{\theta}_{x,i}\begin{pmatrix}s_x\\ r_{S_i}\times s_x\end{pmatrix}+\dot{\theta}_{z,i}\begin{pmatrix}s_z\\ r_{S_i}\times s_z\end{pmatrix}+\dot{\theta}_{y,i,1}\begin{pmatrix}s_y\\ r_{B_i}\times s_y\end{pmatrix},i=1,3,$$

$$S_{t,i}=\dot{\theta}_{x,i,3}\begin{pmatrix}s_x\\ r_{A_i}\times s_x\end{pmatrix}+\dot{\theta}_{x,i,2}\begin{pmatrix}s_x\\ r_{S_i}\times s_x\end{pmatrix}+\dot{\theta}_{y,i}\begin{pmatrix}s_y\\ r_{S_i}\times s_y\end{pmatrix}+\dot{\theta}_{z,i}\begin{pmatrix}s_z\\ r_{S_i}\times s_z\end{pmatrix}+\dot{\theta}_{x,i,1}\begin{pmatrix}s_x\\ r_{B_i}\times s_x\end{pmatrix},i=2,4,$$

$$S_{t,i}=\dot{\theta}_{x,i,2}\begin{pmatrix}s_x\\ r_P\times s_x\end{pmatrix}+\dot{\theta}_{y,i,2}\begin{pmatrix}s_y\\ r_P\times s_y\end{pmatrix}+\dot{\theta}_{z,i}\begin{pmatrix}s_z\\ \mathbf{0}\end{pmatrix}+\dot{\theta}_{x,i,1}\begin{pmatrix}s_x\\ \mathbf{0}\end{pmatrix}+\dot{\theta}_{y,i,1}\begin{pmatrix}s_y\\ \mathbf{0}\end{pmatrix},i=5。$$

机构在当前位姿下的速度映射模型可将 $\hat{S}_{t,i,k}$ 替换成第 i 条支链第 k 个关节在当前时刻的单位瞬时旋量，即

$$S_{t,i}=\sum_{k=1}^{5}\dot{\theta}_{i,k}\hat{S}_{t,i,k}=J_i\dot{\theta}_i \tag{9-12}$$

式中，第 1~4 条 RSR 支链在当前时刻的单位瞬时旋量分别为

$$\hat{S}_{t,i,1}=\begin{pmatrix}s_{i,1}\\ r_{B_i}\times s_{i,1}\end{pmatrix},\hat{S}_{t,i,2}=\begin{pmatrix}s_{i,2}\\ r_{S_i}\times s_{i,2}\end{pmatrix},\hat{S}_{t,i,3}=\begin{pmatrix}s_{i,3}\\ r_{S_i}\times s_{i,3}\end{pmatrix},\hat{S}_{t,i,4}=\begin{pmatrix}s_{i,4}\\ r_{S_i}\times s_{i,4}\end{pmatrix},\hat{S}_{t,i,5}=\begin{pmatrix}s_{i,5}\\ r_{A_i}\times s_{i,5}\end{pmatrix}$$

第 5 条支链在当前时刻的单位瞬时旋量为

$$\hat{S}_{t,5,1}=\begin{pmatrix}s_{5,1}\\ \mathbf{0}\end{pmatrix},\hat{S}_{t,5,2}=\begin{pmatrix}s_{5,2}\\ \mathbf{0}\end{pmatrix},\hat{S}_{t,5,3}=\begin{pmatrix}s_{5,3}\\ \mathbf{0}\end{pmatrix},\hat{S}_{t,5,4}=\begin{pmatrix}s_{5,4}\\ r\times s_{5,4}\end{pmatrix},\hat{S}_{t,5,5}=\begin{pmatrix}s_{5,5}\\ r\times s_{5,5}\end{pmatrix}$$

支链内各关节的瞬时旋量与约束力旋量的互易积为 0，据此可求出每条支链的约束力旋量为

$$S_{wc,i}=f_{c,i}\hat{S}_{wc,i},i=1,2,\cdots,5 \tag{9-13}$$

式中，

$$\hat{S}_{wc,i}=\begin{pmatrix}r_{S_i}\times s_y\\ s_y\end{pmatrix},i=1,3,\hat{S}_{wc,i}=\begin{pmatrix}r_{S_i}\times s_x\\ s_x\end{pmatrix},i=2,4,\hat{S}_{wc,i}=\begin{pmatrix}r_P\times s_z\\ s_z\end{pmatrix},i=5。$$

支链提供的约束力旋量个数大于4，表明机构是一个过约束并联机构。

锁住第 k 个关节，求支链内剩余关节的两个约束力旋量，去掉与式（9-13）相同的力旋量，另一个力旋量即为第 k 个关节的驱动力旋量，则

$$S_{wa,i,k}=f_{a,i,k}\hat{S}_{wa,i,k},i=1,2,\cdots,5,k=1,2,\cdots,5 \tag{9-14}$$

式中，

$$\hat{S}_{wa,i,1}=\begin{pmatrix}r_{S_i}\times s_{S_iA_i}\\ s_{S_iA_i}\end{pmatrix},\hat{S}_{wa,i,2}=\begin{pmatrix}r_{A_i}\times s_{A_iB_i}\\ s_{A_iB_i}\end{pmatrix},\hat{S}_{wa,i,3}=\begin{pmatrix}r_{S_i}\times s_y+s_x\\ s_y\end{pmatrix},\hat{S}_{wa,i,4}=\begin{pmatrix}r_{S_i}\times s_y+s_z\\ s_y\end{pmatrix},$$

$$\hat{S}_{wa,i,5}=\begin{pmatrix}r_{S_i}\times s_{S_iB_i}\\ s_{S_iB_i}\end{pmatrix},i=1,3$$

$$\hat{S}_{wa,i,1}=\begin{pmatrix}r_{S_i}\times s_{S_iA_i}\\ s_{S_iA_i}\end{pmatrix},\hat{S}_{wa,i,2}=\begin{pmatrix}r_{A_i}\times s_{A_iB_i}\\ s_{A_iB_i}\end{pmatrix},\hat{S}_{wa,i,3}=\begin{pmatrix}r_{S_i}\times s_x+s_y\\ s_x\end{pmatrix},\hat{S}_{wa,i,4}=\begin{pmatrix}r_{S_i}\times s_x+s_z\\ s_x\end{pmatrix},$$

$$\hat{S}_{wa,i,5}=\begin{pmatrix}r_{S_i}\times s_{S_iB_i}\\ s_{S_iB_i}\end{pmatrix},i=2,4$$

$$\hat{S}_{wa,i,1}=\begin{pmatrix}\mathbf{0}\\ s_y\end{pmatrix},\hat{S}_{wa,i,2}=\begin{pmatrix}\mathbf{0}\\ s_x\end{pmatrix},\hat{S}_{wa,i,3}=\begin{pmatrix}\mathbf{0}\\ s_z\end{pmatrix},\hat{S}_{wa,i,4}=\begin{pmatrix}r_P\times s_y\\ s_y\end{pmatrix},\hat{S}_{wa,i,5}=\begin{pmatrix}r_P\times s_x\\ s_x\end{pmatrix},i=5。$$

其中，$s_{S_iA_i}$、$s_{A_iB_i}$ 和 $s_{S_iB_i}$ 分别为 S_iA_i、A_iB_i 和 S_iB_i 的单位向量。

并联角跟踪机构第 1 条、第 2 条 RSR 支链靠近静平台的 R 副为驱动关节，则机构的力映射模型可表示为

$$S_w=\sum_{i=1}^{2}f_{wa,i,1}\hat{S}_{wa,i,1}+\sum_{k=1}^{4}f_{wc,k}\hat{S}_{wc,k}=J_wf \tag{9-15}$$

式中，

$$f=(f_{wa,1,1}\quad f_{wa,2,1}\quad f_{wc,1}\quad f_{wc,2}\quad f_{wc,3}\quad f_{wc,4})^{\mathrm{T}},$$

$$J_w=\begin{bmatrix}r_{S_1}\times s_{S_1A_1} & r_{S_2}\times s_{S_2A_2} & r_{S_1}\times s_y & r_{S_2}\times s_x & s_y & s_z\\ s_{S_1A_1} & s_{S_2A_2} & s_y & s_x & r_{S_3}\times s_y & r_P\times s_z\end{bmatrix}^{\mathrm{T}}。$$

因此，两个驱动关节与动平台之间的速度映射可表示为

$$S_t=J_w^{-\mathrm{T}}J_\theta\dot{\theta}=J\dot{\theta}=[J_a\quad J_c]\begin{bmatrix}\dot{\theta}_a\\ \mathbf{0}_{4\times1}\end{bmatrix} \tag{9-16}$$

式中，J_θ 由主动关节的单位驱动力旋量和单位运动旋量组成；$\dot{\theta}_a$ 是两个主动关节参数组成的向量，即

$$J_\theta=\begin{bmatrix}\begin{bmatrix}\hat{S}_{wa,1,1}^{\mathrm{T}}\hat{S}_{t,1,1} & 0\\ 0 & \hat{S}_{wa,2,1}^{\mathrm{T}}\hat{S}_{t,2,1}\end{bmatrix} & \mathbf{0}_{2\times4}\\ \mathbf{0}_{4\times2} & \mathbf{0}_{4\times4}\end{bmatrix},\dot{\theta}_a=\begin{bmatrix}\dot{\theta}_{1,1}\\ \dot{\theta}_{2,1}\end{bmatrix}$$

3. 静刚度建模

RSR 支链包括 RS 杆和 SR 杆两个构件，这两个构件均采取折线形式，RS 杆和 SR 杆的折点分别定义为点 $D_{i,1}$ 和点 $D_{i,2}$，如图 9.5 所示。在点 B_i、点 $D_{i,1}$、点 S_i 和点 $D_{i,2}$ 定义的局部坐标系中，其中坐标系 $B_i x_{i,1} y_{i,1} z_{i,1}$ 的 $x_{i,1}$ 轴由点 B_i 指向点 $D_{i,1}$，$z_{i,1}$ 轴与静平台上的 R_1 副轴线平行，$y_{i,1}$ 轴由右手定则确定；坐标系 $D_{i,1} x_{i,2} y_{i,2} z_{i,2}$ 的 $x_{i,2}$ 轴由点 $D_{i,1}$ 指向点 S_i，$z_{i,2}$ 轴与 $z_{i,1}$ 轴平行，$y_{i,2}$ 由右手定则确定；坐标系 $S_i x_{i,3} y_{i,3} z_{i,3}$ 的 $x_{i,3}$ 轴由点 S_i 指向点 $D_{i,2}$，$z_{i,3}$ 轴与动平台上的 R_2 副轴线平行，$y_{i,3}$ 轴由右手定则确定；坐标系 $D_{i,2} x_{i,4} y_{i,4} z_{i,4}$ 的 $x_{i,4}$ 轴由点 $D_{i,2}$ 指向点 A_i，$z_{i,4}$ 轴与 $z_{i,3}$ 轴平行，$y_{i,4}$ 轴由右手定则确定。各个局部坐标系相对机构静坐标系的转换矩阵可借助杆件内三角形的几何关系以及机构逆解确定。

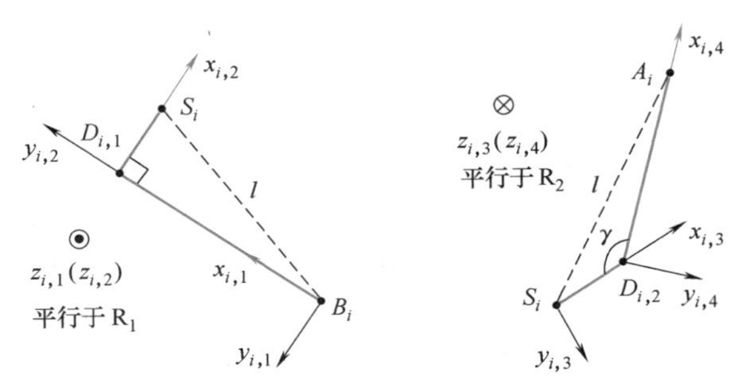

图 9.5 RS 杆和 SR 杆的局部坐标系

RS 杆的 $B_i D_{i,1}$ 段、$D_{i,1} S_i$ 段，SR 杆的 $S_i D_{i,2}$ 段、$D_{i,2} A_i$ 段在各自局部坐标系内的柔度矩阵均可利用悬臂梁的柔度矩阵表示。以 $B_i D_{i,1}$ 段为例，假设其截面的长边沿转动副轴线方向，设为 $a_{1,1}$，短边为 $b_{1,1}$，长度由 l 表示，设为 l_1。$B_i D_{i,1}$ 段在坐标系 $B_i x_{i,1} y_{i,1} z_{i,1}$ 内柔度矩阵 $\boldsymbol{C}_{i,1}$ 的各项元素为

$$C_{i,1}^{(1,1)}=\frac{l_1}{GI_{p1}},C_{i,1}^{(2,2)}=\frac{l_1}{EI_{y1}},C_{i,1}^{(3,3)}=\frac{l_1}{EI_{z1}},C_{i,1}^{(4,4)}=\frac{l_1}{EA_1},C_{i,1}^{(5,5)}=\frac{l_1^3}{3EI_{z1}},$$
$$C_{i,1}^{(6,6)}=\frac{l_1^3}{3EI_{y1}},C_{i,1}^{(2,6)}=C_{i,1}^{(6,2)}=-\frac{l_1^2}{2EI_{y1}},C_{i,1}^{(3,5)}=C_{i,1}^{(5,3)}=-\frac{l_1^2}{2EI_{z1}} \tag{9-17}$$

式中，$C_{i,1}^{(j,k)}$ 表示柔度矩阵 $\boldsymbol{C}_{i,1}$ 第 j 行第 k 列的元素；$I_{y1}=\frac{a_{11}^3 b_{11}}{12}$、$I_{z1}=\frac{a_{11} b_{11}^3}{12}$、$I_{p1}=\frac{a_{11}^3 b_{11}}{12}$、$A_1=a_{11} b_{11}$；$E$ 和 G 分别表示弹性模量和剪切模量。

采用类似方法，可得到 $D_{i,1} S_i$ 段、$S_i D_{i,2}$ 段、$D_{i,2} A_i$ 段在各自局部坐标系内的解析表达式。分别考虑被动关节的影响，将 $B_i D_{i,1}$ 段、$D_{i,1} S_i$ 段、$S_i D_{i,2}$ 段、$D_{i,2} A_i$ 段的柔度矩阵叠加至坐标系 $Oxyz$ 下，即

$$\boldsymbol{C}_{L,i}=\sum_{k=1}^{4}\boldsymbol{T}_{i,k}\boldsymbol{K}_{i,k}^{-1}\boldsymbol{T}_{i,k}^{\mathrm{T}},i=1,2,3,4 \tag{9-18}$$

6×6 柔度矩阵 $\boldsymbol{C}_{i,k}$ 首先求逆获得局部坐标系下的刚度矩阵，去掉被动关节轴线对应的行和列后，变成 $m \times m$ 的矩阵 $\boldsymbol{K}_{i,k}$，再次求逆后进行式（9-18）所示的变形叠加，$\boldsymbol{T}_{i,k}$ 去掉对应的列变成 $6 \times m$ 矩阵。$\boldsymbol{T}_{i,k}$ 的 6×6 表达式为

$$\boldsymbol{T}_{i,k}=\begin{bmatrix}\boldsymbol{R}_{i,k} & \boldsymbol{0}\\ \widetilde{\boldsymbol{r}}_{i,k}\boldsymbol{R}_{i,k} & \boldsymbol{R}_{i,k}\end{bmatrix}$$

其中，$\boldsymbol{R}_{i,k}$ 表示第 k 个局部坐标系相对于静坐标系的旋转矩阵；$\widetilde{\boldsymbol{r}}_{i,k}$ 是 $\boldsymbol{r}_{i,k}$ 的反对称矩阵，$\boldsymbol{r}_{i,k}$ 表示局部坐标系原点在系 $Oxyz$ 下的位置向量。

对于 SS 支链，其局部坐标系为 $Ouvw$。SS 支链的柔度在系 $Oxyz$ 下可表示为

$$C_{L,5}=T_5K_{SS}^{-1}T_{i5}^{T} \tag{9-19}$$

式中，K_{SS} 是考虑球副影响后的刚度矩阵，其 6×6 柔度矩阵的各项元素可解析表示为

$$C_{SS}^{(1,1)}=\frac{h}{GI_p},C_{SS}^{(2,2)}=\frac{h}{EI_y},C_{SS}^{(3,3)}=\frac{h}{EI_z},C_{SS}^{(4,4)}=\frac{h}{EA},C_{SS}^{(5,5)}=\frac{h^3}{3EI_z},$$
$$C_{SS}^{(6,6)}=\frac{h^3}{3EI_y},C_{SS}^{(2,6)}=C_{SS}^{(6,2)}=-\frac{h^2}{2EI_y},C_{SS}^{(3,5)}=C_{SS}^{(5,3)}=-\frac{h^2}{2EI_z}$$

式中，$A=\pi r_{SS}^2$；$I_y=I_z=I_p=\pi r_{SS}^4/4$。

第 1、第 2 条 RSR 支链分别存在一个驱动力旋量和一个约束力旋量，则

$$K_{L,i}=\hat{S}_{w,i}(\hat{S}_{w,i}^{T}C_{L,i}\hat{S}_{w,i})^{-1}\hat{S}_{w,i}^{T},\quad i=1,2 \tag{9-20}$$

式中，$\hat{S}_{w,i}=[\hat{S}_{wa,i,1}\quad \hat{S}_{wc,1}]$。

第 3、第 4 条 RSR 支链、SS 支链分别有一个约束力旋量，则

$$K_{L,i}=\hat{S}_{wc,i}(\hat{S}_{wc,i}^{T}C_{L,i}\hat{S}_{wc,i})^{-1}\hat{S}_{wc,i}^{T},\quad i=3,4,5 \tag{9-21}$$

因此，所有支链的刚度矩阵可表示为

$$K_L=\sum_{i=1}^{5}K_{L,i} \tag{9-22}$$

利用有限元仿真，分别提取静平台在坐标系 $Oxyz$ 下、动平台在坐标系 $Puvw$ 下的柔度矩阵 $\overline{C}_B$ 和 $\overline{C}_P$。最终，两自由度并联角跟踪机构在坐标系 $Oxyz$ 下的刚度矩阵为

$$K=C^{-1}=(T_B\overline{C}_BT_B^{T}+T_BK_L^{-1}T_B^{T}+T_P\overline{C}_PT_P^{T})^{-1} \tag{9-23}$$

式中，

$$T_B=\begin{bmatrix}E_3 & 0\\ -\tilde{r} & E_3\end{bmatrix},T_P=\begin{bmatrix}R & 0\\ 0 & R\end{bmatrix}。$$

4. 动力学建模

由式（9-12）可得机构动平台速度与支链内各个 R 副转动速度的映射关系为

$$\dot{\theta}_i=G_iS_t,i=1,2,\cdots,5 \tag{9-24}$$

式中，

$$G_i=\begin{bmatrix}\frac{\hat{S}_{wa,i,1}}{\hat{S}_{wa,i,1}^{T}\hat{S}_{t,i,1}} & \frac{\hat{S}_{wa,i,2}}{\hat{S}_{wa,i,2}^{T}\hat{S}_{t,i,2}} & \frac{\hat{S}_{wa,i,3}}{\hat{S}_{wa,i,3}^{T}\hat{S}_{t,i,3}} & \frac{\hat{S}_{wa,i,4}}{\hat{S}_{wa,i,4}^{T}\hat{S}_{t,i,4}} & \frac{\hat{S}_{wa,i,5}}{\hat{S}_{wa,i,5}^{T}\hat{S}_{t,i,5}}\end{bmatrix}^{T}。$$

因此，各构件的质心速度可表示为

$$S_{t,B_iS_i}=T_O^{C_{B_iS_i}}J_{i,1}\dot{\theta}_{i,1}=T_O^{C_{B_iS_i}}J_{i,1}G_{i,1}S_t,i=1,2,3,4 \tag{9-25}$$

$$\begin{aligned}S_{t,S_iA_i}&=T_O^{C_{S_iA_i}}[J_{i,1}\quad\cdots\quad J_{i,4}][\dot{\theta}_{i,1}\quad\cdots\quad\dot{\theta}_{i,4}]^{T}\\&=T_O^{C_{S_iA_i}}[J_{i,1}\quad\cdots\quad J_{i,4}][G_{i,1}\quad\cdots\quad G_{i,4}]^{T}S_t,i=1,2,3,4\end{aligned} \tag{9-26}$$

$$\begin{aligned}S_{t,OP}&=T_O^{C_{OP}}[J_{i,1}\quad J_{i,2}\quad J_{i,3}][\dot{\theta}_{i,1}\quad\dot{\theta}_{i,2}\quad\dot{\theta}_{i,3}]^{T}\\&=T_O^{C_{OP}}[J_{i,1}\quad J_{i,2}\quad J_{i,3}][G_{i,1}\quad G_{i,2}\quad G_{i,3}]^{T}S_t,i=5\end{aligned} \tag{9-27}$$

式中，S_{t,B_iS_i}、S_{t,S_iA_i} 和 $S_{t,OP}$ 是支链内各构件的速度旋量；

$$T_O^{C_{B_iS_i}}=\begin{bmatrix}E_3 & -\widetilde{r}_{C_{B_iS_i}}\\ 0 & E_3\end{bmatrix},T_O^{C_{S_iA_i}}=\begin{bmatrix}E_3 & -\widetilde{r}_{C_{S_iA_i}}\\ 0 & E_3\end{bmatrix},T_O^{C_{OP}}=\begin{bmatrix}E_3 & -\widetilde{r}_{C_{OP}}\\ 0 & E_3\end{bmatrix}$$

式中，$r_{C_{B_iS_i}}$、$r_{C_{S_iA_i}}$、$r_{C_{OP}}$ 表示各构件在系 $Oxyz$ 下的位置向量。

对式（9-16）所示速度模型做一阶微分，得到加速度映射模型为

$$S_a=\dot{S}_t=J_a\ddot{\theta}_a+J_w^{-1}h(\dot{\theta}_a)\dot{\theta}_a \tag{9-28}$$

令 H_i 表示第 i 条支链的海塞矩阵，则

$$h(\dot{\theta}_a)=\begin{bmatrix}\hat{S}_{wa,1,1}^{\mathrm{T}}((G_1J_a\theta_a)^{\mathrm{T}}H_1G_1J_a)\\ \hat{S}_{wa,1,1}^{\mathrm{T}}((G_2J_a\theta_a)^{\mathrm{T}}H_2G_2J_a)\\ \hat{S}_{wc,1}^{\mathrm{T}}((G_1J_a\theta_a)^{\mathrm{T}}H_1G_1J_a)\\ \hat{S}_{wc,2}^{\mathrm{T}}((G_2J_a\theta_a)^{\mathrm{T}}H_2G_2J_a)\\ \hat{S}_{wc,3}^{\mathrm{T}}((G_3J_a\theta_a)^{\mathrm{T}}H_3G_3J_a)\\ \hat{S}_{wc,5}^{\mathrm{T}}((G_5J_a\theta_a)^{\mathrm{T}}H_5G_5J_a)\end{bmatrix}$$

各关节的加速度计算公式为

$$\ddot{\theta}_a=G_a(S_a-J_w^{-1}h(\dot{\theta}_a)\dot{\theta}_a) \tag{9-29}$$

除了式（9-29）所表示的加速度模型，还可以对第 i 条支链的速度模型做一阶微分，得到第 i 条支链的加速度模型为

$$\begin{aligned}S_{a,i}&=J_i\ddot{\theta}_i+\dot{\theta}_i^{\mathrm{T}}H_i\dot{\theta}_i\\ &=[\hat{S}_{t,i,1}\quad \hat{S}_{t,i,2}\quad \cdots\quad \hat{S}_{t,i,5}]\ \ddot{\theta}_i+\dot{\theta}_i^{\mathrm{T}}\begin{bmatrix}0 & \hat{S}_{t,i,1}\times\hat{S}_{t,i,2} & \cdots & \hat{S}_{t,i,1}\times\hat{S}_{t,i,5}\\ 0 & 0 & \cdots & \vdots\\ 0 & 0 & \cdots & \hat{S}_{t,i,4}\times\hat{S}_{t,i,5}\\ 0 & 0 & \cdots & 0\end{bmatrix}\dot{\theta}_i\end{aligned} \tag{9-30}$$

第 i 条支链各关节的加速度也可由式（9-31）计算，即

$$\ddot{\theta}_i=G_i(S_a-\dot{\theta}_i^{\mathrm{T}}H_i\dot{\theta}_i) \tag{9-31}$$

由此可得各构件的加速度表达式为

$$S_{a,B_iS_i}=T_O^{C_{B_iS_i}}J_{i,1}\ddot{\theta}_{i,1},i=1,2,3,4 \tag{9-32}$$

$$S_{a,S_iA_i}=T_O^{C_{S_iA_i}}([J_{i,1}\quad\cdots\quad J_{i,1}][\ddot{\theta}_{i,1}\quad\cdots\quad\ddot{\theta}_{i,4}]^{\mathrm{T}}+[\dot{\theta}_{i,1}\quad\cdots\quad\dot{\theta}_{i,4}]H_{i,3\times3}[\dot{\theta}_{i,1}\quad\cdots\quad\dot{\theta}_{i,4}]^{\mathrm{T}}) \tag{9-33}$$

$$S_{a,OP}=T_O^{C_{OP}}([J_{i,1}\quad J_{i,2}\quad J_{i,3}][\ddot{\theta}_{i,1}\quad\ddot{\theta}_{i,2}\quad\ddot{\theta}_{i,3}]^{\mathrm{T}}+[\dot{\theta}_{i,1}\quad\dot{\theta}_{i,2}\quad\dot{\theta}_{i,3}]H_{i,3\times3}[\dot{\theta}_{i,1}\quad\dot{\theta}_{i,2}\quad\dot{\theta}_{i,3}]^{\mathrm{T}}) \tag{9-34}$$

因此，机构动平台惯性力旋量和重力旋量可分别表示为

$$S_w^I=\begin{bmatrix}I\dot{\omega}+\omega\times I\omega\\ m\dot{v}\end{bmatrix}=m\dot{S}_t^P+VmS_t^P,S_w^G=\begin{pmatrix}0\\ mg\end{pmatrix} \tag{9-35}$$

式中，

$$\boldsymbol{m}=\begin{bmatrix}\boldsymbol{I} & \boldsymbol{0}\\ \boldsymbol{0} & m\boldsymbol{E}_3\end{bmatrix},\dot{\boldsymbol{S}}_t^P=\boldsymbol{S}_a^P+\boldsymbol{\Omega}\boldsymbol{S}_t^P,\boldsymbol{V}=\begin{bmatrix}\widetilde{\boldsymbol{\omega}} & \boldsymbol{0}\\ \boldsymbol{0} & \widetilde{\boldsymbol{v}}\end{bmatrix},\boldsymbol{\Omega}=\begin{bmatrix}\boldsymbol{0} & \widetilde{\boldsymbol{\omega}}\\ \boldsymbol{0} & \boldsymbol{0}\end{bmatrix}。$$

其中，$\boldsymbol{S}_t^P=\boldsymbol{T}_O^P\boldsymbol{S}_t$，$\boldsymbol{T}_O^P$ 是将动平台速度转换为动平台质心处的速度。

$$\boldsymbol{T}_O^P=\begin{bmatrix}\boldsymbol{E}_3 & -\widetilde{\boldsymbol{r}}\\ \boldsymbol{0} & \boldsymbol{E}_3\end{bmatrix}$$

类似地，支链内各部件的惯性力旋量和重力旋量为

$$\boldsymbol{S}_{w,B_iS_i}^I=\begin{bmatrix}\boldsymbol{I}_{B_iS_i}\dot{\boldsymbol{\omega}}_{B_iS_i}+\boldsymbol{\omega}_{B_iS_i}\times\boldsymbol{I}_{B_iS_i}\boldsymbol{\omega}_{B_iS_i}\\ m_{B_iS_i}\dot{\boldsymbol{v}}_{B_iS_i}\end{bmatrix}=\boldsymbol{m}_{B_iS_i}\dot{\boldsymbol{S}}_{t,B_iS_i}+\boldsymbol{V}_{B_iS_i}\boldsymbol{m}_{B_iS_i}\boldsymbol{S}_{t,B_iS_i},\boldsymbol{S}_{w,B_iS_i}^G=\begin{pmatrix}\boldsymbol{0}\\ m_{B_iS_i}\boldsymbol{g}\end{pmatrix}\quad(9\text{-}36)$$

$$\boldsymbol{S}_{w,S_iA_i}^I=\begin{bmatrix}\boldsymbol{I}_{S_iA_i}\dot{\boldsymbol{\omega}}_{S_iA_i}+\boldsymbol{\omega}_{S_iA_i}\times\boldsymbol{I}_{S_iA_i}\boldsymbol{\omega}_{S_iA_i}\\ m_{S_iA_i}\dot{\boldsymbol{v}}_{S_iA_i}\end{bmatrix}=\boldsymbol{m}_{S_iA_i}\dot{\boldsymbol{S}}_{t,S_iA_i}+\boldsymbol{V}_{S_iA_i}\boldsymbol{m}_{S_iA_i}\boldsymbol{S}_{t,S_iA_i},\boldsymbol{S}_{w,S_iA_i}^G=\begin{pmatrix}\boldsymbol{0}\\ m_{S_iA_i}\boldsymbol{g}\end{pmatrix}\quad(9\text{-}37)$$

$$\boldsymbol{S}_{w,OP}^I=\begin{bmatrix}\boldsymbol{I}_{OP}\dot{\boldsymbol{\omega}}_{OP}+\boldsymbol{\omega}_{OP}\times\boldsymbol{I}_{OP}\boldsymbol{\omega}_{OP}\\ m_{OP}\dot{\boldsymbol{v}}_{OP}\end{bmatrix}=\boldsymbol{m}_{OP}\dot{\boldsymbol{S}}_{t,OP}+\boldsymbol{V}_{OP}\boldsymbol{m}_{OP}\boldsymbol{S}_{t,OP},\boldsymbol{S}_{w,OP}^G=\begin{pmatrix}\boldsymbol{0}\\ m_{OP}\boldsymbol{g}\end{pmatrix}\quad(9\text{-}38)$$

利用虚功原理，可得到二转动并联角跟踪机构的动力学模型为

$$\sum_{i=1}^{4}(\delta\boldsymbol{S}_{t,B_iS_i})^{\mathrm{T}}(\boldsymbol{S}_{w,B_iS_i}^I+\boldsymbol{S}_{w,B_iS_i}^G)+\sum_{i=1}^{4}(\delta\boldsymbol{S}_{t,S_iA_i})^{\mathrm{T}}(\boldsymbol{S}_{w,S_iA_i}^I+\boldsymbol{S}_{w,S_iA_i}^G)+$$
$$(\delta\boldsymbol{S}_{t,OP})^{\mathrm{T}}(\boldsymbol{S}_{w,OP}^I+\boldsymbol{S}_{w,OP}^G)+(\delta\boldsymbol{S}_t^P)^{\mathrm{T}}(\boldsymbol{S}_w^I+\boldsymbol{S}_w^G)+(\delta\boldsymbol{S}_t)^{\mathrm{T}}\boldsymbol{S}_w^E+\delta\boldsymbol{\theta}^{\mathrm{T}}\boldsymbol{\tau}=0\quad(9\text{-}39)$$

式中，

$$\delta\boldsymbol{S}_{t,B_iS_i}=\boldsymbol{T}_O^{C_{B_iS_i}}\boldsymbol{J}_{i,1}\boldsymbol{G}_{i,1}\boldsymbol{S}_t,\delta\boldsymbol{S}_{t,S_iA_i}=\boldsymbol{T}_O^{C_{S_iA_i}}[\boldsymbol{J}_{i,1}\quad\cdots\quad\boldsymbol{J}_{i,4}][\boldsymbol{G}_{i,1}\quad\cdots\quad\boldsymbol{G}_{i,4}]^{\mathrm{T}}\boldsymbol{S}_t,$$
$$\delta\boldsymbol{S}_{t,OP}=\boldsymbol{T}_O^{C_{OP}}[\boldsymbol{J}_{i,1}\quad\boldsymbol{J}_{i,2}\quad\boldsymbol{J}_{i,3}][\boldsymbol{G}_{i,1}\quad\boldsymbol{G}_{i,2}\quad\boldsymbol{G}_{i,3}]^{\mathrm{T}}\boldsymbol{S}_t,$$
$$\delta\boldsymbol{\theta}=\delta\boldsymbol{\theta}_a,\delta\boldsymbol{S}_t=\boldsymbol{J}_a\delta\boldsymbol{\theta}_a,\delta\boldsymbol{S}_{t,P}=\boldsymbol{T}_p\delta\boldsymbol{S}_t。$$

也可以将式（9-39）整理为如下形式

$$\boldsymbol{M}\ddot{\boldsymbol{\theta}}+\boldsymbol{C}(\dot{\boldsymbol{\theta}},\boldsymbol{\theta})+\boldsymbol{G}(\boldsymbol{\theta})=\boldsymbol{0}\quad(9\text{-}40)$$

9.3.4　优化设计

二转动并联角跟踪机构需具备优良的运动传递性能，使得输入的能量尽可能多地输出至机构末端；同时，二转动并联角跟踪机构应具备较大刚度特性与动态特性，以保证天线的稳定跟踪运动。因此，二转动并联角跟踪机构的优化目标包括运动学、静力学和动力学性能。

根据并联角跟踪机构的速度/力映射模型，有

$$\boldsymbol{S}_t=\boldsymbol{J}_w^{-1}\boldsymbol{J}_\theta\dot{\boldsymbol{\theta}}\quad(9\text{-}41)$$

式中，$\boldsymbol{J}_w^{-1}=[\rho_1^*\hat{\boldsymbol{S}}_{t,1}^*\quad\rho_2^*\hat{\boldsymbol{S}}_{t,2}^*\quad\cdots\quad\rho_6^*\hat{\boldsymbol{S}}_{t,6}^*]$。

根据式（9-41），机构的瞬时运动可表示为

$$\boldsymbol{S}_t=\sum_{k=1}^{2}\rho_{t,k,1}\rho_{t,k}^*(\hat{\boldsymbol{S}}_{wa,k,1}^{\mathrm{T}}\hat{\boldsymbol{S}}_{t,k,1})\hat{\boldsymbol{S}}_{t,k}^*\quad(9\text{-}42)$$

通过力旋量和瞬时运动旋量求解虚功，即

$$\hat{\boldsymbol{S}}_{w}^{\mathrm{T}}\boldsymbol{S}_{t}=\sum_{k=1}^{2}f_{a,k,1}\rho_{t,k,1}\rho_{t,k}^{*}(\hat{\boldsymbol{S}}_{wa,k,1}^{\mathrm{T}}\hat{\boldsymbol{S}}_{t,k}^{*})(\hat{\boldsymbol{S}}_{wa,k,1}^{\mathrm{T}}\hat{\boldsymbol{S}}_{t,k,1}) \tag{9-43}$$

定义虚功率传递率为

$$\mu=\left\{\frac{|\hat{\boldsymbol{S}}_{wa,1,1}^{\mathrm{T}}\hat{\boldsymbol{S}}_{t,1}^{*}|}{|\hat{\boldsymbol{S}}_{wa,1,1}^{\mathrm{T}}\hat{\boldsymbol{S}}_{t,1}^{*}|_{\max}},\frac{|\hat{\boldsymbol{S}}_{wa,1,1}^{\mathrm{T}}\hat{\boldsymbol{S}}_{t,1,1}|}{|\hat{\boldsymbol{S}}_{wa,1,1}^{\mathrm{T}}\hat{\boldsymbol{S}}_{t,1,1}|_{\max}},\frac{|\hat{\boldsymbol{S}}_{wa,2,1}^{\mathrm{T}}\hat{\boldsymbol{S}}_{t,1}^{*}|}{|\hat{\boldsymbol{S}}_{wa,2,1}^{\mathrm{T}}\hat{\boldsymbol{S}}_{t,1}^{*}|_{\max}},\frac{|\hat{\boldsymbol{S}}_{wa,2,1}^{\mathrm{T}}\hat{\boldsymbol{S}}_{t,2,1}|}{|\hat{\boldsymbol{S}}_{wa,2,1}^{\mathrm{T}}\hat{\boldsymbol{S}}_{t,2,1}|_{\max}}\right\} \tag{9-44}$$

虚功率传递率越大，表明机构输入功率传递至输出端的效率越高。因此，期望最小虚功率传递率最大，考虑虚功率传递率在机构工作空间内的分布特性，求解其均值与方差，有

$$\kappa_{\mu}=\frac{\int_{V}(\min\mu)\,\mathrm{d}V}{V},\sigma_{\mu}=\frac{\sqrt{\int_{V}(\min\mu-\kappa_{\mu})^{2}\mathrm{d}V}}{V} \tag{9-45}$$

因此，可将式（9-44）视为并联角跟踪机构运动学性能的量化指标。

由并联角跟踪机构的静刚度模型，可获得机构在任意位姿下的六维柔度矩阵。机构柔度矩阵的特征值和特征向量分别为

$$\begin{cases}\hat{\boldsymbol{S}}_{c,i}^{\mathrm{T}}\hat{\boldsymbol{S}}_{c,j}=1 & i=j\\ \hat{\boldsymbol{S}}_{c,i}^{\mathrm{T}}\hat{\boldsymbol{S}}_{c,j}=0 & i\neq j\end{cases},\boldsymbol{C}\hat{\boldsymbol{S}}_{c,i}=\lambda_{c,i}\hat{\boldsymbol{S}}_{c,i},i=j=1,2,\cdots,6 \tag{9-46}$$

式中，$\lambda_{c,i}$、$\hat{\boldsymbol{S}}_{c,i}$ 分别是机构柔度矩阵的特征值和特征向量。

将力空间的单位力旋量和单位力矩旋量用机构柔度矩阵的特征向量表示，有

$$\hat{\boldsymbol{S}}_{l,j_l}=\sum_{i=1}^{6}\delta_{l,i,j_l}\hat{\boldsymbol{S}}_{c,i},\hat{\boldsymbol{S}}_{a,j_a}=\sum_{i=1}^{6}\delta_{a,i,j_a}\hat{\boldsymbol{S}}_{c,i},i=1,2,\cdots,6 \tag{9-47}$$

式中，δ_{l,i,j_l}、δ_{a,i,j_a} 的求解公式为

$$[\delta_{l,1,j_l}\quad\cdots\quad\delta_{l,6,j_l}]^{\mathrm{T}}=\boldsymbol{W}^{-1}\boldsymbol{S}_{l,j_l},$$

$$[\delta_{a,1,j_a}\quad\cdots\quad\delta_{a,6,j_a}]^{\mathrm{T}}=\boldsymbol{W}^{-1}\boldsymbol{S}_{a,j_a},$$

$$\boldsymbol{W}=[\hat{\boldsymbol{S}}_{c,1}\quad\cdots\quad\hat{\boldsymbol{S}}_{c,6}]^{\mathrm{T}}。$$

据此，可分别构造机构的力旋量和变形旋量，利用力与变形的乘积可求得机构的瞬时变形能，即

$$E=E_l+E_m \tag{9-48}$$

$$E_l=\sum_{i=1}^{6}\left(\left(\sum_{j_l=1}^{3}\rho_{l,j_l}\delta_{l,i,j_l}\right)\left(\sum_{j_l=1}^{3}\rho_{l,j_l}\delta_{l,i,j_l}+\sum_{j_a=1}^{3}\rho_{a,j_a}\delta_{a,i,j_a}\right)\lambda_{c,i}\hat{\boldsymbol{S}}_{c,i}^{\mathrm{T}}\hat{\boldsymbol{S}}_{c,i}\right) \tag{9-49}$$

$$E_m=\sum_{i=1}^{6}\left(\left(\sum_{j_a=1}^{3}\rho_{a,j_a}\delta_{a,i,j_a}\right)\left(\sum_{j_l=1}^{3}\rho_{l,j_l}\delta_{l,i,j_l}+\sum_{j_a=1}^{3}\rho_{a,j_a}\delta_{a,i,j_a}\right)\lambda_{c,i}\hat{\boldsymbol{S}}_{c,i}^{\mathrm{T}}\hat{\boldsymbol{S}}_{c,i}\right) \tag{9-50}$$

因此，整机刚度指标可定义为

$$\eta=\left|\sum_{i=1}^{6}\left(\left(\sum_{j_l=1}^{3}\rho_{l,j_l}\delta_{l,i,j_l}+\sum_{j_a=1}^{3}\rho_{a,j_a}\delta_{a,i,j_a}\right)^{2}\lambda_{c,i}\right)\right| \tag{9-51}$$

考虑刚度性能在机构工作空间内的分布特性，求解其均值与方差，有

$$\kappa_{\eta}=\frac{\int_{V}\eta\,\mathrm{d}V}{V},\sigma_{\eta}=\frac{\sqrt{\int_{V}(\eta-\overline{\eta})^{2}\mathrm{d}V}}{V} \tag{9-52}$$

动力学性能主要考虑机构惯性对动态特性的影响，取加速度项系数矩阵条件数的倒数为动力学指标，有

$$\chi = 1/\mathrm{cond}(\boldsymbol{M}) \tag{9-53}$$

考虑动力学性能在机构工作空间内的分布特性，求解其均值与方差，有

$$\kappa_\chi = \frac{\int_V \chi \mathrm{d}V}{V}, \sigma_\chi = \frac{\sqrt{\int_V (\chi - \bar{\chi})^2 \mathrm{d}V}}{V} \tag{9-54}$$

式（9-45）、式（9-52）与式（9-54）所示为运动学、刚度与动力学指标均作为并联角跟踪机构优化设计的目标函数。

并联角跟踪机构的设计参数包括动静平台半径、构件的长度与截面参数，见表9.3。

表9.3 并联角跟踪机构的设计参数

设计参数	范围	单位
动静平台半径(a)	(0.120,0.200)	m
RS 构件长边(a_{11})	(0.050,0.075)	m
RS 构件短边(b_{11})	(0.030,0.045)	m
SR 构件长边(a_{12})	(0.040,0.060)	m
SR 构件短边(b_{12})	(0.040,0.060)	m
SS 构件长度(h)	(0.300,1.800)	m
RS 或 SR 构件长度(l)	(1.100,1.500)	m

并联角跟踪机构优化设计的约束条件受各个方向的线刚度限制，根据机构应用需求给定

$$k_{lx} \geqslant 5\times10^6 \mathrm{N/m}, k_{ly} \geqslant 5\times10^6 \mathrm{N/m}, k_{lz} \geqslant 5\times10^7 \mathrm{N/m} \tag{9-55}$$

因此，优化目标、设计参数与约束条件均确定后，可构造多目标优化设计模型为

$$\min F(\boldsymbol{x}) = \{-\kappa_k, \sigma_k, \kappa_\eta, \sigma_\eta, -\kappa_\chi, \sigma_\chi\}$$

$$\begin{cases} \text{s. t.} \quad k_{lx} \geqslant 5\times10^6 \mathrm{N/m} \\ \qquad\quad k_{ly} \geqslant 5\times10^6 \mathrm{N/m} \\ \qquad\quad k_{lz} \geqslant 5\times10^7 \mathrm{N/m} \\ \qquad\quad \boldsymbol{x}^L \leqslant \boldsymbol{x} \leqslant \boldsymbol{x}^U \end{cases} \tag{9-56}$$

采用粒子群优化算法进行上述多目标优化设计模型的优化搜索，优化搜索采用Pareto前沿点搜索方式，粒子群优化算法的参数设定见表9.4。

表9.4 粒子群优化算法的参数设定

参数	设定值	参数	设定值
最大迭代次数	100	社会认知	1.49
粒子数	100	自身认知	1.49
惯性系数	0.729		

经过优化搜索，式（9-56）所示优化模型可搜索出884个Pareto前沿点，如图9.6所示。Pareto前沿为此优化模型非支配解所构成的集合，任何一个Pareto前沿点均可视为式

(9-56) 所表示的优化问题的最终解。在此，采用合作均衡搜索法在 Pareto 前沿上找到各个性能匹配最优的解。首先需对 Pareto 前沿点进行无量纲处理，即

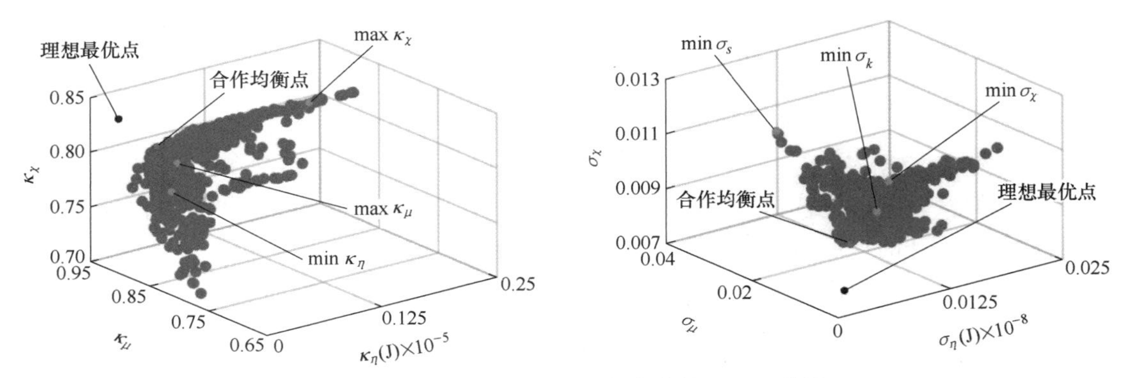

图 9.6　并联角跟踪机构多目标优化的 Pareto 前沿

$$\kappa'_{\mu,i}=\frac{\kappa_{\mu,i}-\overline{\kappa}_\mu}{\widetilde{\kappa}_\mu},\sigma'_{\mu,i}=\frac{\sigma_{\mu,i}-\overline{\sigma}_\mu}{\widetilde{\sigma}_\mu},\kappa'_{\eta,i}=\frac{\kappa_{\eta,i}-\overline{\kappa}_\eta}{\widetilde{\kappa}_\eta},$$

$$\sigma'_{\eta,i}=\frac{\sigma_{\eta,i}-\overline{\sigma}_\eta}{\widetilde{\sigma}_\eta},\kappa'_{\chi,i}=\frac{\kappa_{\chi,i}-\overline{\kappa}_\chi}{\widetilde{\kappa}_\chi},\sigma'_{\chi,i}=\frac{\sigma_{\chi,i}-\overline{\sigma}_\chi}{\widetilde{\sigma}_\chi} \tag{9-57}$$

式中，$\overline{\kappa}_\mu$ 和 $\overline{\sigma}_\mu$ 分别表示 884 个虚功率传递率均值与标准差的均值；$\overline{\kappa}_\eta$ 和 $\overline{\sigma}_\eta$ 分别表示 884 个整体刚度性能指标均值与标准差的均值；$\overline{\kappa}_\chi$ 和 $\overline{\sigma}_\chi$ 分别表示 884 个动力学性能指标均值与标准差；$\widetilde{\kappa}_\mu$、$\widetilde{\sigma}_\mu$、$\widetilde{\kappa}_\eta$、$\widetilde{\sigma}_\eta$、$\widetilde{\kappa}_\chi$ 和 $\widetilde{\sigma}_\chi$ 分别为相应的标准差。

构造出一个虚拟的理想最优点 $P_{\min}$，在此最优点处，机构对应的运动学性能、整体刚度性能与动力学性能均为 Pareto 前沿上的最优值，即

$$\kappa'_{\mu,P_{\min}}=\min_i(\kappa'_{\mu,i}),\sigma'_{\mu,P_{\min}}=\min_i(\sigma'_{\mu,i}),\kappa'_{\eta,P_{\min}}=\min_i(\kappa'_{\eta,i}),\sigma'_{\eta,P_{\min}}=\min_i(\sigma'_{\eta,i}),$$

$$\kappa'_{\chi,P_{\min}}=\min_i(\kappa'_{\chi,i}),\sigma'_{\chi,P_{\min}}=\min_i(\sigma'_{\chi,i}) \tag{9-58}$$

理想最优点并非 Pareto 前沿点，式 (9-56) 所示优化模型无法收敛至唯一最优解。此理想最优解仅表示根据 Pareto 前沿的分布情况所能达到的理想最优结果。令 Pareto 前沿点为

$$P_i=\{\kappa'_{\mu,P_i},\sigma'_{\mu,P_i},\kappa'_{\eta,P_i},\sigma'_{\eta,P_i},\kappa'_{\chi,P_i},\sigma'_{\chi,P_i}\},i=1,2,\cdots,884 \tag{9-59}$$

计算 Pareto 前沿点与理想最优点的距离为

$$D_i=\sqrt{\sum_{j=1}^{6}(P(j))^2} \tag{9-60}$$

式中，

$$P(1)=\kappa'_{\mu,P_i}-\kappa'_{\mu,P_{\min}},P(2)=\sigma'_{\mu,P_i}-\sigma'_{\mu,P_{\min}},P(3)=\kappa'_{\eta,P_i}-\kappa'_{\eta,P_{\min}},$$
$$P(4)=\sigma'_{\eta,P_i}-\sigma'_{\eta,P_{\min}},P(5)=\kappa'_{\chi,P_i}-\kappa'_{\chi,P_{\min}},P(6)=\sigma'_{\chi,P_i}-\sigma'_{\chi,P_{\min}}。$$

距离最小的 Pareto 前沿点即为各优化目标达到最佳匹配的设计结果，称为合作均衡点

$$D_{\min}=\min_i D_i \tag{9-61}$$

对应合作均衡点的设计参数取值即为优化设计的参数取值，根据这组参数设计的并联角跟踪机构样机，运动学、静刚度和动力学性能达到最佳匹配关系。其设计参数最优取值见表 9.5。

表 9.5 并联角跟踪机构运动学、静刚度、动力学性能的设计参数最优取值

设计参数	最优取值	单位
动静平台半径(a)	0.122	m
RS 构件长边(a_{11})	0.075	m
RS 构件短边(b_{11})	0.034	m
SR 构件长边(a_{12})	0.06	m
SR 构件短边(b_{12})	0.06	m
SS 构件长度(h)	0.387	m
RS 或 SR 构件长度(l)	0.342	m

9.4 实例二：五自由度并联机器人

9.4.1 应用场景

石油化工、钢铁冶金、船舶制造、建筑桥梁等领域存在大量的大型钢结构件，具有尺寸大、形状复杂并伴有厚壁结构等共性特征。此类大型钢结构件通常由多级子结构件现场焊接而成，为保证焊后整体加工精度，其加工制造必须采用现场加工的方式进行。机器人移动加工是大型钢结构件现场加工的有效解决方案，现场加工中，机器人移动加工系统往往需借助钢结构件的非加工面进行安装固定，移动模块面临运行高度大、固定支点少、悬臂长度大、安装空间小等恶劣作业环境。这对机器人的质量、体积、安装简易性均提出了极为苛刻的要求。

此外，大型钢结构件的加工面涵盖了不同尺寸的平面及三维曲面，机器人需要极高的可重构能力以适应复杂多变的加工对象，应具备五轴加工能力。同时，大型钢结构件现场加工的材料去除量极大，以某大型法兰面为例，实际铣削区域可达数十平方米，加工余量可达数十毫米。加工时通常面临大刀具直径、大切削深度、大进给速度、大末端负载的工艺要求。机器人需要有极高的刚度。

现有串联加工机器人具有运动灵活度高、作业空间大等优势，已在航天器舱体、轨道交通车体、风力机叶片等大型曲面构件小去除量加工中得到应用。混联机器人在一定程度上弥补了串联机器人结构刚性弱的不足，成为大型结构件加工的一种重要技术选择。而五自由度并联机器人进一步弥补了混联机器人的不足，具有性能各向同性、精度高、作业空间内无奇异点等优势，逐渐成为大型结构件加工的发展趋势。因此，密切结合大型钢结构件的现场加工需求，提出一类结构紧凑、安装容易，具有极高的刚度/质量比和可重构能力的五自由度并联机器人，开展拓扑与尺度一体设计，研制即插即用的并联移动加工模块，对于适应多样加工环境和对象、实现大型钢构件的高效加工具有重要意义。

9.4.2 构型综合

定义末端工具坐标系 $OABC$，点 O 为末端参考点，轴 C 为刀具轴线，轴 A、轴 B 位于轴 C 法平面内。五轴加工过程中，机器人期望的运动形式为空间三平动+绕轴 A、轴 B 的转动，即 3T2R 运动。然而当机器人存在绕轴 C 转动，且转轴远离末端参考点时，该转动也可以视为耦合的平动。因此五自由度并联机器人具有 3T2R 与 3R2T 两种期望运动模式，有限旋量表示为

$$S_{f,M}=\begin{cases} t_2\begin{pmatrix}\mathbf{0}\\ \boldsymbol{s}_2\end{pmatrix}\Delta t_1\begin{pmatrix}\mathbf{0}\\ \boldsymbol{s}_1\end{pmatrix}\Delta 2\tan\dfrac{\theta_c}{2}\begin{pmatrix}\boldsymbol{s}_c\\ \boldsymbol{r}_c\times\boldsymbol{s}_c\end{pmatrix}\Delta 2\tan\dfrac{\theta_b}{2}\begin{pmatrix}\boldsymbol{s}_b\\ \boldsymbol{r}_b\times\boldsymbol{s}_b\end{pmatrix}\Delta 2\tan\dfrac{\theta_a}{2}\begin{pmatrix}\boldsymbol{s}_a\\ \boldsymbol{r}_a\times\boldsymbol{s}_a\end{pmatrix},3\text{R}2\text{T} \\ t_3\begin{pmatrix}\mathbf{0}\\ \boldsymbol{s}_3\end{pmatrix}\Delta t_2\begin{pmatrix}\mathbf{0}\\ \boldsymbol{s}_2\end{pmatrix}\Delta t_1\begin{pmatrix}\mathbf{0}\\ \boldsymbol{s}_1\end{pmatrix}\Delta 2\tan\dfrac{\theta_b}{2}\begin{pmatrix}\boldsymbol{s}_b\\ \boldsymbol{r}_b\times\boldsymbol{s}_b\end{pmatrix}\Delta 2\tan\dfrac{\theta_a}{2}\begin{pmatrix}\boldsymbol{s}_a\\ \boldsymbol{r}_a\times\boldsymbol{s}_a\end{pmatrix},3\text{T}2\text{R}\end{cases} \tag{9-62}$$

此处讨论的五自由度并联机器人由 4 条无约束支链与 1 条恰约束支链组成。根据并联机构构型综合的流程，可将式（9-62）所示机器人末端的连续运动表示为 5 条支链连续运动的交集，即

$$\boldsymbol{S}_{f,M}=\boldsymbol{S}_{f,5}\cap\cdots\cap\boldsymbol{S}_{f,2}\cap\boldsymbol{S}_{f,1} \tag{9-63}$$

而第 i 条支链的连续运动是支链内所有单自由度运动副连续运动的合成，可表示为

$$\begin{cases}\boldsymbol{S}_{f,i}=\boldsymbol{S}_{f,i,6}\Delta\boldsymbol{S}_{f,i,5}\Delta\cdots\Delta\boldsymbol{S}_{f,i,1},i=1,2,3,4 & (9\text{-}64)\\ \boldsymbol{S}_{f,i}=\boldsymbol{S}_{f,i,5}\Delta\boldsymbol{S}_{f,i,4}\Delta\cdots\Delta\boldsymbol{S}_{f,i,1},i=5 & (9\text{-}65)\end{cases}$$

无约束支链具有 UPS/SPU 两种拓扑形式，其装配参数由给定铰点布局下的 U 副安装轴线确定。此类支链的受力与形变表现为杆件的拉压变形，具有刚度高、结构简单等优势。支链中的 U 副与 S 副在结构上具有不同的关节限位能力，其安装顺序会影响机器人的作业空间。

恰约束支链的连续运动即为五自由度并联机器人的期望运动，其运动副类型和装配参数由构型综合的结果确定。由机器人的期望运动模式可得到恰约束支链的标准支链形式，通过更改标准支链内运动副的类型和位置，可得到不同的恰约束支链拓扑构型。为保证五自由度并联机器人刚度与运动学求解的简易性，排除具有多个定长连杆的支链类型，即限定如下条件

$$t_1\begin{pmatrix}\mathbf{0}\\ \boldsymbol{s}_1\end{pmatrix}\Delta t_2\begin{pmatrix}\mathbf{0}\\ \boldsymbol{s}_2\end{pmatrix}=t_2\begin{pmatrix}\mathbf{0}\\ \boldsymbol{s}_2\end{pmatrix}\Delta t_1\begin{pmatrix}\mathbf{0}\\ \boldsymbol{s}_1\end{pmatrix} \tag{9-66}$$

$$t_a\begin{pmatrix}\mathbf{0}\\ \boldsymbol{s}_a\end{pmatrix}\Delta 2\tan\frac{\theta_b}{2}\begin{pmatrix}\boldsymbol{s}_b\\ \boldsymbol{r}_b\times\boldsymbol{s}_b\end{pmatrix}=2\tan\frac{\theta_b}{2}\begin{pmatrix}\boldsymbol{s}_b\\ \boldsymbol{r}_b\times\boldsymbol{s}_b\end{pmatrix}\Delta t_a\begin{pmatrix}\mathbf{0}\\ \exp(\theta_b\widetilde{\boldsymbol{s}}_b)\boldsymbol{s}_a\end{pmatrix} \tag{9-67}$$

$$\boldsymbol{S}_{f,2R}=2\tan\frac{\theta_2}{2}\begin{pmatrix}\boldsymbol{s}\\ \boldsymbol{r}_2\times\boldsymbol{s}\end{pmatrix}\Delta 2\tan\frac{\theta_1}{2}\begin{pmatrix}\boldsymbol{s}\\ \boldsymbol{r}_1\times\boldsymbol{s}\end{pmatrix}=2\tan\frac{\sum_{i=1}^{2}\theta_i}{2}\begin{pmatrix}\boldsymbol{s}\\ \boldsymbol{r}_2\times\boldsymbol{s}\end{pmatrix}\Delta\begin{pmatrix}\mathbf{0}\\ (\exp(\theta_1\widetilde{\boldsymbol{s}})-\boldsymbol{E}_3)(\boldsymbol{r}_2-\boldsymbol{r}_1)\end{pmatrix} \tag{9-68}$$

由此，可得到五自由度并联机器人的拓扑构型，见表 9.6。

表 9.6 五自由度并联机器人的拓扑构型

期望运动	恰约束支链	关节类型及轴线	无约束支链
3R2T	PSR	$P_1R_aR_bR_cR_a$, $P_1R_aR_bR_cR_a$,	UPS/SPU
	SPR	$R_aR_bR_c$ P_2R_b	
	UPU	$R_cR_bP_2R_bR_a$	
	PRPU	$PR_cPR_aR_b$	
	PUPR	$PR_cR_bPR_a$, $PR_cR_aPR_b$	
3T2R	UPU	$R_aR_bPR_bR_a$	
	PUU	$PR_aR_bR_bR_a$	
	PUPR	$PR_bR_aPR_a$, $PR_aR_bPR_b$	
	PRPU	$PR_aPR_aR_b$, $PR_bPR_bR_a$	

9.4.3 性能建模

1. 位移建模

五自由度并联机器人由 4 个 UPS 或 SPU 无约束支链、1 个五自由度恰约束支链组成，如图 9.7 所示。当五自由度并联机器人从初始状态运动到任意状态，各运动关节的轴线发生变化。当机器人处于任意位姿时，关节的运动轴线可由式（9-69）解得

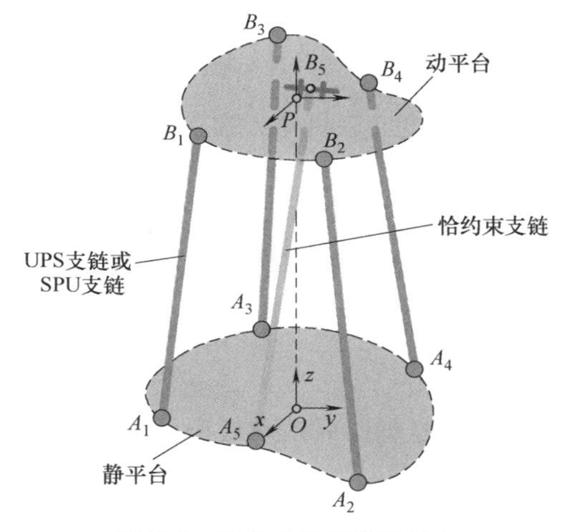

图 9.7 五自由度并联机器人

$$\hat{\boldsymbol{S}}_{f,k,i}=\prod_{g=1}^{k-1}\exp(q_{g,i}\widetilde{\hat{\boldsymbol{S}}}_{g,i}^{0})\,\hat{\boldsymbol{S}}_{g,i}^{0} \tag{9-69}$$

式中，$q_{g,i}$ 是机器人从初始状态运动到任意状态过程中第 i 条支链第 g 个关节的运动变量；$\widetilde{\hat{\boldsymbol{S}}}_{g,i}^{0}$ 是 $\hat{\boldsymbol{S}}_{g,i}^{0}$ 的反对称阵，$\hat{\boldsymbol{S}}_{g,i}^{0}$ 是初始状态下第 i 条支链第 g 个关节的运动轴线，且

$$\hat{\boldsymbol{S}}_{g,i}^{0}=\begin{cases}\begin{pmatrix}\boldsymbol{s}_{g,i}^{0}\\ \boldsymbol{r}_{g,i}^{0}\times\boldsymbol{s}_{g,i}^{0}\end{pmatrix} & \text{R 副}\\ \begin{pmatrix}\boldsymbol{0}\\ \boldsymbol{s}_{g,i}^{0}\end{pmatrix} & \text{P 副}\end{cases} \tag{9-70}$$

因此，五自由度并联机器人从初始位姿运动到当前位姿下的连续运动可表示为

$$\boldsymbol{S}_{f,M}^{N}=\boldsymbol{S}_{f,1}^{N}\cap\boldsymbol{S}_{f,2}^{N}\cap\boldsymbol{S}_{f,3}^{N}\cap\boldsymbol{S}_{f,4}^{N}\cap\boldsymbol{S}_{f,5}^{N} \tag{9-71}$$

对于五自由度并联机器人的逆解，可将 UPS 或 SPU 无约束支链的连续运动分别表示为

$$\begin{aligned}\boldsymbol{S}_{f,\mathrm{UPS}}=&2\tan\frac{\theta_{i,1}}{2}\begin{pmatrix}\boldsymbol{s}_{i,1}\\ \boldsymbol{r}_{i,1}\times\boldsymbol{s}_{i,1}\end{pmatrix}\Delta 2\tan\frac{\theta_{i,2}}{2}\begin{pmatrix}\boldsymbol{s}_{i,2}\\ \boldsymbol{r}_{i,2}\times\boldsymbol{s}_{i,2}\end{pmatrix}\Delta 2\tan\frac{\theta_{i,3}}{2}\begin{pmatrix}\boldsymbol{s}_{i,3}\\ \boldsymbol{r}_{i,3}\times\boldsymbol{s}_{i,3}\end{pmatrix}\Delta\begin{pmatrix}\boldsymbol{0}\\ \boldsymbol{l}_{i}\end{pmatrix}\Delta\\ &2\tan\frac{\theta_{i,5}}{2}\begin{pmatrix}\boldsymbol{s}_{i,5}\\ \boldsymbol{r}_{i,5}\times\boldsymbol{s}_{i,5}\end{pmatrix}\Delta 2\tan\frac{\theta_{i,6}}{2}\begin{pmatrix}\boldsymbol{s}_{i,6}\\ \boldsymbol{r}_{i,6}\times\boldsymbol{s}_{i,6}\end{pmatrix}\end{aligned} \tag{9-72}$$

$$\boldsymbol{S}_{f,\mathrm{SPU}}=2\tan\frac{\theta_{i,5}}{2}\begin{pmatrix}\boldsymbol{s}_{i,5}\\ \boldsymbol{r}_{i,5}\times\boldsymbol{s}_{i,5}\end{pmatrix}\Delta 2\tan\frac{\theta_{i,6}}{2}\begin{pmatrix}\boldsymbol{s}_{i,6}\\ \boldsymbol{r}_{i,6}\times\boldsymbol{s}_{i,6}\end{pmatrix}\Delta\begin{pmatrix}\boldsymbol{0}\\ \boldsymbol{l}_i\end{pmatrix}\Delta 2\tan\frac{\theta_{i,1}}{2}\begin{pmatrix}\boldsymbol{s}_{i,1}\\ \boldsymbol{r}_{i,1}\times\boldsymbol{s}_{i,1}\end{pmatrix}\Delta$$
$$2\tan\frac{\theta_{i,2}}{2}\begin{pmatrix}\boldsymbol{s}_{i,2}\\ \boldsymbol{r}_{i,2}\times\boldsymbol{s}_{i,2}\end{pmatrix}\Delta 2\tan\frac{\theta_{i,3}}{2}\begin{pmatrix}\boldsymbol{s}_{i,3}\\ \boldsymbol{r}_{i,3}\times\boldsymbol{s}_{i,3}\end{pmatrix} \tag{9-73}$$

类似地，表 9.6 中恰约束支链也可利用同样方法表示支链的连续运动。$\boldsymbol{l}_i$ 表示点 A_i 和点 B_i 之间的向量，存在如下关系

$$\boldsymbol{l}_i=\boldsymbol{A}_i+\boldsymbol{r}_P-\boldsymbol{B}_i,i=1,2,\cdots,5 \tag{9-74}$$

支链的连续运动与五自由度并联机器人的连续运动相等，有

$$\boldsymbol{S}_{f,M}=\boldsymbol{S}_{f,k,i} \tag{9-75}$$

联立式（9-71）~式（9-75），可构造如下运动学逆解数值方程，即

$$q_{1,i},\cdots,q_{k,i},\cdots,q_{m,i}=F(q_1,\cdots q_{ja},\cdots,q_m) \tag{9-76}$$

式中，$q_{k,i}$ 表示驱动关节的运动位移；q_{ja} 表示机器人末端动平台由初始位姿运动到当前位姿时第 ja 自由度的位移变量。利用牛顿迭代法，可计算出五自由度机器人的逆解。

2. 速度建模

五自由度并联机器人在初始位姿下的瞬时运动模型可对式（9-71）做一阶微分获得，即

$$\begin{aligned}\boldsymbol{S}_t&=\dot{\boldsymbol{S}}_f\big|_{\substack{\theta_{i,k}=0,\ i=1,\cdots,5\\ t_{i,k}=0\ \ k=1,\cdots,n_i}}\\ &=(\dot{\boldsymbol{S}}_{f,1}\cap\cdots\cap\dot{\boldsymbol{S}}_{f,5})\big|_{\substack{\theta_{i,k}=0,i=1,\cdots,l\\ t_{i,k}=0\ \ k=1,\cdots,n_i}}\\ &=\boldsymbol{S}_{t,1}\cap\cdots\cap\boldsymbol{S}_{t,5}\end{aligned} \tag{9-77}$$

式中，支链 i 的瞬时运动模型可表示为

$$\begin{aligned}\boldsymbol{S}_{t,i}&=\dot{\boldsymbol{S}}_{f,i}\big|_{\substack{\theta_{i,k}=0,\\ t_{i,k}=0}\ k=1,\cdots,n_i}\\ &=\sum_{k=1}^{n_i}q_{t,i,k}\hat{\boldsymbol{S}}_{t,i,k}\end{aligned} \tag{9-78}$$

利用瞬时运动旋量和力旋量的互易关系，可将瞬时运动模型简化为驱动关节速度与末端动平台速度之间的映射。

对于 UPS 或 SPU 无约束支链，仅受驱动力旋量作用，由观察法可知，其驱动力旋量方向是过 U 副和 S 副中心的直线，如图 9.8 所示。无约束支链的驱动力旋量为

$$\hat{\boldsymbol{S}}_{wa,i}=\begin{pmatrix}\boldsymbol{r}_{B,i}\times\boldsymbol{s}_{wa,i}\\ \boldsymbol{s}_{wa,i}\end{pmatrix},i=1,2,3,4 \tag{9-79}$$

式中，$\boldsymbol{r}_{B,i}$ 是在瞬时坐标系下，由点 P 指向点 B_i 的位置向量；$\boldsymbol{s}_{wa,i}$ 是 P 副的方向向量。

对于恰约束支链，利用观察法可得到所有关节运动旋量的反螺旋，即为支链的约束力螺旋。锁住驱动关节 P̲，可得到驱动力旋量。3R2T 恰约束支链的约束力旋量和驱动力旋量如图 9.9 所示，可表示为

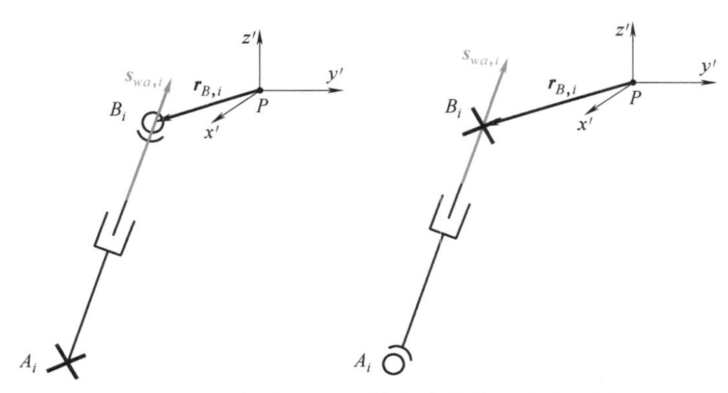

图 9.8 UPS 或 SPU 无约束支链的驱动力旋量

$$\hat{\boldsymbol{S}}_{wa,5}=\begin{pmatrix}\boldsymbol{r}_{C,5}\times\boldsymbol{s}_{wa,5}\\ \boldsymbol{s}_{wa,5}\end{pmatrix} \text{或} \hat{\boldsymbol{S}}_{wa,5}=\begin{pmatrix}\boldsymbol{r}_{A,5}\times\boldsymbol{s}_{wa,5}\\ \boldsymbol{s}_{wa,5}\end{pmatrix} \tag{9-80}$$

$$\hat{\boldsymbol{S}}_{wc}=\begin{pmatrix}\boldsymbol{r}_{C,5}\times\boldsymbol{s}_{wc}\\ \boldsymbol{s}_{wc}\end{pmatrix} \text{或} \hat{\boldsymbol{S}}_{wc}=\begin{pmatrix}\boldsymbol{r}_{A,5}\times\boldsymbol{s}_{wc}\\ \boldsymbol{s}_{wc}\end{pmatrix} \tag{9-81}$$

式中，$\boldsymbol{s}_{wa,5}$ 是点 C_5 或点 A_5 指向点 B_5 的方向向量；$\boldsymbol{s}_{wc}$ 是过 S 副或 U 副中心、与 R 副平行的方向向量；$\boldsymbol{r}_{C,5}$、$\boldsymbol{r}_{A,5}$ 分别是点 C_5、点 A_5 在瞬时坐标系内的位置向量。

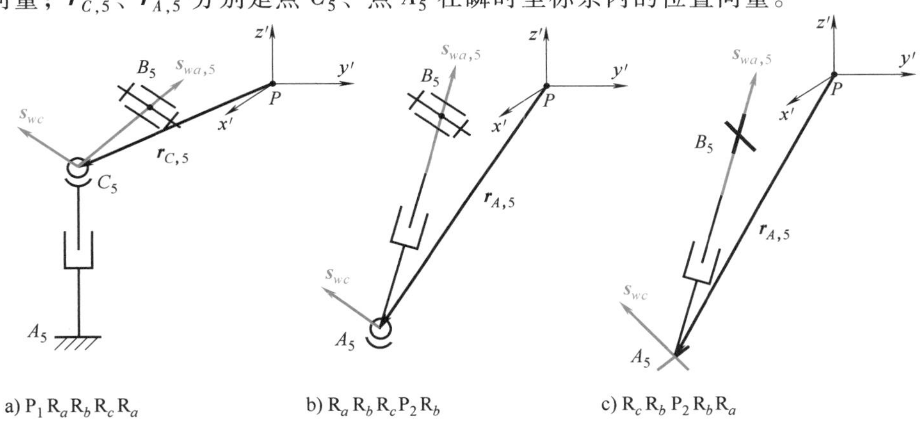

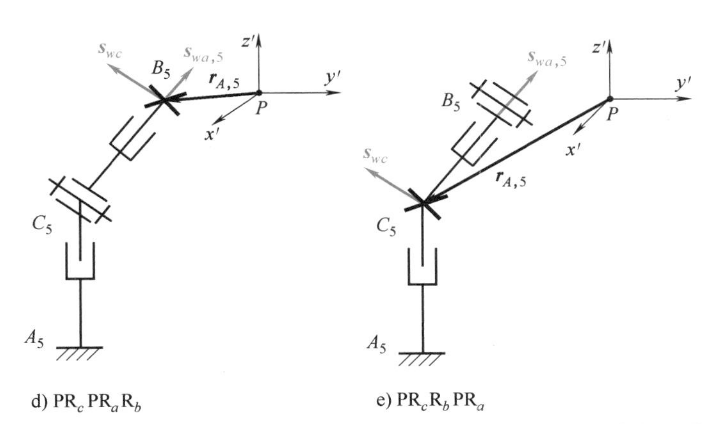

图 9.9 3R2T 恰约束支链的约束力旋量和驱动力旋量

3T2R 恰约束支链的约束力旋量和驱动力旋量如图 9.10 所示，可表示为

$$\hat{\boldsymbol{S}}_{wa,5}=\begin{pmatrix}\boldsymbol{r}_{B,5}\times\boldsymbol{s}_{wa,5}\\ \boldsymbol{s}_{wa,5}\end{pmatrix},\hat{\boldsymbol{S}}_{wc}=\begin{pmatrix}\boldsymbol{s}_{wc}\\ \boldsymbol{0}\end{pmatrix}\tag{9-82}$$

式中，$\boldsymbol{s}_{wa,5}$ 是点 A_5 或点 C_5 指向点 B_5 的方向向量；$\boldsymbol{s}_{wc}=\boldsymbol{s}_{wa,5}$。3T2R 恰约束支链的约束力旋量是一个力偶，驱动力旋量是一个力线矢。

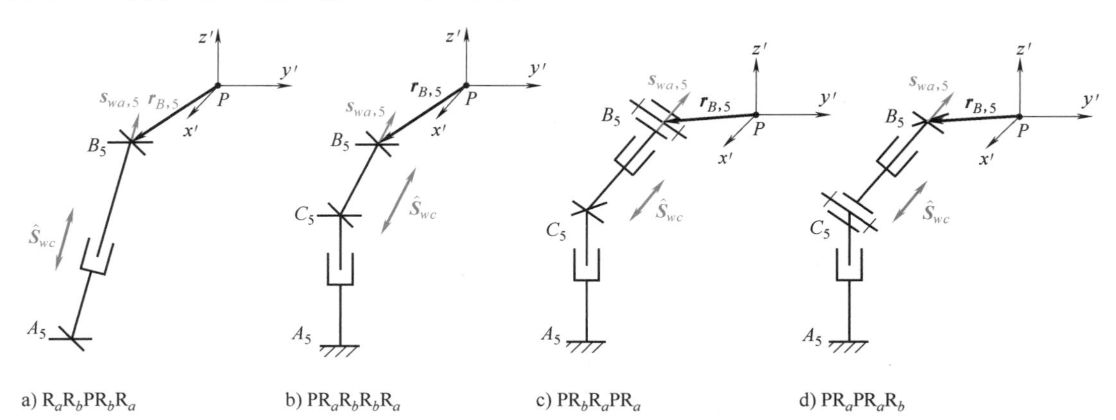

图 9.10　3T2R 恰约束支链的约束力旋量和驱动力旋量

将各支链的力旋量与式（9-78）所示运动旋量做广义内积，得到五自由度并联机器人的速度映射模型为

$$\boldsymbol{J}_w\boldsymbol{S}_t=\boldsymbol{J}_q\dot{\boldsymbol{q}}\tag{9-83}$$

式中，

$$\boldsymbol{J}_w=[\hat{\boldsymbol{S}}_{wa,1}\quad\cdots\quad\hat{\boldsymbol{S}}_{wa,5}\quad\hat{\boldsymbol{S}}_{wc}]^{\mathrm{T}},\dot{\boldsymbol{q}}=[\dot{q}_1\quad\dot{q}_2\quad\cdots\quad\dot{q}_5],$$

$$\boldsymbol{J}_q=\operatorname{diag}(\hat{\boldsymbol{S}}_{wa,1}^{\mathrm{T}}\hat{\boldsymbol{S}}_{t,k_1,1}\quad\hat{\boldsymbol{S}}_{wa,2}^{\mathrm{T}}\hat{\boldsymbol{S}}_{t,k_2,2}\quad\cdots\quad\hat{\boldsymbol{S}}_{wa,5}^{\mathrm{T}}\hat{\boldsymbol{S}}_{t,k_5,5})。$$

3. 刚度建模

考虑构件的完整变形信息，采用 m 自由度虚弹簧法进行刚度建模。对于 UPS 或 SPU 无约束支链，P 副是驱动关节，其对应的构件可采用 6-DoF 虚弹簧表示柔度，可直接由数值法或解析法得到其在局部坐标系下的 6×6 柔度矩阵。被动关节连接的构件柔度矩阵需考虑关节的自由度影响，将柔度矩阵进行降维处理。局部坐标系下各个构件的柔度矩阵记为 $\boldsymbol{C}_{i,k}$。

各个构件局部坐标系相对于瞬时坐标系的旋转矩阵和平移向量可由五自由度并联机器人的逆解模型获得，转换矩阵为

$$\boldsymbol{T}_{i,k}=\begin{bmatrix}\boldsymbol{R}_{i,k} & \boldsymbol{0}\\ \tilde{\boldsymbol{r}}_{i,k}\boldsymbol{R}_{i,k} & \boldsymbol{R}_{i,k}\end{bmatrix}\tag{9-84}$$

式中，$\boldsymbol{R}_{i,k}$ 是构件局部坐标系相对于瞬时坐标系的旋转矩阵；$\boldsymbol{r}_{i,k}$ 是瞬时坐标系下从点 P 指向局部坐标系原点的位置向量，$\tilde{\boldsymbol{r}}_{i,k}$ 是 $\boldsymbol{r}_{i,k}$ 的斜对称矩阵。

根据变形叠加原理，第 i 条支链的柔度矩阵为

$$\boldsymbol{C}_{L,i}=\sum_{k=1}^{n_i}\boldsymbol{T}_{i,k}\boldsymbol{C}_{i,k}\boldsymbol{T}_{i,k}^{\mathrm{T}}\tag{9-85}$$

对于 UPS 和 SPU 无约束支链，考虑支链内驱动力旋量的作用，支链的刚度矩阵为

$$\boldsymbol{K}_{L,i}=\hat{\boldsymbol{S}}_{wa,i}(\hat{\boldsymbol{S}}_{wa,i}^{\mathrm{T}}\boldsymbol{C}_{L,i}\hat{\boldsymbol{S}}_{wa,i})^{-1}\hat{\boldsymbol{S}}_{wa,i}^{\mathrm{T}},i=1,2,3,4 \tag{9-86}$$

对于 3T2R 或 3R2T 恰约束支链，考虑到支链内驱动力旋量和约束力旋量的作用，支链的刚度矩阵为

$$\boldsymbol{K}_{L,5}=\boldsymbol{W}_5(\boldsymbol{W}_5^{\mathrm{T}}\boldsymbol{C}_{L,5}\boldsymbol{W}_5)^{-1}\boldsymbol{W}_5^{\mathrm{T}} \tag{9-87}$$

式中，$\boldsymbol{W}_5=[\hat{\boldsymbol{S}}_{wa,5}\quad \hat{\boldsymbol{S}}_{wc}]$。

利用支链刚度叠加可获得所有支链在末端参考点 P 处的刚度模型为

$$\boldsymbol{K}_L=\sum_{i=1}^{5}\boldsymbol{K}_{L,i} \tag{9-88}$$

利用数值法获得静平台和动平台在局部坐标系下的柔度矩阵 $\overline{\boldsymbol{C}}_B$ 和 $\overline{\boldsymbol{C}}_P$，根据变形叠加原理得到 Exechon 并联机构的整机刚度模型为

$$\boldsymbol{K}=\boldsymbol{C}^{-1}=(\boldsymbol{C}_B+\boldsymbol{K}_L^{-1}+\boldsymbol{C}_P)^{-1} \tag{9-89}$$

式中，$\boldsymbol{C}_B=\boldsymbol{T}_B\overline{\boldsymbol{C}}_B\boldsymbol{T}_B^{\mathrm{T}}$，$\boldsymbol{C}_P=\boldsymbol{T}_P\overline{\boldsymbol{C}}_P\boldsymbol{T}_P^{\mathrm{T}}$。

$$\boldsymbol{T}_B=\begin{bmatrix}\boldsymbol{E}_3 & \boldsymbol{0}\\ \widetilde{\boldsymbol{r}}_P & \boldsymbol{E}_3\end{bmatrix},\boldsymbol{T}_P=\begin{bmatrix}\boldsymbol{R} & \boldsymbol{0}\\ \boldsymbol{0} & \boldsymbol{R}\end{bmatrix}$$

式中，$\widetilde{\boldsymbol{r}}_P$ 是瞬时坐标系下从点 O' 指向点 O 的位置向量；$\boldsymbol{R}$ 是动坐标系相对于瞬时坐标系的旋转矩阵。

9.4.4 优化设计

在前述拓扑模型和性能模型的基础上，开展五自由度并联机器人的拓扑与尺度参数优选。机器人的拓扑参数包括关节类型和关节轴线关系，分别表示为

$$\boldsymbol{h}_{k,i}=\begin{cases}(1\quad 0) & \text{R 副}\\ (0\quad 1) & \text{P 副}\end{cases},\boldsymbol{T}_H=\begin{bmatrix}\boldsymbol{T}_{H,1}:(h_{1,1} & h_{2,1} & \cdots & h_{6,1})\\ & \vdots & & \\ \boldsymbol{T}_{H,5}:(h_{1,5} & h_{2,5} & \cdots & h_{5,5})\end{bmatrix} \tag{9-90}$$

$$\boldsymbol{w}_{k,i}=\begin{cases}(1\quad 0) & \text{相交}\\ (0\quad 1) & \text{平行}\\ (0\quad 0) & \text{共线}\end{cases},\boldsymbol{T}_W=\begin{bmatrix}\boldsymbol{T}_{W,1}:(w_{1,1} & w_{2,1} & \cdots & w_{6,1})\\ & \vdots & & \\ \boldsymbol{T}_{W,5}:(w_{1,5} & w_{2,5} & \cdots & w_{5,5})\end{bmatrix} \tag{9-91}$$

机器人的尺度参数描述了支链布局、定长杆长度、动静平台尺寸、构件截面参数等。其中支链布局、定长杆长度，动静平台尺寸均可根据支链在动静平台上的铰点位置描述。如图 9.7 所示，五自由度并联机器人一共存在 10 个铰点。为保证机器人的性能均布和可装配性，令 4 条无约束支链对称布置，恰约束支链动静平台均位于对称平面。

假设机器人动平台铰点位置均在同一平面内，而静平台的铰点位置位于一个三维长方体内，则可描述铰点位置为

$$\begin{gathered}A_1(x_1,-y_1,h_1),\ A_2(x_1,y_1,h_1),\ A_3(x_2,-y_2,h_2),\ A_4(x_2,y_2,h_2),\ A_5(x_5,0,0),\\ B_1(x_3,-y_3,h_0),\ B_2(x_3,y_3,h_0),\ B_3(x_4,-y_4,h_0),\ B_4(x_4,y_4,h_0),\ B_5(x_6,0,h_0)\end{gathered} \tag{9-92}$$

根据拓扑参数和铰点布局参数，可得到机器人各单自由度运动副的类型、轴线位置，从而生成机器人机构简图。

对于机器人的具体结构，根据支链拓扑形式区分为关节、连杆和 P 副三类。其中，关节包括 S 副、U 副、R 副。连杆包括受约束力定长杆和受约束力偶定长杆。P 副包括运动端 P 副、静平台 P 副和无约束支链 P 副等。其模块化结构形式如图 9.11 所示，根据模块化结构可定义构件截面参数。

图 9.11 模块化结构

据此，可定义五自由度并联机器人的设计参数为

$$\boldsymbol{V} \in \{\boldsymbol{T}, \boldsymbol{D}\} \tag{9-93}$$

式中，$\boldsymbol{T}=\{\boldsymbol{T}_H \quad \boldsymbol{T}_W\}$，$\boldsymbol{D}=\{\boldsymbol{D}_L \quad \boldsymbol{D}_A\}$。

五自由度并联机器人的优化设计以加工轴向刚度全域均值 K_C、C 轴法平面最小刚度全域均值 K_{AB}、整机质量 M 为优化目标，拓扑和尺度参数为设计变量，工作空间、尺度参数范围为约束条件，建立多目标优化模型为

$$\max\{K_C, K_{AB}\} \& \min\{M\}$$
$$\begin{cases} M(\boldsymbol{T},\boldsymbol{D}) \leqslant M^U \\ K^L \leqslant K_y(\boldsymbol{T},\boldsymbol{D}) \\ \{\boldsymbol{T},\boldsymbol{D} \mid \boldsymbol{T}=\{\boldsymbol{T}_H,\boldsymbol{T}_W\}, \boldsymbol{D}^L \leqslant \boldsymbol{D} \leqslant \boldsymbol{D}^U\} \\ \boldsymbol{D} \in \boldsymbol{w}^L \end{cases} \tag{9-94}$$

式中，$\boldsymbol{M}^U$ 为质量约束，设为 250kg；$\boldsymbol{w}^L$ 表示机器人的工作空间，其中位置工作空间约束是 300mm×300mm×300mm。

利用 NSGA-Ⅱ算法对式（9-94）所示多目标优化问题进行优化搜索。NSGA-Ⅱ的设置如下：初始参数由随机函数确定，共使用 100 个种群，将算法运行到 100 代，交叉和变异的概率分别为 90%和 10%。其尺度参数范围见表 9.7。

表 9.7 五自由度并联机器人的尺度参数范围 （单位：mm）

y_1,y_2	y_3,y_4	x_1,x_3	x_2,x_4	x_5,x_6	h_0	h_1,h_2	d_1,d_2,d_3
[60,900]	[60,400]	[-150,500]	[-400,150]	[-700,400]	[500,900]	[-200,200]	[26,32]

进行多目标优化搜索得到 Pareto 前沿，利用合作均衡优选方法进行最终结果优选。对 Pareto 前沿的目标性能进行无量纲处理，即

$$K'_{C.i}=\frac{K_{C,i}-\kappa_{K_C}}{\sigma_{K_C}},K'_{AB,i}=\frac{K_{AB,i}-\kappa_{K_{AB}}}{\sigma_{K_{AB}}},M'_i=\frac{M_i-\kappa_M}{\sigma_M},i=1,2,\cdots,n_P \tag{9-95}$$

式中，κ_{K_C}、$\kappa_{K_{AB}}$、κ_M 分别为 K_C、K_{AB}、M 的均值，σ_{K_C}、$\sigma_{K_{AB}}$、σ_M 分别为其标准差；n_P 表示 Pareto 前沿点个数。

由 K_C、K_{AB}、M 的最优取值构造虚拟最优点，分别计算 Pareto 点和虚拟最优点的距离为

$$D_i=\sqrt{(K'_{C,i}-\max(K'_{C,i}))^2+(K'_{AB,i}-\max(K'_{AB,i}))^2+(M'_i-\min(M'_i))^2} \tag{9-96}$$

与虚拟最优点距离最近的 Pareto 点为性能合作均衡点，可优选出最佳拓扑及尺度参数。当给定机器人的转角能力是±25°、±45°时，其优化结果与虚拟样机如图 9.12 与图 9.13 所示。性能合作均衡点尺度参数取值见表 9.8。

表 9.8 性能合作均衡点尺度参数取值 （单位：mm）

转角能力	y_1	y_2	y_3	y_4	x_1	x_2	x_3	x_4	x_5	x_6	h_0	h_1	h_2	d_1	d_2	d_3
±25°	350	342	60	61	81	-80	292	-270	-593	-451	600	61	67	32	30	32
±45°	812	796	60	60	81	-80	221	-222	-523	-401	851	59	71	32	32	30

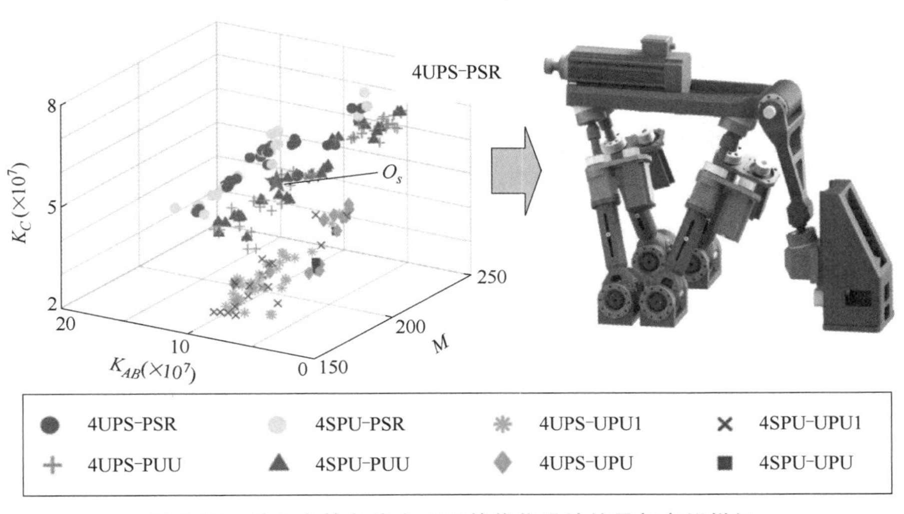

图 9.12 动平台转角能力±25°的优化设计结果与虚拟样机

根据优化设计结果，可创新设计出一种新型五自由度并联机器人，该机器人由 4 条 UPS 支链与一条 PSR 支链组成。机器人支链和动平台的质量为 200kg，外形尺寸 650mm×800mm×700mm，位置工作空间 350mm×300mm×300mm，静平台 U 副、P 副安装面均为平面，可直接安装于移动模块上，具有极高的刚度/质量比与可重构性。五自由度并联机器人应用场景如图 9.14 所示。

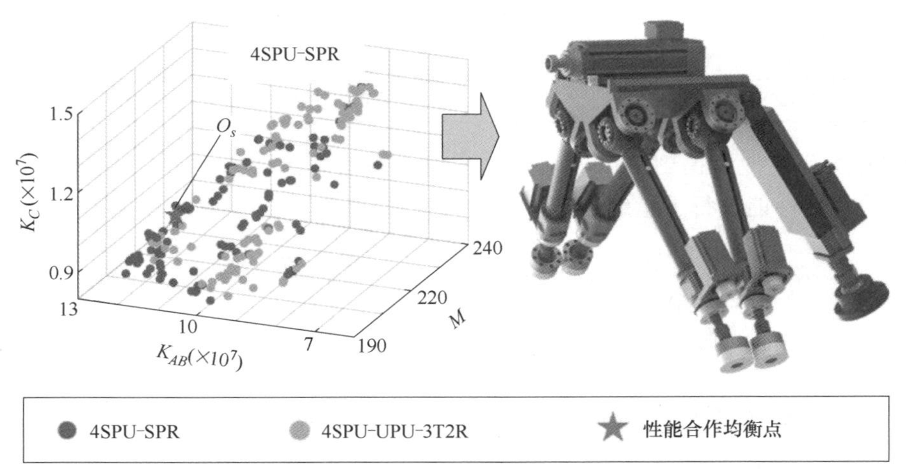

图 9.13 动平台转角能力±45°的优化设计结果与虚拟样机

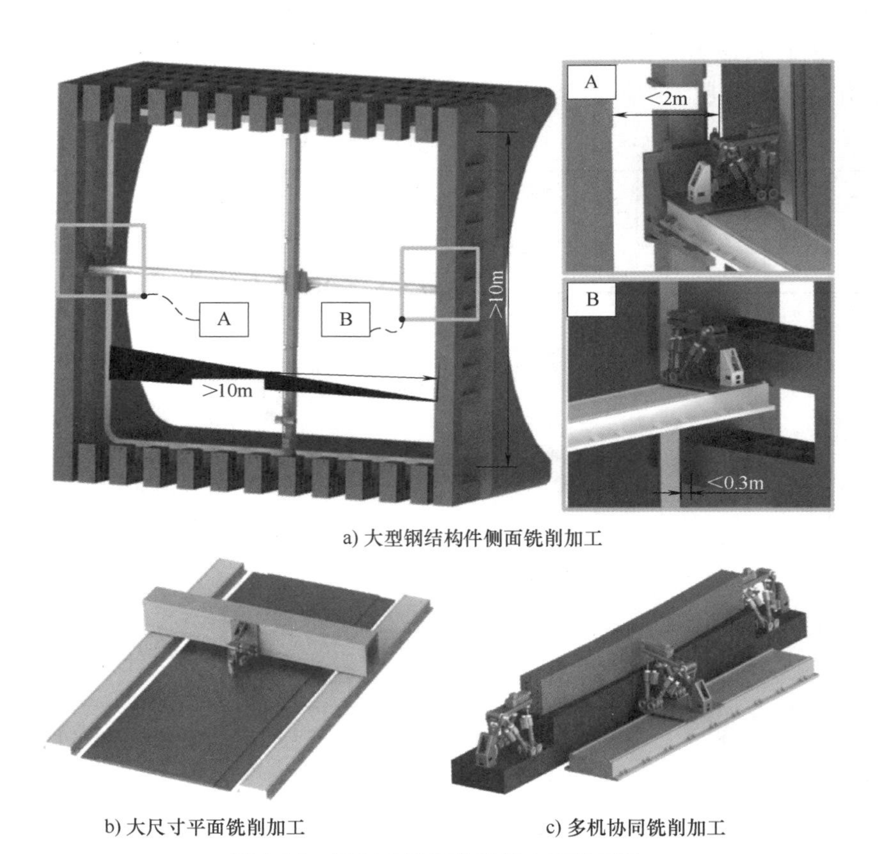

a) 大型钢结构件侧面铣削加工

b) 大尺寸平面铣削加工

c) 多机协同铣削加工

图 9.14 五自由度并联机器人应用场景

9.5 本章小结

本章将前述章节的内容进行有机衔接，系统归纳了机器人机构创新设计的一般流程，通过两个设计实例展示了创新设计的方法的应用。

1）机器人机构创新设计是机器人自主创新的关键环节，其设计流程包括：梳理服役环境对机器人功能和性能的需求；机器人机构拓扑构型综合；性能分析与建模；机器人机构优化设计；机器人机构迭代改进设计。

2）本章介绍了两个创新设计实例：二转动自由度并联机器人和五自由度并联机器人，均从应用场景出发，明确设计任务，随后开展构型综合与性能建模，最后开展优化设计。其中，二转动自由度并联机器人考虑运动学、静刚度和动力学性能，进行特定拓扑下的尺度参数优选；五自由度并联机器人以刚度和质量为目标，开展拓扑和尺度参数的一体化设计。

习　　题

1. 在机器人创新设计的过程中，哪一个步骤或阶段可以获得创新成果？

2. 开展机器人优化设计方法的调研，进行文献综述，试分析各类优化方法的优点与不足之处。

3. 并联机构广泛应用于骨科手术机器人，试开展调研分析，归纳骨科手术机器人的类型并进行功能比较。

4. 试开展定轴线 1T2R 并联机构和变轴线 1T2R 并联机构的方案设计，并开展运动学分析与仿真。

5. 2UPR-SPR 是一个经典的过约束三自由度并联机构，是 Exechon 加工中心的并联模块。以运动学、静力学和动力学性能合作均衡为目标，约束条件为 X、Y 方向行程±200mm、Z 方向行程 150mm、Z 向线刚度不小于 1×10^6N/m，试开展该拓扑构型的尺度参数优选。

6. 以 3T1R 运动为期望运动模式，考虑四支链并联机器人机构的运动学和动力学性能，并开展此类机器人的拓扑与尺度参数优选。

参考文献

[1] 杨朔飞. 基于有限旋量的并联机构构型综合方法研究 [D]. 天津：天津大学，2016.

[2] YANG S F, SUN T, HUANG T, et al. A finite screw approach to type synthesis of three-DOF translational parallel mechanisms [J]. Mechanism and Machine Theory, 2016, 104: 405-419.

[3] SONG Y M, LIAN B B, SUN T, et al. A novel five-degree-of-freedom parallel manipulator and its kinematic optimization. ASME Trans [J]. Journal of Mechanisms and Robotics, 2014, 6 (4): 410081-410089.

[4] SUN T, LIAN B B, SONG Y M. Stiffness analysis of a 2-DoF over-constrained RPM with an articulated traveling platform [J]. Mechanism and Machine Theory, 2016, 96: 165-178.

[5] LIANG D, SONG Y M, SUN T. Nonlinear dynamic modeling and performance analysis of a redundantly actuated parallel manipulator with multiple actuation modes based on FMD theory [J]. Nonlinear Dynamics, 2017, 89 (1): 391-428.

[6] PASHKEVICH A, KLIMCHIK A, CHABLAT D. Enhanced stiffness modeling of manipulators with passive joints [J]. Mechanism and Machine Theory, 2011, 46 (5): 662-679.

[7] KHALIL W, GUEGAN S. Inverse and direct dynamic modeling of gough-stewart robots [J]. IEEE Transactions on Robotics, 2004, 20 (4): 754-761.

[8] LIANG D, SONG Y M, SUN T, et al. Optimum design of a novel redundantly actuated parallel manipulator with multiple actuation modes for high kinematic and dynamic performance [J]. Nonlinear Dynamics, 2016, 83: 631-658.

[9] SUN T, LIAN B B, SONG Y M, et al. Elasto-dynamic optimization of a 5-DoF parallel kinematic machine considering parameter uncertainty [J]. IEEE/ASME Transactions on Mechatronics, 2019, 24 (1): 315-325.

[10] SUN T, SONG Y M, DONG G, et al. Optimal design of a parallel mechanism with three rotational degrees of freedom [J]. Robotics and Computer-Integrated Manufacturing, 2012, 28 (4): 500-508.

[11] MILLER K. Optimal design and modeling of spatial parallel manipulators [J]. The International Journal of Robotics Research, 2004, 23 (2): 127-140.

[12] KELAIAIA R, COMPANY O, ZAATRI A. Multi-objective optimization of a linear delta parallel robot [J]. Mechanisn and Machine Theory, 2012, 50: 159-178.

[13] SUN T, QI Y, SONG Y M. Type synthesis of parallel tracking mechanism with varied axes by modeling its finite motions algebraically [J]. Journal of Mechanisms and Robotics 2017, 9, (5): 0545041-0545046.

[14] QI Y, SUN T, SONG Y M. Multi-objective optimization of parallel tracking mechanism considering parameter uncertainty [J]. Journal of Mechanisms and Robotics, 2018, 10 (4): 0410061-04100612.

[15] SUN T, YANG S F. An approach to formulate the hessian matrix for dynamic control of parallel robots [J]. IEEE/ASME Transactions on Mechatronics, 2019, 24 (1): 271-281.